本书出版得到国家公益性行业（农业）科研专项计划项目（200903055）和国家“863”计划项目（2007AA09Z438）的资助

水产品安全风险评估理论与案例

周德庆　主编

中国海洋大学出版社
·青岛·

图书在版编目(CIP)数据

水产品安全风险评估理论与案例 / 周德庆主编. —青岛:中国海洋大学出版社，2013.11

ISBN 978-7-5670-0458-0

Ⅰ. ①水… Ⅱ. ①周… Ⅲ. ①水产品—食品安全—风险评价 Ⅳ. ①TS254.5

中国版本图书馆 CIP 数据核字(2013)第 267816 号

出版发行 中国海洋大学出版社
社　　址 青岛市香港东路 23 号　　**邮政编码** 266071
出 版 人 杨立敏
网　　址 http://www.ouc-press.com
电子信箱 appletjp@163.com
订购电话 0532—82032573(传真)
责任编辑 滕俊平　　**电　　话** 0532—85902342
印　　制 日照日报印务中心
版　　次 2013 年 11 月第 1 版
印　　次 2013 年 11 月第 1 次印刷
成品尺寸 185 mm×260 mm
印　　张 28
字　　数 580 千
定　　价 78.00 元

编委会

序 言

“民以食为天，食以安为先。”食品安全在全世界受到广泛关注，主要有三个方面原因。第一，食品安全问题影响消费者的身体健康；第二，食品安全问题会造成重大的经济损失，如英国因为疯牛病经济损失惨重，而且易引起国际食品贸易争端；第三，食品安全问题往往有政治后果，各国政府把食品安全作为最大的民生问题给予高度的关注。为保证食品安全和实施科学监管，风险评估逐步提上日程。2006年11月1日开始施行的《中华人民共和国农产品质量安全法》第六条规定了“国务院农业行政主管部门应当设立由有关方面专家组成的农产品质量安全风险评估专家委员会，对可能影响农产品质量安全的潜在危害进行风险分析和评估”；2009年6月1日施行的《中华人民共和国食品安全法》中明确规定国家应建立食品安全风险监测制度和食品安全风险评估制度，食品安全风险评估结果是制定、修订食品安全标准和对食品安全实施监督管理的科学依据。

本书主编长期从事水产品质量安全科研工作，带领其研究团队将国际食品法典委员会(CAC)的风险评估理论成功引入到水产品安全的危害因素风险评估中来，先后承担了国家“863”、质检和农业公益性行业专项及农业部“948”项目，系统开展了水产品安全风险评估理论与方法，包括影响水产品质量安全的危害因素的选择、数据资料的获取、如何建立模型以及相关软件的使用关键技术问题等的研究，在国内率先开展了水产品甲醛风险评估、水产品副溶血弧菌等的风险评估实践，形成多个风险评估报告，不仅为制定水产品质量安全限量标准和实施监管提供技术支持，同时摸索出开展水产品风险评估的成功经验，为从事水产品质量安全特别是风险评估的科研、监管人员和研究生提供了一本系统的专著。作为本书的第一位读者，很欣慰并诚恳地向水产品质量安全相关科研工作者、监管人员和研究生推介，相信读后会受益匪浅。

中国工程院院士 [signature]

前　言

水产品是高营养、高附加值的优质食品，也是我国出口创汇的重要农产品之一。同其他食品一样，水产食品常常因存在微生物、生物毒素以及农兽药残留、重金属、放射性物质等直接危害人类健康。风险评估作为食品安全监管的科学基础，也是保障食品安全的重要手段，特别是随着风险评估在SPS、TBT等国际法规公约中以条款形式地位的明确，风险分析发挥出越来越大的作用，已经被世界所接受和广为推崇，引起全球高度关注。2006年11月1日开始施行的《中华人民共和国农产品质量安全法》第六条规定了“国务院农业行政主管部门应当设立由有关方面专家组成的农产品质量安全风险评估专家委员会，对可能影响农产品质量安全的潜在危害进行风险分析和评估”，第十二条规定“制定农产品质量安全标准应当充分考虑农产品质量安全风险评估结果，并听取农产品生产者、销售者和消费者的意见，保障消费安全”。2009年6月1日施行的《中华人民共和国食品安全法》第二章“食品安全风险监测和评估”中明确规定“国家应建立食品安全风险监测制度和食品安全风险评估制度，食品安全风险评估结果是制定、修订食品安全标准和对食品安全实施监督管理的科学依据”。然而，我国食品安全的风险评估才刚刚起步，许多评估方法、技术尚在探索阶段。本人将CAC的风险评估方法成功引入到水产品安全的危害因素的风险评估中来，在公益性行业科研专项、国家“863”计划和国际合作项目计划资助下，开展了水产品甲醛风险评估、贝类诺如病毒和水产品副溶血弧菌风险评估工作。通过开展水产品中几种危害因素的风险评估，为制定水产品质量安全限量标准和实施监管提供技术支持。通过对工作实践的总结整理，形成了可为从事水产品质量安全的科研、监管人员和研究生参阅的一本系统地阐述水产品安全风险评估的专业书籍。

本书根据作者十多年来水产品质量安全科研工作的实践，注重结合国外食品安全风险评估的最新研究成果，对食品安全风险分析的理论框架、风险评估基本原理和内容、水产品安全危害因素、水产品安全风险评估技术和方法及食用水产品安全风险评估案例等内容作了介绍。重点阐述作者科研实践中应用的水产品安全风险评估的方法，包括影响水产品质量安全的不同危害因素的选择、数据资料的获取、如何建立模型以及相关软件的使用等，最后落脚于水产品安全风险评估的三个案例介绍，从而为进行水产品安全风险评估相关人员提供更为实用的理论指导和技术参考。

如果本书对从事食品质量安全风险评估科研人员及管理者实施风险评估、风险管理及风险交流活动时有所帮助，也就达到本书编撰的意图。

周德庆

2013年10月于青岛

风险评估相关常用缩写词

ADI(Acceptable daily intake):每日允许摄入量

ALARA(as low as reasonably achievable):尽可能低的合理摄入量

BMD(Benchmark dose):基准剂量

BSE(Bovine Spongiform Encephalopathy):牛海绵状脑病

CAC(Codex Alimentarius Commission):国际法典委员会

CCFAC(Codex Committee on food Additives and Contaminants):食品添加剂及污染物法典委员会

CCFH(Codex Committee on Food Hygiene):食品卫生法典委员会

CCFICS(Codex Committee on Import and Export Food Inspection and Certification System):进出口食品检验及认可系统法典委员会

CCMH(Codex Committee on Meat Hygiene):肉类卫生法典委员会

CCPR(Codex Committee on Pesticide Residues):农药残留法典委员会

CCRVDF(Codex Committee on Residues of Veterinary Drugs in Foods):食品中兽药残留法典委员会

EC(European Community): 欧共体

EMDI(Estimated Maximum Daily Intake):评估最大日摄入量

EPA(U. S. Environmental Protection Agency):美国环保局

EU(European Union) :欧盟

FAO(Food and Agriculture Organization of the United Nations):联合国粮农组织

FDA(U. S. Food and Drug Administration):美国食品药品管理局

GAP(Good Agricultural Practice):良好农业操作规范

GEMS/Food(Joint UNEP/FAO/WHO Food Contamination and Monitoring Programme):联合 UNEP/FAO/WHO 食品污染和监控程序

GLP(Good Laboratory Practices):良好实验室操作规范

GPVD(Good Practice in the Use of Veterinary Drugs):兽药使用良好规范

GSC(General Standard for Contaminants):污染物一般标准

GSFA(General Standard for Food Additives):食品添加剂一般标准

HACCP(Hazard Analysis Critical Control Point):危害分析关键控制点

ICMSF(International Commission on Microbiological Specifications for Food):
食品微生物国际委员会

IPPC(International Plant Protection Convention) 国际植物保护公约

ISO (International Organization for Standardization) 国际标准化组织

JECFA(Joint FAO/WHO Expert Committee on Food Additives):FAO/WHO 联合食品添加剂专家委员会

JMPR(Joint FAO/WHO Meeting on Pesticide Residues):FAO/WHO 农药残留联席会议

LOAEL(Lowest-observed-adverse-effect-level):最低可见不良作用剂量水平

MRL(Maximum Residue Limit):最大残留限量

MTD(Maximum tolerated dose):最大耐受剂量

NGOs(nongovernmental organizations):非政府组织

NOAEL(No-observed-adverse-effect level):无可见不良作用剂量水平

NOEL(No-observed-effect level):无可见作用剂量水平

OIE(Office International Des Epizooties:世界动物卫生组织

PMTDI(Provisional Maximum Tolerable Daily Intake):暂定每日最大耐受摄入量

PTDI(Provisional tolerated daily intake):暂定每日耐受摄入量

PTWI(Provisional tolerated weekly intake):暂定每周耐受摄入量

QA(Quality Assurance):质量保证

QC(Quality Control):质量控制

RASFF(Rapid Alert System for Food and Feed):食品与饲料快速预警系统

RDI (Recommended daily intake):每日推荐摄入量

Rf D(Reference Dose):参考剂量

SPS agreement(Agreement on the Application of Sanitary and Phytosanitary Measures):实施卫生与动植物检疫措施协议

TBT agreement(Agreement on Technical Barriers to Trade):贸易技术壁垒协议

TMDI(Theoretical Maximum daily intake):理论每日最大摄入量

UN (United Nations):联合国

WHO(World Health Organization):世界卫生组织

WTO(World Trade Organization):世界贸易组织

目　录

第 1 章　风险分析理论概述

1.1　风险分析理论的基本概念

1.1.1　风险的基本概念与风险分析理论中的主要术语定义

食品安全风险分析(risk analysis)是一门正在发展中的新型学科，其根本目的在于保护消费者的健康和促进公平的食品贸易。风险分析是指对某一食品危害进行风险评估、风险管理和风险交流的过程，具体为通过对影响食品安全的各种生物、物理和化学危害进行鉴定，定性或定量地描述风险的特征，在参考有关因素的前提下，提出和实施风险管理措施，并与利益相关者进行交流。风险分析在食品安全管理中的目标是分析食源性危害，确定食品安全性保护水平，采取风险管理措施，使消费者在食品安全性风险方面处于可接受的水平。

1997 年，食品法典委员会(Codex Alimentarius Commission, CAC)正式决定采用与食品安全有关的风险分析术语的基本定义。

危害(hazard)：食品中潜在的将对人体健康产生不良作用的生物、化学或物理性因子。

风险(risk)：对人类健康或环境产生不良作用的可能性和严重性，这种不良作用是由食品中的某种危害引起的。

风险分析(risk analysis)：对可能存在的危害进行预测，并在此基础上采取规避或降低危害影响的措施，是由风险评估、风险管理和风险交流三个部分共同构成的一个过程。风险评估是整个风险分析体系的核心和基础，也是有关国际组织和区域组织工作的重点。

风险评估(risk assessment)：对在特定条件下，风险源暴露时，对人体健康和环境产生不良作用的事件发生的可能性和严重性的评估，包括危害识别、危害描述、暴露评估和风险描述。

危害识别(hazard identification)：又称危害鉴定或危害认定，是指识别可能存在于某种或某类特定食品中的，可能对人体健康和环境产生不良作用的生物、化学或物理性因子的过程。

危害描述(hazard characterization):是指对食品中可能存在的对人类健康和环境产生不良作用的生物、化学和物理性危害的定性和/或定量的评价。

暴露评估(exposure assessment):是指对于通过食品的摄入和其他有关途径可能暴露于人或环境的生物、化学和物理性因子的定性或定量评估。

风险描述(risk characterization):是指在危害识别、危害描述和暴露评估的基础上,定性或定量估计(包括伴随的不确定性和变异性)生物、化学和物理性危害在特定条件下对相关人群产生不良作用的可能性和严重性。

风险管理(risk management):是指根据风险评估的结果,对备选政策进行权衡,并且在需要时选择和实施适当的控制措施。与风险评估不同,这是一个在与各利益方磋商过程中权衡各种政策方案的过程。该过程考虑风险评估和其他与保护消费者健康及促进公平贸易活动有关的因素,并在必要时选择适当的预防和控制方案。

风险交流(risk communication):是指在风险评估人员、风险管理人员、生产者、消费者和其他有关团体之间就与风险有关的信息和意见进行相互交流,包括对风险评估结果的解释和执行风险管理决定的依据。

1.1.2 风险分析的框架体系

1.1.2.1 风险分析的组成

风险分析是一个结构化的决策过程,由三个相互区别但紧密相关的部分组成:风险管理、风险评估和风险交流(图 1-1)。它们是整个风险分析中互相补充且必不可少的组成部分。虽然图中显示它们是独立的部分,但实质上是一个高度统一的整体。在典型的食品安全风险分析过程中,管理者和评估者几乎持续不断地在以风险交流为特征的环境中进行互动交流。所以,当上述三个组成部分在风险管理者的领导下成功整合时,风险分析最为有效。

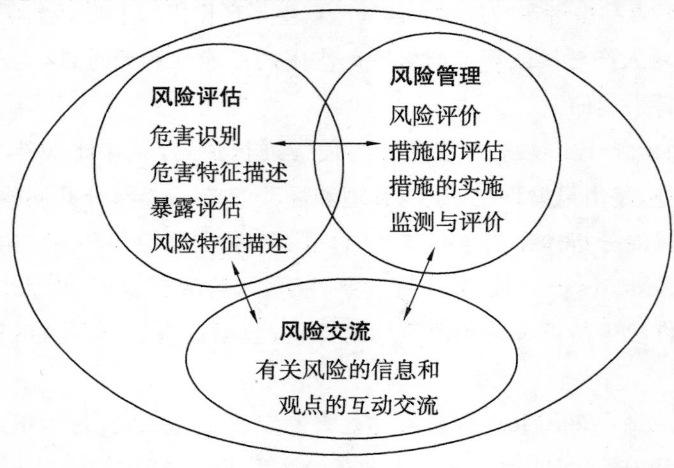

图 1-1 风险分析的组成

风险评估被认为是风险分析中基于科学的部分,而风险管理是在选取最优风险管理措施时对科学信息和其他因素(如经济、社会、文化和伦理等)进行整合和权衡的过程。实际上,风险评估也可能包括一些不完全科学的判断与选择,风险管理者对风险评估者运用的科学方法要有一个正确的理解。科学和非科学评估方法在风险分析不同阶段中的相互影响和交叠运用将在随后的风险管理和风险评估相关的章节进行详细的探讨。

1.1.2.2　风险分析的主要特征

风险分析是一个不断重复且持续进行的过程,存在许多反馈环节及根据需要或有更好的信息能够补充时进行重复的步骤。风险分析的整体特征就是风险管理者、评估者以及其他参与者之间不断重复的互动。即使达成或实施了某项决策,风险分析也并不会就此结束。实施风险分析的团队或其他参与人员(如企业)定期监控风险分析所做出的决策的成效和影响。如果在执行风险分析时获得了新信息,他们应针对已实施的控制措施作出相应调整。

在食品法典框架内应用的风险分析工作原则中,CAC 规定实施风险分析应做到:

① 遵循图 1-1 中所述的三个不同部分组成的结构框架;

② 建立在最可靠的科学依据之上;

③ 保持应用过程中的一致性,如对于各个国家出现的不同危害类型都适用;

④ 实施过程具有公开性、透明性和翔实文件记录;

⑤ 有明确处理不确定性和变异性的办法;

⑥ 基于新的信息能够适当进行再评价。

风险分析是一门系统科学,需要广阔的视角(如"生产到消费"的方法)、广泛的数据收集(如在研究风险及风险管理决策时)以及综合分析法等。风险分析是基于公开透明、决策过程记录完备和过程开放的体系,需要所有受到风险或风险管理措施影响的利益相关方的参与。

成功运用风险分析框架需要各国拥有基本的食品安全体系,所需要的要素包括可行的食品法律、政策、法规和标准、有效的食品安全与公众卫生机构以及两者之间的协调机构,可操作的食品检测机构和实验室、资料信息、教育、交流与培训、基础设施和设备、人力等。政府成功实施风险分析所需的其他必备条件包括:政策制定和实施层面上的政府官员和决策者们能理解风险分析及其对公共卫生的价值;有足够的科学能力在必要时进行国家层面的风险分析;有各重要相关团体的支持和参与,如消费者、企业和学术机构(在书中通常称为"利益相关方")。当这些条件都具备时,国家的食品安全机构就能通过在其食品管理活动中应用风险分析方法,从而取得好的成效。

1.1.2.3　国际和国家层面的风险分析

食品安全风险分析可以由国家、地方及国际食品安全机构开展,不同层面的风险分析过程有明显的区别。在国际层面上,推荐食品安全标准的国际食品法典委员会(例如,食品卫生、肉类卫生、食品添加剂、污染物、农药残留及兽药残留法典委员会)扮演风险管理者的角色。用于制定法典标准的风险评估工作由3个FAO/WHO联合专家机构进行(FAO/WHO联合食品添加剂专家委员会,JECFA;FAO/WHO农药残留专家联席会议,JMPR;FAO/WHO微生物风险评估专家联席会议,JEMRA)。有时,其他的风险评估工作由特别工作组专家咨询会议和同时承担本国评估工作的成员国政府承担。

各食品法典委员会组织和指导决策制定过程、权衡风险评估结果及其他合理因素(如风险管理措施的可行性和法典委员会成员国的各自利益),推荐保护公众健康与确保食品公平贸易的标准。在这一意义上,这些委员会承担了风险管理者的角色。各食品法典委员会的风险管理活动包括制定风险管理工具(以相关文本的形式出现),如各类指南、生产规范、采样计划以及某些针对特定食品危害的法典标准。这些委员会起草的标准草案和相关文本提交给CAC大会最终通过,并在食品法典网站公布。法典标准与相关文本实质上是自愿执行的,除非CAC成员在法律上采纳了这些标准和文本,否则它们对各成员没有直接的强制性作用。法典委员会不具体执行降低风险的措施,实施、执行和监测是法典委员会成员、政府和相关机构的职责。

反之,国家食品安全机构通常负责全面实施本国的风险分析工作。有些国家政府有自己的机构和基础条件开展风险评估、选择风险管理的措施、实施和贯彻决策以及监控和审查决策的影响等。而有些国家可用来实施风险分析的资源相当有限。在这种情况下,即使一国政府具备相应的能力,将国际层面上开展风险分析的各部分应用于国家层面,也非常实用。

例如,根据具体的情况,各国可以部分或全部地把JECFA、JMPR或JEMRA实施的国际风险评估应用到国内。同样,针对某一特殊危害的风险管理国际指南可以为某国风险管理者确定一系列可用的控制措施,供他们根据本国具体的食品安全管理体系进行选择。

1.1.3 食品安全风险分析背景与发展

1.1.3.1 风险分析产生的背景

无论是在发达国家还是发展中国家,食源性疾病一直是一个现实且棘手的问题。它不仅造成大量人群患病,而且带来巨大的经济损失。发达国家每年至少有1/3的人可能受到食源性疾病侵袭。在发展中国家这个问题更为普遍,在这些国家估计每年有22万人因为食源性和水源性腹泻而死亡,其中大部分是儿童。食品中的化学物危害可能偶尔导致一些急性疾病,而食品添加剂、农药与兽药残留及环境污染物更可能对公众健康带来长期危害的风险。另外,新技术(如农作物的基因改良)的使用也引起人们对食品安全问题的关注,这些都需要进行风险评估、管理以及恰当的风险交流。

(1) 食品安全环境的变化

更科学地了解导致食源性疾病的危害及其给消费者造成的风险,同时具备采取正确干预措施的能力，应该能够使政府和企业显著降低与食品相关的风险。然而，食品危害与人体疾病之间的关联有时难以确定，更难以量化；而且即使确定了两者的关联，所采取的干预措施从技术、经济或者管理角度来看并不总是切实可行的，因而许多国家的食品安全监管者依然面临着严峻的挑战。

有效的食品安全体系除了能保障公众健康之外，还能够维持消费者对食品供应的信心，同时为国内外食品贸易建立良好的法规基础，从而有利于经济发展。世界贸易组织(WTO)建立的国际贸易协定强调，管理国际食品贸易的法规必须建立在科学与风险评估的基础之上。实施《卫生与植物卫生措施协定》(SPS 协定)允许各国采取正当措施保护消费者的生命与健康，但前提是这些措施必须被证明是科学的，且不会对贸易产生不必要的阻碍。

SPS 协定第 5 条要求各成员应保证其卫生与植物卫生措施的制定以对人类、动物或植物的生命或健康的风险的评估结果为依据，同时考虑有关国际组织和机构制定的风险评估技术。协定第 9 条规定了发达国家有为欠发达国家提供技术援助的义务，其目的是改善欠发达国家的食品安全体系。

(2) 食品安全体系的演变

参与从食品生产到食品消费全过程的每个人(包括种植/养殖者、加工者、监管者、分销商、零售商以及消费者)都对食品安全负有责任，但政府必须为食品管理提供一个可行的制度和法规环境。目前，大部分国家都已经建立了适当的食品管理体系，该体系包含了以下许多基本要素：

- 食品法规、政策
- 准则和标准
- 科学能力
- 综合管理方法
- 监督和认证
- 诊断和分析实验室
- 标准制定
- 明确界定食品监督管理和公众健康责任的制度
- 与食物摄入相关的健康问题监测
- 基础设施与设备
- 监控体系和能力
- 应急反应能力
- 培训
- 公共信息
- 教育和交流

要素的主次关系因国家不同而异。在过去的几十年中，为了提高全球食品的安全与质量，FAO 和 WHO 与各国政府、科研机构、食品安全、消费者等进行了广泛的合作。相关活动的详细资料可以查阅 WHO 和 FAO 的网站。此外，FAO/WHO 最近召开了全球食品安全管理者论坛，主要关注有效国家食品安全体系(包括风险分析的应用)的建立机制与策略，详细信息可以访问相关网页。

即使不考虑国家食品管理体系的复杂程度，多种多样的影响因素也对负责食品安全的政府机构提出了越来越高的要求。全球食品安全体系中发生急剧变化的因素很多，其中部分因素变化直接导致人体食源性健康风险的增加，而其他因素则需要进行更为严格的评估，或是需要对现行的食品安全标准和方法进行修订。

不断变化的影响国家食品安全体系的全球因素有：

① 与食物摄入相关的健康问题监测；

② 不断增加的国际贸易量；

③ 国际和地区组织的扩张及相应产生的法律义务；

④ 食品类型和地域来源的日益复杂化；

⑤ 农业与动物生产的集约化及产业化；

⑥ 日益发展的旅游和观光产业；

⑦ 食品加工模式的改变；

⑧ 膳食模式与食物制备方法偏好的变化；

⑨ 新的食品加工方法；

⑩ 新的食品和农业技术；

⑪ 细菌对抗生素耐药性的不断增强；

⑫ 人类/动物与疾病传播潜在因素之间相互作用的不断变化。

(3)各类食品存在的危害

食品法典委员会将食源性危害定义为："食品所含有的对健康有潜在不良影响的生物、化学或物理因素或食品存在状况。"表 1-1 列举了一些当前备受关注的各种食源性危害，其中许多危害早已被人们认识，并成为食品安全控制的目标。然而一些日益变化的全球性因素可能会使所造成的问题进一步加剧。许多新出现的危害也受到越来越多的关注。以前未发现的某些危害已逐渐成为世界广泛关注的问题，如朊病毒引起的疯牛病（或称为牛海绵状脑病）。某些众所周知的危害再次变成突出问题，如烘焙与油炸淀粉食品中丙烯酰胺的残留，鱼中的甲基汞以及家禽中的弯曲菌。此外，其他变化趋势（如食品中抗生素耐药细菌越来越多）可间接导致新食源性危害的出现，而某些食品生产方法（如将抗生素作为饲料添加剂使用）进而可能会导致这种趋势愈发严重。

表 1-1　食品中可能存在的危害举例

生物性危害	感染性细菌、产毒生物、真菌、寄生虫、病毒、朊病毒
化学性危害	天然毒素、食品添加剂、农药残留、兽药残留、环境污染物、包装带来的化学污染物、过敏原
物理性危害	金属及机械碎屑、玻璃、首饰、碎石子、骨头碎片

(4) 对国家食品安全主管部门提出更高要求

目前，政府以及其他参与食品管理的部门正在通过制定新的管理方法、应用和改进现有的管理体制、改正基础设施和措施来确保食品安全。尽管这些举措的主要目标仍然集中在促进食品安全方面，但国家食品安全管理规划也必须逐渐地将其他目标考虑在内。例如，目前许多国家的官方机构或者“主管部门”需要对其组织机构和运作进行成本效益分析，以避免强加给食品企业不合理的管理成本。同时，这些机构还应遵照有关国际协议中公平贸易的要求，在目标和应用中建立一套能保证国内标准和进口标准保持一致的机制。食品管理原则对国家机构提出来的要求有以下几个方面：

① 把更加依赖科学作为指导食品安全标准制定的基本原则；

② 将食品安全的主要责任转移到企业；

③ 采用贯穿“生产—消费”过程的食品安全控制措施；

④ 赋予企业实施食品安全控制措施更大的灵活性；

⑤ 确保政府行使食品安全管理职责的成本有效性和效率；

⑥ 增强消费者在决策制定中的作用；

⑦ 认识到扩大食品监测的必要性；

⑧ 基于流行病学的食品溯源；

⑨ 采用更为“综合一体化的”方法与各相关部门合作(如动植物卫生管理部门)；

⑩ 采用风险分析作为提高食品安全的基本原则。

1.1.3.2 风险分析在食品安全领域的主要应用

(1) 食品安全风险分析在制定食品标准和技术规程中的应用

食品标准规定了不同食品中危害因子的种类及限量水平，以期为消费者的健康和安全提供合理保护。为保证标准的科学性、安全性，对危害因子在不同人群中的最高无害摄入量或剂量-反应关系，需借助食品安全风险分析的理论与方法来确定。食品法典委员会(CAC)是联合国粮农组织(FAO)和世界卫生组织(WHO)于1964年共同组建的，主要负责制定各类食品标准、技术规程和提供咨询意见等方面的食品安全风险管理工作。1995年3月，在日内瓦WHO总部召开了FAO/WHO联合专家咨询会议，形成了一份《风险分析在食品标准问题上的应用》报告。其主要目的是提供食品风险分析的技术，为FAO、WHO及CAC各成员国制定食品标准时应用。CAC制定食品法典的一项重要宗旨是促进国际间公平的食品贸易，这也是WTO将食品法典作为解决贸易争端依据的主要原因。在WTO的SPS协定中的第5条规定，各国需根据风险评估结果，确定本国适当的卫生措施及保护水平，各国不得主观、武断地以保护本国国民健康为理由而设立过于严格的卫生措施，从而阻碍贸易公平进行。换言之，各国制定的食品标准法规若严于食品法典标准，必须拿出风险评估的科学依据；否则，就被视为贸易的技术壁垒。为了给制定食品标准提供科学依据，FAO/WHO食品添加剂专家委员会(JECFA)和农药残留联合会(JMPR)根据CAC及其所属的各专门委员会确定的风险评估政策和要求，对各种食品添加剂、食品污染物、兽药、农药、饲料添加剂、食品溶剂和助剂等进行风险评估，并确定人体暴露各种食品添加剂、兽药和农药的每日允许摄入量(ADI)、各种污染物的每周(或每日)暂定容许摄入量(PTWI或PTDI)的安全水平以及最大残留限量(MRL)或最高限量(ML)的建议。JECFA和JMPR主要遵循以下风险评估政策开展有关风险评估:

① 依靠动物模型确定各种食品添加剂、污染物、兽药和农药对人体潜在的作用;

② 利用体重系数进行种间比较;

③ 假定试验动物与人的吸收大致相同;

④ 采用100倍安全系数作为种内和种间可能存在的易感性差异,用于某些情况下偏差容许幅度的指导依据;

⑤ 食品添加剂、兽药和农药如有遗传毒性作用,不再制定ADI值;

⑥ 化学污染物的容许水平为"可达到的最低水平"(As Low As Reasonably Achievable,ALARA);

⑦ 如对递交的食品添加剂和兽药资料不能达成一致意见时,建议制定暂定ADI值。

食品添加剂及污染物法典委员会(CCFAC)、农药残留法典委员会(CCPR)在其标准制定过程中也积极开展了风险分析的应用。CAC与CCFAC、JECFA及JMPR合作进行添加剂污染物和农药残留的风险评估,CCFAC根据其评估结果进行标准制定,保证了标准的科学合理。据近期CAC动态信息表明,运用风险分析的原理和方法,CAC已建立了237个商品(食品)的标准,完成了对185种农药的评价,1 005个食品添加剂、54个兽药及25个食品污染物的评估,并确定了3 274个农药最大残留限量(MRL)。在发展中国家,因没有足够资金开展食品安全风险分析工作,直接采纳CAC的标准是较为经济、快捷、有效的做法。

目前,我国农产品及食品质量安全标准的国际采标率较低。根据国家标准化管理委员会的标准清理数据显示,我国农产品及食品方面的国际标准采标率只有23%。尽管国际食品法典委员的标准在国际食品贸易仲裁中一直发挥主导作用,但我国实质性参与CAC活动的程度较低,等同或修改采用CAC的标准不多,多数是以"非等效"方式被引入我国农产品及食品标准,仅有一部分农产品及食品标准在修订过程中参照了CAC标准的部分内容和指标。国际食品法典委员会共发布了300多项农产品及食品标准,我国仅采用了18项,其中等效采用2项、非等效采用16项。由此可见,我国采用国际食品法典委员会标准的程度很低,覆盖面很小,不利于我国农产品的出口,要改变这种局面急需进行食品风险分析工作。

(2) 食品安全风险分析在HACCP体系中的应用

HACCP是一种预防性的风险管理措施,主要针对食品中的生物和其他危害物质。它可以使食品质量安全管理部门预测损害食品安全的因素,并在危害发生之前加以防范。其特点是对单一食品中的多种危害进行研究,一般由企业完成。食品安全风险分析是通过对影响食品质量安全的各种化学、生物和物理危害进行评估,定性或定量地描述风险特征,在参考有关因素的前提下,提出和实施风险管理措施,并对有关情况进行交流。它是制定食品安全标准的基础。其特点是对各种食品中的个别危害进行研究。风险评估由政府部门和有关科研机构完成。建立 HACCP 体系,需要有一个危害评估的步骤,通常是进行定性或定量的观察、检测和评估,用来确定从最初的生产、加工、流通直到消费的每一个阶段可能发生的所有危害。食品安全风险分析研究通常会得出明确的结论,政府由此实施管理和其他行政措施,向食品生产者指出某种食品危害的类型和性质,帮助其在 HACCP体系下进行危害评估。风险评估可能成为确定 HACCP 控制计划中的危害因素的基础。风险评估技术有助于在 HACCP 体系中进行危害评估、确定关键控制点和设定临界限量(即 HACCP 的前 3 个原则),同时可用来对 HACCP 的实施效果进行评价。研究食品中各种危害物的风险评估的定量方法,将会促进和改善 HACCP 的应用。为保障食品安全,各类食品企业皆应在其生产或加工的全过程中建立质量管理体系、食品安全控制体系,以良好的生产规范(GMP)、卫生标准操作程序(SSOP)为基础,通过 HACCP 体系的有效实施,最终实现全程质量控制。HACCP 系统是一个确认、分析、控制生产过程中可能发生的生物、化学、物理危害的系统。此系统的建立包括 7 个步骤,即危害分析、关键控制点确定、每个关键控制点的关键限值确定、每个关键控制点控制系统监控的确定、纠偏措施的建立、审核程序的建立和有效文件记录保存程序的确定。其中,前 3 个步骤是建立在科学的风险评估的基础之上,HACCP 融合了风险评估和风险管理的基本原理。1993 年国际食品法典委员会采用 HACCP 作为各国行动指南,1995 年把 HACCP 纳入卫生法典当中。我国很多食品生产企业已经在生产过程中引用了 HACCP 管理,目前 HACCP 在冷冻食品、奶制品、软饮料、冰淇淋、矿泉水等产品中的应用已有大量报道,这为提高食品卫生质量、降低食品危害起到了不可低估的作用。1996 年,Notermans 和 Mead 开展了将定量的风险分析要素整合到 HACCP 系统中的研究;1998 年,Mayes 论述了风险分析理论应用到 HACCP 对企业的益处和负担;1999 年,Coleman 和 Marks 通过定性和定量的风险评估,区分了 HACCP 和风险评估两体系间的差别和联系;2000 年,Sperbe 运用风险评估的理论,将 HACCP 体系危害分析的过程从定性分析转化为定量分析。由于 HACCP 体系以控制微生物危害为主,所以在前人研究的基础上综合风险分析理论和 HACCP 思想,CAC 建议以风险分析与关键控制点(HACCP)体系控制微生物危害,将定量风险分析(quantitative risk analysis,QRA)的理论真正转化为切实可行的科学方法。

(3) 食品安全风险分析在食品预警体系中的应用

运用食品安全风险分析的原则建立预警机制是现代食品安全监管工作的重要内容,欧盟等国家和地区在建立预警系统方面进行了卓有成效的尝试。欧盟委员会建立了在欧盟框架内(EC/178/2002)的食品与饲料快速预警系统(RASFF),使成员国在人类健康风险发生或存在潜在风险时互通消息,快速预警,以便采取相应的统一行动。德国也建立了类似系统(RAPEX/REIS),为生产者和消费者服务,并与 RASFF 相接,其接口包括联邦风险评估研究所、联邦消费者保护部、食品和农业部与食品安全局、州消费者保护部等。

丹麦则通过4C系统，即信息交流（communication）、协调（coordination）、协作（cooperation）和数据收集集中化（centralization of data acquirement），充分利用国家监测数据自动进行爆发预警，通过溯源技术鉴定中毒病人、动物致病微生物来源及控制食源性疾病等。瑞典国家食品管理局通过食品安全联系点与食品和饲料快速预警系统（RASFF）相接，瑞典农业管理委员会也与RASFF相对接，口岸检测点、地方自主食品管理机构、食品业等监测的数据及时输入RASFF。SPS协定条款允许成员国在紧急和缺乏足够科学依据的情况下，可采取临时性措施，即所谓“预警”（precaution）措施。鉴于目前一些国家已利用这一规定进行贸易限制（如法国对英国牛肉的进口禁令），并有愈演愈烈之势，国际食品法典委员会认为预警机制是风险分析的一个重要组成部分。1999年2月，比利时一些养鸡场的肉鸡和蛋鸡出现异常病症，其症状与饲料受二噁英污染导致家禽中毒有关；随后比利时当局通过溯源调查，找到了制备饲料所用油脂的公司和饲料厂，确定了事件波及的范围，向欧盟各成员国进行了通报，并决定销毁已受污染的家禽和禽蛋。在处理危机事件时，因为采用了风险分析的办法，可通过风险评估工作识别危害；通过风险交流工作与各利益相关方取得沟通；通过风险管理工作而采取相应安全措施，能够将损失控制在最小范围内，同时也不会引起民众的恐慌。

(4) 食品安全风险分析在食品安全监管与食品立法过程中的应用

应用食品安全风险分析的结论，建立科学的责任体系，可极大提高监管效率。近几年来，尽管对微生物常规项目实施批批检验，但我国在进口乳清粉检验监管中发现质量问题的几率较低，而产品出现包装破损、结块的情况较多；另外，部分国家允许在乳清生产过程中加入漂白剂过氧化苯甲酰，在我国则是不允许的，因此，这些国家生产的乳清粉中监测发现漂白剂的几率较大。由韩国承担毒理学研究，国际经济合作与发展组织（OECD）公布的过氧化苯甲酰毒理性试验评估报告中称，过氧化苯甲酰对人体没有遗传性毒性和致癌性。在上述风险评价后，制定监控的计划是：对于企业进口自用、后续有杀菌程序的乳清粉，微生物常规可不再实施批批检验，重点在于包装以及感官检验，同时将实验室检验重点放在漂白剂检测上。这样在确保食品安全的前提下，监管的成本下降，效率明显提高。在食品法典委员会（CAC）风险分析的框架下，其中有一个环节是风险管理，这是出台食品安全政策的过程。食品安全风险分析的应用，保障了食品安全政策的科学性、高效性、客观性及公平性。风险分析涉及科研、政府、消费者、企业以及媒体等有关各方面，即学术界进行风险评估，政府在评估的基础上倾听各方意见，权衡各种影响因素并最终提出风险管理的决策，整个过程中应贯穿着学术界、政府与消费者组织、企业和媒体等的信息交流。他们相互关联而又相对独立，各方工作者有机结合，避免了过去部门割据造成主观片面的决策形成，从而在共同努力下促成食品安全管理体系的完善和发展。

(5) 食品安全风险分析在规划国家食品安全战略中的应用

为了应对全球共同面临的食品安全问题，WHO建议世界各国食品安全战略应以食品安全风险管理方法为指导，以减轻食源性疾病对健康和社会造成的负担为目标。提出建立完善以风险为基础能持续发展的食品安全管理体系，在整个食品链中采取以科学为依据并能有效预防食品中微生物与化学物质污染的各项管理措施以及就食源性风险评估与管理等问题加强信息交流与合作作为各国政府食品安全行动方针，并提出需要采取以下各项措施：

① 加强食源性疾病监测；

② 改进食品安全风险评估方法；

③ 对新技术食品与成分进行安全评价；

④ 重视和加强食品法典中的公共卫生问题；

⑤ 积极开展食品安全风险交流；

⑥ 加强国际间食品安全活动的协调与合作；

⑦ 促进和加强食品安全能力建设。

(6) 食品安全风险分析在分析处理特定食品安全问题时的应用

数年前，法国对从中国进口的海虾实施卫生检验时，发现海虾带染副溶血性弧菌。由于当时普遍认为副溶血性弧菌可以引起急性胃肠炎，所以凡发现进口海虾带染副溶血性弧菌，一律采取整批销毁的措施，以避免进口后可能对法国公民造成健康危害。以后因在进口检验中发现海虾带染副溶血性弧菌的阳性率有增高的趋势，负责进口食品卫生监督的风险管理人员提出对该问题进行风险评估的要求。通过评估，风险评估人员和风险管理人员形成了以下共识：

① 只有产生溶血素的副溶血性弧菌菌株才具有致病性；

② 可以应用分子生物学技术检测能产生溶血素的副溶血性弧菌。

基于上述结论，负责进口食品卫生监督的风险管理人员对进口海虾染副溶血性弧菌的管理措施进行了如下调整：

① 检出带有溶血素基因的副溶血性弧菌菌株的进口海虾，一律实行销毁处理；

② 未检出带有溶血素基因的或检出带有非溶血素基因的副溶血性弧菌菌株的进口海虾可以进口上市销售。

(7) 食品安全风险分析在处理食品安全危机事件时的应用

1999年2月，比利时的一些养鸡场的肉鸡和蛋鸡出现异常病症。经有关部门调查发现，症状与饲料受二噁英污染导致家禽中毒有关。随后，比利时当局通过溯源调查，找到了制备饲料所用油脂的公司和饲料厂，确定了事件波及的范围，向欧盟各成员国进行了通报，并决定销毁已受污染的家禽和禽蛋。WHO前总干事Brundtland女士指出，20世纪50年代以来，世界各国在食品安全管理上掀起了三次高潮。第一次指在食品链中广泛引入食品卫生质量管理体系与管理制度；第二次是在食品企业推广应用危害分析关键控制点(HACCP)技术；第三次是将食品安全措施重点放在对人类健康的直接危害上。在食品安全管理与食源性疾病防制工作实践中，总结形成了食品安全风险分析这一食品卫生学科的新方法和新理论。

1.1.3.3　风险分析的发展过程

风险分析最先出现在环境科学危害控制中，到20世纪80年代末开始被引入到食品安全领域。在联合国粮农组织、世界卫生组织、国际食品法典委员会等国际组织的推动下，经过10多年的发展，逐渐建立起食品风险分析的原则和标准体系，成为国际上制定食品安全标准和解决食品贸易争端的依据。1986～1994年的乌拉圭回合多边贸易谈判，对包括食品在内的产品贸易问题进行了讨论，达成了与食品密切相关的2个正式协定，即《实施卫生与动植物检疫措施协定》(WTO/SPS协定)和《贸易技术壁垒协定》(TBT协定)。WTO/SPS协定确认了各国政府通过采取强制性卫生措施保护该国人民健康、免受进口食品带来危害的权利，要求各国政府采取卫生措施TBT协定与WTO/SPS协定互为补充，主要涉及WTO/SPS协定不包括的所有技术要求和标准，如标签。

国际法典委员会在1993年召开了第20次大会，讨论了有关"CAC及其各分委员会和各专家咨询机构实施风险评估的程序"的议题，提出在CAC框架下，各分委员会及其专家咨询机构(如JECFA和JMPR)在各自的化学品安全评估中应该采纳风险分析的方法。

1995年3月，FAO和WHO在瑞士日内瓦召开了风险分析问题的FAO/WHO联合专家咨询会议，为FAO、WHO和CAC各成员国制定了适用于食品标准的风险分析技术，形成了一份《风险分析在食品标准问题上的应用》技术报告；确定了食品安全风险分析的有关定义，提出风险评估模型的4个组成部分：危害识别、危害特征描述、暴露量评估、风险特征描述。1997年1月在罗马召开的第二次FAO/WHO联合专家咨询会议，讨论了"风险管理与食品安全"的问题，在食品安全中应用风险管理方面达成了共识。此次会议提出了风险管理的基本原理，确定了管理程序中的基本方法、主要管理机构的活动和作用，建立了风险管理的框架。1998年2月，在罗马召开了第三次FAO/WHO联合专家咨询会议，会议重点讨论了《风险交流在食品标准和安全问题上的应用》。会议讨论了风险交流的各种障碍及克服这些障碍的建议，确定了风险交流的策略，确立了风险交流的组成部分和风险交流指导原则。通过这三次会议，形成了有关风险分析原理的基本理论框架，并建立了一套较为完整的风险分析理论体系。2000年10月，CAC在美国华盛顿召开了国际食品法典食品卫生委员会第33次会议，形成了两个关于风险分析准则制定的文件；CX/FH33/03食品及相关物质中微生物危害风险评估的专家咨询初步报告；CX/FH33/O6实施微生物风险管理的原理和准则草案。2000年12月，在澳大利亚的珀斯召开了国际食品法典进出口食品检验及认证委员会(CCFICS)第九次会议，会议制定的主要文件为CX/FICS9/8国际贸易紧急情况下食品控制的风险管理准则讨论稿。2004年10月，FAO和WHO在泰国曼谷联合召开了"第二届全球食品安全管理人员论坛"，主题仍是"建立有效的食品安全系统"。该主题围绕两个分主题展开，一是各国通过国际食品安全官方网络

(INFOSAN)的信息和技术支持,加强官方食品安全的监控;二是建立食源性疾病的流行病学监视和食品安全快速预警系统,并将生物反恐引入食品安全管理系统。

美国国家研究委员会(NRC)框架适用于量化的风险评估,但可能由于缺乏暴露评估或者剂量-反应数据而无法进行量化的风险评估,而进行“准风险评估”。此后,Covello 和 Merkhofer 于 1993 年,NRC 于 1993 年、1994 年、1996 年,国际生命科学学会(ILSI)于 1996 年,美国总统/国会风险管理委员会于 I996 年,FAO/WHO 风险管理咨询小组于 I996 年,Kaplan 于 1997 年,Marks 等于 1998 年,国际食品法典食品卫生委员会于 1998 年,FDA 于 1999 年,Rand 和 Zeeman 于 1998,NACMCF 于 I998 年,均不断地对其进行修改和发展,使不同的风险评估框架适用于不同类型的危害因子(化学、生物、物理)。大量实质性修改意见的提出,反映了研究领域和政策制定领域之间需要进一步相互影响和交流。1993 年,Covello 和 Merkhofer 建议把危害识别作为实施风险评估前的准备工作,而不是作为风险评估的第一个步骤,并建议用“结果评估”代替“剂量-反应评估”。国际食品法典食品卫生委员会建议用“危害描述”代替“剂量-反应评估”。危害描述强调定性的风险评估方法,这在缺乏特定人群的剂量-反应数据和病原体数据以及该人群并不消费所评估食品的情况下更有实用价值。

WHO 和 FAO 是世界范围内食品安全工作的两个主要国际组织。这两个组织都参加 CAC 的工作。CAC 的 163 个成员参与各分委员会的工作,如国际食品法典食品添加剂委员会(CCFA),FAO/WHO 食品添加剂联合专家委员会(JECFA)。这些委员会制定国际上公认的管理和评估风险的文件。JECFA 的科学家自 1956 年以来制定了关于食品中超过 700 种危害因子的每日允许摄入量(ADIs)、暂定每周耐受量(PTWIs)和其他指标。JECFA 为 CCFA 提供了关于这些化学危害物的一系列标准中的适量水平和建议。这些建议可被 CAC 采纳作为最大残留限量(MRLs)或最大限量(MLs),成为国际公认的保护公众健康的标准。CAC 还制定食品中辐射危害的指南。FAO/WHO 成立了与 JECFA类似的咨询组织,用来解决国际贸易中食品微生物危害标准有关的科学议题。

近年来,风险分析得到了不断的扩展,包括协商、提高理解力、实施解决办法等内容,这同样也扩展了风险分析本身。但风险分析受时间、资金、专业技能、可利用数据等因素的限制,很难进行全面的、量化的风险评估。

1.2 风险管理

风险管理是在风险评估的基础上选择、组合和优化各种风险管理技术对风险实行有效控制并妥善处理风险所致损失的过程。其目的是寻找和确定能有效控制和处理风险的管理技术,以最有效的手段和最小的成本,达到减少风险事件发生的概率和降低损失后果的目的，为最终的风险决策提供手段。

1.2.1 风险管理概述

1.2.1.1 风险管理的定义及内涵

美国《联邦政府的风险评估管理》将风险管理定义为：依据风险评估的结果，结合各种经济、社会及其他相关因素对风险进行管理决策，并采取相应控制措施的过程。具体来讲，风险管理是为对降低风险的措施进行分析、选择、执行和评价的过程。

风险管理是食品安全风险分析的第二步，当识别了某一食品安全问题后，风险管理者需要启动一种能够贯穿整个过程的风险管理措施，风险管理的依据是风险评估得出的结论。风险管理就是根据风险评估结果，在经济可行性、技术可行性等限制条件下，制定风险管理政策并执行风险管理措施的过程。“不同于风险评估，风险管理并不是完全基于科学，还要考虑其他合理的因素，如风险控制技术的可行性、经济社会的可行性以及对于环境的影响。”

1.2.1.2 风险管理的目的

寻找和确定风险管理的有效控制和处理方法，以最有效的手段和最小的成本，减少风险事件发生的概率与降低后果的损失，最终为风险决策者提供手段。

1.2.1.3 风险管理与风险评估的关系

风险评估和风险管理相互作用又相互独立。首先，风险评估是风险管理的基础。在风险评估之前，要风险评估者和风险管理者共同做出风险评估的策略；在实际风险评估和管理的过程之中两者又要相互独立，以保证评估的科学完整和决策制定的正确性。

风险评估和风险管理密切相关但过程不同，特点是风险管理决策的性质经常影响风险评估的广度和深度。简单来说，风险评估者会问“这个情况有多危险?”然后风险管理者问“什么是我们可以接受的?”和“我们应该怎样做?”。风险评估经常被看作是客观、科学的过程，而风险管理则被认为是主观、行政的过程。尽管有争议，但这两者的区别是重要的。传统的观点认为风险管理不应影响风险评估的过程和假设：这两项职能应保持在概念上和管理上的独立。风险评估基于分析科学数据对风险的形式、数量、特征的描述，提供信息，即人类或环境危害的可能性。尽管风险评估主要是科学任务，但在一些事项上仍需要行政决策，比如：“什么是我们试图保护的，应在何种程度上受到保护?”其节点、不可接受的影响、不确定因子的大小都是争议的话题，且基于隐含的政策选择。关于风险的问题经常没有科学答案或者有多个答案，且有争论。风险管理基于风险评估和法律、政治、社会、经济和技术性质的考虑采取措施。

1.2.2 风险管理的一般框架

风险管理的一般框架包括四个组成部分，分别为初步的风险管理活动（也称风险评价

risk evaluation)、风险管理措施的选择评价(option assessment)、执行风险管理决策(implementation assessment)和监控与回顾(monitoring and review)(图 1-2)。该框架为食品安全管理者应用风险分析的所有部分提供了一种实用的结构化的过程。风险管理的全过程是一个循环流程,在各阶段与实施步骤之间存在着许多反复性工作。当获得新的信息或后续阶段的工作表明需要修改或重新评价前期阶段的工作时,可以重复风险管理框架中的部分工作。

风险管理框架的四个组成部分可以简单概述如下。

① 初步的风险管理过程是风险管理的起始过程。包括了建立风险预测,促进在某一特殊背景下问题的思考以及提供尽可能多的信息以指导下一步的行动。在这一过程中,风险管理者要把风险评估作为一项科学独立过程来指导决策。

② 风险管理措施的选择评价是根据风险和其他因素的信息对食品安全管理问题进行权衡,包括在适当的水平上对消费者进行保护。按照效率、效益、技术可行性以及实用的原则,在食品链的各个环节上实现食品安全控制措施的最优化目标。在这一阶段,费用—效益分析在风险管理的选择评价中发挥着重要作用。

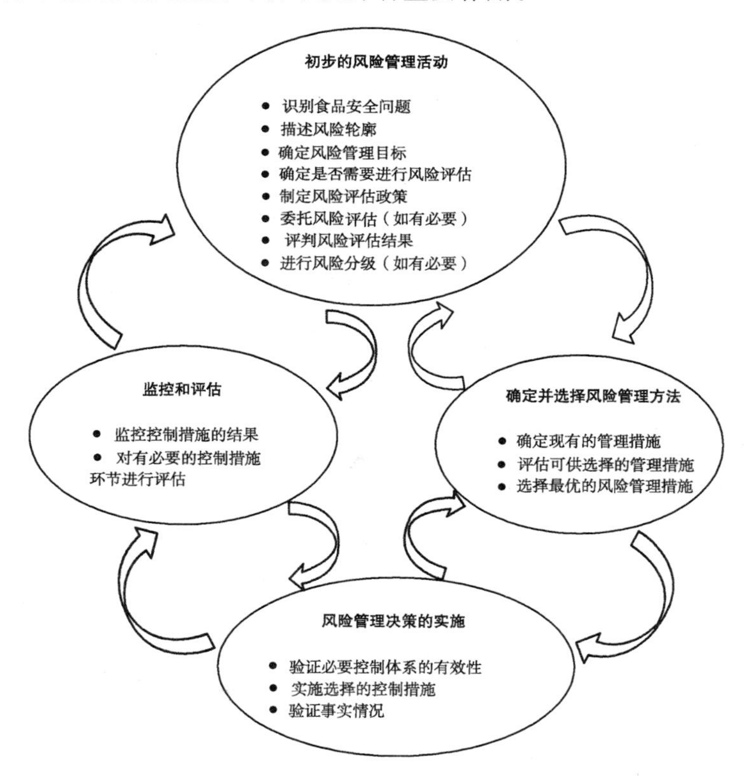

图 1-2　风险管理一般框架

③ 执行风险管理决策,通常要有规范的食品安全管理措施,如 HACCP 的应用。只要表明能够客观地实现既定的目标,企业可以灵活选用一些措施。其更重要的是要对食

品安全措施的应用进行持续不断的确认。

④ 监测与回顾是收集和分析数据以分析食品安全和消费者健康的概况。新的食品安全问题一出现,食品污染物监测系统和食源性疾病监测系统应能够识别出哪些公共卫生的目标没有实现,哪里有需要重新设计的食品安全控制措施。

食品安全风险管理一般框架可在两种情况下起作用:一种是战略性、长期性情况(如制定国际与国内标准),另一种是国内食品安全机构的短期工作(如疾病暴发的快速反应)。无论哪种情形都需要得到最科学的信息资料。对于前者,风险管理者可以从风险评估报告中获得丰富的科学信息资料;而对于后者,由于风险管理者不可能得到完备的风险评估报告,因此需要依赖于已获得的有关风险的科学资料(例如,人体健康监测与食源性疾病暴发等数据),以之作为实施初步控制措施的依据。

接下来将逐步阐述风险管理一般框架的应用。

1.2.3 初步风险管理活动

1.2.3.1 步骤 1 识别与描述食品安全问题

对于风险管理者而言,首先必须识别食品安全问题的属性和特征并对此加以描述。有些问题是已经有了认识并被大家认定为需要进行正式风险评估的食品安全问题,但有时尽管已经明显地认识到问题存在,但仍需要在决定和采取进一步行动之前掌握更多的信息资料。

食品安全主管机构应用不同的方式了解需要解决的食品安全问题。食品安全问题可以通过下列措施进行确定:国内和国际(进口)检查、食品监控计划、环境监测、实验室检测、流行病学、临床与毒理学研究、疾病监测、食源性疾病暴发调查、新资源食品和遵从食品标准难度的技术评价,等等。有时候食品安全问题是通过学者或科学家、食品企业、消费者、相关团体或媒体披露的,而有时不是由于关注食源性风险而导致的食品安全问题,主要是由于法律行为以及国际贸易的中断而显现的。

对食品安全问题进行简短的初步描述是描述风险轮廓的基础,并为进一步的行动提供背景和指导。在步骤 1 中通常也需要风险管理者确定公众健康目标,如食品安全问题非常紧急,必须找到解决方法并迅速实施时,所进行的风险分析可能受到条件限制,可供选择的备选方法也相当有限。而对于不太紧急的问题,风险分析的潜在范围可能非常广。但资源的局限性、法律、政治考虑及其他因素通常帮助风险管理者对特定情况下开展风险分析的深度和广度做出务实的决策。

1.2.3.2 步骤 2 描述风险轮廓

进行风险轮廓描述需要针对某一问题收集信息资料,并采取多种形式表述。风险轮廓描述的主要目的是帮助风险管理者采取进一步行动。所收集信息的程度因具体情况而异,但应足以指导风险管理者决定是否需要进行风险评估及评估的程度。除非是碰上紧急且需要即时处理的食品安全问题，风险管理者通常不太可能自行完成风险轮廓描述。一般而言，风险轮廓描述主要由风险评估者以及其他熟悉该问题的技术专家来完成。

典型风险轮廓描述的内容主要包括：情况介绍，即所涉及的产品与商品；消费者暴露于危害的途径；与暴露有关的可能风险；消费者对该风险的认识；不同风险在不同人群的分布情况等。通过收集风险信息资料，风险轮廓描述应帮助风险管理者确定优先解决的问题，并决定针对该风险还需要多少进一步的科学信息，以制定风险评估政策。通过描述当前的风险控制方法（包括其他国家的相关方法），风险轮廓描述也可帮助管理者确定风险管理的备选方法。很多时候风险轮廓描述可被看作初步的风险评估，是风险管理者对涉及该风险的已知情况进行的整体总结。

一个好的风险轮廓描述能够为必要时委托风险评估提供基础，有助于确定风险评估需要回答的问题。这些问题的形成通常需要风险评估者与风险管理者进行有效的交流，同时与其他外部相关方（如与潜在危害信息资料有关的各方）进行沟通。

1.2.3.3　步骤 3　建立广泛的风险管理目标

建立了风险轮廓描述后，风险管理者需要决定更广泛的风险管理目标，这可能要同时决定风险评估是否具备可行性与必要性。描述风险管理目标必须在委托风险评估之前进行，确定至少有哪些问题需要且有可能通过风险评估回答。

1.2.3.4　步骤 4　确定是否有必要进行风险评估

确定是否有必要开展风险评估是风险管理者与风险评估者反复进行的决策，这也是建立更广泛风险管理目标的一部分。需要重点考虑的问题包括：怎样进行评估、需要解决什么样的问题、什么样的方法可能产生有用的结果、缺乏哪些数据、哪些不确定性可能导致不能获得明确的解决方案。如果风险管理者决定开展风险评估以支持风险管理目标，那么就必须对这些事项进行说明。在开始阶段确定缺失的关键数据也有助于在风险评估之前或评估过程中收集到这些信息。所有上述这些工作通常需要科研机构、调查研究团体及相关企业的合作。

风险评估在下列情形下显得尤为重要：风险的属性及影响程度不明确，风险涉及的社会价值相互冲突，风险受到公众密切关注，风险管理措施会对贸易产生较大影响。通过对最重要的风险进行分级，风险评估也能指导相关研究。

影响风险评估必要性的实际问题有：现有的时间与资源，采取风险管理措施的紧迫性，与处理类似问题的措施的一致性，科学信息的有效性等。当风险轮廓描述显示食源性风险影响重大且紧迫时，监管者可以在进行风险评估的同时决定实施临时监管控制措施。另一方面，有些问题不需要进行风险评估就能简单迅速地解决，而在某些情况下，由于潜在风险的自限性特点，可能不需要采取具体的监管措施。

1.2.3.5　步骤 5　制定风险评估政策

在风险评估过程中会产生许多主观判断与选择，其中某些选择将对评估结果在决策方面的效用产生影响。而其他一些选择可能具有科学价值取向及偏好，如在数据不一致的情况下，怎样处理不确定因素以及使用什么样的假设，或者在说明某种可接受的风险影响时，应该怎样谨慎行事等。

通常地，需要制定相应政策以提供一个得到公认的风险评估框架。在第15版的《食品法典委员会程序手册》(*Codex Alimentarius Commission Procedural Manual*)中对风险评估政策进行了定义，即“关于备选方案的选择及相关判断的有文件记录的准则，以便在风险评估的适当决策点上加以应用，从而保持这一过程的科学完整性”。风险管理者负责制定风险评估政策，具体实施过程需要风险评估者的通力合作，而且在开放透明的实施过程中，允许有关利益相关方适当参与其中。风险评估政策需要形成文件，确保其一致、清晰与透明。

风险评估政策是清楚理解风险评估范围及其进行方式的基础。它通常确定风险评估所涉及的食品体系的具体部分、人口分布、地域及时间周期等。风险评估政策可能包括风险分级条件(如评估涉及同种污染物带来的不同风险或者不同食品中的污染物带来的风险时)及应用不确定因素的程序。制定的风险评估政策能够为确定合适的保护水平与风险评估的范围提供指导。

1.2.3.6 步骤6 委托风险评估

在决定需要进行风险评估后，风险管理者必须确保完成风险评估工作。风险评估的性质与方法取决于该风险的性质、涉及单位的情况和可利用的资源以及其他因素的影响。通常情况下，风险管理者必须组织适当的专家队伍开展工作，随之与风险评估者进行广泛的交流，对它们所开展的工作进行明确的指导，同时保持风险评估与风险管理工作的“功能分离”。

功能分离指的是在执行过程中，把部分涉及风险评估或风险管理的任务分离开来。虽然发达国家也许已经有独立的机构与人员分别实施风险评估与风险管理，而在发展中国家，这两项工作可能由同一批人负责。关键在于使用现存的结构和资源条件，保证两项任务分开执行(即使是同一批人)。功能职责分离不强求设立不同的机构和人员实施风险管理与风险评估工作。

当有充足的时间与资源时，最适当的做法是组成独立的、由多学科专家参加的科学队伍开展风险评估。而在其他情况下，监管者可召集内部专家或从学术机构邀请负责任的外部科学家实施评估。最有效的评估队伍由多学科专家组成，例如，评估微生物危害，评估队伍应包括食品技术专家、流行病学家、微生物学家及生物统计学家等。

由FAO/WHO专家机构(JECFA，JMPR或JEMRA)实施的风险评估旨在为国际食品法典委员会与政府在针对特定的危害—食品组合选择最合适的管理方法过程中提供信息和帮助。历史上，针对食品化学危害，许多政府通过采用法典标准而直接引用国际风险评估工作的结果。但在其他情况下，国际风险评估是形成各国特有化学危害风险评估以及建立相应的国内标准的基础。对于微生物危害，国际风险评估很少，但这些国际评估工作对建立本国家微生物危害标准也有重要的促进作用。

国内风险管理者必须确保风险评估能够顺利开展与实施。无论风险评估的范围与特点是什么，也不管风险评估者与管理者的身份是什么，在这个关键步骤都需要把握一些基本原则。风险管理者在开展与支持风险评估中的职责包括：

① 确保任务的委托与风险评估的所有方面都形成文件且透明；

② 与风险评估者就风险评估的目的与范围、评估政策及所期望得到的产出形式等进行明确的沟通；

③ 提供充足的资源，并建立一个合适的时间表，保证风险评估与风险管理之间“功能分离”的切实可行；

④ 确保风险评估队伍中专家的合理平衡，不存在利益冲突与其他偏见；

⑤ 在整个过程中，能与评估者之间进行有效的反复交流。

现实中，“功能分离”意味着风险管理者与风险评估者从事不同的工作，需要完成他们各自的任务。风险管理者必须避免试图“引导”风险评估以支持他们倾向的风险管理决定，风险评估者必须客观地收集和评估证据，而不受风险管理者所关心的问题影响，例如，评估行为的经济收益、降低风险暴露的成本或消费者对危害的认识状况。

在资源和法律体制允许或要求的情况下，风险评估可以由与食品管理机构不同的独立科研机构负责实施。然而在其他情况下，特别是一些小国家或者是资源有限的国家，政府官员可能需要身兼数职，同时承担风险管理与风险评估任务。不过，为遵从两项工作功能分离的原则，国家级的风险管理者通常应该保证所开展的风险评估工作能够在客观、无偏见的情形下得到有效开展。

1.2.3.7　步骤7　评判风险评估结果

基于现有数据，风险评估应该清晰且完整地回答风险管理者所提出的问题，并在合适的情形下对风险估计中的不确定性来源进行识别与量化。当判断风险评估是否完善时，风险管理者需要做到以下几点：

① 完全了解该风险评估的优缺点以及结果；

② 熟悉风险评估中使用的技术，便于向外界的利益相关方进行详细说明；

③ 了解风险估计中的不确定度和变异度的本质、来源及范围；

④ 熟悉并确定风险评估过程中所有重要的假设，了解其对结果产生的影响。

许多风险评估的间接价值在于，明确需要开展哪些研究，以便对某个危害—食品组合所产生的风险填补科学知识方面的空白。

在初步的风险管理阶段环节，当风险评估已经完成而且能够由利益相关成员进行审查和讨论时，风险管理者、评估者以及其他利益相关方进行有效的交流是至关重要的。

1.2.3.8 步骤8 对食品安全问题进行分级并确立风险管理的优先次序

国家食品安全管理机构常常需要同时处理大量的食品安全问题。在特定的时间内管理所有问题，不可避免地会出现资源不足的情况。因此，对于食品安全监管者而言，对问题进行分级，建立风险管理的优先次序以及为所评估的风险进行分级是非常重要。

分级的主要条件通常是消费者对每个事件所认识的相对水平，据此，最合理的风险管理应将资源用于减少总体食源性公众卫生风险，也可根据其他因素将某个问题定为优先处理的问题，包括食品安全控制措施不同而导致的国际贸易受到严重阻碍；解决该问题的难易程度；有时也迫于公众或政治的压力，需要对某些问题或事件给予优先考虑。

1.2.4 风险管理措施的选择评价

一般性风险管理的第二个主要阶段是确定、评价和选择风险管理措施。一般而言，在风险评估实施完成之前该步骤是不可能完全执行的，但实际上，在风险分析的初始时期这个阶段的工作就已经开始了，并且随着风险信息资料的逐步完善与量化而不断反复该步骤。风险轮廓可能包含一些风险管理措施的信息(见1.2.3.2)，当管理者开展风险评估时，可能提出一些具体的问题，而相应的答案可以指导风险管理措施的选择。正如上述1.2.3节步骤3中所讨论的，在紧急的食品安全状况下，在风险评估实施之前至少需要选择并运用一些初步的风险管理措施。与风险管理的第一阶段相似，该阶段也包含几个不同的分步骤，实施这些步骤的具体顺序并不重要。

1.2.4.1 步骤1 确定现有的管理措施

当管理者了解已确立的风险管理目标及风险评估的结果时，一般将确定出一些能解决所面临的食品安全问题的风险管理措施。风险管理者的责任是确定适当的方法，但不需要亲自做所有的工作。风险评估者、食品企业中的专家、经济学家及其他利益相关方基于他们的专业技术与知识在确定管理方法过程中也起着重要的作用。

理论上讲，确定管理措施的过程是简单的，但往往会受到局限，这是由于食品安全风险管理者在实施所选择措施的能力上有局限。当识别可能的控制措施时，风险管理者应该把生产到消费全过程作为一个连续性的整体进行考虑，然而在许多情况下，具体的监管部门仅仅在这个整体中的部分领域具有权限。在其他情形下，风险评估可能仅仅局限于食物生产链过程中的一小部分，而且可能只识别了仅处于该风险评估范围内的管理措施。

有时管理特定的食品安全问题相关的风险，可能使用一种控制措施就能成功，有时则需要使用综合的方法进行管理。还有一些情况下，例如，实施了良好卫生规范(GHP)之后，能够选择的风险管理措施非常有限。通常来说，初始阶段应考虑相对较广泛的可能的方法，然后再通过更为详细的评价，选择最有效的方法。同样重要的是要向每个食品安全问题利益相关方征求意见。

1.2.4.2　步骤2　评价可供选择的管理措施

在解决方案明确且相对容易执行或者只有一种方法可以选择的时候，对已确定的风险管理措施的评价会很简单。但有时候，许多食品安全问题涉及复杂的过程，很多可供选择的风险管理措施在可行性、实用性及能达到的食品安全水平是不一样的，可能需要进行成本—效益分析并权衡各个措施所带来的社会价值影响，作出取舍。

在评价与选择食品安全控制措施时，最关键的因素之一是认识到应当在所评价的风险管理措施和该措施所能带来的降低风险水平和(或)保护消费者水平之间建立清晰的关联。

基于风险评估的食品安全控制措施一般是为了把风险降至某一目标水平，因而风险管理者必须确定期望达到的健康保护程度。通过与风险管理者的良好沟通，风险评估者可以考察不同控制方法在降低风险方面的效果，从而为风险管理者作出最有效控制措施的决定提供客观数据。风险管理最重要的目的是最大程度的降低风险，但同时也需要保证管理措施能有效实施、效率较高，不能局限性过多。

在这样的背景下，"基于风险"的控制方法是根据目前涉及食源性危害有关的人体健康风险方面的知识(无论以定性还是定量的方式表达)而制定出来的。控制措施的目标是使人类健康保护达到既定水平(可以是定性水平也可以是定量水平)，并应当能够从这些方面进行解释与验证。对于国际贸易中的食品，进口国家建立的消费者保护水平被称之为"适当保护水平"(ALOP)。

如何选择最好的管理措施并没有什么严格的规则，然而对于需要立即处理的食品安全问题及风险管理目标可以有许多种方式。在理想状况下，为了评估单个或者多个风险管理措施应该获得下列信息。

① 根据风险管理措施(单一或综合措施)实施的后果，列出可能产生的风险，可用定性或定量方式表达；

② 预计可选的不同风险管理措施(单一或综合措施)对可能风险产生的相对影响；

③ 实施不同管理措施的可行性及实用性的技术资料；

④ 不同可选管理措施的成本—效益分析，包括大小与分布情况(即谁受益，谁支付费用成本)；

⑤ 在国际贸易中不同的措施产生的WTO/SPS方面的影响。

包括风险管理者与评估者在内的任何利益相关方都可以参与到该过程中，包括提供一些必需的资料、考虑不同的情况进行不同的权衡，或提供其他适当的信息。

虽然有些国家将成本—效益分析作为食品安全政策决策的一个必要工作，但开展这一工作存在一定的难度。估计特定风险管理措施的效益与成本的大小与分布情况需要关注下列一些问题：食品的可获得性或食品营养质量的变化；进入国际食品市场的影响；对消费者关于食品供应安全或食品监管制度信心的影响；其他与食品安全风险及管理有关的社会成本及后果。其中许多因素是难以预测或量化的。

进行经济效益的估计会有许多不确定性因素，例如，难以预测市场参与者会对于一项基于风险的监管措施产生什么反应以及市场将如何变化等。科学技术的迅速发展增加了效益和成本预测中的不确定性，因此仅仅靠成本—效益分析不能确定最优的风险管理措施。但作为收集与评价数据情况及数据缺陷的系统学科，成本—效益分析可以为决策过程提供信息。此外，还需要考虑最受决策影响的企业与消费者关心的问题及相关认知情况。在这一阶段，风险管理者必须对所收集信息的质量进行严格评估，通常需对所考虑问题的重要性作出主观判断，并给出判断依据。

风险管理措施还常常要考虑社会伦理道德因素，这一因素往往是隐含的。例如，在有些情况下道德原则成为决策的基础：企业具有提供安全食品的责任；消费者有权获悉与所消费食品有关的风险；政府需要采取行动保护不能自我保护的群体等。风险管理者可能非常容易解释与维护在科学与经济分析的基础上做出的食品安全决策，与伦理道德因素相比，科学与经济分析结果更为客观。但风险管理决策中涉及的伦理道德因素也需要公开讨论，以实现管理的透明化，促进有效信息交流的开展。

无论一个国家内部还是在不同的国家之间，对风险管理措施的评价过程都会因风险的不同而不同。但无论在哪一个层面，较好的评价过程应该是开放式的，政府、企业、消费者以及其他利益相关方都有机会提供信息，对拟采取的措施进行评论，并提出选择最适当方法的条件。平衡多种风险管理措施的优缺点是具有挑战性的任务，在利益相关方之间进行广泛的交流可能会使该过程更加难以管理，且增加了决策过程的时间。但是风险管理者会发现，范围广泛、内容丰富的意见征询过程往往能够提高选择的风险管理措施的决策质量，并使公众更容易接受这一措施。

在评价食品中微生物危害的风险管理措施时，只要能达到保护消费者的目的，监管者应该给执行标准的企业尽可能多地提供灵活的监管标准。HACCP 体系就属于灵活并以结果为导向的管理方法。近些年，HACCP 体系已经建立了基于风险目标的概念，用以在食物生产链中的关键点进行危害控制。

食品中化学危害的风险管理措施通常是比较通用的，例如，确保按照良好农业规范(GAP)使用农药或兽药将不会导致食品中药物残留危害。在化学物质不是有意用于食品生产过程中的情况（如二噁英或甲基汞等环境污染物），通常要评价更多的风险管理措施（如在收获时实施一些措施，给消费者提供信息，使之能够自愿性地减少摄入）。暂定每周耐受摄入量(PTWIs)这样的暴露指导值可以为最大安全摄入量提供参考，可以进一步采取风险管理措施防止消费者的摄入量超出暴露量安全上限。许多化学危害的风险管理措施基于推算的 NOAEL 或者 RfD 等方法，估计可接受的暴露水平，以避免对健康产生长期损害，还可以采用如致癌作用的线性模型等其他风险模型方法，选择和评价不同的风险管理措施，如禁止或严格限制化学物质的使用等。

1.2.4.3 步骤3 选择最优风险管理措施

选择风险管理措施可以利用不同的方法和决策框架，没有最合适的方法，不同的风险及不同的情况应使用不同的决策方法。实质上，作出合适的风险管理决策要综合考虑上述所有评估信息资料。

大部分风险管理决策的主要目标是降低人类健康的食源性风险，有些情况（如判断不同管理方法对保障人体健康的等效性）除外。风险管理者应将重点集中在选择能最大程度降低风险影响的管理措施上，并将管理效果与其他影响决策的因素进行权衡。这些因素包括潜在措施的可行性和实用性、成本—效益因素、平衡利益相关方、宗教伦理以及产生的负面影响，如降低食品食用价值或营养质量。由于所涉及各方面的价值属性明显不同，所以权衡分析过程基本是定性分析。风险管理者需要确定每个要素的影响权重，因此，从根本上来讲，选择“最合适的”风险管理措施其实是一个政治性与社会性的工作。以此为基础，选定的管理措施应与要解决的实际公众健康风险相对等。选择最优的风险管理措施通常包含下面三方面内容。

（1）确定消费者健康保护的期望水平

风险管理措施决策提供的消费者健康保护水平常被称之为“适当保护水平”（ALOP）。WTO/SPS协定将ALOP定义为“各成员在其领域内为保护人类、动物或植物的生命或健康建立的卫生或植物卫生措施被认为是合适的保护水平”。ALOP有时也被视为“可接受的风险水平”。必须指出，ALOP表示的是在当前状况下食品安全方面的保护水平。但是因为当前所应达到的消费者健康保护水平可能是变化的（例如，新技术的引入可能改变食品中污染物的水平），所以ALOP应及时修改。也可以建立消费者健康保护的未来目标，实现这些目标也需要修订ALOP。ALOP可以是总体的，也可以是具体的，这取决于所获得的关于危害和风险来源的信息。选择最优的风险管理措施中确定ALOP的方法有以下几种。

① 理论零风险法：危害保持在预先确定的“可忽略不计的”或者“理论零风险”水平，风险评估表明这样低的暴露水平在一定确定度下不会造成伤害。该方法用于对食品中的化学性危害建立ADI。例如，杀虫剂毒死蜱具有伤害儿童脑发育的潜在危险，为避免这种风险，JMPR已经建立了毒死蜱的ADI，农药残留法典委员会（CCPR）以此为基础，为有可能使用毒死蜱的各类食品建立了MRLs。

② ALARA法（尽可能低的合理摄入量）：在技术可能和（或）经济可行性情况下，风险管理措施把危害水平限制在最低水平，但危害仍然存在。例如，新鲜或未煮熟的肉类产品中的肠道致病菌，或在卫生的食品中存在不可避免的环境污染物。

③ “阈值”法：通过公共政策将风险控制在预先确定的特定数值水平之下。该方法可用于化学性危害，特别是致癌物。例如，在美国，由于估计消费者一生暴露于某些食品色素预期带来的额外风险导致每10万人口癌症发病率增加1例，因此禁用了这些色素。

④ 成本—效益法:风险评估与成本—效益分析同时进行,风险管理者在选择方法时,权衡降低的风险与所需要的经济成本。例如,荷兰通过选取基于风险的方法控制鸡肉中的弯曲菌。根据成本—效益方法的定性分析,对于可能引起癌症风险但也能防止肉毒杆菌中毒的防腐剂亚硝酸钠,许多国家在特定食品中限制其最大水平不超过100 ppm。

⑤ 风险比较法:比较降低某种风险带来的收益与实施风险管理决策产生的其他风险。例如,为避免甲基汞的危害,人们少吃鱼的益处与可能导致的营养损失相比较;在食品加工过程中水加氯消毒的益处与可能增加的癌症风险相比较。

⑥ 事先预防措施:当现有的信息表明食品中的某种危害可能对人体健康造成显著风险,但科学数据不足以估计实际的风险时,可以实施临时措施控制该风险,同时着手准备进行更准确的风险评估。例如,在欧洲疯牛病流行的早期阶段,就禁止在饲料中使用动物源性添加剂并禁止牛肉贸易。

针对特定食源性公众健康风险的消费者健康保护水平所提出的 ALOP 目标或未来目标显然是风险管理职能的一个核心。在很多情况下,它依赖于风险管理措施的可行性及实用性。通过考虑并综合所有上述的评价信息,可以针对某一特定的消费者保护水平选择一种或多种措施。

在风险管理活动与要达到的消费者健康保护水平之间建立联系的过程中,达到 ALOP 或类似的未来目标的概念是必不可少的。风险管理者在实际控制措施与消费者健康保护水平之间建立联系的过程中,有许多工具和方法可以利用。

对于化学污染物,风险评估所产生的结果通常包括一种可耐受摄入量的估计值,例如每日耐受摄入量(TDI)或暂定每周耐受量(PTWI)。对于食品添加剂、农药残留及兽药残留,风险评估者通常确定一个每日容许摄入量(ADI)。TDI、PTWI 或 ADI 一般基于剂量-反应水平的估计,在该剂量水平内不会产生不良健康效应。据此确定的 ALOP 就是公共政策预先确立的"理论零风险"。然后就能选择实施一系列能达到所要求 ALOP 目标的风险管理措施。例如,在农田耕作阶段强制实施良好农业规范(GAP),以最大程度降低农药残留;在具体食品中建立农药的 MRLs;使用 MRLs 监测食品供应情况等。

有些国家已经在化学性危害风险评估中使用了定量概率方法,改变了选择风险管理措施的决策方式。定量概率方法能够估计与化学危害暴露水平变化相关的风险变化。可接受的风险水平可以根据公共政策决定,然后选择风险管理措施使风险保持在"阈值"(有时也称为"实际安全剂量")内。

(2) 决定最优风险管理措施

风险管理者在进行决策时不仅考虑所要达到的消费者保护水平,还要考虑风险管理措施的可行性与有效性,在前面的讨论中已经举出了一些实例。通常情况下,大多数选择风险管理措施的决策框架将结果的"最优化"作为其首要目的。也就是说,决策者的目的是尽可能地以一种效益超过成本的、技术可行的、利于消费者和其他利益相关方利益的方式达到消费者保护的最佳水平。成本—风险—效益分析一般需要大量有关风险及不同管理方法的信息资料。前面已经叙述过，没有一种决策方法能够适用于所有情况，而对于任何具体的食品安全决策，适合的方法不止一种。

在相关各方能够参与并与决策者交流的开放环境中，对措施进行系统、严格的评价，能够使决策制定得较为合理且被广泛接受。考虑到解决食品安全问题时非科学因素的重要性，外部利益相关方的参与可能是该阶段工作完成的关键因素。为了达到最好的管理解决方案，如果可能，风险管理应该考虑从生产至消费的全过程，而无需考虑涉及多少个管理机构以及他们的职责。任何监管措施必须能够在国家法律与监管机构的框架内得到实施。有些国家则采用自愿方式而非通过立法强制实施，并取得了良好的效果。总之，处于当今全球食品市场中，监管措施必须考虑到对国际贸易协议的影响以及该措施给本国监管机构带来哪些额外的责任。

(3) 处理不确定性

在进行风险评估以及预计实施风险管理措施效果的过程中，不确定性是不可避免的因素。国家级的食品安全管理机构在进行风险管理决策时，需要尽可能透明地考虑不确定性因素。在预测一项基于风险管理措施的效果时，风险评估者应当优先使用概率表示评价中的不确定性（详细讨论见第 2 章）。从风险管理者的角度来看，必须充分了解不确定性因素，决策者才能“懂得何时具有足够的信息以采取行动”。在这种情形下，风险管理者可以通过要求进行以下分析，来验证临时措施的有效性。

① 进行灵敏度分析，用于确定模型输入量的变化如何影响结果；

② 不确定性分析，用于确定所有不确定性因素的结果。

在多数情形下，尽管存在众所周知的不确定性因素，决策过程中仍然会产生一个或多个得到认可的风险管理措施。有时当不确定性很大以至于难以采取明确措施时，可以采用临时性的方法，同时收集更多的数据以在实施另一轮风险管理框架之后形成更基于信息的决策。

1.2.5 实施风险管理决策

风险管理决策由多方实施，包括政府官员、食品企业与消费者。实施类型依食品安全问题、具体情况及涉及单位的不同而不同。为了有效执行控制措施，食品生产者与加工者通常使用如 GMP、GHP 和 HACCP 体系这样整体性强的方法来进行全面的食品管理。这些方法为风险管理者确定并选取的具体食品安全风险管理措施提供了一个平台。

无论强制要求还是自愿，企业在实施食品安全控制中都应承担主要责任。不同的国家法律制度也规定了企业应承担的食品安全责任。政府机构可以采取多种验证方法确保企业遵从标准。政府或监管机构实施感官检查、产品检测等监管措施，检查企业是否遵从标准的主要成本由监管机构来负担。对于某些危害，企业在其每个独立的加工环节都建立如检测各种化学污染物的残留等控制措施是不现实或是不经济的。国家级的化学污染物残留监控计划可以提供确保已经能够对该危害实施适当控制措施的数据。这类计划可以由政府、企业或者两者共同实施。

近年来，关于国家食品安全管理机构的设置，在不同国家已经出现了新的方式。将所有国家级食品安全监管部门整合到一个机构有几大优点，例如，减少重复工作和责任交叉、提高政府食品监管措施实施的效果等。将以往分散在几个执法部门中的工作进行整合，对于食品安全采用多学科综合性的管理手段，并实施基于风险的“生产—消费全过程管理”措施具有实际意义。同样，如今的食品安全制度越来越依赖于共同承担实施食品安全决策责任的综合性的系统方法。生产—消费全过程的创新合作具有灵活性，这在分散监管制度中是缺乏的。例如，动物屠宰前后的质量检查中，质量保证体系可以扩展到包括企业与兽医行业相关服务的配套法规中。如澳大利亚的官方兽医机构如今负责监测制度的总体设计及其审批；而企业则负责进一步建立、实施及维护该制度；兽医负责具体的屠宰场，确保企业实施的质量保证计划符合现行的监管规定。

1.2.6 监控与评估

在作出和实施决策后，风险管理并没有因此结束。风险管理者还应确认降低风险的措施是否达到预期的结果；是否产生与所采取措施有关的非预期后果；风险管理目标是否可以长期维持。当获得新的科学数据或有新观点时，需要对风险管理决策进行定期评估。同样，在监督与监测过程中收集到数据表明需要评估时开展评估。风险管理的这个阶段包括收集并分析有关人类健康的数据以及引起所关注风险的食源性危害的数据等，形成对食品安全及消费者健康的总体评价。

公众健康的监测（属于广义范围的监测工作的一部分）通常由国家级公共卫生部门负责执行。它提供食源性疾病发生率变化情况的依据，以随后实施食品管理措施，或者可以发现新的食品安全问题。如果监测结果表明没有达到预期的食品安全目标，则需要政府与企业重新设计新的食品安全控制措施。

常用的有助于监控风险管理措施实施效果的信息资料主要有：

① 疾病报告的国家监测数据库；

② 疾病登记、死亡证明数据库及由此得出的时间序列数据；

③ 目标人群调查（主动监测），对正调查的具体风险及风险因素进行分析流行病学研究；

④ 为调查病因食品进行的食源性疾病事件暴发的调查数据、与散发食源性疾病结合在一起的统计数据；

⑤ 监测食品生产至消费全过程中的各环节中化学性及微生物性危害发生的频率及水平；

⑥ 母乳中的持久性有机物污染（POPs）出现的频率；

⑦ 来自典型人群样本调查收集到的血液、尿液或其他组织中污染物发生的频率及水平；

⑧ 定期更新的食品消费调查数据，在可能范围内，收集由膳食模式导致可能处于风险中的、特定亚人群的数据；

⑨ 微生物“指纹”方法追踪通过食物链导致人类疾病的特定基因型的致病菌菌株(例如，多基因序列分型)。

大多数食品安全机构在食品生产的不同环节制订了监测计划，用来监测是否存在具体的危害。例如，国家农药残留情况调查、生肉中致病菌的监测计划等。即使这些计划没有被整合到一个全面的食品管理体系中，它们也能提供有价值的信息，包括危害流行的长期变化趋势及符合监管要求的程度。

为完成风险管理框架所开展的健康监测，一般由几个食品安全监管机构之外的其他机构开展，但也可能是某一个政府综合性部门的职责。应当明确监控与评估活动的目的是支持食源性风险管理，并在一个基于风险的食品安全体系中为了实现多学科合作而创造机会。食源性疾病调查，包括病因食品调查、病例—对照研究、细菌性危害的基因分型，这样的分析流行病学研究可以为人体健康监测提供有价值的补充材料。

在某些情况下，监测结果可能表明需要进行一次新的风险评估，可能降低以往的不确定性，或者利用新的或额外的研究结果对分析结果进行更新。修改了的风险评估结果可能造成风险管理的过程重复进行，也可能改变风险管理目标以及选择的风险管理措施。广义上的公众健康目标、社会价值变化及技术革新都可导致重新考虑以往采取的风险管理决策。

1.2.7　食品安全风险管理的一般原则

风险管理是通过训练有素的立法机构操作，对输入国消费者提供高水平的保护。当只有较少的数据或没有数据时，或者即便有一些或许多数据，都需要知识丰富、训练有素的专家根据公众健康需要进行科学的分析，这样的风险管理是必要的。因为风险管理的原则要求风险管理者为将风险减少到最低或可接受水平进行判断。

基于对风险管理的挑战及风险管理自身发展的特点，在进行风险管理时必须遵循一定的原则。

1.2.7.1　程序化原则

风险管理应该保存风险管理过程(包括决策过程)中所有因素的材料和系统文件，以便所有相关部门能够更加清晰地了解风险产生的原因。风险评估策略的确定应该作为风险管理的特殊组成部分。风险评估策略是在风险评估过程中，为价值判断和特定的取向而制定的准则。因此，最好在风险评估之前与风险评估者合作共同制定策略。风险管理应该通过保持风险管理和风险评估的功能独立性，来保证风险评估过程的科学完整性，并减少风险管理和风险评估之间的利益冲突。

风险管理应该是一个连续的过程，应不断地参考风险管理决策的评价和审议过程中产生的新资料。在风险管理决策之后，为了确定实现食品安全性目标的实效性，应对决策进行周期性的评价。在审议时，为了保证审议的有效性，有必要实行食品风险监控等活动。

1.2.7.2 统一管理原则

在风险管理体系中，功能整合、统一管理是风险管理的一个显著特征。食品供应链将风险管理集中到一个或几个成员企业，并加大成员企业间的协调力度，以提高管理的效率。风险管理的实施应该对从"农田到餐桌"的全过程进行监控，所有与食品安全相关的环节要进行统一管理，负责人与消费者就食品安全问题进行直接对话，建立食品安全管理和科研机构的合作网络，为风险评估、制定法规和制定标准等管理政策提供信息依据。

1.2.7.3 信息公开透明原则

在风险管理过程中，风险信息的交流与传播是一个非常重要的方面。风险管理强调制度建设和管理的公开性和透明度，建立有效的信息系统，通过定时发布市场监测等信息、及时通报有问题的食品召回信息、在 Internet 上发布管理机构的议案等，使消费者了解食品安全的真实情况，增强自我保护能力。同时，政府还提供平台让消费者参与食品安全管理，并加强对媒体的管理，要求媒体将客观、准确和科学的食品安全信息服务于社会，不得炒作新闻、制造轰动效应、牟取利益、造成消费者对食品安全的恐慌。

1.2.4.4 责任主体限定原则

风险管理首先是生产者、经营者的责任。政府在风险管理中也发挥着作用，它的主要职责就是通过对生产者、经营者的监督管理，最大限度地减少风险。食品生产企业作为当事人对食品安全负主要责任。食品生产企业应根据《食品安全法》等规定的要求生产食品，确保其生产、销售的产品符合安全标准。政府的作用是制定合适的标准，监督企业按照这些标准和安全法规进行生产，并在必要时采取制裁措施。违法者不仅要承担对于受害者的民事赔偿责任，而且还要受到行政或刑事制裁。

1.2.7.5 预防为主原则

食品生产企业应重视风险管理方面的预防措施，并以科学的 HACCP 作为风险管理政策制定的基础。在风险管理方面，政府应建立危害快速预警系统，一旦发现可能会对人体健康产生危害，而某个食品生产企业无能力完全控制风险时，政府将启动快速预警系统，采取终止或限定食品销售、使用的紧急控制措施；食品生产企业在获取预警信息后，应采取相应的措施，并及时向公众传播危害信息。实践证明：集中、高效、针对性强的风险管理体系是预防风险的关键。

1.2.8 风险管理者在委托和管理风险评估中的职责

风险管理者在发现风险后，首先要判断是否需要进行一项风险评估，这一过程取决于许多因素，如健康风险的优先分级、紧迫性、法规需要及是否有可获得的资源和数据。

以下情况可不委托风险评估：

① 有明确资料对风险进行了科学描述；

② 食品安全问题相对简单；

③ 食品安全问题不是法规所关注的，或者不属于强制管理范畴；

④ 要求作出紧急的监管措施。

在以下情况时可委托风险评估：

① 危害暴露途径很复杂；

② 有关危害和(或)健康影响的资料不完善；

③ 该问题引起了监管部门和(或)利益相关方的高度关注；

④ 对风险评估有强制的法规要求；

⑤ 需要证实针对紧急食品安全问题所采取的临时(或预警性)管理措施是科学合理的。

在与风险评估者进行协商后，风险管理者应在委托风险评估及统览其完成的过程中履行一些职责，包括组建风险评估队伍、界定风险管理目标和范畴、明确需要有风险评估者解决的问题、制定风险评估策略、规定风险评估结果的形式以及统筹风险评估所需的资源和时间。虽然风险管理者无需知道开展风险评估的所有细节，但他们必须对风险评估的方法学及评估结果的意义有一个基本的了解。这种了解可从风险信息交流中获得，同时也有助于进行成功的风险交流。

1.2.8.1　组建风险评估队伍

风险管理者应要求相关的科学机构来组建风险评估队伍，或是在他们做不到的情况下自己建立一支风险评估队伍。风险评估队伍应与工作的需求相适应。当实施战略性的和大规模的风险评估时，应满足大规模风险评估队伍的一般要求，小规模和直接的风险评估可由较小的风险评估队伍或个人进行。

大规模的风险评估常常需要一个多学科的队伍，包括生物学、化学、食品技术、流行病学、医学、统计学和模型技术等学科的专家。因此，对风险管理者而言，找到具备所需知识和专业技能的科学家可能是一项具有挑战性的任务。在政府的食品安全机构不具备大量科学人才供自己调用的情况下，通常可从国内的科学团体中征调风险评估者。在一些国家，国内的学术机构可组织专家委员会为政府实施风险评估工作，与私人公司签订合同开展风险评估工作也变得越来越普遍。

风险管理者需要注意保证所组建的队伍是客观中立的，平衡了各种科学观点，且无过分偏见及利益冲突。了解潜在的经济或个人利益冲突方面的信息也非常重要，因为这些可能使个人的科学判断发生偏差。通常，在组建风险评估队伍之前，会通过问卷调查的形式了解这些信息。但如果队伍中的某个人具有关键的、独特的专业知识，则有时需作出例外处理；当作出这样的决定时，必须保证透明。

1.2.8.2　界定风险管理目标和范畴

风险管理者应为风险评估准备一个“目标声明”，在其中应确定具体的风险或待估计的风险以及广泛的风险管理目标。例如，风险评估可为国民提供每年由烤鸡中的弯曲杆菌导致的食源性风险的定量估计，而且，风险评估主要用于评价烤鸡从生产到消费各个环节的风险管理办法，以最大程度地降低风险。目标声明通常直接从委托风险评估时所达成的风险管理目标中产生。

在某些情况下，最初的工作可能要建立一个风险评估框架模型，来确定数据缺失，并建立在确定科学资料资源时所需要的研究程序，这种科学资源也是后期完成风险评估所需要的。在使用现有的科学知识可以完成风险评估的情况下，该模型仍能确定需要深入研究的问题，这些研究将会在后期进一步完善评估结果。

在风险评估的"范围"部分中，应确定食物生产链中需要评价的环节，并为风险评估者确定需要考虑的科学信息的性质和范围。在针对国内具体的食品安全问题时，风险管理者还应在委托新工作前了解国际在相关问题上的风险评估及前期已进行的其他科学工作。与风险评估者沟通后，针对目前的风险评估状况，风险管理者可大大减少工作和所需资料的范围。

1.2.8.3 明确需要由风险评估者解决的问题

风险管理者在向风险评估者咨询后，应明确规定需要由风险评估回答的具体问题。依据所确定的风险评估的范畴和现有的资源，可能需要进行充分的讨论以提出明确的和可以实现的问题，这些问题的答案可指导风险管理决策。按照目标声明和范畴，需要由风险评估解决的问题常常从委托风险评估时所达成的风险管理目标中产生。风险管理者所提出的问题，对于为解答这些问题所选用的风险评估方法有着重要影响。

1.2.8.4 制定风险评估政策

虽然风险评估实质上是一个客观的、科学的活动，但它不可避免地包含了某些政策因素及主观的科学判断。例如，在风险评估碰到科学上的不确定性时，需要运用推理的手段来使该过程继续进行下去。科学家或风险评估者作出的判断常常是在几种科学合理的方法中作出的一种选择，而且政策性因素不可避免地影响了甚至是可能决定了某些选择。这样，科学知识的缺失可通过一系列推断和"默认的假设"来弥补。在风险评估的其他环节可能也需要进行一些假设，这些假设以价值为基础、为大家所认同，通常是在如何处理这些问题的长期经验上形成的。

将所有这些默认的假设形成文件，有助于促进风险评估的一致性和透明性。在风险评估政策中应阐明这些政策性决策，这些内容应在开展风险评估之前，由风险管理者和风险评估者通过积极合作来完成。基于价值的选择和判断的政策应主要由风险管理者来决定，而基于科学的选择和判断的政策应主要由风险评估者来决定。在每次评估中，都需要风险管理者和评估者两个功能部门的积极交流。

涉及科学证据的充分性时，提前决定风险评估科学方面的风险评估政策相当困难。通常在某一步骤仅能获得有限的数据，且要对是否继续执行风险评估进行科学的判断。虽然风险评估政策在很大程度上能指导这些判断，但是它们按照个案原则进行判断的可能性更大。不同国家的法律体系也影响着证据充分性和科学不确定性的解决方式。

1.2.8.5　规定风险评估结果的形式

风险评估的结果可用非数值化(定性)或数值化(定量)的形式表示。非数值化的风险估计为决策提供的基础不甚明确，但足以达到一些目的，例如，确立相对风险或评价不同管理措施在降低风险方面的相对影响。数值化的风险估计可采取以下两种形式中的一种：

① 点估计：是一个单一数值，代表例如在最差情况下的风险；

② 概率风险估计：这种估计方法包括变异性和不确定性，其结果以反映更真实情况的风险分布来表示。

迄今为止，点估计是化学性风险评估结果的最常见形式，而概率估计则是微生物风险评估结果的常见形式。

1.2.8.6　统筹风险评估所需的资源和时间

虽然在实施风险评估时，理想的做法是最大限度地进行科学投入和委托具体研究来弥补风险评估时的资料缺失，但是所有的风险评估都不可避免地在某些方面受到制约。在委托风险评估任务时，风险管理者必须确保风险评估者更多地获得与目标和范围相匹配的充足资源(例如，时间、经费、人力和专业技术力量)，并为完成该工作制定一个切实可行的时间表。

1.3　风险交流

1.3.1　风险交流概述

近年来，随着科学技术的发展以及人们对健康的日益关注，我国食品安全监管工作面临空前的挑战。尤其是目前国内食品安全风险信息的快速传播，在很大程度上影响着消费者对食品安全以及食品安全监管的认知。加强食品安全风险交流工作有助于实现食品安全问题的早发现、早研判、早预警和早处置。根据食品法典委员会及相关标准的定义，风险交流是指在风险分析全过程中，风险评估者、风险管理者、消费者、产业界、学术界和其他利益相关方对风险、风险相关因素和风险感知的信息和看法，包括对风险评估结果解释和风险管理决策依据进行的互动式沟通。风险交流是风险分析过程中联系利益各方的重要纽带，成功的风险交流是有效的风险管理和风险评估的前提，而且有助于风险分析过程的透明化。风险交流作为风险分析方法中必不可少的组成部分，在食品风险的管理决策过程中起着非常重要的作用，但在实践中，有一些风险管理者对这一点往往认识不足，造成了利益各方不能够充分进行风险交流的情况，这对于食品风险管理决策和实施的有效性产生了负面的影响。风险交流的过程并不是简单的“告知”和“被告知”的关系，它是一个双向的互动过程，要求有宽泛的计划性、有战略性的思路，以及投入资源去实施这些计划。因此，进行风险分析的决策部门应该制定有效的食品风险交流机制和策略来保证风险交流的充分和有效进行。

1.3.1.1 各国食品安全风险交流应用

风险交流是一项技术性与政治性都很强的任务，国际上许多国家都非常重视食品安全风险交流工作，设立了从事风险交流的专门机构和部门。如欧洲食品安全局、日本食品安全委员会、英国食品标准局、德国联邦食品安全风险评估所等都在风险评估/管理机构内设有专门的风险交流部门。以我国香港食物安全中心为例，在总共542位工作人员中有33人从事风险交流。美国食品药品监督管理局（FDA）还专门设立风险交流专家咨询委员会。国家风险评估中心成立后，也专门设置了风险交流部门，加强风险交流工作，但同时需要借鉴国际经验，加强我国风险交流专业人才培养，培养一批从事食品安全风险交流的专家队伍。应建立第三方民间风险交流平台，我国目前还没有一个有影响的、提供食品安全科学信息的民间平台。在国际上，此类机构早已存在，如国际食品信息中心（IFIC）、欧洲食品信息中心（UFIC）和亚洲食品信息中心（AFIC）等。此外，在风险交流方面也需要政府重视加大经费投入。

（1）欧洲食品安全局

欧洲食品安全局（EFSA）成立于2002年，是欧盟关于食品和饲料风险评估、风险交流的核心中枢，与欧盟各国政府紧密合作，为各利益相关方提供独立的技术咨询和科学建议。EFSA高度重视食品安全领域的风险交流工作，并于2009年发布了《2010年至2013年欧洲食品安全局交流战略》。该文件规定了欧洲食品安全局风险交流的总体战略框架、目标及预期成果，确定了欧洲食品安全局的主要目标受众，明确了欧洲食品安全局开展风险交流工作所采用的交流渠道和工具，同时评估各种交流渠道和工具的影响和成效。

（2）美国食品药品监督管理局

美国食品安全监管以分品种监管为主，其中美国食品药品监督管理局（FDA）负责除肉类和家禽产品外所有的美国国产和进口食品的监管。作为美国重要的食品安全监管部门，FDA高度重视食品安全的风险交流工作，其在经济全球化发展、新兴科学领域、不断发展的技术水平以及人们对自身健康管理的日渐浓厚的兴趣等背景下，于2009年秋天制定发布了《FDA风险交流策略计划》，规定了FDA在食品药品安全风险交流领域所处的角色和地位，介绍了美国FDA提高其风险交流效率所制定的策略计划；同时，美国FDA还明确了开展风险交流工作的三大核心领域——科学、能力和政策，在这些领域中，既能制定相应的策略和措施来提高规定风险及受益交流的效率，也能加大对组织间的风险交流的监控力度。

(3) 加拿大卫生部

作为一个国家级部门，加拿大卫生部处理特别广泛的风险问题，也高度重视风险交流工作。风险交流是加拿大卫生部风险管理过程的不可或缺的组成部分。因此，在其制定的《战略风险交流框架》中强调用一种战略性系统方法来制定和实施有效风险沟通。具体包括五个指导原则、实施指南以及战略风险沟通的详细过程。另外，还描述了加拿大卫生部内部与确保战略风险沟通动作成功相关的职业职责和义务，同时框架中也要求加拿大卫生部的每名员工都有职责和义务帮助确保风险交流工作的有效性，以符合加拿大公民的利益。

1.3.1.2　风险交流的目标

风险交流是食品安全风险分析的重要组成部分，开展风险交流的首要任务就是要确定交流的目的。让公众快速、准确地得到信息是各国开展风险交流的主要目的。如EFSA提出的“确保公众和有关各方得到迅速、可靠、客观和全面的信息”目标，美国FDA提出的“相互分享风险和收益信息”目标等(表1-2)。同时，相关监管部门也充分认识到了获得信息的重要性，因此EFSA提出了“与欧盟及各成员国密切合作，提高风险交流过程的一致性”，美国FDA提出了“共享风险信息”。因此，通过比较分析各国风险交流的目的可以看出，风险交流是一个双向的、互动的过程。

表1-2　各国或国际组织风险交流目标

风险交流目标	
欧洲食品安全局(EFSA)	① 确保公众和有关各方得到迅速、可靠、客观和全面的信息 ② 在EFSA职责范围内主动交流和沟通 ③ 与欧盟及各成员国密切合作，提高风险交流过程的一致性 ④ 提供有关营养问题交流的帮助
美国(FDA)	① 相互共享风险和收益信息，使人们在使用FDA规定产品时能够做出正确评价 ② 为相关行业提供指导，使其能够最有效地对规定产品的风险和受益进行沟通
加拿大卫生部	① 防止和降低对个人健康和整体环境的风险 ② 推广更健康的生活方式 ③ 确保优质卫生服务的效率和可用性 ④ 在预防、健康推广和保护领域内整合卫生保健系统更新与更远期的计划 ⑤ 降低加拿大社会的健康不平等情况 ⑥ 提供卫生信息，帮助加拿大公民做出明智决定

从某种意义上来说，风险分析涉及的所有人都算是风险交流过程中某一环节的“风险交流者”。风险评估者、风险管理者和外部的参与者都需要有风险交流技能和意识。鉴于

此，有些食品安全机构配备专业的风险交流的工作人员。在这种情况下，尽早使风险交流融入到风险分析的各个阶段中是非常有益的。

1.3.2 风险交流的要点和指导原则

1.3.2.1 风险交流的要点

在解决食品安全问题时，良好的风险交流在整个风险管理体系实施过程中固然非常重要，但对过程中几个关键点来说，有效交流尤为重要。因此，风险管理者应制定程序以确保在需要进行交流时进行符合要求的交流，并且每一阶段都应有合适的参与者参加。

风险交流的框架(图 1-3)主要分为四个方面：进行初步的风险管理活动；确定并选择风险管理方法；风险管理决策的实施；监控和评估。其中需要进行有效风险交流的步骤包括(图 1-3 中下画线标出)：识别食品安全问题；描述风险轮廓；确定备选管理措施；评估备选措施；选择最优管理措施；实施选择的控制措施；验证实施情况；对有必要的控制措施环节进行评估。

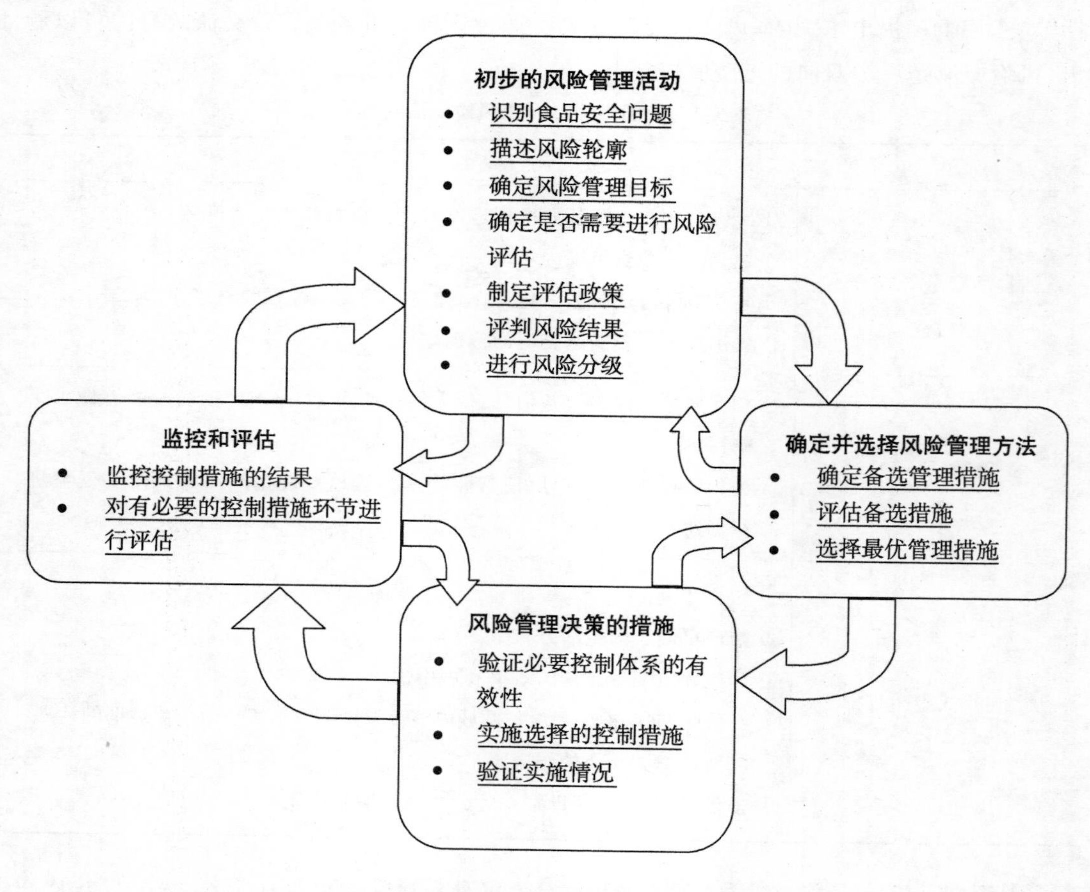

图 1-3 风险交流与一般风险管理框架

1.3.2.2　识别食品安全问题

在初级风险管理的起始阶段，所有利益相关方之间就信息进行开放式的交流对于准确识别食品安全问题非常重要。关于某一食品安全问题的信息可能会通过各种广泛的途径引起风险管理者的注意。然后，风险管理者需要从其他途径搜寻可能进一步了解该问题的信息，比如生产或加工有关食品的生产者、学术专家和其他可能受影响的机构。随着问题了解的逐渐清晰，所有参与者之间经常性、反复性进行交流，这一开放性过程有助于促进形成准确的概念并达成共识。

1.3.2.3　建立风险轮廓

在这个步骤中，关键的交流环节主要是在领导整个过程的风险管理者与负责建立风险轮廓的风险评估者和其他科学家之间进行。如果能在轮廓描述中确保创建开放性、具有广泛代表性的交流网络，并利用其获取信息和反馈，就可以提高交流的质量。在这项工作中，建立风险轮廓的专家有必要建立和外部科学团体及企业之间的交流网络，以便获得更加充实的科学信息。

1.3.2.4　建立风险管理目标

当确定风险管理目标时（决定一项风险评估是否恰当或有必要），风险管理者不应该在隔绝的情况下确定管理目标，他们与风险评估者和外部利益相关方之间的交流很重要。目标中包括涉及的管理政策应视具体情况有所不同。风险管理者应当感到放松一些，因为风险评估能够对风险管理的问题给出合理的解释，并且也只有风险评估者能够确保这一点。一旦确定解决某个具体食品安全问题的管理目标，就应该通告给相关各方。

1.3.2.5　制定风险评估政策

风险评估政策为主观的、基于价值的科学决策和判断提供必要指导，这些选择和判断是风险评估者在风险评估中必须进行的。这个步骤中的核心交流过程涉及风险评估者和风险管理者。一般来说，面对面的会议是最有效的方式，但需要投入相当多的时间和精力。通常，即使风险评估者和风险管理者曾经一起工作过一段时间，这两个群体之间不同的语言方式和立场也使得他们需要时间和耐心才能在风险评估政策方面达成一致，因此这一过程通常需要考虑和解决一系列复杂的问题。

在这个环节中，吸收外部利益相关方的知识和观点参与风险评估政策的选择，是适当而且有价值的。例如，可以邀请利益相关方对风险评估政策的草案提出建议，或者邀请他们出席听证会的讨论。风险评估政策还应该体现在纸面上，使得没有参加与制定的团体能够进行评议。

1.3.2.6　委托风险评估任务

当风险管理者组织一个风险评估小组并要求风险评估者进行正式的风险评估时，开始时交流的质量往往会显著影响最后的风险评估结果的质量。这里，最重要的交流就是风险评估者之间的交流。交流应涵盖的主题,其最核心的是风险评估者应该力图回答的问题、风险评估政策指南和评估成果的形式。这个步骤的其他可操作的方面包括风险评估的目的和范围进行清晰而明确的交流,以及可提供的时间和资源(包括可获得多少填补数据漏洞的科学资源)。

跟上一个步骤一样,两个群体之间面对面的会议是最有效的交流机制,会议中反复进行讨论,直到所有参与者都理解。当然,能保证风险管理者和风险评估者之间有效交流的方式可以有很多种。在国家层面上,交流机制可能取决于政府的管理结构、法律规定和历史惯例。

由于需要保护风险评估过程免受政治影响的考虑,外部利益相关方与风险评估者和风险管理者之间的交流一般是受到限制的。然而,如果方式设计得当,从他们那里获得的意见也很有用。

1.3.2.7 实施风险评估

过去风险评估是风险分析中一个相对封闭的环节。风险评估者的工作多半是在公众视线外完成的。当然,与风险管理者保持交流非常必要,风险评估试图解决的问题很可能会随着信息的发展而完善或者发生改变。同时,掌握重要数据相关方,比如应该邀请影响暴露水平的化学物生产商、食品企业等与风险评估小组交流科学信息。近几年,风险分析呈现越来越开放、透明的趋势,这一点对风险交流产生了影响,鼓励外部利益相关方更多地参与到后续的重复不断的风险评估过程中。一些国家政府和国际机构近来已经采取措施公开风险评估过程,使利益相关方能够更早和更广泛地参与到工程中。

1.3.2.8 完成风险评估

一旦风险评估完成,评估报告交给风险管理者,通常进入了另一个集中交流的阶段。风险管理者需要确保他们理解风险评估结果、风险管理可能产生的影响以及相关的不确定性。同时,评估结果要向相关团体和公众公布,并收集他们的意见和反馈。因为风险评估结果一般从本质上说是复杂而且是技术性的,在这个阶段中,交流是否成功很大程度上取决于在风险分析的早期适当时候相关参与者进行有效的交流。

由于风险评估作为风险管理决策的依据,风险评估的结果一般会以报告的形式出版。在透明度方面,这样的报告在假设、数据质量、不确定性和评估的其他重要方面需要完善、明确,并表述透彻。在交流的有效性方面,这样的报告需要用清晰、直白的语言撰写,以便非专业人士也能理解。如果可能的话,从一开始就安排一个风险交流专家参与到风险评估小组中,这一般有助于实现后者的目标。

1.3.2.9 风险分级并确定优先次序

风险管理者应确保这是一个广泛参与的过程,以鼓励与利益相关方进行对话。因为判断优先次序本身涉及价值问题,为开展风险评估和风险管理而进行的风险分级活动本质上是个政治性、社会性的过程。在这个过程中,所有受到决策影响的利益相关团体都应该参与。

负责不同任务的食品安全官员已经建立了新的交流平台，从而把生产者、消费者代表和政府官员召集到一起，以平等和对话的态度讨论问题、优先次序和策略。这种接触能够建立一个桥梁促进风险分析的价值或一些突发事件的共识。也许这样做不能有效解决当前某个具体争端问题，但是可以进一步理解彼此所持的观点。

1.3.2.10　识别并选择风险管理措施

风险管理的关键是在风险分析和均衡性、经济性、成本效益和实现适当保护水平(ALOP)方面形成决议。在整个风险管理体系中，该阶段有效的风险交流对风险分析的成功非常重要。

管理某个新的食品安全问题时，虽然基于管理其他与食品相关风险的经验，政府的食品安全风险管理者对可供选择的风险管理措施可能会有较清晰的看法，并可能已有初步的倾向，但是在这一阶段，如食品生产链的不同环节有一系列可能控制危害的风险管理措施时，可能会在很大程度上改变他们的观点。这个时期，咨询发挥作用的程度取决于具体的食品安全问题。

在食品安全控制措施及有效性技术、经济上的可行性方面，产业界的专家一般掌握关键信息和观点。作为食源性危害风险的承受者，消费者——常常由对食品安全感兴趣的消费者组织和非政府组织作为代表——也能就风险管理措施提供重要的看法。如果拟采取的风险管理办法包括以信息为基础的方法，如教育消费者的宣传活动或警示标志时尤其如此。就此类措施与消费者进行交流，对于获悉公众需要的信息是什么，以什么形式、何种媒介公布信息最有可能被注意到其遵循是至关重要的。

在对风险管理措施进行评价的过程中，风险分析有时就会变成一个公开的政治问题。社会中不同利益的主体会竭力说服政府选择对其有利的风险管理措施。当然，如果管理有效的话这也可能成为一个有用的环节。这个阶段能表明在选择风险管理措施时必须权衡的价值和利弊，而且促进决策过程透明化。SPS 协定就要求世贸组织成员国基于透明的原则实施协定，以在贸易规则和法规方面做到更加透明、可预见和充分的信息交流。

在涉及食品安全控制措施的这些公众争议方面，生产者和消费者往往把政府推向相反的方向。尽管生产者的需要和消费者需要之间往往存在具有本质性的区别和不可避免的矛盾，但是这些区别有时候并没有表面看起来那么大。除了通常的生产者和消费者分别与政府机构进行交流外，政府官员促进生产者和消费者之间进行直接交流以寻找共同点，也是非常有用的。

1.3.2.11　实施

为确保所选择的风险管理措施得到有效实施，政府风险管理者需要与承担措施实施任务方保持密切、持续的合作。在生产者实施的初始阶段，政府一般应与他们一起设计共同认可的方案以落实食品安全控制措施；然后通过监督、审查和认证的方式监控其进程和执行情况。当风险管理措施涉及消费者信息时，常常需要医疗工作者参与信息发布等开展额外的交流工作。

通过调查、了解重点人群和其他方法也能了解消费者接受和遵循政府建议的效果。此阶段强调的是“对外公布信息”的交流，政府需要向有关人士解释政府希望他们做什么，要建立收集反馈意见的机制，了解政策实施成功或难以执行的信息。

1.3.2.12 监控和评估

在这个阶段，风险管理者需要收集相关数据，以评估控制措施是否已达到了预期效果。风险管理者在建立正规的监控标准和体系方面起领导作用，来自其他各方面的信息资源能够起到促进作用。同时，在这一阶段，除了负责监控和评估的团体外，还可通过咨询其他团体以获得政府管理部门关注的信息。风险管理者有时需要通过正式的风险交流过程确定是否有必要采取进一步控制风险的新措施。

在这一阶段与公共卫生机构（不包括在食品安全部门中）的交流尤其重要。此外，CAC 指南一直强调从各方面整合科学信息的重要性，包括整个食品生产过程的危害监控、风险评估、人体健康监测数据（包括流行病学研究）。

虽然食品风险交流存在着多个层面、多个利益团体和多种方式的交流，但最主要的是两个方面的风险交流，即食品风险管理者与利益相关方的风险交流，以及风险评估者与利益相关方的风险交流。其中前者交流的目的是提高利益相关者对风险管理决策的参与度，以及提高风险决策过程的透明度；而后者则是使利益相关方能够获得容易接受和理解的风险评估结果和科学建议。在这两方面的风险交流中，风险评估者与利益相关方进行的风险交流是所有风险分析过程中风险交流的核心，因为风险评估者都是由相关专家和组织构成，他们掌握着风险评估结果和科学建议，他们在风险交流中往往扮演科学风险信息提供者的角色，因此，风险评估者与利益相关方的交流往往是其他风险交流的基础，而且经常起到主导风险交流事务的作用。

1.3.3 风险交流的指导原则

风险交流的定义为：在风险分析全过程中，风险评估人员、风险管理人员、消费者、产业界、学术界和其他利益相关方就某项风险、风险所涉及的因素和风险认知相互交换信息和意见的过程，交流的内容包括风险评估结果的解释和风险管理决策的依据。风险交流的定义还包括了风险相关的因素，即交流的内容不仅仅涉及风险的实际大小，还要考虑其他相关因素。例如，风险是个人可以控制的还是外界强加的，个人对于风险负面效应的恐惧程度等。一个完整、到位的风险信息交流通常包括以下几点：危害的性质、风险的短期和长期影响、受到风险影响的人群；风险评估所用的方法和结论；应对风险的管理措施及其依据；个人应该采用什么措施减少风险。风险信息交流的重点是在专家、政府官员、消费者以及其他利益相关者之间要有一个畅通、双向交流的机制。

1.3.3.1 具体指导原则

为了协助各国政府正确开展信息交流，1997 年《风险性分析在食品标准中的应用》（联合国粮农组织和世界卫生组织（FAO/WHO）专家咨询委员会）总结了几条指导原则，比如要充分了解受众群体最关心的问题是什么；官员和评估专家要掌握交流的技巧，向所有利益相关者（媒体、消费者和企业等）以适当的方式传达关键性的信息；政府要在交流中起到主导作用，向消费者和媒体解释采取或不采取控制措施的原因；交流时要掌握一些技巧，比如通过将该风险与其他有可比性的、为普通大众所熟悉的风险相比较，以促进公众理解风险的性质。熟练运用风险信息交流需要通过大量实践，比如美国健康和人类服务部（DHHS）和环保局将风险交流作为危机管理的一部分对官员进行系统化培训和演练，通过模拟演习等方式提高官员们面对媒体和公众的交流水平。

1.3.3.2 风险评估、风险管理和风险交流三位一体

食品安全风险分析框架（图 1-4）表述了风险分析的过程，并清晰地告知我们风险分析的三个部分在功能上相互独立，并在必要时候三者之间或相互之间需要信息交换。

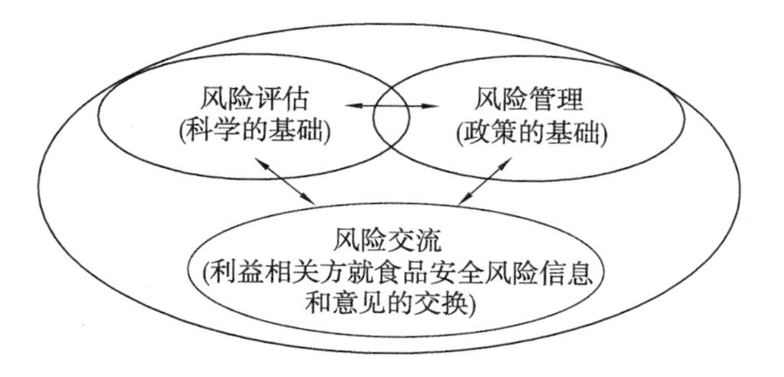

图 1-4 食品安全风险分析框架

风险信息交流对风险评估的作用：风险评估是指各种危害（化学的、生物的、物理的）对人体产生的已知的或潜在的对健康不良作用可能性的科学评估。近年来，一些国家政府和国际机构已通过各种手段发布风险评估过程，使利益相关者能够更早和更广泛地参与。2005 年，美国对即食食品中的单增李斯特菌进行风险评估时，征求了大量来自生产者、消费者保护等团体提供的意见，还获得了生产企业的科学数据，使风险评估结果较最初草案有了多处改进。

风险信息交流对风险管理的作用：风险管理是根据专家的风险评估结果权衡可接受的风险水平，并选择和实施适当措施降低和减少该风险的管理过程。风险管理是政府的工作，包括制定和实施国家法律、法规、标准以及相关监管措施。风险管理者要向所有利益相关者通告管理措施，并收集他们的反馈意见。例如，美国食品药品管理局（FDA）定期举行公众会议收集利益相关者对食品安全问题管理方面的意见。2004 年，FDA 在制定蛋的国家安全标准过程中举行了一系列公众会议就预防沙门氏菌污染带壳蛋的准则草案进

行讨论，收集了消费者和相关团体对该草案的意见和改进建议，完善了该项措施。

风险信息交流对所有利益相关方的作用：在事件处理中，政府部要不断征询评估专家的意见，对应该采取哪些适当的管理措施进行交流，这体现了行政决策基于科学的做法。同时，政府部门要将管理措施和依据及时告知消费者和媒体，促进公众正确理解风险并支持政府决策；消费者通过风险交流向专家和政府部门反馈自己的问题和看法。

1.3.3.3 风险（情况）交流的障碍

在风险信息交流领域，国内外有很多成功和失败的事例。例如，20 世纪 90 年代发生的“疯牛病事件”，欧盟农业专员 Fischler 称之为“欧盟历史上最为严重的危机”。1995 年初，英国出现人感染疯牛病例，农业部反复发布“人吃了疯牛病牛肉绝对不会得病”的信息。1996 年 3 月，英国政府第一次承认疯牛病“有可能”对人造成危害。前后信息不一致使公众的恐惧迅速扩大，公众对如何应对“一种能够通过吃牛肉而被感染的可怕的病”没有心理准备，加上有媒体以“疯牛病的大骗局”为标题的报道称“专家说疯牛病可能将导致 50 万人死亡”。截至 2004 年，英国已出现 180 000 例疯牛病，145 人死亡。该事件使英国政府的公信力受到严重影响，经济损失巨大，农业部部长因此辞职。而加拿大政府处理“疯牛病事件”的过程则是一个较成功的例子。2003 年 5 月 18 日，加拿大确认第一例患有疯牛病的牛之后争取主动，抢先发布，并通过电话咨询、网站和新闻发布等方式传达官方信息。直到 2003 年 7 月，由于政府发布的信息协调一致，减少了贸易损失，也稳定了社会和人心。

由此可见，正确的交流有利于事件的控制，而错误的交流只能扩大其负面影响。国际上失败的例子，究其原因可以总结为：第一，风险分析中的三个组成部分之间缺乏沟通；第二，突发事件中，官员迫于各方面的压力急于做出决策，没能对大众充分地开展风险交流；第三，缺乏专门的交流技术和培训；第四，各利益相关者对待风险的看法和接受程度差异很大，比如消费者要求“零风险”，而政府的任务是将风险控制到可以接受的水平，克服认知不同的障碍是交流的“先天”困难。

我国在风险信息交流方面曾存在的主要问题：以“苏丹红事件”为案例说明我国在信息交流方面存在的第一个问题，即政府没能够及时地、对公众开展风险交流工作。

2005 年 2 月初，英国从进口的辣椒粉中检出微量的苏丹红，随后，企业召回了超过数百种含有苏丹红的食品。在媒体大量报道各国“监控”、“下架”含有苏丹红食品的背景下，消费者最担心的是苏丹红对健康的危害。英国食品标准局和新西兰食品安全局都开展了有针对性的风险交流。2005 年 2 月，英国官方网站登出“Your Questions Answered”，以及“Facts Behind the Issues”，解释“苏丹红在食品中含量很低，对消费者的健康危害极小”。几乎同时，新西兰食品安全局公布“作为一种化工原料，在食品中添加苏丹红是不适合人食用的；由于苏丹红在大部分食品中只有微量存在，即使吃了含有苏丹红的辣椒粉，也不会对健康有害，建议广大消费者不用担心”。可以说，这是一个符合风险分析原则的处理过程，“苏丹红事件”起始于英国，但却没有在英国和新西兰引起广泛的社会恐慌。同年 2 月，紧随英国公布进口食品含有苏丹红的信息，我国有关部门立即在当地市场的某些番茄酱等调料中检出苏丹红，之后投入了大量人力查处、销毁了含有苏丹红的食品，消费者对所有带红色的加工食品都十分惧怕，以致谈“红”色变。

值得重视的是，“苏丹红事件”发生 2 个月后，我国卫生部专家的评估报告得以公布：“苏丹红是动物致癌物，人体通过辣椒酱能摄入的苏丹红最大量仅相当于动物致癌剂量的十万之一到一百万分之一，由于实际在辣椒粉中苏丹红的检出量通常较低，因此对人健康造成危害的可能性很小，偶然摄入含有少量苏丹红的食品，引起的致癌危险性不大。”可惜为时已晚，媒体炒作“有毒、致癌辣椒酱”已达 2 个月之久。这一评估结论没有在引导政府和消费者正确了解风险之中发挥“交流”的作用。同是“苏丹红事件”，与我国相比，英国和新西兰食品安全局在采取管理措施的同时对公众进行了风险交流，导致了不同的结果。

类似的例子还有 2006 年我国发生的“多宝鱼事件”。当时，媒体将检出硝基呋喃的多宝鱼称为“致癌毒鱼”，随后，监管部门对违法使用药物的鱼实施市场控制措施，这并没有错；但问题是，消费者并不知道污染了硝基呋喃的多宝鱼所产生的健康风险其实很小这一事实，“禁售”反而加剧了消费者对所谓“毒鱼”的恐慌情绪。

第二个问题是，媒体错误报道误导消费者的例子颇多，如 2005 年，《环球时报生命周刊》刊登了“啤酒业早该禁用甲醛”的新闻，称 95% 的啤酒中都加了甲醛，大量饮用含甲醛的啤酒会增加肝的负担，长期饮用还会影响生殖能力。类似的例子数不胜数，如将用矿物油涂在瓜子表面的瓜子称作“毒瓜子”、用人毛发为原料制作的“毒酱油”，超范围使用二氧化硫的“毒黄花菜”。以上例子说明，缺乏科学依据、不尊重科学的所谓“交流”只会对问题解决起到负面作用，给企业、整个行业甚至国家造成恶劣的影响。“多宝鱼事件”使我国年养殖量约 5 万吨、价值约 30 亿元的多宝鱼产业链受到沉重打击。消费者对整体食品安全状况产生严重的误解和不信任。由此，加强信息交流工作是减少食品安全事件负面影响、更有效地处理食品安全问题的必经之路。

此外，我国《中华人民共和国食品安全法》规定：食品安全信息由国务院卫生行政部门以及各级地方政府统一公布，从运行的情况来看基本还处于一种“告知”的状态，而且这种“告知”往往发生在遇到紧急食品安全事件时，但公众对风险交流的需求则是一个长期和不间断的过程，因此食品风险交流常态化是我国面临的一个主要问题。在我国目前的食品安全监管体系中，食品风险管理者和风险评估者还处于合二为一的状况，还没有独立的食品风险评估机构，也没有专业的风险交流政策，这种架构可以说还不能够满足多元化的食品风险交流需要，这都需要在以后的工作中加以改进。

我国是一个发展中国家，尽管我国食品安全总体形势好转，但由于我国的食品工业企业规模偏小，集约化程度不高，面临的食品安全问题依然严峻。一些企业为了追求经济利益，丧失诚信，不按食品安全法律法规要求执行，甚至在食品中添加非食用物质，三鹿婴幼儿奶粉事件、瘦肉精事件等均是食品安全违法犯罪带来的食品安全问题。食品安全是一个全球性问题，不仅在发展中国家存在，在发达国家同样存在，如德国食品污染二噁英事件、肠出血性大肠埃希氏菌事件、美国香瓜李斯特菌污染引起的食物中毒事件等。因此，消费者必须客观认识我国现阶段的食品安全问题。

食品安全问题发生后，产生分歧的原因主要有：

① 没有及时将食品安全监管的相关措施、行动与消费者进行很好的沟通，导致消费者对政府采取的管理措施不理解，此外一些地方食品安全监管部门也确实存在失职行为，导致消费者对政府的不信任；

② 食品安全问题发生后，专家针对食品安全问题进行风险沟通时往往就事论事，缺乏风险交流技巧，或者一些不负责任的专家的言论也对消费者和媒体产生误导，使消费者对专家产生误解；

③ 消费者要求食品安全零风险，但实际上食品安全零风险是不存在的、不科学的，加之信息沟通不充分，产生了分歧。

避免出现该情况的方法便是加强风险沟通。政府应将食品安全监管采取的相关措施，制定的食品安全相关法律、法规和标准及时通过媒体与消费者沟通，让消费者了解政府的决策，对政府有信任感；同时专家在对消费者关注事件进行解读的时候，应掌握公众心理，注重风险交流技巧，语言通俗易懂；再者，应加大食品安全知识的传播和宣传，使得媒体、消费者对食品安全问题有正确客观的认识。

正确积极开展食品安全风险交流工作，可以使人们更好地理解国家政策、法规和标准以及政府采取的各种食品安全风险管理措施，这使得国家法律法规能够得到有效贯彻执行，同时增强消费者对政府的公信力；出现食品安全事件后，通过积极开展风险交流，将风险评估结果与消费者进行沟通，回应消费者的担心，进行解疑释惑，从而消除消费者恐慌，对事件处理起到积极的促进作用；使得消费者能正确理解食品安全知识，认识食品安全风险，从而规避风险。

1.3.4 有效的风险(情况)交流的策略

对于如今的食品行业而言，最大的挑战是“信任危机”。近日的“骨胶门”、“毒胶囊”，使人们的神经再次紧绷，引发了人们对于食品安全问题的极度恐慌。在“2012 年国际食品安全论坛”上，来自全球最为权威的食品安全问题的专家们，共同探讨的话题并非前沿技术，而是食品安全的科学认知问题。从危机应对到风险预防，从企业的过程控制到构建溯源体系，每个环节都凸显了信息沟通的重要性。因此，食品行业的风险交流与沟通成为目前急需解决的关键问题之一；提高监管体制的透明度，科学化解“信任危机”是全球业内专家共同的指向。

1.3.4.1　各国风险交流策略

各国均根据本国(区域)的经济、文化背景制定了符合本国(区域)国情的风险交流策略。通过分析不同的风险交流策略可以看出两个共同点:一是将风险的利益相关方放在重要的位置,二是保障风险交流信息的科学、易懂。例如,EFSA的风险交流策略中提出风险信息要满足公众的需求,美国FDA也要求风险信息内容全面并且适应公众需求,同时要求风险交流具有科学性;加拿大卫生部明确要求"以利益相关方为中心",同时风险交流的决策要基于证据,并根据社会和自然科学做出。除了以上两个共同点,各国也均有好的交流策略,如EFSA提出的"促进整个风险评估/风险管理领域的内在风险交流",这就表明要加强各监管部门以及研究机构之间的交流与协作,尽可能通过沟通在管理层面和技术层面保持一致;而美国FDA提出的"风险交流方式要具有结果导向性",意味着政府要作为风险信息发布的主体,要发挥主导作用。这些好的策略对我国均有较高的借鉴意义。各国/国际组织风险交流的详细策略请参见表1-3。

表1-3　各国/国际组织风险交流策略

风险交流策略	
欧洲食品安全局(EFSA)	① 理解公众对食物、风险及食物链相关的风险的认识 ② 定制信息,满足受众需求 ③ 促进整个风险评估/风险管理领域的内在风险交流
美国(FDA)	① 风险交流具有科学性 ② 风险和效益信息要提供风险的前因后果并且适应受众需求 ③ 风险交流方式是具有结果导向性的
加拿大卫生部	① 对于综合风险管理来说,战略风险交流是不可或缺的一部分 ② 以利益相关方为中心 ③ 决策需要基于证据、根据社会和自然科学做出 ④ 风险管理和风险交流方法是透明的 ⑤ 需要在评估中不断改善战略风险交流过程

1.3.4.2　各国风险交流的方法

风险交流对食品安全监管的重要性和促进性显而易见,但是交流工作不会自动开展,也不容易实现。风险交流与风险评估和风险管理一样,需要对各个环节和要素进行认真组织和规划。通过分析,可以看出各国一些共用的风险交流方法,包括对交流对象的风险接收、风险感知水平进行深入调查,针对不同交流对象定制风险信息,实现定制全面的风险交流计划等。因此,对于食品安全监管部门来讲,开展有效的风险交流,需要大量的科学调查和研究作为技术支撑。而基于本国国情,开展消费者的风险感知分析,是风险交流的基础。对于食品安全监管部门来讲，风险交流不仅是一个"对外公布信息的过程"，即就食品安全风险和管理措施向公众提供清晰、及时的信息，而采用有效的渠道获得信息也同等重要。各国/国际组织风险交流方法见表1-4。

表1-4 各国/国际组织风险交流方法

	风险交流策略
欧洲食品安全局(EFSA)	① 深入理解公众对风险的理解和感知，告知风险交流的途径和内容 ② 基于欧洲食品安全局的科学建议，提供简单、清楚、有意义的交流内容 ③ 定制针对不同受众群体的风险交流信息 ④ 制订全面的风险交流计划，调动各种有效的交流渠道使目标受众接收信息 ⑤ 树立EFSA科学品牌和认知度
美国(FDA)	① 确定风险交流和公共传播相关的研究项目及研究进度，提供技术支撑 ② 设计一系列公众调查，评估公众对FDA监管产品的理解和满意度 ③ 建立并维护FDA内部风险交流数据库 ④ 定制新闻稿模板，如批准、召回、公共健康咨询/通知等 ⑤ 建立信息数据收集处置机制，评估消费者对食品安全问题的反应 ⑥ 明确风险交流过程中政府官员和专家的角色和责任 ⑦ 与各方建立合作关系，扩大FDA的网站信息发布范围 ⑧ 提出指导原则，帮助公众理解FDA的风险交流
加拿大卫生部	① 确定风险 ② 描述风险状况 ③ 评估利益相关者关于风险和利益的感知 ④ 评估利益相关者对风险管理的感知 ⑤ 制定并预测交流策略、风险交流计划和信息 ⑥ 实施风险交流计划 ⑦ 评估风险交流的有效性

1.3.4.3 我国食品安全风险交流工作的现状及对策建议

我国越来越重视食品安全风险交流工作。我国《食品安全法》第八十二条规定：国家建立食品安全信息统一公布制度。在《食品安全法》的框架下，相关部门研究制定了食品安全信息的管理制度，如《食品安全信息公布管理办法》、《关于加强食品安全风险信息管理工作方案(试行)》等，从制度上明确了食品安全信息的报告制度、处置方式和发布程序。但从整体上来讲，我国食品安全风险交流工作还处在起步阶段，缺少交流双方的互动，同时开展风险交流工作必要的技术支撑体系有待完善，开展风险交流的目的、方法和手段还需进一步明确。

(1) 确定食品安全风险交流目标

风险交流旨在同包括消费者在内的利益相关方沟通交换食品安全问题，提高消费者对食品安全的认识。我国目前的食品安全问题有被故意夸大的现象，如 2010 年 4 月江苏面粉添加石灰粉事件，经调查发现是由于记者对相关标准不了解，又加以夸大和炒作而导致的。因此，有必要在风险交流工作中确定交流的目标，明确以政府为主导的风险交流机制，协调各部门的风险交流工作，明确各相关方在风险交流中的任务和目标。

(2) 明确食品安全风险交流策略

针对我国食品安全风险信息传播的特点，以及存在信息内容的真实性和可靠性不稳定的问题，有必要建立以政府为主导的食品安全舆情干预策略，从法规制度建设、正面引导与回应、形成舆论强势以及建立互动机制四方面建立食品安全风险交流策略，实现对食品安全信息的引导、控制、监督和管理。

(3) 优化食品安全风险交流工作流程

食品安全风险交流是一个双向的互动过程，建立一个包括发现筛选、动态跟踪、分析研判、传递报送以及实施干预五个关键步骤在内的工作流程，实现风险信息的实时采集和动态跟踪，同时利用食品安全危害数据库和标准数据库，对风险信息进行认识、研究和甄别，最终实现食品安全风险信息的引导、控制、监督和管理，实现源头控制、正面回应和舆论强势，提高风险信息交流和危机处理能力。

(4) 构建食品安全风险交流技术支撑体系

食品安全风险交流是基于食品安全、文化、传统等多学科为一体的工作，亟须开展食品安全风险信息采集分析技术研究，建立食品安全、食品行业、新闻传播、食品监管等领域的食品安全风险交流咨询专家队伍，建成成熟高效的工作支持机制和支持机构，以保障食品安全风险交流工作的顺利开展(图 1-5)。

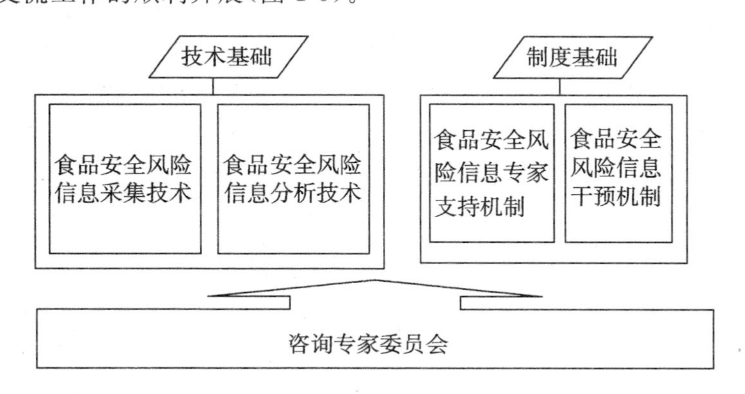

图 1-5　食品安全风险交流必要的技术支撑体系

如今各国均高度重视风险交流及其相关研究工作。为了有效开展此项工作，有必要建立科学的风险交流目标、风险交流策略，并基于本国的实际情况，采取合理的风险交流方法。我国《食品安全法》已经就风险交流的相关内容进行了规定，相关部门也制定了食品安全信息的相关要求，如卫生部等六部委联合发布的《食品安全信息公布管理办法》。这说明我国食品安全监管部门越来越重视食品安全风险的交流问题。但目前国内相关工作刚刚起步，有关风险交流的基础研究还相对欠缺。相关部门应利用政策、项目、资金等手段，深入开展基础调查研究，提高风险交流的有效性和科学性。

1.4 开展食品安全风险分析的重要意义

自 20 世纪 90 年代以来，一些危害人类生命健康的重大食品安全事件不断发生，如 1996 年肆虐英国的疯牛病，1997 年侵袭中国香港的禽流感，1998 年席卷东南亚的猪脑炎，1999 年比利时的二噁英风波，2001 年初法国的李斯特杆菌污染事件，2002 年亚洲国家出口欧盟、美国和加拿大的虾类产品中被检测出带有氯霉素残余，等等。即使在美国这样的发达国家，每年食源性疾病的发生也高达 8 100 万例，食品安全已成为一个日益引起关注的全球性问题。

食品安全风险分析就是针对国际食品安全性应运而生的一种宏观管理模式。随着经济全球化步伐的进一步加快，世界食品贸易量也持续增长，食源性疾病也随之呈现出流行速度快、影响范围广等新特点。为此，各国政府和有关国际组织都在采取措施，以保障食品的安全。为了保证各种措施的科学性和有效性，以及最大限度地利用现有的食品安全管理资源，迫切需要建立一种新的国际食品安全宏观管理模式，以便在全球范围内科学地建立各种管理措施和制度，并对其实施的有效性进行评价，这便是食品风险分析。

风险分析是保证食品安全的一种新模式，同时也是一门正在发展中的新兴学科。风险分析的目标在于保护消费者的健康和促进公平的食品贸易。《实施卫生与动植物检疫措施协定》(SPS 协定)中明确规定，各国政府可以采取强制性卫生措施保护该国人民健康、免受进口食品带来的危害，不过采取的卫生措施必须建立在风险评估的基础上。在食品领域，食品法典委员会(CAC)的标准就是实施措施的基础。早在 1991 年，联合国粮农组织(FAO)、世界卫生组织(WHO)和关贸总协定(CATT)联合召开了“食品标准、食品中的化学物质与食品贸易会议”，建议 CAC 在制定政策时应采用风险评估原理。1991 年和 1993 年举行的 CAC 第 19 届和第 20 届大会同意采用这一工程程序。1994 年，第 41 届 CAC 执委会会议建议 FAO 与 WHO 就风险分析问题联合召开会议。根据这一建议，1995 年 3 月，在日内瓦 WHO 总部召开了 FAO/WHO 联合专家咨询会议，这次会议的召开，是国际食品安全评价领域的一个发展里程碑。会议最终形成了一份《风险分析在食品标准问题上的应用》报告，同时对风险评估的方法以及风险评估过程中的不确定性和变异性进行了讲座。该报告一经问世就立即受到各方面的高度重视。1995年,CAC要求下属所有有关的食品法典分委员会对这一报告进行研究,并且将风险分析的概念应用到具体的工作程序中去。另外,FAO与WTO要求就风险管理和风险情况交流问题继续进行咨询。1997年1月,FAO/WHO联合专家咨询会议在罗马FAO总部召开,会议提交了《风险管理与食品安全》报告,规定了风险管理的框架和基本原理。1998年2月,在罗马召开了FAO/WHO联合专家咨询会议,会议提交了《风险情况交流在食品标准和安全问题上的应用》报告,对风险情况交流的要求和原则进行了规定,同时对进行有效风险情况交流的障碍和策略进行了讨论。至此,有关食品风险分析原理的基本理论框架已经形成。CAC于1997年正式决定采用与食品安全有关的风险分析术语的基本定义,并把它们包含在新的CAC工作程序手册中。

特别需要指出的是,SPS协定实际上已为世界贸易组织(WTO)成员国提供了一个集体采用CAC标准、导则和推荐的机制,维持严于CAC标准的国家会被要求在WTO专门小组中根据风险分析原理的要求对他们的标准进行解释。

食品中的危害基本可以分为三类,即物理、化学和生物危害。由于物理危害非常简单,可以通过良好的生产操作规范加以避免,因此基本不作讨论。有关化学危害的联合专家委员会(JECFA)和FAO/WHO农药残留联席会议(JMPR)在这方面已经进行了大量的工作,形成了一些相对成熟的方法。比较而言,食品中生物危害的作用和效果都更加直接和明显,但进行有关生物危害的风险评估却是一门新兴的发展中的科学。FAO/WHO于1999年3月在日内瓦召开了第一次专家会议对这一问题进行了初步的讨论。食品卫生法典委员会已经制定了《食品微生物风险评估的原则与指南》,并将提交于2001年召开的CAC第24届大会讨论。同时,该委员会制定的《微生物风险管理指南》目前正在进行中。

目前,风险分析已被认为是制定食品安全标准的基础。在风险分析的三个组成部分中,风险评估是整个风险分析体系的核心和基础,也是有关国际组织今后工作的重点。

参考文献

[1] FAO/WHO. Report of the Joint FAO/WHO Expert Consultation on Application of Risk Analysis to Food Standards Issues. Rome: Food Agriculture Organization, 1995:13-17.

[2] FAO/WHO. Food Safety Risk Analysis:a Guide For National Food Safety Authorities. Geneva:FAO/WHO,2006:1-10.

[3] 陈君石.食品安全风险分析——国家食品安全管理机构应用指南[M].北京:人民卫

生出版社,2008:15-32.

[4] 魏启文,崔野韩,王艳.我国采用国际食品法典标准的对策研究[J].农业质量标准,2005(06):10-14.

[5] GB/T23811—2009.食品安全风险分析工作原则[S].

[6] 郝记明,马丽艳,李景明.食品安全问题及其控制食品安全的措施[J].食品与发酵工业,2004,30(12):63-66.

[7] 刘培磊,康定明,李宁.我国转基因技术风险交流分析[J].中国生物工程杂志,2011,31(8):145-149.

[8] 张晓勇,李刚,张莉.中国消费者对食品安全的关切——对天津消费者的调查与分析[J].中国农村观察,2004,9(1):14-21.

[9] 何坪华,焦金芝,刘华楠.消费者对重大食品安全事件信息的关注及其影响因素分析[J].农业技术经济,2007,6:4-11.

[10] U. S. Public Health Service. Risk Communication: Working With Individuals and Communities to Weigh the Odds[EB/OL]. [2008-03-15]. http://odphp. osophs. hhs. gov/pubs/prevrpt/Archives 95 fml. htm.

[11] FAD/FSIS. HHS and USDA Release Listeria Risk Assessment and Listeria Action Plan [EB/OL]. [2008-08-08]. http://www. hhs. gov/news/press/2001pres/20010118c. html.

[12] CFSAN/Food Safety and Security Staff. Egg Safety: Proposed Rule for Prevention of Salmonella Enteritidis in Shell Eggs During Production[EB/OL]. [2008-08-08]. http://www. cfsan. fda. gov/-dms/egg1004. html.

[13] Food Standard Agency. Facts Behind the issue-sudan Dye[EB/OL]. [2008-08-08]. http://www. food. fov. uk/safereating/chemsafe/sudani/sudanl.

[14] New Zealand Food Safety Authority. Sudan I[EB/OL]. [2008-08-08]. http://www. nzfsa. govt. nz/cosumers/food-safety-topics/chemicals-infood/sudan-l/index. htm.

[15] 欧洲食品安全局.2010年至2013年欧洲食品安全局的交流战略.2009. http://www. efsa. eu/keydocs/commstrategy. Pdf.

[16] 食品和药物管理局(FDA).风险交流战略计划. http://www. fda. gov/AboutFDA/Reports Mauals Fovms/Reports/ucm/83673. htm,2009.

[17] 加拿大卫生部.战略风险交流. http://www. hcsc. gc. ca/ahc-asc/activit/ris-com/index-eng. php,2006.

第2章 风险评估与风险评估方法学

按照FAO/WHO对风险分析的内容来区分，目前最为公认的为三部分，即风险评估、风险管理及风险交流。风险评估主要是由科学家们做的工作。

风险评估是系统地采用一切科学技术及信息来定量或定性描述某危害或某环节对人体健康风险的方法。除风险评估本身允许存在的不确切性，由于评估方法、数据缺乏及有效性等问题的制约，也为风险评估的准确性带来偏差。风险评估是完全科学、严谨的过程，要求实事求是。风险评估的过程可以分为四个明显不同的阶段，即危害识别、危害描述、暴露评估及风险描述。

2.1 风险评估程序

2.1.1 风险评估目标

风险评估的目的是提供一种基于科学证据的、与食品危害相关联的健康风险描述。其最终目的为：

① 保护公众健康，增强消费者信心；

② 促进国际贸易。

由于其一方面关注食品中的危害是否引起死亡或健康伤害，另一方面关注是否满足出口需要，所以对于不同的国家，优先关注程度会有所差异，这主要取决于该国公众的食品安全意识及其关注的重点，以及该国对外食品贸易的具体情况。

2.1.2 危害识别

危害识别是建立在毒理学和作用模式等可利用的数据基础上，评价和权衡有害作用的证据，即对可能存在于特定食品和食品类别中具有导致有害作用的生物、化学和物理等因子的识别。通常主要考虑两个问题：一是任何可能暴露于人群的对健康危害的属性，二是危害发生的条件。危害识别通过结构—活性对人群或家畜的观测数据、实验动物的研究数据、离体研究数据等进行分析，从研究到观测、从毒性到有害作用的发生，从作用的靶器官到靶组织的识别，最后对给定的暴露条件下可能导致有害作用是否需要评估做出科学的判断。表2-1是流行病学研究方法的基本类型。

表2-1 流行病学研究方法的基本类型和代表性方法

研究类型	代表性方法
描述性研究	现状研究
	筛检
	生态学研究
分析性研究	病例对照研究
	队列研究
实验性研究	临床试验
	现场试验
	社区试验
理论性研究	流行病学数学模型

2.1.3 危害特征描述

危害特征也称剂量-反应评估，是指对可能存在于食品中的生物、化学或物理等危害因子产生的有害作用的属性进行定性或定量评价。对于化学危害因子而言，应进行剂量-反应评估；对于生物或物理危害因子，当有足够的数据时也应进行剂量-反应评估；同时，需要确定随着暴露剂量的增加观测到的首先出现的有害作用的剂量。危害特性主要描述摄入剂量（暴露剂量）和有害作用事件发生之间的关系。对大多数有毒作用而言，通常认为在一定的剂量之下有害作用不会发生，即阈值。这个剂量称之为未观察到有害作用剂量（No Observed Adverse Effect Level，NOAEL）或无观测作用剂量（No Observed Effect Level，NOEL），并被认为是化学危害因子特定作用的大约阈值。对于关键的效应而言，NOAEL或NOEL通常被作为风险描述的最初或参考作用点。

对于有阈值的物质，可以通过毒理学方法得出其每日允许摄入量（Acceptable Daily Intake，ADI）。实验获得的NOEL或NOAEL值乘以合适的安全系数等于安全水平或每日允许摄入量。这种计算方式的理论依据是：人体和试验动物存在合理的可比较剂量的阈值。对人类而言，可能要更敏感一些，遗传特性的差别更大一些，而且人类的饮食习惯更多样化。鉴于此，JECFA和JMPR采用安全系数以克服这些不确定性。通过长期的动物实验数据研究得出安全系数为100，但不同国家的监管机构有时采用不同的安全系数。在可用数据非常少或制定暂行ADI值时，JECFA也使用更大的安全系数，其他健康机构按作用强度和作用的不可改变性调整ADI值。ADI值的差异就构成了一个重要的风险管理问题。这类问题值得有关国际组织引起重视。ADI值提供的信息是这样的，如果对该种化学物质在摄入小于或等于 ADI 值时，不引起明显的风险。如上所述，安全系数用于弥补人群中的差异。所以在理论上某些个体的敏感程度超出了安全系数的范围。

最近，对潜在关键作用，建议使用剂量-反应模型，并由衍生出基准剂量(Benchmark Dose，BMD)和对特定事件(如 5%或 10%事件发生)采用置信区间下限(Lower Confidence Limit，BMDL)，如 ED_{10} 或 ED_{05} 等概念。通过比较 BMDL，可以明确关键的作用。BMDL 的最低值，作为风险描述的作用始点。

对于无阈值的物质，比如致突变、遗传毒性致癌物而言，一般不能采用“NOEL-安全系数”法来制定允许摄入量，因为即使在最低的摄入量时，仍然有致癌的风险存在。在此情况下，动物实验得出的 BMDL 被用作风险描述的起始点(Point of Departure)。因此，对遗传致癌物的管理有两种办法：一是禁止商业化使用该种化学物品；二是建立一个足够小的被认为是可以忽略的对健康影响甚微的或社会能够接受的风险水平。在应用后者的过程中，要对致癌物进行定量风险评估。为此，人们提出各种各样的外推模型。目前的模型都是利用动物实验性肿瘤发生率与剂量，几乎没有其他生物学资料。目前，线性模型被认为是对风险的保守估计。这就通常使得在运用这类线形模型作风险描述时，一般以“合理的上限”或“最坏估计量”等表达。这被许多法规机构所认可，因为他们无法预测人体真正或极可能发生的风险。许多国家试图改变传统的线性外推法，以非线性模型代替。采用这种方法的一个很重要的步骤就是制定一个可接受风险水平。美国 FDA、EPA 选用百万分之一(10^{-6})作为一个可接受风险水平。它被认为代表一种不显著的风险水平。但风险水平的选择是每一个国家的风险管理决策。

2.1.4　暴露评估

暴露评估是指对通过食品和其他相关来源暴露的生物、化学和物理等危害因子可能的摄入量的定性和/或定量评价。摄入量/暴露评估是风险评估的第三步，决定人体暴露危害因子的实际或预期量。暴露评估要考虑膳食中特定危害因子的存在和浓度、消费模式、摄入含有特定危害因子的问题食品和含有高含量特定危害因子食品的可能性等。通常，暴露评估提供估算的摄入/暴露范围(如平均消费量和高消费量)和特定的消费人群(如孕妇、小孩和成人等)。由于实施卫生与动植物检疫措施协定(WTO/SPS 协定)，暴露评估方法的一致性就变得尤为重要。暴露评估应充分考虑到不同的膳食模式和潜在的高消费人群。由于人群和亚人群食品消费量数据缺乏，而这又是确保暴露评估一致性的前提。因此，应鼓励政府强化对相关数据的调查并及时更新，以确保风险评估是建立在最新的知识基础之上。

在暴露评估中，经常使用数学模拟模型，常用的为点估计和概率估计。点估计(Point-Estimate)的数据输入为单一的数字，例如，平均值或 95%置信区间上限值(一般是表示“最坏的情况”，即 Worst Case 分析)。点估计应用比较简便，节省时间，但是点估计的不足在于对风险情况缺乏全面、深入的理解，通常忽略评估信息的"变异性"和"不确定性"。如"最坏情况"评估通常是描述一个完全不可能发生的设想，即对所有的情况都做最坏的估计，由此得到的评估结果常常在现实中是不客观的，容易带来对风险问题的错误理解。一般来说，"最坏情况"的评估只是作为最保守的估计。概率评估(Probabilistic Assessment 或 Stochastic)包括对于各参数变化性与不确定性参数分布的描述。

2.1.5 风险描述

风险描述是指在危害识别、危害特性和暴露评估基础之上，对特定人群造成可知或潜在有害作用的发生概率和不确定性的定性和/或定量估计。风险描述是风险评估的最后一步。在这个阶段将暴露评估和危害特性等相关信息整合在一起，形成风险管理所需要的决策建议。风险描述将提供不同的暴露模式情况下对人体健康潜在风险的估计，包括关键性的假设、对人体健康风险的属性、关联性和范畴、对风险管理者的定性定量建议等。

定性估计是根据危害识别、危害描述以及暴露评估的结果给予高、中、低的定性估计。定性估计的建议包括如下内容：

① 即便在高暴露的情况下，化学物质没有毒性的陈述/证据。

② 特定使用量情况下化学物质是安全的陈述/证据。

③ 避免、降低或减少暴露的建议。

定量估计应包括如下内容：

① 对于健康的指导值。

② 同暴露水平的风险估计。

③ 最低和最高摄入量时的风险(如营养素)。

如果所评价的危害物质有阈值则对人群风险可以以暴露量与 ADI 值(或其他测量值)比较作为风险描述。如果所评价的物质的暴露量比 ADI 值小，则对人体健康产生不良作用的可能性为零。如果采用安全限值(Margin of Safety)，则当安全限值≤1 时，该危害物对食品安全影响的风险是可以接受的；当安全限值>1 时，该危害物对食品安全影响的风险超过了可以接受的限度，应当采取适当的风险管理措施。如果所评价的危害物质没有阈值，对人群的风险是暴露量和危害程度的综合结果，即食品安全风险＝暴露量×危害程度。

风险描述应明晰地解释风险评估过程基于科学的数据缺失而产生的任何不确定性，还应包括易感人群的相关信息、最大潜在暴露情况和/或特定的生理或基因等影响。对风险管理者的建议可以采用不同风险管理措施的风险比较形式。风险评估之后既可以用于风险管理决策，也可以进一步分析并对影响因素进行研究，风险评估过程产生的所有记录应同时作为风险管理决策的科学依据。如果有新的数据可以利用，风险评估/分析可以重新启动。

2.2　食品安全风险评估的支持系统

2.2.1　国际方法和指南

风险评估的数据是国际化的,需要更多的国家参与风险评估。为了分享风险评估经验,需要富有风险评估经验和没有风险评估经验的国家共同开展风险评估并进行合作。采用介绍和分发风险评估初步报告,同时借鉴已完成报告的方法,有助于提高风险评估水平。目前WHO已经颁布了一个风险分析的通则,指导世界各国的风险分析工作。

2.2.2　风险评估中的数据来源

风险评估的数据主要包括两类:基本的危害数据和基本暴露量数据。其中,基本的危害数据包括人类健康效应数据(急性中毒、局部与长期效应、过敏等特殊效应)、环境效应(对物种的影响、生物降解、生物的蓄积和耐久性)、物理/化学数据等。基本暴露量数据包括食品污染数据(食物和食品种类、产品来源、取样和分析方法)、食品消费数据(人群代表性、地区差异、急性与慢性摄入数据、高暴露和易敏感人群)、食品成分和分类、职业暴露数据(取样量、大小、随机性)等。高质量的数据来源有:在国际或同行评审文献中发表的论文、根据良好实验室操作规范(GLP)进行的研究(OECD)、在政府认可监督下的实验室进行的研究以及具有质量保证声明的研究所有其他报告和数据(应可提供原始数据、应有资质、报告应受到审阅)等。

1) 食品营养成分数据

(1) 食品库数据

联合国粮农组织网站中的食品数据库(INFOODS)(http://www.fao.org/infoods/en/)和欧洲网(http://www.eurofir.net)可以提供与食物营养成分数据及质量安全有关的数据。

(2) GEMS/Food 数据库

GEMS/Food 数据库包括个体或汇总的有关食品污染物和残留物的数据。此外GEMS提供核心、中级和全面性的优先污染物/食品组合列表。这些列表会周期性更新。

另外,澳大利亚、新西兰、美国和欧盟等国家和地区通过网络能提供食品化学物浓度的数据。

2) 食物消费量数据库

(1) 基于人口方法收集的数据库

世界粮农组织的数据库是一个汇编类似统计信息的数据库,已包括了250多个国家的数据。但成员国的官方数据缺失时,则由国家的食品生产和使用统计信息进行估算。

GEMS/Food区域膳食提供了人均消费量情况。GEMS/Food 13组消费聚类膳食现已被作为国际慢性膳食暴露评估的工具。这些膳食的进一步说明可见世界卫生组织网站(http://www.who.int/foodsafety/chem/hems/en)。

(2) 基于个人调查方法收集的数据库

美国农业部(USDA)食品摄入量不间断调查(CSFII)资料。美国全国健康和营养问卷调查(NHANES)为美国个人提供的2 d(CSFII),1 d或2 d(NHANES)的食品消费量数据资料,同时包括人口和个人测量数据(年龄、性别、人种、民族、体重和身高等)。

匈牙利于1992~1994年进行的随机营养调查,为匈牙利成年人提供了24 h回顾数据和食物频度调查数据。

1995年澳大利亚全国营养调查,24 h食品回顾法,收集了两岁以上的13 858名个人的数据资料。

1997年新西兰的全国营养调查,通过个人24 h食品回顾法,对4 636名15岁及其以上的个人和年龄为5~14岁的2 002名儿童收集了相关数据(New Zealand Ministry of Health,2003)。

2002~2003年巴西家庭预算调查(Pesquisa de Orcamentos FamiGiares)提供了巴西国内所有27个州的48 470户家庭连续七天的食品量数据(http://www.ibge.gov.br)。

2.2.3 风险评估常用软件

污染物的膳食暴露评估是将食品中化学浓度的数据和居民膳食暴露消费量数据相结合,运用一定的统计学处理,计算膳食暴露量。膳食暴露评估需要根据评估目的、目标化学物特征、人群特点、评估精度要求等构建模型,在此过程中需要设计大规模计算机模拟,因而必须有相应的膳食暴露评估软件支持。

膳食暴露评估软件在国内外都有不同的版本,欧美等发达国家都有自己评估的软件,例如,微软Excel,@risk,Crystal ball,DEEM,LifeLine™,DEPM,CARES™,SHEDS等软件。这些软件在膳食消费数据的调查及残留数据支持下,对人体暴露污染物实施蓄积性和累积性暴露风险评估。例如,澳大利亚对二噁英进行膳食暴露评估,方法是借助自主开发的营养数据膳食建模(Dietary Modelling of Nutritional Data,DIAMOND)软件和SAS软件。欧盟及美国等发达国家在这方面比较领先,而我国自加入WTO以来,也在加强相关软件开发研究。鉴于我国膳食结构、消费食物种类和水平与国外不同,膳食暴露评估软件也就相应不同。刘沛等借鉴欧盟蒙特卡罗风险评估(Monte Carlo Risk Assessment,MCRA)自主开发了中国膳食暴露评估模型软件(Dietary Exposure Evaluation Models,DEEMS),通过膳食调查研究数据库,结合中国膳食暴露评估软件,根据其研究目的和目标进行膳食概率评估。其中数据库的选择主要是建立数据库、选择污染物数据、膳食调查数据及桥梁数据等。DEEMS 的开发已经通过了规范化的验证，它填补了我国膳食暴露评估模型上的空白是我国在膳食暴露评估研究上的一个飞跃。但由于我国膳食调查资料和相关数据库资源的缺乏，因此还需要我们进行系统修正和补充。

2.2.3.1　膳食详细记录模型

膳食详细记录模型（Cumulative and Aggregate Risk Evaluation System-Dietary Minute Module，CARES-DMM）是与累积和聚集风险评估有关的膳食详细记录模型，由国际生命科学研究所开发。CARES2：0 的膳食模式根据美国 EPA 基于 USDA 个体食物摄入连续调查（CSFII），所形成的食品消费数据库（FCID），选择相应的消费群体进行膳食暴露评估。该模型包括两种模块：

一是 DMM 描述生成模块，根据食物、日期和时间形成暴露描述。DMM 运行包括两个新图标文件：

① 膳食备忘选择—选择消费（备忘）和残留数据；

② 膳食备忘分析—根据食用时间计算暴露日期。

二是 DMM 运算处理模块：基于三个不同的运算法则生成群体中单个消费者的备忘暴露数据以及相应的群体百分位分布。该模型的最大特点是在按照每日膳食模型扩展到按照时间段（如分钟）的膳食量进行，也就是将评估的时间进行了具体化，采用概率性评估方法进行的食物、水和居住地暴露的短期评估。

2.2.3.2　膳食潜在暴露模型

膳食潜在暴露模型（Dietary Exposure Potential Model，DEPM）是美国 EPA 利用现有食品数据库和监测化学残留数据进行膳食潜在风险的暴露评估，其中消费和污染物残留数据库主要是用于营养和法规检测以及环境化合物的膳食摄入描述；而居民数据库系统包括很多国家、政府组织的膳食调查和监测计划的化学残留数据。其残留物摄入量的估计是基于超过 350 种农药和环境污染物残留的平均值；而食物消费量包括 11 种类别食品中大约 820 种核心食品（ECF），超过 6 700 个食物品种的平均消费量。DEPM 最大的特点是将准备消费（已加工）的食品数据量与基于原料（未加工）检测的残留数据联系起来进行暴露评估，并将膳食消费量与人口统计学方面的因素联系起来，如年龄、性别、地域、宗教和经济状况等。该模型是一种基于平均数据量的暴露评估，尽管不是用于风险分析，但有助于设计和解释暴露途径，发现数据差距，确立优先评估的研究内容。

2.2.3.3　膳食暴露评价模型

膳食暴露评价模型（Dietary Exposure and Evaluation Model，DEEM）主要用于毒物、养分、农药、食品添加剂和天然成分，也就是水和食品中任何化学组分的评估。DEEM™ 包括 4 个软件模块：DEEM 模型主体模块、急性分析模块、慢性分析模块和 RDFgen 残留分布模块。DEEM 模型主体模块用于生成和编辑特定化学物或累积性应用的残留文件，进而开始 DEEM 急性、慢性、或者 RDFgen 残留分布模块。残留数据来自美国农业部(USDA)残留数据计划(PDP)的监测数据或软件使用者提供的数据,消费量基于 USDA 的消费数据。DEEM 软件可以将膳食暴露和非膳食暴露整合到一起评估,且考虑多种残留量和膳食量变化的多种因素,尽可能地最佳估计,来了解影响评估结果的主要因素。

2.2.3.4 LifeLine™软件

1996 年美国通过食品质量保护法(Food Quality Protection Act, FQPA),风险评估的法规基础发生了一些实质性变化。LifeLine™软件 4.3 版基于 FQPA 的法规要求,按照聚集和累积暴露原则来描述食物和水中的农药残留风险。该软件的特点是药物来源考虑同一化合物不同来源的聚集暴露和同一来源中相同作用机理化合物的累积暴露,同时也是针对特殊群体如婴幼儿童、老人和孕妇等。另外 EPA 将 DEEM 文件导入LifeLine™软件,可以进行有机磷农药累积风险的膳食暴露评估。

2.2.3.5 蒙特卡罗-@Risk 分析软件

蒙特卡罗-@RISK 是目前一种主要用于商业风险分析的通用型软件,为决策者进行预测、制定策略、决策等方面提供全面的、量化的分析。@RISK 的分析实现了与常用办公软件 Excel 的结合,基于蒙特卡罗(Monte Carlo)方法,对各种可能出现的结果进行模拟,给出相应事件的发生概率,并以各种图形表示分析结果。采用@RISK 进行风险分析可以分为四步:

① 建模型:根据实际问题建立数学模型,数据可以在 Excel 中输入,其中农药数据、膳食数据等可以是数据库数据,也可以是使用者的检测数据;

② 确认不确定性:确定需要输入模型的不确定值,以@RISK 内置的概率分布函数表示,然后确定模型的输出结果;

③ 模型仿真分析:@RISK 从输入的函数中选取随机数,进行千百次的运算,模拟各种结果,计算出相应的概率;

④ 决策:仿真分析结果与其他背景资料结合,帮助决策者做出尽可能合理的决定。@RISK 的最大特点是可以模拟数据,概率性地确定数据分布,直观地表现风险评估结果。

2.3 风险评估方法学

不同国家及各国内部使用的风险评估方法不同,且可使用不同的方法来评估不同的食品安全问题。根据危害的类型(化学性、生物性或物理性)、食品安全情况(受关注的已知危害、新出现的危害、生物技术的新技术、生物耐药性的复杂危害途径)以及可用的时间和资源,所采用的方法也不同。

与微生物危害相比,对化学性危害所用的风险评估方法显著不同。其部分原因在于这两种类型的危害存在本质的差异(表 2-2)。这些差异还反映了一个事实:对于很多化学性危害来说,有多少化学危害物能进入到食品供应链中是可选择的,例如,食品添加剂、兽药残留以及农作物中的农药残留。对这些化学物的使用是可以监管或限制的,从而使消费环节的残留不会对人体造成风险。相反,微生物危害在食物链中无处不在,尽管有控制措施,但它们仍经常能够以对人体健康造成明显风险的水平存在于消费环节。

表 2-2　微生物和化学性危害中一些能影响风险评估方法选择的特征

微生物危害	化学性危害
危害能“从生产到消费”的很多环节中进入食品	危害一般从原料食品或随食品配料进入,或通过某些加工步骤(如丙烯酰胺或包装迁移物)进入食品
危害的流行和浓度在整个食物生产链的不同环节会发生显著变化	食物中存在的危害水平自危害进入食品后通常不会发生显著变化
健康风险通常是急性的,并来源于食物的单一可食部分	健康风险有可能是急性的,但一般是慢性的
个体对不同水平危害的健康反应存在很大的变异性	毒性作用的类型在不同个体之间一般是相似的,但是个体敏感性可能不同

2.3.1　风险评估中剂量-反应模型的理论基础与建立

剂量-反应模型是基于一系列科学数据,表示剂量与作用效果之间关系的数学模型。目前尚未有一个公认的最为固定且适合的模型,尤其是在进行外推时。所以在选用模型时,必须说明选用模型的合理理由。

2.3.1.1　剂量-反应关系理论基础

(1) 剂量-反应关系构建前提

剂量-反应关系按其理论容易建立。其一,观察到的反应应该完全来自目标污染物的作用,直接的因果链只涉及一个变量,而实际上联合关系链往往有两个以上的变量。在流行病学研究中,疾病与死亡在人群中的流行常常包括存在于两次观察之间的联合关系。这或许促进建立确切的因果关系,但在没有明显的因果关系前,剂量-反应关系是不可能建立的。

其二,反应的数量维度直接与剂量维度相关。这个假设超出了第一个假设,即观察到的反应是由目标污染物引起的。但这个假设中,认为污染物的作用机制涉及目标污染物与细胞分子发生交互作用而产生可观察到的反应。目标污染物质的剂量与其在细胞水平上发生作用的最终浓度存在相关性。

其三,正确观察与检测实验生物,包括人类或动物对污染物的可能反应。有害效应应当建立在相关细胞的结构测定的基础之上,但显然这个是不可行的。因此,这一假设特别强调基础研究的价值与重要性，如掌握细胞学、遗传学、分子生物学等的重要性。

(2) 剂量-反应模型定义

该数学模型主要由三要素组成，其一是基于数据和暴露途径等一系列要素获得的最佳假想，其二是获得模型的数学方程式，其三是构成方程式的参数。任何线性或非线性模型均可作为剂量-反应模型，只是该模型必须最确切体现剂量与反应效果之间的关系。最为简单的剂量-反应模型是线性模型，它反映了连续的剂量-反应过程(如图 2-1)。

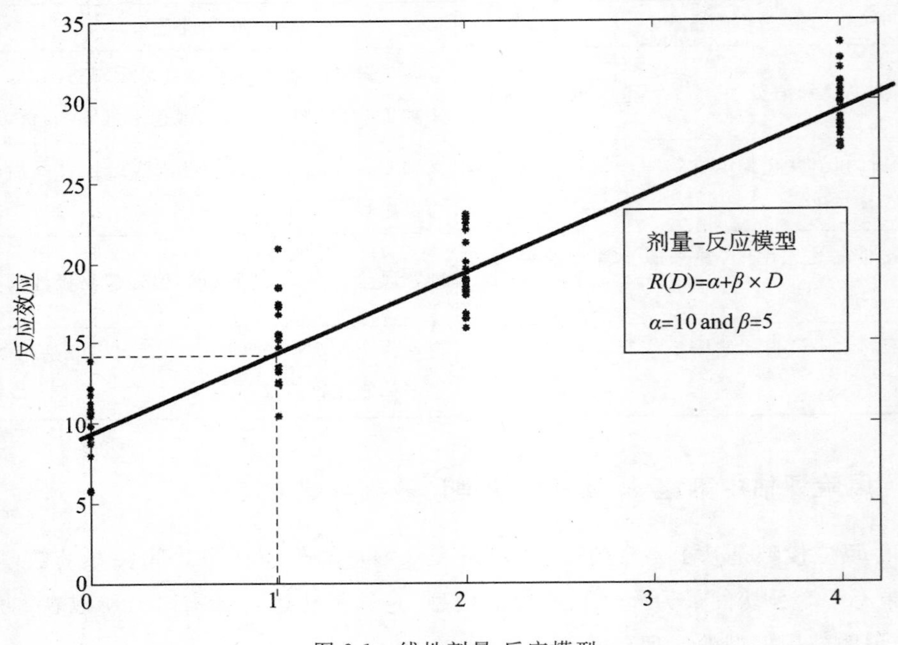

图 2-1　线性剂量-反应模型

线性剂量-反应模型适合连续的数据，上述预测模型表达了这样的基本结论，即 1 个单位的剂量变化对应于 5 个单位反应效应的变化。相对应剂量-反应模型的三个主要要素，则参考下面的设定。

最佳假想：剂量变化与反应效应呈现线性关系；

方程式：$R(D)=\alpha+\beta\times D$，这里的 $R(D)$是剂量 D 所对应的反应效应；

参数：α 是其中一个参数，其表示未暴露于危害情况下的反应效应，而 β 则是表示剂量对反应效果的影响程度。

剂量-反应模型涵盖所有形式的数学模型，包括上述的线性模型和其他简单与相当复杂的模型，如基于微生物生长死亡的模型等。另外，模型并非单一一种，其还可以是组合而成，如一个完整描述该关系的剂量-反应模型可能一部分采用一种数学表达式，而另外一部分采用另外一种表达式。如在大多数情况下，研究化学致癌物的剂量-反应模型中，检测组织中的浓度及肿瘤效应之间的关系，一部分采用毒理动力学模型获得服用剂量与体内组织中存在浓度的关系，另外一部分采用多级癌症效应模型获得组织中存在浓度与反应效应的关系。也可以在某种情况下，剂量-反应模型是一种表达模型，而在另一种条件下，模型则需要另外的表达式来体现，这在表达微生物危害的剂量-反应模型中尤其如此。

剂量-反应模型建立过程中往往还需参考其他信息，如年龄、时间、浓度等参数，在必要时还要考虑人群种族划分、性别、体重等要素。考虑因素的多少，对于剂量-反应模型而言，与增加其置信度呈现正相关性，但有时考虑不周详，也会给模型带来更多不确定性。这取决于上述提到的三个要素，假定设想、方程式及参数之间更为微妙的假定和设计。

(3) 剂量-反应曲线类型

剂量-反应关系反映到 x 轴与 y 轴上就是一条曲线，即剂量-反应曲线。水平轴表示剂量，通常采用剂量的对数值，单位为 Lg (mg/kg)；垂直轴表示危害效应，包括频率反应及积累性反应(图 2-2)。频率剂量-反应描述了一定剂量条件对污染物产生反应生物的百分数，而蓄积性剂量-反应描述了从低剂量到高剂量-反应的累积性之和。一般而言，上述两种模式呈现曲线。

① 非对称曲线。频率剂量-反应模式呈现倒 U 形，此时剂量与效应之间呈对称的正态分布，剂量与效应在曲线上反映的就是 S 形。典型的 S 曲线较多出现在一些质效应中。对称 S 曲线往往见于试验组数和每组动物数量均足够多时，但这样的情况较少见(图 2-2)。

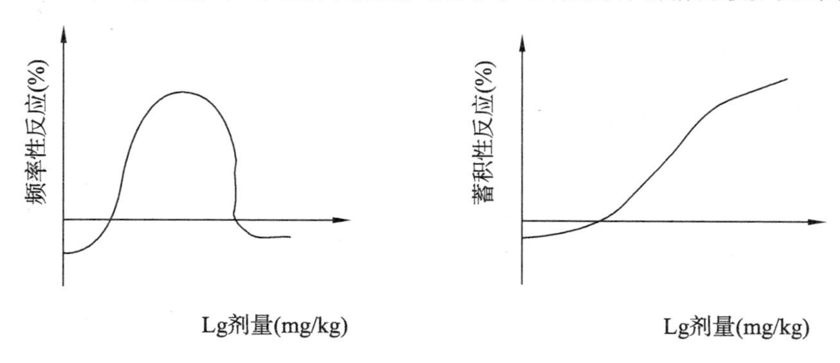

图 2-2　剂量-反应曲线

② 对称曲线。不对称 S 曲线反映了化学物在加大剂量过程中，效应强度的改变呈偏正态分布。这可能由于剂量越大，生物体的改变越大且不呈现直线增加关系，且干扰因素增大的缘故；另外，体内自稳定机制对效应的调整机制也呈现 S 形(如图 2-2)。在通常情况下，类似曲线还由于试验动物组数偏少及受试对象中存在耐受个体的情况，而实际上这样的情况在剂量-反应关系中是常见的。

③ 直线。剂量-反应关系也有直线形的，但以曲线常见。另外，为通过数学方法更加准确计算 LD_{50} 等重要参数并得出曲线的斜率，有必要将 S 曲线变成直线。当纵坐标表示单位反应率改为反应频率时，对称 S 曲线转换为高斯曲线。自分布曲线，如把一半受试对

象出现反应的剂量作为中位数剂量,并以此为标准分为若干标准差,则在其中两侧 1 个、2 个或 3 个标准差范围内分别包括了受试对象总体的 68.3%、95.5%及 99.7%。将各标准差的数值平均加上 5 即为概率单位。当纵坐标表示单位用概率单位表示时,则对称曲线就转换成为直线。

2.3.2.2 剂量-反应模型的建立

剂量-反应模型可以分为六个步骤,每一步骤需要进行多重的筛选才能获取,前四个步骤主要是为判定获取的数据是否可为建立模型所用,最后两个步骤是为评估及完善上述判定结果的置信性(表 2-3)。

表 2-3 获得剂量-反应模型基本步骤

步骤	描述	选项
① 数据选择	决定基于模型适应的反应效应及合适的数据	靶器官效果指标、数量、样本量、有效性等
② 模型选择	选择能很好拟和数据的模型	靶器官效果指标、可用的数据及模型的效果
③ 统计分析	评估描述剂量-反应合适的统计描述	靶器官效果指标,如数据类型、模型选择、剂量-反应模型所要达到的预期效果、可用的软件
④ 参数设定	综合上述三步骤,采用计算机技术对模型进行反复筛选和拟和	软件和计算机使用
⑤ 剂量-反应模型的完成	采用已完成的模型方程式对其他数据进行预测	结果输出、模型预测、直接进行对其他数据的外推
⑥ 评估	运用实际检测数据与模型预测数据进行置信比较	模型比较并考虑模型不确定性

2.3.2 风险评估的不确定性和变异性

无论如何进行风险评估,均会存在结果的可变性和不确定性。不确定性主要是由于数据的不完整和不精确造成的。不确定度大小取决于科学数据的类型和质量,即数据的针对性、数据之间的相关性、获取数据方法的合理性、研究设计的完整性、数据统计的合理性、数据的重现性以及与文献结论的一致性等。

2.3.2.1 风险评估不确定性来源

风险评估结果的不确定性来源于以下几方面。

① 数据的质量。数据代表的范围和相互关联以及来源的确定性。

② 数据与目标人群的相关性。将动物试验的结果外推到人时存在不确定性,例如,

喂养 BHA 的大鼠发生前胃肿瘤和喂养阿斯巴甜引发小鼠神经毒性效应的结果可能不适用于人。

③ 保守的暴露研究方案。传统的暴露研究方案或许不能很好地适合各种人群。

④ 安全性因子(物种变异)。现采用的安全性因子可能会因为物种变异而不同。风险评估结果的可变性是因为来源于特定人群的相关指标不同,如食品消费不同、接触时间不同、预期寿命不同等。

2.3.2.2　处理的不确定性和变异性

进行定量风险评估所需的权威数据经常不够充分,有时候用以描述风险形成过程的生物学或其他模型存在明显的不确定性。风险评估常常利用一系列的可能数值来解决现有科学信息的不确定性问题。

变异性是一个观察值和下一个观察值不同的现象。例如,人们对同一种食品的消费量不同,并且同一种食品中的特定危害水平也可能在两份食品中存在很大的不同。不确定性是未知性,如由于现有数据不足,或者由于对涉及的生物学现象了解不够。例如,在评估化学性危害时,因为人类流行病学数据不充分,科学家可能需要依赖啮齿类动物的毒性实验数据。

风险评估者必须保证让风险管理者明白现有数据的局限性对风险评估结果的影响。风险评估者应该对风险评估中的不确定性及其来源进行明确的描述。风险评估还应描述假设是如何影响评估结果的不确定度的。如有必要或在适当的情况下,风险评估结果的不确定度应当与生物系统生物内在变异性所造成的影响分开描述。

对慢性不良健康影响的不确定性化学风险评估使用点估计来给出结果,但一般不会对结果中的不确定性和变异性进行明确的量化。

2.4　水产品安全风险评估三种类型剖析

风险评估有许多种类,可分为以下三种:

① 定性风险评估;

② 半定量风险评估;

③ 定量风险评估。

这三种评估都可以提供有用的信息,可以根据评估工作所需的速度及复杂程度进行选择。

2.4.1　定性风险评估

这是最简单、最快速的方法,但此法主观性较强,降低其应用价值。每个HACCP计划在工作表中都包括简明的定性风险评估表2-4。

对于每种危害的严重性及发生的可能性这类问题，风险评估会在答案中用“高”、“中”或“低”来描述。但一个基本问题，即用这三个词(高、中、低)来描述往往不够充分。例如，假设加工鱼罐头步骤中的一个危害因子是肉毒杆菌。几乎每个人都将这种危害的严重性定型地描述为“高”。但危害发生的可能性有多大？大多数人将用“低”来描述危害发生的可能性，因为每年都会生产数十亿的鱼罐头，却并没有危害暴发的迹象，高危害性、低可能性——你怎样将这些与风险评估联系起来？

表2-4　第1类　危害控制工作单

			风　险		
加工步骤	危害	后果	危害的严重性	危害发生的可能性	危害控制
	生物				
	化学				
	物理				

另一种定性风险评估如表2-5所示，它将风险分级：高、中和低。

表2-5　第2类　定性风险分级

危害	产品	危害的严重性	危害发生的可能性	摄入时的暴露水平	与流行病学的联系	风险分级

这种评估以下列因素为基础：与暴露评估相关的因素(发生的可能性和摄入时的暴露水平)，再加上与危害识别相关的一个因素(危害的严重性)。如果某对危害：产品与流行病学相关联(会引起食物中毒)，这是提示有再次暴发的可能性。

所以，用第二种(如上所述)方法，我们可针对危害发生的可能性及暴露水平来做暴露评估。假设我们考虑两种消费人群的热带鱼中毒情况，如太平洋岛屿环礁上的居民和英国居民，对于太平洋地区，你很可能认为暴发热带鱼中毒的可能性很高。对于英国，你很可能认为发生的可能性非常小。环礁上的居民非常有可能暴发流行病，这几乎是生活中不可避免的一部分。但事实恰恰相反，热带鱼中毒仅仅在英国偶尔暴发，起因是食用进口的珊瑚礁鱼。

将所有的信息汇总，据此将风险分级。例如，把太平洋地区的风险定为“高”或“很高”，英国的风险定为“低”或“很低”。如果你需要在短时间内获得清楚明确的答案，那么风险分级这种方法非常适合。为了得到结果，必须研究危害，并明确这种危害具有累积效应但该效应在极少情况下会致命。应从流行病学角度考查这两个目标人群——几千名环礁上的居民和 6 000 万英国居民。如果你可以找到一篇关于热带鱼中毒的最新的评论文章，尤其是一篇风险评估，你将会很快地完成你的研究。还有一种水产品风险定性分类方法，是从 Huss、Reilly 和 Ben Embarek(2000 年，见注①)的方法发展而来。他们将正负号用于危害分级上，然后将风险分为"高"(4 个或更多个加号)或"低"(少于 4 个加号)。这种方法考虑了流行病(威胁安全的记录)并将焦点集中在加工过程上，为每种危害寻找一个关键控制点(Crisical Control Point，CCP)，评估危害生长和死亡的可能性。

表 2-6　加工过程的定性风险评估

风险判断标准	生双壳牡蛎	罐装鱼	干制鱼
危害安全记录	+	+	−
不实施 CCP	+	−	−
污染或二次污染的可能性	+	+	−
过分处理加工可能性	+	−	−
致病菌的生长	+	−	−
最后没进行加热处理	+	+	+
风险的级别	高	低	没有风险

所以，第三种方法如表 2-6 所示，生双壳贝类、生鱼片、初级加工的鱼产品和经温和热处理的鱼产品，都被认为是"高"风险的，冷却/冷冻鱼贝类、半加工的鱼产品和热处理(即罐装)鱼产品，被认为是"低"风险的，干制和盐制鱼产品是没有风险的。

2.4.2　半定量风险评估

在定性风险评估中，我们用主观的词语如"高"、"低"或"中"来进行风险定性。在半定量风险评估中，我们可以以定性和定量数据为基础，得到以数据表达的结果。为进行这种风险评估，需要更多可用于定量评估的数据。这就需要做大量的工作，但并不需要做和定量评估一样多的工作。

Ross 和 Sumer(2002 年)发明了一种简便的电子制表软件，用作记录经过普通加工步骤(装罐、冷却、烹调等)后，产品中出现致病菌的风险。表 2-7 列举了半定量风险评估所需的风险判断标准，是一些简单的问题，可用"高"和"低"之类的词作定性回答，但研究者发现还可在答案中加入定量的成分。可使用 Microsoft Excel 制作表格，使用标准的数学和逻辑功能。输入数据，点击鼠标，这个软件将自动运算，并将输入的数据转化为结果。

该评估必须以数字回答表 2-7 中的 11 个问题。为了使输入的数据尽可能客观、保持

---

① Huss，H、H，Reilly，A&Ben Embarek，P. K. Prevention and Control of Hazards in Seafoods. Food Control，2000，11：149-156.

透明性，许多重要因素被明确列出，可用备用的主观词语作辅助性的描述。相应地，列出观点并不能准确地反映出模拟情况，还可以输入合适的数值。

设立模型的各个细节可参阅 Ross 和 Sumner 的出版著作(2002 年)。在该著作的第四部分，将这种电子制表软件形象地称为风险预测系统，在一些案例中能用得着它。利用风险预测系统的最强有力的风险评估方法是风险分级(用从 0 到 100 的数字来表示风险的级别)以及预测每年的发病人数，澳大利亚水产品行业的风险概况曾用过这种软件。接下来我们将向您说明风险预测系统是怎样进行评估并把焦点集中在整个行业最需关注的产品和致病菌上。

表 2-7　Risk-Ranger 模型涉及的风险判断标准

风险判断标准	风险级别(用数字表示)
剂量和严重性	
① 危害的严重性	
② 易感性/敏感程度 暴露的可能性	
③ 消费频率	
④ 消费人数	
⑤ 人口规模 可能感染的剂量	
⑥ 污染的可能性	
⑦ 加工的作用	
⑧ 二次污染的可能性	
⑨ 加工前的控制	
⑩ 增至感染剂量	
⑪ 食用前烹调的作用	

2.4.3　定量风险评估

定量风险评估(Quantitative Risk Assessment System，QRAs)是出于特定目的而进行的、具有数字结果的风险评估，以解决由最早执行评估工作的风险管理者提出的问题。水产品行业已有三项 QRAs：

① 瑞士熏鱼中的单增李斯特氏菌(Linqvist and Westoo，2000)；

② 美国牡蛎中的副溶血性弧菌(美国食品与药物管理局，2000)；

③ 美国一部分水产品中单增李斯特氏菌(美国食品与药物管理局，2001)。

美国的风险评估规模较大，花费一年多的时间作准备，然后进行了为期 1～2 年的公众意见评审时期。有30多人参加单增李斯特氏菌的风险评估工作，被分为6组，每个小组都有自己的任务；另外还有50多名参与者，为评估工作提供帮助，并受到感谢。需强调的是，这次QRAs不仅仅是水产品，还包括多种食品。牡蛎中副溶血弧菌的QRAs有20多人参与，他们收到来自美国等国际上20多个研究所的科学家的信息。瑞士QRAs有两名工作者，并有两名合作者提供帮助。

美国投入大量财物、人力做了两项风险评估，这无疑是回应美国两次大规模食物中毒事件。1997年和1998年牡蛎中的副溶血弧菌引发两次事件，700人生病，导致QRAs的开展。美国在20世纪90年代末期还有两起单增李斯特氏菌感染事例，原因是食用了热狗和熟食店售卖的肉制品，130多人病情严重，28人死亡。

2.4.3.1 设定目标——目的陈述

在QRAs中明确经过工作想要取得的成果以及从一开始便朝这个目标努力，这一点是至关重要的，即所谓的目的陈述。在美国，风险管理者规定针对牡蛎中的副溶血弧菌，风险评估应：

① 建立数学模型，预测消费者因食用被致病性副溶血性弧菌污染的牡蛎所面临的风险；

② 向决策者提供信息，帮助他们评判现行的法律政策，以便通过评估以下方面来确保公众健康：

- 关闭和开放贝类捕获水域的现行标准；
- 控制牡蛎中副溶血性弧菌数量的预防及保护措施；
- 现行牡蛎肉中副溶血性弧菌数量的最高限值为10,000 CFU/g的指导原则。

针对单增李斯特氏菌的目标陈述可以系统地检验已获得的科学数据，以估计食用各种可能的染有单增李斯特氏菌的即食食品后生病和死亡的风险；建立数学模型，预测零售及到达消费者家中食品的污染情况和可能的消费人群；可预测出处于不同风险人群、不同种类食品中的单增李斯特氏菌数。

在瑞士，Lindgvist和Westoo(2000年)定下目标：进一步完善QRAs，以预测食用包装熏制大马哈鱼和鲑鱼时的暴露水平和感染单增李斯特氏菌的风险。

2.4.3.2 过程模拟

水产行业，产品的流程通常是收获、加工前的贮藏、工厂加工、贮藏/分销、零售和消费。无论哪种水产品，经过一系列流程后危害可能会发生改变，无论危害是减少或是增加，我们都需将这些变化绘制成图，以流程图表明这些变化，然后用数学方法计算或估计每个环节危害发生的变化，在风险评估中这被称为“建立模型”。模型建立者通常都想设立一个“由餐桌到农场”的模型，可将危害经过收获——加工——消费流程的变化全部考虑进来，风险评估最好由熟悉加工过程的人和微生物学家一起做，微生物学家了解危害因子及微生物危害随改变所做的相应变化，特别是随温度和时间而产生的变化。

系统模型建好后，必须收集数据（暴露评估）。理想情况是，会有时间去做实验以得到所需数据。但通常情况下，并没有足够的物力和时间去做实验，所以必须调查所有现有数据，并将数据输入模型中。这就是模型获取数据并建立数学公式，以描述经过整个流程危害所发生的变化。模型设立者将会遇到许多问题，其中最常见的问题就是变异性和不确定性。

2.4.3.3 变异性

由于人口的差异而发生变化，无论怎样研究其特性，都不减弱这种差异。为方便理解，我们就以体重为例。任何人的体重都存在差异。我们还可以做身高的调查，测量每个人的身高，便会发现大多数成年人的身高为 160～175 cm，但也有一些人身高为220 cm，同时还有人身高为 120 cm，这便是人口差异的一个例证。

2.4.3.4 不确定性

这是由于我们（风险评估员）缺少限定因素的相关知识并且无法测定这些因素的限值。如果我们研究它的特性，就可以降低不确定性。同样，以人的体重为例，我们可以做一个全国范围的调查并测定每个人的体重，这样就不存在不确定性了。

2.4.3.5 分布

风险是不固定的——它会随限定因素界限的改变而改变。例如，死于空难的风险。对地球上大部分人来说，这种风险为 0，因为他们从来不坐飞机。但对几千万坐飞机的人来说，风险会因他们乘坐飞机的频率（可能性）、航线（一些航线会比其他航线发生更多撞机事故）、天气条件（许多撞机事故通常在天气状况恶劣的情况下发生）及国家（一些国家比其他国家拥有更好的操作系统）的不同而不同，所以很难评估这种风险，因为不同情况下的风险不同：从很低、一般到很高。通常最好的估计结果是：最小值、最可能的数值（平均值）和最大值。例如，我们可以这么说，拖网渔船捕获的虾，虾上细菌含量从 10 CFU/g 到10 000 CFU/g不等，平均值为 100 CFU/g。

2.4.3.6 模型的种类

模型设立者通常用模拟模型或随机模型，将数据输入空白表格，然后用电脑软件分析数据，每次分析即为一次重复，从分布图中按照该变量的可能性分布（平均值要比最小值变得快）随机搜寻一个数值来描述每次的变化范围。多数重复是运行（通常数值为 10 000）和比较，这种技术称为 Monte Carlo 模拟技术，结果是所有可能结果出现的频率分布，这形成了风险评估的基础。

2.4.3.7 风险评估

进行 QRAs 的方法通常在目标陈述中确定。例如，Lindguist 和 Westoo（2000）进行的单增李斯特氏菌的风险评估。风险评估包括每年的发病数和摄入一份食物后生病的风险。研究者使用两种模型，所以对每个结果都有两种评估。美国评估了食用某些种类的食品而感染单增李斯特氏菌的风险，鱼酱、熏制水产品、软质干酪、熟肉制品是四种最有可能致病的食物。影响牡蛎中副溶血性弧菌致病风险的最重要的因素是温度——空气温度和水温(季节性)。模型的预测结果是全国范围内每年平均发病人数为 4 750,发病人数从 1 000到 16 000 不等。该模型还预测,如果收获后立即冷却,将会使发病风险降低。

2.4.3.8 实践检验

进行风险评估,最好用事实来检验,确定模型没有预测一些很荒谬的事情。例如,假设你预测的是因食用熏鱼而感染单增李斯特氏菌的人数,模型预测每年的感染人数为 1 000 000人,如果该疾病和统计死亡值每年为 1 000 人,便可以断定不是模型就是输入的数据出了问题。

2.4.3.9 敏感性(或重要性)分析

当软件一次又一次地分析数据时,它会记下哪些因素对风险评估的影响最大。这可使你进行敏感性或重要性分析,以确定对风险最具影响力的因素——无论是降低风险或是增加风险。然后,通过这种分析,风险管理者可以决定需在哪些环节加强监控。

2.4.3.10 总结

风险评估可按复杂程度可以分为定性、半定量、定量风险评估。评估工作越复杂,费用就越高、耗时就越长。所以开始一项风险评估工作前,首先要明确你的目标、并明确当物力有不必要的耗费时就得结束评估。

2.5 目前国内外风险评估的发展现状

2.5.1 风险评估的应用

风险评估包括两大程序框架,第一框架是确定危害,包括判定是否构成危害,认定危害的种类、性质,并根据现有的研究初步判定该危害是否有价值继续纳入下面步骤中进行评估等。开展一项风险评估难度相当大且耗费巨大,必须兼顾成本—效益,所以第一框架对于真正启动一项风险评估显得非常重要。第二框架是确定危害发生概率及严重程度的函数关系,即确定风险,也就是真正意义上的风险评估,并为最终执行风险管理提供科学依据。WHO/FAO 及其所属委员会,认为风险评估包括四个步骤,既危害识别、危害描述、暴露评估及风险描述。

2.5.1.1 风险评估辅助形成各国正当的农产品技术性贸易措施

农产品贸易过程中必然涉及进出口措施。其中涉及的检验检疫措施、进出口标准及其背后制定标准的方法受到极大挑战,风险分析的应用部分解决了该问题。近年来的农产品贸易摩擦事件可洞悉发达国家对此的解决手段几乎都直接或间接涉及风险分析的这个功能。如 1995 年,加拿大诉讼澳大利亚关于鲑鱼进口措施一案,其中争议的起因是澳大利亚鉴于加拿大新鲜或冰冻鲑鱼对本国可能造成公众或环境健康风险而采取停止向该国进口此类农产品的措施。该案例从头至尾都围绕着风险评估,双方各持己见,但评估方法缺陷及举证难度等问题造成贸易措施中不公平现象的存在。无论谁是谁非,最终加拿大通过风险评估在此案中获胜,裁定结论为尽管澳大利亚于1999年7月发表的风险分析报告符合《SPS协议》要求,但只允许即食鲑鱼制品进口免检。

但实际上风险评估技术运用的不成熟、各国掌握程度不一及该技术本身存在的不完善又产生了风险分析的衍生功能,即成为各国国际农产品贸易技术性壁垒,或变相成为贸易保护手段。从这个功能上而言,不同的国家对此更津津乐道。如2002年7月和2003年5月,日本厚生劳动省以冷冻菠菜毒死蜱含量超标为由,两次对中国产的冷冻菠菜实行"进口自肃"。然而,日本规定的菠菜中毒死蜱最高残留量为0.01 mg/kg (ppm),世界上只有少数几个国家制定了类似的严格标准,CAC及美国未制定该标准,而欧盟规定的限量为0.05 mg/kg (ppm)。据统计,在日本,菠菜的人均日摄入量为22.8 g,萝卜和白菜分别为47.3 g和37.4 g,而日本制定的萝卜和白菜中毒死蜱的最高残留限量分别为3.0 mg/kg (ppm)和1.0 mg/kg (ppm),分别是菠菜毒死蜱残留限量的300倍和100倍。但实际上,我们知道其目的或蕴含的意图不是保护本国消费者身体健康,更多是利用风险分析模式来保护本国农产品贸易并制造壁垒。

2.5.1.2 风险评估彻底将"科学性"贯彻到质量安全方方面面

风险评估、风险管理及风险交流都非常强调科学性。尤其是风险评估,科学性首当其冲地成为其最重要的原则。其科学性一方面体现为风险评估所有评价资源来自事实与实际数据或基于事实上的合理外推,其评估的危害也是客观存在的物质;另外,评价方法是稳定的,不带有任何个人主观性,并通过程序化的方法获取风险结论。对于风险管理而言,科学性体现在该模式实现了管理决策是基于风险评估结论,首次将管理方式从感性决策过渡到理性决策;其次是旗帜鲜明地正视了风险评估的不确定性,并对所有相关不确定性进行合理考虑,然后通过预见未来可能发生危害的严重程度及发生概率来实现管理。但从功能上而言,由于风险管理存在现实可操作性等一系列问题,所以风险评估必须与风险管理进行严格区分,而后者更为强调"理论联系实际,实事求是",这样才能最终实现农产品质量安全管理的科学性。

2.5.2 目前国内外风险评估的发展现状

2.5.2.1 中国

2003年,中国农业科学院质量标准与检测技术研究所成立时设立了风险分析研究室;2006年颁布的《农产品质量安全法》中规定对农产品质量安全的潜在危害进行风险分析和评估。2007年5月,农业部成立了国家农产品质量安全风险评估委员会。

长期以来,中国的食品科技体系主要是围绕解决食物供给数量发展建立的,缺乏有效的与国际接轨的食品安全风险评估。与发达国家相比，食源性危害关键检测技术和食品安全控制技术还比较落后。

近年来，我国新的食品种类（如方便食品和保健食品）大量增加，很多新型食品在没有经过危险性风险评估的前提下，已经在市场上大量销售。方便食品和保健食品行业的发展给国民经济带来新的增长点的同时，方便食品中的食品添加剂、包装材料与保鲜剂等化学品的应用，增加了食品潜在风险。保健食品中不少传统药用成分并未经过系统的毒理学评价，其安全性也值得关注。另外，食品原料生产中的转基因技术应用尽管给食品行业的发展带来良好的机遇，同时也增加了食品安全的不确定因素，而判断转基因食品是否安全，必须以风险分析为基础，发展一系列行之有效的风险评估技术手段。受管理、商业、社会、政治、学术诸多方面的限制，科学的、有说服力的统计数据很难获得，增加了对转基因食品进行风险分析的难度，这给食品安全管理控制带来了前所未有的挑战。

中国传统的食品安全管理方式是依据法规条例，清除市场上的不安全食品，以责任部门认可项目的实施作为对食品安全进行监管。由于多为事后监管，缺乏预防性手段，故对食品安全问题及可能出现的危险因素不能做出及时而迅速的控制。因此，必须建立一套与食品有关的化学、微生物及新的食品相关技术等危险因素风险评价的技术方法，从而逐步健全食品安全评价体系。例如，在食品生产领域应用的基因工程和辐照技术虽然会提高农业产量，但必须对应用的安全性进行评估，使应用的食品更安全，而且这种评估必须采用国际上认可的方法，公开、透明，让广大消费者接受。

为了有法可依、更有效地开展这项工作，预防食品安全事故发生，保障消费者身心健康，2009 年 6 月 1 日施行的《食品安全法》规定，国家建立食品安全风险监测和评估制度，对食源性疾病、食品污染以及食品中的有害因素进行监测，对食品、食品添加剂中生物性、化学性和物理性危害进行风险评估。卫生部自 20 世纪 70 年代起就牵头完成了全国 20 多个地区食品中铅、砷、镉、汞、铬、硒、黄曲霉毒素 B1 等污染物的流行病学调查，并于 1959 年、1982 年、1992 年和 2002 年进行了四次中国居民营养与健康调查，初步积累了我国居民膳食消费基础数据。此外，我国是全球食品污染物监测计划参与国，并成功开展了总膳食研究，2001 年就建立了食品污染物监测以及食源性疾病监测网络系统，初步掌握了我国食品中重要污染物的污染状况。我国目前的许多食品安全标准的制定如食品中镉、铅限量标准的制定均是在开展风险评估的基础上进行的。在新资源、食品添加剂上市前的行政许可中，卫生部要求申请者提供相应的数据和信息进行风险评估，开展上市前的产品安全性评价。目前国家食品安全风险评估专家委员会正在根据制修订标准需要，采集数据开展食品中镉和铝对健康的风险评估，为进一步修订食品中镉限量标准和含铝食品添加剂使用标准提供科学依据。在微生物领域，我国已启动了食物中毒菌沙门氏菌和大肠杆菌 O157:H7 的定量风险评估，旨在通过食物中毒暴发的调查和运用数学模型，估计引起食源性疾病的最低活菌摄入量或造成 50% 食用者发病的活菌量。在突发食品安全事件中，如2008年发生的三鹿婴幼儿奶粉事件中，开展了三聚氰胺应急风险评估，制定了乳与乳制品中三聚氰胺临时管理限量值，为政府及时掌握市场中乳与乳制品食品安全状况和三聚氰胺对健康的风险提供了科学依据。此外，在2005年辣椒酱污染苏丹红、油炸食品含丙烯酰胺、苏丹红红心鸭蛋等突发食品安全事件中，开展了苏丹红和丙烯酰胺的风险评估，在风险评估基础上开展风险交流，科学引导消费者、媒体认识食品问题。风险评估技术手段的应用为政府应对突发公共卫生事件处理提供了强有力的技术支撑。鉴于有关学者和公众对我国全民食盐加碘策略的科学性和部分沿海地区居民碘摄入可能"过量"及其潜在的健康损害的关注程度日益增加，为了解我国尤其是沿海地区居民的碘营养状况，国家食品安全风险评估专家委员会利用1995～2009年全国碘缺乏病监测、2002年全国膳食与营养状况调查、2009年沿海地区居民碘营养状况和膳食摄入量调查等数据，从尿碘水平和碘的膳食摄入量两个方面，对我国全民食盐加碘在预防控制碘缺乏危害方面的健康效益以及我国不同地区居民碘营养状况的潜在风险进行了评估，评估结果将为制、修订我国碘缺乏病防治策略和风险交流提供科学依据。

2.5.2.2 欧盟

1990年的疯牛病事件使欧盟的食品安全政策从强调保障食品供应转变为强调保护消费者健康。根据2000年《食品安全白皮书》的要求，欧盟于2002年成立了食品安全局，内设4大部门25个处室。工作人员达400余人。欧洲食品安全局（EFSA）作为独立于欧盟其他部门之外的机构，在食品安全方面向欧盟委员会提供科学的建议。欧盟食品安全局的主要任务是开展风险评估，独立地对直接或间接与食品安全有关的事件（包括与动物健康、动物福利、植物健康、基本生产和动物饲料）提出科学建议，对已经存在或突发性风险进行全方位交流，宣传正确的食品安全知识，避免误解和误导。EFSA自成立以来已经在支持政府决策、重塑消费者信心方面发挥了不可替代的作用。

欧盟食品安全局的宗旨是向欧盟委员会和欧洲议会等欧盟决策机构就食品安全风险提供独立、科学的评估和建议，负责向欧盟委员会提出一切与食品安全有关的科学意见及向民众提供食品安全方面的科学信息等，旨在增强消费者信心，并确保欧盟各成员国人民吃到放心的食品，保证他们的身体健康。该局是很多国家共同构建的机构，承担国家具体风险管理事务，但在某种程度上提供建议。欧洲食品安全局所开发出来的食物安全评估办法让欧洲的消费者安全更有保障。在食源性疾病的控制方面，他们则格外关注空肠弯曲菌、沙门氏菌、李斯特菌以及病毒等，EFSA在2010年发布了生猪饲养和屠宰过程中沙门氏菌的定量风险评估报告，2011年又完成了肉鸡链中空肠弯曲菌的定量风险评估。

2.5.2.3 美国

美国是最早把风险分析引入到食品安全管理中的国家之一，科学和风险评估是美国食品安全政策制定的基础。1997年发布的《总统食品安全行动计划》认识到了风险评估在保证食品安全目标中的重要性，要求所有负有食品安全管理职责的联邦机构建立机构间的风险评估协会，负责推动生物性因素的风险评估工作。美国食品药品管理局和马里兰大学共同成立了食品安全与应用营养中心，负责食品中各类常见污染因素的数据收集和评估工作。美国联邦政府没有设立专门的食品安全风险评估机构，但美国可以参与化学物风险评估的机构非常多。其中最主要的有美国联邦卫生与人类服务部所属的 FDA、毒物及疾病注册局、美国国立卫生研究院（NIH）下属的环境卫生研究所（National Institute of Enviorment Health Science，NIEHS）、美国疾病预防控制中心（Confers for Disease Confrol，CDC）下属的职业安全与健康研究所（National Institute for Occupatienal Safety and Health，NIOSH）、美国农业部（United States Department of Agriculture，USDA）所属的食品安全检验局（Food Safety and Inspection Service，FSIS）、动植物卫生检验局（Animal and Plant Health Inspection Service，APHIS）以及美国环保总署（United States-Environment Protection Aqency，US-EPA）。以上这些机构云集了大批从事风险评估工作的专家，如化学家、毒理学家、药理学家、食品工艺学家、微生物学家、分子生物学家、营养学家、病理学家、流行病学家、数学家和卫生学专家等。因此这些机构都可以在自己负责的工作领域内独立开展风险评估工作。但对于涉及多个领域的较大范围的风险评估工作，各机构可以相互协作，通过交流和合作，共同开展食品领域的风险评估工作。而且各机构单独或联合完成一项风险评估工作后，都需进行同行评议，从而保证评估结果的准确性。1998 年，美国农业部食品安全监督服务局（FSIS）对带壳鸡蛋和蛋制品肠炎沙门菌进行了风险评估。美国食品和药品管理局（FDA）在 2000 年完成了对生食牡蛎致病性副溶血性弧菌公共卫生影响的定量风险评估，并协同 FSIS 完成了对水产品中李斯特菌进行的风险评估。

美国实施的三权分立非常明确，涉农产品及食品安全的法规主要为《联邦食品、药品及化妆品法》、《联邦肉类检验法》、《禽类产品检验法》、《蛋制品检驮检疫法》、《食品质量保护法》、《公众健康服务法》等。美国的相关食品安全法规体系是基于风险分析理论和框架制定并实施的，在法规中规定了风险评估必须在科学基础上执行和开展。美国实施风险分析的部门涉及农业部、环保署及卫生部下属食品和药品管理局等。食品和药品管理局下的食品安全与营养中心与兽药中心等均成立风险分析工作组，其成员来自国家政府或非政府专家，共同承担相关领域内食品风险评估。美国农业部负责风险评估的机构主要是其下属的食品安全检验局，同时为更为规范和加强各部门之间及部门内部协作，以使风险分析得到更有效地执行以及利用最好的科学资源。美国农业部于 2003 年建立了食品安全风险评估委员会，旨在对长期性风险分析给予更多的重视和更好的计划。

2.5.2.4　日本

日本 2003 年 5 月制定了《食品安全基本法》，旨在响应公众对食品安全问题的日益关注及提高食品质量安全。此法将风险分析纳入法制化轨道，强调食品质量安全必须进行科学的风险评估，另外还就风险管理、风险交流作了规定，但主体是风险评估。《食品卫生法》及其他相关法规则就风险管理及风险交流作了详细规定。《农药及化学物管理法》主要就农药登记管理进行规定，在进行正规登记前必须进行必要的毒理试验和风险评估，从风险管理角度体现了对农业及食品预警管理的力度。与日本的风险分析运作密切相关的是农林水产省、厚生劳动省及后来建立的食品安全委员会。食品安全委员会是独立的组织，负责进行食品风险评估，而厚生劳动省及农林水产省则负责风险管理工作。食品安全委员会的主要职责是进行科学、独立的食品风险评估及向相关各省提供建议；向有关各方消费者及从事食品生产与销售的人员传达食品风险的信息，就食品安全突发事件制订预警措施。委员会每星期举行例会，公众及传媒均可参加旁听。食品安全委员会设有 16 个专家委员会，分别就不同种类的食品进行风险评估及风险交流工作，并在发生食品安全突发事件时采取预警措施。

2.5.2.5 加拿大

加拿大的风险管理主要由加拿大食品检验署(CFIA)实施，涉及动物健康、植物健康及农产品与食品安全方面的风险管理措施。食品检验署首先制订优先计划，该计划基于保护人类、动物及植物健康的目的，并对风险管理过程中涉及的加工工业、社会及经济状况、贸易影响、预警及其他相关因素等在何时实施风险管理的选优排序等问题上作了详细规定，该规定适用于食品及农业预警。食品检验署还指定动植物健康中心(CAPH)动物疫病与食品检测实验室(ADRI)及动物疫病研究所(HAFL)等机构高效协作，共同开展动物疫病风险分析工作，并提出较为完善的风险评估框架，该框架涉及食品、动物及植物等方面相关风险分析的若干规定。

2.5.2.6 德国

2002 年 8 月 6 日，联邦德国议会颁布了《健康消费保护和食品安全法》。该法律明确规定，组建风险评估机构，开展以科学为基础的风险评估以及赋予该机构相关任务。联邦风险评估研究所(Federal Institute for Risk Assessment, BfR)于 2002 年 11 月 1 日在原兽医研究所的基础上正式组建，并以“识别风险，保护建康”为宗旨，开展风险评估研究和工作。

德国既有专门的风险评估机构——联邦风险评估研究院，也有专门的风险管理机构——联邦消费者保护和食品安全办公室。前者成立于 2002 年。该机构与欧盟食品安全总局和国内各研究机构密切合作，就食品、药品、消费品的安全问题向德国政府、联邦消费者保护和食品安全办公室以及国际组织提出政策建议，同时负责向公众通报风险，使消费者对农产食品中可能的危害有足够的认识，将致病风险降至最低；后者是欧盟食品与饲料快速预警体系的国家预警点，负责将各地监督检查机构反馈的信息传向欧盟委员会，并将欧盟委员会的相关信息向地方机构通报，并具有卫生监督检查职能，在综合风险评估结果后向德国政府以及欧盟委员会提交管理方面的政策建议。

2.5.2.7　法国

法国于 1998 年 7 月 1 日专门通过《公共健康监督与产品安全性控制法》，把风险评估和卫生监督这种技术性相对较强的内容从管理工作中独立出来，并成立了“法国食品卫生安全署”和“国家卫生监督所”，将分散的评估咨询机构集中起来，专门负责农产食品质量安全监督检查、公众健康状况的动态观察以及相应的风险评估工作。法国食品卫生安全署在食品安全方面有很大的权限，从原材料（动植物产品）的生产到向最终用户分销都在其评估范围内。为保证评估的科学性，该机构的专家委员涉及营养学、微生物学、生物技术、物理和化学、污染和残留物、动物饲料、添加剂、技术工艺辅助物质和香料、动物健康、水供应等诸多学科领域。

目前，不仅一些发达国家，而且我国周边的一些发展中国家也都高度重视食品安全风险分析。泰国已将风险分析纳入国家食品法规当中，并建立了国家食品发展计划；马来西亚已经成立了国家风险分析委员会和 5 个相应的分委员会（生物评估、食品添加剂、污染物、兽残和农残以及风险情况交流），在风险分析的应用方面进入了实质性的启动；韩国仿效美国食品和药品管理局，组建了韩国的食品与药物管理局，对食品安全性风险进行集中、统一的管理，特别是对进口食品制定了一系列的法规和工作程序。

随着全球对生态环境、人体健康及动物福利等的不断关注，公众对食品安全的关注要求日渐提高，特别是一系列风险评估策略强制性纳入各国质量安全法规，灵活应用到构筑技术性贸易措施中，国际上已形成共识，风险分析作为一项系统工程必将逐步得到重视和发展。

参考文献

[1] 国家食品药品监督管理局. 国际食品法典汇编（第一卷）[M]. 北京：科学出版社，2009.

[2] Forsythe SJ. 食品中微生物风险评估 [M]. 石阶平，等译. 北京：中国农业大学出版社，2007.

[3] Schmidt R，et al. 食品安全手册 [M]. 石阶平，等译. 北京：中国农业大学出版社，2007.

[4] WHO. Principles and Method for the Assessment of Risk from Essential Trace Elements[M]. Geneva，2002.

[5] Ross T，Sumner J. A Simple Spreadsheet-based Food Safety Risk Assessment Tool [J]. International Journal of Food Microbiology，2002，77：39-53.

[6] US FDA/FSIS. Draft Assessment of the Relative Risk to Public Health from Food-

borne *Listeria Monocytogenes* Among Selected Categories of Ready-to-Eat Foods [R/OL]. http://www. foodsafety. Gov/dms/lmrisk. htm, 2001.

[7] 王巍. 食品安全微生物风险评估研究[D]. 北京：中国人民大学，2007.

[8] France with Assistance of Argentina et al. Proposed Draft Principles and Guidelines for the Conduct of Microbiological Risk Management (at step 3 of the procedure) [C]. CCFH Thirty-fifth Session, Orlando, USA, 2003(1): 27-31.

[9] FAO/WHO. Risk Assessments of Salmonella in Eggs and Broiler Chickens. MRA series2 [M]. FAO/WHO, 2002.

[10] FAO/WHO. Risk Assessment of Campylobacter spp. in Broiler Chickens and *Vibrio* spp. in Seafood. MRA series2 [M] . FAO/WHO, 2002.

[11] FAO/WHO. Risk Assessment of *Vibrio vulnificus* in Raw Oysters: Interpretative Summary and Technical report. MRA series8 [R/OL]. http://www. who. int/foodsafety/publications/micro/mra8. pdf, 2005.

[12] FAO/WHO. Risk Assessment of *Listeria monocytogenes* in Ready-to-eat Foods: Interpretative Summary. MRA series 4[R/OL]. http://www. who. Int/foodsafety/ publications/micro/en/mra4. pdf, 2004.

[13] FAO/WHO. Risk Assessment of *Listeria monocytogenes* in Ready-to-eat Foods: Technical Report. MRA series 5 [R/OL]. http://www. who. Int/foodsafety/ publications/micro/mra/listeria/en/index. html, 2004.

第3章　水产品安全的主要危害

食品中的危害基本可以分为三类，即物理、化学和生物危害，水产品中同样存在上述三类危害因子。由于物理危害非常简单，可以通过良好的生产操作规范加以避免，因此讨论的专著较少。有关化学危害，食品添加剂联合专家委员会(JECFA)和FAO/WHO农药残留联席专家会议(JMPR)在这方面已经进行了大量的工作，形成了一些相对成熟的方法。比较而言，食品中生物危害的作用和效果都更加直接和明显，但进行有关生物危害的风险评估却是一门新兴的发展中的科学。FAO与WHO于1999年3月在日内瓦召开了第一次专家会议对这一问题进行了初步的讨论。食品卫生法典委员会已经制定了《食品微生物风险评估的原则与指南》，并在2001年召开的CAC第24届大会上对其进行了讨论。同时，该委员会制定了《微生物风险管理指南》。

3.1　化学性危害因子

3.1.1　概述

化学危害是指化学因子通过环境蓄积、生物蓄积、生物转化或化学反应等方式损害健康，或者接触对人体具有严重危害和具有潜在危险的化学品而造成的危害。有毒化学品的种类和数量繁多，大多数有毒化学品对人体的危害尚待研究。它们在环境中的迁移也难以控制，而且其产生的有害废物长期存在潜在危害性。

水产品作为食品的重要组成部分，其化学性危害所涉及的内容具有上述食品化学性污染的各种特点，但是水产品与其他农产品相比，由于产地和生产方式的不同，其化学性危害表现出许多特殊性。水产品的产地环境是水体，水生生物资源易富集水体中的农药、兽药、重金属、有机污染物和毒素等化学性污染物，人类食用了受到化学污染的水产品，会出现诸多公害性疾病，从而危及人类健康和生命安全，化学性危害应引起高度重视。

3.1.1.1　化学性危害的分类

化学物质种类繁多，我们已经知道的1 000多万种化学物质中在全世界广泛使用的大约有几十万种。随着科技的发展，化学污染物的种类和数量在不断增多，对水产品的污染可能发生在水产品原料生产(养殖或捕捞)、加工、贮藏、消费过程中的任何一个阶段,对水产品造成危害的情形各异。对此,如果按照化学的观点进行分类阐述,其对HACCP应用的参考意义会有所降低,或者使读者难以分辨各类物质的危害程度。而完全按照危害程度进行分类论述,又会造成长篇累牍,结构零散。因此,本书从水产品化学危害的来源对化学污染物进行分类,将其分为:

① 天然存在的化学危害;

② 养殖过程中产生的化学危害;

③ 水产品加工过程中产生的化学危害;

④ 环境污染导致的化学危害。

3.1.1.2 化学污染物的来源

水生生物能从生存的自然环境中蓄积化学物质。蓄积物质的种类和蓄积量受多种因素的影响,包括生物种类、地理位置、饲喂模式、化学物质的溶解性和降解性等。此外,供人食用的陆地生物大多以植物为食,而水生生物大多是肉食性的,可供食用的植物性藻类品种较少。许多水生生物处于食物链的上游,因而通过逐级蓄积,在水生生物体内会积累越来越多的化学物质。这些积累的物质,既是水生生物所特有的营养物质的来源之一,同时,由于环境的污染、工农业有毒物质的大量使用和排放,水生生物体内积累的化学物质又有很大一部分是有毒、有害物质,可引起较为严重的食用安全问题。

另一方面,从水生生物原料到水产品的加工过程中,添加各类添加剂也是必要的,但添加的物质一旦过量或配合失当,或者添加了禁止用于水产品的化学物质,也会造成有害化学物质的残留,从而影响水产品的营养品质,严重时甚至会对人体造成危害。

3.1.1.3 危害评估与控制

食品中化学物质的残留评估一直是风险评估的难点。因为化学物质残留对健康的影响,表面特征不明显,一般不会造成突发或急性发作的疾病。因此,评估消费者因日常食用所摄入体内化学物质对身体健康的潜在危害性是相当难的。这些潜在的危害有多大,要以以下几个方面为依据才能推出结论:

① 不同化学物质的现有性状;

② 人体和动物摄入相对高剂量化学物质时的实验观察;

③ 关于某种中毒物质的作用机制、敏感人群的分布及人体摄入剂量方面的合理理论。

当前这些方面的几乎所有资料都带有探索性。这些问题在水生生物制品中表现得尤为突出。一些地区的部分水产动物体内的化学物质残留足以对大众健康构成潜在危害,不能不引起我们的格外重视。据目前资料显示,总体上看,这些风险并不能与迄今为止的最严重的环境健康危害相提并论,然而控制这些风险能明显改善公众的健康水平。

水产品是否安全,现在的发展趋势是进行量化分析。尽管通常情况下许多化学药品的危害仍具有较强的不确定性,但近20年来这一种观点已经为多数国家和地区所接受。

同时，我们也逐步认识到，对于某些化学物质，虽然目前来看是安全的，但其潜在危害不能完全被忽略。虽然危害的定量评估技术被采纳后在食品安全领域发挥了一定的作用，但对于水生生物中的化学残留物质，迄今为止还没有一个正式、全面的危害评估，不同的国家、地区，根据各自居民的饮食结构、水生生物的生长及其食用情况，做了一些研究评价，并通过各种形式使其观点为世界各地的相关机构及消费者所认可。

化学污染对水生生物及由其引起的对消费者的危害虽然历史不长，但影响巨大，引起了世界范围内的关注。要对化学污染造成的危害进行评估，有必要先认识现有的各种有毒、有害化学物质。这些化学物质的危害性多数已经有了动物试验及其他安全性研究的数据资料证据。还有一部分物质，由于历史上与水生生物接触较少，或者是与食用的距离较远，尚缺乏充分的关于性质的研究数据，但其危害性已经为消费者或科研人员所初步认识，有必要进一步认识这些物质。

3.1.1.4　国内外现状

随着人们对化学污染物质认识的逐渐深入和不断重视，国际组织和各个国家地区对化学污染物质在各个行业的使用和处理采取了一系列的相应措施，并不断发展和完善。

2001年5月22日联合国环境会议上通过的《关于持久性有机污染物的斯德哥尔摩公约》，决定在全世界范围内禁用或严格限用12种有机污染物。这12种持久性有机污染物是：艾氏剂、氯丹、狄氏剂、异狄氏剂、七氯、灭蚁灵、毒杀芬、DDT、六氯代苯、多氯联苯、二噁英和呋喃。其中，艾氏剂、氯丹、狄氏剂、异狄氏剂、七氯、灭蚁灵和毒杀芬七种杀虫剂被禁止生产和使用；DDT由于仍是一些国家目前所使用的唯一有效杀虫剂，将被严格限制使用并将尽快被其他杀虫剂所取代；多氯联苯因目前仍需要用于变压器、电容器等工业设备上，将在2025年之前被禁用；六氯代苯、二噁英和呋喃三种工业有机污染物是在燃烧和工业生产过程中产生的副产品，各国需要采取措施将其数量尽可能限制在最低范围之内。

2001年，有关消除有机残留污染物的联合国条约第四轮谈判结束，多国政府重申：有机残留污染物的最终彻底消除是大会的主要目的，谈判已就禁止生产和使用的八种农药（艾氏剂、氯丹、狄氏剂、异狄氏剂、七氯、DDT、灭蚁灵、毒杀酚）和两种工业化学品（多氯联苯、六氯苯）达成协议。

针对化学污染物，许多国家制定了相应的水产品化学污染检验标准，控制化学危害的影响。而且随着经济和技术的发展，限量指标不断降低，要求条件日趋严格。例如，欧盟对进口水产品的检查包括新鲜度化学指标、天然毒素、寄生虫、微生物指标、环境污染的有毒化学物质和重金属、农药残留、放射性等63项，其中氯霉素、呋喃西林、孔雀石绿、结晶紫、呋喃唑酮、多氯联苯等为不得检出；六六六、DDT、组胺、麻痹贝类毒素等都有严格的限量指标。按照欧盟2001/466/EC指令要求：鱼中镉、汞、铅的最大残留限量由原来1 000 mg/kg分别改为50 mg/kg、500 mg/kg和200 mg/kg。

水产品中有毒有害化学物质的限量越来越低，常常需要进行微量或超微量甚至是痕量或超痕量分析，而且涉及的化学物质种类繁多，化学结构各不相同，待测组分十分复杂。有的还要检测其有毒代谢物、降解物、转化物和中间产物等。这种情况对有害化学物质检测水平提出了越来越高的要求。检测技术手段趋向于高技术化、系列化、速测化、便携化。从 1998 年开始，日本开始了“多种农兽药快速分析法”的研究，并于 1999 年投入实际使用。用这种方法可以对农产品中农兽药、重金属等 150 个项目同时进行检测分析，三天就可以出结果，现在检测速度更快。美国食品药物管理局（FDA）使用的多残留检测方法可以同时检测 360 多种农兽药残留。随着科学技术的进步，新的分析检测技术、化学危害物质检测技术和水平还将会不断提高。

国际标准化和技术水平在不断发展，而我国实际的农业生产还存在着诸多问题，这使得我国水产品中化学药物和有害物残留超标问题仍然存在，已经成为扩大出口的重要障碍。近年来，我国水产品出口多次因质量问题受到欧盟、日本等国家和地区的限制，如罗非鱼、大黄鱼等鱼类由于养殖环境差、产品品质不高，影响了产品的出口。造成这种后果的主要原因是质量安全保障体系不健全，养殖生产者的质量安全意识不高，对在养殖过程中滥用渔药和在饲料中添加违禁成分等行为监控不力。

总之，水产品中的化学污染已经对广大消费者及我国的农业经济造成极大的危害，本章从四个方面论述水产品化学的危害。

3.1.2 天然存在的化学危害

当今，为了扩大食品来源，人们不断开发利用丰富的生物资源，以增加食物的种类。长期以来，人们对化学物质引起的食品安全性问题有不同程度的了解，但是却忽视了食品本身具有的天然毒素。在生产中不添加任何化学物质的天然食品颇受青睐，身价倍增，一些宣传媒体也将其描述为有百利而无一害的食品，似乎是绝对安全的。但事实并非如此，因天然动植物毒素引起的食物中毒事件屡有发生，有时给人类健康带来极大的危害并造成较大的经济损失。

水产品中天然存在的化学危害主要指水产品中自然存在的毒素，主要包括藻类毒素和水生动物毒素。前者是藻类分泌的有毒物质，它们或直接在水产品中形成，或是食物链迁移的结果；后者是一些水产品中固有的物质，但是对人类和动物均有危害作用。

3.1.2.1 藻类毒素

藻类毒素是由微小的单细胞藻类产生的毒性成分，就目前所知，至少有三个类型的藻类——腰鞭毛虫、蓝绿藻和金褐藻可使我们的食物带有毒性。

海产品中藻类毒素对人类食物链的影响比较常见。海藻位于海洋食物链的始端，海藻在生长过程中会产生海洋生物毒素。当有毒海藻被海洋生物直接或间接摄食后，毒素就会通过生物链在海产品体内积聚。贝类是富集藻类毒素的常见生物。一方面，贝类所处的水底污泥是很多有毒物质沉积的地方，而贝类又有很强的蓄积物质的能力，所以易引起毒素积累。另一方面，特定适宜的气候条件和污染物大量存在时可形成适宜于藻类繁殖的环境，藻类的大量繁殖形成赤潮，产生赤潮的藻类若由毒藻形成，则贝类食入有毒藻类后会被迅速毒化。已毒化的贝体本身并不中毒，一般也无生态和外形上的变化，但是当人类食用了这类受污染的贝类等时，海洋生物毒素就会进入人体，并对人的健康构成威胁。

最重要的海洋藻类毒素有：麻痹性贝类毒素（PSP）、神经性贝类毒素（NSP）、腹泻性贝类毒素（DSP）、遗忘性贝类毒素（ASP）、鱼肉毒素。

1）麻痹性贝类毒素（Paralytical Shellfish Poisoning，PSP）

许多有毒海藻会产生PSP，包括涡鞭毛藻属（*Alexandrium*）、原甲藻属（*Pyrodinium*）和裸甲藻属（*Gymnodinium*）的海藻。目前，按海藻的种类、地域和贝类的种类，可形成18种基本化学结构为石房蛤毒素的有毒化合物，PSP是这类化合物的总称。在美国，PSP主要发生在美国东北和西北海岸线上捕捞的受污染的贝类，所有的滤食性甲壳类都能富集PSP。然而，贻贝在接触有毒海藻后可在数天或数小时内获得很强的毒性，随后毒性迅速地消失。因此，贻贝常被用作预警PSP污染的指示生物。蛤和牡蛎富集PSP一般没有贻贝那么快，聚集高浓度的毒素需要较长的时间，同时也需要较长时间才能使毒素降低。扇贝甚至在有毒藻类还未达到生长旺盛期时就会变得相当有毒，但西方国家习惯食用的闭壳肌——扇贝柱不富集毒素，因此不受PSP的威胁。

哺乳动物中PSP的基本作用形式是：以极小浓度的PSP与神经细胞膜通过钠桥结合，从而抑制神经的传导，导致麻痹、呼吸困难和循环系统紊乱。人类PSP中毒的症状从有轻微的麻刺感到呼吸彻底麻木，窒息死亡。嘴、齿龈、舌头周围的麻刺感常发生在食用有毒食品后5～30 min，有时接着会出现头痛、口渴、反胃和呕吐。同时，还经常会出现指尖和足尖麻木，在4～6 h，四肢和颈部会出现相同的感觉。在致命的情况下，食用含PSP的食物将会使患者在2～12 h内停止呼吸。据报道，人类PSP中毒的剂量为144～16 604 μg/人，大约食用PSP456～12 400 μg/人就会致命。美国FDA规定了PSP的检出标准为0.8 mg/kg石房蛤毒素当量。

2）神经性贝类毒素（Neurotoxic Shellfish Poisoning，NSP）

NSP是一种脂溶性的、耐热、耐酸、稳定性的毒素。它是已知的海洋毒素中毒性最强的一种，属于神经毒素，通过增强细胞膜对钠离子渗透性来破坏神经细胞的膜电位。据估计全球每年约有五万例因食用含毒素的鱼类而导致的神经性贝类中毒。

在美国，NSP中毒是由东南海岸贝类受污染所引起，通常与食用产自墨西哥沿岸的软体贝类有关，在南大西洋沿岸也时有发生。早在20世纪60年代中期，就有短裸甲藻（*Gymnodinium breve*）引起NSP中毒的报道。这种海藻在生长旺盛期往往会导致鱼类死亡和贝类产生毒素。由NSP引起的人类中毒通常在摄食后三小时内会出现一些症状。

NSP 引起的症状与轻度 PSP 症状类似，例如，皮肤感觉异样、面部刺痛且传至身体其他部分、忽冷忽热、反胃、呕吐、腹泻和运动不协调。

3）腹泻性贝类毒素（Diarrhetic Shellfish Poisoning，DSP）

DSP 主要来自美国东北和西北部及从类似气候海域进口的贝类。鳍藻（*Dinophysis*）和原甲藻（*Prorocentrum*）属的海藻与 DSP 产生有关。其发生种类与地理位置有关，例如，日本贻贝通常产生鳍藻毒素，而奥卡达酸则主要产生于欧洲。在日本、东南亚、斯堪的那维亚半岛、西欧、智利、新西兰和加拿大东部都已有食用软体贝类中 DSP 中毒的相关记载。美国 FDA 规定的 DSP（奥卡达酸）检出标准为0.2 mg/kg。

由 DSP 引起的中毒与 PSP 引起的中毒症状差异较大，在进食后 30 min 内到消化后几小时，会产生反胃、呕吐、腹部疼痛及腹泻等症状。呕吐的周期取决于摄入毒素的量。中毒症状可能会持续 3 d，但不会留下后遗症且不会致命。

腹泻性贝毒包含三类有毒的聚醚化合物，这些毒素主要作用于小肠，导致腹泻和上皮细胞可吸收量的变化。它们对人类健康的潜在危害有待进一步研究。

4）遗忘性贝类毒素（Amnesia Shellfish Poisoning，ASP）

ASP 是指软骨藻酸（Domoic acid），是一种主要由生于美国、加拿大、新西兰海岸的硅藻属菱形藻（*Nitzschia pungens*）和生于日本海岸的红藻（*Chondria armata*）产生的有毒氨基酸。通常与食用北美的东北和西北沿海的软体贝类有关。所有的滤食性软体动物都有富集软骨藻酸的能力。然而在美国发生 ASP 中毒相关的唯一贝类是贻贝。1987 年加拿大东部养殖贻贝毒素中毒的物质经鉴定为软骨藻酸。此外，ASP 曾在美国西海岸的太平洋大蟹、石蟹、红石蟹和凤尾鱼的内脏中被检出过。美国 FDA 规定 ASP（软骨藻酸）检出标准为 20 mg/kg。

ASP 在食用 3 d 后出现症状，早期病人感到肠内不适，重症时引起面部怪相或咬牙的表情，症状主要包括恶心和腹泻，而腹泻有时会伴有神智错乱，方向感丧失甚至昏迷，短期记忆丢失和呼吸困难，也可导致死亡。

5）鱼肉毒素

由于某些种类的热带和亚热带鱼类食用有毒藻类，因此会对人体产生毒性。与引起西加毒素中毒最相关的藻类品种是甘比尔藻（*Gambierdiscus toxicus*），其他海藻有时也与之相关。至少有 4 种已知毒素可以在鱼类肠道、头部或中枢神经系统富集，西加毒素（Ciguatoxin）是主要毒素。在美国最东南部海区、夏威夷和热带海域，佛罗里达南部、巴哈马群岛和加勒比海海域以及澳大利亚海域生活着的不少鱼类都有可能带有鱼肉毒素。鱼类毒化是散发性的，即并非同品种、同海域捕捞的鱼都带有相同的毒性。通过生物链的作用，草食性和肉食性鱼类都能带有毒素。个体较大的比个体小的鱼种带有更大量的毒素，因而更具毒性。

鱼肉毒素会影响胃肠及神经系统，引起的症状有：腹泻、腹疼、恶心、呕吐、皮肤过敏、头晕、肌肉缺乏协调性、冷热感觉紊乱、肌肉酸痛等。食用鱼后3～5 h即会出现症状且会持续一定时间，有些症状可在6个月内反复发作，个别有死亡报道。

3.1.2.2 水产动物毒素

自然界中有毒动物种类很多，下文是在水产品中可能遇到的一部分动物毒素。

1）河鲀毒素

（1）河鲀

河鲀又称鲢鲀鱼、气泡鱼，属于鲀形目、鲀亚目、鲀科，是暖水性海洋底栖鱼类，味道鲜美却含有剧毒，在我国大多数沿海都有分布，个别品种也进入江河产卵繁殖，全球有200多种，广泛分布于各海区。河鲀中毒是世界上最严重的动物性食物中毒之一。据统计，日本每年由于食用河鲀导致中毒的人数多达50人。我国沿海居民也有食用河鲀的习惯，因此每年发生河鲀的中毒事件较多，1993年最多，死亡147人，北方则少见。为此，我国《水产品卫生管理办法》中严禁餐馆将河鲀作为菜肴经营，也不得流入市场销售。

（2）河鲀毒素的分布与性质

河鲀含毒情况复杂，其毒力强弱随品种、鱼体部位、季节、性别以及生长水域等因素而异。在鱼体各部位中，卵、卵巢、皮、肝的毒力最强，肾、肠、眼、鳃、脑髓等次之，肌肉和睾丸毒力较小。一般品种的河鲀肌肉的毒性较低，但双斑圆鲀、虫纹圆鲀、铅点圆鲀的肌肉毒性较强。河鲀所含毒素比较稳定，一般物理性处理方法不易将其破坏，日晒、盐腌、一般加热烧煮等方法都不能解毒。

河鲀体内只含有一种毒素，称为河鲀毒素（Tetrodotoxin，TTX），又名河鲀毒素酐-4-河鲀毒素鞘，具有多羟基过氢化-5，6-苯吡啶母核结构，分子式为$C_{11}H_{17}N_3O_8$，是一种低分子质量化合物（相对分子质量为319），提纯后为白色柱状结晶，无臭味，微溶于水和乙醇，不溶于油脂和脂溶性试剂，易溶于稀乙酸，具有葡萄糖脂性质，易被碱还原。

（3）河鲀毒素的毒理作用

河鲀毒素能够阻碍钠离子对细胞膜的透过性，使神经轴素膜透过钠离子的作用发生障碍，从而阻断了神经兴奋传导。河鲀中毒患者一般都在食后0.5～3 h出现症状，最初表现为口渴、唇舌和指头等神经末梢分布处发麻，随后发展到四肢麻痹、共济失调和全身软瘫、心率由加速而变缓慢、血压下降、瞳孔先收缩而后放大，重症因呼吸困难窒息致死，死亡率高达50%。

河鲀毒素对小鼠的经口LD_{50}为8.7 μg/kg体重，对人的经口最小致死量为40 μg/kg体重。1～2 mg河鲀毒素结晶可使一个成人致死。

（4）预防措施

目前，对河鲀中毒患者尚无特效的解救药物，主要以预防为主。一旦中毒，对患者首先应尽快洗胃，并进行导尿。预防河鲀中毒应从渔业产销上严格控制，具体要求如下：

第一，凡在渔业生产中捕获得到的河鲀都应送交水产购销部门收购，不得私自出售、赠送或食用。水产购销部门应将收购的河鲀调送指定单位处理。

第二,供市售的水产品中不得混入河鲀。

第三,经批准加工河鲀的单位应严格按照规定进行“三去”加工,即去脏、皮、头;洗净血污,再盐腌晒干。

第四,各销售加工单位存放、调运河鲀等过程中必须严格妥善保管,严防流失。

第五,向群众,特别是渔业管理人员宣传河鲀的风险和有关法规,劝导民众不要自行取食。

2) 组胺(鲭鱼毒素)

(1) 性质与来源

组胺又名组织胺,分子式为 $C_5H_9N_3$,相对分子质量为 111,化学名称为 2-咪唑基乙胺。是一种生物碱,无色针状晶体,有吸湿性,熔点为 83℃~84℃,沸点为 209℃~210℃,溶于水和乙醇。

组胺是鱼体中的游离组氨酸在组氨酸脱羧酶的催化下,发生脱羧反应而形成的一种胺类。这一过程受很多因素的影响。鱼类在存放过程中产生自溶作用,先由组织蛋白酶将组氨酸释放出来,然后由微生物产生的组氨酸脱羧酶将组氨酸脱去羧基,形成组胺。青皮红肉的鱼类中含有血红蛋白较多,因此组氨酸含量也较高,当受到富含组氨酸脱羧酶的细菌污染,并在适宜的环境中,组氨酸就被大量分解脱羧而产生组胺。摄入含有大量组胺的鱼肉,就会发生过敏中毒。青皮红肉的鱼类品种很多,如鲣鱼、金枪鱼、沙丁鱼、秋刀鱼、竹荚鱼等。

组氨酸脱羧酶的来源是污染鱼类的微生物,如链球菌、沙门菌、摩氏摩根菌等。这些细菌能在较宽的温度范围内生长并产生组胺,随温度的升高其生长速度加快,在 32.2℃附近生长速度最快,一般在高温条件比低温较长时间的条件下更容易因腐败而产生组胺。这些微生物普遍存在于盐水环境中,一般在海水鱼活体的鳃和内脏中都有,且不对鱼体产生危害。当鱼死亡时,鱼体防御系统不能抑制细菌的生长,形成组胺的细菌开始生长并产生组胺。

组氨酸脱羧酶的活性与细菌是否存活无关,它一旦形成就会在鱼体内不断发生酶分解反应,不断形成组胺。在接近冷藏温度时,该酶仍有活力。在冷冻状态下这种酶还能保持活力,解冻后就会迅速恢复活性。冷冻可以抑制形成酶的细菌繁殖,经蒸煮处理后组氨酸脱羧酶和细菌都会失活。但是一旦形成了组胺,加热(包括经杀菌釜处理)或冷冻都不能将其消除。经蒸煮的鱼只有被产组氨酸脱羧酶的细菌二次污染后才能再产生组胺。因此,组胺的产生更多发生在生的、未冷冻的鱼中。

(2) 毒性与危害

组胺的毒理作用主要是刺激血管系统和神经系统,促使毛细血管扩张充血,使毛细血管通透性加强,使血浆大量进入组织,血液浓缩,血压下降,引起反射性心率加快,刺激平滑肌使之发生痉挛。食用者的过敏性症状一般在事后3 h内出现，主要症状包括尖利或辛辣的味觉、恶心、呕吐、腹部痉挛、腹泻、面部红肿、头痛、头晕、余悸、荨麻疹、脉搏快且弱、口渴、吞咽困难。

组胺可以使鸡和豚鼠等动物中毒。豚鼠腹腔注射4.0～4.5 mg/kg体重即可引起死亡；经口给予的致死量为150～200 mg/kg体重。

人类组胺中毒与鱼肉中的组胺含量、鱼肉的食用量及个体对组胺的敏感程度有关。一般认为，成人摄入组胺超过100 mg(相当于1.5 mg/kg体重)就有引起中毒的可能。目前我国和日本食品中的组胺最大允许量为100 mg/100 kg。

(3) 预防措施

第一，改善捕捞方法，防止鱼体在水下死亡时间过长。捕捞后死亡的鱼体快速冷却，在六小时内冷却到10℃以下，并在另外18 h内将鱼体温度从10℃冷却至冻结点或以下。

第二，鱼类产品必须在冷冻条件下贮藏和运输，防止组胺产生。

第三，加强市场管理，严禁出售腐败变质的鱼类。

第四，避免食用不新鲜或腐败变质的鱼类食品，防止中毒。

第五，采用科学的加工处理方法，减少鱼类食品中的组胺。防止已加热的半成品受产组胺酸脱羧酶细菌的再次污染。

3.1.2.3 其他动物毒素

1) 嗜焦素

在泥螺的黏液和内脏中以及鲍鱼体内均含有一种称为“嗜焦素”的脱镁叶绿素，当人体摄入后，再经太阳照射，会发生日光性皮肤炎。症状多出现在人体暴露的部位，在手背、足背、颜面和颈项处，发生局限性红肿，皮肤潮红、发痒、发胀，并有灼热、疼痛或麻痹僵硬等感觉，红肿退后，患处出现瘀点，有水疱、血疱，溃烂。

预防发生泥螺日光性皮肤炎应注意以下几点：

① 有日光性皮肤炎病史的人忌食泥螺。

② 进食泥螺后避免在日光下长时间照射，室外工作者应尽可能少吃泥螺。

③ 咸泥螺的加工应采用多次卤腌法，以去除黏液，减少其体内的嗜焦素含量。

2) 蟹类毒素

世界上可供食用的蟹类已超过20种，所有的蟹或多或少都含有有毒物质。其毒素产生的机理至今还不清楚。但是，人们已经知道受“红潮”影响的海域出产的沙滩蟹是有毒的。毒性较强的蟹类还包括生活于南太平洋的一些蟹类。如 *Zosiums aeneus*，*Platgpodia granulosa* 等。

3) 海兔毒素

海兔又名海珠，常生活在浅海潮流较畅通、海水清澈的海湾以及低潮线附近的海藻丛间，以各种海藻为食。其身体的颜色和花纹与栖息环境中的海藻相似。当它们食用某种海藻之后，身体就能很快变为这种海藻的颜色，以此来保护自己。海兔种类很多，卵中含有丰富的营养，是我国东南沿海人民所喜爱的食品，还可入药。常见的种类有蓝斑背肛海兔和黑指纹海兔。海兔体内的毒腺又叫蛋白腺，能分泌一种略带酸性的乳状液体，对神经系统有麻痹作用。人如误食其有毒部位，或皮肤有伤口时接触海兔，都会引起中毒。

4）海参毒素

海参是珍贵的滋补食品，有的还具有药用价值。但有少数海参含有毒物质，食用后可引起中毒。目前已知有毒海参有30多种，在我国有毒海参有近20种，较常见的有紫轮参、荡皮海参及刺参等。海参体内的海参毒素大部分集中在与泄殖腔相连的细管状的居维叶氏器内。有的海参，如荡皮海参的体壁中也含有高浓度的海参毒素。海参毒素经水解后，可产生海参毒素苷，经光谱分析发现，海参毒素苷是一种属于萜烯系的三羟基内酯二烯。

海参毒素具有很强的溶血作用。人可因误食有毒海参而发生中毒。另外，接触由海参消化道排出的黏液也可引起中毒。因接触发生中毒时常表现为局部症状，即局部有烧灼样疼痛、红肿，呈皮炎症反应，当毒液接触眼睛时可引起失明。在一般的海参体内，海参毒素很少，即使食入少量的海参毒素，也能被胃酸水解为无毒的产物，所以，一般常吃的食用海参是安全的。

3.1.3 养殖过程中产生的化学危害

近年来我国水产养殖业持续稳步发展，养殖面积不断扩大，产量逐年上升。然而，大面积和高密度集约化的水产养殖模式，使得水产养殖病害日趋严重，目前我国水产养殖中发现的病害种类已达200种以上。为了提高产量和质量，化学药物的使用越来越普遍，使用量也在不断增加。与此同时，误用和滥用防治病害药物所导致的药物残留也引发了一系列食品安全问题，需要引起我们的注意。以下针对在养殖过程中使用化学农药、兽药和饲料添加剂等造成的水产品化学危害进行探讨。

3.1.3.1 渔药残留

1）概述

兽药残留是指动物产品的任何可食部分所含兽药母化合物及/或其代谢产物，以及与兽药有关的杂质残留。在养殖生产中，为了预防和治疗家禽和养殖鱼患病而大量投入的抗生素、磺胺类等化学药物往往会使药物残留在食品动物组织中，伴随而来的是对公众健康和环境的潜在危害。随着膳食结构的不断改善和对动物性蛋白质需求的不断增加，人们对肉制品、奶制品和鱼制品等动物性食品的要求也越来越高，对食品的兽药残留也引起了普遍关注，WHO已经开始重视这个问题的严重性，并认为兽药残留将是今后食品安全性问题中的重要问题之一。1984年，在食品法典委员会（CAC）的倡导下，由FAO和WHO联合发起并组织了食品中兽药残留立法委员会（CCRVDF），并于1986年正式成立。我国的兽药使用和兽药残留问题由农业部管理。1991年国务院办公厅发出了加强农药、兽药管理的通知，1994年农业部发布了《动物性食品中兽药的最高残留量(试行)》的通知，1997年9月1日农业部正式发布《动物性食品中兽药的最高残留限量》，以后又陆续颁布相关规定，如2002年四月农业部发布了《食品动物禁用的兽药及其他化合物清单》(农业部第193号公告，以下简称《禁用清单》)，禁止氯霉素等29种兽药用于食品性动物，限制八种兽药作为动物促生长剂使用。以后陆续出台相关规定，对指导和规范我国动物性食品生产过程中合理用药、提高动物性食品的安全性、保证人民身体健康具有重要作用。

渔药是用来预防、诊断、治疗水产养殖对象疾病，协助机体恢复正常功能或促进机体健康成长的物质。在水产养殖中用药不规范或者使用违禁药物都会对人类健康形成不利影响，这些物质可能对人类有致癌性、过敏性或可能使人体对抗生素产生抗药性。

(1) 渔药残留的种类和来源

根据其作用对象，可分为水产植物药和水产动物药；根据其用途，可分为抗微生物药、消毒杀菌药、环境改良药、抗寄生虫药、营养保健药、激素以及生物制品；根据其化学组成，又可分为无机药、有机药以及生物性药。

渔药残留的主要来源有以下几种。

① 预防和治疗鱼病用药：预防和治疗鱼病用药的过程中，通过口服、注射、局部用药等方法可使药物残留于水产品体内而污染食品。

② 饲料添加剂中渔药的使用：为了治疗水产品的某些疾病，在饲料中常添加一些药物。这些药物通常以小剂量拌在饲料中，长时间地喂养养殖水产品，通过饲料使药物残留在水产品体内，从而引起渔药残留污染。

③ 水产品加工、保鲜贮存过程中加入的兽药：在水产品加工、保鲜贮存过程中，为了抑制微生物的生长、繁殖，而加入的一些抗菌药物。

(2) 渔药残留的主要途径

① 渔药使用不当：使用兽药时，不严格按照用药规范合理使用兽药，在用药剂量、用药部位、给药途径和用药动物的种类等方面不符合用药规定，从而导致药物残留在体内，并使之存留时间延长，以致需要增加休药天数，才能有效消除其对人体的不良影响，渔药也是如此。

②休药期的规定没有得到严格遵守：休药期是指允许水产品上市前或允许食用时的停药时间。休药期过短可造成水产动物性食品的兽药残留，不仅对人体健康有很大危害，还严重影响了水产品的出口贸易，造成巨大的经济损失。

③ 劣质渔药的使用：使用劣质的、未经批准的药物饲喂动物，是造成水产品渔药残留的又一重要原因。

④ 渔药的突击性使用：为了提高鱼类的生长速度，突击使用激素类药物，以达到短期

见效的目的，或在销售前使用大剂量渔药，以缓解或消除疾病的表面症状，这均可造成严重的渔药残留，危害消费者健康。

⑤ 渔药污染了正在加工、运输的饲料：当将盛过抗菌药物的容器用于贮藏饲料或将盛过药物的贮藏器没有充分清洗干净而使用，都会造成饲料加工过程中的渔药污染。

⑥ 使用药物生产发酵的废渣、废水饲喂养殖水产品：药物生产厂废弃的废渣、废水含有一定量的药物或其他成分，直接、长期排入养殖池，有可能造成水产品体内药物残留，导致水产品污染。

(3) 渔药残留对人体的危害

① 一般毒性作用：人体长期摄入含渔药残留的水产品后，药物不断在体内蓄积，当浓度达到一定量时就会对人体产生毒性作用，如磺胺类药物可引起泌尿系统损害，特别是在体内形成的乙酰化磺胺在酸性尿中溶解度很低，可在肾小管、输尿管等处析出结晶，损害肾脏。

② 过敏反应和变态反应：经常食用含低剂量抗菌药物残留的食品能使易感的个体出现变态反应，这些药物包括青霉素、四环素、磺胺类药物以及某些氨基糖苷类抗生素等。它们具有抗原性，刺激机体内抗体的形成，造成过敏反应，严重者可引起休克，短时间内出现血压下降、皮疹、喉头水肿、呼吸困难等严重症状。

③ 细菌的耐药性：经常食用低剂量药物残留的食品可使细菌产生耐药性。动物在经常反复摄入某一种抗菌药物后，体内将有一部分敏感菌株逐渐产生耐药性，形成耐药菌株。这些耐药菌株可以通过动物性食品进入人体。当人体发生这些耐药菌株引起的感染性疾病时，就会给临床治疗带来一定的困难，甚至延误正常的治疗过程。

④ 菌群失调：在正常情况下，人体肠道内的菌群由于在多年共同进化过程中与人体相互适应，不同菌群相互制约而维持菌群平衡。过多应用药物会使菌群的这种平衡发生紊乱，造成一些非致病菌死亡，从而导致长期的腹泻或引起维生素缺乏等反应，造成对人体的危害。

⑤ 影响内分泌：通过长期使用含低剂量激素的动物性食品，可使人体正常的体液调节平衡受到不同程度的破坏，导致机体正常的物质代谢紊乱和功能失调，如儿童食用给予促生长激素的食品会导致性早熟。

2) 常见渔药残留及禁用药物滥用

(1) 抗微生物药

抗微生物药，包括抗生素类、磺胺类、呋喃类等。抗生素属大环内酯类广谱抗菌药物，常用的有土霉素、四环素、金霉素、强力霉素等。磺胺类用于鱼、虾、蟹的细菌性疾病。抗生素、磺胺类是人渔共用药物，尤其是一些新型抗生素，在人类还处于使用的初期，如果通过食物链传递到人，人必定产生耐药性。呋喃类可有效防治肠炎等疾病，但该药物具有致癌效应，2002 年已禁用。

抗生素残留是渔药残留中最突出的问题，其受关注的程度也最高。抗生素残留是指抗生素或其代谢产物以蓄积、贮存或其他方式保留在动物细胞、组织、器官中的现象。在防治动物疾病中使用渔药、在饲养动物过程中使用饲料药物添加剂等均可导致药物在动物性产品中残留。

a. 氧四环素

氧四环素（土霉素）作为渔药使用的一般是其盐酸盐，为黄色结晶性粉末；无臭，味微苦，微有吸潮性，在日光下颜色变暗，在碱溶液中易破坏失效。在水中易溶，在乙醇中略溶，在氯仿或乙醚中不溶，其10%水溶液的pH为2.3～2.9。

氧四环素是链霉菌（*Streptomyces rimosus*）的产物。它是一种广谱抗生素，可以治疗鱼和甲壳类动物的多种细菌性疾病。它是唯一种被FDA批准可用于水产养殖的抗生素。但长期接触氧四环素会导致牙齿发育不良，以及可能出现感光过敏。FDA规定肉类中氧四环素容许含量为0.25 mg/kg，而鱼类则为0.1 mg/kg，并且规定休药期为21 d。其消除时间主要取决于水温。研究发现，氧四环素自鲑鱼肌肉中消除的时间比从鲶鱼中要长。这表明，不同的鱼肉组织结合土霉素的能力是不同的，与水生生物的种类密切相关。

b. 氯霉素

氯霉素为白色针状或微带黄绿色的针状、长片状结晶或结晶性粉末。味苦，易溶于甲醇、乙醇、丙酮、丙二醇，微溶于水。干燥时稳定，其2.5%水溶液的酸碱度为pH为4.5～7.5，在弱酸性和中性溶液中较稳定，煮沸不易分解，遇碱类易失效。熔点为149℃～153℃。

氯霉素是一种可以有效防御大多数细菌、立克次氏体和与鹦鹉热—淋巴结病有关的抗生素。随着氯霉素的滥用和广泛分布，细菌对它的抗药性也不断增强。长期服用氯霉素可引起血液疾病，如再生障碍性贫血，主要不良反应是抑制骨髓造血机能。症状主要表现为可逆的各类血细胞减少及不可逆的再生障碍性贫血。氯霉素也可产生胃肠道反应和二重感染，其对新生儿与早产儿的危害尤其严重。由于幼儿的肝发育不全，排泄能力差，使氯霉素的代谢、解毒过程受限制，导致药物在体内更严重的残留蓄积。最近有研究发现氯霉素具有潜在致癌性。因此，我国于2002年已将其列为禁用药。

c. 硝基呋喃类

该类药物包括呋喃唑酮、呋喃西林、呋喃妥因等几种药物，是一类合成的抗菌药物。它们作用于微生物酶系统，抑制乙酰辅酶A，干扰微生物糖类的代谢，从而起到抑菌作用。呋喃类化合物是在生产二噁英及多氯联苯时产生的。它们可在垃圾焚烧和机动车尾气排放中发现。呋喃类化合物结构上近似于二噁英，毒性也相似，该药物具有致癌效应。呋喃西林、呋喃妥因和呋喃唑酮更多的应用是在医疗卫生方面。呋喃西林只供局部应用，后两者则可供系统治疗应用。在水产养殖中，使用硝基呋喃是为了防治多子小瓜虫（*Ichthyophthirius multifiliis*）。呋喃唑酮又名痢特灵，具有广谱抗菌作用，毒性较小，有较好的促生长、提高饲料效率的作用，因而曾广泛用作生长促进剂。但长期使用，可导致食欲不振和肝机能障碍，所以目前多用作防治疾病的保健剂。我国原规定其使用剂量为8～11 g/d，停药期5 d。食品特别是动物类食品，是人类主要的污染源。母乳喂养的婴儿体内也发现有呋喃残留，各种呋喃类物质的毒性各不相同。呋喃在环境中存留时间长，被认为是可能致癌的物质。其副作用包括出血、肠胃不适和过敏反应。FDA用了15年多的时间尝试禁止在动物性食品中使用硝基呋喃，不允许在市场中出现，规定此种药物及代谢物“不得检出”。以前使用较多的硝基呋喃类渔药主要是呋喃唑酮与呋喃西林，目前我国也禁止使用。

d. 红霉素

红霉素是链霉菌（*Streptomyces erythreus*）的产物，主要作用于革兰氏阳性菌。在美国国内不准使用这种药，而在欧盟可以使用，休药期7 d。这种药不是导致人体过敏性的主要原因，而且相对毒性较小或可以认为无毒。

e. 氨卞青霉素

氨卞青霉素又名安比西林、氨卞青，是一种新型的、半合成的青霉素，它对革兰氏阳性菌和革兰氏阴性菌都有抗菌活性。尽管在美国还未被批准使用，而且在国内也很少使用，不过在日本却被普遍用以控制鲽鱼、黄条鰤养殖中的巴斯德氏菌病。氨卞青霉素，就像它的同类物质青霉素一样，在某些人身上可以导致强烈的过敏性反应，因此对水产品中残留的氨卞青霉素会对公众的健康产生很大的影响。FDA已规定鱼中氨卞青霉素的容许含量为0.01 mg/kg。目前还没有有关鱼和甲壳动物残留量及停止进药时间的资料报道。

f. 磺胺类药物

磺胺类渔药为浅黄色至棕色结晶颗粒或粉末，无臭、味略苦，遇阳光渐变色。微溶于冷水，易溶于沸水、酒精、丙酮；在甘油、HCl或NaOH溶液中均能溶解；在氯仿、醚及苯中不溶解。

磺胺类渔药是磺胺酸的衍生物，主要起抑菌作用。其通常与一些增效剂共同用于鱼类的养殖。FDA规定这些药物在牛和鸡中的容许量为0.1 mg/kg。磺胺药物被认为与肾脏损害、泌尿阻碍和造血失调有关。因此，FDA对其规定了停药期和容许残留量以保护大众健康。如鲶鱼的停药期是3 d，鲑鱼是6 d。日本则禁止在水产品中使用磺胺类渔药。

(2) 消毒剂类

消毒杀菌剂主要用于防治细菌性疾病和虾、蟹类寄生聚宿虫、累枝虫病。常用的有含氯制剂（漂白粉、二氯异氰尿酸钠、三氯异氰尿酸、二氧化氯等）、碱类（生石灰、氨水等）、氧化剂（高锰酸钾、过氧化氢、过氧化钙等）、醛类（甲醛）、重金属盐类（硫酸铜）等。对这些物质在甲壳类动物体内的积累、分布、排除及毒性均有较深入的研究。消毒剂对水质的影响较大，对养殖生物的生长影响较重，其残留危害相对较小。但氯也可与水中的有机物质反应生成致癌性物质。

除了这些化学物质本身对人体的毒性作用外，细菌对消毒剂逐渐产生耐药性是不可避免的，这种耐药性是指某种细菌对某种浓度的消毒剂不敏感，或不能被灭活或抑制。它与最小抑菌浓度无关，而与致死效果关系密切。目前，细菌对消毒剂产生耐药性机制的研究已取得了很大进展，但对革兰氏阴性菌与革兰氏阳性菌的耐药性是否相关有待于进一步探讨。细菌的耐药性造成了渔药使用量的加大，或者是不同种类渔药在不同种水生生物间的混用，从而加重了渔药的残留问题。本节选取几种残留较为严重的消毒剂类渔药进行简要介绍。

a. 二氯异氰尿酸钠

二氯异氯尿酸钠英文缩写名为 NaDcc，产品为白色固体，易溶于水，主要用作消毒杀菌，可用于饮用水、工业用水、污水池及食品加工机械、容器、餐具等消毒杀菌，也广泛用于医疗部门许多消毒杀菌环节，如各类肝炎的消毒、手术器械、医疗过程污染物的消毒及假牙清洁剂。该产品被列为国际上 53 种紧俏商品之一。关于其毒理的研究报道还不是很多，但作为一种潜在的致癌物质，国家规定了该种渔药及其类似物的休药期，即二氯异氰尿酸钠、三氯异氰尿酸、二氧化氯休药期为 10 d。

b. 甲醛

甲醛（HCHO），是一种无色、具有刺激性且易溶于水、醇和醚的气体。35%～40%（V/V 或 W/W）的甲醛水溶液通称为福尔马林。甲醛是一种常见的加工助剂，在水产养殖中经常作为消毒剂和杀虫剂使用。甲醛对人体的毒性作用较强，已经被国际癌症机构定为可疑致癌物质，所以在养殖水产品中使用甲醛存在很大的安全风险。甲醛对人体具有慢性毒性、刺激致敏毒性、神经毒性和致癌性。甲醛还可以通过接触蛋白质和核酸形成交联大分子物质，引起 DNA 复制错误，导致突变发生。高浓度的甲醛对神经系统、免疫系统、肝脏等都有毒害。据流行病学调查，长期接触甲醛的人，可能引起鼻腔、口腔、鼻咽、咽喉、皮肤和消化道的癌症风险增加。美国环境保护局建议甲醛每日容许摄入量不超过 0.2 mg/kg 体重。我国已经明文规定食品中禁止使用甲醛作为食品添加剂。但我国水产养殖过程中使用的甲醛以及水产品中甲醛残留量的相关规定都没有制定。

c. 硫酸铜

硫酸铜（$CuSO_4$）的 LD_{50} 为 400 mg/kg，吸入本品可引起金属热，口服本品大白鼠 LD_{50} 为 300 mg/kg，人服 0.3 g 可引起胃部黏膜刺激、呕吐，大量可引起肠腐蚀，部分被肠吸收可引起铜中毒，由于能引起红细胞溶血，在肝、肾蓄积可引起肝硬化，长期食用硫酸铜残留的水产品可引起呕吐、胃痛、贫血、肝大和黄疸等症状。

（3）杀虫剂类

杀虫剂类包括染料类药物如孔雀石绿、亚甲基蓝等，另外还包括硫酸铜、硫酸亚铁、敌百虫等。孔雀石绿可防治鱼卵的水霉病、幼鱼和成鱼的小瓜虫病、车轮虫病等。硫酸铜等可用于杀死鱼体外的鞭毛虫、纤毛虫、吸管虫等。但是孔雀石绿具有强毒性，危害人体健康，有致癌性，无公害水产品中已禁用。同时，过量的铜可造成鱼体内重金属积累，而敌百虫在弱碱性条件下可脱去一分子氯化氢形成毒性更大的甲氧基二氯乙烯磷酚（敌敌畏），对人体的危害极大。

a. 孔雀石绿

孔雀石绿（$C_{23}H_{25}ClN_2$），又名盐基块绿、孔雀绿、碱性绿，是一种生物染色剂、染料。其化学名称为四甲基代二氨基三苯甲烷，是一种翠绿色有金属光泽的结晶体。孔雀石绿极易溶于水，水溶液呈蓝绿色。由于其具有一定的杀菌、驱虫作用而且价格低廉，常被用于防治甲鱼、鳗鲡、虾等的水霉病、烂鳃病、烂鳍病以及寄生虫病等。

残留在鱼体中的孔雀石绿和无色孔雀石绿可以通过食物链传递到人体和环境中，对人体和环境造成潜在的不良影响。众多实验表明，孔雀石绿可以对多种器官造成伤害。它可以降低小鼠和大鼠的摄食量、生长速度以及生育率；对肝脏、脾脏、肾脏、皮肤、骨骼、眼睛、肺和心脏造成损伤。孔雀石绿在水生动物体中的主要代谢产物是一种不溶于水的、毒性更强的无色孔雀石绿，对于啮齿类动物，无色孔雀石绿比孔雀石绿的毒性更强。

从20世纪90年代开始，国内外学者陆续发现，孔雀石绿以及其代谢产物无色孔雀石绿具有高毒性、高残留、高致癌和高致畸、致突变等副作用。鉴于孔雀石绿的危害性，美国、加拿大、日本以及英国等许多国家将其列为水产养殖禁用药物。我国《无公害食品渔用药物使用准则》（NY5071—2002）中已将孔雀石绿列为禁用药物。为监测水产品中孔雀石绿的残留状况，2004年我国农业部颁布了《无公害食品水产品中孔雀石绿残留量的测定液相色谱法》（SC/T3021—2004）标准。该标准可以同时检测孔雀石绿和无色孔雀石绿的残留。

b. 敌百虫

敌百虫（$C_4H_8O_4Cl_3P$），纯品为白色结晶，有臭味，较易溶于水，是一种高效低毒的有机磷杀虫剂。杀虫作用是由于它的水解产物敌敌畏所致，是胆碱酯酶抑制剂，使胆碱酯酶活性受抑，失去水解破坏乙酰胆碱的能力，从而使昆虫、甲壳类神经失常，中毒死亡。

有机磷农药的急性毒性作用是抑制胆碱酯酶的活力，使乙酰胆碱大量蓄积，产生类似胆碱能激动剂的作用，使中毒者表现出流涎、腹泻、震颤、肌束颤动等症状，严重者可死亡。1982年进行的全国有机磷农药作业工人普查结果显示，也有慢性有机磷农药中毒发生。据研究报道，敌百虫可能使酪氨酸激酶受体基因发生突变，推测其是先天性巨结肠症的环境致病因素之一，已禁止在渔业中使用。

（4）代谢改善和强壮剂

水产养殖者为了提高饲料转换率，常在饲料中添加一些能促进代谢和生长的药物，用来调控代谢、增强体质、提高免疫力，从而达到提高动物对能量的利用和转化能力、产生好的经济效益的目的。这些添加剂要求具有明显的效能，不危害人和动物的健康，起到提高饵料利用率、防治营养缺乏的目的。

20世纪70年代，欧洲对水产品使用同化激素，引起了媒体的注意。比利时最近发现违法使用已禁用的同化激素的丑闻，又重新引起了人们的争论。为促进水产养殖动物生长而添加的物质有己烯雌酚、甲基睾酮、盐酸克伦特罗、对氨基苯胂酸及其钠盐和3-硝剂-4-羟基苯胂酸(洛克沙胂)。欧盟所有成员国都一致同意应该禁用具有基因毒性的己烯雌酚及其衍生物。

a. 己烯雌酚

己烯雌酚($C_{18}H_{20}O_2$)是一种人工合成雌激素，为无色结晶或白色结晶性粉末，几乎无臭，难溶于水，易溶于醇和脂肪油，在低浓度氢氧化钠溶液中能够溶解。熔点为169℃～172℃。

己烯雌酚在螃蟹养殖中使用较多。长期食用己烯雌酚残留较为严重的水产品可导致恶心、呕吐、厌食、头疼等症状。

b. 甲基睾酮

甲基睾酮($C_{20}H_{30}O_2$)是一种合成类固醇，白色或类白色结晶性粉末，无臭，无味。不溶于水，在乙醇、丙酮或氯仿中易溶，微溶于脂肪油。熔点为163℃～167℃。

甲基睾酮具有雄性激素和蛋白同化双重作用。该药品对养殖水生动物的改性及促强壮有良好的效果，但其残留可能造成女性消费者的痤疮、多毛、声音变粗等男性化现象。另外，多数雄性激素能干扰肝内毛细胆管的排泄功能，引起胆汁郁积性黄疸。

3.1.3.2　农药残留

1）概述

农药是指用于预防、消灭或者控制危害农业、林业的病、虫、草及其他有害生物，以及有目的地调节植物、昆虫生长的药物的通称。农药可以是化学合成的，也有来源于生物或其他天然物质的一种或者几种物质的混合物及其制剂。

我国是世界上最早使用农药防治农作物有害生物的国家之一，也是农药生产和使用的大国，从1990年已占世界第二位，约占世界总产量的1/10，仅次于美国。我国每年常用农药为150～160种，用量在4万吨左右。

农药自问世以来，品种越来越多，应用范围也越来越广，目前几乎遍及世界各地的各类作物，在控制害虫方面发挥了巨大作用。但是农药的毒性作用具有两面性：一方面，可以有效控制或消灭农业、林业的病、虫及杂草的危害，提高农产品的产量和质量；另一方面，使用农药也会带来环境污染，危害有益昆虫和鸟类，导致生态平衡失调。同时造成食品农药残留，对人类健康产生危害。尽管全球都十分重视环境污染的治理问题，但迄今为止，国内外农药的生产和使用并无减少趋势。因此，短期内完全禁用化学农药是不现实的，应该正确看待农药使用带来的利与弊，积极探讨残毒发生的规律与实质，科学用药，寻找有效防止残毒的措施与对策。

农药残留是指农药使用后残存于生物体、食品(农副产品)和环境中的微量农药原体、有毒代谢物、降解物和杂物的总称。残存数量称为残留量,表示单位为 mg/kg 食品或食品农作物。当农药超过最大残留限量(MRL)时,将对人畜产生不良影响或通过食物链对生态系统中的生物造成危害。

2) 污染途径

农药残留一般通过以下途径污染水产品。

① 施用农药后对水产品的直接污染。农药施用后,溶解在水体中的农药通过呼吸、消化系统进入水生生物体内,并在水生生物体内进行代谢。影响农药进入水生生物体内的因素主要有农药的性质、施药次数、施药方法、施药浓度、施药时间、气象条件以及生物种类。

② 施用农药的同时或以后对空气、水体、土壤的污染,造成水产品体内含有农药残留。农药施用后进入环境,在环境中农药代谢途径、代谢物以及它们在外部的特定残留部位随农药的结构、化学物理性质等特点的不同而异。喷洒到大气中的农药不仅会造成土壤和水域的污染,还可通过气流进行远距离的扩散。据研究,DDT 等有机氯杀虫剂已通过气流污染到南、北级地区,在格陵兰等北极地区的 580 km^2 的冰区,每年可沉积 DDT 高达 294.8 t,那里的海豹、海豚的脂肪中也有较高浓度的 DDT 蓄积。

③ 通过食物链和生物富集作用污染食品。传播途径为:水中农药品→浮游生物→水产动物→高浓度农药残留食品。这种富集系数藻类达 500 倍,鱼贝类可达 2 000～3 000 倍,而食鱼的水鸟在 10 万倍以上。化学性质比较稳定的农药,如有机氯和汞砷制剂,与酶和蛋白质的亲和力强,不易排出体外,可在食物链中逐级浓缩,尤其是水生生物。因此,这种食物链的生物浓缩作用,可使水体中的微小污染变成严重污染。

3) 种类

农药品种很多,按用途分类有杀虫剂、杀菌剂、除草剂、杀鼠剂以及植物生长调节剂,其中对水产品产生危害的主要是有机氯农药等。

4) 主要危害

对人体的危害:人体内约 90%的农药是通过被污染的食品而摄入的,当农药积累到一定程度后就会对机体产生明显的毒害作用,包括急性毒性、慢性毒性和“三致”毒性。就有机氯农药而言,化学物质进入人体后主要存在于脂肪组织中,它们会影响钠、钾、钙和氯离子对细胞膜的穿透性;阻碍神经系统选择性酶活力,并有助于在神经尾部末梢释放或保持化学传递物。许多这些物质的短期试验表明其对人和动物具有致癌性。

对环境的危害:1983 年我国开始禁用有机氯类杀虫剂如,六六六和 DDT,由于此类药物降解慢,残留期长,所以一定时期内,还不能根本解决其对环境的污染。农药还可经大气、水体、土壤等媒体的携带而迁移,特别是化学性质稳定、难以转化和降解的农药更易通过大气漂移和沉降、水体流动在环境中不断迁移和循环,致使农药对环境的污染具有普遍性和全球性。而水生生物很容易通过食物链在体内富集这些农药，倍数可达数万以上。人处于食物链的最末端，最终这些农药将通过食物进入人体。

5）常见农药与禁用农药残留及其危害

存在食品安全问题的农药种类有很多，本节主要以危害水产品较严重的有机氯农药为例作一介绍。有机氯（Organ Chlorines）农药是一类应用最早的高效广谱杀虫剂，具有高度的物理、化学和生物稳定性，在自然界中不易分解，属高残留品种，脂溶性很强，不溶或微溶于水，具有致癌性。

有机氯农药随食品进入机体后，由于其脂溶性很高，主要分布在脂肪组织以及含脂肪较多的组织器官，并在这些部位蓄积而发挥毒性作用。有机氯农药大多可以诱导肝细胞微粒体氧化酶类，从而改变体内某些生化反应过程。同时，对其他酶类也可产生影响。如 DDT 可对 ATP 酶产生抑制作用，艾氏剂可使大鼠的谷丙转氨酶及醛缩酶活性增高等。有机氯农药在体内代谢转化后，可经过肾脏随尿液、经过肠道随粪便排出体外。另外，还有一少部分体内蓄积的有机氯农药可随乳汁排出。

即使有机氯农药只用于非食品用途，它们仍然可以通过谷物、土壤和水污染动物源食品而进入食品供应。这些严重的环境问题导致其在欧洲和北美被禁用。但是由于它们具有相当低廉的生产成本和十分有效的杀虫效果，在大多数发展中国家仍被广泛使用。

（1）DDT 及其代谢产物

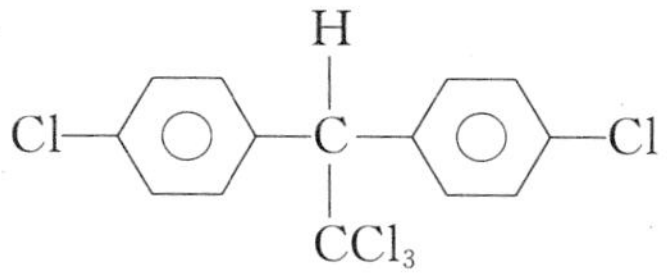

图 3-1　DDT 的化学结构式

DDT（2，2-对氯苯基-1，1，1-三氯乙烷）及其代谢产物，主要是 DDE（二氯二苯二氯乙烷），是氯代烃中分布最广、最常见的一种物质。DDT 原粉为白色、淡灰色或淡黄色固体。纯品为白色结晶，不溶于水，具有稳定的脂溶性，一旦溶于油中，不仅易于吸收，而且毒性会增加许多。对酸稳定，在碱性介质中易水解。

它们在生态系统中也是稳定存在的，半衰期在 20 年以上，并可以在食物链中被富集至较高浓度。生物体内的 DDT 经过食物链的生物放大作用，会将食物中原本少于 0.1×10^{6} 的含量逐步积累到 10×10^{6}，即增加和放大 100 倍。经动物实验证实，只要 3×10^{6} DDT 就会抑制心肌里的一些主要酶的活性，5×10^{6} 就会导致肝细胞死亡或解体。目前积累在地球环境中的 DDT 对生态系统已造成严重的危害。

实验表明，DDT 对小鼠具有肝脏毒性和发情作用，DDE 还可引起小鼠的肝脏肿瘤。吞食了含有它们的食物，有害物质便会被肠胃和肺部吸收到体内，储存在含脂肪的组织器官内。这些化学物质在人体内浓度较高时会出现亚急性反应，包括中枢神经系统症状。

而且这些物质极难分解，从有机体中代谢出来的速度很缓慢，其毒性可维持数十年甚至几十年。

美国于1972年12月明令禁止使用DDT，我国于1984年停止生产。但其降解速度缓慢，DDT在土壤中分解95%所需要的时间长达30年之久，至今此类物质仍然持留于环境中。由于生物链富集作用，只要水体中还存在微量的DDT的残留物，就危害水中的生物，特别是对某些富集能力很高、并且对DDT很敏感的生物。

据美国调查发现，在1973～1988年，水产品中DDT的含量约下降了100倍，但在美国几乎每个河口、近海及深水样品中都可检出DDT。1986年从180个地点对8 095个牡蛎、蛤蜊和贻贝进行抽样检测，发现有63%样品含有DDT及其代谢产物，但其含量绝大多数已降到检测限以下。尽管鱼类肌肉中DDT及其代谢物的含量已有了明显下降，不过在历史上的高危地区，如加利福尼亚州在鱼体内仍发现了大量潜在的这类物质。

我国虽然在1984年禁止生产及使用DDT，但是由于其残留期很长，直至1995年在长江口、珠江口等河口港湾海区仍能检出DDT的残留物。在海南省北部和南部海域抽取了具有代表性的对虾、鲤鱼、鲳鱼、鱿鱼、沙丁鱼、黄花鱼、墨鱼、马鲛鱼8种水产品进行检测，结果表明DDT残留物均被测出，但其残留量还未超过限量标准。

(2) 氯丹

氯丹(Chlordane)是一种广泛用于农业作物和控制白蚁等害虫的广谱杀虫剂，又称八氯化茚或八氯。几乎不溶于水，能与多种有机溶剂互溶，遇碱分解。它可在土壤中存在相当长的时间，半衰期长达一年。

氯丹在分子结构和作用模式上与狄氏剂类似，不过毒性比狄氏剂小。氯丹对鱼类及鸟类的影响因种类不同而有所不同，实验表明它可杀死野鸭、鹑与虾。氯丹对神经系统有刺激作用，会造成头痛、眩晕、阵发痉挛。它还影响人类免疫系统，被归为一种可疑的致癌物质。

氯丹污染问题的起源是由于将氯丹作为杀死白蚁的特效药剂被广泛使用，随后氯丹在环境中广泛分布并持续存在。目前，氯丹已在许多国家被禁止或严格控制使用。

在美国，氯丹是沿海鱼类及大陆淡水鱼中的常见污染物。禁用以来，尽管其含量看起来没有增加，但也没有显著的下降。在1965～1972年及1977年间对河口的软体动物监控报告表示，在8 000多个分析样品中没有一例氯丹含量超过0.01 mg/kg湿重的检测限。不过，在其他地方性调查中经常会在贝类中发现氯丹。在1981～1982年阿拉斯加海湾和白令海的海洋生物样品中，氯丹的含量仅次于DDT和多氯联苯(PCBs)。

作为PIC公约的缔约国，我国于1997年停止生产氯丹。

(3) 狄氏剂

狄氏剂(Dieldrin)是一种环戊二烯类杀虫剂，主要用于控制白蚁及纺织品害虫，同时也用于控制昆虫引起的疾病以及农作物土壤中的昆虫。狄氏剂也是亲脂性的，可由长时间暴露在空气中的脂肪分解释放产生毒性。狄氏剂残留物已在空气、水源、土壤、鱼类、鸟类、哺乳动物包括人体内发现。食物是其暴露的主要载体，如在美国，狄氏剂是巴氏灭菌法牛奶消毒调查中发现的第二种常用杀虫剂。

狄氏剂可以影响中枢神经系统，其毒性在有机氯农药中最大，可引起人的肝功能障碍、致癌，甚至可致人死亡。以相对较低的剂量喂养小鼠，可导致肝脏肿瘤增加。狄氏剂对鱼类及其他水生动物有很大毒性，特别是对蛙类的影响严重，少量的暴露就可在蛙类胚胎内造成脊柱畸形。由于艾氏剂可很快转化为狄氏剂，因此，狄氏剂在环境中的实际含量比其表现的单独使用量要高，狄氏剂半衰期为5年。研究表明，其在鱼中的生物富集放大率为5 957倍。

狄氏剂是历史上在沿海鱼类和贝类中最常检出的环戊二烯类杀虫剂。美国在1970年对大海鲢体内狄氏剂含量的检测表明：其范围为0.36～1.56 mg/kg，是FDA处置界限的1～5倍。在波罗的海南部海域四个不同点对各种浮游动物中的有机氯农药残留进行测定，发现狄氏剂为主要的残留药物，含量达23～42 mg/kg脂肪。

尽管对狄氏剂的限制使用已经超过十几年或二十几年，但在土壤和食物链中依然存在残留物，是内陆及河口的鱼体内的一种普遍的污染物。研究表明，内陆鱼的狄氏剂污染情况比海水鱼及河口处的鱼要严重得多，在我国台湾主要河流的沉积物中几乎全部可以检出。

(4) 异狄氏剂

异狄氏剂(Endrin)这种杀虫剂主要用于喷洒在棉花和谷物等农作物的叶子上，同时也用于控制老鼠和野鼠等啮齿类动物。其不溶于水，溶于有机溶剂。

动物可以对异狄氏剂进行代谢，因为它不会像其他结构类似的化合物一样在脂肪组织内聚集。它的半衰期很长，可在土壤中持续存在12年。另外，异狄氏剂对鱼类是剧毒物质，如果红鲈幼鱼暴露在大剂量异狄氏剂的水中，会导致提前孵化并在9 d内死亡。尽管目前估计人类对异狄氏剂的摄入量在世界卫生机构认定的安全标准之内，但仍然对人类产生危害，危害途径主要是通过食物。

1991年FAO将异狄氏剂列入不再生产农药名单中，被列入POPs清单，但未被列入PIC清单。这是因为它在环境中持留的时间长，但对人类的危害还不是很大。对印度西部海域水体的分析结果显示：海岸边各河口处含量为0.42～0.95 g/kg，海底沉积物平均含量为0.39～0.78 g/kg。美国虽已禁止生产和使用异狄氏剂，但对加利福尼亚海湾的虾体内有机氯农药残留测定时发现有些样品的异狄氏剂残留超过了最高残留限量。西班牙海域的异狄氏剂残留较严重，一种绿藻中的残留量达到603 g/kg。对我国台湾主要河流的沉积物检测发现异狄氏剂的残留量为0.22～0.64 g/kg。

(5) 六氯苯

六氯苯(HCB)，又名灭黑穗药，是一种除真菌剂。溶于苯、氯仿和乙醚，微溶于冷乙醇，不溶于水，微有芳香气味。

HCB最早在1945年用于处理种子，也用于杀死影响农作物根部的真菌，并广泛用于控制小麦黑穗病。HCB也是某些工业化学品的副产品和一些杀虫剂中的杂质。1954年至1959年间，部分土耳其的居民在食用经HCB处理过的种子生长成的谷物后，出现了皮肤光敏感、疝气、体虚等症状，许多人出现了被称为卟啉病的新陈代谢紊乱症状，并有14%的人死亡。通过胎盘与母乳，母亲也会把HCB传给婴儿。大剂量的HCB摄入对一些动物是致命的，小剂量的摄入可影响生殖能力。目前，在所有的食品种类中均发现有HCB的存在。在西班牙的一次肉类食品调查研究中发现所有的样品都含有HCB。在印度，人体平均每天每千克体重摄入HCB量为0.13 μg。

HCB最高的含量是在1979年从美国华盛顿州海湾采集的英国鳎鱼的肝脏中检测到的，为0.7 mg/kg湿重。另据报道，在纽约湾、加尔维斯敦海湾、切萨皮克海湾北部以及加利福尼亚海湾河口处的鱼类和贝类中也可检测出HCB，不过含量稍低。HCB在内陆水体中污染较严重，在1980～1981年对美国内陆淡水鱼的调查中，整鱼样品有24%被检测出了HCB残留，含量在0.01 mg/kg湿重以上，含量最高的是路易斯安那州密西西比河一个检测点中的整鱼样品，为0.12～0.13 mg/kg湿重。有证据显示，自1976～1977年以来的调查发现HCB污染已经有所下降。

我国对太湖沉积物中的有机氯农药残留情况进行分析，发现HCB几乎在所有的样品中均被检出，残留水平在各种有机氯农药中排在第二位，平均值为2.158 g/kg干重。

(6) 七氯及环氧七氯化合物

七氯(Heptachlor)和环氧七氯都是氯代环戊二烯类杀虫剂，主要用于杀死土壤中的昆虫和白蚁，也广泛用于杀死棉花害虫、蝗虫、农作物害虫及携带疟疾的蚊子。七氯溶于有机溶剂，对日光、空气、潮湿是稳定的，不容易发生脱氯反应，易环氧化生成环氧七氯。

食物是人类受到暴露危害的主要来源。此类物质主要贮存于人体脂肪中，能对神经系统产生刺激作用，出现头晕、情绪激动等症状，可影响人的生殖器官，并被认为是一种潜在的致癌物质。它是导致一些鸟类数量减少的原因，这些鸟类包括加拿大鹅和美国哥伦比亚流域的美洲鹰等。尽管用来处理种子的七氯用量低于推荐的使用剂量，但加拿大鹅还是由于食用了经七氯处理过的种子而死亡，这说明即使使用可靠的七氯剂量也会导致野生动物的死亡。实验证明高剂量的七氯对水貂、老鼠与野兔会起到致命作用，低剂量的摄入可导致行为改变和生殖能力降低。此类物质在土壤和水体中的半衰期为9～10个月，具有生物富集性，能持留于环境中。已在20多个国家被禁止使用或严格控制。

美国国家海洋和大气管理局(NOAA)检验出39%的内陆鱼样品中含有七氯(1980～1981年)，在超过12 000个贝类样品里找到了七氯及其代谢物环氧七氯，但没有一例七氯和环氧七氯的含量超过0.01 mg/kg湿重的检测限。目前看来，在美国，七氯已不再是海洋鱼类中主要的污染物。

加拿大于 1970 年开始禁用七氯，于 1976 年全面禁止，但从 1968～1984 年，其境内的环氧七氯残留量的下降趋势很小，十多年的数据表明其总体水平稳定在 0.037～0.3 mg/kg。

我国目前还未对七氯禁用，其在各水域的残留情况各异。在对闽江口有机氯农药残留调查中发现，七氯的总量在各种有机氯农药中排第三，主要来源是陆地土壤的施用。对太湖沉积物中的有机氯农药残留分析，发现七氯在所有样品中均被检出，但含量为 0.003 mg/kg，生态风险较低。七氯在中国香港和大亚湾水域中的残留量也较小。作为 PIC 公约的缔约国，我国也将在短期内禁用这类农药。

（7）硫丹

硫丹是一种环戊二烯类杀虫剂，目前作为一种农业杀虫剂得到普遍应用。硫丹有两种同分异构体 a 和 b，能溶于水，易溶于有机溶剂，在光下稳定，在酸碱中缓慢水解。

硫丹的毒性表现为神经系统症状，有中等蓄积毒性。对哺乳动物的毒性小，主要危害为急性中毒，土壤中的半衰期为 5～8 个月。

目前，有一些国家如比利时、澳大利亚等，已开始禁止硫丹的生产和使用，但在国际范围内还没有统一的规定。

由于其使用广泛，在多种海洋鱼类、贝类中均被检出过。海洋贝类中总硫丹含量最高的一份是 1983～1984 年来自加利福尼亚海湾贻贝样品，硫丹含量大约有 1.4 mg/kg 湿重。

现有资料还不足以判断当前全国范围内的硫丹污染情况。在对闽江口有机氯农药残留调查中，硫丹的总量在各种有机氯农药中排第四。

（8）毒杀芬

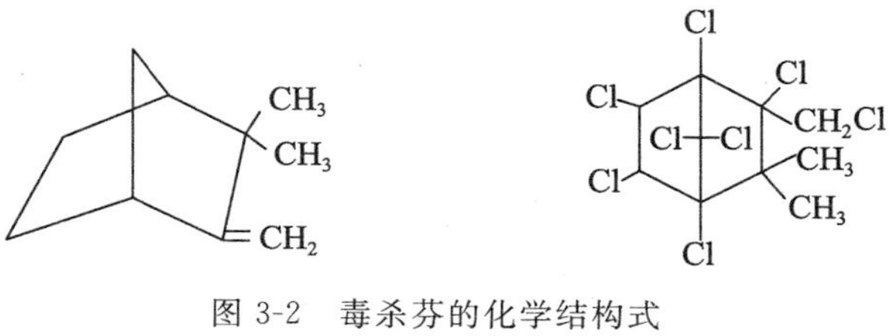

图 3-2 毒杀芬的化学结构式

毒杀芬（Toxaphene）是多种氯化莰烯的混合物，没有统一的结构表达式，其主体莰烯的结构式见图 3-2 中的左图；右图为八氯莰烯，是其被氯饱和的情形。毒杀芬不溶于水，溶于有机溶剂，性质稳定，不挥发，不燃烧，遇日光或高热逐渐分解。它是一种用于棉花、谷物、水果、坚果和蔬菜的合成杀虫剂，也用于控制家畜所寄生的扁虱和螨虫。

毒杀芬在 1975 年曾是美国应用最为广泛的一种杀虫剂。多达 50%的毒杀芬可在土壤中持续留存 12 年。每批毒杀芬产品的毒性都不相同，毒性取决于其同分异构体的比例。它对鱼类有很大的毒性。鲑鱼暴露在毒杀芬中 90 d 后可导致体重减轻 46%并造成鱼卵发育能力下降，长期暴露在0.5 μg/L浓度的水中，其卵的发育能力将降至零。直接暴露对人类的毒性并不大，食物是人类受到暴露危害最主要的来源。毒杀芬可使人的甲状腺肿大并患甲状腺癌；不过它在体内持续存在性较低，易排出。根据动物实验的结果，毒杀芬已被列为一种可能的致癌物质。目前，已有37个国家禁止使用毒杀芬，11个国家严格限制其使用。

根据美国国家海洋和大气管理局(NOAA)报道，毒杀芬已在12 000多个样品中检出，但只在少数几个地区中含量超出检测限，包括美国佐治亚州南部、得克萨斯州南部地区。在佐治亚州不伦瑞克附近Back河中的一条胭脂鱼和一条羊鱼的肌肉中其含量最高，为35.6 mg/kg湿重。据一次调查记载，发现近88%的检测点的内陆样品中毒杀芬超过了0.01 mg/kg湿重的检测限。含量最高的是密西西比河和五大湖中的鱼类。直到20世纪80年代，在一些河口地区毒杀芬污染仍较严重。由于其持久性，时至今日，仍能在环境中测得其存在。

近年来，高浓度的毒杀芬在北美五大湖的存积成了一个谜。令人感到疑惑的是毒杀芬在五大湖附近的地区使用得并不多，它于20世纪40年代首次投入使用，主要在美国东南部地区用作棉田杀虫剂和除草剂，但该化学物质却对离它大量使用的地区1 000英里之遥的五大湖造成超乎正常水平的影响。目前对于毒杀芬长距离迁移的现象还需要进一步深入研究。

我国作为PIC公约的缔约国，也将在短期内禁用这类药物。

(9) 五氯酚

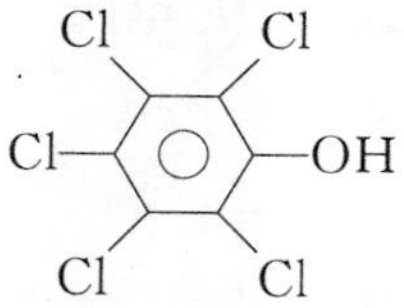

图3-3 五氯苯酚的化学结构式

五氯酚又称五氯苯酚(PCP)，是一种木材防腐剂、杀菌剂，也是杀真菌剂六氯苯的代谢产物。溶于大多数的有机溶剂，其钠盐等溶于水中相当稳定，不易潮解。

PCP在土壤中渗透力强，半衰期为2～4周，水中为190 d。对水生生物高毒，动物实验表明它能刺激哺乳动物的代谢，对生殖、肝、肾有影响。

1995年3月被加入PIC名单，8个国家已禁用，2个国家严格限用。

美国加尔维斯敦海湾的牡蛎中PCP的含量为0.003～0.008 mg/kg湿重。在Puget Sound港口(一处进行木材处理的地点)的蛤蜊中含量为0.003～0.008 mg/kg湿重。1980～1984年在对美国内部的调查中，检测到鱼类样品中有24%含有五氯苯甲醚——PCP的一种代谢物。我国目前将其限用在防腐上，不得作为农药使用，但在淡水虾养殖中，有不法业户将其作为清塘剂偷偷使用。

(10) 灭蚁灵

灭蚁灵是一种高效杀虫剂，人们以前将其用于控制庄稼地、牧场、森林和建筑物中的白蚁和蚂蚁，另外还将其用作阻燃剂。和其他有机氯杀虫剂一样，它是亲脂性的，是十氯酮(开蓬)的前体。

它是一种持续性强、极为稳定的杀虫剂，其半衰期长达10年，并可在食物链中被富集。在对小鼠的研究中发现其是一种致癌物质，对数种植物、鱼类及甲壳类均具有毒性。人类受灭蚁灵危害的主要途径是食物，特别是畜禽肉类和鱼类。

根据NOAA报道，灭蚁灵曾经被认为是对美国东南部河口生物体的一种非常严重的污染。在1980～1981年的调查中第一次对内陆鱼类中的灭蚁灵进行了检测，结果显示18%的检测点存在灭蚁灵，主要是在五大湖地区和东南部地区。因为灭蚁灵会持续存在并长期威胁，在安大略湖鱼中存在灭蚁灵的警告已经发布。进一步的监控发现，佐治亚州、南卡罗莱纳州的水体中也含有灭蚁灵。

(11) 开蓬

开蓬(Kepone)，又称十氯酮，是一种杀虫剂。在沸水、强碱水溶液中可溶，易溶于有机溶剂，暴露于潮湿的室温下容易形成水合物。

开蓬可以引起神经、肝脏方面的损伤损害以及不育，有在食物链中被富集的特性。

1991年被联合国PIC联合专家组列入不再生产的农药。

根据NOAA报道，在美国，自从1973年由于一个农药生产厂的非法排放，从詹姆士河第一次发现开蓬以来，已在数以千计的鱼、蟹、牡蛎中发现含有开蓬。到20世纪80年代中期，鱼和蟹中其含量为0.2～0.8 mg/kg湿重，而在20世纪70年代中期，一些鱼类中其含量超过了7 mg/kg湿重，超过1 mg/kg的很常见。1976年在北卡罗来纳州海口附近的一些垂钓用鱼的鱼肉中检测到少量开蓬的残留，含量为0.01 mg/kg湿重。到20世纪80年代中期，弗吉尼亚州詹姆士河生态系统中牡蛎体内开蓬的含量一般都低于0.1 mg/kg湿重。

(12) 羧基除草剂

四氯代对苯二甲酸二甲酯(DCPA)、2,4-D以及2,4,5-涕(2,4,5-T)都是农业中常用的氯代苯氧型除草剂，被用于控制道路周围的木本植物的生长。2,4-D会对消化道甚至肝、肾产生损伤，2,4,5-T有致畸作用，还可以影响动物的神经传导，导致肌肉无力、心室纤维颤动和神经炎。而且2,4,5-T含有高毒、致癌、致畸的二噁英杂质。它们能持留于环境中，如2,4,5-T在水中半衰期为600 d，并且能在食物链中富集。

1995年3月其被列入PIC名单。早在20世纪70年代初已有13个国家禁用，1个国家限用。

在FDA监控计划中，没有在鱼体内检测到2,4-D和2,4,5-T。个别的样品中检出了DCPA。鱼体DCPA污染最严重的是美国科罗拉多州和与其邻近的得克萨斯州南部地区。

(13) 林丹

林丹(Lindane),又称丙体六六六,是1,2,3,4,5,6-六氯环己烷α-、β-、γ-异构体的混合物,是一种有机氯杀虫剂。在水和有机溶剂中均可溶,180℃以下对光、空气非常稳定,在碱性条件中发生脱氢反应,随pH升高而加快。它能残留于动物和人体脂肪中,是一种神经毒素,也可以引起人的再生障碍性贫血。

林丹于1995年3月被列入PIC名单,一些国家已禁用或限用。在美国早期的调查中,有将近12 000个海洋和河口中的鱼类和无脊椎动物中发现了林丹残留。

(14) 莠去津

莠去津(Atrazine)又称阿特拉津,是一种三嗪类的除草剂。能溶于水和有机溶剂,在中性、弱酸和弱碱性环境中稳定。在土中的半衰期为35～50 d,地下水中为105～200 d。

过去认为它的毒性只是一般,但最近研究表明,低浓度的莠去津即可造成动物变性畸形。美国一项环境调查表明,这种除草剂在今天已经极大地阻碍了青蛙正常的性发育,使得它们由雄性变为雌性或变成不雌不雄的"阴阳蛙"。其作用机理可能是促使芳香族酶产物的大量产生,把雄激素催化成了雌激素。至于其对人是否也会有相同的影响正在研究之中,但这种可能性是存在的。

由于除草效果好,而且过去认为对生物的毒性不强,莠去津成为世界上使用最为广泛也是最重要的除草剂之一。在美国农场中,每年都要使用约27 000 t莠去津。莠去津使用最多的地方是栽种玉米、高粱和甘蔗的土地。除了美国,世界上还有80多个国家在广泛使用这种除草剂,包括我国。在美国堪萨斯州的蓝鳃太阳鱼中,其含量为0.2～0.3 mg/kg。在大量使用莠去津的时期,可以在鱼塘和附近的湖或小溪的其他鱼类中检测到它们。

由于最近发现莠去津能够干扰生物体性激素的分泌功能,而且在水中的残留量不能很快清除,一些国家已经禁用这种除草剂,如德国、法国、意大利、瑞典、挪威和瑞士等。

3.1.3.3 渔用饲料化学污染物

1) 使用情况与危害因素

随着我国渔业生产结构由以捕捞为主向以海水养殖为主的转变,渔用饲料在水产养殖中的重要性日益上升。但我国渔用饲料标准、法规还没有完善,饲料生产者为追求高额利润,在渔用饲料中滥用药物和激素,给养殖水产品带来了安全隐患,令广大消费者担忧。这不仅严重制约了渔用饲料的健康发展,而且直接影响水产养殖业的发展和水产品的食用安全。

目前全国渔用饲料生产厂家已发展到数百家,产量达1 000万t,多分布在沿海地区,内陆地区以四川居多,名优渔用饲料以福建、广东发展较快。近年来这些企业正向规模化、产业化方向发展,一些已经通过ISO 9000质量体系认证,生产的渔用饲料产品质量较高。但渔用饲料工业总体与畜禽饲料工业相比尚有差距,可以说仍处于发展阶段。

饲料(包括原料)若被有毒、有害物质污染,或饲料在加工过程中被有毒、有害物质污染,再将这种不安全的饲料用于养殖生产,会导致养殖的水产动物生长缓慢或致病,也可能导致养殖的水产品体内有毒、有害物质含量过高,影响消费者的食用安全。渔用饲料与水产品安全性相关的突出问题主要有以下几种。

(1) 滥用药物和饲料添加剂

一些企业为了追逐高额利润,在渔用饲料生产中滥用药物和饲料添加剂。随着科学技术的发展,药物对水产动物和人体的危害研究更加深入,特别是抗生素类药物在水产品中残留,人们长期食用后易使一些微生物对该药物产生抗性,危害人体健康。而有些药物如喹乙醇等促生长剂,鱼食用后会出现全身出血、不能运输、不能越冬等症状。2002年发布的无公害食品标准中禁止渔用饲料中添加喹乙醇。

(2) 重金属污染

渔用饲料的配方中,动物原料主要是鱼粉,鱼粉掺杂使假容易造成重金属污染,引起水产动物死亡以及水产品安全问题。如鱼粉掺加皮革粉易引起水产动物金属铬中毒;常用的诱食剂如鱿鱼内脏粉,常常含有大量的重金属镉。

2) 预防措施

根据目前水产品安全性的研究成果和渔用饲料的生产情况,NY5072—2002《渔用配合饲料安全限量》对渔用饲料的安全性所涉及的有关方面作出了规定。我国现行《饲料卫生标准》GB13078规定了饲料中的有害物质及微生物允许量,主要适用于畜禽配合饲料及某些饲料原料,不适于鱼虾等水生动物,但某些在畜禽配合饲料与水产养殖配合饲料之间没有明显差异的项目如铅、铬、黄曲霉毒素B1、氰化物、沙门氏菌等指标的限量,可以参照执行GB13078,而霉菌指标等的限量严于GB13078的要求。为进一步加强渔用饲料的质量,改善水产品安全性,还应在以下几个方面不断改进和完善。

① 加快制定渔用饲料产品标准,完善标准体系。

② 加强企业的技术、质量培训,提高产品质量意识。

③ 建立渔用饲料的监控体系,强化行业监督抽查。

④ 开展渔用饲料生产企业质量安全认证工作。

3.1.4 食品添加剂产生的化学危害

食品添加剂是指为改善食品品质和色、香、味以及防腐剂和加工工艺的需要而加入食品中的化学合成或者天然物质。按功能可分为酸度调节剂、抗结剂、消泡剂、抗氧化剂、漂白剂、膨松剂、胶姆糖基础剂、着色剂、护色剂、乳化剂、酶制剂、增味剂、面粉处理剂、被膜剂、水分保持剂、营养强化剂、防腐剂、稳定和凝固剂、甜味剂、增稠剂、食品用香料、食品工业用加工助剂和其他类共23类。水产品加工中常用的食品添加剂主要是一些防腐剂和抗氧化剂。

3.1.4.1 水产品加工常用防腐剂

从广义上来讲，凡是能防止微生物的生长活动，延缓食品腐败变质或生物代谢的物质都叫防腐剂。防腐剂按抗微生物的作用程度可分为杀菌剂和抑菌剂。杀菌剂与抑菌剂的区别在于，在其使用范围内，杀菌剂能通过一定的化学作用杀死微生物，使之不能侵袭食品，造成污染。而抑菌剂是使微生物在一定时间内停止生长，而不进入急剧增殖的对数期，从而延长微生物繁殖一代所需要的时间。但同一种抗菌剂，浓度高时可致微生物死亡，而浓度低时只能抑菌；作用时间长时，可以杀菌，作用时间短时，只能抑菌。由于各类微生物的生理特征不同，同一种防腐剂对某一种微生物具有杀菌作用，而对另一种微生物仅有抑菌作用。

杀菌剂按其灭菌机理可分为三类：氧化性杀菌剂、还原性杀菌剂和其他杀菌剂。

氧化性杀菌剂的作用就在于它的强氧化作用。常用的氧化杀菌剂如过氧化物和氯制剂都是具有很强氧化能力的化学制品。过氧化物在分解时会释放具有强氧化能力的新生氧[O]，使微生物被其氧化致死，而氯制剂则是利用其释放出的有效氯[OCl]成分的强氧化作用杀灭微生物。有效氯渗入微生物细胞后，会破坏微生物酶蛋白及核蛋白的基团或者抑制对氧化作用敏感的酶类，从而使微生物死亡。

防腐剂有化学合成、生物天然提取和其他防腐剂三类。本章主要介绍几种常用的化学合成防腐剂。

1）苯甲酸和苯甲酸钠

苯甲酸和苯甲酸钠又称为安息香酸（C_6H_5COOH）和安息香酸钠（C_6H_5COONa），由于在水中苯甲酸溶解度较低，一般多使用苯甲酸钠。由于它们需要在酸性环境中通过未解离的分子起抗菌作用，为此被称为酸性防腐剂。苯甲酸及其盐类在酸性环境下对多种微生物有抑制作用，但对产酸菌作用较弱，在 pH 为 5.5 以上时对很多霉菌和酵母的作用也较差。其抑菌作用的最佳 pH 为 2.5～4.0。一般以低于 pH5.0 为宜。此时它对一般微生物完全抑制的最低浓度为 0.05％～0.1％。

苯甲酸能抑制微生物细胞呼吸酶系统的活性，特别是对乙酰辅酶 A 缩合反应有很强的抑制作用。苯甲酸进入人体后大部分与甘氨酸结合成尿酸，其余部分与葡萄糖醛酸结合成葡糖苷酸，并全部从尿中排出体外，不在人体蓄积。据报告，即使苯甲酸的用量超过食品防腐实际需要量的许多倍，也未见有明显毒害作用。

苯甲酸及苯甲酸钠的安全性较高，苯甲酸钠对猫、狗的致死量为 2 g，但成年男子高达 50 g 亦未见有不良影响。世界各国普遍许可使用。近来有报告环苯甲酸及苯甲酸钠可引起过敏性反应。苯甲酸对皮肤、眼睛和黏膜有一定的刺激性；苯甲酸钠可引起肠道不适。苯甲酸钠呈味的阈值为 0.1％。ADI 为 0～5 mg/kg 体重（苯甲酸及其盐，以苯甲酸计）。

2）山梨酸及山梨酸钾

山梨酸（$C_6H_8O_2$）在水中溶解度较低，实际使用多为山梨酸钾（$C_6H_7KO_2$）。山梨酸及其钾盐对霉菌、酵母和需氧菌均有抑制作用，但对厌氧芽孢杆菌与乳酸杆菌几乎无效。山梨酸的防腐效果随pH的升高而降低，在pH6以下使用为宜，亦属酸性防腐剂。其分子能与微生物酶系统中的巯基结合，从而破坏酶的活动，达到抑菌防腐的目的。

山梨酸是一种不饱和脂肪酸，在体内可参加正常脂肪代谢，最后被氧化成二氧化碳和水，故几乎没有毒性。近年来亦有报道其对皮肤稍有刺激。

山梨酸的毒性比苯甲酸小，抑菌作用的适宜pH范围比苯甲酸广，且无不良味道，故近年来有取代苯甲酸的趋势，需要量大增。ADI为0～25 mg/kg体重（山梨酸及其盐的总量，以山梨酸计）。

3）对羟基苯甲酸酯类

对羟基苯甲酸是苯甲酸的衍生物，烷链越长抑菌作用越强。它们对细菌、霉菌和酵母有广泛的抑制作用。其中对霉菌和酵母的作用最强，对细菌特别是对革兰氏阴性杆菌及乳酸菌作用较弱。

对羟基苯甲酸酯类的抑菌作用及其进入体内后的代谢途径与苯甲酸基本相同，且毒性比苯甲酸低，现被世界各国普遍使用。我国允许将对羟基苯甲酸己酯用于酱油和醋，其丙酯可用于果汁和饮料等，最大使用量依不同食品而异，最大不超过0.20 g/kg。ADI为0～10 mg/kg。

4）丙酸及其盐

丙酸（CH_3CH_2COOH）及其盐也是酸性防腐剂。其抑菌作用较弱，但对霉菌和需氧芽孢杆菌或革兰氏阴性杆菌有效，特别对抑制引起食品发黏的菌类如枯草杆菌有效。其最小抑菌浓度在pH5.0时为0.01%，pH6.5时为0.5%。对酵母基本无效。

3.1.4.2　抗氧化剂

抗氧化剂是能阻止或延迟食品氧化，以提高食品的稳定性和延长贮存期的物质。氧化是导致食品品质变劣的重要因素之一，特别是对于水产品这类油脂含量较高和含油食品，氧化除使油脂发生酸败外，还会使食品发生褪色、褐变、维生素破坏，从而降低食品质量和营养价值，甚至产生有害物质，引起食品中毒。因此，防止氧化，已成为食品工业的一个重要问题。

抗氧化剂分油溶性抗氧化剂和水溶性抗氧化剂。我国允许使用的油溶性抗氧化剂种类有丁基羟基茴香醚（BHA）、二丁基羟基甲苯（BHT）、没食子酸丙酯（PG）、混合生育酚浓缩物（维生素E）；水溶性的有L-抗坏血酸（维生素C）及其钾、钠盐、异抗坏血酸、异抗坏血酸钠、植酸、乙二胺四乙酸二钠（EDTA-2Na）等。

1）脂溶性抗氧化剂

丁基羟基茴香醚（BHA）为酚型抗氧化剂。不溶于水，可溶于油脂，对热相当稳定。在弱碱性条件下不被破坏，广泛用于焙烤食品和油炸食品等的抗氧化。BHA与其他抗氧化剂或增效剂等合用，可大大地提高其抗氧化效果。BHA的抗氧化作用通过与油脂氧化时的过氧化物结合，中断自动氧化反应链，阻止氧化进行。过去人们一直认为BHA毒性较低，并被世界各国普遍许可使用。但1982年日本发现它对大鼠前胃有致癌作用，并决定从1983年2月起禁用，此后国际上对此意见有分歧，日本宣布延期禁用。1986年JECFA第30次会议重新评价BHA的有关资料后，再次将其暂定ADI从0.5 mg/kg体重降至0.3 mg/kg体重，1987年CCFA第19次会议同意这一规定。目前世界各国仍许可使用，但实际应用有减少的趋势。

丁基羟基甲苯(BHT)与BHA同是酚型油溶性抗氧化剂，其抗氧化性能较强，耐热性好，且没有BHA那样的特异臭，用于焙烤食品和需长期保存的食品很有效。BHT的急性毒性比BHA高，但无致癌性。1986年JECFA在对其重新评价时将其暂定ADI值从0.5 mg/kg体重降至0.125 mg/kg体重。现仍为世界各国普遍使用。

根据我国食品安全国家标准《食品添加剂使用标准》(GB2760—2011)规定：BHA、BHT在风干、烘干、压干等水产品中最大使用量为0.2 g/kg，使用量以脂肪总量计。

没食子酸丙酯(PG)是多酚型氧化物。其对猪油的抗氧化性比BHA和BHT强。如果与BHA、BHT并用，效果更好。没食子酸丙酯与铜、铁等金属反应有呈色的缺点，与柠檬酸或酒石酸等并用，不但有增效作用，还可防止变色。没食子酸丙酯摄入后被机体水解，大部分变成4-O-甲基没食子酸，内聚成葡萄糖醛酸随尿排出体外，安全性高。本品为世界各国普遍许可使用。欧盟还许可使用没食子酸辛酯和十二酯。

混合生育酚浓缩物是一种混合物。生育酚即维生素E，广泛存在于高等动、植物体内，具有抗氧化作用。已知天然的生育酚有α-、β-、γ-、δ-等七种，作为抗氧化剂使用的是它们的混合物。它是目前国际上唯一大量生产的天然抗氧化剂。这类天然产物都是d-生育酚。生育酚的热稳定性高，在较高温度下，仍有良好的抗氧化能力，尤其是天然生育酚比合成生育酚的热稳定性还高，适合于在高温油炸时使用；其次，生育酚耐光、耐紫外线的性能也比BHA、BHT强。生育酚是人体的一种必需营养素，但是过多摄食可引起出血。在临床研究中，每天α-生育酚的膳食剂量大于720 mg时可产生体弱、疲劳、肌酸尿等症状，也会影响类固醇代谢。1986年FAO/WHO联合食品添加剂专业委员会规定其ADI为0.55～2.0 mg/kg体重。

2）水溶性抗氧化剂

抗坏血酸及其钾、钠盐是比较常用的水溶性抗氧化剂。抗坏血酸由葡萄糖合成，干燥时较稳定，水溶液遇光、受热易被破坏。特别是在碱性条件下和在金属离子存在的情况下更易被破坏。抗坏血酸常用作啤酒、软饮料、果蔬制品和肉制品等的抗氧化剂。它能与氧结合，防止食品由于氧化而造成的褪色、变色、变味等。其次，它还有钝化金属离子的作用。抗坏血酸是人体正常生长所必需的营养素。根据中国营养学会2000年所推荐的成人参考摄入量，抗坏血酸为1 000 mg/d，儿童为700～900 mg/d。由于抗坏血酸呈酸性，对不适宜添加的食品可使用异抗坏血酸钠。

异抗坏血酸和异抗坏血酸钠是抗坏血酸和抗坏血酸钠的异构体，它们几乎没有抗坏血酸的抗坏血病作用，但是抗氧化却与抗坏血酸和抗坏血酸钠相似。关于异抗坏血酸和异抗坏血酸钠的安全性问题，有人提出它们可能在人体内与抗坏血酸起竞争作用，影响抗坏血酸的消化吸收，以至于不能发挥抗坏血酸的正常的生理作用，其实，实际使用时用量甚微。

3.1.5　环境污染导致的化学危害

从陆地和水生环境中的生产到人们对产品的消费，在这条食物链中，化学污染产生的源头和路径是相当复杂的。环境污染即空气、水和土壤的污染是引起食品污染的主要原因之一。但是，环境污染的原因相当复杂，本节主要介绍水产品痕量金属的污染、有机物的污染及其预防措施。这些污染物同样也可以在水产品加工和贮藏过程中污染产品，但污染源是水产品加工过程中的生产环境。

3.1.5.1　有害金属的污染

1）概述

在清洁的（自然的、未污染的、未经浓缩的）水生环境中普遍存在着少量的金属元素，如铜、硒、铁、锌等，它们是鱼虾贝藻等水生生物的必需营养元素。现代工业造成了环境中有害金属污染，有害金属污染源主要来自于冶金、冶炼、电镀及化学工业等排出的“三废”。污染水体具有较大的迁移性，水流的运动，使水体中浮游生物过滤性吸收较高水平的重金属。因此，重金属在以浮游生物为食物链的水生动物体内有明显的蓄积倾向。使用有机砷杀菌剂（甲基砷酸铁胺）、有机汞杀菌剂（醋酸苯汞）和砷酸铅也可造成污染，磷肥中含砷量约为 24 mg/kg，含镉为 10～23 mg/kg，含铅约为 10 mg/kg。鱼类及甲壳类动物对镉、铅、汞等富集能力的差异已有研究。

另外，金属元素一旦对环境造成污染或在生物体内富集起来，就很难被排出或是被降解。微生物可降解环境中的有机污染物，但不能降解重金属污染物，而金属硫蛋白（MTs）在高度诱导之后，能大量地结合重金属。根据一些事实推断，MTs 是唯一能有效地解离、解毒重金属的一种生物途径。据报道，可利用克隆 MT 基因的工程菌或水生生物排除土壤和污水中的重金属。

水生生物体中蓄积的镉、铅、汞及其化合物，尤其是甲基汞，对人体主要脏器、神经、循环等各系统均存在危害。医学和兽医的文献中有大量关于重金属毒性的文献。根据它们的毒性，不同的金属可以分为较大、一般、较小或无潜在毒性。一般认为可能有较大毒性的金属有锑、砷、镉、铬、铅、汞和镍。一般潜在毒性的污染物包括铜、铁、锰、硒和锌。较小或可能没有毒性的有铝、银、锶、铊和锡。像镍、铬这样的金属，是吸入性的致癌物，被归为毒性较大的一类，而硒和锡则归为毒性较小的那一类。但是，同一类的金属，当其作为水产品污染物来源时，它们的相对毒性会发生改变。水生环境中关系到公众健康的污染物的鉴定标准虽各不相同，但已对其作出定义。这包括：

① 持续性；

② 生物体中可能的浓度；

③ 对人的毒性(或可能存在的毒性)；

④ 所关注的地区的污染来源；

⑤ 来自所关注区域的鱼和贝类中污染物的高浓度。

镍(除了其羰基态)和铬(至少为六价态)是吸入性致癌物质并可引起皮肤的超敏性反应，都被怀疑是关系公众健康的污染物。但是，它们都很难被胃肠道吸收，而且没有证据显示这种接触方式能够引起全身组织的中毒。有机锡化合物比无机锡盐的毒性要大，有机态类的金属，尤其是重金属，与公众健康的关系更为密切。

我国已经制定了各种重金属在水产品中的使限量标准，水产品中重金属及有害元素的限量：汞(以 Hg 计)≤0.3 mg/kg；砷(以 As 计)≤0.5 mg/kg(淡水鱼)；无机砷≤0.5 mg/kg(海水鱼)、无机砷≤1.0 mg/kg(贝等其他海产品)；铅(以 Pb 计)≤0.5 mg/kg；镉(以 Cd 计)≤0.1 mg/kg(鱼类)；铜(以 Cu 计)≤50.0 mg/kg；硒(以 Se 计)≤1.0 mg/kg(鱼类)；铬(以 Cr 计)≤2.0 mg/kg(鱼贝类)。

人们进一步认识到，硒也是能被摄取的有毒物质，它在一些水产品中的含量可能就是危害的来源。锑被认为是一种因职业和医生治疗的原因而引起的有毒物质。但是，近来对水产品残留物的研究要么没有检测出金属锑残留，要么在被污染区其浓度低于检测限。所有这些与摄入量估计值有关的发现和推论，帮助人们初步列出了对人体健康有害或可能有害的重金属污染物，它们都能够在可供食用的水生动植物中发现，而且其中的一些已经进行了危害性研究。在危害分析中要被鉴定的金属包括砷、镉、铅、汞和硒等。下面要介绍的即是愈来愈引起人们关注的危害较为严重的一些金属残留物质。

2）常见重金属残留及其危害

(1) 镉

镉主要来源于镉矿、镉冶炼厂。因镉与锌同族，常与锌共生，所以冶炼锌的排放物中必有 ZnO 和 CdO，它们挥发性强，以污染源为中心可波及数千米远。用镉工业废水灌溉农田也是镉污染的重要来源。

在有毒的金属中，镉比较特殊，因为它是水生环境中相对较新的一种污染物。镉的来源有固体垃圾的倾倒(涂料中的颜料)和污水污泥、磷酸盐化肥，电镀和镀锌产品，以及采矿业(锌、铅)废水。镉常见的存在形式有金属态，硫化物和硫酸盐。大致可分为水溶性镉和非水溶性镉两大类。离子态和络合态的水溶性镉，$CdCl_2$、$Cd(WO_3)_2$ 等能为作物吸收，对生物危害大，而非水溶性镉，CdS、$CdCO_3$ 等不易迁移，不易被作物吸收，但随环境条件的改变二者可互相转化。环境偏酸性时，镉溶解度增高，易于迁移；环境处于氧化条件下时，镉也易变成可溶性，被动植物吸收的也多。镉的吸附迁移还受相伴离子如 Zn^{2+}、

Pb^{2+}、Cu^{2+}、Fe^{2+}、Ca^{2+}等的影响，如Zn^{2+}的存在可抑制动植物对镉的吸收。

无脊椎动物，包括甲壳类和双壳类，都能够通过与不同的大分子量金属配合体结合而富集大量的镉。甲壳类动物的肌肉和肝胰腺对镉的亲和力是不同的，肝胰腺中镉的含量是前者的10～20倍，肝胰腺被认为是一种美味，作为“褐色蟹肉”在市场上销售，因此，当食用龙虾或螃蟹时，摄入大量镉的潜在可能性大大增加。

美国1986年报道的10个污染最严重地区中，海洋鱼类肝脏中镉含量的算术总平均值为1.42 mg/kg湿重，变化范围在0.530～3.94 mg/kg湿重，标准偏差为1.08。所有地点(45个)总平均含量为0.519 mg/kg湿重，范围在0.015 0～4.89 mg/kg，标准偏差为0.870(干重/湿重换算因数为0.25)。1978～1979年，从112个地点采集的60种淡水整鱼样品中，其镉含量的几何总平均值为0.04 mg/kg湿重，范围在0.01～0.41 mg/kg；1980～1981年，几何总平均值为0.03 mg/kg湿重，范围在0.01～0.35 mg/kg。1986年贻贝监控调查报道的25个污染最严重地区中，所有双壳类动物镉含量的算术总平均值为0.903 9 mg/kg湿重，变化范围在0.627 6～1.560 mg/kg湿重，标准偏差为0.262 1(干重/湿重换算因数为0.12)。有8个污染最严重的地区(含量在0.932 4～1.56 mg/kg湿重)超过第95个百分点(0.925 2)。

镉在原生质膜上有与磷脂双分子层的磷酸盐基团反应的活性，是细胞核内诱变物，在溶酶体的膜上也有活性，而且对线粒体的活性有抑制作用，从而使细胞受到损害。不过，在水生动物体内镉能够刺激金属硫蛋白的产生，这可以大大降低它的毒性。

在日本，人中毒事件主要是由镉引起的，如一种称为“itai-itai”痛痛病的中毒，即是由镉中毒引起的。在镉污染较为严重的地区，检测发现当地人群的骨头中镉积累的最多，肝和肾同样也可以富集镉，尤其是肾在长期的职业性接触中会受到严重的损害，这都会导致受害人群在临床上表现为管状功能紊乱导致的氨基酸尿、蛋白尿和糖尿病。镉在人体肾中的半衰期还不确定，可能会长达30年。在这种情况下，我们推测可以设立临界浓度来作为每天允许摄入最大量的标准。肾中的镉残留有四分之一是由日常饮食产生的，镉对年长的成年人危害最大。

胎盘组织也可以富集和转移金属元素。研究发现，胎盘中镉的含量是母血或脐血中的1～2倍。同样，还发现红细胞中镉含量约是血浆中的3～5倍，而且母体红细胞中镉含量比胎儿的稍高(27%)。镉的污染对怀孕母体及胎儿危害也很严重，最近关于镉还有致癌、致畸的报道。

(2) 砷

砷虽不属于重金属，但因其行为与来源以及危害都与重金属相似，故通常列入重金属类进行讨论。

作为一种对人和其他动物都非常有效的毒药，砷的使用已有很长的一段历史。先前砷被用于医学上化学疗法以及杀人的毒药。其存在形式有：有毒的三价态(三氧化二砷、砷酸钠、三氯化砷等)，毒性较小的五价态(五氧化二砷、砒酸、砷酸铅、砷酸钙等)，以及大量的有机态形式(对氨苯基胂酸、二甲基砷酸盐等)。

砷用于杀虫剂、除草剂以及其他农产品的制造，它还是采矿和熔炼业的副产品。土壤中砷污染主要来自大气降尘、化肥与含砷农药。燃煤是大气中砷的主要污染源。土壤中的砷大部分为胶体吸附或和有机物络合——螯合或和磷一样与土壤中铁、铝、钙离子相结合，形成难溶化合物，或与铁、铝等氢氧化物发生共沉淀。pH 高土壤砷吸附量减少而水溶性砷增加；若土壤中含砷量过高，不仅抑制微生物的氨化作用，也会影响自然的砷解毒作用，影响该地区植物的生长，若渗入地下水中，则使受污染面积扩大。环境中的砷可以通过食物链在水生生物体内富集。

美国于 1986 年贻贝监控调查报道的 25 个污染最严重地区中，所有双壳类动物砷含量的算术总平均值为 2.763 mg/kg 湿重，变化范围在 1.920～5.131 mg/kg 湿重，标准偏差为 0.934 0(干重/湿重换算因数为 0.12)。有 8 个污染最严重的地区(含量在 2.964～5.131 2 mg/kg 湿重)超过 95 个百分点(2.879 4)。所有检测地点的牡蛎和贻贝中都含有砷。1986 年报道的 10 个污染最严重地区中，海洋鱼类肝脏中砷含量的算术总平均值为 5.20 mg/kg 湿重，变化范围在 2.99～8.17 mg/kg 湿重，标准偏差为 1.94。所有地点(45 个)总平均含量为 2.34 mg/kg 湿重，范围在 0.150～8.16 mg/kg，标准偏差为 2.06(干重/湿重换算因数为 0.25)。1978～1979 年，从 112 个地点采集的 60 种淡水整鱼样品中，其砷含量的几何总平均值为 0.16 mg/kg 湿重，范围在 0.04～2.08 mg/kg；1980～1981 年，几何总平均值为 0.14 mg/kg，范围在 0.05～1.69 mg/kg。

在水生动物中砷主要以有机态的形式存在，砷甜菜碱或砷胆碱。这些存在形式被称为“鱼砷”，还没有报导表明摄取后会在动物和人体内产生毒性。而且，没有证据显示砷甜菜碱具有诱变性。尽管鱼中的砷多为砷甜菜碱，但没有充分的研究表明，鱼中的有机态砷(或在人体内可通过代谢由无机态转变为有机态的砷)的含量可以忽略。进入人体后，无机砷会引起急性或慢性中毒，主要作为一种致癌物质，可引起肺癌、血管肉瘤、真皮基部细胞和鳞片细胞的癌变。砷的毒性取决于它的氧化价态和释放形式。砷引起的慢性中毒有肠胃炎、肾炎、肝肿大、末梢均匀神经病和对皮肤的大量损伤，包括脚底和手掌的角化过度症以及普遍会出现的黑色素沉着。这些症状中有一些是与毛细血管的内壁被破坏以及随后发生的浮肿和循环障碍有关。我们知道，在分子水平上，金属可以阻止磷酸化作用；与巯基反应能够打乱细胞的新陈代谢；能直接破坏 DNA 并且抑制 DNA 的修复。另外，砷酸钠和亚砷酸盐可以引起低等动物畸变。因此，金属会给孕妇、哺乳期的母亲和她们的孩子带来特别的危害。砷的慢性中毒还包括真皮角化过度、皮肤黑变、癌变、肝肿大、末梢神经病，有的还会出现吸入性肺癌。

(3) 汞

汞污染主要来自于污染灌溉、燃煤、汞冶炼厂和汞制剂厂(仪表、电气、氯碱工业)的排放。例如一个700兆瓦的热电站每天可排放汞2.5 kg。含汞颜料的应用、用汞做原料的工厂、含汞农药的施用等也是重要的汞污染源。无机汞主要有$HgSO_4$、$Hg(OH)_2$、$HgCl_2$、HgO，它们因溶解度低，在土壤中迁移转化能力很弱，但在土壤微生物作用下，汞可向甲基化方向转化。微生物合成甲基汞在好氧(有氧)或厌氧(无氧)条件下都可以进行。在好氧(有氧)条件下主要形成脂溶性的甲基汞，可被微生物吸收、积累，而转入食物链造成对人体的危害；在厌氧(无氧)条件下，主要形成二甲基汞，在微酸性环境下，二甲基汞可转化为甲基汞。

美国1986年所报道的10个污染最严重地区中，海洋鱼类肝脏中汞含量的算术总平均值为0.372 mg/kg湿重，变化范围在0.120～1.46 mg/kg湿重，标准偏差为0.432。所有地点(43个)总平均含量为0.158 mg/kg湿重，范围在0.010 0～1.55 mg/kg，标准偏差为0.319(干重/湿重换算因数为0.25)。1978～1979年，从112个地点采集的60种淡水整鱼样品中，其汞含量的几何总平均值为0.11 mg/kg湿重，范围在0.01～1.10 mg/kg；1980～1981年，几何总平均值为0.11 mg/kg湿重，范围在0.01～0.77 mg/kg湿重。1986年贻贝监控调查所报道的25个污染最严重地区中，所有双壳类动物汞含量的算术总平均值为0.035 1 mg/kg湿重，变化范围在0.027 6～0.057 6 mg/kg湿重，标准偏差为0.008 4(干重/湿重换算因数为0.12)。有7个污染最严重的地区(含量在0.037 2～0.057 6 mg/kg湿重)超过第95个百分点(0.036 3)。

汞有多种存在形式，如单价(亚汞)、二价(正汞)汞盐和甲基汞中，甲基汞对人体的毒性最大。环境中的甲基汞是二价盐在厌氧菌的作用下形成的。它被摄入后很容易被吸收，在人体内的半衰期为60～120 d，不过有报道称在鱼体中的它的半衰期可以长达2年，是鱼体中的主要污染物。汞可以导致细胞有丝分裂和染色体的改变，使细胞受损，并且以肾和脑作为靶器官。神经受损及轴突髓鞘的脱落会出现一些临床症状以及感觉异常的症状，如肌肉运动不协调，战栗，癫痫发作等。金属汞可以与巯基基团紧密结合(硫醇)，从而使某些酶失活。在甲基汞的形式下，汞可以轻易穿过胎盘屏障，给胎儿带来严重的危害。

(4) 铜

在自然界中，铜矿物的种类很多，约有170种以上，但实际含铜较高的矿物只有几种。铜化合物中氯化铜、硫酸铜和硝酸铜易溶于水。铜广泛用于冶金、机器制造、电镀和化学等工业中。硫酸铜在农业和林业上可防治病虫害，抑制水体中藻类的大量繁殖。

铜是生命所必需的微量元素之一，正常人体中总含铜量约为100～150 mg。人体中的铜大都存于肝脏和中枢神经系统，对人体造血、细胞生长、某些酶的活动及内分泌腺功能均有重要作用。但摄入过量，则会刺激消化系统，引起腹痛、呕吐。人的口服致死量约为10 g。

铜对低等生物和农作物毒性较大，其质量浓度达0.1～0.2 mg/L即可使鱼类致死，与锌共存时毒性可以增加，对贝壳类水生物毒性更大。一般水产用水要求铜的质量浓度在0.01 mg/L以下。对于农作物，铜是重金属中毒性最高的，植物吸收铜离子后，固定于根部皮层，影响养分吸收。灌溉水中含铜较高时，可在土壤和作物中累积，使农作物枯死。铜对水体自净作用有较严重影响，当其质量浓度为0.001 mg/L时，即有轻微抑制作用，质量浓度为0.01 mg/L时，有明显抑制作用。

(5) 铅

铅污染是重金属污染中毒性较大的一种。在所有的重金属当中，在环境污染和对人体毒性的作用方面，铅可能是历史最悠久的。因此，人们已经对铅中毒进行了认真的研究，并且已有大量可供验证的材料。环境中铅的来源非常多，事实上铅无处不在，食品、水、空气中都很常见。环境中的铅主要来自蓄电池、弹药、焊料、颜料、管道、黄铜制品以及铅丹(四氧化三铅)的生产。四乙基铅是汽油防爆剂添加剂组分的之一，近年来这项用途急剧减少。另外，铅字印刷厂、铅冶炼厂、铅采矿场等也是重要的污染源。随着我国乡镇企业的发展，"三废"中的铅已大量进入农田，并通过灌溉、雨水等转移到水体，并进一步污染各种水生生物。

美国1986年所报道的10个污染最严重地区中，海洋鱼类肝脏中铅含量的算术总平均值为0.414 mg/kg湿重，变化范围在0.140～1.85 mg/kg湿重，标准偏差为0.523。所有地点(43个)总平均含量为0.133 mg/kg湿重，范围在0.007 5～1.85 mg/kg，标准偏差为0.294(干重/湿重换算因数为0.25)。1978～1979年，从112个地点采集的60种淡水整鱼样品中，其铅含量的几何总平均值为0.19 mg/kg湿重，范围在0.10～6.73 mg/kg；1980～1981年，几何总平均值为0.17 mg/kg湿重，范围在0.10～1.94 mg/kg湿重。1986年贻贝监控调查所报道的25个污染最严重地区中，所有双壳类动物铅含量的算术总平均值为0.820 3 mg/kg湿重，变化范围在0.380 4～2.799 mg/kg湿重，标准偏差为0.568 4(干重/湿重换算因数为0.12)。有8个污染最严重的地区(含量在0.735 6～2.799 6 mg/kg湿重)超过第95个百分点(0.732 6)。

铅对人体的污染途径主要为呼吸道和饮食，通过呼吸道摄入吸收效率高，速度也快。儿童可以从以铅制成的涂料碎片、土壤、房屋内涂料的灰尘、工业粉尘和汽车尾气中吸收铅，从而导致慢性中毒。在被吸入的铅中，只有5%～15%的被成人吸收，而儿童吸收的量达到40%。最近的研究表明，孕妇吸入很少量的铅就可以导致出生后的婴儿和学龄前儿童丧失学习和行动的能力。铅主要经过胆汁和胃肠道的消化才能排泄。人体内有多处可积聚铅的地方，其中主要是在骨头中(90%)，尤其是脑骨和脊骨。脑骨中的铅与镉的半衰期差不多(约为20年)。其他几处包括肾、肺和中枢神经系统。因此，铅中毒对人机体的损伤及临床症状会与血液(贫血)、脑(脑瘫)和肾(蛋白尿)有关是很正常的。

人体中的铅能与多种酶结合从而干扰有机体多方面的生理活动，进而对全身器官产生危害。铅作用的毒物学模式取决于其分子构型，无机铅比四乙基铅毒性小，而且二者的临床症状也不同。无机铅是乙酰氨基酸脱氢酶(ALAD)和亚铁血红素合成酶的抑制剂，可以引起贫血症。金属铅可引起神经细胞坏死、髓鞘退化，特别是还可引起由于脑脊髓液压力升高而导致的脑血管损伤。有机铅化合物，如四乙基铅，可以通过上皮组织被大量吸收。这些都可以导致脑部疾病以及孩童的智力缺陷。铅可以通过胎盘屏障，母血与胎血中铅的量是相关的。因此，胎儿和新生儿是水产品铅污染物最主要的受害者。铅对人体全身各器官系统均有作用，但以神经系统、血液和心血管系统为主。最常见的症状是贫血、铅绞痛和铅中毒性肝炎。在神经系统的症状为植物神经衰弱（如头痛、乏力、烦躁、睡眠不好、记忆力衰退等）和多发性神经炎等。

（6）铬

铬的污染源主要是电镀、制革废水、铬渣等。铬主要有两种价态：Cr^{6+} 和 Cr^{3+}。两种价态的行为极为不同，前者活性低而毒性高，后者恰恰相反。Cr^{3+} 主要存在于土壤与沉积物中，Cr^{6+} 主要存在于水中，是各种水生生物的主要污染源。但其易被 Fe^{2+} 和有机物等还原。

铬是人体必需的微量元素之一，对人体与动物也是有利有弊。人体中含铬过低会产生食欲减退症状，但过量的铬对人体健康有害，当其含量超过 10 mg/kg 时，会发生口角糜烂、腹泻、消化紊乱等症状。Cr^{6+} 的毒性更强，更易被人体吸收，有致癌作用，而且可在体内蓄积。

由于环境条件的恶化，越来越多的重金属污染物被排入环境中，从而引起许多水产品污染事件，给食用者造成各类危害。

（7）锡

有机锡是一种典型的环境激素，目前我国港口和内陆水域、海产品和食品饮料中的有机锡污染已相当严重，污染事件时有发生。

有机锡化合物主要用作聚氯乙烯塑料稳定剂，也可用作农业杀菌剂、油漆等的防霉剂、船舶底部及水产养殖网具抗生物附着涂料、防鼠剂等。四烃基锡为制备其他有机锡化合物的中间体。在应用有机锡防污涂料的舰艇等附近的水域可检测到污染。

有机锡化合物有 4 种类型：四烃基锡化合物（R_4Sn）、三烃基锡化合物（R_3SnX）、二烃基锡化合物（R_2SnX_2）和一烃基锡化合物（$RSnX_3$），以上通式中 R 为烃基，可为烷基或芳基等；X 为无机或有机酸根、氧或卤族元素等。

有机锡化合物种类繁多，其毒性及毒作用靶器官不一。三烃基锡化合物多为神经毒物，靶器官是中枢神经系统，主要引起急性中毒性脑病，并可有迟发性毒作用，其中三甲基锡的靶器官是边缘系统和小脑，主要引起神经元坏死；三乙基锡主要是髓鞘毒，引起髓鞘水肿，而致脑白质水肿。三苯基锡除神经毒性外，尚有肝脏毒性。四烃基锡的毒理作用与三烃基锡相似。二烷基锡具有胆管和肝脏毒性。某些有机锡如二丁基锡和三丁基锡等为皮肤或黏膜的强刺激剂。国外已有不少海域的有机锡污染报道，危害海洋生物的存活与生长，甚至造成消费者的死亡事件。海洋生物对有机锡具有很强的富集能力，大约为

5 000～10 000 倍，因此在浓度很低的情况下，也能引起海洋生物蓄积性中毒。

有机锡化合物在动物体内的残留期很长。意大利政府发布限制使用有机锡作为海洋防污染料的 4 年后，研究者对鱼类和贝类进行了二丁基锡（DBT）和三丁基锡（TBT）残留量的测定，仍然有 23％的鱼检出 DBT，46％的鱼检出 TBT。我国台湾（香山）海区 1997 年养殖的牡蛎中含有丁基锡1.66 mg/g干重，其中 91％为 TBT。对中国 7 个城市采集的海产品进行有机锡测定，发现 TBT 的含量从小于 6.19 mg/g 至 17.175 ng/g 湿重不等，并且试验发现，即使经过蒸煮、烹调后 TBT 仍然存在，提示食用海产品中可能存在有机锡的潜在危害，但有机锡的危害性尚未引起足够的重视，食品卫生标准至今没提出具体的限量要求。

3.1.5.2　有机物及其他类化学品

1）多氯联苯

多氯联苯（PCBs）是氯化的芳香族有机化合物，联苯环有 10 个可以被氯取代的位置，因此 PCBs 存在 209 种不同的异构体。此类化合物用于工业中的液体载热剂，如电子变压器、电容器、涂料添加剂、无碳复印纸及塑料中等。PCBs 一些“公开”的应用如无碳复写纸在 20 世纪 70 年代早期就已被逐渐淘汰，而随着有毒物质控制法案的通过，所有余下的新应用在 20 世纪 70 年代后期也逐渐被停止。美国在 1930～1970 年约使用了 50 万吨 PCBs，约占世界总产量的一半。但是，自然界中和高等生物体中 PCBs 的降解速率很慢，旧设备和垃圾点的 PCBs 持续释放的速度也很慢，这使得大的淡水水体中（如美国五大湖）鱼体内的 PCBs 浓度下降得也很慢。PCBs 是生物富集现象的一个典型例子。其氯化程度越高，亲脂性越高，被大多数生物体降解的就越慢。因此，当肉食动物被更大的动物吃掉时，PCBs 会随食物链传递，浓度越来越高。

在海洋环境中发现 PCBs 这种污染物已经有 50 多年的历史了。1979 年在美国马萨诸塞州的新贝德福德港采集到的一条美洲鳗，其肌肉中 PCBs 的总含量从低于检测限到 730 mg/kg 湿重不等。1986 年贻贝监控调查所报道的 25 个污染最严重地区中，所有双壳类动物 PCBs 含量的算术总平均值为0.205 mg/kg湿重，标准偏差为 0.176（变化范围在 0.072 8～0.817 mg/kg），干重/湿重换算因数为 0.12。

地区与地区之间、同地区的不同地点之间 PCBs 含量差别都很大。美国在 1979～1980 年对 15 个沿海及河口地区的远洋及近海掠食性鱼类混合的鱼片样品进行调查时，在 70 个白河鲈鱼样品中，有 63 个含有高达 22.0 mg/kg 湿重的 PCBs。PCBs 平均含量最高的地点是纽约 1.1 mg/kg（湿重）和佛罗里达州靠近巴拿马城的东海湾 0.42 mg/kg（湿重）。鱼中 PCBs 含量最少的地点在洛杉矶近海岸的海岛少于 0.04 mg/kg（湿重）和新奥尔良东部的海峡 13 个物种中 PCBs 平均含量为 0.05 mg/kg。从资料来看，最终大量样品调查确定了这样一个事实，在所有从河口取样的鱼和贝类中都存在着 PCBs，包括遥远的阿拉斯加、夏威夷那些无工业化的地区。在过去的 10～15 年，鱼和贝类中 PCBs 含量在全美范围内没有较大的改变，或者至多只有较少的下降。

人类可以通过食品污染的途径受到 PCBs 的影响。日本和中国台湾分别于 1968 年和 1979 年出现由于米糠油受到 PCBs 污染的事件，受害者出现指甲、黏膜色素沉着，眼睑浮肿，同时伴随疲劳、恶心与呕吐等疾病症状。台湾地区在这事件发生之后，也出现 PCBs 在母亲体内的持续存在，儿童在 7 岁后表现出发育迟缓与行为障碍。同样在美国，由于母亲在怀孕期间食用了密歇根湖内受污染的鱼，儿童也表现出了短期性记忆功能障碍。PCBs 同时损害人类的免疫系统并被列为可能的致癌物质。

在 209 种不同的 PCBs 中，有 13 种具有二噁英的毒性。它们在环境中的持续性取决于氯化的程度，其半衰期从十天至一年半不等。PCBs 对鱼类具有毒性，在大剂量时可导致死亡，小剂量时可导致产卵失败。研究表明，PCBs 也可导致多种野生动物生殖能力和免疫系统受损，如海豹与水貂等。

接触 PCBs 最主要的可能的健康问题包括癌变（以大量动物证据和一些人类流行病学中的发现为基础）、人类出生时重量的改变以及饮食中接触 PCBs 较多或体重较大的母亲，她们的孩子有一些会出现神经性能的缺失。我们认为所有的致癌物——特别是 PCBs 和二噁英——并非都是主要通过引起 DNA 突变而起作用。可以这样说，由于缺少 PCBs 引发癌症的确切机制这方面的知识，相对于其他化学物质，在对癌症危害的定量评估上显得更不可靠。

经海产品进入人体的 PCBs 的混合物，同最初用于动物实验的混合物有着系统上的不同，因为在环境和水生生物中的一些 PCBs（尤其是氯化程度小的）的降解速度快。

通过尺寸限制可以有效降低青鱼中的 PCBs 含量。小青鱼（≤30 cm）平均含 0.21 mg/kg的 PCBs；中等青鱼（30～50 cm）平均含 0.42 mg/kg 的 PCBs；大青鱼 PCBs 平均含量略大于 1.4 mg/kg——约比小的平均含量高 7 倍。理论上，不同的地理区域，可根据当地的污染/鱼体尺寸的资料，设定不同的分割点来构建这种尺寸限制。

2）多环芳烃

多环芳烃（PAHs）是指两个以上苯环以稠环芳烃形式相连的化合物，是一类广泛存在于环境中的致癌性有机污染物。

PAHs 是环境中常见的污染物，存在于石油、煤烟或不完全燃烧产生的焦油、润滑剂和家庭污水中。大气中 PAHs 的来源主要有两方面：

①天然源：陆地和水生生物的合成、森林、草原火灾、火山爆发等均可产生 PAHs；

②人为源：石油、煤炭等化石燃料及木材、烟草等有机物的不完全燃烧、汽车尾气等也可产生 PAHs。

环境中 PAHs 的存在形态及分布受其本身物理化学性质和周围环境的影响，空气中 PAHs 以气、固两种形式存在，其中分子量小的 2～3 环 PAHs 主要以气态形式存在，4 环 PAHs 在气态、颗粒态中的分配基本相同，5～7 环的大分子量 PAHs 则绝大部分以颗粒态形式存在，但在一定条件下两者间可以相互转化。空气中 PAHs 可与大气中的 O_3、NO_x 等反应，生成致癌活性或诱变性更强的化合物。

PAHs 在环境中的渗透性使其成为在水生生物中广泛分布的污染物。因为它们很容易与这些动物接触，并且很难被双壳类动物代谢出来，所以它们可能给人类造成重要的潜在危害。

发现 PAHs 对人体的危害较早。1915 年，科学家就证实，煤焦油对家兔有致癌作用。PAHs 并不是直接致癌物，它在体内经过酶的作用后生成致癌物。经致癌物与 DNA 或 RNA 等结合后产生不可修复的损害而导致癌症。PAHs 对人体的主要危害部位是呼吸道和皮肤。当人们长期处于 PAHs 污染的环境中，可引起急性或慢性伤害。据报道，人体在质量浓度为 0.75 mg/L 的 PAHs 空气中，经过 10～15 min，上呼吸道黏膜及眼睛会受到剧烈刺激；即使质量浓度为 0.005～0.01 mg/L 时，也只能忍受几小时。皮肤受伤，以面颊、手背、前臂、颈项等裸露部位最明显。常见症状有日光性皮炎、痤疮型皮炎、毛囊炎及疣状生物等。而且，这些症状往往白皮肤人较暗皮肤人严重，女人较男人严重。PAHs 对皮肤和呼吸系统有致癌作用，因此引起人们的关注。

3）二噁英

二噁英是工业生产中向环境释放或因环境因素分解变质所产生的有毒持续环境污染物。它们主要是在燃烧医用垃圾、城市垃圾、有毒废物、汽车尾气、泥炭、煤、木头时排放的，或生产杀虫剂和其他氯化物时产生的。早在 1940 年在湖底沉积物中就发现了二噁英，且其含量多随含氯化合工业生产的发展而升高。1957 年美国发生了“雏鸡浮肿病”。1958 年日本发生了“米糠油事件”。在越南战争期间，美国在越南国土上撒下了大量含有二噁英的落叶剂，其污染和危害长达 30 多年。1999 年 5 月比利时又发生了因饲料污染而引发的二噁英严重中毒事件，立即震撼了比利时，继而波及欧洲和全世界，引起了世界各国政府和公众的严重关切和极大惊慌。

氯代二苯并—对—二噁英和氯代二苯并呋喃通常总称为二噁英，是一类氯代含氧三环芳烃类化合物，芳环上的氢(H)被氯(Cl)原子所取代，例如 2,3,7,8—四氯代二苯丙—对—二噁英(2,3,7,8-TCDDs 或 TCDD)。根据 Cl 原子取代数目和取代位置之不同，有 210 种同系物异构体，包括 75 种 PCDDs 和 135 种 PCDFs，由于后者在分子结构上较前者少了一个氧(O)原子，故其结构上具有非对称性，因而就有更多的异构体。某些文献还将具有二噁英活性的更为广泛的卤代芳烃化合物统称为“二噁英及其类似物”，它包括多氯联苯类(PCBs)(有异构体 209 种)、氯代二苯醚、氯代萘等。此外，通常将溴代或其他混合卤代物也包括在内。

2,3,7,8-四氯代二苯丙—对—二噁英是来自于三氯苯酚，包括一些氯代苯氧型除草剂的一种污染物。在人体内，它可以引起严重的皮炎；在动物实验中发现，很少剂量的二噁英就可以引起胎儿中毒以及带来其他许多影响。在标准动物实验体系中，它是已知的强致癌物中的一种。

研究发现，在漂白过程中利用氯和氯化物的纸浆厂和造纸厂区域内的淡水鱼极易遭到污染。包括阿拉斯加在内，美国约有85个地点发现了二噁英的污染。整鱼中发现的TCDD含量高达85×10^{-12} g/g，而鱼片中为41×10^{-12} g/g。河口和沿海的鱼类和贝类很少被TCDD污染。被污染的地点中，有四分之三位于被工业排放物严重影响的区域。最近的研究显示，TCDD在鱼体内的半衰期小于一年，这意味着鱼中的二噁英污染会是目前及以后持续存在的一个现象。

二噁英对人类产生许多负面影响，二噁英具有致癌、免疫及生理毒性，一次污染可长期留存体内，长期接触可在体内积蓄，即使低剂量的长期接触也会造成严重的毒害作用，主要有：

① 致死作用与废物综合征。二噁英可使人畜中毒死亡。其特征是染毒几天后便出现严重的体重减轻，并伴随有肌肉和脂肪组织急剧减少，谓之“废物综合征”，即使低于致死剂量的染毒也会引发体重减轻。但不同动物差异较大。

② 胸腺萎缩及免疫毒性。二噁英可引起动物的胸腺萎缩，以胸腺皮质中淋细胞减少为主，并伴随有免疫抑制，且对体液免疫细胞免疫均有抑制作用。

③ 氯痤疮。二噁英中毒的重要特征标志是“氯痤疮”，即发生皮肤增生或角化过度，并以痤疮的形式出现，并伴随有胸腺萎缩和废物综合征。

④ 肝中毒。中毒以肝脏肿大、实质细胞增生与肥大为其共同特征，但其受损程度与动物种属有关。

⑤ 生殖毒性。二噁英可使受试动物受孕、坐窝数减少、子宫重量减轻，月经和排卵周期改变。

⑥ 发育毒性和致畸性。二噁英对某些种属的动物有致畸性，并对啮齿动物发育构成毒性。二噁英可使母体致死剂量以下的胎儿死亡。

⑦ 致癌性。二噁英对动物有很强的致癌毒性。1997年国际癌症研究机构(IARC)将二噁英定为对人致癌的Ⅰ级致癌物。据美国环保局(EPA)去年年底的调查报告，美国平均每天因二噁英致癌的死亡人数超过百人。二噁英是全致癌物，单独使用二噁英即可诱发癌症，但它没有遗传毒性。

在75种不同的二噁英中，有7种受到广泛关注，其中有种二噁英在初次暴露后可持续存在10～12年。暴露于这些物质的鱼类会在短期内死亡。食物(特别是肉类)是人类受危害的主要来源。

3.1.5.3　放射性核素污染

海洋环境中的放射性核素有来自天然和人工两种途径，其中天然放射性核素形成于地球诞生初期，衰变一直持续至今，主要由陆地中的岩石通过风化作用生成后通过河流、湖泊等注入海洋或通过海底岩石的自身风化作用进入海洋中。目前，关于天然放射性核素在沉积物、海水及海洋生物中的含量水平的资料很少，通常认为其对海洋生物及人体的伤害较低，几乎可以忽略。人工放射性核素来源主要有：放射性废弃物的人工深海投放、同位素的应用事故、核武器试验、原子反应堆的低水平放射性废弃物的排放等。迄今为止，重大的核污染事故有切尔诺贝利事件、美国三里岛事故和日本福岛核泄漏事故等。

1）主要人工放射性核素

核爆炸以及其他重大核事故导致的核泄露过程中可以产生几百种放射性核素，但其中多数不是产量很少就是在很短的时间内已全部衰变，较为常见的人工放射性核素，主要有^{134}Cs、^{137}Cs、^{89}Sr、^{90}Sr、^{131}I和^{103}Ru等。

① ^{137}Cs的物理半衰期为30.17a，比活度为3.2×105 Bq/ug，裂变产额高(6.14%)，其β射线能量为0.512 MeV(94.0%)和1.176 MeV(6.0%)。^{137}Cs的衰变子体是处于激发态的^{137}Bam，半衰期为2.551 min，放出能量为0.662 MeV的γ射线，衰变成^{137}Ba。

② ^{90}Sr的裂变产额高，约为5.92%，其大量存在于辐照后的核燃料原件中，并且在核燃料后处理的Purex流程中，^{90}Sr全部存在于一循环的高放废液中。^{90}Sr为纯β放射体，半衰期为28.8年，能量为0.546 MeV，比活度为5.09 MBq/ug。^{90}Sr有一个半衰期64 h的子体^{90}Y，^{90}Sr达到放射性平衡的时间为25 d。

③ ^{131}I的裂变产额为2.9%，半衰期为8 d。^{131}I是一个β、γ发射体，发射的β射线的能量最大值为0.608 MeV，γ射线能量为0.364 MeV(分支比为80.9%)。

④ Ru在天然界中存在7种同位素，而铀和钚的裂变产物生成Ru的稳定同位素为^{101}Ru、^{102}Ru和^{104}Ru，而半衰期较长的有^{103}Ru和^{106}Ru两种，分别为39 d和374 d。

2）放射性核素在海洋生物体内的浓缩

浓缩因子是指海洋生物对放射性核素的浓缩能力，通常也称浓集系数，用C.F.(concentrationfactor)表示，即某一种放射性元素(或稳定性元素)在生物体(或在生物体内某一组织)和生活环境的介质(海水)的浓度比，用公式表示如下：

$$C.F. = C_b/C_w \quad \text{(公式 3-1)}$$

式中，C_b表示生物体(或某一组织)的放射性浓度，单位为uCi/L；

C_w表示海水中的放射性浓度，单位为uCi/L

由公式3-1可知，浓缩因子越大，生物体对放射性核素的浓缩能力越强，反之亦然。浓缩因子能够衡量生物体从介质中浓缩某种放射性核素的能力，能够定量反应海洋生物的放射性污染情况及某核素在海洋中的迁移规律，也是评价海洋放射性污染对海洋环境及人体健康危害的重要指标。

浓缩因子的测定方法主要有三种：稳定元素测定推断法、放射性核素直接测定法、室内实验测定法三种。

稳定元素测定推断法是指当生物吸收处于动态平衡条件下，由于所测定的稳定元素与相应的放射性核素的化学性质相同，进而所测到的稳定元素的浓缩因子，也是相应的放射性核素的浓缩因子。这种方法采样较为方便,操作简单,但由于稳定元素和相应的放射性核素存在的形式不尽相同,采样时也不能保证二者在生物体内达到动态平衡,因此分析结果误差较大。

放射性核素直接测定法比较简便,但受到采样区域、采样时间等因素的影响,也不能保证生物吸收处于动态平衡,分析结果也存在一定的误差。

室内实验测定法的优点在于可以通过人工控制得到生物吸收达到平衡时的浓缩因子,但由于室内饲养条件与海洋实际情况存在差异,环境不同会对生物浓集核素的过程产生一定的影响。表 3-1 是海洋生物对部分放射性元素的浓缩系数。

表 3-1 海洋生物对部分放射性核素的浓缩系数

放射性核素	海藻	甲壳类	软体动物	鱼类
^{3}H	0.90	0.97	0.95	0.97
^{10}Be	250	—	—	—
^{14}C	4 000	3 600	4 700	5 400
^{226}Ra	1 000	100	1 000	130
^{210}Po	9×10^{4}	—	—	—
^{110}Ag	—	7	104	—
^{144}Ce,^{141}Ce	700	20	400	3
^{131}I	5 000	30	50	10
^{137}Cs	46	$20\sim10^{5}$	$20\sim10^{4}$	10～100

3）放射性核素的迁移、分布及代谢规律

放射性核素在海水中的稀释扩散过程受到多种因素的影响,如海流、潮汐、风浪、水文气象条件等,同时也随着核素种类的不同而不同。海水中以离子形式存在的核素大多随着水体移动和交换进行迁移,而以颗粒态存在的核素,可以和水中物质发生离子交换或经吸附作用进入悬浮物和沉积物中。海洋中的放射性核素也可以通过食物链而发生迁移,进而在整个生物圈中循环。

鱼类从海洋中摄取放射性核素的途径主要有以下三种:鳃通过呼吸作用从水中吸收;饵料生物中含有的放射性核素通过消化作用被吸收;通过体壁的交换作用直接摄取。海洋中的浮游植物对放射性核素的浓缩能力很强,对 20 多种放射性核素的浓缩系数超过 10^{3}。

核素的种类也是影响其迁移的重要因素之一。即使是同一种核素,由于其化学形式不同,迁移情况也不尽相同。例如,^{51}Cr 有 3 价和 6 价两种形式,当存在铁离子及其他吸附物质时,3 价^{51}Cr 比 6 价^{51}Cr 更容易沉降。

4）放射性核素对人体的危害

存在于环境中的放射性核素,将通过食物链进入人体,由于多数半衰期较长,因此消除影响的时间较长，产生的长远危害较大。表3-2是我国食品中放射性物质限制浓度标准(GB14882—1994)。

表3-2　动物性食品中天然放射性核素限制浓度标准

品种	肉、鱼、虾类(Bq/kg)	鲜奶(Bq/kg)
^{210}Po	1.5×10	1.3
^{226}Ra	3.8×10	3.7
^{223}Ra	2.1×10	2.8
天然钍	3.6	7.5×10^{-1}
天然铀	5.4	5.2×10^{-1}
^{3}H	6.5×10^{5}	8.8×10^{4}
^{89}Sr	2.9×10^{3}	2.2×10^{2}
^{90}Sr	2.9×10^{2}	4.0×10
^{131}I	4.7×10^{2}	3.3×10
^{137}Cs	8×10^{2}	3.3×10^{2}
^{147}Pm	2.4×10^{4}	2.2×10^{3}
^{239}Pu	2.6	—

放射性核素对人体的危害主要表现在两方面。一种是化学毒性，即放射性核素在体内发生生理化学反应，从而生成对人体有害的化学物质；另一种是辐射毒性，即放射性核素进入人体后，不断发射放射线，对机体的组织、系统等产生长久的辐射危害。核污染对人体的危害屡禁不止。第二次世界大战末期，美国向日本长崎市发动核攻击，造成了大规模的人员伤亡，距离长崎东北50 km外存活的居民，也变成了举止怪异、智力低下、丧失生育能力的“昆虫人”。有多达10万名士兵因参加海湾战争而遭受“海湾战争综合征”的困扰，伊拉克儿童患白血病、成人患癌症的比例也比海湾战争前增加了约10倍。有的放射性物质在衰变过程中会发射能量较高的α离子，如氡气，被吸入人体后，会沉积在呼吸系统内，从而诱发肺癌等病症；放射性碘的生物学危害主要表现在损伤甲状腺功能，造成炎症、慢性损伤、滤泡坏死等症状。

不同的放射性核素对人体产生危害的方式也不尽相同。在碘的放射性同位素中^{136}I、^{140}I的半衰期很短，在从反应堆的释出过程中几乎全部衰变；^{125}I的辐射能量低，射程短，对甲状腺滤泡上皮细胞核的作用不大，不妨碍其再生能力，也不是核事故时辐射防护的主要对象。而主要的碘核素是^{131}I～^{135}I，尤以^{131}I为主，因其是核电站事故后早期环境中放射性碘的主要成分。例如，前苏联切尔诺贝利核电站事故后第二天，释放到环境中的放射性碘的活度构成是^{131}I占(80±20)%，^{133}I占(15±10)%，^{123}I，^{124}I，^{126}I和^{130}I在2%以下。

^{137}Cs和^{134}Cs均属中毒性核素。环境中的铯主要通过食物链进入人体。由于其在体内分布均匀以及^{137}Cs子体^{137}Bam的γ量子在体内的穿透力较强，体内各组织会受到体内^{137}Cs较均匀地照射。因此，铯在核废物的处理和处置及核事故的监测中是一个值得重视的核素。

^{238}Pu和^{239}Pu均属极度性核素。钚在机体pH值下，易水解成难溶的氢氧化物胶体或聚合物。血液中的钚离子可以与血浆蛋白形成络合物进而对机体造成损伤。可溶性钚主要会蓄积在骨骼和肝脏中，诱发癌症和肿瘤；而通过呼吸道进入机体的难溶性钚主要转移至肺淋巴结处，通过辐射损伤，诱发肝癌等。

^{89}Sr、^{90}Sr属于高毒组核素，其生物损伤作用是由于它对骨髓和骨组织持久的照射所致。尤其是^{90}Sr的子体^{90}Y的β粒子能量高(最大能量为2.26 MeV)，射程远(在水中的最大射程为11 mm)，因此，沉积在骨骼无机质中的^{90}Sr及其子体对机体会造成较强的照射，并且随着时间的延长，剂量增长很快。^{90}Sr进入骨髓后经过一年，剂量成数量级增高；经过20年，剂量将增长150倍。

3.1.5.4 控制化学环境污染物的主要措施

只要大气、水体、土壤受到污染，其中的污染物必将通过农作物的根系吸收，进入叶、茎或籽实中，或通过水生生物富集而最终带入人体，危害人体健康。因此，控制环境中的化学污染物最根本的措施就是减少并最终消除环境污染。具体措施包括：

① 减少不合格污染物的排放；

② 不用不合格污水养殖水产品或灌溉农作物；

③ 做好综合利用，减少工业污染。

此外，在减少有害金属污染和有机物污染方面，还需注意必须采用合格的材料制造生产食品的设备、工器具，保证食品包装材料的安全性。

3.2 生物性危害因子

生物性危害包括有害的细菌、病毒和寄生虫。食品中的生物性危害既有可能来自于原料，也有可能来自于食品的加工过程。

微生物分布广泛，被划分成各种类别。食品中重要的微生物种类包括酵母、霉菌、细菌、病毒和原生动物。一般而言，酵母、霉菌不引起食品中的生物危害(虽然某些霉菌产生有害的毒素——化学危害)，只有细菌、病毒、原生动物能引起食品的生物危害，造成食品不安全。

3.2.1 细菌性

水产品中的微生物危害因子越来越受到人们的关注。细菌性食物中毒是指人们摄入含有细菌或细菌毒素的食品而引起的食物中毒。细菌性食物中毒的发生与不同区域人群的饮食习惯密切相关。美国多食肉、蛋和糕点，葡萄球菌食物中毒最多；日本喜食生鱼片，副溶血性弧菌食物中毒最多；我国食用畜禽肉、禽蛋类较多，多年来一直以沙门氏菌食物中毒居首位。但近年来，随着生食海鲜人数的增加，根据国家食源性疾病监控网络的数据，生物性危害已成为食源性疾病的首要危害，在微生物性食源性疾病中，副溶血性弧菌成为首要危害因子。

3.2.1.1 沙门氏菌

沙门氏菌为革兰阴性杆菌，无芽孢、无荚膜、具有鞭毛、能运动。沙门氏菌在20℃～30℃条件下可迅速繁殖。在水中可生存2～3周，粪便中生存1～2个月，在冰冻土壤可过冬。沙门氏菌属于肠杆菌科沙门菌族。菌型繁多，迄今世界上已发现2 000个以上的血清型，其对外界的抵抗力较强，在水、乳类及肉类食物中能生存数月，60℃加热30 min可灭活，5%石炭酸5 min即可将其杀灭。

由沙门氏菌引起的食物中毒，主要是动物性食品，如水产类、蛋类、各种肉类等。美国在1973～1990年，没有关于因感染沙门氏菌而发生食源性中毒的报道（Hackney and Potter，1994a）。CAST(Center)(1994)报道在鳍鱼中没有检测到沙门氏菌，但在4%～33%的贝类中检测出沙门氏菌。由许多关于食用对虾而患沙门氏菌病的研究，特别是食用在亚洲国家加工的对虾，大约25%的成品会致病（表3-3）。

表3-3 对虾食用中沙门氏菌的流行病学情况

国家	产品	流行（发病数值，发病率%）	数据的出处
英国	零售的小虾和贝类	0/484	Greenwood *et al*.(1985)
马来西亚	生对虾	4/16(25)	Arumugaswamy *et al*.(1995)
美国(1989～1990年)	生对虾	17/211(8.1)	Gecan *et al*.(1994)
美国(1990～1998年)	生甲壳纲类水产品	365/3 946(8.5)	Heinitz *et al*.(2000)

3.2.1.2 海洋弧菌

海洋弧菌是短小、弯曲如弧状的革兰氏阴性菌，菌体一端大多有单鞭毛。海洋弧菌包括很多种，主要分为5类：副溶血性弧菌（*V. parahaemolyticus*）、溶藻性弧菌（*V. alginolyticus*）、伤口弧菌（*V. vnlnificus*）、梅契尼柯夫弧菌（*V. mechnikov*）(CDC肠群16)、F群弧菌(CDC EF-6)。

上述5类嗜盐性弧菌存在于海水和海洋鱼、蟹、贝类和甲壳类动物中，通常引起胃肠道感染，也可引起肠道外感染。进食污染海洋弧菌的生牡蛎、鱼、蟹后，弧菌可先引起胃肠炎，再通过血流播散而引起软组织感染。另一途径是人在涉水和游泳时，弧菌可通过细微的伤口或皮肤溃疡侵入。最新证明，这些弧菌能直接通过皮肤破口侵入引起软组织感染或经血液循环（败血症）播散至软组织而引起坏死性感染。

海洋弧菌能产生内毒素，感染后即引起明显的毒血症和低血压。皮下组织中的血管常有透壁坏死性血管炎和血栓形成，以致真皮、皮下组织和脂肪常发生广泛坏死，有时会发生肌肉坏死。潜伏期较短，通常为数小时至数天，畏寒、高热，热度可高达40℃，伴有恶心、呕吐，但不一定腹泻。四肢皮肤可出现红斑或淤斑，继而出现大小水疱，水疱溃破后形成坏死性溃疡。皮下组织和脂肪也可发生广泛坏死。病人有明显毒血症和低血压，病情发展迅速。四肢肿痛剧烈，白细胞可升高至$2\times10^4\sim4\times10^4/mm^3$，但偶可降低至2 000～3 000/$mm^3$。

3.2.1.3　霍乱弧菌

由霍乱弧菌(*V. cholerae*)引起的霍乱是许多发展中国家的公共卫生问题，可以通过污染的水或食物而感染。许多食物如米饭、蔬菜和各类海鲜等，都与霍乱爆发有关。霍乱弧菌所致的霍乱，为烈性肠道传染病，曾在世界上发生过几次大流行，至今仍未平息，因此，霍乱被列为国境检疫的传染病。

霍乱弧菌有两个生物型，一为古典生物型，另一为爱尔托生物型，这两个生物型在形态及血清学性状方面几乎相同，可通过第四组霍乱噬菌体裂解试验、多粘菌素B敏感试验、鸡红细胞凝集试验、V-P试验等加以鉴别。在冰箱内的牛奶、鲜肉和鱼虾水产品中存活时间分别为2～4周、1周和1～3周。

霍乱弧菌对热、干燥、日光及一般消毒剂都很敏感，干燥2 h或加热55℃ 10 min即可死亡，煮沸立即死亡；对酸性条件敏感，在正常胃酸中仅能存活4 min，接触1∶5 000～1∶10 000盐酸或硫酸、1∶500 000高锰酸钾，数分钟即被杀灭，在0.1%漂白粉中10 min内即可死亡。氯化钠的浓度高于4%或蔗糖浓度在5%以上的食物、香料、醋及酒等，均不利于霍乱弧菌的生存。

3.2.1.4　单增李斯特菌

感染了单增李斯特菌，能引起人和动物脑膜炎、败血症、流产等症状，死亡率为20%～30%。新生儿、孕妇、老年人、体弱者、免疫功能低下及接受免疫抑制治疗的人群，发生单增李斯特菌食物中毒的机会较多，孕妇发病率为免疫正常者的300倍。德黑兰一份儿童血清学调查显示，1%～11%的儿童单增李斯特菌特异抗体阳性。1983年，美国马萨诸塞州有49人因食用一种巴氏消毒奶而引起单增李斯特菌感染，其中7例为新生儿、婴儿，42例为患有免疫缺损的成人，14人死亡。1995年，瑞士西部爆发了一起由于食用被单增李斯特菌污染的奶酪引起的中毒事件，57例病例中有42%为体弱者，54%大于65岁，总死亡率为32%。与其相关的食物种类有很多，不仅仅局限于水产品，食物长期冷藏有助于此菌引发食源性疾病。

Jorgensen和Huss(1998年)研究了多种即食水产品中单增李斯特菌的含量。他们的研究数据不仅包括产品贮存后单增李斯特菌的含量，还包括加工过程中的含菌量(表3-4)。Jorgensen和Huss的发现很重要。

表 3-4　丹麦熏制三文鱼中单增李斯特菌的情况(Jorgensen and Huss,1998)

样品	5℃下储存时间(天)	阳性结果样品数(%)	每种样品呈现阳性结果的数量			
			<10 CFU/g	10～100 CFU/g	100～1 000 CFU/g	>1 000 CFU/g
冷熏三文鱼						
初始		64/190(34)	53(28)	9(5)	2(1)	0
最终	14～20	46/115(40)	11(10)	23(20)	10(9)	2(2)
最终	21～50	32/75(43)	17(23)	11(15)	2(3)	2(3)
冷熏大比目鱼						
初始		9/20(45)	9(45)	0	0	0
最终	14～28	12/20(60)	6(30)	2(0)	3(15)	1(5)
加热处理的水产品						
初始		4/75(5)	4(5)	0	0	0
最终	16～23	6/50(12)	2(4)	0	3(6)	1(2)

3.2.1.5　肠出血性大肠杆菌

在过去的几十年里,由肠出血性大肠杆菌和李斯特氏单胞增生菌引起的食源性疾病的发病率不是很高。很少有证据能说明发达国家水产品(包括对虾)是感染致病性大肠杆菌的重要来源。但是,由于婴儿、儿童和老年人感染后有致命的后果。因此,将这两类疾病归属为最严重的食源性疾病之列。

历史上,有两次大规模的食物中毒,共有 174 人感染此种病菌。1980～1981 年在日本因食用牡蛎而感染 ETEC O27:H7。同样在日本,在加工的三文鱼鱼子中发现了 E. coli O157:H7,引起了多次食物中毒事件。

3.2.1.6　弯曲菌属

弯曲菌属是 1973 年由 Veron 等建议确定的一个与人类疾病有关的菌属,归于螺菌科,广泛分布于动物界。本菌属中多种细菌可引起动物与人类的腹泻、胃肠炎和肠道外感染等疾病。对人致病的有空肠弯曲菌、胎儿弯曲菌、结肠弯曲菌等,其中,以空肠弯曲菌引起的肠炎为常见,胎儿弯曲菌、结肠弯曲菌等仅引起直肠炎。弯曲菌抵抗力不强,干燥环境中,3 d 内死亡,56℃环境中 5 min 即被杀死,置冰箱中很快死亡。

该菌有内毒素能侵袭小肠和大肠黏膜引起急性肠炎,亦可引起腹泻的暴发流行或集体食物中毒。潜伏期一般为 3～5 d,对人的致病部位是空肠、回肠及结肠。主要症状为腹泻和腹痛,有时发热,偶有呕吐和脱水。细菌有时可通过肠黏膜入血流引起败血症和其他脏器感染,如脑膜炎、关节炎、肾盂肾炎等。孕妇感染本菌可导致流产、早产,而且可使新生儿受染。

曾有关于牡蛎中(79 个样品中 17 个)含有空肠弯曲杆菌(*Campylobacter jejuni*)和空

肠变曲菌(*C. coli*)的报道。

3.2.1.7　志贺菌属

志贺菌属(*Shigella*)是人类细菌性痢疾最为常见的病原菌,通称痢疾杆菌(*Dysentery bacterium*)。致病物质主要是内毒素,有的菌株还可以产生外毒素。志贺菌所有菌株都有强烈的内毒素,内毒素作用于肠黏膜,使其通透性增高,进一步促进对内毒素的吸收,引起发热、神志障碍,甚至中毒性休克等一系列症状;内毒素破坏肠黏膜,可形成炎症、溃疡,呈现典型的脓血黏液便;内毒素尚能作用于肠壁植物神经系统,使肠功能发生紊乱、肠蠕动失调和痉挛,尤其是直肠括约肌痉挛最明显,因而出现腹痛、里急后重等症状。

志贺菌引起细菌性痢疾的传染源是病人和带菌者,无动物宿主。主要通过粪—口传播。人类对志贺菌较易感,200个菌就可发病。志贺菌随饮食进入肠道,潜伏期一般为1～3 d。痢疾志贺菌感染患者病情较重,宋内志贺菌多引起轻型感染,福氏志贺菌感染易转变为慢性,病程迁延。志贺菌感染有急性和慢性两种类型,病程在两个月以上者属慢性。急性细菌性痢疾常有发热、腹痛、里急后重等症状,并有脓血黏液便。若及时治疗,则预后良好。如治疗不彻底,可转为慢性。症状不典型者,易被误诊,影响治疗而造成慢性和带菌。急性感染中有一种中毒性痢疾,以小儿多见,无明显的消化道症状,主要表现为全身中毒症状,此因其内毒素致使微血管痉挛、缺血和缺氧,导致弥散性血管内凝血(DIC)、多器官功能衰竭、脑水肿,死亡率高,各型志贺菌都有可能引起此种感染。

大部分食源性志贺菌病是因为食用被污染的生食物或是在烹调时不讲究个人卫生而被再次污染引起的。考虑到这些细菌在食品中的生存能力,食用水产品而患志贺氏菌病的风险同食用其他食品的风险一样。

3.2.1.8　耶尔森氏菌属

小肠结肠炎耶尔森氏菌(*Yersinia enterocolitica*)广泛存在于泥土、水中、养殖或野生动物的身上,已从鳍鱼和贝类中分离到小肠结肠炎耶尔森氏菌。Puget Sound一项关于鳍鱼和贝类抽样检查中,3.8%的零售水产品样品的检测结果是小肠结肠炎耶尔森氏菌阳性。其余的中毒病例与食用牡蛎和鱼有关。

3.2.1.9　肉毒杆菌

肉毒杆菌属革兰氏阳性,厌氧性杆菌,周边有鞭毛,具有运动性,多分布在土壤、海湖川的泥沙中,在缺氧状态下易增殖且产生毒素。肉毒杆菌产生的毒素可以分为七型(a～g):造成人类食物中毒的最常见的是a、b、e等型,此类中毒致命率为所有细菌食物中毒的第一位。

α型肉毒杆菌毒素:中毒媒介是加工不良的鱼类、肉类罐头。发生地多在北美西部、俄罗斯。cβ型肉毒杆菌毒素:中毒媒介是鲸肉、猪肝等,发生地多在澳洲、南非、欧洲、北美、日本。e型肉毒杆菌毒素:中毒媒介是鱼类、熏制品、水产食品等。发生地在日本、加拿大、北美、阿拉斯加、俄罗斯、瑞典、丹麦。

肉毒杆菌中毒的潜伏期为12～36 h，病发期为3～7 d，主要症状为神经麻痹，此外还有视力减退、瞳孔散大、眼皮下垂等眼部症状及言语障碍、吞咽困难、唾液分泌障碍、口渴等。初期会出现呕吐、恶心、肠胃炎的症状，但在数小时内会消失，继而有腹部膨胀、便密、四肢无力、虚弱等，但神志一直清醒，病情严重者会因呼吸障碍而死亡。a、b型多于8 d内死亡，e型多于2 d内死亡，但患者如能生存10 d以上，且未引发并发症者就不会有生命危险。

3.2.2 病毒

病毒是普遍存在、呈非生命体形式的致病因子；自身不能再增殖；个体小，光学显微镜下不可见。病毒的外膜为蛋白质膜，内部为核酸核。病毒通常被称为“细胞内的寄生体”。当病毒附着在细胞上时，向细胞注射其病毒核酸并夺取寄主细胞成分，生成百万个新病毒，同时破坏细胞。病毒只对特定细胞有感染作用。因此，食品安全只需考虑对人类有致病作用的病毒。很少量的病毒就可致人生病。病毒在食品中不生长，不繁殖，不会对食品产生腐败作用。病毒能在人体肠道内、被污染的水中和冷冻食品中存在达数个月以上。

食品受病毒污染有四个途径：

① 港湾水域受污水污染能使海产品受病毒污染。牡蛎、蛤和贻贝等滤食性贝类能从水中摄取病毒，积聚在黏膜内并转移到消化道中。当人们食用整只生贝时，也就同时摄食了病毒。此外，熟的海产品受生的海产品的交叉污染或员工的污染，也可能使食品携带病毒。

② 灌溉用水受污染会使蔬菜、水果的表面沉积病毒，一般而言，生食的食品都有类似问题。

③ 使用受污染的饮用水清洗和水力输送食品或用来制作食品，会使食品受病毒污染。

④ 受病毒感染的食品加工人员，由于卫生不良或使用厕所后未洗手消毒而使病毒进入食品内。

3.2.2.1 甲型肝炎病毒

甲型肝炎病毒在较低温度下较稳定，但在高温下可被破坏，所以肝炎多发于冬季和早春。此病毒可在海水中长期存在且在海洋沉积物中存活一年以上。生的和熟的蛤、牡蛎和贻贝都曾与引发甲型肝炎相关，其中包括从被认可水域内捕捞的贝类。甲型肝炎的症状包括：虚脱、发烧、腹疼，病情可继发为病人出现黄疸。病情可轻（儿童往往无症状）可重。死亡率低，主要发生在老年人和有潜在疾病的人身上。1988年上海流行的甲型肝炎，约有29万人感染，其原因是人们食用了被污染而又未被彻底加热的毛蚶。

甲型肝炎引起的危害可通过彻底加热水产品和防止水产品加热后交叉污染来预防。

但甲型肝炎病毒比其他类型更耐热。实验表明，牡蛎受到污染后，其体内的甲型肝炎病毒需经63℃加热19 min方可失活。因此，在加工中仅将贝类蒸气加热至开壳并不足以使甲型肝炎病毒失活。

3.2.2.2 诺如病毒

诺如病毒（Noroviruses）被认为是引起非细菌性肠道疾病（胃肠炎）的主要原因，据报道，自1976～1980年，42%的非细菌性胃肠炎的发生是由诺如病毒引起的。诺如病毒引起的疾病与食用蛤（生的和蒸的）、牡蛎和鸟蛤有关。症状为：恶心、呕吐、腹泻和痉挛和偶尔发烧。

诺如病毒是引发病毒性急性肠胃炎的主要病原体之一，该病毒在离体条件下存活力很强，主要通过被污染的食物、水等多种途径进行传播。近年来，由于水环境污染的加剧，许多水产品遭到了诺如病毒的污染，特别是滤食性双壳贝类体内富集的诺如病毒是周围水环境中的几十甚至上千倍，致使世界许多地区均爆发了因生食含有诺如病毒的双壳贝类而引发的大规模肠胃炎疫情，给人类健康造成了巨大威胁。诺如病毒引起的危害可通过充分加热水产品和防止加热后的交叉污染来预防。此外，控制贝类捕捞船向贝类生长水域排放未经处理的污水可以降低诺如病毒发病的可能性。

3.2.3 寄生虫（虫和原生动物）

寄生虫是需要有寄主才能存活的生物，生活在寄主体表或其体内。世界上存在几千种寄生虫。只有约20%的寄生虫能在食物或水中发现，所知的通过食品感染人类的不到100种。通过食物或水感染人类的寄生虫有线虫（Nematodes）、绦虫（Cestodes）、吸虫（Trematodes）和原生动物。这些虫大小不同，从几乎用肉眼看不见到几十厘米长。原生动物是单细胞动物，如果没有显微镜大多数是看不见的。

表3-5 通过鱼和贝类传播的病原寄生虫

寄生虫	已知的地理分布	鱼类和贝类
单线虫（*Anisakis simplex*）	北大西洋	鲱鱼
线虫（*Pseudoterranova dicipiens*）	北大西洋	鳕鱼
鄂口线虫属（*Gnathostoma* sp.）	亚洲	淡水鱼、蛙
毛细线虫属（*Capillaria* sp.）	亚洲	淡水鱼
枝睾（吸虫）属（*Clonorchis* sp.）	亚洲	淡水鱼
后睾（吸虫）属（*Opisthorchis* sp.）	亚洲	淡水鱼
棘口吸虫属（*Echinostoma* sp.）	亚洲	蛤、淡水鱼

对大多数食品寄生虫而言，食品是它们自然生命循环的一个环节（如鱼和肉中的线虫）。当人们连同食品一起吃掉它们时，它们就有了感染人类的机会。寄生虫存活的最重

要的两个因素是合适的寄主(即不是所有的生物都能被寄生虫感染)和合适的环境(即温度、水、盐度等)。

寄生虫可以通过寄主排泄的粪便所污染的水或食品传递。防止通过粪便污染向食品传递寄生虫的方法可以包括食品加工员工的良好的个人卫生习惯、人类粪便的合适的处理、严禁用未处理过的污水为作物施肥、合适的污水处理。

消费者是否受到寄生虫的危害取决于食品的选择、文化习惯和制作方法。大多数寄生虫对人类无害,但是可能让人感到不舒服。寄生虫感染通常与生的或未煮熟的食品有关,因为彻底加热食品可以杀死所有食品所带的寄生虫。在特定情况下,冷冻可以被用来杀死食品中的寄生虫。然而,消费者生吃含有感染性寄生虫的食品会造成危害。

食品中寄生的原生动物有痢疾阿米巴(*Entamoeba histolytica*)、肠兰伯氏鞭毛虫(*Giardia lamblia*),其都能对人体造成危害。

3.2.3.1 单线虫

单线虫(*Anisakis simplex*)通常叫鲸鱼线虫,是一种寄生性线虫或圆形虫。它的最终宿主是海豚科动物、海豚和抹香鲸。在鱼和鱿鱼体内的幼虫(蠕虫状)一般长为18~36 mm,宽为0.24~0.69 mm,粉红至白色。单线虫病(Anisakiasis)是由单线虫引起的人类疾病,与食用生鱼(生鱼片、腌泡酸鱼、醋渍鱼和冷烟熏鱼)或未熟的鱼有关。

只有当海产品是生食或未经充分加热的情况下,海产品中的寄生虫才构成危害。如果寄生虫已死亡,海产品中的寄生虫只是被认为是污秽物而不作为危害。

单线虫引起的危害可以通过以下方法予以控制:

① 冷冻加工,杀死单线虫——−35℃以下18 h或−20℃以下168 h;

② 热力加工,杀死单线虫——至少63℃15 s;

③ 热熏鱼要达到②的加热条件,冷熏鱼(例,鲑)必须在熏前或熏后按①的冷冻条件冷冻杀虫;

④ 腌渍鲸鱼必须经处理杀虫——至少在含盐量6%、含酸量4%的溶液内浸泡70天;

⑤ 辐照杀虫——达到6~10 kg;

⑥ 灯光法人工剔虫——能除去部分寄生虫,但不能完全除去寄生虫。

3.2.3.2 线虫

线虫(*Pseudoterranova decipiens*)通常叫鳕鱼线虫,是另一种寄生性线虫或圆形虫,通常其最终宿主是灰海豹、港海豹、海狮和海象。鱼体内幼虫长为5~58 mm,宽为0.3~1.2 mm,呈黄棕或红色。这种线虫也是通过食用生鱼或未熟的鱼传染人体。对其的控制方法与单线虫相同。

3.2.3.3 二叶槽绦虫

二叶槽绦虫(*Diphyllobothrium latum*)是一种绦虫,寄生于各种北纬地带的食鱼哺乳类动物。在南纬地带也有类似种类发现,并以海豹为寄主。绦虫有吸附于寄主肠壁的结构特点且身体呈环节。绦虫幼虫在鱼体内长达几毫米至几厘米，呈白色或灰色。二叶槽绦虫主要感染淡水鱼类，但在鲑鱼体内也可寄生，通常发现其元囊盘绕于肌肉或囊状存在于内脏中，虫体成熟而使人致病。该寄生虫也是通过食用生鱼或未熟的鱼肉传染人体。对其的控制方法与单线虫（*Anisakis simplex*）相同。

3.3　物理性危害因子

3.3.1　概述

生物危害代表了可以影响大量人群的潜在的公共健康危险，化学危害代表了可以影响比前者较少人群的健康危险，物理危害通常对个体消费者或相当少的消费者产生问题。物理危害通常导致个人损伤，如牙齿破损、嘴划破、窒息或者其他不会对生命产生威胁的问题。

潜在的物理危害由正常情况下水产品中没有的外来物质造成，包括金属碎片、碎玻璃、木头片、碎岩石或石头。法规规定的外来物质也包括这类物质，如水产品中的碎骨片、鱼刺、霉菌、昆虫以及昆虫残骸、啮齿动物及其他哺乳类动物的毛发、沙子以及其他通常无危害的物质。是否需要对这些潜在的物理危害进行控制，并在HACCP计划中作出规定，这依赖于在危害分析中，对确定的危害发生的实际可能性的评估以及危害的严重性。

鉴于HACCP的目的，对能够构成消费者物理损伤的物质和使人不舒服的物质进行分类。对那些能够造成损伤的物理污染物，如玻璃、金属或能导致消费者窒息的物质，必须在进行危害分析时认真考虑。

外来物质是造成大部分消费者不满的原因，这一点可以通过检查消费者意见文档而确定。值得一提的是，尽管正常情况下被分类为污物的外来物质可能不会对消费者造成损害，但检验机构可以在食品被认为掺有污物时采取行动，而不论是否存在实际的公共健康威胁。这样即使污物控制在HACCP计划中并不出现，生产企业仍应确保遵守合适的法规要求，例如，美国FDA在特定食品的自然的、不可避免的污染物的方面建立的“有缺陷行为的水平”。

3.3.2　来源

物理危害和生物危害及化学危害相同，也有广泛的来源常见的物理危害见表3-6。水产品中的潜在物理危害可能来自于以下几个来源：

① 污染的原材料；

② 设计不好或维护不良的设施和设备；

③ 生产中的错误程序；

④ 员工操作不正确。

3.3.2.1 原材料

在原材料收到之前，就应开始对原材料中的外来物质进行控制。原料规范、保证书以及卖主的检查和执照可以消除或最大限度减少水产品中含有的外来物质的可能性。所有的原材料和水产品成分在收到时都应受到检查。

3.3.2.2 设施

严格确保设施不会变成水产品中潜在物理危害的来源。正确保护的光线装置、正确设计的设施和设备以及充分的设施和设备维护，将阻止污染物从设施传播到水产品中。保持设施中没有鼠虫害也可以防止鼠虫害来源的外来物质进入水产品。

3.3.2.3 工艺和程序

因为对于每个设施的工艺和程序是唯一的，所以必须有一个广泛和完整的评估，以鉴别可能导致带来食品中外来物质的不合适的操作和工作区域。如果一个工艺和程序能产生潜在危害，如一个定位升降机或粉碎机，由设备组成部分摩擦而产生的金属碎片是一个常见的问题，改变工艺、程序、或设备可能被证明是必要的。另外一个例子，对于所有的装瓶操作，一个书面的玻璃粉碎处理程序被强烈推荐。该程序应该包括，无论什么地方发生玻璃破碎，就停止该生产线，并停止移动可能的受影响的仪器。除此之外，特殊的预防措施，如磁铁、金属探测器或 X 光设备的安装，对于潜在物理危害的充分控制可能是必需的。如果危害分析证明这类控制措施是有效的，那么它们就应该被列入 HACCP(危害分析关键控制点)计划。

3.3.2.4 员工行为

不良的员工行为对于生产中大部分物理污染物进入产品事件负有责任。首饰、发夹、钢笔、铅笔以及纸张别针是来自于员工的污染物例子，坚持正确的外部着装、头发限制以及不戴首饰的法规指南将有助于防止许多问题的发生。员工教育和监控是控制这些外来物的首要措施。

维修人员在保持企业运转方面起了重要的作用，他们良好的卫生习惯对进行正常工作是非常重要的。维护程序应该规定特定的步骤，无论什么时候发生设备的机能失常，或者在常规的维护工作之后，都要按照这些步骤进行。这些措施应该包括对于设备以及散放的金属制品和设施的周围区域的认真检查，在重新开始操作前对生产线的完全清洗和消毒。公司应组织维修部建立一个有效的议案将会帮助公司避免由需要修理的潜在物理危害所造成的许多问题。应该拥有并加强关于禁止用食品容器作为修理物品的贮存箱、烟灰缸或化学物质的容器的严格规定。食品容器应该仅用于存放食品。

表 3-6 物理危害的来源

材料	来源
玻璃	瓶子、罐、灯罩、温度计、仪表表盘
金属	机器、农田、大号铅弹、鸟枪子弹、电线、订书钉、建筑物、
碎石、沙粒	原料
塑料	包装材料
竹木碎片	原料、包装器具或工具
首饰、纽扣	操作工作粗心
其他异物	在捕获、运输或装卸过程

3.3.3 控制

能够探测或清除潜在外来物质的设备应同步安置以保护水产品不会受到物理的危害。表 3-7 列出了一些相应种类的设备。正确的安装、有规律的定时保养以及定期的校准刻度和检查，对所有设备来说是必要的，对于预防成品中的潜在物理危害也是必要的。这特别适用于被设计用来从产品中探测和清除物理物质的设备。

表 3-7 用来探测和清除物理危害的设备

设备	功能
磁铁	利用其磁力取出金属
金属探测器	探测亚铁和非亚铁类物质
X 光设备	探测玻璃，金属及其他外来物质
过滤网或筛	取出比筛眼大的外来物质
吸尘器	取出比产品轻的原料
分离槽或分离器	取出原料中的石头或骨头、鱼刺等

参考文献

[1] 冯志哲. 水产品冷冻工艺学[M]. 北京：中国农业出版社，1997.

[2] 李来好，郝淑贤，等. 一氧化碳发色水产品安全性分析[J]. 海洋渔业，2006(5)：15-17.

[3] 周德庆，张双灵，等. 亚硫酸盐在食品加工中的作用及其应用[J]. 食品科学，2004，25(12)：198-201.

[4] 蓝天. 熏鱼中的单核细胞增多性李斯特氏菌[J]. 国外医学（卫生学分册），1993，20

(4):231-232.

[5] 周德庆,张双灵.盐酸副玫瑰苯胺法测量食品中亚硫酸盐的不确定度评定[J].现代测量与实验室管理,2004,12(4):18-20.

[6] 柳淑芳,周德庆,等.食用鱼类甲醛本底含量研究初报[J].海洋水产研究,2005,26(6):77-82.

[7] Leigh Lehane, June Olley. Histamine (Scombroid) Fish Poisoning-a Review in a Risk-assessment Framework[M]. Canberra, National Office of Animal and Plant Health, 1999. FAO.

[8] 李雅飞.水产食品罐藏工艺学[M].北京:中国农业出版社,1996.

[9] 太田静行.烟熏食品(吴光红等译)[M].上海:上海科学技术出版社,1993.

[10] 沈月新.水产食品学[M].北京:中国农业出版社,2001.

[11] 汪之和.水产品加工与利用[M].北京:化学工业出版社,2002.

[12] 林洪.水产品安全性[M].北京:中国轻工业出版社,2005.

[13] Lakshmanan R, G. Jeyasekaran et al. Changes in the Halophilic Amine Forming Bacterial Flora During Salt-drying of Sardines(*Sardinella gibbosa*)[J]. Food Research International, 2002, 35:541-546.

[14] Lone G. *Listeria monocytogenes* and Smoked Fish Problems: Contamination and Growth Control: GHP and HACCP. Danish Institute for Fisheries Rwsearch, 2004.

[15] 李永祺.海洋的放射性[M].北京:科学出版社,1978.

[16] International Atomic Energy Agency, European Commission and World Health Organization. One decade after Chernobyl, summing up the consequences of the accident, IAEA, 1996.

[17] 蔡福龙.海洋放射生态学[M].北京:原子能出版社,1998.

[18] Hiroko Tabughi, Ken Belson. Efforts to Plug Japanese Reactor Leak Seem to Fail [N]. The New York Times, 2011-3-3.

[19] Alberg A J, Brock M V, Samet J M. Epidemiology of Lung Cancer: Looking to the Future[J]. Chinical Oncology, 2005, 23(14):3175-3185.

[20] Samet J M. Residential Radon and Lung cancer End of the Story[J]. Toxicology And Environmental Health, 2006, 69(7):527-531.

[21] Beir V. Health Physics of Exposure to Low Levels of Ionizing Radiation[M]. Washington: National Academy Press, 1990:287-289.

[22] 龚守良,刘晓冬.核辐射及其相关突发事故医学应对[M].北京:原子能出版社,2006.

[23] 朱寿彭,李章.放射毒理学[M].北京:原子能出版社,1992.

[24] 张桥.卫生毒理学基础.北京:人民卫生出版社,2003.

第 4 章　水产品安全风险评估实施

20 世纪 70 年代，在金融保险、航空航天等众多领域有效应用的风险分析技术逐步涉入食品质量安全的管理，随后风险评估在 SPS、TBT 等国际法规公约中以条款形式明确地位更加速了该模式在全球各国农产品质量安全管理中的应用。在不断实践过程中，风险分析所发挥出越来越大的作用也正被世界所接受和广为推崇。

4.1　危害识别

危害识别（Hazard Identification，HI）是识别可能对人体健康和环境产生不良效果的风险源，可能存在于某种或某类食品中的生物、化学和物理风险因素，并对其特性进行定性、定量描述的过程。它是风险评估逻辑框架的第一要素，也是水产品安全风险评估的基础和起点。识别危害因子的主要方法包括毒理学研究、食源性疾病监测、食品中污染物监测和流行病学研究等。由于在实施上述工作时，常常需要对危害因素进行化学表征，本章将首先对危害识别化学表征应遵循的基本原则做简要的介绍，然后重点对水产品危害识别的方法分别进行叙述。

4.1.1　危害识别中化学表征遵循的基本原则

由危害识别的定义可知，危害识别的任务是对可能存在于水产品中的生物、化学和物理的风险因素进行识别与定性、定量的描述过程，即对风险源（物质）进行调查、分析与鉴别的过程。在这一过程中，需要采用不同的调查与分析方法，开展大量的实验实践。其中，化学表征起着关键作用，因为在进行上述调查研究时，常常需要以化学物质的定性和定量数据为依据。为了提高实验数据的准确性、可靠性与可比性从事相关分析测试的实验室与它们所采用的实验方法应符合基本要求。

4.1.1.1　实验室的要求

1997 年，国际食品法典委员会对进出口食品检验实验室提供的建议如下：

① 在分析化学实验室使用符合内部质量控制统一准则的内部质量控制程序。

② 参与国际统一的分析实验室测试能力验证与考核。

③ 根据《国际标准化组织和国际电工委员会指南》第二十五条关于校准和检验实验室能力的通用要求(ISO/IEC-17025)获得实验室认可资质。

④ 如条件允许,使用国际食品法典委员会已经验证过的方法。

4.1.1.2 分析方法的要求

符合食品安全机构和检测机构要求的分析方法很多,选择哪一种具体的分析方法应该根据监管和分析的预期目标来决定。用于最大残留限量和最大限量的检测方法都是已经通过验证的方法,如特定样品(母体)中的农药、兽药或其他污染物残留的检测。这些方法提供的分析结果不需要额外的分析就可以用于政府部门监管行为的定量检验或验证分析。在某些情况下,这些方法可能被认为是参考方法,当然参考方法通常不作为常规使用的方法。

质量控制和质量保证原则是化学分析的必要组成部分。质量控制通过分析人员监督这些与样品分析有关的因素,然而质量保证却提供了独立评论者的监督,来确保分析方案以可接受的方式进行。质量控制和质量保证方案在支持风险评估管理者和执行机构的决策、提高分析结果的可靠性和为残留控制方案提供质量数据等方面有着不可估量的作用。对于监管实验室来说,制定符合国际理论和化学联合会公布的原则的质量管理措施是很重要的。

4.1.1.3 分析测定的最佳方法

1978 年,经济合作与发展组织在化学品控制的特别方案中制定了良好的实验室规范准则。1981 年,这个准则被正式建议在经合组织理事会成员国使用。这些准则主要是针对毒理学性能(安全)的研究,但涉及设备、员工、方法、数据记录和质量保证的准则同样适用于分析方法。这些准则在 1997 年已经更新,可以在经合组织的网站(http://www.oecd.org)上免费获得电子版。其详细阐述了 6 个适用于最佳分析测定方法的基本准则。在对风险描述和估计的数据进行评估时应考虑使用这些准则:

① 分析测量应满足确定的目标,并且所采用的方法应符合这一目标。

② 制定分析测量方法的组织应有明确的质量控制和质量保证程序。如果可能,这些应以国际公认的标准为基础。

③ 分析测量应该在合适的设施中进行,并且应采用已经测试过的方法和设备以确保它们适合所进行的分析。

④ 制作分析测量方案的工作人员应当具有承担这个任务的资格和能力。

⑤ 应当对分析实验室的技术性能进行定期独立评估。

⑥ 通过多实验测试或者其他的验证和质量保证途径,在一个地点做的分析测量应该尽可能地与其他地点做出的一致。

食品中食品添加剂、兽药和农药残留的安全评估和评价需要充足的分析数据。国际食品法典委员会已经制定了分析方法的准则,主要是对食品法典委员会标准中的规定进行核查。这些准则给出了上面列举出的分析测定最佳做法的一般原则。

4.1.1.4 分析数据的要求

分析数据的收集有多种目的，如国家法律要求确保国内生产的、进口的或出口的食品的质量与安全；监测食品是否符合现有的标准要求；为风险评估或标准建议收集数据；为产品的开发研究，包括技术参数的开发等。不同的目的有不同的分析要求，特别是工作性能方面。适合用于安全性和风险性评估目的的分析数据应该以个案处理为原则进行确定，任何分析或取样的不确定性应该作为评估的一部分进行交流。

分析数据是指所有分析检测记录和文件，还包括图片、缩影胶片、微缩胶片、机读数据或其他任何数据存储介质等。分析数据必须直接、快速、准确、清楚地记录下来，以保证其准确性和质量，并且分析数据必须具有重现性。对于生物分析体系，必须建立和维持合适的储存、处理和维护条件，以保证所得数据的质量。对原始数据所做的任何修改都必须清楚地记录，并且要说明修改的原因以评估为目的提供给官方的分析数据必须是高质量、有效和可信的。

4.1.2 化学性危害的危害识别

4.1.2.1 毒理学研究

毒理学(Toxicology)研究是危害识别中应用最多的方法。它是一门研究外源物对生物体有害影响的综合性学科。外源物泛指自然界存在着的或人工合成的各种具有生物活性的物质。在生活和生产实际中，人类以及其他生物体不断地与外界环境进行着物质和能量交换，维持着动态平衡。在一定条件下，能与生物体相互作用并引起生物体功能性和(或)器质性损害的外源物，称为外源性毒物，习惯上简称毒物(poison)。毒物引起生物体损害的能力称为毒性(toxicity)。生物体只有以不同的途径和方式直接或间接接触到毒物，即所谓的暴露(exposure)，毒物的毒性才可以体现出来。毒物作用于生物体所产生的各种损害统称为有害影响(harmful effect)。

1) 毒物分类

毒物是指在一定条件下，较小剂量就能够对生物体产生损害作用或使生物体出现异常反应的外源化学物，其余的称为非毒物。毒物和非毒物之间并没有绝对的界限，人们通常只是以它们引起生物体损害的剂量大小加以区别。毒物是指人们生产和制造的各类化学品以及人类活动过程中产生的各种有毒害的副产品。而生物(动物、植物、微生物)体内形成的可引起其他生物体损害的物质称为生物毒素，简称毒素(toxin)，以此与人工合成的毒物相区别。

关于毒物的分类方法有很多。

按来源和用途可将毒物分为：环境污染物、工业化学品、农用化学品、医用化学品、日用化学品和嗜好品、生物毒素、军事毒物、放射性元素以及存在于食品中的有害物质。

按毒性大小和危害程度可将毒物分为：剧毒物、高毒物和低毒物。根据GBZ 230-

2010《职业性接触毒物危害程度分级》将毒物分为：Ⅰ（极度危害）、Ⅱ（高度危害）、Ⅲ（中度危害）和Ⅳ（轻度危害）等。

按毒理作用部位（靶器官）和生物学效应可将毒物分为：肝毒物、肾毒物、神经毒物、致癌物、致畸物、致突变物等。

按化学性质可将毒物分为：挥发性毒物、非挥发性毒物、阴离子毒物和金属毒物等。

毒物也可按照化学结构和生化反应机制等进行分类。

从控制和预防化学物危害的角度来看，最好的分类方法是能够同时考虑到毒物的理化性质、生物学效应特征以及暴露条件等。尽管目前分类方法很多，却没有一种方法能同时反映这些特征并在不同目的的毒物的分类实践中得到广泛应用。

2）暴露途径和方式

生物体只有通过不同的途径和方式接触到外源物，外源物才有对生物体造成损害的可能，所以暴露是外源物对生物体体现出毒性的前提条件。外源物对生物体造成有害影响的大小，不仅取决于这些物质本身的性质，还与暴露途径和方式有直接的关系，这是因为暴露途径和方式直接影响外源物的吸收、分布以及它们在生物体内的作用剂量水平。因此，在研究和评价外源物的潜在危害时，不仅要研究这些物质的理化性质、生物学效应、剂量水平，还应考虑它们的暴露途径和方式、暴露时间和暴露频率等重要因素。

外源物进入生物体的途径主要有：呼吸道、消化道、皮肤。外源物所引起的毒性反应大小会随着暴露途径和方式的不同而有很大的差别。人类无时无刻不在与外界进行着气体交换。经呼吸道吸收是气态毒物、气溶胶和颗粒物进入人体的主要途径。由于肺泡上皮细胞对脂溶性、水溶性分子及离子均具有很高的通透性，所以，毒物经肺吸收的速度极快。进人肺部的毒物有的进入血液，有的被咳出或吞咽进入肠胃，还有的可能长久留在肺泡内形成病灶。皮肤是人类的一道重要屏障，一般的外源性毒物不易透过皮肤而被吸收。经皮肤吸收的主要是小分子化合物，尤其是既具有脂溶性又具有一定水溶性的化学物质很容易经皮肤吸收，如大多数有机磷农药可通过皮肤引起中毒或死亡，又如脂溶性和水溶性均较好的杀虫脒比微溶于水的马拉硫磷经皮肤吸收的速度要快得多。分子量大的化合物不易透过皮肤吸收。消化道吸收是外源物进入食物链的主要吸收途径，主要部位是小肠和胃。外源物的理化性质、胃肠的蠕动和内容物的多少以及胃肠道内的酸碱度都是吸收速度的主要影响因素。除上述 3 种主要途径外，还有静脉注射、皮下注射和腹腔注射等。

暴露时间、暴露频率和暴露间隔是影响外源物吸收及其毒性的另一重要因素。同一种外源物的短期大剂量暴露所引起的急性毒性与长期小剂量暴露所引起的慢性毒性在毒性作用部位和作用性质方面都会有很大的不同。例如，苯急性中毒的主要表现是抑制中枢神经系统，而多次重复暴露则会引起白血病。在实验毒理学中根据动物染毒暴露时间把毒物分为 4 种，即急性暴露、亚急性暴露、亚慢急性暴露和慢性暴露。在评价外源性化学物的毒性时，不仅要考虑急性和慢性毒性，还应该研究亚急性毒性和亚慢性毒性。

暴露频率及其间隔也可以直接影响外源物对机体的毒性效应，这与外源物在体内的排泄速率有关。某化合物按一定剂量单次给予会引起毒性效应。但若相同剂量分为多次给予则可能不引起任何毒性效应。

3）毒性反应类型

外源物对生物体的毒性效应，主要有化学物致敏反应、特异体质反应、即时毒性效应和迟发毒性效应、局部毒性效应和全身毒性效应以及可逆性毒性效应和不可逆性毒性效应等类型。

（1）化学物致敏反应

化学物致敏反应是一类由于暴露某种或某类化合物而引起并由免疫诱导的有害效应。化学物致敏反应又叫变态反应或超敏反应。引起这种过敏反应的外源性化学物质称为过敏原或致敏原。它们一般都是小分子而不能被机体免疫系统识别，只是一种半抗原。在其进入机体后，首先与内源性蛋白结合为抗原，然后刺激机体产生抗体。当再次暴露该化学物质或结构类似的化学物质时，就会诱发抗原—抗体反应，产生典型的变态反应症状。超敏反应是机体的一种有害免疫应答，是一种损害作用，机体接触很小剂量的外源性化学物质即可引起严重的过敏性反应，甚至死亡。

（2）特异体质反应

特异体质反应通常是指机体对外源性化学物质的一种遗传性异常反应。特异体质反应一般是指某些个体表现为对某种化学物质的异常敏感或者异常不敏感。例如，常规剂量的琥珀酰胆碱在机体内能迅速被胆碱酯酶分解，通常引起的肌肉松弛时间较短，而有特异体质反应的个体，由于先天缺乏这种酶而不能被分解，在接受相同剂量的琥珀酰胆碱后，会表现为持续的肌肉松弛甚至呼吸暂停。

（3）即时毒性效应和迟发毒性效应

即时毒性效应是指单次暴露外源物后随即发生或出现的毒性作用，如氰化钾引起的急性中毒。迟发毒性效应则是指在一次或多次暴露外源物后间隔一段时间才出现的毒性作用，如母亲妊娠期间服用己烯雌酚引起的子代青春期阴道癌变。

（4）局部毒性效应和全身毒性效应

在生物体最初暴露外源物的部位直接发生的毒性作用即为局部毒性效应。例如，接触强酸、强碱对皮肤造成的损伤；吸入氯气、氰氢酸等引起的呼吸道黏膜损伤等。全身毒性效应是指外源物进入肌体后，经吸收和转运分布至全身或靶器官（靶组织）而引起的毒性效应。例如，一氧化碳引起的机体全身性缺氧；重金属铅引起的血液、生殖系统等病变。大多数外源性化学毒物都可引起全身毒性效应，有些则同时具有局部毒性和全身毒性作用。

(5) 可逆毒性效应和不可逆毒性效应

可逆毒性效应是指停止接触后可逐渐消失的毒性作用。不可逆毒性效应则是指机体停止接触外源性化学物质后已造成的损害作用仍不能消失甚至可能进一步加重的效应。对肝脏等再生能力强的组织器官的损害，大部分是可逆效应；而对中枢神经系统的损害，则基本上是不可逆毒性效应。

4) 剂量-反应(效应)关系

现代毒理学的奠基人 Paracelsus 有这样一句名言："所有物质都是毒物，不存在任何非毒物质，剂量决定了一种物质是毒物还是药物。"因此，对于食品中的外源性化学物质来说，毒性大小在很大程度上取决于摄入的剂量。同一种化学物质，可能会因使用剂量的不同来决定它是否具有毒性，这也是食品毒理学研究的重要任务之一。

一般情况下，"剂量-反应关系"和"剂量-效应关系"可以通用，都是指外源物作用生物体时的剂量与所引起的生物学效应的强度或发生率之间的关系。它反映了毒性效应和暴露特征以及它们之间的关系，这是毒理学研究中两个最重要的方面。因此，剂量-反应关系是评价外源物的毒性和确定安全暴露水平的基本依据。

(1) 剂量-反应关系的类型

现代毒理学将剂量-反应关系分为"定量个体剂量-反应关系"和"定性群体剂量-反应关系"两种基本类型。

"定量个体剂量-反应关系"是描述不同剂量的外源物所引起的生物"个体"的某种生物效应强度以及两者之间的依存关系。大多数情况下，机体随着外源物剂量的增加，毒性效应的程度随之加重。这种与剂量有关的量效应，通常是由外源物引起机体某种生化过程的改变所致。

"定性群体剂量-反应关系"反映不同剂量外源物引起的某种生物效应在一个群体(实验动物或调研人群)中的分布情况，即该效应的发生率或反应率，实质上是外源物的剂量与生物体的质效应间的关系。在这类剂量-反应关系中，通常是以动物实验的死亡率、人群肿瘤发生率等"有或无"的生物效应作为观察终点，然后根据诱发群体中每一个出现观察终点的剂量，确定剂量-反应关系。

确定剂量-反应关系，必须具备以下三个前提条件：一是确定观察到的毒性反应与暴露外源物之间存在着比较肯定的因果联系；二是毒性反应的程度与暴露剂量有关；三是具有定量测定外源物剂量和准确表示毒性大小的方法和手段。在剂量-反应关系中，选用的毒性终点不同，所得到的剂量-反应关系就会有明显的差别。

(2) 剂量-反应曲线及类型

剂量-反应曲线主要有对数曲线、S 形曲线和直线三种类型(图 4-1)(付立杰，2001)，其中以对数曲线、S 形曲线最为常见。许多外源物的剂量-反应关系呈现对数曲线的规律，亦称抛物线形(图 4-1A)。它可以通过取对数转化为直线关系。S 形曲线(图 4-1B)反映的是群体中的所有个体对外源化学物的敏感性变异呈正态分布的规律。典型的 S 形曲线在一些质效应中出现较多，效应在剂量增加到阈值时才开始出现，但在生物学效应上并不多见。毒理学上最常见的是一类呈偏态分布的不对称 S 形曲线。它反映的机理可能是因为剂量愈大，生物体的改变愈复杂，干扰因素愈多，而且体内自稳机制对效应的调整机制也愈明显；也可能是由于群体存在一些耐受性较高的个体，要使群体的反应率升高，就需要大幅度地增加暴露量。剂量-反应直线关系（图 4-1C）反映的是外源物剂量变化与效应强度或反应率的变化成正比的情况。但在生物体内，影响因素很多，这种直线关系出现较少，仅在某些体外实验中偶尔出现。

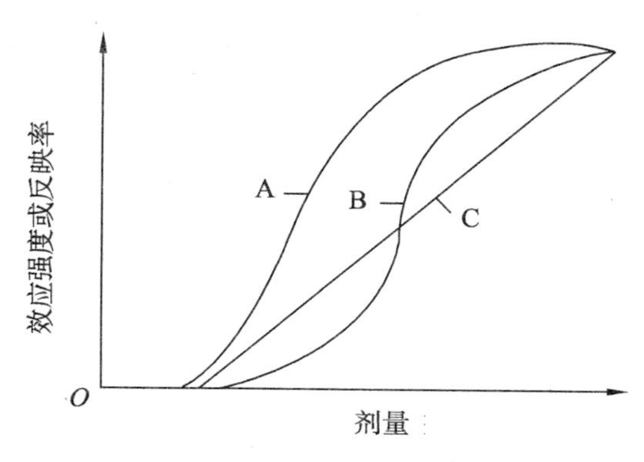

图 4-1　剂量-反应曲线的 3 种类型①

A、B、C 分别为对数曲线、S 形曲线和直线

5）常用毒性参数

（1）致死剂量（lethal dose，LD）

绝对致死剂量（absolute lethal dose，LD_{100}）有时也用绝对致死浓度（LC_{100}）表示，是指外源化学物引起一组受试动物全部死亡的最低剂量。

半致死剂量（half lethal dose，LD_{50}）是指引起一群受试对象 50% 个体死亡所需的剂量，也称致死中量，是根据实验数据，经数理统计计算获得的。如果剂量用浓度表示，则半致死剂量符号相应地改为 LC_{50}。LD_{50} 数值越小表示外源性化学物质的毒性越强，反之，LD_{50} 数值越大，毒性越小。半致死剂量具有代表性广、灵敏度高和稳定性好的优点，是最常用的毒性参数。

最小致死剂量（minimum lethal dose，MLD 或 MLC 或 LD_{01}）是指外源化学物在受试动物中仅能引起个别动物死亡的最高剂量，其低一档的剂量即不再引起动物死亡。

最大耐受剂量（maximal tolerance dose，MTD 或 LD_0 或 LC_0）是指不致引起受试动物死亡的最大剂量。

① 付立杰. 现代毒理学及其应用[M]. 上海：上海科学技术出版社，2001：20-26.

半数耐受量(median tolerance limit,TLm)是指水中受试化学物在规定时间内(24 h、48 h或96 h)有半数水生生物(如鱼类)存活的浓度(TLm24、TLm48或TLm96)。

(2) 效应剂量

最小有作用剂量(Minimal Effective Dose)或称阈剂量或阈浓度(Threshold Level),是指在一定时间内,一种外源化学物按一定方式或途径与机体接触,使机体开始出现不良效应(或损害作用)所需的最低剂量,也称中毒阈剂量。最小有作用剂量严格地称为观察到损害作用的最低剂量(Lowest Observed Adverse Effect Level,LOAEL)。阈剂量又有急性阈剂量与慢性阈剂量之分。确定外源物有无阈值剂量并尽可能地寻求实际阈值剂量,不仅有重要的理论价值,而且对于确定安全暴露水平等也具有十分重要的实际意义。

最大无作用剂量(Maximal No-effective Dose),指在一定时间内,一种外源化学物按一定方式或途径与机体接触,根据目前认识水平,用最灵敏的实验方法和观察指标,未能观察到对机体产生任何损害作用或使机体出现异常反应的最高剂量,也称为未观察到损害作用剂量(No-Observed Adverse Effect Level,NOAEL)。该参数是制定每日允许摄入量和各种卫生标准的依据。

理论上,未观察到损害作用剂量和阈值剂量相差很小,但是由于受到对损害作用指标和检测方法灵敏度的限制,只有当两者的差别达到一定的剂量水平时,才能明显地观察到作用程度的不同。

(3) 每日参考剂量和基准剂量

每日参考剂量(Daily Reference Doses,RfD)是指每日暴露的毒物不至于对人群健康产生有害影响的剂量水平。RfD是美国环境保护局(EPA)首次提出的,用于对非致癌性物质进行风险评价的参数。RfD是用未观察到损害作用剂量除以安全系数,包括不确定性因子(UF)和(或)校正因子(MF)获得。每日参考剂量的计算公式为:

$$每日参考剂量=\frac{未观察到有害作用剂量}{不确定性因子\times 校正因子} \quad (公式4\text{-}1)$$

安全系数是由动物实验资料外推至人的不确定因素和人群毒性资料本身的不确定性因素而设置的转换系数。

基准剂量(Benchmark dose BMD)是1984年由凯西等人提出的,旨在取代有诸多局限性的未观察到有害作用剂量的概念。这种方法是把所有可用的实验资料都拟合到一条或数条剂量-反应曲线中,然后用这些剂量-反应曲线来估测总和效应的未观察到损害作用剂量范围,以有助于综合评价外源物对健康的影响。BMD已经成功地应用于发育毒性和生殖毒性的风险评估。

若用基准剂量取代未观察到损害作用剂量来计算每日参考剂量,则计算公式为:

$$每日参考剂量=\frac{基准剂量\times 特定反应百分率}{不确定性因子\times 校正因子} \quad (公式4\text{-}2)$$

4.1.2.2　水产品中化学污染物的监测

1）食品污染物监测

食品中污染物的监测是食品安全风险识别的重要手段之一。世界各国对食品污染物的监测工作都极为重视，都采取与各利益相关方密切合作的模式开展工作。食品中污染物的监测工作通常由监管部门来组织实施。

（1）农药残留监测

许多国家的食品农药残留是通过法律手段来控制的，在法律实施上每个国家各有不同，而各国法律上的一致性是农药残留监管国际化的重要保证。世界上的许多组织为此做了大量的工作并取得了一定的进展，如欧盟、南美市场联合体和澳大利亚—新西兰食品局。另外，国际食品法典农药残留委员会（CCPR）和农药残留联席会议（JMPR）在食品农药残留标准的国际化方面做了多年的工作，近来开始被各国采纳。控制食品中农药残留的主要方法如下：

① 向消费者提供相关信息。让消费者了解所购食品的相关信息和由农药残留引起的重大恶性中毒事件，让消费者作出正确的选择。

② 控制农药的使用。一是禁止高毒农药的使用。二是控制农药使用的方法（比如离收获的时间间隔）和限量。

③ 限制环境中农药对食品的污染。提醒使用者在农作物、牲畜以及食品生产中使用农药会造成食品中农药残留，并扩大检测范围，加强监督力度。

④ 政策制约食品农药残留问题。正在形成的国际化标准体系是对农药残留控制的重要手段，各国政府的采纳和具体实施显得尤为重要。

⑤ 对食品加工及相关的原材料进行检测，并要求食品供应商只能使用符合要求的农药。

⑥ 停止污染食品的供应。这是在一些极端的恶性事件中采用的方法。

⑦ 建立和应用一个公开、客观的农药使用和安全体系。

JMPR 对食品中农药残留物安全性评价的目的是确定在人的一生任何阶段不会引起有害作用的农药的每日最大摄入量。JMPR 包括两个独立的农药残留专家小组，即 FAO 农药残留小组和 WHO 农药残留小组。二者的分工不同。

FAO 农药残留专家小组负责审核农药田间试验数据，并开展农药残留的风险评估等方面的工作。其工作包括以下内容：

① 审查农药成分、化学性质、使用方式和分析方法。

② 评估农药残留的去向以及在良好农业生产操作下农作物中农药残留水平，建议可能出现的农药的最大残留限量（MRL）值。

③ 计算农药残留膳食摄入量（膳食消费量 MRL 值），把农药残留膳食摄入量和每日允许摄入量（ADI）值进行比较，评估 MRL 推荐值。通常用 MRL 计算的总摄入量会比实

际摄入量值偏高。

④ 评价各国政府、企业等提交的农药残留试验数据、市场监测数据等。最大残留限量(MRL)是衡量食品中农药残留的重要指标,由一些国际公认的权威机构来设定,如欧盟、美国食品药品监督管理局(FDA)以及国际团体CCPR和JMPR。

WHO农药残留专家小组负责审查农药残留毒理学,并评估农药的每日允许摄入量(ADI)。ADI是指人类终生每日随同食物、饮水和空气摄入的某一外源性化学物质不致引起任何损害作用的剂量,依据NOAEL制定。农药残留的毒性评价和研究方法,主要包括动物试验,试验动物的短期和长期饲养,获得相关资料;对残留物的吸收、组织分布、代谢、生物半衰期和分子生物学等的研究;"三致"(致癌性、致畸、致突变)的研究。另外,从理论和分子水平的构—效关系(QSAR)研究对于揭示残留物的分子作用机理也是很重要的研究手段。条件允许的情况下,还要做人体试验研究。JMPR一般采用安全系数法,即从由实验动物获得的资料或从人体研究获得的资料所确定的无作用水平来确定ADI值。考虑到种属间和种属内的变异性因素影响,通常使用的安全系数为100～1 000,但可以根据具体情况加以修改。

(2) 兽药残留监测

兽药残留的控制指标以及确定方法与农药残留类似,通过最大残留限量(MRL)值和每日允许摄入量(ADI)等指标来描述,安全系数取值为100～1 000。兽药残留的监测包括以下几个方面:依据国内或国际标准;建立有效的审批制度和审批后的监控程序;兽药残留、违禁药物的检测并取得相关证据;消费者饮食中残留量的评估。监测目的和检测药物的性质是决定分析样品数量的两个要素。在置信度一定的情况下,样品分析数随着残留量的降低而增加,如对置信度95%、阳性率1%的监测,最小随机样品数是300份/年;对于长期慢性暴露危害的药物,样品分析数也要在100份以上。

兽药残留的含量一般很低(u g/kg水平),所以检测方法要十分严格。英国兽药残留顾问小组(AGVR)采取两级分析方法:首先用筛选法对可疑样品进行初选,再用精确方法进行确证。筛选方法往往只能给出定性或半定量结果,甚至有时只能确定一类而不是某一种检测物质,但是它具有费用低、快速简便的特点。筛选方法必须具有如下要求:检出限低于MRL,没有MRL值时要尽量低;假阴性和假阳性检测率尽量低;重现性好。确证分析要求更为严格;检出限低、准确度和精密度高、特异性和再现性好。确证分析方法一般包括复杂的前处理,并至少在3个不同的实验室用标样协同验证方法的有效性。

4.1.3 生物性危害的危害识别

对微生物危害来说,危害识别主要指对于可能存在于某种水产品中的、可能对人体健康产生不良影响的微生物因素的识别以及确定水产品中微生物毒素或微生物有机体与其造成的人体健康不良影响的关系。危害识别的目的就是定性地确认与水产品安全相关的微生物和微生物毒素。

微生物危害可通过以下途径来识别：临床研究，流行病研究与监测，动物实验研究，微生物习性，食物链中微生物与生存环境间相互作用的考察，类似微生物及其生存环境的研究等。在大多数情况下，由食品微生物学家、医生或其他专业人士等负责对微生物危害进行识别。这些信息也可以通过查询科学文献以及食品工业、政府机构和相关国际组织提供的数据库获得，也可以通过向专家咨询得到。微生物危害识别报告没有统一的模式，主要包括以下内容：

① 致病微生物的生物学特性描述。包括微生物的生物学分类、生活习性、繁殖特点等。

② 致病微生物的宿主描述。微生物危害的传播与其宿主有着密切的关系，结合微生物生物学特性和宿主特性，进一步描述微生物危害是微生物风险评估危害确认步骤的重要内容。

③ 致病微生物的流行病学特点。主要描述微生物危害的发病季节、引起的病变和传播途径等信息。

④ 不同地区微生物危害的风险因素，主要考虑食品种类、食品加工方法和饮食习惯等因素。

4.1.4　食源性疾病监测

4.1.4.1　食源性疾病的现状

根据 WHO 的定义，食源性疾病是指通过摄食进入人体内的各种致病因子引起的并通常具有感染性质或中毒性质的一类疾病。

食源性疾病有三个基本要素，即传播疾病的食物、食物中的致病因子、急性中毒性或感染性临床表现。导致食源性疾病的病原物主要包括：细菌及其毒素、病毒、真菌、寄生虫及天然毒素等生物性病原物；残留的有害农药、兽药、重金属以及食品中其他有害化学物等化学性病原物；通过食物对人体造成损害的放射性病原物。食源性疾病主要包括最常见的食物中毒、食源性肠道传染病、食源性寄生虫病以及其他食源性变态反应性疾病。

食源性疾病是当今世界上分布最广泛、最为常见的疾病之一。世界卫生组织 2002 年 3 月公布的信息表明，全世界每年发生的食源性病例为 40 亿～60 亿，发展中国家每年有 180 万人死于食源性腹泻。发达国家也有 30%以上的人群患食源性疾病。据美国疾病控制中心(CDC)报道，美国每年有 7 000 万～8 000 万人患食源性疾病，其中 3 万多人入院治疗，有 5 000 多人死亡。1996 年日本发生大肠杆菌 0157:H7 引起的食物中毒，9 000 多人中毒；2000 年日本雪印牛奶金黄色葡萄球菌中毒者逾万人。当前，我国食品安全形势更是不容乐观，卫生部 2003 年接到重大食物中毒事件报告共 379 起，12 876 人中毒，323 人死亡；2008 年的三聚氰胺毒奶粉，导致了大量儿童严重中毒甚至死亡。目前，只有美国、英国、加拿大和日本等少数国家建立了食源性疾病年度报告制度。但据WHO报告，世界各国食源性疾病实际报告的发病率不到实际发病率的10%，报告病例数只是实际的“冰山一角”。

食源性疾病不仅严重危害人们的身体健康，而且造成严重的经济损失。据美国CDC报道，美国每年食源性疾病造成的经济损失高达1 100亿美元；澳大利亚估计每年因食源性疾病带来的经济损失可达26亿澳元；2008年我国的三聚氰胺事件波及整个乳制品甚至食品行业，在国际上造成了恶劣的影响，经济损失难以估量。食源性疾病对人类健康和经济的危害已成为全球性的一个重要的公共安全问题，得到了世界各国政府的广泛关注与重视。

4.1.4.2 全球食源性疾病的监测系统案例

为有效地预防与控制食源性疾病，必须建立和完善食源性疾病监测和预警系统，增强对食源性疾病暴发的反应和预警能力，降低食源性疾病的发生率。无论是发达国家还是发展中国家，食源性疾病已成为日益严重的公共卫生问题。发达国家为了应对日益严峻的食源性疾病问题，建立了较为完善的食源性疾病监测体系。

1）美国的食源性疾病监测系统

1980年，美国成立了经费预算仅次于国防部的健康和公众服务部（Health and Human Services，HHS）。疾病控制中心（CDC）是其一个下属部门，是从事全国性疾病监测的主要联邦机构，并与州和地方卫生部门合作。HHS/CDC对食源性疾病的监测工作由若干不同部门来共同承担。

HHS/CDC的食源性疫情报告系统分为两个部分。一是通过州公共卫生部门的定期报告对食品感染病例进行全国性监测。二是以网络为基础的报告系统，称为“食源疾病疫情电子报告系统”（EFORS）。

食源性疾病的检测技术是食源性疾病预防和控制的关键环节。1993年，大肠杆菌O153：H7引发的食源性疾病在美国爆发，美国CDC专家利用脉冲凝胶电泳技术（pulsed field gel electrophoresis，PFGE）的DNA指纹图谱证明暴发食源性疾病的病人分离的大肠杆菌O153：H7与暴发地区快餐店供应的汉堡中分离的大肠杆菌O153：H7具有相同的脉冲电场电泳图谱，从而确认了事件引起的原因并且及时有效地防止了食源性疾病的蔓延和扩散。在此情况下，HHS/CDC与公共卫生实验室联盟合作，创建了基于脉冲电泳检测技术的细菌分子分型国家电子网络（PulseNet）。现在，PulseNet将HHS/CDC、50个州和某些大城市的公共卫生实验室、美国农业部食品安全检验局（FSIS）以及食品药品管理局（FDA）的实验室包括在内。

PulseNet是美国监控食源性疾病的亚型分级网络，其主要功用是提供流行病学方面的食源性病原体亚型分级。PulseNet实验室制作了沙门氏菌、致病性大肠杆菌、单核细胞增生李斯特菌等常见致病菌的“指纹”图谱和标准检测方法提供给网络实验室。这些实验室随时可以进入美国疾病预防控制中心的 PulseNet 数据库，将可疑菌的检测结果与电子数据库中致病菌的“指纹”图谱比对，及时快速地识别致病菌，有助于迅速地确定和调查疫情。这样，PulseNet 使食源性疾病病原菌检测基本达到了快速准确的要求，使引发食源性疾病的病原菌分离时间由几天缩短为几小时，提高了公共卫生监控的敏感度和及时性。为控制食源性疾病的发生创造了条件。PulseNet 还包括一项电子信息交换能力，把网络内的实验室互相连接，可以迅速交流信息和排除故障以及分享“指纹”规律。PuIseNet 有效地提高了对食源性疾病病原菌的快速检测能力，使全美的公共卫生实验室的科学家能快速比较从病人分离得到的细菌 PFGE 图谱，预防大规模食物中毒的暴发(见 www. cdc. gov/pulsenet)。

HHS/CDC 还通过食源性疾病实时监测网络(FoodNet)的合作监控机制实施积极有效的食源性疾病实时监控。FoodNet 是 HHS/CDC 负责的传染病预防计划(EIP)中食源性疾病管理的重要组成部分。FoodNet 于 1996 年建立，其中包括 HHS/CDC、HHS/FDA、食品安全检验局(FSIS)和 10 个 ETP 定点(它们设在加利福尼亚、科罗拉多、康涅狄格、佐治亚、纽约、马里兰、明尼苏达、俄勒冈、田纳西和新墨西哥)。这些站点积极主动地收集临床实验室发现的食源性疾病信息，从患者处了解关于疾病的详细信息以确定哪些食品与具体病原体有关，为食源性疾病监测提供精确而翔实的数据，是细菌和寄生虫感染率报告的最佳来源也是某一病原体在同一人群中长期感染变化情况的最佳报告来源。FoodNet 的食源性疾病监测以及相关的流行病学研究能有效地帮助公共卫生部门更好地了解美国食源性疾病的流行病学机理，为及时应对新的食源性疾病的发生提供了一个实时监控网络(详情请登录 www. cdc. gov/foodnet) 。

2) PulseNet 的工作原理及其在风险识别中的作用

脉冲凝胶电泳技术(PFGE)是细菌分子分型国家电子网络(PulseNet)的一项关键技术。其工作原理是利用 DNA 大分子限制性酶切技术将酶切成小的片段，通常为 10～20 个单位的小片段，采用脉冲凝胶电泳技术将这些片段分离并鉴定其 DNA 的指纹图谱。当 PFGE 图谱形成之后，通过一定的认证程序进入细菌分子分型国家电子网络的接入口，并将 PFGE 图谱上传到 CDC 的 DNA 指纹图谱数据库中。参与细菌分子分型国家电子网络的实验室采用标准的设备和方法，将病人和可疑食品中分离的导致食源性疾病的细菌的 PFGE 图谱与指纹图谱数据库进行检索比较，确定二者是否同源，如果具有相关性，结果将将报告到 CDC。现在，多位点变数串联重复系列分析(multiple locus variable-number tandem-repeats analysis，MLVA)和多位点系列分型(multiple-locus sequence typing，MLST)等新的分子分型技术也得到广泛的应用。

与传统技术相比，PFGE 分子分型技术应用于致病菌的分型具有更高分辨率，并且在相同的设备条件下能广泛应用于多种细菌的分型。所产生的 PFGE 图谱具有很好的稳定性和重现性。因此，PFGE 技术已经成为致病菌流行病学分型的常规技术。但 PFGE 方法也有它的缺点，主要表现为费时、技术要求高、不能用于克隆图谱、图谱因人而异、分离的谱带与DNA片段的对应性精度差等。细菌分子分型国家电子网络的现有缺点主要表现为：实验室的资源较为缺乏、接入口竞争优先权、各个层级流行病学的资源缺乏等。

为了保证细菌分子分型国家电子网络的有效运行，确保数据的质量和一致性，对参与的实验室采取了一系列的质量保证和控制程序，主要包括标准化的操作程序、质量保证和控制手册、相同大小的分子标准、标准化的软件和标准化的细菌分子分型国家电子网络术语。同时，对参与实验室的人员安排定期的培训和研讨活动，并对参与的实验室、人员和数据经过严格的认证；所有参与的实验室必须参加并通过每年一次的能力验证测试；定期举办会议，提供交流信息的平台，促进合作和水平的提升。

在现行的规模化生产和城市的群体性消费模式下。食源性疾病可以通过现代食品的供应链在全球迅速扩散。这大大增加了对食源性疾病监测和控制的难度。细菌分子分型国家电子网络(PulseNet)可以帮助人们在网络内迅速确定食源性疾病的暴发情况及其原因，并通过DNA的指纹图谱分析对食源性疾病进行有效的归类；根据散发病类的关联性预测食源性疾病的流行状况。PulseNet大大提高了对食源性疾病的调查和预防能力，对食源性疾病的风险识别具有重要的作用。

3）PulseNet与各国的食源性疾病监测系统

PulseNet是一个极为成功的病原菌DNA指纹识别网络，其技术和模式在国际上得到了高度认可，并迅速在全球建立了类似的检测网络。目前，HHS/CDC正致力于在全球范围内实现PulseNet的构想。

1999年，美国和加拿大卫生部就PulseNet建立起了密切的合作伙伴关系。加拿大的6个州级公共卫生实验室和一个联邦政府的食品安全实验室加入了美国的PulseNet，成立了PulseNet Canada，通过网络可以对实验室进行技术指导、质量控制和数据实时共享。2003年6月在法国巴黎召开研讨会，以丹麦哥本哈根国家血清研究所为首的欧洲科学家正在为建立PulseNet Europe而努力。这项计划成功取得了欧盟2005年的专项拨款。

2002年12月12日，由HHS/CDC与美国公众健康实验室协会(APHL)合作组织，中国、澳大利亚、孟加拉国、印度、日本、韩国、马来西亚、新西兰、菲律宾、泰国和越南等国家和地区参与，在夏威夷檀香山召开了探讨成立PulseNet Asia Pacific的会议。由中国香港公众健康实验室中心与日本国家传染病署共同组织协调建立PuIseNetAsia Pacific的相关活动。日本、中国香港、中国台湾、韩国和新西兰等国家和地区已经建立起了PulseNet网络，并开始积极投入食品传播病原体的实时亚型分级。2004年9月2日PulseNet China成立，目前纳入PulseNet China监侧网络的病原菌包括鼠疫杆菌、霍乱弧菌、大肠杆菌O157、炭疽杆菌、伤寒副伤寒杆菌、痢疾杆菌、小肠结肠炎耶尔森菌、单核细胞增生李斯特菌、空肠弯曲菌、钩端螺旋体、莱姆病螺旋体和结核杆菌等。

2003年12月，HHS/CDC在布宜诺斯艾利斯组织召开了拉丁美洲PulseNet监浏网络会议。会议重申了在拉丁美洲建立 PulseNet 监测网络的重要性；与会者对成立 PulseNet 监测网络表示强烈支持。2004 年 6 月在布宜诺斯艾利斯，来自巴西、智利、哥伦比亚、墨西哥、乌拉圭和委内瑞拉六个国家的公众健康微生物学家接受了培训。

除 PulseNet 监测网络外，世界各国都建立了各自的食源性疾病监测体系，如丹麦的 DanMap、欧盟的 EnterNet、澳大利亚和新西兰的 OzFoodNet 以及日本的 LASR 等。

4.1.4.3　流行病学的应用

流行病学是研究特定人群中疾病和健康状态的分布及其决定因素以及防控疾病和促进健康的策略与措施的科学。从定义可以看出流行病学的四个基本特点：一是流行病学的研究对象是人群；二是流行病学研究的不仅是各种疾病，还有健康问题；三是研究疾病和健康状态的分布及影响因素，揭示其原因；四是研究如何控制和消灭疾病，并为促进人群健康提供科学的决策依据。

1）流行病学研究方法

流行病学研究方法的分类目前有多种。从流行病学研究的性质来看，流行病学研究方法大致可以分为观察性研究、实验性研究和理论性研究，以前两种方法为主。

（1）观察性研究

观察性研究又称为观察法或观察流行病学，是流行病学研究的基本方法。多数情况下，研究对象的暴露因素是客观存在的，但由于伦理、资源、手段等的限制，研究者不能掌握或控制研究对象的暴露条件，只能观察在自然状态下的发展。其目的是描述疾病的频率和模式，分析结局与危险性之间的关联以及研究疾病的决定因素和危险性。观察性研究主要包括横断面研究、生态学研究、队列研究和病例对照研究。

① 横断面研究。横断面研究（cross-sectional study），又称“现况研究”或“现况调查”，是在一个时间断面上或短暂的时间内收集调查人群的描述性信息。包括调查对象的疾病和健康状况及其影响因索，调查对象包括确定人群中所有的个体或这个人群中的代表性样本。横断面研究常用的方法包括抽样调查、普查和筛检，调查结果常被作为卫生保健服务和规划制定的重要参考。

② 生态学研究。生态学研究（ecological study）的特点是以群体而不是个体作为观察、分析单位，研究的人群可以是学校或班级、工厂、城镇甚至整个国家的人群。生态学研究是在群体水平上研究生活方式和生存条件对疾病（健康）的影响，分析某种因素的暴露与疾病（健康）的关系。生态学研究的目的有两个：一是产生或检验病因学假设；二是对人群干预实施的效果予以评价。

③ 队列研究。队列研究（cohort study）又称随访研究（follow-up study），按照是否暴露于某种因素或者暴露的程度将研究人群分组，然后分析和比较这些人群组或研究队列的发病率或死亡率有无明显差别，从而判断暴露因素与疾病的关系。其目的是检验病因假设和描述基本的自然史。队列研究尤其适用于暴露率低的危险因素的研究。

④ 病例对照研究。病例对照研究(case-control study)又称病例历史或回顾性研究,是流行病学研究中最重要的方法之一,是检验病因假设的重要工具。病例对照研究是选择一定数量的患有某种疾病的病例为病例组,另选择一定数量的没有这种疾病的个体为对照组,调查病例组与对照组中某可疑因素出现的频率并进行比较,来分析该因素与这种疾病之间的关系。因为病例组与对照组来自不同的人群,因而难免有影响分析结果的因素导致偏差。病例对照研究可用于罕见疾病的病因调查,可以缩短研究周期和减少人力、物力。

上述的横断面研究、病例对照研究和队列研究是最常用的 3 种观察流行性病学研究方法。

(2) 实验性研究

实验性研究(experimental study)又称干预研究(interventional trials)或流行病学实验(epidemiological experiment)。是研究者在一定程度上掌握着实验的条件,根据研究目的主动给予研究对象某种干预措施,比如施加或减少某种因素然后追踪,观察和分析研究对象的结果。根据研究目的和对象不同,实验性研究一般可以分为临床试验、现场试验和社区干预试验 3 种。

① 临床试验。临床试验(clinical trials)是以病人为研究对象,以临床治疗措施为研究内容。目的是揭示某种疾病的致病机理或因素。评价某种疾病的疗法或发现预防疾病结局(如死亡或残疾)的方法。临床试验对象必须是诊断确切的病例,并且诊断后很快进入研究,以便及时地安排治疗。临床试验应当遵循随机、对照和双盲的原则。

② 现场试验。现场试验(field trials)中接受处理或某种预防措施的基本单位是个人,而不是群体或亚人群。与临床试验不同,现场试验的主要研究对象为未患病的健康人或高危人群中的个体。由于研究对象不是病人,因此必须到工厂、家庭或学校等“现场”进行调查或建立研究中心,这些特点增加了研究费用,因此,仅适合于那些危害性大、发病范围广的疾病的预防研究。与临床试验相同的是研究过程中直接对受试者施加干预措施。

③ 社区干预和整群随机试验。社区干预和整群随机试验(community intervention and cluster randomized trials)又叫社区为基础的公共卫生试验(community-based public health trials)。社区干预试验中接受处理或某种预防措施的基本单位是整个社区或某一群体的亚群,如某学校的某个班级、某工厂的某个车间等,所以社区干预试验也可以认为是以社区为基础的现场干预试验的扩展。通常选择两个社区,一个施加干预措施,一个作为对照,研究对照两个社区的发病率、死亡率以及可能的干预危险因素。社区干预试验一般历时较长,通常需六个月以上。试验结果可供相关部门的卫生规划和决策参考。

(二) 流行病学的应用

流行病学是研究人群的疾病和健康问题的科学,其最重要的目的是获得当前未明的疾病病因知识。因此,在食品安全中,流行病学已经成为揭示导致食源性疾病危害因子的重要手段。应用流行病学识别食品安全中的危害因子获得成功的范例很多。例如,新中国成立初期在新疆布查尔地区锡伯族中曾发生一种死亡率很高的疾病——察布查尔病。1958年春,卫生部工作组来到布查尔地区经过仔细的流行病学调查分析,查明是锡伯族“米送乎乎”中的肉毒杆菌毒素中毒。这是我国原因不明疾病流行病学研究的经典案例。

任何一种疾病的发生都有其相应的致病因素,即病因(cause of disease)。美国著名的流行病学家利林菲尔德把病因定义为:“那些能让发病概率增加的因素,当它们之中一个或多个不存在时,疾病频率就下降。”①这些引起疾病发生的诸因素的综合就是病因。从实验研究的角度将病因定义为:在实验的纯粹的条件下,可引发疾病病理过程的特定因素。有化学的、物理的、生物的、精神心理的以及遗传的等,也就是通常所说的风险因子(risk factor)。随着医学研究的不断发展,有学者提出了一些疾病发生的病因模型,也逐渐形成和建立了现代流行病学的病因观。

4.2 危害特征描述

4.2.1 剂量-反应关系分析的基本概念

4.2.1.1 剂量

当进行剂量-反应分析时,要对现有剂量-反应数据中的“剂量”类型有一个清晰的认识,这一点至关重要。科学研究中的剂量有三种基本类型:给予剂量或外剂量;内(吸收)剂量;靶剂量或组织剂量。这三种类型的剂量是相互关联的,而且每一种都可以用来表示剂量-反应关系。

外剂量是指在一种受控试验条件下,按特定途径以特定频率给予试验动物或人体某种试剂或化学物质的剂量。在JECFA所使用的术语中,外剂量通常被称为暴露或摄入量。在观察性流行病学研究中,外剂量或外暴露是常用的剂量度量标准。

内剂量是指系统可利用的剂量,也可看做是被机体吸收进入血液循环的那部分外剂量。内剂量受机体对化学物质吸收、代谢和排泄的影响,可根据适当的毒代动力学质量平衡试验进行推导。毒代动力学试验所用的分析方法可以确定该剂量是母体化合物的剂量,还是也包括初级代谢产物的剂量。身体负荷的生物学标记物,如血浆浓度或尿排泄,有时也可用于流行病学研究。

组织剂量是指分布到或出现在特定组织中的化学物剂量。对于内剂量,毒代动力学试验的分析方法可以确定该剂量是不是毒物实体剂量,仅仅是母体物质还是也包括其代

① A. M. Lilienfeld. 流行病学基础.[M]上海:上海科学技术出版社. 1981-10.

谢产物。关于靶剂量,需要考虑的另一个问题是,剂量度量标准是否是峰浓度或者时间加权均数,如浓度时间曲线下面积(AUC)。暴露频率和暴露期限是确定剂量的两个重要时间参数。暴露可以是急性的、亚慢性的或者慢性的。剂量术语可用于以上三种暴露,剂量-反应评估也同样适用。剂量的描述应该体现暴露程度、暴露频率和暴露期限。剂量也可以用不同的单位来衡量,包括单次外剂量(如 mg/kg BW)、每日摄入量(如 mg/kg BW/d)、身体最大负荷或一定时间内身体平均负荷剂量(如 mg/kg BW)或者组织浓度(如 ng/kg)。

在流行病学研究中,暴露(外剂量)通常是不能准确获得的,因此通常需要各种各样的假设来估计暴露。有时,通过组织或血液浓度的生物学监测来测量暴露。对这种数据进行剂量-反应评估时,通常会出现将内暴露转换为外暴露的问题。另一个问题是(如二噁英数据库),生物学标志物的检测通常是在最大暴露时期多年后才进行的(FAO/WHO,2002a)。

在建立剂量-反应模型之前,有时将动物实验中所用的剂量转换成相应的人类暴露剂量。在这种情况下,就可以用外剂量与相关反应数据的模型来建立剂量-反应模型。但是,这种模型的建立需要了解动物或人体出现这种特定反应时,集体对毒性物质的吸收、组织分布、代谢、排泄及其他的分子和生化过程。采用以生理学为基础的毒代动力学(PBTK)模型,将这种剂量进行种属间外推是可能的。尽管这种更加复杂的方法可以改进剂量-反应模型,但是数据的不足又会增加模型输出的不确定性。种属间外推的问题一般会在剂量-反应建模之后,用未调整的动物试验数据和不确定系数单独进行处理。

4.2.1.2　反应

剂量-反应评价中的反应通常是指体内或体外暴露后所出现的相关效应或症状,可能的终点反应范围很广,包括从早期的反应(如生化改变)到更复杂的反应(如癌症或发育缺陷)。

反应可以是适应性的也可以是有害的。有害效应是指机体或亚系统(如细胞亚群)的形态、生理、生长、发育、繁殖或寿命发生改变,从而导致机体功能紊乱、对外界应激的反应能力下降或者对其他影响的易感性升高(IPCS,2004)。反应有时具有物种或组织特异性,且个体间也存在不同程度的差异。剂量-反应建模(DRM)能够针对每一种反应,为不同物种或组织间的反应的相似性提供深入的定量信息,并将这些反应以一种机制上合理的方式联系起来。

一般认为,在随机模式下,不同试验个体(如实验动物、人体或者培养的细胞)对同一剂量试验物质的反应是不同的。这种随机变异性通常被假定为遵循某种统计学分布,该分布代表特定群体发生某种特定反应的频率。一般用集中趋势(通常为均值或中位数)或有效范围(通常基于标准偏差或几何标准偏差)来描述统计学分布。

在剂量-反应评估中,大部分的反应都可以归入以下四类。

① 质反应:也称为二分类反应或类反应。通常是指在每个研究对象(试验动物或人)中观察到或者未观察到某种效应;对于每个剂量组,通常以出现某种效应的个体在群体中的比例来表示(如在癌症研究中的荷瘤动物比例)。

② 计数:通常是指测定指标在单一试验个体中的非相关性数量(如皮肤上乳头状瘤的数目)。

③ 连续指标:通常是指每个研究对象反应的测量值是连续的,并且可以获得一个在一定范围内的数值(如体重)。

④ 分级指标:通常可以在一组设定好的分级数值中选取一个值赋予该反应(如肿瘤的严重程度)。分级指标是一种过渡型数据,可以对效应严重程度进行分类,如对每个个体的组织病理损害严重程度进行区分,可获得分级数据。当可以分类但无法分级时,可称为分类资料,但是这种情况在反应资料中很少见。

有时将连续数据转换成比例(例如,免疫系统生物学标志物的含量超过临床参考范围的动物数量)或分类数据(将测量的肝坏死程度转换成最小、中等或广泛三种程度)对剂量-反应模型很有用。

进行剂量-反应建模(DRM)时,对不同类型反应数据的处理方式是不同的。但是按照一般规则,反应是暴露或时间的函数,剂量-反应建模的目的是描述反应的均值或变异。

4.2.2　剂量-反应模拟的原则

剂量-反应建模可以分六步进行,每一步都有多种选择(表4-1)。前四步是有关剂量-反应数据的分析,也就是剂量-反应分析(IPCS,2009)。剂量-反应分析将模型与剂量-反应数据结合,目的是预测特定剂量下的反应或者引起特定程度反应的剂量。后两步是对分析结果的应用或评价。

表4-1　剂量-反应评估/建模的基本步骤①

步骤	说明	选项
① 数据选择	确定建模用的反应并选择恰当数据	观察终点、质量、样本量、效用、实用性
② 模型选择	选择适用于数据的模型	观察终点、数据有效性、目的
③ 统计关联	选择可描述反应变异性的统计学分布	观察终点、数据类型、模型选择、软件可用性
④ 参数估计	用软件将上述三步结合起来估计模型参数	连接函数,软件可用性、变异
⑤ 应用	用估计的模型参数和模型公式预测需要的反应或剂量	产出、目标选择、模型预测、BMD、直接外推
⑥ 评价	检验模型对分析中所用假设预测的敏感性(模型验证)	模型比较、不确定性

注:BMD为基准剂量。

第一步,选择适于剂量-反应评估的数据。数据是否适用于风险特征描述的目的,其

① Lnternational Programme on Chemical Safety. World Health Organization, 2009.

标准与危害特征描述是否基于组间配对分析或是否基于所有剂量组建模的标准相似。

第二步，选择一个适当的模型。现有数据的模型对于可用模型的复杂性有显著影响。例如，虽然两个点就可以确定直线的斜率，但是对于更加复杂的剂量-反应关系至少需要三个点才能确定其形状。问题的复杂之处在于是否有足够的数据来支持某个特定模型（见 IPCS，2009）。可以将模型分为两大类：经验模型和生物学模型。目前，大部分的 DRM 都采用经验模型，即数据的数学描述不是基于作用机制。生物学模型一般都是基于疾病在某一生物系统内发生和进展的基本规律，这种模型在功能上更加复杂，对数据的要求要远高于经验模型。

第三步，选择数据和模型之间的统计学关联。最常用的关联方法是先假设一个统计学分布，然后利用这个分布推导出一个数学函数，以此来描述模型对数据的拟合质量。有效的统计学关联的优点是可以检验假设并能够推导出模型预测的置信区间。

第四步，用选择的模型对数据进行拟合。一个模型的基本要素是定义该模型的参数，曲线拟合仅仅涉及参数数值的选择。如果已经建立了连接数据与模型的有效统计函数，接下来就可以选择参数，这样能使连接函数的数值达到“最优化”。通常的做法是，将模型预测值与观察值之差的平方和最小化，建立数据与模型之间的连接。也可以用更简单的方法来估计模型参数。对于剂量-反应建模来说，最优化的参数估计优于特定程序的参数估计，因为后者缺乏透明度。

第五步，对问题简述阶段出现的风险评估问题进行必要推论。不同类型的数据（质反应数据、计数数据、连续数据、分类数据）需要不同的方法来预测异常反应的变化。一般来说，由处理引起的反应可以表示为增加的反应（处理组反应减去对照组反应）、相对反应（相对于对照组的变化倍数）和额外反应（将增加的反应换算成从 0 到最大可能反应范围内的值）。选择每一种反应都会影响最后判断，所以应该谨慎选择并了解作出该选择的原因。形成风险评估建议时，通常要求将试验观察到的特定反应外推至其他暴露情形和剂量，其中也包括从实验动物外推到人类。

第六步，不确定性分析，可用来描述抽样误差和模型选择对模型评估结果的影响。敏感度分析可以评价选择某一特定模型对评估的影响。

剂量-反应评估可以以不同的方式用于风险评估建议的制定。

① 不同剂量水平之间的简单配对比较，可以用来确定 NOAEL 或者观察到不良作用的最低水平（LOAEL），作为观察到的剂量-反应数据的分离点（POD）。

② 剂量-反应模型可用于确定观察范围内或低于观察范围的已知反应程度下的剂量。其反应数据或连续数据的特定反应或效应水平可分别作为基准反应（BMR），该反应下的剂量就是基准剂量（BMD）。BMD 的单侧可信下限（BMDL）可以作为 POD，推导健康指导值或者暴露限值（MOE）。另外，BMDL 也可作为线性低剂量外推的起点。

③ 可利用模型来确定对照组之外的极微小（例如，百万分之一）反应的对应剂量。一

般来说,这需要在数据范围之外的很远处进行推算,所产生的不确定性很大。

此外,当化学物暴露正在发生,且剂量-反应数据来自于人体研究时,该模型可用于估计与当前暴露水平相关的效应强度。

目前,JECFA 和 JMPR 用上述方法①来推导健康指导值,以预防有阈值的效应。

JECFA 在其第 64 次会议(FAO/WHO,2006)上用方法②制定了许多遗传毒性致癌物的暴露限值(MOEs)。会上也考虑用线性外推(BMDL 为起点)估计人群暴露水平下的癌症风险。结果发现:

用线性外推法从 BMDL10 计算出的导致癌症发生百万分之一的摄入量,基本上相当于 BMDL10 除以 100 000,因此该法并不比计算 MOE 更好。

JECFA 在第 64 届会议(FAO/WHO,2006)上也讨论了方法③,委员会认为,为了真实估计出人群估计暴露水平下的可能致癌效应,建立数学模型时需要同时考虑致癌试验中所用的高剂量与人群摄取的低剂量的剂量-反应模型的形状。仅从动物致癌试验数据中无法得到这些信息。

将来,或许可以将与癌症发生密切相关的关键生物学活动(如生物代谢活化和解毒过程、DNA(脱氧核糖核酸)结合、DNA 修复、细胞增殖率和细胞凋亡率)的剂量-反应或浓度-反应关系的数据合并到癌症的生物学剂量-反应模型中,也可以将这些过程中存在的种属差异纳入到该模型中。但是,目前还没有这方面的数据。现在,不得不根据经验数学方程式来估计试验动物在相当于人群暴露水平剂量下的可能癌症发生率,但这种方程式不一定能反映生物学机制的复杂性。许多数学方程被推荐用于向低剂量外推。风险评估结果取决于所用的数学模型;其差异随着剂量的降低而增大,在发生率极低的情况下,不同方程式的输出结果可能有几个数量级的差异。

第六步中,在考虑该过程中其他选项的情况下,重复进行表 4-1 中所列的 DRM 基本步骤,以便了解不同选择对 DRM 得出的健康指标的影响。这一步旨在了解特定选项的敏感性,并判断最终预测值的整体质量。根据各选项间的差异,对数据模型的拟合质量进行有效分析是很有价值的。也可以用其他方法来评估建模中各选项对最终结果的影响,如不确定性分析和贝叶斯混合分析。

4.2.2.1　数学模型

目前,可用许多数学模型来描述剂量-反应数据(表 4-2),而且需要有专业的知识才能对这些模型进行应用和解释。主要的模型略述如下,其他详细信息见 JECFA(FAO/WHO,2006)第 64 次会议报告和 EHC 239(IPCS,2009)。

剂量-反应模型是对科学数据进行拟合的数学表达方法,描述了剂量与反应之间关系的特征。数学模型包含三个基本要素:① 推导模型的假设;② 模型的函数表达式;③ 函数表达式的参数。

数学模型涉及范围极广,从非常简单的模型(如上述的线性模型)到极其复杂的模型

(如生物模型)。对于复杂模型,其最终函数表达式无法用简单的方程式表示。

表 4-2 连续数据的剂量-反应模型

名称	注释	方程式	参数解释
希尔方程 log-logistic	米氏方程的修改版,假设一种效应的产生需要多个位点或受体参与	$=R_{max}\ D^n/K_D+D^n$	R_{max}是最大反应;D是剂量;K_D是药物与受体作用的反应常数;n是(假设的)结合位点的数量
指数函数	如果化合物与靶位点的作用是不可逆的,那么仅通过相关率(Ka)来确定反应率	$=R_{max}(1-e^{-rD})$(一阶指数函数)	R_{max}是最大反应;D是剂量;r是指数速率常数
幂函数	简单的指数函数	$=\beta D^{\alpha}$	D是剂量;α是形状参数:β是度量参数
线性函数	尽管线性函数缺乏生物学理论支撑,但是因其简易性而获得认可;线性模型只有一个参数	$=mD$	D是剂量;m是斜率

模型之间是可以相互连接的,即一个模型可以描述剂量-反应的一部分,而另一个模型则可以描述余下的部分。以化学致癌物为例,大多数情况下,与给予剂量相比,毒物的组织浓度与致癌风险的联系更密切。考虑到剂量、组织浓度与肿瘤反应数据,毒代动力学模型可能能够将外剂量与组织浓度联系起来,而多阶段癌症模型能够将组织浓度与肿瘤联系起来。因此需要两种模型结合,来描述剂量-反应关系。

剂量-反应模型的表达式可以包含其他信息。年龄和试验时间常被用在 DRM 中,但是动物种属/品系/人类种族、性别和体重等其他因素也可以使剂量-反应模型的应用范围更加广泛。

4.2.2.2 连续数据的剂量-反应模型

表 4-2 所列举的一些模型可用于剂量与个体反应大小(连续数据)关系的描述。这些模型与统计学分布(如正态或对数正态分布)相结合,也能用来描述特定人群的剂量与连续反应的关系,这种连续模型相当于集中(趋势)估计。

通常,剂量-反应数据需要用个体观察值减去对照组平均值进行校正。但是这样无法解释对照组中由抽样误差和个体变异所带来的基线反应。因此,更好的方法是用从数据中估计出来的参数来解释模型中的基线反应(见 IPCS,2009)。

4.2.2.3 质反应数据的剂量-反应模型

质反应函数描述剂量与人群中特定反应发生率的关系(表 4-3)。对于一组同源的或者几乎相同的个体,剂量与发生率的关系可以用一个阶梯函数描述,在这种情况下,所有个体在任何既定剂量水平下要么出现反应,要么不出现反应。但是,由于生物体之间的变异是普遍存在的,所以这类剂量-反应一般表现为反应的发生率随剂量增加而增加。原因之一是个体对受试物的耐受力不同，可以用统计学分布来描述这种差异。因此任何累积分布函数(CDF)都可能被用作质反应的剂量-反应分布函数。通过假设受试物在生物体内可能产生的作用，可以得出其他质反应的剂量-反应模型，比如伽玛多次打击模型。应该将其他参数纳入到剂量-反应模型中来解释基线反应率的问题(见 IPCS，2009)。

表 4-3 质反应数据的剂量-反应模型

名称	理论基础	概率(F)方程式	参数解释
阶梯函数	无变异性	If $D<T, F=0$；If $D \geqslant T, F=1$	D 是剂量；T 是阈值参数
单次打击模型	打击理论模型采用“率”来描述一组因子(如分子)与一组目标(如某个人群)之间的作用	$=1-e^{-(\alpha+D\times\beta)}$	D 是剂量；α 是位置参数；β 是斜率参数
伽玛多次打击模型	是单次打击模型的扩展，基本理念是特定效应的产生需要多个事件或多次打击	$=G(\mathrm{gamma}\times D, K)$	$G(\quad)$是不完全伽玛累积分布函数(CDF)；D 是剂量；gamma 是率的参数；K 是产生特定效应所需要的打击次数
概率正态模型	一种基于正态分布或高斯分布的描述性模型	$=F(\alpha+D\times\beta)$	$F(\quad)$是正态累积分布函数(CDF)；D 是剂量；α 是位置参数；β 是斜率参数
概率对数模型	是概率模型的扩展形式	$=F(\alpha+\ln D\times\beta)$	$F(\quad)$是正态累积分布函数(CDF)；D 是剂量；α 是位置参数；β 是斜率参数
逻辑模型	统计逻辑模型也是一种没有理论基础的描述性工具	$=1/(1+e^{-(\alpha+D\times\beta)})$	D 是剂量；α 是位置参数；β 是斜率参数
对数逻辑模型	逻辑模型的扩展形式	$=1/(1+e^{-(\alpha+\ln D\times\beta)})$	D 是剂量；α 是位置参数；β 是斜率参数
韦伯模型	是一种灵活的描述性模型，最初用于描述人口统计学中的生存数据	$=e^{-(\alpha+(D\times\beta)^{\gamma})}$	D 是剂量；α 是位置参数；β 是斜率参数；γ 是指数

4.2.2.4 模型拟合和参数估计

模型拟合有两种基本方法。一是传统方法，该方法选择的参数可使目标函数值最大或最小；另一种是贝叶斯法(Bayesian)，这种方法将数据信息与以前的模型参数相关信息结合起来从而产生可反映这些参数不确定性的后期分布。由于一些历史和计算方面的原因，用于剂量-反应分析和非线性建模的“界面友好”软件仅局限于传统方法。而贝叶斯方法在软件包中运行时，需要更大的程序以及对统计学细节更深入的了解(详细的贝叶斯方法见 Hasselblad & Jarabek，1995；Gelman et al.，2004)。目前，要想成功地将贝叶斯方法用于软件中，就需要对统计学有深入的理解，而这又超出了该文的范围。即使是传统方法，在正确解释软件所得结果前，也需要了解某些基本原则。此处提到的一些基本观点，可能会有所帮助。

模型拟合的一般做法是，找到对数据达到最优拟合的模型参数值。基于该目的，可以确定一个标准函数来反应模型拟合的优劣。其目标是找到使判断标准达到最佳的参数值。对于许多常用模型来说，这种参数值只能通过反复多次的“试验—错误—试验”方法获得。许多情况下，采用对数似然函数作为评判标准。似然性可由数据离散的假设分布直接推导。对于质反应数据，通常采用二项似然；而对于连续数据，无论是试验观察到的反应还是对数转换后的反应，通常用正态似然方法。值得注意的是，正态似然函数的最大化实际上与平方和的最小化一样。

计算机软件利用运算法来寻找对数据达到最优拟合的模型参数值。虽然用户无需担心这种计算的确切内容，但是为了解释输出结果，需要对这个过程有些基本了解。以“试验—错误—试验”的方法，通过改变参数值，提高模型的拟合度，并对之进行评价，通过反复运算，尝试寻找“更好”的参数值。更高级的算法是，通过改变一个或多个参数值来评估使模型拟合达到最优化的斜率。只有给予一个可以运行的参数值，这种运算法就开始进行搜索。尽管软件本身可以对起始搜索值进行合理估计，但是用户可能需要改变这些数值。使用者应该认识到，最终结果取决于所选起始值的情形并不常见，尤其是当数据不能满足参数估计需要时。

4.2.2.5 协变量建模

在某些情况下，剂量-反应模型中应该包括除暴露变量之外的其他变量。例如，在流行病学研究的疾病模型中，不仅包含暴露变量，性别、年龄、社会经济地位、是否吸烟及其他与疾病相关的参数也常包含在模型内。这些因素本身可能并不直接受暴露影响，但是由于抽样方法的原因，它们可能与暴露的状态有关。除非在暴露与健康终点关系模型中包含恰当的协变量，否则就不能正确估计暴露的健康效应。

原则上，这种类型的混杂在生物试验(动物被随机分配到处理组)中是不应该发生的，但是在模型中包含性别或体重等协变量，可能会有助于解释与测量相关的变异。

4.2.2.6 基于生物学的剂量-反应模型

尽管生物学因素可以促使我们选择一个或几个经验模型，但是这种模型中的生物学信息非常小，因此，它们内推或外推的可信性主要来自于统计学的评估——数据拟合。基于生物学的剂量-反应模型属于另一个类型，它更加复杂，并能更加准确地模拟生物学细节，从毒性物质的最初暴露到最终的病理结果。通常，这种模型不但包括一个用于描述母体化合物及其代谢产物分布与代谢的 PBTK 模型，也包括将靶组织的毒物浓度与机体最终反应联系起来的其他机制或毒效动力学模型。模型中的毒效动力学部分可能相当简单，也可能像全面阐述致癌作用的随机模型那样复杂。

这种模型的确能对一系列的生物假设进行定量表达，当对关键试验进行严格检验时，该模型就变成一种将试验结果外推至暴露范围的可信工具，要想在受控试验中重现这种暴露范围是很难的，也是很昂贵的。从资源和时间来看，建立基于生物学的剂量-反应模型是相当昂贵的，因此仅会在最受关注的暴露和毒性领域充分构建这类模型。

4.2.2.7　不确定性

用既定模型估计出来的任何参数和预测值仅仅是一个点估计，而且或多或少是不确定的。这种不确定性主要有三个来源：

① 由单一试验的小人群推断更大人群所产生的抽样误差；

② 实际上，不同设计、方案或非受控条件下的试验的剂量-反应估计通常是不同的；

③ 事实上“真正的”模型是未知的，因此，当进行剂量之间的内推时就产生额外的不确定性，但是进行观察剂量范围之外的外推时所产生的不确定性更大。所有这些不确定性都可以通过概率分布或概率树在剂量-反应评估中表现出来。概率树技术是对所使用的数据集或模型进行多种合理假设，每种假设都可以得出一个估计值，这样就会获得一个合理的估计值范围。

4.4.2.8　外推问题

外推是所有风险评估的必要部分，除非剂量-反应建模所用的数据来自于数量足够的人群，而这些人群能够代表潜在的暴露人群且他们的暴露水平与所关注的水平相似，但是这种情况很罕见。大多数用于剂量-反应分析结果应用（第 5 步）的方法都可处理外推问题。用于外推的策略基本上可归为两类：一是旨在提供暴露水平超出剂量-反应分析数据范围的风险估计；二是旨在制定不能对风险进行量化的健康指导值，如 ADI。外推的方法多种多样，有时候，不同国家甚至同一国家的不同机构在不同方法的应用上也存在争议。

即使有适用于剂量-反应分析的人群数据，但这些数据一般都来自于特定人群或研究对象，比如职业暴露的工人，而他们的暴露情况与一般人群不同。因此，通常情况下需要将剂量-反应分析从有科学支持的观察状态外推到较弱或无科学支持的状态。对基于人群数据的剂量-反应分析，外推通常是向下外推到不同暴露水平，但也能外推到不同的生命时期（如胎儿或儿童），或外推至不同环境因素下（可能影响人群暴露，如饮食差异）的不同人群。

在 JECFA 和 JMPR 所讨论的大多数案例中，用于剂量-反应建模的数据都来自于动物试验研究，而动物试验中所用的剂量明显超过了人群的可能暴露量。对于这种剂量-反应分析存在两种外推问题：

① 从试验物种外推到人；

② 人群的反应存在差别。用于解决这些外推问题的方法很多，包括不确定因子、基于人类与试验动物以及人类个体间差异的毒代动力学和毒效动力学的复杂建模方案等。

4.2.3　化学性危害的剂量-反应分析

4.2.3.1　NOAEL 法

NOAEL 是指在规定的暴露条件下，受试组和对照组出现的有害效应在生物学和(或)统计学上没有显著性差异时的最高剂量或浓度。比 NOAEL 高一档的实验剂量就是 LOAEL，即观察到明显有害效应的最低剂量。有时在文献中还能看到无观察作用剂量(NOEL)这一术语，其含义与 NOAEL 基本一致，只是 JMPR 常用 NOAEL，而 JECFA 习惯用 NOEL。

不同的实验设计会得到不同的 LOAEL 或 NOAEL 值，这取决于设计时采用的不同的实验条件。

例 1，样本数目。每组的动物样本数越多，未观察到有害作用效应的可能性越小，确定的 NOAEL 灵敏度就越高，但成本和代价也随之上升。目前在实验指导原则中通常推荐的组的大小在灵敏度和可行性之间已作了很好的权衡。

例 2，剂量间隔。NOAEL 是可直接应用于研究中的剂量之一。在实际的数据中，NOAEL 取决于实验中选择的剂量水平和 LOAEL 水平所对应的效应强度。如果间隔过大，且高于 NOAEL 的第一个剂量组(LOAEL)的效应强度很微弱，那么得到的 NOAEL 值很可能会低于真正的阈值；相反，若间隔小一点，NOAEL 将可能更接近阈值。

例 3，实验变化。实验变化包括受试者生物学的变化(如基因)、实验环境的变化(如喂养时间、实验室位置、选择时间或中期度量)和实验误差。实验变化越大，统计代表性越差，导致较高的 NOAEL 值。

因此，在讨论 LOAEL 或 NOAEL 时应说明具体实验条件，并注意 LOAEL 有害作用的程度。对获得的剂量-反应数据，采用该法可对 ADI 进行计算。其分析计算的基本过程见表 4-4。

由于 NOAEL 是一种实验观察结果，因此，此法中关键的步骤是在合理试验设计的基础上，获得恰当的数据并确定 NOAEL 值。表 4-4 中的步骤 1 指出，较好的数据应该是由具有合适数量的剂量水平和灵敏度恰当的反应终点值组成，而统计学方法(步骤②)、统计学关联(步骤③)和参数估计(步骤④)合起来描述了 NOAEL 的确定方法。考虑到反应的过程，R(D)形式为：如果一个反应在某给定剂量时与对照组有差异，常会对此数据进行统计学检验(表 4-4 步骤③)。当发现反应差异不显著时，可简单地以实际零值来表示结果。当然，有时这并不能确定在该给定剂量下其作用结果真的为零。

表 4-4 对剂量-质数据由 NOAEL 方法计算 ADI

步骤	由 NOAEL 方法计算 ADI
① 数据选择	足够的样本量,至少包含一个无效剂量和一个有效剂量。足够灵敏度的反应终点值也十分重要
② 模型选择	统计学方法: $R(D)=\begin{cases}0,\text{如果在剂量 } D \text{ 处的反应与对照组反应无显著性差异}\\1,\text{如果在剂量 } D \text{ 处的反应与对照组反应有显著性差异}\end{cases}$
③ 统计学关联	在剂量组和对照组间进行两两统计检验
④ 参数估计	评估的出发点 $NOAEL=D_{NOAEL}$。当对所有的 $D\leqslant D_{NOAEL}$ 时,$R(D)=0$;当所有 $D>D_{NOAEL}$ 时,$R(D)=1$。此过程的前提是所有剂量低于 NOAEL 时无显著性差异,高于 NOAEL 时有显著性差异,但实际情况并非一定如此
⑤ 运行	$ADI=\dfrac{NOAEL}{UFs}$
⑥ 评价	UFs 为不确定系数。应进行统计学的检验分析以核对实验是否足够灵敏,是否可以检测到相关效应

这种统计检验常用来确定每一单独的剂量水平下是否存在统计学上的高于背景值(一般指对照组)的显著增长(如在 5%水平上)。NOAEL 的确定就在于识别了在统计学上没有显著差异的最高剂量水平,由 D_{NOAEL}(表 4-4 步骤④)来完成,因为所有没有显著差异的较小剂量表述为 $R(D)=0$,所有具有显著差异的较大剂量表述为 $R(D)=1$。因此,数学上这种评估可以写为:NOAEL$=D_{NOAEL}$。当对所有的 $D\leqslant D_{NOAEL}$ 时,$R(D)=0$;当所有 $D>D_{NOAEL}$ 时,$R(D)=1$。此过程的前提是所有剂量低于 NOAEL 时无显著性差异,高于 NOAEL 时有显著性差异,但实际情况并非一定如此。有时需要经验和专家的判断才能确定 NOAEL 值。在获得 NOAEL 值之后,可将该值除以合适的不确定系数(也称为安全系数)计算得到 ADI。

一般使用默认的不确定系数(Uncertainty Factors,UFs)即 100。这是由两个 10 倍的系数相乘得到的。第一个 10 是一般人对于毒物的敏感性可能比通常的受试动物高 10 倍,属于种属间系数;另一个 10 是一般人和敏感人质检的差异,属于个体间、种属内或人的变异系数。一般假定这两个系数是相互独立的,因此,从人体或动物研究中所得到的 NOAEL 值都可采用此法计算得到健康推荐值。但对于数据充分的化合物来说,尽可能采用化学特异性调节系数(Chemical-specific Adjustment Factors,CSAFs)来代替这种比较简单的默认系数。这一系数可以通过化学特异性代谢动力学和效应动力学的研究分析获得,通常的做法是将获得的动力学数据进行科学、定量的计量一反应分析,从而将种属间和个体间差异的 10 倍系数分别进一步细分为毒代动力学(化学物在体内的运送)和毒效动力学(化学物在体内的效应)系数。采用CSAFs代替UFs,可以使风险评估过程更加科学。

无论选择怎样的系数值,基于DRM的NOAEL值推测ADI的公式如下(表4-4步骤⑤):

$$ADI = NOAEL/UFs \quad (公式 4\text{-}3)$$

表4-4步骤⑥用来分析整个实验设计的效果,也可用来评价获得的健康推荐量的灵敏度和所选的不确定系数的适宜性。不过,已有一些专家对用NOAEL确定ADI的方法提出了质疑。他们认为,即使在数据充足的基础上,NOAEL方法也趋于得到较低的化学物ADI值。

4.2.3.2 BMD法

另一种预测评估健康推荐值的方法是BMD法。BMD是基于动物实验取得的剂量-反应关系分析的结果。BMD通常定义为:与对照组相比达到预先确定的损害效应发生率(一般为1%～10%)的统计学置信区间(一般为95%)的下限值,该值又可称为基准剂量可信区间低限值(BMDL,简称BMD)。

与NOAEL一样,BMDL也是通过使用不确定系数,对可接受暴露水平(如ADI)进行评估。但与NOAEL法不同的是,这种方法定义了非零效应的暴露水平,利用了更多的剂量-反应信息。它首先将可获得的数据进行数学拟合,然后确定与特定反应相关的剂量水平。这一特定反应水平通常又称为基准反应水平(BMR)。可以肯定的是,在BMDL剂量水平下产生的效应不会超过BMR水平。因此,BMD是基于临界效应的整个剂量-反应曲线分析获得的,能反映剂量-反应曲线的整体特征,而不是像NOAEL仅根据单一剂量获得。

表4-5 是依据剂量-质反应数据,由BMD确定ADI的基本过程。

表4-5 由BMD确定ADI的基本过程[韦泊分布模型(Weibull Model)]

步骤	由NOAEL方法计算ADI
① 选择数据	有足够的不同反应水平的剂量组并且有足够数量的受试个体
② 选择模型	拟合剂量-反应模型(韦泊分布模型)
③ 统计学关联	预测部分和可观测部分关联性,优化拟合标准方程使它们的"距离"减小(如基于假定分布的拟合函数的选择)
④ 参数估计	在试验反应范围内选择一个合适的反应,p 以 BME_p 的置信下限为95%来估计 $BMDL_p$ 值。此处 p 为:$\frac{R(BMD_p)-R(0)}{1-R(0)}=p$,式中 $R(0)$ 指剂量为零时的效(反)应,即对照组反应
⑤ 运行	$ADI=\frac{BMDL_p}{UFs}$
⑥ 评价	通过与各种模型拟合检验所选模型BMD的灵敏度

选择 BMD 模型数据（表 4-5 步骤①）与 NOAEL 法基本相似。因为 BMD 只能使用适合进行模拟的数据，因此，一般至少需要三个不同反应水平的剂量组。在此，每组样本数的多少不是最关键的，因为不用识别未发生不良作用。当然，如果每个剂量组的动物数量过少，那获得的数据不管是用来确定 BMD 还是确定 NOAEL 都会有问题。研究表明，反应水平随着剂量水平的变化单调递增或递减的数据最适合用在 BMD 法上。当然，这种实验数据通常适用于所有的 DRM 分析。

为 BMD 法（表 4-5 步骤②）选择模型时取决于所获数据的类型以及将被用于建模的反应的特征，复杂的模型比简单的模型需要更多的剂量组。人们已提出适用于各种类型数据的模型。在美国环境保护署的基准剂量软件（BMDS）程序中，列举了许多常规使用的模型（http://www.epa.gov/ncea/bmds）。例如，假定现有数据代表了每一剂量组中所给定暴露水平下动物损害反应情况（如癌症）的比例，那么模型选择可能是韦泊分布模型。该模型具有如下公式：

$$R(D)=\alpha+(1-\alpha)(1-e^{-(D\times\beta)^{\gamma}}) \qquad \text{（公式 4-4）}$$

式中：α 是未经暴露组动物反应的比例；β 是每单位剂量不良反应增加的概率；γ 代表了剂量-反应曲线的形状（如 $\gamma\geqslant1$，隐含着阈值的信息；$\gamma=1$，隐含着对数线性的信息）。

数据和模型在统计学上的关联呈现许多不同的形式（表 4-5 步骤③）。对剂量-质反应数据而言，假定数据在每个剂量组中呈二项式分布是适宜的。

BMD 法中评估模型参数（表 4-5 步骤④）的方法也有所不同。在这一步骤中，主要的关键是对 BMR 进行确定。一般来说，所选水平应该是对健康影响可忽略的水平，通常为 1%～10%。但实际上很难确定，因此不清楚什么反应水平可被界定为无害效应。如将有害效应的临界点定为血液中红细胞计数减少 5%还是更少或更多？在动物试验中，是选择肝细胞肿大发生率增加 5%作为可接受水平还是选择增加 10%更合适？这些选择需要毒理学家和临床学家共同进行商讨，其结果仍是一个主观的专家判定的结果。因此，虽然在 BMD 法中，对 BMD 相对应的 BMR 值有清晰的描述，不像 NOAEL 方法对 NOAEL 相关的反应水平毫不知情，但对于 BMR 的选择确定仍需达到一个共识。因为 BMR 的不同选择可能导致不同的健康推荐值。

BMR 选择中，最常用的方法是选择一个过度的反应，常为 10%反应水平，表述为 $p=10\%$ 或 BMR_{10}，那么相应的 BMD 也明确标记为 BMD_{10}。对于前述例子中的韦泊分布模型而言，常用的方法是选择能使基于二项分布的对数似然值最大化的参数。由于认为低于 BMD 值时获得的反应效应可以忽略不计，因此，如果使用额外风险的方程式，可根据以下公式计算：

$$\frac{R(BMD_p)-R(0)}{1-R(0)}=p \qquad \text{（公式 4-5）}$$

对于各种可供选择的模型，相应的临界效应剂量的置信区的计算也有很多方法。选择好方法，完成 BMD_p 为 95%的统计下限（也称为 $BMDL_p$）的估算后，ADI 的计算公式如下（表 4-5 步骤⑤）：

$$ADI = \frac{BMDL_p}{UFs} \quad \text{（公式 4-6）}$$

在此计算中，不确定数值可以和 NOAEL 方法中所用值一样，亦可稍调整以说明 $BMDL_p$ 与 NOAEL 相比有细微不同之处。实证研究表明，利用 BMD 法研究得到的结果与 NOAEL 法确定的剂量十分相似，它们能产生类似的 ADI 值。

综上所述，BMD 法包括基准反应水平的确定、基准剂量水平的确定以及它们的置信度的确定。同时，利用拟合的模型还可以外推估计高于或低于 BMDL 剂量时的反应，或者估计特定反应水平时的剂量。但应该注意由单个模型外推并不合理，因为数据拟合的其他模型也可能得出不同的低剂量估计值。对 10%反应水平的 BMD（BMD_{10}）进行线性外推是低剂量外推的简单方法，但一般并不建议使用。

4.2.3.3 剂量-反应分析时考虑的要点

如何将动物实验分析中观察到的结果合理外推到对人体的潜在影响，从而保护人们远离化学暴露所带来的潜在危害，始终是一个挑战。

前文已述，NOAEL 和 BMD 均可作为推定 ADI 的出发点。当然，当需要低剂量外推时（如遗传毒性和致癌物质），以整个剂量-反应效应曲线分析为基础的 BMD 法可能会更有效，虽然已经强调仅由一个模型进行外推是不合理的。其实，目前贝叶斯法也正在统计数据的不确定性和模型的不确定性方面进行完善。

一般来说，标准的 NOAEL 方法可视为一种特殊的、简化的剂量-反应关系分析。其 NOAEL 值是由可观测的剂量-反应数据中直接得到的，其剂量作用与零剂量无显著性区别。假定在毒理学中采用了典型的动物试验研究，则其作用大小可通过统计学检验大于10%来加以确定。因此，实际上 NOAEL 值可能是效应值介于 0 和 10%或者更多的一个剂量。正由于 NOAEL 法严重依赖于统计学显著性检验，导致即使在有充足数据的基础上，也可能因某些不精确数据的存在，对那些化学物给出一个较大的估计结果。而这一情况在以整个剂量-反应效应曲线分析为基础的 BMD 法中很难发生。因为 BMD 是一个预定义了效应值的剂量，因此其在风险评估的控制之中。同时，它也可以提供NOAEL法无法提供的大于 ADI 时的量化风险信息。但这并不是说，BMD 法就是完美无缺的。

4.2.4 生物性危害的危害特征描述

这一部分提供了摄入含微生物或其毒素的食品可能造成的不良作用的严重性和持续时间的定性或定量描述。危害描述应包括对微生物的描述、对宿主的描述以及致病性微生物的剂量-反应模型。微生物的剂量-反应模型是指进入胃肠道的一定数量微生物（剂量）和与之相关的人体负面健康作用的严重性和/或发生频率（反应）之间的关系。通常获得剂量-反应关系的最佳途径是进行人体志愿者试验，但由于参与试验的志愿者很少涉及高危人群，而且试验剂量水平较低，从而造成数据存在一定的不准确性。流行病学统计资料是进行剂量评估的良好数据来源。当不存在一个已知的剂量-反应关系时，风险评估工具（如专家的启发）可以用于判断危害描述的各种因素，如疾病严重性、持续时间和传染性等。此外，也经常参考一些动物剂量-反应模型的资料。根据某地区的流行病学数据或运用预测微生物学的知识，计算出该地区人群某种有害微生物的平均摄入量，根据相关理论模型或运用回归技术，得到该种有害微生物的剂量-反应曲线。

确定某种微生物的剂量-反应关系是非常复杂的，受到很多因素的影响。影响剂量-反应关系的因素包括以下几个方面。

1）致病菌的传染性、毒力和致病性

不同致病菌的致病模式不同，这种致病模式在本质上影响着剂量-反应关系，因此，要识别这些微生物是否有传染性或是否产生毒性、识别毒力因子、确定细胞吸收与负面健康作用间的关系、传播模式、菌株和亚型间的变异性、宿主特异性以及它对疾病的影响等。

2）致病菌的感染宿主和媒介物特性

由于宿主存在敏感性差异，致病菌对人体健康的负面作用大小就与宿主的易感性有关，尤其是那些处在风险状态的亚人口，如糖尿病可以使宿主更易于受到感染或患病。人口的特性如老年人、孕妇、营养状况、免疫状况都可以影响个别宿主对食源性疾病的易感性。因此必须在危害描述中说明微生物危害的感染宿主、易感人群及其特点。

3）食品成分对致病菌感染、生存、繁殖和产毒的影响

有必要在危害描述中描述相关食品对病原菌产生的影响。食品的某些成分可以抑制竞争性微生物菌群，进而影响病原菌的生存，或改变微生物的致病性，从而改变其在宿主体内引起的反应。

4.2.4.1 致病菌的剂量-反应分析

微生物剂量-反应评估的目的是得出一个存在于微生物暴露水平和不良结果可能发生概率之间的关系。通常，如果某一微生物的风险是可接受的并且允许开展实际试验（人体或动物如果在可观测范围内就可进行直接的风险评估，则无需进行剂量-反应分析），然而，由于由单一暴露情况得出的风险水平通常远低于 1/1 000，因此，通过直接试验去评估风险是不切实际的（同时还涉及道德问题），因为这一过程需要大于 1 000 个试验对象才能确定“可接受”的剂量水平。因此，使用参数化的剂量-反应分析由低剂量（低风险）外推结果是很有必要的。

1）微生物剂量-反应关系机制框架

致病性微生物区别于其他人类健康风险（如化学物质、电离辐射）有两个最关键的特征，任何一个剂量-反应模型如不考虑到这些因素，则将缺乏生物可行性。首先，尤其是在低水平时，微生物的分布统计特征表明：当某一人群暴露于致病源时必然会得到一个实际

剂量的分布。例如，一群人中每人正好消费 1 L 水，其中生物体的平均浓度为0.1 个/升，那么我们预计(假设为随机，泊松模型 t 分布)有 90%的人[exp(−0.1)]实际上不会饮用生物体，大约为 9%的人[0.1exp(−0.1)]饮用了 1 个生物体，0.45%的人将饮用 2 个生物体，0.015%的人将饮用 3 个或更多的生物体。如果处于剂量间的生物体分布为非随机(如负二项分布)情况，则该百分比显然是不同的。任何生物学上可行的剂量-反应框架都应考虑到这一现象。

致病性病原微生物的第二个方面的特征是:它们具有在易感宿主体内合适的位置进行繁殖的能力。但事实上，这可能是由致病性病原体与人类间协同过程中所形成的致病微生物的特别性状。虽然有许多详尽的良好食品卫生规范、人体免疫机制以及使用大量抗菌剂等方法阻碍微生物的侵染，但是致病和疾病过程却表明了这些致病性病原体可以越过这些障碍。微生物致病的时间过程可被表述为其在宿主体内新生与死亡的竞争过程，当新繁殖的微生物所产生的个体负荷足以高于一些关键水平的诱导效应时就会发生致病结果。

微生物病原体的暴露可导致一系列终点值(图 4-2)。一部分个体 P_1 将受到感染。其以微生物体在宿主体内进行增殖而进行感染，通过排泄排出。此外，测量血清抗体的升高或体温的升高可以表明是否得到感染。这些感染者中 $P_{D:I}$(术语为发病率)比例部分将会致病。在这些致病者中，将有 $P_{M:D}$比例部分人会死亡。

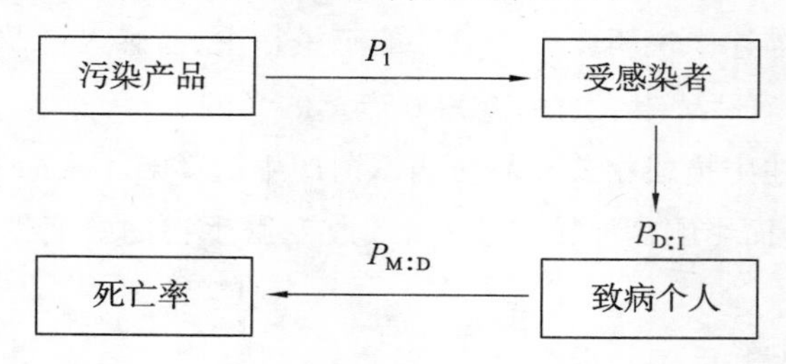

图 4-2 微生物暴露终点值示意图

在剂量-反应估计中，我们主要集中于早期的进程，尤其是感染的过程。对 P_1 与剂量间的关系特点进行表征。从公共健康的观点来看，集中于感染并将其作为最初的研究对象是合理的，因为感染的极小化程度可能会在分析中引入保守成分。

感染通常被定义为:病原菌摄入后突破所有屏障并在靶点快速生长的过程。这一过程的发生可被视为是两个连续的子进程:

① 人体宿主必须摄取了一个或多个生物体。

② 生物体经过裂变或倍增裂殖进行宿主反应从而造成感染或疾病，所摄入的生物体仅有一部分到达感染所进行的位点。

由平均剂量(可能同时估计了体积和浓度)为 d(进程的第一步)的暴露水平中所摄入生物体的精确概率 j 被记为 $P_1(j/d)$，概率 k 的存活生物体($\leqslant j$)开始了感染过程(第二步

骤)被记为 $P_2(k/j)$。如此两个过程被视为独立的过程,那么存活微生物开始感染的整体概率 k 被记为:

$$P(k) = \sum_{j=1}^{\infty} P_1(j/d) P_2(k/j) \qquad \text{（公式 4-7）}$$

函数 P_1 包含了在实际摄入生物体数量或其他暴露中个体间的变异情况,函数 P_2 表述了生物体-宿主动态相互作用,即一部分生物体存活并感染宿主的情况。

若只有当一些临界值数量的生物体存活进行感染时感染现象才会出现,而这一最小数量被记为 k_{min},那么感染概率(如试验对象中暴露于平均剂量 d 的那些对象将受到感染)可被表述为:

$$P_1(d) = \sum_{k=k_{min}}^{\infty} \sum_{j=k}^{\infty} P_1(j/d) P_2(k/j) \qquad \text{（公式 4-8）}$$

此处需强调的是,方程中 k_{min} 的确切意义与常用术语“最小到达剂量”是不一致的。后一个术语是指平均给药剂量,多数情况下只与平均剂量相关。

被摄入(或被接种)的细菌可能出现以下两种极端形式之一:一是假定为共同行为,即宿主的死亡是由于细菌们相互结合作用的结果;二是假定为单独作用,但通常所需细菌个数要多于一个,因为一个所被假定的细菌的致死率要小于其整体时的概率。这就好比一个水平很差的枪手在射击一个瓶子一样,尽管他的目标性很差,在经过少数几次射击后瓶子可能不会爆破,但是如果他持续射击,最终很可能射中瓶子。这样近处观察者可能会认为瓶子是被一颗子弹所打中,但那些远处的观察者因仅仅被告知在瓶子破碎前被射击的总次数,那么这一状况将不能排除瓶子破碎是由所有射出的子弹所产生的累积压力而形成的可能。目前,这两个假定已被 k_{min} 等于 1 时的术语“单独作用假说”(Independent Action)及 k_{min} 大于 1 时的“共同作用假说”(Hypothesis of Cooperative Interaction)所替代。

假如 k_{min} 被理解为不是一个单一的数字而可能实际上是一个概率分布的话,那么以上方程则可看作所有可行的剂量-反应模型的通用形式。通过指定 P_1 和 P_2 的功能形式,同时指定 k_{min} 的数值,那么我们就可得出一些具体有意义的剂量-反应模型。

4.2.4.2　剂量-反应分析时考虑的要点

通常获得剂量-反应关系的最佳途径是进行人体志愿者试验,所以许多食源性致病微生物的剂量-反应评估资料很有限或者根本不存在,或者由于多种原因而不准确。流行病学统计资料是进行剂量评估的良好数据来源。当不存在一个已知的剂量-反应关系时,风险评估工具可以用于判断危害描述的各种因素,如疾病严重性、持续时间和传染性等。此外,也经常参考一些动物剂量-反应模型的资料。由于由动物研究结果外推人体风险估计的原则尚未彻底研究,那么当使用动物数据时,与暴发的流行病学调查数据比较进行有效性验证显得尤为重要。

4.3 暴露评估

4.3.1 暴露评估的数据来源

膳食暴露评估所需要的数据取决于评估目的。评估膳食暴露量时,化学物可以是:

① 批准使用前(尚未批准使用);

② 已经在食物中使用数年(已批准使用);

③ 天然存在于食品中或由于污染所致。

在第一种情况下,化学物的浓度可以从食品制造和加工商那里获得。其他两种情况,可以从市场上的食品中获得化学物的浓度数据。对于每一种评估,都应该评估现有数据的适用性(如某些市场来源的数据可能不足以进行急性暴露评估)。

4.3.1.1 食品及水中化学物浓度数据

在膳食暴露评估中,获取精确的食品中的化学物浓度数据和食物消费数据是很重要的,对于获得食品中一致的且具有可比性的化学物浓度数据,样品的采集、分析及报告程序十分关键(WHO,1985;Petersen et.,1994)。在国际层面上,基于一致原则获取的食品中的化学物浓度数据对于暴露评估尤其重要,因为只有这样,来自不同国家的数据才可以进行比较后整合。表4-6总结了食品中化学物浓度数据的可能来源。

国际法典的相关委员会可根据JECFA或JMPR的建议,决定国际层面上的膳食暴露评估所使用的适当的数据来源和食品中化学的浓度水平。

(1) 最高限量(Maximum Levels, MLs)或最大残留限量(Maximum Residue, MRLS)在膳食暴露评估(化学物批准使用前)中的应用

如果将法典中的MLs或MRLs用于膳食暴露评估,当考虑这些数据的潜在不确定性时,了解MLs或MRLs的推导方法是很重要的。对于农药残留,MRLs由JMPR根据良好农业操作规范条件下的田间实验结果提议,然后经农药残留法典委员会(CCPR)讨论并推荐给CAC。对于兽药残留,MRLs由JECFA根据兽药使用良好规范条件下的控制残留清除实验提议,然后经食品兽药残留法典委员会(CCRVDF)讨论并推荐给CAC。

表4-6 食品中化学物质浓度数据来源

化学物类型	批准使用前的膳食暴露评估	批准使用后的膳食暴露评估
食品添加剂	建议的MLs	登记的生产商使用水平
包装材料	建议的生产商使用水平 迁移数据(使用于包装材料)	食品企业调查 监测数据 TDS 科学文献

续表

化学物类型	批准使用前的膳食暴露评估	批准使用后的膳食暴露评估
污染物，包括天然毒素	建议的 MLs 监测数据 TDS GEMS/食品部分数据库 科学文献	
农药残留	建议的最大残留水平(MRLs) HR STMRs	监测数据 TDS GEMS/食品部分数据库 科学文献
兽药残留	残留清除实验	监测数据 TDS 科学文献
营养素	建议的强化的 MLS 食物成分数据	监测数据 TDS 科学文献

注：HR，田间监管实验的最高值；ML，最高限量；MRL，最大残留限量；STMR，田间监管实验残留中位数；TDS，总膳食研究，包括所有批准前暴露评估的数据来源。

对于农药残留和食品添加剂，最大残留限量/最高限量(即 MRLs 和 MLs)通常都是基于良好操作规范而制定的，但是如果从消费者安全方面考虑，这些值可能会更高。对于兽药残留，也要考虑良好操作规范。然而，膳食暴露估计值应该低于 ADI 才是决定因素。在批准之前，当基于良好操作规范获得的最大水平/限量建议值导致潜在的慢性或急性膳食暴露超过相关的健康指导值时，在最终决定 MRL 或 ML 时，可能会使用更准确的数据进行精确膳食暴露估计。对于兽药残留，目前 JECFA 的做法是使用“菜篮子”方法推导并估计出可能的膳食暴露；在国际层面，这种估计并不精确，但在国家层面，可能会进行进一步的精确暴露评估。

就化学污染物而言，MLs 由食品污染物法典委员会(CCCF)根据 JECFA 的建议而设定。MLs 需要与可耐受摄入水平相匹配，并且是基于食品中能够达到的最低污染水平，而不需将该种食品从食品供应链中清除。对于具有慢性毒性效应的污染物，在可能出现该污染物的食品中建立其 MLs 不可能直接或立即影响人群的暴露水平，除非大量的食品被从市场上撤除。此外，当一种化学物的总暴露水平低于健康指导值时，对暴露有贡献的食品的 MLs 不可能对公众健康造成任何影响。

Codex的营养素标准可能会反映食品中营养素的典型水平。有时，这些水平适用于食用前需要加工的食品。

(2) 其他化学物浓度数据在膳食暴露评估(尚未批准的和已批准的化学物质)中的应用

利用最高用量/限量可以很方便地进行未批准使用化学物的膳食暴露评估，但是应该意识到，每个人消费的食品未必总是含有相应的最高用量/限量的化学物浓度。为了更精确地估计膳食中化学物的可能含量，需要食品中化学物含量的分析数据。这些数据可以来源于田间试验和动物试验数据(农药和兽药残留)或食品的监测数据(所有化学物)。在国际和国家层面的暴露评估，最好选择不同来源的数据。某些商品是大量单个食品混合而成(如橙汁)，在这种情况下，使用单个食品或组合样品的浓度的算术均数来估计该商品的浓度是比较合适的。

当使用由各国或其他来源的数据进行国际暴露评估时，应尽可能对数据的来源、调查/设计的类型、采样过程、样品制备、分析方法、LOD和(或)LOQ以及质量保证程序进行详细的描述。

对于急性膳食暴露评估，应该意识到，尽管汇总的监测数据能够对平均残留水平进行可靠的估计，但这种数据并不能对单一样品中所需的最高残留水平进行可靠的估计。

(3) 获取食品中化学物浓度数据的方法

① 监管试验和残留清除试验(只适用于农残和兽残)：传统上，食品中未批准使用物质的残留数据主要来源于农药的监管试验和兽药的残留清除试验，而这是农药和兽药获得批准上市必须提交的数据。

对于农药残留，这种田间试验通常是由生产商或其他机构进行。该试验模拟注册的最大使用情形(包括使用率、使用次数、收获前或停药间隔期等等)。试验旨在确定动物性或植物性食品和饲料在最早进入市场时的化学物最大残留水平，并用于制定法规上可行的残留水平。这些数据通常高估了膳食中化学物的含量，因为它们反映的是最大使用率和最短停药间歇期的残留水平。因此，这些数据不能作为评估实际膳食暴露的首选数据，但是可以用作评估根据GAP计算的MRL建议值对消费者安全性的首选数据。

对于兽药残留，残留清除试验通常是由生产商或其他商业机构进行，在目标种属动物上使用商业配方和推荐的剂量规格进行试验。选择的剂量应该代表注册剂量的最大水平。该试验是用来估计兽药在可食部分和产品中残留物的形成和清除(用作标记物残留)，并用作推导MRLs和估计暴露量的基础。MRL是残留物清除曲线上对应选定时间点的残留浓度的第95百分位数的95%可信区间上限值。使用MRLs进行暴露估计，会高估可能存在于动物性食品中的残留物的浓度，因为这是假定所有的目标种属动物都使用了该兽药，且动物性产品都是恰好在95%的残留物浓度清除到MRL水平时获得的。因此，MRL不能用作膳食暴露评估的首要数据。然而，MRLs可在下列情况下用作保守的膳食暴露评估:当残留清除试验中残留水平很低或未检出时,或MRLs是根据其他因此指定的,如分析方法的LOQ。

监管试验数据和残留清除试验结果并不考虑残留物有时会在农田和市场或家庭之间发生降解的情况,也不考虑残留物在食品制备和加工时潜在的损失情况。

② 监测数据:反映食品中化学物浓度的数据经常是通过监测项目获得的,这些食品样品来自流通链中接近消费的环节。这些数据通常较好地反映了消费者购买的食品中的化学物浓度(EC,2004;USFDA,2004b;USDA,2008)。

监测数据有两种类型:随机型和目的型。目的型数据通常是出于执法目的,为了解决某一特定问题而收集的,当使用这种数据进行膳食暴露评估时要十分谨慎,因为这些数据并不能代表所有市售食品。真正有代表性的残留数据很少,应该对用于膳食暴露评估的残留数据的来源进行仔细描述和评价。

对于已批准使用的兽药和农药的慢性膳食暴露,适当的监测数据要优于田间监管试验和清除试验数据,因为原则上讲,前者更接近于实际食用状态。这些样品通常是从接近于食用环节的终端市场和运送到超市和食品杂货店之前的大型配送中心随机抽取的。因此,这些数据考虑到了残留物在运输和储存过程中发生的降解情况。对于农药而言,也可能同时提供了收获后在食品分配过程中作为防腐剂使用的杀真菌药和生长调节因子的残留情况。然而,有些监测项目是为了验证给定标准的依从性,可能不使用最敏感的分析方法,或只用标记器官,例如,可能只会分析肝脏中重金属污染物的残留情况,而不会描述食用食品中的的化学物浓度。

对于急性膳食暴露评估,只有一小部分进入食物链的食品被监测,这意味着使用监测数据会有明显的局限性。

③ 用校正因子对化学物浓度进行优化:食品中的化学物浓度可以用基于未加工原料浓度数据的校正因子进行优化,以反映加工导致的或考虑实际可食用部分后的化学物浓度的变化。在膳食暴露评估中通常使用加工因子,以使结果更能反映实际的暴露水平。特殊情况下,对农产品的加工可以升高或降低食品中化学物的浓度,或改变食品中化学物的属性。加工实验通常是特别针对食品、活性成分和加工过程。在缺乏加工实验的情况下,有时可以根据某些加工操作效应方面的一般信息(如葡萄晒干后制成葡萄干),使用标准的质量守恒假设(USEPA,1996)。

在某些情况下,风险评估者需要考虑国产和进口的作物或食品比例,从而对农药残留的膳食暴露进行精确估计。在许多情况下,预计只有部分食品或作物中含有待评估的化学物。当存在能够量化该部分食品比例的数据时,可以将这些数据作为校正因子纳入到浓度数据中,从而得到更准确的慢性膳食暴露评估结果。在制定农药残留MRLs的过程中,如何使用这类数据进行膳食暴露评估,目前在国际上尚没有达成一致性共识。有些数据仅针对某个国家或地区,只有当进行国家层面的膳食暴露评估时,才可以使用这类数据。

④ 总膳食研究：原则上讲，总膳食研究（TDSs）是反映生活在一个国家的人群（也可能是亚人群）通过食品实际摄入的农残、污染物、营养素和（或）其他化学物平均浓度的最准确的方法。然而，某些 TDS 的准确性因样本量有限和调查持续时间而有所降低。因此，在使用 TDS 数据进行膳食暴露评估时，应该检查其是否适用于评估目的。

TDSs 的浓度数据与其他通过监测获得的数据有所不同，因为前者反映的是已制备完毕的用于正常消费的膳食中的化学物浓度。TDS 并非基于以前的食物成分数据，也不需要使用未加工食品的加工因子，因为估计的膳食暴露是基于食品的可食部分。例如，香蕉是去皮的，所有相关的化学物残留随香蕉皮一起去掉（FAO/VVHO，1997）。TDS 同时考虑了烹调对不稳定化学物质的影响以及所形成的新化学物。

TDS 所用的分析方法应该能够检测出食品中适当水平的化学浓度。一般来说，TDSs 所用检测方法的 LODs 或 LOQs 要比执法所需的检测方法低 10～1000 倍。

TDS 涉及的范围广泛，在资源有限情况下可对样品进行合并。样品的合并可以基于单个样品，也可以基于一类食品。这样的合并不会影响对总暴露的估计，但是会降低确定食品中化学物特定来源的能力。出于对资源的考虑，与针对每个食品获得的监测数据（通常样本量为 30～50 或更多）相比 TDS，通常只有很少的针对单个食品或食品类别的平均浓度数据（通常样本量为 1～8）。

（4）可获得的食物成分数据库

① 营养素的食物成分数据：食物成分数据库含有各种食品和饮料的营养素含量信息，它们是基于对食品中营养素的化学分析，同时补充了一些计算估算的数值。大部分食物成分数据库是国家层面的，然而有些是针对地区的。由于不同国家食品的差异（例如，品种、土壤、加工和强化），以及食物成分的鉴定、食品描述和分类、分析方法、表达方式和使用的单位等人为差异（Deharveng et al.，1999），导致很难在国际层面对大多数国家数据库中报告的营养素数值进行比较。

目前，正在进行国际层面的努力来协调这个问题，主要是在联合国大学的国际食品数据系统网络（http://www.fao.org/infoods/index_en.stm），或在欧洲水平的欧洲食品信息资源网络（EuroFIR）（http://www.EuroFir.net），目的是产生和编辑高质量的营养素数值，以便于不同国家之间进行比较。通常来说，仅仅基于食品名称来互换营养素数值对于使用和评价这些数值是不充分的。使用标准术语来描述食品和成分将有利于在国际层面上使用这些数据。有些工作已经完成了，包括术语标准化（http://www.fao.org/infoods/nomenclature_en.stm），成分鉴定（Klensin et al.，1989；http://www.fao.org/infoods/tagnam(tagnamess_en.stm)）和格式以及程序互换（Klensin，1992；http://www.fao.org/infoods/interchange_en.stm）。食物成分数据互换指导原则在 1992 年被提出，自此该原则被逐步扩展或更新（见以上网页，另见 http://www.fao.org/infoods/index_

en. stm)。

许多国家对多种食品进行自愿强化，这种现象日益增多，给食物成分数据管理者带来了几乎难以克服的挑战。为了准确描述食品中的营养素含量，食物成分数据库应该经常更新并更有针对性，以致足以涵盖同一食品的多种不同配方。为了提高营养素摄入量估计的准确性，食物消费量评估应该收集足够的加工食品信息，以确保食物成分数据与食物消费数据相匹配。

② GEMS/食品数据库：WHO GEMS/Food 项目的活动之一就是维护相关机构收集的食品中的污染物和农药残留水平的信息数据库，以及基于国际推荐程序(WHO，1979，1985，1997；FAO/WHO，1997)通过 TDSs 和双份饭研究获得的食品中的化学物估计膳食暴露量信息。

GEMS/Food 国际数据库包括食品中的污染物和农药残留的单个和聚合数据。GEMS/Food 已经提供了有助于理解所使用术语的信息以及如何提交数据(EC，2004；WHO，2005b)。基于公共卫生考虑，GEMS/Food 同样也建立了关键的、过渡性的和综合的污染物/食品组合优先名单。这些名单经常被更新。

除了电子数据提交协议外，WHO 还开发了计算机系统，以允许直接将数据录入 GEMS/Food 数据库、检索数据以及从数据库中编写报告。这个系统，即单个和聚合的实验室数据分析操作计划程序(OPAL1)，可以按需获得(foodsafety@who. int)。同样也可以获得 OPALⅡ，即基于 TDSs 和双份饭研究提交食品中的污染物膳食暴露数据。

可以通过互联网在 http://www. who. int/foodsafety/chem/gems/en/上获得 GEMS/Food 数据库。在这一方面，未经数据提供者同意，数据库中的数据视为保密，在这种情况下，数据库只显示国家的名字、污染物名称以及记录的数量。可以通过多种途径获得国家水平的食品中的污染物浓度数据，包括澳大利亚(FSANZ，2003)、新西兰(Vannoort，2003，2004a，b，c)、美国(USFDA，2004a，b；USDA，2008)和欧洲(EC，2004)。

4.3.1.2 食物消费数据

食物消费数据反映了个体或群体消费固体食物、饮料(包括饮水)、膳食补充剂的量。食物消费数据可以通过在个人或家庭水平的食物消费调查或通过食物生产统计进行估计。食物消费的调查，包括记录/日志、食物频率问卷(FFQ)、膳食回顾法和总膳食研究。从食物消费调查获取的数据的质量取决于调查的设计、使用的方法和工具、受访者的意愿和记忆、统计处理和数据处理(如购买的食品与食用的食品)。食物生产统计代表了整个人群可消费的食物，通常以生产的原料形式表示。

1) 食物消费数据的要求

理想情况下，在国际层面使用食物消费数据，应考虑到不同地区的食物消费模式的差异。在可能的情况下，膳食暴露评估应包含可能影响食物消费(那些可能增加或减少风险)的因素的信息。这些因素包括抽样人群的人口特征(年龄、性别、种族、社会经济阶层)、体重、地理区域、数据收集所处的季节以及时间(是工作日还是休息日)。敏感亚群(如幼儿、育龄妇女、老人)以及处在分布极端的个体的食物消费模式也十分重要。鉴于消费调查的设计对任何膳食暴露评估结果的影响至关重要,应尽可能确保调查设计的一致性。所有食物消费调查最好包括饮用水、饮料和食品补充剂的摄入量。理想情况下,包括发展中国家在内的所有国家应定期进行食物消费调查,最好是有个体的饮食记录。

个体记录数据一般会提供最准确的食物消费估计。如果所关注的食品化学物只有少部分人消费,则可能并不需要广泛的、覆盖整个人口的食物消费模式调查。如果资源有限,小规模的研究是适当的,并可能包括特定的食物或目标人群(如儿童、哺乳期妇女或素食主义者)。这种方法可以提高对特定人群或特定食品化学物摄入量估计的精确度。

2) 食物消费数据的收集

(1) 以人群为基础的方法

利用国家级的食物供应量数据,如食物平衡表或食物损耗表数据,可以粗略地估计每年国家客用食品。这些数据也可以用于计算人均可获得的能量、宏量营养素以及暴露的化合物(如农药及污染物)。由于食品消费数据是以原料和半加工品的形式表示,这些数据通常并不用于估计食品添加剂的膳食暴露。国家食品供应数据的主要局限性是:它们反映了食品供应,而不是食品消费。烹调或加工造成的损失、腐败变质、其他方面的浪费以及其他操作引起的增加等均不容易评估。据 FAO/WHO(1997)报道,用食物平衡表估计的膳食消费量要比来自家庭调查或国家膳食调查估计的消费量高 15%左右。这些数据不包括水的消费。如果没有水的消费数据,根据世界卫生组织的饮用水推测,默认成人每天饮用 2 L 水(WHO,2008)。

尽管有这些局限性,但是在跟踪食品供应趋势、确定能否获得某些营养素或化学物的潜在重要来源食品以及监测受控的目标食物类别方面,食物平衡表数据仍然是有用的工具。食品供应数据不能用于估计个体营养摄入量或食品化学物的膳食暴露水平或确定高危人群。

(2) 以家庭为基础的方法

可以在家庭层面收集许多关于食物可获得性或食物消费的信息,包括家庭购买的食品原料数据,以及被消费的食物或食品库存变化的随访。这些数据可用于比较不同社区、地域和社会经济团体的食品可获得性,追踪总人群或某一亚人群的饮食变化。但是,这些数据没有提供家庭中个体成员的食物消费分配信息。

(3) 以个体为基础的方法

采用基于个体的调查方法可以收集到与消费模式相关的详细资料,然而,与其他食物消费的调查方法一样,这种方法也可能会产生偏差。例如,一些研究发现,24 h 回顾法会低估某些人群某些宏量营养素的摄入量(Madden et al.,1976;Carter et al.,1981;Karvetti&Knutts,1985)。实际摄入量与回顾的摄入量之间的回归分析也显示出"平台综合征”，即当食物消费水平低时，个体倾向于高估其消费量，而在食物消费水平高时，则倾向于低估其消费量。在某些情况下，个人还可能会高估认为是“好的食物”的消费量，而低估认为是“坏的食物”的消费量。

食物记录法，或者膳食日志法，要求被调查者（或调查者）报告一段时期内消费的所有食物（通常是 7 d 或更少）。通常，这些调查收集的信息不仅包括所消费食物的种类，还有食物来源、食物消费时间和地点。食物的消费量应尽可能准确测量，可以通过称重法或计算容量法来确定。

24 h 膳食回顾法是回忆过去的一整天或从开始调查之时往回推 24 h 内各类食物或饮料（包括饮用水，有时也包括营养补充剂）的消费情况。通常这些调查收集的信息不仅有消费食物的种类和数量，还有食物来源、食物消费时间和地点。在经过专业训练调查员的帮助下，被调查者回顾所消费的食物和饮料，但这种帮助或引导不要产生调查者的诱导性偏移。这种调查通常是面访，但也可以通过电话或网络进行。在某些情况下，回顾是由被调查者自主进行的，但是相对而言，这种方法所得的数据不可靠。研究者已经发明了五种方法来指导被调查者通过 24 h 内多个参考时间点来帮助自己记住食品的详细信息和其他食品（Slimani et al.，1999；Raper et al.，2004）。

食物频率法（FFQ），有时被称为是“既定食物的膳食史询问”，由一个设计的单个食物或一类食物列表组成。对于列表中的每一个食物或一组食物，被调查者都需要评估其年、每月、每周或每天消费的频次。食物列表中食物的个数和种类，以及消费频次划分的方法也会有所不同。食物频率法可以是定量、半定量以及非定量的调查。非定量的食物频率调查没有明确的食物份大小；半定量的食物频率调查规定了食物份的大小；定量的食物频率调查则可以让被调查者估计各种食物的消费量。某些食物频率调查还包括常用的食物制备方法、肉的处理、营养补充剂使用情况以及某些食物最常见的品牌等内容。

利用食物频率法评价膳食模式的有效性取决于问卷中列出的食物种类的代表性。尽管有些研究者认为食物频率法所得数据能够开展有效的膳食暴露评估（Rimm et et al.，1992；Green et et al.，1998；Thompson et al.，2000；Brunner et al.，2001），但也有研究者认为此法不能对某些宏量营养素进行有效评估（Kroke et al.，1999；Schaefer et al.，2000）.

根据所选食物或营养素的消费情况，通常可以用食物频率法对个体进行排序。尽管食物频率法并非是为获得绝对膳食暴露量而设计的，但是在估计那些每天变异很大或食物来源很少的化学物的平均膳食暴露量时，食物频率法要比其他方法更准确。简单的食物频率调查可能集中于一种或几种特定的营养素或食物化学物上，列出较少的食物种类。此外，食物频率法还可以用来发现完全不消费某些食物的人群。

基于膳食的膳食调查旨在评价个体的日常食物消费。用一个详细的记录表，记录特定时间段（通常是一个“典型周”）中每餐所消费的食物和饮料类型。由受过训练的调查者询问被调查者在这一周内每天的食物消费情况，可以使用专门设计的软件进行调查（例如，Mensink et al.，2001）。参考的时间跨度通常是在过去的一个或几个月，或能够反映季节差异的过去一年。

食物习惯调查问卷可以用来收集一般的或特定类型的信息，例如，食品感觉和信仰、食品喜恶、食品制备方法、膳食补充剂的使用以及就餐点的社会环境。这些信息也经常出现在其他四种调查方法中，但是，也可以用作数据收集的唯一来源。这些方法通常用于快速评估程序中。调查问卷可以是开放的、框架性的、自我主导的或调查者主导的，也可以包括任何数量的问题，这取决于想要获得的信息。

（4）联合方法

可以将上述不同的方法联合使用来获得消费数据，以提高数据的准确性，增加膳食数据的有效性和其他实用性。例如，食物记录法已经与 24 h 回顾法联合使用。针对目标营养素的 FFQ 法也已经与 24 h 回顾法联合使用。经常使用 24 h 回顾法来建立典型的饮食计划，可以用这个信息从膳食史回顾法中获取更好的信息。FFQ 法同样也可以用作其他三种方法的交叉检验。

欧洲食物消费调查方法（EFCOSUM）项目是建议使用两种方法收集食物消费数据的例子，这是欧盟成员国之间协调食物消费数据最节约成本的方法。其描述如下：每个个体至少进行两次 24 h 回顾法，包括不连续的工作日和非工作日。同时，对不经常食用的食品进行消费习惯调查，以获取非消费者的比例（Brussard et al.，2002）。根据重复的非连续回顾法收集的信息，利用建模技术来估计日常食物消费，这个技术可将个体间和个体内的消费差异分开。根据膳食暴露评估的目的，将不同来源的膳食消费数据进行其他组合也是合适的。

3）数据记录和使用

（1）匹配

食物消费数据应该以与膳食暴露评估中的食品中的化学物浓度数据相匹配的形式获取。例如，对于初级农产品和半加工产品（如精米和面粉），GEMS/Food 使用 Codex 编码系统对食品和饲料进行分类。该系统由 CCPR 建立，用以确定农药 MRLs 所适用的食品。该系统包括用英语、法语和西班牙语表示的食品通用名以及拉丁名。

该系统同样也被 CCCF 用来确定污染物 MLs 所对应的食品。目前正在修订和扩展该系统，使之包括更多的食品，如加工食品。就丙烯酰胺而言，因其只产生于加工食品，现在已包含其他领域的信息，以更准确地描述被分析食品，其中包括以下领域的信息（以重要性排序）：加工食品编码、加热方法以及加工方法（FAO/WHO Acrylamide in Food Network，http://www.acrylamide-food.org/）。

食品可以以原形或作为一种菜肴或混合食物的一个成分而被消费。例如，牛肉馅可以直接被食用或作为牛肉砂锅的成分被食用。当选择食物消费模型时，了解所估计的消费量是否包括了所有食品来源是很重要的。菜肴可以被分解为各自的食物成分，然后与相应的单个食品相匹配，相加即得到所有来源的食品的消费量（例如，“苹果”是否包括了焙烤苹果派中的苹果和苹果汁中的苹果。“土豆”是否包括了法式炸薯片或土豆条中的土豆；如果土豆和法式炸薯皮被作为不同的食品，就需要分开陈述）。食谱的匹配方法需要进行记录。

使用标准食谱和将食品成分归入单个食品会使食物消费数据存在一些不确定性（例如，一般假定面包中的70%都是面粉）。如果忽略了混合食品的贡献，则这种误差会明显增高。使用标准化的食谱会降低变异性。对于高端消费人群而言，根据食谱中各成分的相对数量，可能会低估或高估单个食品或食品成分的消费量。将食物消费数据中的食品与具有浓度数据的食品进行匹配，是误差的另一种潜在来源，因为在许多情况下食品与食品描述并非完全对应（Slimani et al.，2000）。

（2）数据格式/模型

基于人群调查方法所收集的数据通常是针对初级或半加工农产品，这些食品代表每年供国内消费的总食品量。这个数值可以是整个人群的或个体的。每日消费的食物量可以通过将每年的总消费量除以365来估计。仅使用这些数据不可能估计每个阶段的消费量或某种食品实际消费人群的消费量。个体食物消费调查的数据通常不能以原始格式（即每个被调查者的数据）公开获得，风险评估者只能依靠出版的统计总结。当可以获得原始数据时，可以用来估计来自多种食品的膳食暴露，估计特定亚人群的膳食暴露，或者估计食物消费的分布，而非仅仅是平均消费。当仅能获得汇总数据时，了解和记录以下信息是非常重要的，这些信息包括商品、商品的类型（如鲜榨汁、浓缩榨汁）、统计归类方法以及是否代表典型消费者或高端消费者、高端消费者的确定（例如，消费量或膳食暴露水平的中位数或均数）、是否代表实际消费或总人群的消费水平（所有的调查者，每人的估计量）、是否代表了每日消费量、每个消费时段的消费量或每餐或调查期间的平均消费量（就多天的调查而言）。当比较不同国家或调查者的食物消费数据时，即使使用相同方法，也应该很谨慎，因为当实验设计、工具、统计分析和结果报告存在差异时，那么其结果也不可能轻易进行比较（Slimani et al.，2000，Brussard et al.，2002）。

市场份额校正方法（Market share corrections）可以用于加工食品或使用农药的农作物百分比的食物消费数据。这种方法主要用在有意添加到食品中的被评估物质。化学物的最大或平均浓度仅被分配到使用添加剂或使用了农药的农作物的市场份额中，而非所有食品种类的消费数据。这种技术可以精确估计平均膳食暴露结果，但并不能使最易暴露的那部分人群（即那些含有添加剂或农药的食品的忠实消费者）的膳食暴露估计更精确，因为这样会低估他们的实际膳食暴露水平。当评估添加剂或香料的膳食暴露时，如果可能的话，市场份额数据应该考虑品牌的忠实性。对于农药而言，在制定MRLs时，可以考虑校正使用农药的农作物的比例；当批准使用后，在国家层面，应该考虑到部分人会全部消费使用农药处理的农作物的可能性。

（3）食品份额

单位重量（Unit weights）代表一份典型食品的重量（例如，一个苹果或一个香蕉）。单位重量用于计算急性膳食暴露评估，例如国际估计的短期摄入量（IESTI），也可以用单位重量将 FFQ 或 24 h 回顾调查中以“一份单位”表示的食物消费报告数据转化为克。法国、日本、瑞典、英国和美国已经提供了初级农产品单位重量的均数或中位数的估计值和可食部分的百分比（例如，一个橘子和橘子酱的百分比），并由 GMES/Food 系统编辑（http://www.who.int/foodsafety/chem/acute_data/en/）。

标准份额（Standard portion sizes）用来评估大规模食品调查中的食品和饮料消费量。即香蕉、饼干或一杯软饮料会用标准重量来表示。这些份额可能会更具体或更模糊（例如，不同大小的玻璃杯代表不同的重量）。然而，标准份额通常并不能描述人群中消费的份额重量的所有变异。使用标准份额会高估小份额的重量而低估大份额的重量，从而高估或低估膳食暴露量。这是一个非常有用而且适用的工具，但是必须牢记：使用标准份额会给食品消费数据带来不确定性——特别会影响对食品中化学物高端暴露量和营养素低端摄入量的估计。

欧洲和 JMPR 在多种风险评估中经常使用高消费（Large portion，LP）值。基于这种目的，LP 值是根据所调查个体消费天数（即调查时间，目标食品被食用）之内第 97.5 百分数的食物消费数据而获得的。在农药残留的急性膳食暴露评估中，LP 值应该与国际法典的未加工食品匹配，这些食品与残留数据相关。就那些主要以鲜活状态被食用的食品而言，例如，蔬菜和水果，LP 值应该来源于未加工食品。当一种消费比例高的食品（如谷类食品）以加工形式被消费时，如果与之匹配的残留浓度也是针对加工食品的，那么 LP 值应该指加工食品（如面包、面粉）。

应该根据每个消费日来估计食物消费量的高端百分位数和低端百分位数。对于多天的消费量膳食调查，在推导高端百分位数和低端百分位数时，假定每个消费日是独立的，具体如下：

① 如果对每个被调查者进行了多天调查，仅应使用消费了被关注食品的有效消费日。

② 如果一个被调查者有多个有效消费日，则每个消费日应该看作是数据库中独立的观察值而不应该取其均值。

③ 应该清晰说明计算百分位数所依据的消费天数，因为评估的目的可能决定怎样处理这些记录。例如，在急性膳食暴露评估中，被调查者的多个消费日应该被分别处理；但是在慢性膳食暴露评估中，则可以通过数学公式对多个消费日进行合并或调整，来代表“日常”消费。

在估计单种食物或商品中化学残留物的急性膳食暴露时，仅使用那些消费了这种食物或商品的人群的消费数据是比较合适的。估计多种食物或商品中化学残留物的急性膳食暴露时，应该同时估计实际消费者和所有调查人群（总人群）的消费量。LP（第97.5百分位数）消费值以及体重和年龄信息由GEMS/Food编辑，并可在http://www.who.int/foodsafety/chem/acute_data/en/上获得。这些数据是由澳大利亚、法国、荷兰、日本、南非、英国和美国提供，同时还有一般人群和6岁及以下儿童的体重信息。

理想情况下，GEMS/Food系统LP数据库中的食物消费值应该是基于国家调查的每个消费日的第97.5百分位数。为了更好地代表所有成员国，需要将这个数据库扩展，包括其他国家的数据。当提供数据时，最好提供能充分描述估计LP值时所用的基础数据、食品分组和所采用的假设等其他信息。

如果不能获得个体的消费记录。风险评估者可以通过一个中心估计值与扩大系数相乘，来估计一个高端的食物消费量。如果已知一个特定参数的近似分布，AT以对高端消费量来进行更好的估计。

4）日常食物消费模式

对于概率暴露评估，易于获得的食物消费数据的分布并不代表真正的长期消费模式。例如，较短时间内收集的食物消费数据经常被用作终生的食物消费。从方法学的角度来讲，很难从单个被调查者那里获得代表性消费数据来代表消费者的终生消费模式。然而，一系列年龄组报告的国家或某一群体的某一时间点或者短期的食物消费数据可以用来作为终生消费的模型。

用于估计长期膳食消费的方法包括：食物消费量联合食物消费频率的方法（如IEFS，1998；Tran et al.，2004），以及利用短期消费数据、消费天数的相关性来估计污染物或营养素“日常”摄入量的统计模型（USNRC，1986；Slob，1993，1996；Carriquiry et al. 1995；Nusser et al.，1996）。当被关注的化学物存在于各种基础食品中时，这些方法是最适宜的，这样每人每天的营养素摄入或化学物暴露就不会是零。为了更好地模拟偶尔食用的食品的长期消费频率，需要用参数或非参数的统计方法。用这些方法可以得到营养素或化学物的长期摄入分布，其变异要比使用短期消费数据小得多（Carriquiry，2003）。Lambe和Keamey（1999）反对使用短期消费数据来估计长期或日常消费，他们指出膳食调查的持续时间会影响对消费者百分比的估计、食物的平均和高端消费量以及对食物或营养素高端或低端消费个体的分类。因此，用这些数据估计慢性膳食暴露评估的长期消费量时，需要进行调整。

5）食物消费数据库

（1）基于人群调查方法收集的数据

食物平衡表数据包括可供人群消费的现有食物数量，通过国家统计的食物产量、消耗或利用的数据而获得。大多数国家一般都可以获得这些数据。例如，美国农业部经济研究所（Putnam & Allshouse，1999）和澳大利亚统计局（2000）编写的食物平衡表。FAO统计数据库(FAOSTAT)是一个类似的包含250个以上国家的食物平衡表数据集。当缺乏成员国的官方数据时,可通过国家食物生产和使用的统计信息来估计这些数据(http://faostat.fao.org/)。

WHO基于部分FAO食物平衡表建立了GEMS/Food消费聚类膳食,代表每个人的平均食物消费。使用消费聚类膳食分析方法,20种主要食品的食物消费模式相似的国家被归为一类,再根据地理分布进行细分,基于1997~2001年所有可获得的FAO食物平衡表数据,产生了13个消费聚类膳食(http://www.who.int/foodsafety/chem/gems/en/index1.html)。2006年,对消费聚类膳食进行了更新,在第一版本的基础上纳入了对国家的评论。虽然新版聚类膳食仍是基于1997~2001年数据,但在可能的情况下填补了一些已经明确的数据空白。在WHO网站上可以获得更详细的信息(http://www.who.int/foodsafety/chem/ClusterDietsAug06.xls)。消费聚类膳食预计每年更新一次。JMPR和JECFA用13种GEMS/Food消费聚类膳食来进行国际慢性膳食暴露评估。消费聚类膳食模式代替了以前WHO建立的5个区域膳食模式(1998,2003)。

(2) 基于个体调查方法获得的数据

许多国家现在收集个体的食物消费数据。下面列举一些国家的食物消费数据集:

1994~1996年和1998年美国农业部个体摄入量的连续调查(CSFII)(USDA,2000),以及自1999年开始的国家营养与健康调查(NHANES)提供了2 d(CSFII)和1或2 d(NHANES)的美国个体食物消费数据,同时提供了每个个体相应的地理和人口学数据(包括年龄、性别、种族、民族、体重和身高等)。

许多欧洲国家有国家膳食调查(Verger et al.,2002)。2008年欧洲食品安全局的简明的食物消费数据集公布了来自17个欧洲国家的食物消费调查(http://www.efsa.europa.eu/en/datex/datexfooddb.htm)。

1995年澳大利亚国家营养调查通过1次24 h膳食回顾法收集了13858例2岁以上个体的食物消费数据(McLennan & Podger,1997,1998,1999)。澳大利亚国家儿童营养调查和体力活动水平调查通过两次24 h回顾调查收集了5~16岁个体的食物消费数据(Commonwealth of Australia,2008)。

1997年新西兰国家营养调查通过1次24 h食品回顾调查收集了4643名15岁以上个体的数据(New Zealand Ministry of Health,1999),2002年国家儿童营养调查通过两次24 h调查收集了5~14岁个体食物消费数据(New Zealand Ministry of Health,2003)。

2002~2003年巴西家庭预算调查(Pesquisa de Orcamentos Familiares)提供了7 d连续调查,获得了巴西所有27个州的48470户家庭的食物消费量数据。

4.3.2 膳食暴露评估方法

4.3.2.1 点评估

点评估一般作为膳食暴露评估的保守方法，它是将人群的食物消费量设为固定值(如平均消费量或高水平消费量)，乘以固定的污染物浓度(通常是平均水平或法定允许最高水平)，并将所有来源的暴露量累加的一种方法。当高水平含量值用于代表食品消费量或化学浓度数据时，它是优先进行暴露筛选的方法。根据不同应用范围将点评估分为三种方法：筛选法、基于食品消费量粗略评估和精确点评估。其中筛选法包括交易数据评估法、预算法、膳食模型粗略估计评估方法和改良的点评估方法。点评估适用于评估不同消费者在某段时期或某时刻暴露于污染物的风险，所得结果的代表性和评估结果的适用范围取决于评估中使用的数据和前提假设。点评估估计因其计算结果的数据充分而精确，可以更接近实际情况而具有广泛的适用性。点评估最核心的步骤是暴露量的计算。国内外现在主要使用的点评估膳食暴露量计算分为两种：一种是急性暴露评估模型，另一种是慢性暴露评估模型。点评估的优点是实施起来比较简单，基于多数人群的安全，比较经济实用；缺点是基于少量数据和最保守的假设。

1）筛选评估法

筛选评估法也被称为“预算法”，最初用于评估某些食品添加剂的理论最大膳食暴露。2003年，JECFA将它用于评估添加剂工作，欧盟(EU)也同样采用此方法进行评估。

筛选评估法所需资料包括三项：一是食品消费量水平，包括非奶类饮料；二是食品中和非奶类饮料中添加剂的浓度；三是食品和非奶类饮料可能含有添加剂的比例。食品和饮料消费水平是指最大生理消费水平。例如，每日饮料消费量为0.1 L/kg BW，每日食物消费量为418 675 J/kg BW(相当于每千克体重0.05 kg食物，其能量密度为8 368 J/g)。对一个体重60 kg的成年人而言，这一水平等同于每日消费6 L非奶饮料和3 kg食物。

添加剂理论每日总暴露量是通过加和所有食品和饮料中可能的暴露量而计算得出的：

总体理论最大膳食暴露量=[饮料中最大添加剂水平(mg/L)0.1(L/kg BW)饮料所含添加剂物质的百分比]+[固体食品中最大化学物质水平(mg/kg)0.05(kg/kg BW)固体食品中所含化学物质的百分比]

添加剂的可能暴露量单位是mg/d·kg BW。

例如，某种添加剂在饮料中的最高水平为350 mg/L，在食品中的最高水平为1 000 mg/kg，如果饮料和食品中可能含有添加剂的比例分别假定为25%和12.5%，那么其理论最大总膳食暴露将是：

(350×0.1×0.25)+(1 000×0.05×0.125)=8.75+6.25=15(mg/kg BW)

体重为60 kg的成年人，其每日食品添加剂为900 mg的暴露量，相当于由处于添加剂极限水平的 1.5 L 饮料和 375 g 食品中所摄入的量。筛选评估法需要适用于不同的食品消费水平,从而为成年人和儿童提供同样水平的保守估计。预算方法的优点为几乎无需详细的产品数据资料,且简单、快速,易于操作。但其缺点为:预算方法的结果很大程度上依赖于所假定的食品和饮料中含有的化学物质比例,尤其是这些比例的设定通常有很大的主观性。如在理解这一方法保守性的影响后选择化学物质所占的比例,这一方法的实用性将会得到提高。

预算方法在食品消费量确定时,多对某些食物或饮料的极高消费量不予考虑,因为其不具有"代表性",如口香糖。这是由于当用这一类食品时,可能会导致其暴露值超过毒性参考值。

概言之,预算方法是一个简单、经济且保守的筛选方法。倘若已知食品和饮料中化学物质的最大浓度,则可适用于所有加入食品中的化学物质(添加剂、调味料、加工助剂等)的评估。

2) 基于交易数据的评估

交易数据可提供一定时期内一个国家的食品加工厂所用的资金,从而评估化学物质的使用数量,通常为 1 年以上的数据。此时,膳食暴露评估计算既不基于观测到的消费模式,也不基于食品中化学物质的实际浓度。这些估算可能会考虑到出口或进口的化学物质数量及食品中所含有的化学物质,另外,也可能包括非食品用途的化学物质。交易数据调查通常由生产者协会来要求每一生产者报告其生产量。交易数据可能每年都会有很大的变动幅度,尤其对于低产量的产品。这就限制了每年调查数据的使用。

基于交易数据的暴露评估,可通过喜好消费某一可能存在化学物质食品的人群比例(百分比)校正,也适用于对漏报化学物质产量的情况。此外,由交易数据得出的平均膳食暴露评估存在很大的不确定性,因为通常没有任何资料可让使用者鉴别:含有化学物质食品的精确消费数量、由哪些人群消费了及多少被丢弃而未进行消费。交易数据和推导法不足以表述高暴露消费人群情况,因而也不足以确定膳食暴露是否在健康指导值范围内。基于消费水平数据的方法应在筛选的第一步骤程序中进行(如预算方法)。交易数据可用来表述某种化学物质在历史和地理上的使用趋势,或者用做比较其他有关物质的总体人群膳食暴露情况。

3) 膳食模型

膳食模型由现有食品消费量资料构建而成,其目的是代表所关注人群暴露量的典型饮食情况。

(1) 香料理论添加最大每日摄入量(TAMDA)膳食模型

理论添加最大每日摄入量膳食模型用于对特定香料物质的潜在暴露量提供保守评估,是基于不同食品和饮料中允许添加香料的最大允许水平量(UUL)而建立的。其暴露评估结果针对的是假定消费者每日消费固定数量的调味食品和饮料,并且这些食品总是含有特定的香料(在其特定的最高水平)。理论添加最大每日摄入量计算方法为:对每一食品种类的暴露评估结果进行加和,之后评估其每日总摄入量。考虑消费量水平是为了代表调味食品和饮料的典型消费比例(如一杯软饮料、一块面包)。

CAC在缺少对相关无糖产品消费量数据的情况下,对甜味剂进行暴露评估时,会采用其使用数量两倍的评估方法。

欧洲食品科学委员会(SCF)使用了理论添加最大每日摄入量(TAMDI)来进行单一香料的潜在暴露量评估。进行修正后的理论添加最大每日摄入量典型的使用水平已替代了最大允许(高端使用)水平量(UULs)。该指标已被用于欧洲食品安全局对自2004年以来其所公布的以化学方法界定的香料的评估中。在筛选法中,通常使用的选择"典型"使用水平替代最大允许水平量(UUL)的方法,可能无法代表消费者每日最高的摄入量,因为消费者可能仅忠爱于含有最大允许水平量(UUL)香料的调味食品。

理论添加最大每日摄入量模型(TAMDI)的优点是非常易操作,并且其所基于的消费量水平和浓度水平假设一目了然,因此其可视为是一个优化膳食暴露评估的工具。其主要缺点是对食品种类和分量选择的任意性。TAMDI模型没有明确所进行的暴露评估是处于暴露量上限的90%、95%还是其他的百分位点。

(2) 兽药残留膳食模型

兽药残留膳食模型已被JECFA用于制定动物源性食品中兽药残留的最大残留限量(MRLs)。模型中假定一个体重60 kg的常人其每日消费的动物性食品如下:300 g肉、100 g肝、50 g肾、50 g动物脂肪、100 g蛋类、1.5 L奶。

JECFA过去已据此计算了最大残留限量值(MRLS)。以最大残留限量水平作为点评估暴露标准,其膳食暴露评估结果低于相应ADI值。MRL为残留曲线上的一个标志残留物浓度,其含义为在95%置信上限时的95百分位点值。

这一模型显然对应于非持续性饮食。为了评估兽药残留的慢性膳食摄入量,JECFA决定在2006年使用残留分布中位值替代最大残留限量(MRL)值。这一新的摄入量评估被称为每日摄入量估计值(EDI)。为了由一系列结果中计算中位值,对低于定量限(LOQ)或检出限(LOD)的结果则赋予其各自方法限值的1/2,以便计算残留浓度中位值。各可食组织部分消费量对每日摄入量估计值(EDI)的贡献,则通过膳食模型中此组织的数量乘以标志残留物浓度中位值(作为组织中的MRL),最后乘以所关注的总残留物同标志物残留浓度的比率得出。例如,0.1 kg肝中残留摄入量计算如下:

$摄入量_{肝中总残留量}$[mg/(d·人)]=0.1(kg)肝中残留中位值(mg/kg)×$比率_{肝}$。

每日摄入量估计值(EDI)就可通过加和各自组织类似的摄入量计算结果而得到。

(3) 由包装材料迁移的化学物膳食模型

欧盟和美国各自建立了评估由食品包装材料迁移物质的方法。

欧盟关于包装材料迁移的化学物膳食模型用于确定其最大迁移量,也即所谓的特定迁移限值。最大迁移限值通过假定一个 60 kg 体重的人每日最高摄入 1 kg 用塑料包装(接触表面为 600 cm^2)接触的食品,其总是含有被评估的化学物质,其浓度为所对应的特定迁移限值(SML)。

对同一类型包装材料的日重复暴露假设是一定的,但是也有很多例外,如个体可能日消费超过 1 kg 包装食品,尤其是再考虑到饮料食品时。此外,默认情况下物质的比表面积(600 cm^2/kg)为一个内部宽 10 cm(总面积为 6×100 cm^2)、装有 1kg 食品的立方体。这一比例同小包装食品规格(如单件部分、切片食品、一些婴儿食品)相比是较低的。

美国膳食模型通常通过假定消费 3 kg 的包装食品和饮料来评估食品接触物质,并且同时还使用了消费因子来描述预计与特定包装材料类型(如玻璃、塑料、纸等)接触的日膳食比例。之后根据其可能与包装材料接触的食品基质(水、酸、酒精和脂肪)对迁移水平进行分级。

(4) 其他膳食暴露点评估模型

a) GEMS/Food 区域膳食

全球环境监测系统/食品污染物监测规划(GEMS/Food)系统中所提交的优先污染物/商品数据,已被用于对人类健康构成的潜在风险的评估。在评估中,由各国确定的膳食暴露评估会同 JMPR 和 JECFA 确定的相关每日允许摄入量(ADIs)或者暂定每周耐受量(PTWIs)进行比较。GEMS/Food 视情况为 FAO/WHO 农药残留联合专家委员会(JMPR)、FAO/WHO 食品添加剂联合专家委员会(JECFA)和国际食品法典委员会(CAC)及其他的附属机构提供相关资料。

GEMS/Food 区域膳食现已被 GEMS/Food 聚类膳食消费替代,JMPR 和 JECFA 在慢性膳食暴露评估中将其作为膳食模型。这一方法最初于 1989 年由世界卫生组织预测农药残留慢性膳食暴露导则推荐,其主要依赖膳食模型方法,根据最大残留限量(MRLs)和 GEMS/Food 区域膳食情况进行计算,从而给出一个理论每日最大摄入量(TMDI)或者国家 TMDI。自 1996 年以来,随着 FAO/WHO 在英国约克进行磋商后的推荐,膳食暴露评估开始使用监控试验残留中值(STMR)水平计算国际推算每日摄入量(IEDIs),从而替代了最大残留限量(MRLs)和理论每日最大摄入量(TMDIs)。GEMS/Food 区域膳食中的平均消费量水平同推荐的最大残留限量(MRLs)可用于所有作物,并且加和每一摄入量。JMPR 在单步骤方法中使用了这一程序,即使用现有最佳资料。包括监控田间试验确定的平均残留水平。只要有可能,就要进行食品可食部分的残留情况评估。这可能需使用到加工因子和加工食品的消费量数据。尽管对可食部分进行校正是适宜的,如商品总是被以某固定方式制备时在消费前进行了削皮,但也应谨慎对待诸如削皮这样的制备情况,因为我们总是假定食物在消费前进行了削皮,而现实情况却并非如此。

国际暴露评估中的一个原则为:基础数据必须是保守的。因此,虽然 GEMS/Food 区域膳食数据趋于高估食品的平均消费量,但其对膳食暴露评估而言是有效数据,尤其因为国家的食品消费调查数据常常缺乏。但这一计算结果并不代表高消费量人群的膳食暴露情况。另外，当有国家食品消费调查资料时应当进行使用。因为国家食品消费调查资料可提供额外的信息资料，比如食品消费数据分布状况、分量大小、特定人群消费情况及品牌名称和食物制备方式等信息。在无国家相关数据时，要在国际层面评估高消量食品化学物的膳食暴露，则可对平均消费量使用校正因子，从而使其接近膳食暴露的高百分位点。

b）高消费量人群模拟

膳食模型可基于食品消费量调查公布数据而得以完善，从而在筛选过程中可作为其预算方法或额外步骤的一种可供选择的内容。例如，欧洲已使用了该膳食模型进行慢性膳食暴露评估，即基于一位消费者可消费平均数量的几种不同食品，但仅有一、两种食品处于高消费量水平的假设。消费者的这一消费行为被通过增加某种食品化学物潜在的膳食暴露从而增加消费者这两种食品的 97.5 的百分位点值，导致了最高的膳食暴露结果，而对其他食品则为平均潜在暴露水平。这一模型的优点是易于调查那些平均和高消费量的大型食品组数据，而无需个人膳食消费原始记录。另外，这一方法还常被用于添加剂的慢性膳食暴露评估，现已收集到了不到 20 种大类食品的食品消费数据。在食品组数量有限的情况下，这一膳食模型的基本假定被认为是有效的。

4.3.2.2　概率分布评估

如果点评估不能对评估对象得出准确的暴露评估，就需要更精确的膳食暴露评估。这些精确包括得到更多关于食品被消费的详细资料或采用更复杂的膳食暴露评估模型从而切合实际地模拟消费者行为。

对那些需在筛选方法或点暴露评估（如前所述）方法外还要进一步精确的数据，可使用概率分析法对暴露变异性加以分析。从概念上讲，人群暴露情况一般被认为是一个值域，而非一个点值，因为人群中的每个人在经历着不同的暴露水平造成人群暴露差异的变异性因素，包括年龄、性别、种族、国籍和地区、个人喜好等。膳食暴露中的变异性经常被用“频率分布”进行表述。有时，频率分布近似为连续概率分布。

变异性分布以其代表性的人群数量为特点。比如，个人中值暴露位于分布曲线的中间（即一半人群暴露低于个人中值的暴露，然而其他一半人群的暴露水平高于个人中值暴露），其 95%位点的个人暴露值，是指其超过人群每 100 人中 95 个人的暴露水平。“平均”或“中值”暴露并不一定代表任何特定的个人情况。相反，平均暴露是通过加和所有个人的暴露量然后除以整体人群数量而得到的。前面讲到的模型可用于概率评估。

1）概率模型

概率模型结构类似于前面讲的点评估模型。但对概率模型而言，至少一个变量是由分布函数构成，并替代了单一值。点评估的估计结果通过考虑诸如食物的可食用部分、烹饪食物比例或消费喜好等因素可进一步完善概率模型。

（1）简单的经验分布评估

膳食暴露评估可基于食品消费量分布。这一分布可通过经验由食品消费调查一个能代表相关食品商品化学物浓度的简单点评估确定。食品消费分布曲线上的每一点值可乘以相关食品商品中的化学浓度值。反过来说，食品消费也可能有一个点评估，即这一食品中的化学物浓度也有一个经验分布。因此，最终就可能有足够的数据同时确定食品消费数量和食品中的化学物水平的分布概况。

（2）由食品消费量和（或）化学物浓度分布的随机抽样评估

由食品消费量和（或）化学物浓度分布的随机抽样评估的方法需数据集能够表征相关化学物浓度分布情况，同时还要能表征所关注人群对同一食品的消费分布情况。这一方法明确考虑了输入数据的变异性，对简单的确定性评估方法而言其提供了更贴合实际的结果，因为在简单的确定性评估中，当选择一个单一值以表征整个分布情况时，方法通常受限于其保守的默认假设。

有两种方法用于完善概率评估使用的分布。第一种方法，当一个参数有实际数据集时，可使用非参数方法。此时，数据集可被假定代表了所关注内容的分布。那么概率评估则通过在数据集中为每一次迭代模拟随机选择一个值而进行。例如，如果一个100个浓度测量值的数据集包含2个5 mg/kg的观测数据资料，那么概率评估将有效地认为一个为2%的浓度频数等于这一数值。

第二种方法为参数技术。参数技术通过假定某一特定的数据集分布形态，从而在数据点间进行插值及外推超出现有数据点的情况。例如，标准技术适用于数据集的正态、对数正态及其他任何类型的分布形态。然而，推断法“填充”的空白点可能对一个特定的数据集而言是特异的。那么这些空白点的消除是以数据集分布函数形式的假设为前提的。

（3）分层抽样

分层抽样方法为每一分布选择等距值。例如，确定每一分布的平均数或其四分位点中值。单个分层计算的主要缺点是没有极值评估。通过使用多层方法（如估计每一十分位的平均值而不是每一四分位值）可改善此问题，但不可能完全克服。通过使用多层方法可得到详尽、准确及重现性好的输出分布。分层抽样的难点是需要迭代的次数可能会变得非常大，并且可能需要额外的计算机软件/技术。

（4）随机抽样

蒙特卡罗迭代涉及使用随机数来选择输入分布的值。这一技术已被应用于各种不同的模拟方案中。在恰当使用时（如有合适的数据和当模拟有足够多的“迭代”时）其结果将会模拟实际情况，因为这一技术所使用的值均在每一数据分布范围内。由于是随机抽样，因此蒙特卡罗模拟可能在其分布极端（高端、低端）时将会不准确，当在使用参数分布而不是非参数（经验）分布数据时尤其如此。在这种情况下，当对污染数据使用非参数方法时，那么对其分布尾端的临界值，即所选食品中的“现实”最大观测值，可引入非参数方法从而避免将现实生活中永远不会发生的“不现实”污染事件纳入模型中。

（5）拉丁超立方抽样

拉丁超立方抽样是统计学方法，实质上它也是一种分层和随机的混合抽样方法。首先将分布分层；之后从每层随机抽样，从而确保在每一浓度和每一食品消费量数据分布范围内的迭代平衡。另外，这一方法还允许一些样品得出的极端分布值。

2）不确定性和变异性分析

不确定性和变异性是不同的概念。不确定性是评估员对数据集的相应认知水平，因此，当现有资料的数量和（或）质量提高时不确定性可降低。变异性则是所研究人群的浓度数据和食品摄入量两者的特性。人群膳食暴露的变异性特征可通过使用更佳的资料而改善，但是不能消除。

统计学上的不确定性蕴含的基本概念是通过已知总体或一系列的频率分布来表征有关未知（或随机）个体或事件的不确定性。因此，同一分布可能既有频率分布又有不确定性分布，这取决于其是正在被用于预测总体还是个体情况。

不确定性涉及暴露评估员对数据集使用的认知局限性。在不确定性分析中，每一模型组件可能会有各自的不确定性，如评估人员具备完善的知识，那么对特定人群（如个体平均或个体的95%位点数）的暴露评估可被认为是确定的，但实际上很难有这种情况。因此，对概率模型而言，不确定性分析是其重要组成部分，应通过一系列可行的解释评估描述现有认知的局限性。由于认知总是不准确的，因此个人暴露应是一个范围值。在理想可行的情况下，不确定性分析应是一个量化过程。这一过程有两个目的：首先，可给出决策者一个评估过程整体可信的建议；其次，给出研究者一个规范目标从而便于研究规划。

统计上的抽样误差概念是另外一个重要的基于频率的不确定性概念。这一概念涉及使用统计分布去表述是否小样本量准确代表了总体人群。所使用的基本分布是推理性的，且被经常假定为正态分布。参数估计置信区间则通常反映抽样误差。

不确定性的规范形式可能会利用到不确定性的统计学概念，如测量和抽样误差。此外，概率树可能也会被用于表述关于可供选择的模型或可供选择的替代数据集的不确定性。

3）敏感性分析

风险评估模型有时会变得非常复杂。不确定度分析可以反映一个评估中存在严重的不确定性，但却并未说明这些不确定性由什么引起，也就是说，假设条件中的哪一种不确定性增高了这一模型预测的不确定性。敏感性分析是指使用定量技术分析哪些因素对不确定性作了最大限度的贡献。有许多不同的敏感性分析技术，其中最简单的技术是每次变动一个不确定的输入值，而所有其他值（如平均或最大可能值）则保持原值。然后将所输出结果范围与每一输入进行比较。虽然这个方法计算量非常大，但其却是先进的敏感性分析方法。

4.3.3 化学性危害的暴露评估

暴露评估是量化风险并最终确定某种物质是否会对公众健康带来风险的必需技术过程。CAC的程序手册中将暴露评估定义为：对通过食物或其他渠道来源的生物性、化学性和物理性因子的摄取量的定性和（或）定量的评估。膳食暴露评估在JECFA和JMPR的食品化学危害物的风险评估中起到了关键性作用，WTO/SPS协定第16段中也规定了卫生和植物检疫措施应基于科学的风险评估结果。

膳食暴露是指通过食物途径被摄取的化学物质的量。食物包括所有可以被人食用的物质。膳食暴露评估是关联食品消费量数据与食品中化学物浓度数据的桥梁，通过比较膳食暴露评估结果与相应的食品化学物健康指导值，可以确定化学危害物的风险程度。膳食暴露评估可分为急性暴露评估和慢性暴露评估。急性暴露评估主要是针对24 h内食物中的有害物暴露情况进行评估。慢性暴露是对整个生命周期内平均每日暴露情况进行评估。

现在国际上对膳食暴露评估已经制定了一个通适性的原则，以此来规范和指导膳食暴露评估，保证风险评估结果的一致性和准确性。膳食暴露评估的主要原则包括以下几个方面。

① 清晰确定进行膳食暴露评估的目的。食品消费量与浓度数据的选择要根据评估目的来选择，同时应确保食品化学物的风险评估的一致方法。

② 评估程序旨在为消费者提供相同水平的保护，因此，膳食暴露评估应该不受毒理学终点的严重性、食物中化学物的种类以及关注亚人群等种种因素的影响，坚持采用最佳的数据和方法。

③ 国际膳食暴露评估应该提供相当或优于（营养不良例外）现有国家层面的评估结果。

④ 膳食暴露评估应覆盖普通人群以及重点人群。这些重点人群主要是婴儿、儿童、孕妇或老人等脆弱人群或预期与普通人群相比有很大不同暴露量的特殊人群。

⑤ 进行本国膳食暴露评估工作时，国家主管部门采用本国的食品消费量和浓度数据，但可以以国际营养和毒理学数据作为参考。如果国际膳食暴露评估结果超出了健康指导值，则国家主管部门应通过CAC或其技术委员会，或直接向JMPR或JECFA提交国家的暴露评估资料。

⑥ 如果各个国家对某种化学物的国际膳食暴露评估结果并未超过其相应的健康指导值（或不低于营养参考值），则该化合物在该国家可以被认为是安全的。

上述膳食暴露评估原则的确定，为各国进行暴露评估提供了原则性指导，保证了风险评估结果的一致性。在此基础上，国际上又形成了膳食暴露评估的一般方法。

首先，可以采用逐步测试、筛选的方法在尽可能短的时间内利用最少的资源，从大量可能存在的化学物质中排除没有安全隐患的物质。这部分物质无需进行精确的暴露评估。但是使用筛选法时，需要在食品消费量和化学物浓度方面使用保守假设，以高估高消费人群的暴露水平，避免错误的暴露评估与筛选结果以作出错误的安全结论（即暴露水平不低于健康指导值）。

其次，为了有效筛选化学物质并建立风险评估优先机制，筛选过程中不应使用非持续的单点膳食模式来评估消费量，同时还应考虑到消费量的生理极限。在膳食暴露评估中要不断完善评估方法和步骤，确保能够正确评估某种特定化学物的潜在高膳食暴露水平。

再次，膳食暴露评估方法必须考虑特殊人群，如大量消费某些特定食品的人群，因为一些消费者可能是某些关注化学物浓度含量极高的食品或品牌的忠实消费者，有些消费者也可能会偶尔食用化学物浓度含量高的食品。

国际膳食暴露评估的上述基本方法对所有已查明存在于食品中的化学危害物质适用，同样的方法也适用于污染物、农药和兽药残留物、营养物质、食品添加剂（包括香料）、加工助剂以及食品中的其他化学物质。

在进行完膳食暴露评估后，要将结果写成完整的膳食暴露评估报告。一个完整的膳食暴露评估报告应该遵循以下基本要求：一是膳食暴露评估报告应对所采用的方法进行清晰的表述，包括对相关模型、数据源、假设、局限性及不确定度；二是清楚明确地描述在膳食暴露评估中所用的有关食品化学物浓度来源和消费模式的假设方式；三是准确清晰地描述高度暴露人群评估值的置信区间，同时对其出处来源也要加以描述。

4.3.4　生物性危害的暴露评估

4.3.4.1　预测食品微生物学

预测食品微生物学（Predictive Food Microbiology）是一个将微生物学、数学和统计学结合在一起的研究领域，通过建立一些数学模型来预测微生物在一系列环境条件下的生长、死亡情况。这些环境条件包括pH、水分活度、温度、气体环境等。影响微生物生长和死亡的因素很多，但是在大多数食品中，起决定性作用的因素只有几种。将这些因素与微生物的生长、死亡等数据结合，建立数学模型，就产生了预测食品微生物学。预测食品微生物学将食品微生物学与工程、统计学等结合在一起，通过计算机和配套软件，在不进行微生物检测的条件下快速对产品的货价期和安全性进行检测。在计算机基础上，将微生物检测、栅栏技术和HACCP系统有效结合，就可以实现食品从原料、加工到产品的贮存、销售整个体系的计算机智能化管理和监控。也就是说，计算机能给出各个工序的关键控制点，并预测产品的微生物指标，以及在不同贮存环境下的货价期和食品的微生物安全性。

1）预测模型

一般情况下，预测模型是按数学模型来进行分类的。一级模型表征一定生长环境和条件下微生物数量与时间的关系；二级模型描述环境因子的变化如何影响一级模型中的参数；三级模型是计算机程序，是将一个或多个一级模型和二级模型进行整合的计算机软件。Whiting 和 Buchanan(1993)提出的模型分类系统将模型分为一级、二级和三级模型。Isabelle 和 Andre(2006)改进了这种模型分类，并对各级模型进行了选择性的举例(表 4-7)。

表 4-7 模型的分类

一级模型 Primary models	二级模型 Secondary models	三级模型 Tertiary models
坎伯茨函数 Gompertz function	响应面模型 Response surface models	病原体建模程序 Pathogen Modelling Programme
逻辑模型 Logistic model	阿留乌斯模型 Arrhenius model	生长预测模型 Growth Predictor
帕克模型 Baranyi model	平方根模型 Square root models	铜绿假单孢菌预测模型 Pseudomonas Predictor
罗索模型 Rosso model	γ模型 γ-models	海产品腐败与安全预测器 Seafood Spoilage and Safety Predictor
莫诺模型 Monod model	Z 值 Z values	综合数据分析 ComBase
失活 D 值 D value of inactivation		西姆普度软件 Sym'Previus

一级模型，即基本生长模型描述了微生物数量与时间变化之间的关系。近年来，主常用的一级模型主要包括线型模型、逻辑斯蒂克方程(Logistic function)、Gompertz 模型和 Baranyi & Roberts 模型等。

线性模型的表述为：

$$\log N = A + kt \quad \text{(公式 4-9)}$$

$\log N$ 是微生物在时间 t 时常用对数值；A 是随时间无限减小时渐进对数值(相当于初始菌数)；k 是生长速率。

Logistic 模型的表述为：

$$y = A/\{1+\exp[4\mu m(\lambda - t)/A+2]\} \quad \text{(公式 4-10)}$$

y 是微生物在时间 t 时相对菌数的常用对数值，即 $\log N_t/N_0$；A 是相对最大菌浓度，即 $\log N_{max}/N_0$；μm 是生长速率；λ 为迟滞期。一级模型使用简单方便，但对微生物生长预测的准确性不高，适合在生长环境和影响因素单一时使用，在情况复杂时应考虑使用其他模型代替。

Gompertz 方程式是双指数函数，模型表述为：

$$\log N = A + C \times \exp\{-\exp[-B(t-M)]\} \qquad (公式 4-11)$$

$\log N$ 是微生物在时间 t 时常用对数值；A 是随时间无限减小时渐进对数值（相当于初始菌数）；C 是随时间无限增加时菌增量的对数值；B 是在时间 M 时相对最大生长速率；M 是达到相对最大生长速率所需要的时间。较早的研究认为，线形模型较适合描述低温条件下微生物的生长；Logistic 模型和 Gompertz 模型则比较适合描述适温条件下微生物的生长，这是因为较早的预测微生物学模型主要侧重于研究食品中病原菌的生长。Gompertz 模型未考虑延滞期的影响，预测的准确性存在问题。

Baranyi&Roberts 模型（以下简称 Baranyi 模型）的表述为：

$$N = N_{min} + (N_0 - N_{min})e^{-k_{max}[t-B(t)]} \qquad (公式 4-12)$$

$$B(t) = \int_0^t [r^n / r^n + s^n] ds \qquad (公式 4-13)$$

N：t 时微生物数量；N_0：0 时微生物数量；N_{min}：最小微生物数量；k_{max}：最大相对死亡率；r，s：参数。该模型只从细胞生长过程中的一个参数进行考虑。第一个方程描述了微生物随时间的变化，第二个方程描述了微生物生理学阶段即生长延滞期。Baranyi 模型被广泛使用的原因有：使用方便；动态环境也可使用；适合多种情况；模型中的参数都具有生理学意义。在近年的微生物预测模型研究中，更多的使用 Baranyi 模型不仅仅是因为其更准确，还因为该模型更加的简单实用。理论上，预测的准确性与参数的多少相关的，越多的参数越能准确进行预测，但是参数过多，必然导致模型使用不方便以及工作量的增加，而 Baranyi 模型则很好地协调了模型参数和准确性之间的关系，既能进行准确预测，又只使用较少参数。根据文献检索来看，Baranyi 模型也越来越广泛地使用在预测食品微生物领域。

二级模型是描述环境因子的变化如何影响一级模型中参数的模型（如 Gompertz 函数中 A、B、C 和 M）。二级模型主要包括：平方根模型（Squareroot model）、阿留乌斯等式方程（Arrhenius relationship）和响应面模型（Response surface model）。

平方根模型是用来描述环境因子影响的主要模型，简单的公式为：

$$\sqrt{U} = b(T - T_{min}) \qquad (公式 4-14)$$

将一级模型求得的 U 和对应的温度变量代入方程式，拟合出 b、T_{min} 值。将所得参数值代回原等式，即可得到温度对于最大比生长速率的影响。平方根模型使用简单，参数单一，能够很好地预测单因素下微生物的生长情况，但是对于多个影响因素共同作用的微生物生长预测则缺乏准确性。

当多种因素共同影响生长时，响应面模型比平方根模型复杂但却更有效。响应面模型可描述所有影响因素和它们之间的相互作用。在延滞期和最大生长速率相互独立的前提下，离散二次方程和立体模型被用作延滞期和最大生长速率的预测。在响应面实验设计中，必须先确定出温度范围、pH 等其他必要参数；其次，超出实验设计之外的推衍都将会导致错误的预测。最后，在多于三个控制因素时，响应面模型会相对复杂。国内文献在二级模型的使用上，更多地使用平方根模型，而较少使用响应面模型，这主要是由于前者使用更简单，后者数据量大，处理分析复杂。但从预测的准确性上看，后者具有更好的准确性，为得到更好的预测结果，可更多地采用响应面来进行模型构建。

三级模型是一种功能强大、操作简便的微生物预测工具，可应用于食品工业和研究领域。三级模型也称专家系统，它要求使用者具备一定的专业知识，清楚系统的使用范围和条件，能对预测结果进行正确的解读。三级模型的主要功能有：根据环境因子的改变预测微生物生长的变化；比较不同环境因子对微生物生长的影响程度；相同环境因子下，比较不同微生物之间生长的差别等。

Growth Predictor 根据 Food MicroModel 预测模型，经过功能改进和数据扩增建立起来。Growth Predictor 的一级模型没有沿袭 Food MicroModel 曾经使用的 Gompertz 模型，而使用了 Baranyi & Roberts 模型。这主要是由于 Food MicroModel 所使用的 Gompertz 模型过高估计了特定微生物的生长速率；此外，Growth Predictor 用初始生理状态参数 α_0 代替了延滞参数 λ。α_0 是一个介于 0 到 1 之间无量纲的数字；$\alpha_0=0$ 时代表没有生长，但延滞时间为无穷；而 $\alpha_0=1$ 时则代表没有延滞，微生物立刻生长。由于使用者很难提供初始生理状态参数值，因此一个初始生理状态参数的经验值被设定为默认值。尽管测定出延滞时间有利于数据处理和验证预测模型，但已知的定量数据却很少，这是由于延滞期不仅仅取决于当前的生长环境，还取决于微生物生长的整个过程，特别是初始生理状态，因此对这方面的研究还受限于此而难于进行深入的研究。该模型可在因特网上免费下载，操作简单，使用方便，适合研究者进行数据分析和结果参比。

PMP(Pathogen Modelling Program)由美国农业部微生物食品安全研究机构开发，包括 11 种微生物的 35 种模型。软件能够针对致病菌的生长或失活进行预测，预测包括一种或几种参数：恒定的温度、pH 以及水分活度。另外微生物还有第四种参数引入，如有机酸的种类、浓度和空气成分。但是 PMP 所缺乏的是波动温度下的生长和失活模型。PMP 也可以在因特网上免费下载，操作界面更为人性化，同样具有使用方便、操作简单的特点。此外该模型包括的微生物种类和影响因素与 Growth Predictor 有重复，也有补充，两者可以配合使用。

海产食品腐败和安全预测器(Seafood Spoilage and Safety Predictor，SSSP)是由丹麦水产研究学院、水产品研究所和信息技术工程所联合开发的预测微生物模型。SSSP 是在 1999 年海产食品腐败预测器(Seafood Spoilage Predictor，SSP)基础上改进的扩展版本。SSP 是一个既包含动力学模型又包含实验性相对腐败速率模型的综合模型，这个综合模型可对货架期进行预测；而 SSSP 由相对腐败速率(Relative Rate of Spoilage，RRS)模型和微生物腐败(Microbial Spoilage，MS)模型构成，增强了对海产品安全性的监控。SSSP 以 Logistic model 作为一级模型，squareroot 和 polynomial models 作为二级模型，它可以对新鲜或初加工的不同水产品的货架期及微生物生长状况进行预测。SSSP功能包括相对腐败速率模型,预测温度对货架期的影响;特定海产食品中腐败菌的生长模型;一般模型,改变模型中的参数使其适用于不同类型的食品或细菌;实测货架期或细菌生长与SSSP预测结果比较模块;预测冷熏鲑鱼中单核细胞增生李斯特菌和腐败菌共同生长模型。此外,该软件还可预测恒温或波动温度下货架期和微生物生长。

相对腐败速率(RRS)模型:RRS模型是根据货架期数据建立起来的,这些数据来自不同储藏温度下的感观评定。模型不考虑不同温度下导致腐败的反应类型,利用这一优势RRS可以被有效地应用在一个更广的温度范围。RRS可以预测不同温度下食品的货架期,用户只需提供已知产品某一温度下的货架期就可使用RRS预测其不同温度下的货架期。RRS模型并不依赖于已确定的腐败响应动力学特性,而可以用于更广泛的领域,比如只有一种特定腐败菌为优势菌的腐败中。此外,在其他数量众多的水产品中,还有很多未知的因素也可以对RRS模型进行补充。

微生物腐败(MS)模型:腐败水产品中微生物的生长存在一些相对简单的模式,可以以此为依据应用MS对货架期进行预测。众所周知,在储藏水产品时存在一些相当复杂的连续反应,同时也是存在一些基本模式的简单反应。比如,酶的催化反应和化学反应通常会对水产品初期的新鲜造成破坏,而微生物则直接对水产品腐败和货架期起着决定性作用。

此外,腐败反应和腐败微生物菌群在新鲜或者保藏初期的水产品中很容易受到储藏条件的影响,这种腐败过程的动力特征使微生物腐败模型的发展受到了限制,并影响了在使用时对货架期的准确预测。但是,特定腐败菌(Specific Spoilage Organisms,SSO)被定义成总菌群中对产品的腐败起决定作用的优势菌,SSO这一概念的引入可以使微生物腐败模型得到明确表达。通过对简单的SSO概念推论,货架期预测可以被表征为:SSO在一种产品中的起始浓度,SSO的生长速率和产品在最小腐败水平时SSO的浓度。SSSP较SSP更为全面,操作界面更为人性化,使用方便简单,通过因特网可免费获取,该模型还可以自己设定新的微生物和影响因素,使用者在使用软件的同时也在不断完善和补充该模型,是一种交互性模型。使用者可以根据自己的情况用该软件对自己的数据进行分析,使研究者进行数据分析和处理的周期减少,提高了效率,增加了数据分析的准确性。

Sym'Previus由法国农业和研究局主持开发,提供给食品工业以及一些参与者进行决策制定。数据库根据食品、微生物和环境各自的特点(包括pH、水分活度、培养条件、生产过程及保存条件等),结合致病菌污染食品能力和流行病学数据,拟合出了微生物的生长情况,根据这些数据和模型可以获得生长速率的预测模型。生长动力学模型可以被用来评价一级模型的参数,比如生长速率;也可以用来验证动力学的模拟情况。此外,数据在综合多种特定环境因素后,还可以弥补模型中无法得到的信息,比如包装过程的影响、在延滞期中的热力学影响。Sym'Previus模型采用了Rosso's cardinal model作为二级模型。使用者可以从3个不同的方面获得数据:数据库、模拟系统、数据分析工具。Sym'

Previus 不仅仅提供数据库和数学模型，更重视将数据总结整合在一起，并进行微生物学和统计学的专业研究。该模型由于多种要求而不能自由地从因特网上下载，因此在开放性上较其他模型差，但是在全球资源共享性越来越高的当今社会，一种模型或者软件要发展必然需要多方的关注和支持才行，因此该模型在未来也应该会通过不同渠道的开放给全球的科学研究者使用。

ComBase 是由英国食品标准机构(Food Standards Agency)和食品研究协会(Institute of Food Reseach)、美国农业部农业研究服务机构(USDA Agricultural Research Service)和下属的东部地区研究中心(Eastern Regional Research Center)以及澳大利亚食品安全中心(Australian Food Safety Centre of Excellence)联合开发的。ComBase 建立的目的是通过网络提供微生物在食品环境中的响应预测。ComBase 数据库(通过 ComBase Browser 获得)是由成千上万的微生物生长和存活率曲线组成的，这些曲线和数据来自于已经发表的文章和研究机构。根据这些微生物模型的数据，最终建立了 ComBase Predictor，它可以用于工业生产、学术研究和管理机构等领域，其主要功能有：可以保证某种新开发食品的安全性；也可以用作教学和研究使用；还可以用于食品中微生物的风险评估或者食品产业建立新标准的评估。1988 年英国农业渔业和食品部门在一个协调计划中收集特定致病菌生长数据，从而建立起一个商业化预测模型，被称为 Food MicroModel。同时，美国也开发出类似 Food MicroModel 的模型，称为 PMP(Pathogen Modelling Program)。2003 年 5 月，两国将这两种预测微生物模型最终整合成了一个数据库模型，称为 ComBase。2003 年 7 月，在法国举行的第四届国际食品预测模型会议上两国就网络提供 ComBase 免费使用达成一致并发布，这标志着全世界的研究人员、风险评估人员、法律机构职员、食品生产者和食品研发人员都可以免费通过该系统对数据进行有效快捷的评估，并保证了国际食品贸易的安全性。首先，使用 ComBase 将避免研究者之间不必要的竞争；其次，提高食品的质量和保证食品的安全；最后，标准化的数据源可以减少食品贸易中由微生物风险评估引起的潜在分歧。2006 年，第二届国际微生物风险评估会议上，澳大利亚食品安全中心也正式加入 ComBase，新版本的 ComBase Predictor 也同时发布。ComBase 系统不仅能预测一种微生物在一种环境条件下的生长情况，还能预测一种微生物在不同环境中的生长情况，并且可以对这些不同情况下的生长情况进行比较和分析。ComBase Predictor 不仅适用于恒温条件，也适用于波动温度。ComBase Predictor，是一个根据关键因素(温度、pH、盐浓度等)预测一系列致病菌和腐败微生物的在线工具。它主要以温度、pH 和盐浓度为参数对微生物的生长和生存模型进行预测。有的情况下，还在预测模型中引入了第四种参数，比如二氧化碳或有机酸浓度。它最多可在波动温度下同时对四种微生物响应进行预测。ComBase Predictor 采用 Baranyi 模型作为一级模型，用标准二次多元多项式函数来描述微生物生长对数期的二级模型。在对数生长期的温度、pH 和水分活度值用标准二次多元多项式建模。最大特定生长速率是 ComBase Predictor主要的模型参数；此外，其他参数有“初始生理学状态”。在使用数据库时，已有一个经验值作为默认被设定在模型中，但ComBase还是建议使用者自己选择不同的初始生理学状态值输入到系统中，以观察其对生长曲线的影响。ComBase提供了19种食品、29种微生物和5种环境因素的模型选择。ComBase特意标记出了每种模型已录入数据参考文献的数量，以方便使用者获知该类研究在全球的进展情况。用户可以通过选择关键点，来预测一定环境下某种食品中的特定微生物生长情况。使用者还可以根据具体的情况对关键点的选择进行放缩，选择关键点越细致，预测结果就会越准确。结果将以摘要形式和详细形式两种方式呈现，摘要形式根据食品分类、温度、pH、水分活度、环境条件和食品来源快捷地为使用者分类出所需数据。使用者如果需要缩小搜索范围，还可以通过排除一些记录来完成。详细形式是数据与图形相结合的形式，使用者可以在线对其进行分析和预测，也可以下载记录后再进行分析和预测。结果分析处理可以通过Predictor比对或Fit the Data比对两种方式进行。Predictor比对是指用ComBase中培养基条件下的模型数据进行比对。Fit the Data比对是根据ComBase包含的5种模型中的1种进行数据调整。总之，ComBase不仅整合了多种三级模型的数据，更重要的是，该模型将以前各自分开研究的科学家联系到了一起，从而更有效地使用了人力、物力，对于预测微生物学的发展起到了很好的推动作用。此外，将模型数据和操作系统公开在因特网上供全球科学家、研究者等共同使用，也体现了当今世界全球一体化的趋势和科学开放性的特点。

2）微生物风险评估在预测水产品安全中的应用

水产食品营养丰富、味道鲜美，并且具有低脂肪、高蛋白、营养平衡好的特点，深受人们的喜爱，但水产品也是极易腐败的食物。据报道，威胁水产品的腐败主要是水产品存在的部分腐败菌而造成的。为了降低水产品腐败的速度，国外对水产品腐败微生物进行了长期研究。20世纪60年代，为了控制鱼类的腐败，Spencer等人建立了温度对鱼类腐败速度影响的模型。Olley认为，许多腐败过程受温度影响的变化是基本相似的，并提出了一个通用腐败模型。Daud等人后来将Olley的腐败模型应用到鸡肉腐败的研究中。20世纪90年代中期，Dalgaard明确提出了特定腐败菌的概念，这大大有助于人们对水产品微生物腐败的认识，为水产品建立风险评估预报体系奠定了基础。早期微生物动态预报模型的开发、验证和应用大都以预测冷链产品的货架期为目的，带动了冷链产品货架期预测方面相关技术的研究。对任何微生物预报模型的应用而言，其始点和终点都基于积累在加工或贮藏过程中的微生物学知识，在考虑了早期微生物动态模型建立的不足后，Dalgaard提出了鱼类品质评价和预测的策略，将预报微生物学作为研究的基本方法，把数学模型货架期模型纳入计算机软件；将风险评估的概念引入到货架期预测系统中，大大增加了模型的实际应用能力。目前，假单胞菌（*Pseudomonas* spp.）、腐败希瓦氏菌（*Shewanella putrefaciens*）、磷发光杆菌（*Photobacterium phosphoreum*）的动态模型和预报相应水产品剩余货架期的模型已经开发，并分别纳入成为FSP（Food spoilagepredictor）和SSP

(Seafood spoilage predictor)的应用软件内,可用来预测与阐明恒温和波动温度对特定腐败微生物的生长动态和水产品剩余货架期的影响。

此外,关于微生物对水产品品质所产生的影响的研究也有很多,主要是腐败微生物对产品货架期的研究和预测。澳大利亚 Tasmania 大学在假单胞菌生长模型基础上开发出食品腐败预测器(FSP,Foodsspoilage predictor),它是能对食品品质进行多环境因子分析预测的软件,主要是以恶臭假单胞菌(*Pseudomonas putida*)1442 株菌株为研究对象,测得不同温度、Aw、pH 条件下 800 多个生长数据,建立了 500 余条生长曲线。同时,用实际流通中的大量数据对模型进行了验证和改良,建立了假单胞菌生长模型数据库,应用准确度(Accuracy factor,Af)的概念客观地评估预测值和实际值之间的比率,建立了微生物生长的数据库,形成专家系统和应用软件包,从而对特定腐败菌是假单胞菌的食品剩余货架期进行快速估测。该预测系统在人工接种及自然腐败状态下,假单胞菌的预测值和实际值之间的偏差(Bias)在 20%以内。除了 FSP 外,国内学者在较短时间内尝试开发出适合我国国情的淡水鱼冷藏生鲜鱼品流通微生物质量预报专家系统软件。同时,许多同类的货架期预测系统也正在开发验证之中,许钟等人以有氧冷藏养殖罗非鱼为研究对象,建立和验证了用于预测冷藏罗非鱼微生物学质量和剩余货架期的假单胞菌的生长动力学模型,并在对冷藏罗非鱼、大黄鱼特定腐败菌的生长研究的基础上,建立了预测系统软件 FSLP(Fish shelf life predictor);LalithaKV 和 Surendran PK 等人报道了罗氏沼虾在冷藏条件下的微生物种类,范瑜敏等人在前人研究的基础上开发了罗氏沼虾细菌总数的系统预测软件,以上研究为国内学者进一步更好地研究预报微生物技术搭建了良好的平台。

4.3.4.2 微生物的暴露评估

暴露评估包括对实际的或预测的人体对危害因子的接触剂量的评估。对微生物危害来说,暴露评估基于食品被致病性细菌污染的潜在程度以及有关的饮食信息。暴露评估必须考虑的因素包括被致病性细菌污染的可能性,食品原料的最初污染程度,卫生设施水平和加工进程控制,加工工艺,包装材料,食品的储存和销售方式、食用方式,以及食品中竞争性微生物对致病菌生长的影响。微生物的数量是动态变化的。如果在食品加工中采用适当的温度—时间条件控制,致病菌的数量可维持在较低水平。但在特定条件下,如食品贮藏温度不合适或与其他食品发生交叉污染时,其数量会显著增加。因此,暴露评估应该描述食品从产地餐桌的整个途径,考虑到与食品可能的接触方式,尽可能反映出从农场餐桌整个过程对食品的影响。暴露评估是一个非常复杂的过程,因为病原菌是在不断的生长和死亡的,所以食品中的致病菌水平呈现不断变化的动态性特征,而且从食品的生产到消费这一过程中还存在许多因素影响着致病菌数量的变化,使风险评估者很难准确预测食品消费前的病原菌数量。为了估计个体摄入病原菌的数量,就需要使用模型来进行预测。一般来说,只有合并了在食品到达消费者手中前的各种影响因素的风险评估模型后才能提供最多关于食品安全风险的信息,帮助评估者找到从生产到消费过程中影响风险的主要因素和有效控制风险的环节。这种方法被许多学者称为农场到餐桌(farm-to-fork)评估、过程(Process)风险模型或生产/病原菌途径分析(图 4-3)。

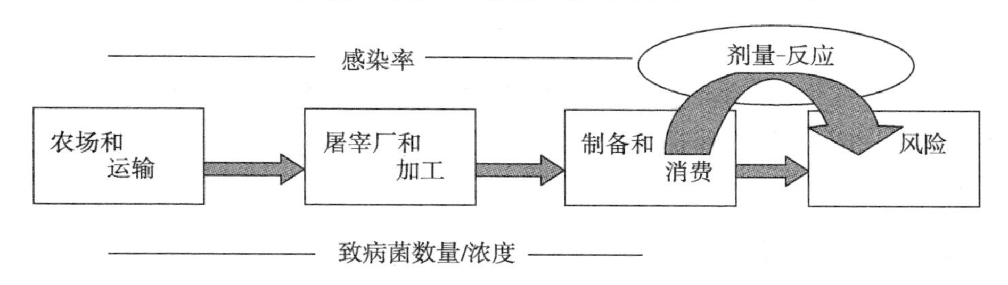

图 4-3　病原菌感染途径

这一模型贯穿从农场到餐桌的生产、运输、加工、储存、家庭制备、消费全过程。首先要评估的项目是离开农场被感染(或污染)禽只的流行率以及每只被感染(或污染)禽的致病菌数量。根据这一结果,在“活禽—屠宰—产品加工制备”的每个阶段中,依据感染禽的流行率与致病菌数量的变化建立模型并贯穿供应链的始终。供应链的一系列过程为致病菌提供了多变的环境,而在各种环境中,致病菌的数量又受到管理和消费习惯等因素的影响。为了进一步说明这些影响,诸如交叉污染、净化方法、贮藏和烹饪习惯等因素都必须考虑进去。可综合运用预测微生物学的方法预测在不同环境条件下微生物的生长、存活及死亡状况,估计食品在摄入前可能含有的病原菌数量。然后,将特定单位食品中的致病菌数量、单位食品的暴露频率与食品消费量数据结合起来,从而得出暴露评估的结果。例如,WHO/FAO 在进行鸡蛋和肉鸡沙门氏菌风险分析中,通过模型预测了受沙门氏菌污染的鸡肉的暴露频率,见图 4-4。

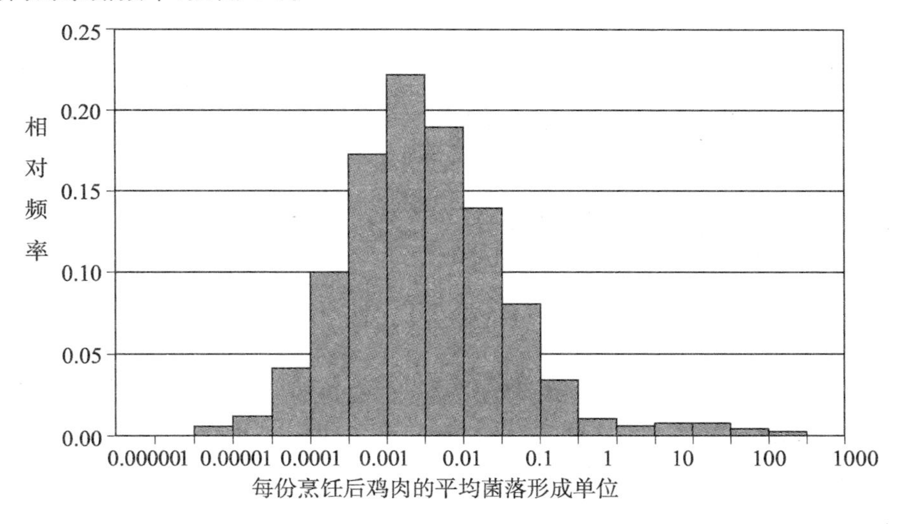

图 4-4　烹饪后每份受污染鸡肉食品的暴露频率分布图

图 4-4 表示了烹饪后每份受污染食品对于膳食的暴露情况,横坐标表示烹饪后每份

食品中的含菌量,坐标最左边的每份食品中含 0 个细菌,细菌含量随着坐标向右依次增大,最右边每份食品含 10 个细菌。纵坐标表示一定细菌含量的每份食品的暴露频率。例如,图中含菌数为 0.1 的这份食品对人体的暴露频率大约为 8%。分析可见,含菌量极少和含菌量极多的食品出现的频率都比较少,暴露于消费者的大部分是含菌量处于中等水平的食品,呈现出一个正态分布。

4.4 风险特征描述

4.4.1 健康指导值

健康指导值的设定能为风险管理者提供风险评估的定量信息,帮助其制定保护人类健康的决策。JECFA 和 JMPR 使用的某物质的健康指导值,能定量表达这种物质添加到食品和饮用水中时对人类无可见的健康风险的经口暴露量的范围(急性的或慢性的)。对于故意添加到食品中的物质,像食品添加剂、食品中农药残留和兽药残留,把其健康指导值指定为 ADI。JECFA 和 JMPR 是根据评估时所有已知的证据来确定 ADI 的。

JMPR 和 JECFA 又为食品中的农药残留和兽药残留分别指定了健康指导值 ARfDs。JMPR 在 2002 年把 ARfDs 定义为:在小于或等于 24 h 内单位体重吸收根据目前已知所有信息不会对消费者造成可见健康风险的食品和(或)饮用水中某物质的估计量。

对于通常不可避免的食品污染物,JECFA 把 TI 作为健康指导值。这包括暂定每日最大耐受量(PMTDI)、暂定每周耐受量(PTWI)和暂定每月耐受量(PTMI)。TI 表示通过饮食污染物可接受最大暴露量,其作用是把暴露量限制在最大适宜程度。鉴于接近食品添加剂专家委员会关注水平的暴露量对人类健康所造成影响方面的可靠数据很少,所以采用“临时”(provisional)这个词以表达评估的试验属性。

PMTDIs 用于不确定是否会在人体内积累的食品污染物。PMTDIs 值代表食物或饮用水中天然存在的物质的允许暴露量。

对于经过一段时间可能在人体内长期积累的污染物,JECFA 用 PTWI 和 PTMI 这两个值。对任意某一个值,消费者消费了大于平均污染水平的被污染食品,都可能导致摄入的污染物量超过按周耐受量或按月耐受量计算而得的每日份额。由于该类污染物能在人体内长期累积,因此,JECFA 评估时要考虑其日间差异及其长期暴露。

对于食品中的农药残留和兽药残留,除了制定 ADI 外,如果可能,法典委员会也根据科学研究结果制定各自的 ARfDs 和食品中的最大残留量。其实,JMPR 评估的最大残留水平被 CCPR 作为最大残留限量(MRLs)推荐给 CAC。JECFA 会推荐兽药最大残留限量草案供 CCRVDF 参考,然后 CCRVDF 再把那些经它批准的兽药最大残留限量推荐给 CAC。

4.4.1.1　每日允许摄入量

1957 年，JECFA 第一次会议上指出，确定食品添加剂在食品中的用量时应注意“要有一个适当的安全限值把威胁消费群体健康的危害降到最低”。1958 年，JECFA 第二次会议指出，要在食品添加剂测试的简要程序中确立其安全用量，并得出结论：动物试验结果可以外推到人，但是要考虑种间敏感性的差异、试验动物和人类暴露于危害的数值差异、人体更为复杂的得病过程，确定人体摄入量的难度、食品添加剂间产生协同作用的可能性等，对于这些不确定性我们可以采用安全限值来描述。

这个结论为 ADI 的确定奠定了基础。ADI 是 JECFA 对食品添加剂风险描述的终点。JECFA 把 ADI 定义为：“在没有明显的健康风险下，人一生中每日可摄入的某食品添加剂的估计量值(人的标准体重为 60 kg)。”

ADI 用 mg/kg 体重表示。值的范围在零到某一上限，被认为是该物质的接受域。JECFA 这样表示 ADI 是为了鼓励在技术可行的范围内尽量使用最低水平的添加剂。

具有长的半衰期和在人体内会积累的物质不能作为食品添加剂。数据资料应包含为食品添加剂的累积性提供信息的新陈代谢和排泄研究。JECFA 通常依据动物实验的最大无观察作用剂量(NOEL)制定 ADI。JECFA 在其 2009 年的第六十八次会议上提出：为了与 JMPR 和其他评估机构的惯例相一致，委员会决定，当次高剂量有不良作用时用“NOAEI”未观察到有害作用剂量这个词。如果不是不良作用，那就用“NOEL”这个词。这包含在最高剂量试验时无观察作用的评估。在这种情况下，最高剂量试验时采用“NO-EL”。关于最低观察作用剂量(LOEL)和最低有害作用剂量(LOAEL)这两个词，委员会也是用同样的方法定义的。

由于在把动物毒性数据外推到人类的潜在作用时，存在固有的不确定性，并且人类种间存在差异性，因此在计算 ADI 时，用安全因子(Safety Factor)来提供一个保守的安全限值。当两种或更多动物的试验结果可用时，ADI 则根据最敏感的动物物种确定，也就是说根据在最低剂量时显示毒性作用的物种确定 ADI，除非其他物种试验中有可用的新陈代谢和药物动力学数据更接近人类。

通常 ADI 是基于毒理学信息制定的，不需要该物质用途、实际应用情况或暴露量方面的数据，即可提供一个有用的安全评估。但是，由于 ADI 是应用到整个人群，因此在制定 ADIs 时有必要知道特定的亚人群是否暴露。所以，在安全评估时要了解暴露模式的一般信息。例如，某食品添加剂被用到婴儿配方奶粉中，如果不仔细审查涉及幼小动物暴露的安全研究，那么这个安全评估就是不完整的。

某些情况下，JECFA 也会认为用数值的形式表示 ADI 不恰当。当食品添加剂的估计消费量低于任意普通情况下的 ADI 值，就会出现这种情况。在这种情况下，JECFA 用“ADI not specified 未规定每日允许摄入量”，委员会将其定义为：在可用数据(化学的、生物化学的、毒理学的等)的基础上，物质每日的总摄入量是因为达到一定期望效应所必需的添加量;或者食品本身就含有一定量该物质但本底含量可接受。按照委员会的意见,这并不是一种健康危害。由于上述原因和在个别评估中陈述的原因,以数值的形式来确定ADI是没必要的。

JECFA遇到过以下几种情况。一是新的食品添加剂的可用数据的主要部分存在某些局限性:委员会已经设定好ADI值的某个食品添加剂,由于新数据的出现而陷入新的安全问题。当食品添加剂专家委员会确信在相对短的时间内摄入某物质安全,但由于缺乏进一步评价其安全的数据,不确定一生摄入该物质是否安全时,往往制定一个"暂定ADI",有待于按照JECFA的时间表出现恰当的数据可以解决其暂定性。在确定暂定ADI值时,委员会常常用比平常大的安全系数,通过第二个因素来增加安全性。制定ADI值所需的生物化学和(或)毒理学数据必须清晰,在暂定期结束前这些新数据必须完成审查。在许多情况下,需要长期的研究才能获得充足的数据。但是JECFA的时间表不允许太长时间。这就意味着JECFA不得不把暂定ADIs长期应用。有时候没有新数据,出于安全考虑JECFA会撤销暂定ADIs。

当暴露评估的有效性不是确定一个新食品添加剂的ADI值的前提时,这样的评估对风险管理者为添加到某种食品中的物质设限很有价值。在以下两种情况下,暴露信息是不可缺少的:

食品污染物和加工助剂的风险评估,主要评价食品本身可能含有的所添加物的安全性,并且确定它们对食物的相对贡献。

为了准确地比较暴露量和允许摄入量,每个评价都要用相似的假设,或至少各个评价的不同点和相似点要明白。例如,ADI值是根据一生剂量计算出来的,那么暴露评估应该是人一生对该添加剂的暴露量来计。有时候允许摄入量是基于特定年龄群体或某暴露条件的数据得出的,例如,短期的暴露应限于在高剂量水平引起痢疾的某些食品添加剂,在这种情况下,人类暴露评估应针对同一年龄群体或暴露条件。

在风险描述中,对于暴露评价和允许摄入量的有效比较,要陈述计算暴露估计的假设。如果可能的话,应该提供食品添加剂的功能性作用和计算估计摄入量时用到的方法信息,像食品成分的分析或某污染物的迁移模型。

1) 农药残留

联合国粮农组织和世界卫生组织的联合会议中关于农药残留的安全管理法规指出,对于人每天都要暴露但无损害的农药剂量的评估首要目标是毒理学调查研究。联席会议指出,"当调查(毒理学数据)完整时,如果可能,通过科学的判断来决定每日允许摄入量"。

JMPR对ADI的定义是:"人体一生中每天都摄入,但未存在可察觉的健康风险的农药剂量的估计值(标准体重为60 kg)。"

作为食品农药残留的ADI用体重表示的话,范围是零到某个上限。这个范围被认为是该物质的接受域。JMPR这样表示ADI是为了鼓励在技术范围内尽量使用最小水平的农药。

JMPR列举出了为得到ADI值有帮助的以下信息：

① 残留的化学性质。农药可能会发生化学变化，在植物组织和动物组织中频繁地发生新陈代谢。即使只使用了一种化学物，残留物也可能包含许多性质不同的衍生物。它们确切的类型可能会因不同的动植物或不同的产品而不同。

② 形成残留物的化学物对动物的急性、短期、长期毒性研究。另外，摄入残留物后，残留物的新陈代谢、反应机制和可能的致癌性。

③ 化学物对人体影响的充足知识。

虽然在短期内每日摄入量超过ADI也不会有重大风险，但是不能把这转化到长时间段，否则可能会出现问题。不良效应的诱发取决于多种因素，而这些因素又随农药种类不同而不同。农药的生物学的半衰期、毒性和暴露量是否超过ADI，都是重要的影响因素。在制定ADI时，较大的安全系数能保证在短时间内暴露量超过ADI时不大可能对健康造成任何有害影响。但是，必须考虑到潜在的急性毒害，而这种毒害在评估ADI值时一般不会考虑，所以，如果有必要，则应制定一个ARfD。

上面的原则随后被联席会议采用，但是这些原则有待于进一步细化。所以，在1968年时JMPR指出：在某些情况下，代谢产物要包括在ADI之内。通常，如果货架食品中的代谢产物在质和量上都与在实验室试验品种中观察到的值一样，ADI值既要应用于母体化合物又要应用于代谢产物。如果代谢产物不一样或者不在同一个数量级上，就有必要分开研究这些代谢产物。当一种或几种农药是另外农药的降解产物时，可以用一个ADI值来表示该农药和它的代谢产物(如砜吸磷、碛吸磷、甲基内吸价)。

在1973年，考虑到评价ADIs值的准确性，JMPR建议ADI值只保留一位有效数字。当所评估的危害有许多因素影响其毒性时，用大于等于一位的有效数字必然会增加其准确度。

使用暂定ADI，首先是食品添加剂调查工作组提议的，1966年被JMPR正式采用。制定暂定ADI前，必须得先制定相关标准。这包括考虑没种化合物的有益作用，明确暂定ADI的固定期限(通常是3～5年)，之后在暂定期终止前复查原有和新补充的数据。制定暂定ADI的工作，一般还需要明确具体日期前要完成进一步的工作。1972年，JMPR提出，如果到期后没有获得所需的数据，则在某些情形下，暂定ADI会被撤销，但是撤销并不说明必然存在潜在的健康危害，只是在复查时没有充分的数据让委员会合理相信：长期摄入也没有可能出现健康危害。

1986年JMPR指出，先前使用的陈述"必需的进一步工作或信息必要的进一步工作或信息"正在被取代，前者被"要使ADI确定可行必需具备的研究"这样的陈述代替，后者被"为化合物的持续评估提供有价值信息的研究"这样的陈述代替。这些新陈述与以前的词"必需的"和"必要的"相比，不仅能更清晰地反应JMPR所做的实际工作，而且可以反映

JMPR 越来越不愿意保留暂定 ADIs，还希望即使在确定了 ADI 化合物进行评估。

1988 年，JMPR 建议对于新的化合物不要再制定暂定 ADIs，并且在缺乏足够数据库时不要制定 ADI。不管化合物的 ADI 值确定与否，委员会都打算出版复查过的所有化合物的专著，对于数据库不充足的化合物，委员会会明确地指出需要的数据。

“条件每日允许摄入量”这个概念是 1969 年 JMPR 采用的，当时只限用于那些认为必须使用且毒理学数据不完整的化合物，目前这个概念已经停止使用。

2）兽药残留

和农药残留一样，兽药残留的 ADI 值也在不断地完善，其确定方法主要来源于 JEGFA。第三十二次 JECFA 会议把其中的许多原则作为食品中兽药残留具体评估的框架，并进行了详细的说明。委员会证实基于动物的无观察作用剂量或者人体的毒理学数据得到的 ADI 可以结合适当的安全系数，用作安全评估的终点。第三十二次委员会提出在某些实例中确立一个 ADI 值可能不恰当。当确定没必要制定 ADI 值时，由于安全限值很大，所以推荐使用 MRI，值也就没必要。例如，在第四十次会议上，JECFA 制定了牛生长激素的一个“未规定的”ADI。委员会注明了缺乏口服的重组生长激素的活力、胰岛素类似物生长因子等这些化合物的低量残留和无毒的性质。委员会得出结论：这些结果为消费注射重组生长激素的动物奶制品的人提供了一个极大的安全限值，所以“未规定的”ADI 的制定显得合理，因为兽药的 ADI 通常是根据母体化合物而不是代谢产物制定 ADI 值。但是，有时候有必要计算各个代谢产物的组成 ADI 值，虽然绝大多数混合物都是分开评估其组成物质，但是也有的实例是以组确定 ADI（如链霉素、二氢链霉素、恩诺沙星、环丙沙星）。ADI 设置了微生物终点而不是毒理学终点（如螺旋霉素和大观霉素）。第三十八次委员会会议曾经指出：如果药物学的作用比毒理学的作用更相关、更敏感，那么 ADI 就应该根据药物学所定。

对于食品添加剂和农药，兽药的 ADIs 通常表示为从零到某个上限范围。这表明当年推荐使用 MRL 时应努力尽可能地把消费者对兽药残留的暴露减小到 ADI 的上限以下。也有几种情况不能设置 ADI 的数值或者范围。出于致敏原的考虑，委员会没有确定青霉素的 ADI，因为没有充分的数据来确定 NOEL。

第三十八次委员会会议还提出了如何解决当目标动物或寄主摄入能够很快转化成代谢产物的那些物质的 ADIs 和 MRLs 值确定的问题。委员会认为在以残留形式存在的兽药代谢产物缺乏母体化合物所拥有的特定活度情况下根据 ADI 确定 MRL；挽留组分与母体化合物相比活力减弱，ADI 会根据代谢产物的毒理学性质和恰当的安全系数来制定。例如，苯硫氨酯本身 ADI 值的确定是根据摄入母体化合物的动物试验研究，但是却通过测量奥芬达唑。利用奥芬达唑的 ADI 制定了代谢产物的 MRL 值。

第四十次委员会会议指出，关于药品的识别和质量的某些情况需经委员会审查。委员会的评估取决于化学物质或产物的确定特性、纯度和物理形式的研究。特殊情况下，只有当产物在特性和质量方面与委员会所用的用于产生评估所用数据的物质没有显著性区别时，这个产物的 ADI 才有效。

委员会第三十八次会议提出在计算 ADI 时，委员会通常会遵照《食品中食品添加剂和污染物安全评估原则》的程序，把一个安全系数应用到由有关的和恰当的毒理学、微生物学或药物学终点研究得来的 NOEL。当 NOEL 来源于长期动物试验研究且假设人类比研究中所用实验动物敏感 10 倍、人类个体间存在 10 倍范围的敏感性差异时，这个安全系数通常选择 100。当在长期试验中无不良健康作用时，100 的安全系数可以用于采用了高剂量水平并且已经注明作用的短期试验的 NOEL。典型情况下，可接受的短期研究至少要花 3 个月的时间。但是委员会也注明，根据可用数据的数目、质量和特性，有时 100 的安全系数可能不够。当需要的数据不完整、用于确定 NOEL 的研究不充足（如每个实验组的动物个数不够或没有个体动物数据）或者当注明有致畸性或致癌性等不可反转的作用时，就会出现这种情况，即 100 的安全系数不够。根据相关数据的数目和质量委员会可能会采用或者已经采用了少数几次高的安全系数（如 200，500 和 1 000）。委员会注明，对于具有遗传毒性的致癌原，安全系数通常不适用。只有在人类研究中有可见的显著的毒理学作用时，才可以用低的安全系数（如 10）。委员会强调，用于每一种兽药的安全系数，应根据以上所有的因素来评估它的优缺点。

在微生物学的基础上确定 ADI 时要考虑不同的因素（如形态学、免疫学、细胞遗传学或人体内脏微生物菌群的不良作用）下安全系数以完全不同的方式被采用。与应用于基于毒理学数据的 ADI 相比，在这些情况下当确定一个基于微生物学的 ADI 时，安全系数用于考虑可用于复查的 MIC 数据的数量和适用的不确定性。例如，只有少数微生物具有抑制作用时，可以取大于 1 的安全系数，考虑到数据的数量和质量，对于微生物终点的评估安全系数可以取 1～10 的数。

对于一些只用有限的毒理数据制定 ADI 的物质，JECFA 做了特殊规定。第三十六次会议指出，依据科学判断，当确定有限时间内摄入兽药残留没有毒理学危害，但不确定一生摄入该残留是否会导致公众健康问题时，可以制定暂定的 ADI。在应用这种方法时，委员会还要考虑是否可在相对短的时间内获得这些数据。暂定 MRLs 可以因为类似或更多的理由被推荐使用，例如，残留分析方法的可用性、可靠性，残留定量方法的补充信息。

4.4.1.2　耐受摄入量

1972 年评估汞、铜和铅时，JECFA 确定了暂定每周耐受量（PTWI）的概念。它是从传统的 ADI 概念衍生而来。自此以后，JECFA 一直在使用这个概念，但期间有过一些修改。鉴于缺乏达到 JECFA 关注暴露水平下的可靠的暴露危害数据，因此使用“暂定”这个词表示评定的临时性。

ADI，原本用于表述因必要的技术目的而使用的一种添加剂的可接受量。显然，痕量污染没有这个预期作用，所以“可耐受的”（tolerable）这个词比“可接受的”（acceptable）这个词恰当,因它表明了因为消费其他健康营养食品而不可避免地摄入污染物的允许性。ADI 的目标应当是将暴露量限制在适宜的最大限度,并使其符合 PTWI。

PTWIs 是以周为基础表示的,因为污染物可能在体内长时间的积累。在任何一天,如果食品中的污染物超过平均污染水平,伴随食品摄入,污染物的摄入量可能会超过按照每周可耐受量平均折算的每天的份额。因为经过一段时间,污染物会在人体内积累,所以 JECFA 的评估要考虑诸如这种每日摄入量的变异以及长期暴露所致的实际问题。

对于不知道是否会在人体内积累的食品污染物,1ECFA 采用 PMTDI,如锡和苯乙烯。PMTDI 表示的是人类对食品和饮用水中物质的允许暴露量。

4.4.2 化学性危害的风险特征描述

风险描述中对有阈值的毒性作用和无阈值的毒性作用采用不同的方法进行描述。对于阈值效应,JECFA 和 JMPR 曾用每日允许摄入量、耐受摄入量和急性参考剂量(ARfD)这些指标来进行风险描述。ADI 和 ARfD 一般用于故意添加到食品中的物质、农药残留和兽药残留(这些物质的含量可以人为控制)的风险描述。对于不可避免的污染物,常常用 TI 来描述。

对具有遗传毒性物质的毒性作用,传统假设他们没有阈值,并且在任意暴露水平都会存在一定的风险,所以,食品添加剂专家委员会没有对具有遗传毒性和致癌性的物质定健康指导值。但是必须注意的是,对于某些在动物试验中会以非遗传毒性机制增加癌症发病率的物质,制定像暂定每周耐受摄入量(PTWI)这样的健康指导值是很恰当的。对具有遗传毒性和致癌性的物质的风险描述一般遵循以下原则:

① 把剂量保持在可以合理达到的最低水平原则(As Low As Reasonably Achievable,ALARA)。

② 把不同暴露水平的风险量化(如黄曲霉毒素)。

③ 把能产生类似危害的不同化学物进行风险分级(如具有遗传毒性和致癌性的物质)。

由上可以看出,原则①中的建议是限定值,因为它不考虑人的暴露量或致癌效力,而且在这种情况下,风险管理者不能把不同的污染物进行优先次序排列或者采取目标风险管理措施。原则②可以为某个具体物质的风险管理提供建议但是它不能提供不同污染物优先排序的必要信息。原则③包括"暴露边界值"(Margin of Exposure,MOE)这个方法。MOE 是对人或者动物产生很小但可测量作用的剂量与估计的人的暴露量之间的比率。如该物质引致不良反应的剂量与一般人的摄取量越接近,暴露限值便越低,代表对公众健康的影响越大。

对既有遗传毒性又有致癌性的物质,这个方法能使风险管理者了解人的暴露剂量和预期能产生不良作用的剂量之间的接近程度。另外,比较不同物质的 MOE,方便风险管理者对不同物质采取优先管理措施。

4.4.3 生物性危害的风险特征描述

风险描述是微生物风险评估的最后一个步骤。根据危害识别、危害描述和暴露评估得出的结论，评估微生物危害对目标人群健康产生不良影响的可能性及其严重性。在提供对特定人群发生不良作用的定性、定量评估的同时，还应当对这些评估步骤中的不确定性进行描述。风险描述将前述步骤中的所有定性、定量信息综合到一起，对特定人群进行一个全面的风险估计。在微生物风险评估中，由于前三步主要以定性描述为主，特别是危害描述和暴露评估的过程中，存在较大的变异性及不确定性，对微生物危害进行定量描述的难度很大，多数情况下仍需依赖专家的论断，对风险进行定性描述。

在具体描述过程中，可运用综合方法模拟对每份研究对象食品的处理，输出结果是每份食品感染概率的点评估(平均数，一般是中位数)，同时配合对不确定性的描述，根据基准模型及每种降低风险的措施研究获得风险评估的结果。

4.4.4 风险评估报告的编写指导原则

第一，科学性。所谓的“科学性”是指所有的风险评估应以其风险评估试验的数据为基础。某一风险物质的环境释放与否，除了科学因素之外，还要受到诸如社会、经济、政治、伦理等因素的制约。

第二，熟悉性。所谓的“熟悉性”是指对某一风险物质的有关生物学、生态学和释放环境背景信息十分了解，并且对与之相类似的风险物质的使用具有经验。但是，熟悉并不表示所评估的风险物质无害，而是意味着可以采取已知的管理策略和措施对其进行有效的管理；不熟悉也不表示说评估的风险物质有害，而是意味着在对该风险物质熟悉之前，需要逐步对各种相关风险进行评估。

第三，逐步评估。一种食品安全风险的出现，必然伴随着该风险物质的开发、试验及大规模商业化生产等过程。逐步评估要求在每个阶段对该风险物质进行风险评估，前步试验获得的相关数据和经验可作为后步风险评估的基础。

第四，个案评估。由于每种风险物质存在各种不同的差异性，有可能是生物性的，有可能是化学性的，也有可能是物理性的，因此带来的风险都有可能不同，必须针对具体的个体方案进行风险评估。

第五，实质等同性。借用转基因生物安全性评价的一个基本原则，所谓的实质等同性是指转基因生物在特定的用途及对生态环境和人体健康的安全性方面，其新性状等同于本国正在使用的并且通常认为是安全的同种物种的生物体。那么，对其他的风险物质来说，在评价其可能带来的风险时，也要研究其本质，与现有的风险评价体系中已有的结论的物质相对比，从本质上判定其安全性。

4.5 风险评估的几个相关问题

4.5.1 风险评估在风险分析框架中的地位

我国新颁布的《食品安全法》规定国家实行“食品安全风险监测制度”和“食品安全风险评估制度”。《食品安全法》第二章第十三条规定：国家建立食品安全风险评估制度，对食品、食品添加剂中生物性、化学性和物理性危害进行风险评估。国务院卫生行政部门负责组织食品安全风险评估工作，成立由医学、农业、食品、营养等方面的专家组成的食品安全风险评估专家委员会进行食品安全风险评估。对农药、肥料、生长调节剂、兽药、饲料和饲料添加剂等的安全性评估，应当有食品安全风险评估专家委员会的专家参加。……食品安全风险监测和风险评估将成为我国食品安全管理工作及研究的热点内容，全国各地、地方政府都在纷纷筹建风险评估的架构。实际上，大部分人对风险分析框架的了解还是很不够的。我们在讲风险评估的时候首先要明确风险评估是风险分析的一个组成部分，要弄清楚风险评估在风险分析框架中的地位。

风险分析框架包括三部分内容，即风险评估、风险管理和风险交流。风险分析的框架必须要有这三个部分，然后整合起来进行，缺一不可，各个科学家、政府、媒体、消费者都在其中起到不可替代的重要作用。而在风险分析框架当中，风险评估是基础，一个非常关键的环节。没有风险评估的结论，就不能制定基于科学的管理措施，也不能进行基于科学的风险交流。这是解决当前面临的食品安全的诸多复杂和大大小小问题的一个基本准则。不管是联合国的机构，还是各个国家的政府，都同意风险分析框架是对待我们任何潜在的或者已经发生的突发食品安全问题的唯一应该遵循的原则。

4.5.2 国际食品安全风险评估专家组织及其运行机制

目前，在国际食品法典委员会和世界贸易组织的共同推动下，食品风险评估已经成为各国制定食品安全政策、食品安全标准和食品技术法规的科学基础，同时也是仲裁国际贸易纠纷的基本准则。欧盟在2002年通过EC178/2002条例，明确规定了食品风险评估机构的职责任务、组织设置以及程序要求，从而奠定了欧盟食品风险评估制度的法律基础。

现在所有的国家都在纷纷设立风险评估机构。最成功之一就是欧洲食品安全局(EFSA)，专门负责食品风险评估和风险交流。EFSA不参与制定标准，更不涉及监督管理。从成立到现在也就近十年时间，已经在欧洲甚至于全世界建立了一个非常权威的风险评估机构，声誉也非常好。日本的食品安全委员会(Food Safety Commission)作为统一负责食品安全事务管理和风险评估工作的独立机构，由内阁府直接领导。该委员会由七名食品安全专家组成，委员全部为民间专家，经国会批准，由首相任命，任期三年。委员会下设事务局和专门调查会。事务局负责日常工作，专门调查会负责专项案件的检查评估。食品安全委员会的主要职责是实施食品安全风险评估；对风险管理部门进行政策指导与监督；负责风险信息的沟通与公开，在两三年之内作了 500 多个农药残留风险评估。美国食品药品管理局（FDA）没有独立的评估机构，但在 FDA 的下面，有一些专家是专门负责作风险评估的，不涉及标准，不涉及添加剂的审批，也不涉及其他监督管理方面的工作。

4.5.3　发达国家的经验对我国的启示

发达国家的经验对我国的启示是必须成立独立的风险评估机构。从国际经验来看，独立的风险评估确保了食品安全立法的科学性，为有效的风险管理提供了依据。我国应当成立独立进行食品安全风险评估和研究的机构，如国家食品风险评估研究所或食品安全风险评估中心，成员由食品安全方面的技术专家组成，隶属于国务院。其职能有两项，一是风险评估，即运用科学方法，根据食品安全风险监测信息、科学数据以及其他有关信息，对食品中的生物性、化学性和物理性危害进行风险评估，为制定、修订食品安全标准和对食品安全实施监督管理提供科学的依据；二是风险交流，即定期向风险管理部门和消费者提供有关食品和产品中可能存在及已被评估的风险信息。风险评估机构可以定期组织专家听证、科学会议，并积极寻求以简易的方式与普通公众对评估过程进行交流。

《食品安全法》第四条规定：国务院卫生行政部门承担食品安全综合协调职责，负责食品安全风险评估、食品安全标准制定、食品安全信息公布、食品检验机构的资质认定条件和检验规范的制定，组织查处食品安全重大事故。就我国食品安全风险评估组织而言，国家农产品质量安全风险评估专家委员会已于 2007 年 5 月成立，是我国农产品质量安全风险评估工作的最高学术和咨询机构。国家食品安全风险评估专家委员会和国家食品安全风险评估中心正在筹建中。风险分析涉及科研、政府、消费者、企业以及媒体等有关各方面，即学术界进行风险评估，政府在评估的基础上倾听各方意见，权衡各种影响因素并最终提出风险管理的决策，整个过程应贯穿学术界、政府与消费者组织、企业和媒体等的信息交流，他们相互关联而又相对独立，各方工作者有机结合，避免了过去部门割据造成主观片面的决策形成，从而在共同努力下促成食品安全管理体系的完善和发展。

参考文献

[1] Barnes DG, Daston GP, Evans JS, et al. Benchmark Dose Workshop: Criteria for Use of a Benchmark Dose to Estimate a Reference Dose [J]. Regulatory Toxicology and Pharmacology, 1995, 21(2): 296-306.

[2] Crump KS. A New Method for DeteminingAllowable Daily Intakes [J]. Fundamental and Applied Toxicology, 1984, 4(5): 854-871.

[3] Dorne JLCM, Renwick AG. Refinement of Uncertainty/Safety Factors in Risk Assessment by the Incorporation of Data on Toxicokinetic Variability in Humans [J]. Toxicological Sciences, 2005, 86(1):20-26.

[4] Dorne JLCM, Walton K, Renwick AG. Human Variability in Xenobiotic Metabolism and Pathway-Related Uncertainty Factors for Chemical risk Assessmen: A Review [J]. Food and chemical toxicology, 2005, 43: 203-216.

[5] FAO. Submission and Evaluation of Pesticide Residues Data for the Estimation of Maximum Residue Levels in Food and Feed, 1st ed [R]. Rome. Food and Agriculture Organization of the United Nations, 2002 (FAO Plant Productionand Protection Paper, No. 170; http://www. fao. prg/ag/agp/agpp/pesticid/JMPR/Download/FAOM2002. pdf).

[6] FAO/WHO. General Principles Governing the Use of Food Additives: First Report of the Joint FAO/WHO Expert Committee on Food Additives [R]. Rome: Food and Agriculture Organization of United Nations; Geneva: World Health Organization, 1957 (FAO Nutrition Meetings Report Series, No. 15; WHO Technical Report Series, No. 129; http://whqlibdoc. who. int/trs/WHO_TRS_129. pdf).

[7] FAO/WHO. Procedures for the Testing of Intentional Food Additives to Establish Their Safety for Use: Second Report of the Joint FAO/WHO Expert Committee on Food Additives[R]. Rome: Food and Agriculture Organization of United Nations; Geneva: World Health Organization, 1958 (FAO Nutrition Meetings Report Series, No. 17; WHO Technical Report Series, No. 144; http://whqlibdoc. who. int/trs/WHO_ TRS_144. pdf).

[8] FAO/WHO. Evaluation of the Toxicity of A Number of Antimicrobials and Antioxidants: Six Report of the Joint FAO/WHO Expert Committee on Food Additives. Rome: Food and Agriculture Organization of United Nations, 1962; Geneva: World Health Organization, 1962a (FAO Nutrition Meetings Report Series, No. 31; WHO Technical Report Series, No. 228; http://whqlibdoc. who. int/trs/WHO_TRS_228. pdf).

[9] FAO/WHO. Principles Governing Consumer Safety in Relation to Pesticide Residues: Report of a Meeting of a WHO Expert Committee on Pesticide Residues Held Jointly with FAO Panel of Experts on the Use of Pesticides in Agriculture[R]. Rome: Food and Agriculture Organization of United Nations, 1962; Geneva: World Health Organization, 1962b (FAO Plant Production and Protection Division Re-

port;No. PL/1961/11; WHO Technical Report Series, No. 240).
[10] FAO/WHO. Evaluation of the Toxicity of Pesticide in Food: Report of a Joint Meeting of the FAO Expert Committee on Pesticide Residues [R]. Rome: Food and Agriculture Organization of United Nations, 1964; Geneva: World Health Organization (FAO Meeting Report, No. PL/1963/13;WHO/Food Add. /23).
[11] FAO/WHO. Pesticide Residues in Food-1968: Report of the Joint Meeting of the FAO Working Party of Experts on Pesticide Residues and the WHO Expert Committee on Pesticide Residues [R]. Rome: Food and Agriculture Organization of United Nations, 1964; Geneva: World Health Organization (FAO Agricutural Studies, No. 78; WHO Technical Report Series, No. 417; http://whqlibdoc. who. int/trs/ WHO_TRS_417. pdf).
[12] FAO/WHO. Evaluation of Certain Food Additives and the Contaminants Mercury, Lead, and Cadmium: Sixteenth Report of the Joint FAO/WHO Expert Committee on Food Additives[R]. Geneva: World Health Organization, 1972 (WHO Technical Report Series, No. 505 and corrigendum; http://whqlibdoc. who. int/trs/WHO _TRS _505. pdf).
[13] FAO/WHO. Pesticide Residues in Food-1972: Report of the Joint Meeting of the FAO Working Party of Experts on Pesticide Residues and the WHO Expert Committee on Pesticide Residues [R]. Rome: Food and Agriculture Organization of United Nations, 1973; Geneva: World Health Organization (FAO Agricutural Studies, No. 90; WHO Technical Report Series, No. 525; http://whqlibdoc. who. int/trs/WHO_ TRS _525. pdf).
[14] FAO/WHO. Toxicological Evaluation of Certain Food Additives with A Review of General Principles and of Specifications: Seventeenth Report of the Joint FAO/ WHO Expert Committee on Food Additives [R]. Rome: Food and Agriculture Organization of United Nations, 1958; Geneva: World Health Organization (FAO Nutrition Meetings Report Series, No. 53 and corrigendum; WHO Technical Report Series, No. 539; http://whqlibdoc. who. int/trs/WHO_TRS_539. pdf).
[15] FAO/WHO. Evaluation of Certain Food Additives and Contaminants: Twenty-eighth Report of the Joint FAO/WHO Expert Committee on Food Additives [R]. Geneva: World Health Organization, 1984 (WHO Technical Report Series, No. 710; http://whqlibdoc. who. int/trs/WHO_TRS_710. pdf).
[16] FAO/WHO. Pesticide Residues in Food-1986: Report of the Joint Meeting of the FAO Panel of Experts on Pesticide Residues in Food and the Environment and the

WHO Expert Group on Pesticide Residues [R]. Rome: Food and Agriculture Organization of United Nations, 1986 (FAO Plant Production and Protection Paper, No. 77).

[17] FAO/WHO. Pesticide Residues in Food-1988: Report of the Joint Meeting of the FAO Panel of Experts on Pesticide Residues in Food and the Environment and the WHO Expert Group on Pesticide Residues [R]. Rome: Food and Agriculture Organization of United Nations, 1988 (FAO Plant Production and Protection Paper, No. 92).

[18] FAO/WHO. Pesticide Residues in Food-1986: Report of the Joint Meeting of the FAO Panel of Experts on Pesticide Residues in Food and the Environment and the WHO Expert Group on Pesticide Residues [R]. Rome: Food and Agriculture Organization of United Nations, 1989 (FAO Plant Production and Protection Paper, No. 99).

[19] FAO/WHO. Evaluation of Certain Veterinary Drug Residues in Food: Thirty-sixth Report of the Joint FAO/WHO Expert Committee on Food Additives [R]. Geneva: World Health Organization, 1990 (WHO Technical Report Series, No. 799; http://whqlibdoc.who.int/trs/WHO_TRS_799.pdf).

[20] FAO/WHO. Evaluation of Certain Veterinary Drug Residues in Food: Thirty-eighth Report of the Joint FAO/WHO Expert Committee on Food Additives [R]. Geneva: World Health Organization, 1991 (WHO Technical Report Series, No. 815; http://whqlibdoc.who.int/trs/WHO_TRS_815.pdf).

[21] FAO/WHO. Evaluation of Certain Veterinary Drug Residues in Food: Fortieth Report of the Joint FAO/WHO Expert Committee on Food Additives [R]. Geneva: World Health Organization, 1993 (WHO Technical Report Series, No. 832; http://whqlibdoc.who.int/trs/WHO_TRS_832.pdf).

[22] FAO/WHO. Evaluation of Certain Veterinary Drug Residues in Food: Forty-second Report of the Joint FAO/WHO Expert Committee on Food Additives [R]. Geneva: World Health Organization, 1995 (WHO Technical Report Series, No. 851; http://whqlibdoc.who.int/trs/WHO_TRS_851.pdf).

[23] FAO/WHO. Application of Risk Analysis to Food Standard Issues: Report of the Joint FAO/WHO Expert Consultation Geneva [R]. Switzerland: WHO, 1995, 95 (37): 13-17.

[24] FAO/WHO. Risk Management and Food Safety: Report of the Joint FAO/WHO Expert Consultation [R]. Rome, Italy: FAO/WHO, 1997, 65: 27-31.

[25] FAO. Application of Risk Assessment in the Fish Industry [M]. Rome, Italy: Food and Agriculture Organization of the United Nations, 2004.

第 5 章　水产品安全风险评估案例

5.1　国内外水产品风险评估研究进展与案例综述

进入新世纪，作为提供高附加值及高营养的水产品贸易的日趋活跃，其安全风险分析越来越受到世界各国的重视。水产品中许多不安全因素会对人体健康造成危害，如有害细菌、生物毒素、病毒等生物性危害以及农兽药残留、添加剂、重金属、环境污染物、化学溶剂等污染物及放射性污染等化学性危害直接影响并威胁人类的健康，特别是食源性疾病还出现了流行速度快、影响范围广的新特点。随着现代生物技术的迅速发展，转基因等生物技术产品对人类健康潜在的影响也日益引起人们的关注。经济贸易的全球化迫使各国不能“闭关自守”，为保证水产品的卫生和质量以及贸易的公平、通畅，各国都在积极建立和完善本国的监控体系。风险分析是保证食品安全的一种新模式，其目标在于保护消费者的健康和促进公平的食品贸易。《实施卫生与动植物检疫措施协定》(SPS 协定)中明确规定，各国政府可以采取强制性卫生措施保护该国人民健康、免受进口食品带来的危害，不过采取的卫生措施必须建立在风险评估的基础上。水产品作为我国主要的农产品和出口换汇产品，开展水产品的风险分析，显得非常必要和迫切。

我国水产品资源丰富，水产品产量约占世界总产量的 1/3。2012 年我国水产品总产量约 5 600 万吨，连续多年名列世界第一；但自 2000 年以来，由于水产品安全事件屡发，如 2001 年亚洲国家出口欧盟、美国和加拿大的虾类产品中被检测出带有氯霉素残留，2003 年“恩诺沙星”事件及今年的“孔雀石绿”事件，2006 年“福寿螺事件”和“多宝鱼事件”以及 2008 年 10 月江苏无锡市场出现大量含甲醛成分的“太湖银鱼事件”等，使水产品安全的国民信誉度打了折扣，更严重的是影响了水产品的出口创汇，使水产品食用安全成为一个日益重要的全球性问题。[1]

为了保证食品安全性，20 世纪 80 年代末出现了“风险评估”的概念。“风险评估”是风险分析的一个重要组成部分。风险分析作为一门应用管理技术已被大量应用在国民经济的生产、生活、管理等环节并取得了丰硕的成果。对于水产品，人们会出自各种不同的原因进行风险评估，这些原因可以划归为确定具有高风险的水产品和水产品中的致病菌；控制水产品中的危害；确定控制及预防措施在加工环节中的应用，尽可能降低风险等方面。随着国际水产品贸易的日趋活跃、食源性疾病出现流行速度快且影响范围广的新特点，针对水产品进行风险分析变得非常必要且迫切，水产品安全性研究任重道远、前景广阔。[2]

5.1.1 国内外风险分析研究进展

世界各国，尤其是发达国家如美国、澳大利亚、加拿大、新西兰在20世纪80年代末就着手风险分析的研究。近年来风险分析迅速发展，在亚洲各国也有很大进展。

5.1.1.1 相关国际组织开展的风险评估

1991年至1998年间，联合国粮农组织（FAO）、世界卫生组织（WHO）以及所属的食品法典委员会（CAC）对风险分析进行了不断的研究和磋商，根据SPS协定中的基本精神提出了一个科学的框架，重新界定了相关术语；研究实际应用风险分析的工作程序；就风险管理和风险交流继续进行咨询；完成的《风险管理与食品安全》报告中规定了风险管理的框架和基本原理；规定了风险交流的要素和原则，同时对进行有效风险交流的障碍和策略进行了讨论。

5.1.1.2 发达国家的风险评估

1）美国

美国已建成职能明确、管理有序、运行有效的食品安全管理体系。风险分析是美国制定食品安全管理法律的基础，也是美国食品安全管理工作的重点。2003年7月25日，美国农业部宣布成立食品安全风险评估委员会。该委员会将联合美国农业部的一些专家，为管理和决策提供科学依据；并对风险评估划分优先顺序，确定研究需求；规定实施风险评估的指导方针；确认外部专家和大学来帮助开展风险评估。目前美国就食品中的多种危害进行了独立、完整的风险评估。

2）澳大利亚

1995年在澳大利亚进口加拿大鲑鱼风险分析案中，专家组在公告和磋商风险分析草案报告后提出禁止进口的政策建议，为国内鲑鱼产业赢得较长的调整时间。2004年12月澳大利亚设置生物安全局，负责进口风险分析，并成立了独立审议风险分析报告的科学家小组。

3）欧盟及日本

欧盟食品安全管理局负责管理整个食品链，根据科学的证据做出风险评估，为制定法规提供信息依据。主要职责是根据欧盟理事会、欧盟议会和成员国的需要提供有关食品安全和其他相关事宜的、独立的科学建议作为风险管理决策的基础；收集和分析有关潜在风险的信息以监视整个欧盟食品链的安全状况；确认和预报紧急风险；在其职权范围之内向公众提供有关信息等。

2003年7月日本成立食品安全委员会，直属于内阁，由7位公认能不受他人左右的专家组成，具有风险评估、风险管理及信息公开与交流的职责，是食品风险评估的独立代表处。

5.1.1.3 我国的水产品风险评估

我国有关水产品安全的风险评估起步较晚，许多工作刚刚开始。陈艳等采用 Vitek 鉴定系统和最可能数法，研究了2001年温暖月份（4～8月）福州和厦门两地零售带壳牡蛎中副溶血性弧菌（Vp）分布情况。[3] 2003年9～12月刘秀梅等在我国沿海4个省份（浙江、江苏、广东、福建）监测零售海产品中副溶血性弧菌的污染状况。[4] 2003年4月～2004年3月陈艳等进行了福建省带壳牡蛎中副溶血性弧菌的市场调查，调查结果可以用于评估生食牡蛎人群 Vp 的暴露量。[5] 沈晓盛等于2003年8月就浙江主要的贝类养殖区进行贝类抽样监测，为浙江地区海洋贝类的食用安全性做出正确的评价提供理论依据。[6] 这些研究可以为今后的风险评估提供数据，但尚无进行针对全国范围的水产品安全危害进行全面的风险评估。为全面提高我国水产品质量安全水平，必须从养殖源头抓起，对各个相关环节（如水域环境、养殖、捕捞、加工、流通等）中的危害因子进行风险分析，实施从“池塘到餐桌”的全程质量管理。

5.1.2 水产品风险分析的原则和方法

风险分析由风险评估、风险管理和风险交流三个部分组成，三者相互联系、互为前提如图5-1所示。但是进行一项风险评估，有时并不需要将这三部分全部包含进来。其中风险评估是整个风险分析体系的核心和基础，也是有关国际组织今后工作的重点。

5.1.2.1 水产品风险评估

风险评估包括危害鉴定、危害描述、暴露评估和风险描述四个步骤。风险评估有定量、定性和半定量评估三种形式。危害识别采用的是定性方法；危害描述、暴露评估、风险描述可以采用定性方法，但最好采用定量方法。水产品半定量风险评估常用的工具是一种名为“风险预测系统”的电子制表软件，这种工具可以用从0到100之间的数字来表示风险的级别。[7] 风险评估需要足够的毒理学资料，最好是国际公认的检测程序得出的数据。风险评估的难点就在于收集充分、有用、科学的信息。另外，风险评估必须有其他组织（JECFA、JMPR、EPA、FDA和经济合作与发展组织 OECD 等）认可的最少数据量，这样才有说服力。有时为了克服资料的不足，在风险评估过程中可以使用合理的假设。

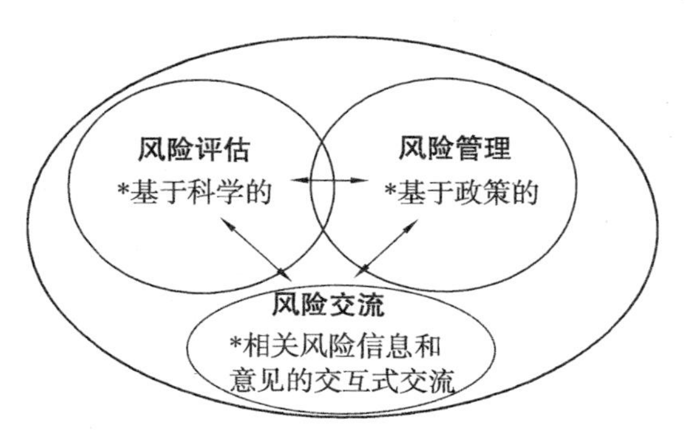

图5-1 风险分析的框架

对于物理危害，考虑到目前的控制手段以及物理危害较明显，可以通过一般性的控制措施，如良好操作规范(GMP)等加以控制，无需进行复杂的风险评估，在此不再赘述。对于化学危害的风险评估，有关国际组织如CAC联合专家委员会(JECFA)和FAO/WHO农药残留联席会议(JMPR)在这方面已经进行了大量的工作，形成了一些相对成熟的方法。对于生物危害必须彻底消除或降低至可接受的水平，由于目前尚未有一套较为统一的科学的评估方法，生物危害的界定和控制均有较大的不确定性。CAC认为危害分析和关键控制点(HACCP)体系是迄今为止控制食源性危害最经济有效的手段。食品法典委员会(CAC)已经制定了《食品微生物风险评估的原则和指南》，并提交于CAC第24届大会讨论。[8]

1）危害识别

进行危害识别的最好方法是证据加权。此法对不同研究的重视程度按如下顺序：流行病学研究、动物学毒理学研究、体外试验等。由于流行病学研究费用昂贵且提供的数据很少，危害识别一般以动物和体外试验的资料为依据。动物试验有助于毒理学作用范围/终点的确定。其设计应考虑到找出NOEL(可观察的无作用剂量水平)值、可观察的无副作用剂量水平或临界剂量，根据这些终点来选择剂量。[9]

2）危害描述

危害描述是对危害因素做定性或定量评价。对化学因素应进行剂量-反应评估，为了与人体摄入水平相比较，需要把动物试验数据外推到低得多的剂量，毒理学家必须考虑在将高剂量的不良作用外推到低剂量时存在的一些潜在因素的影响作用。

原则上，对于非遗传性毒性致癌物能够用阈值方法进行管理。将试验获得的NOEL和NOAEL值乘以合适的安全系数，获得安全水平或者每日允许摄入量(ADI)。除上述方法，还可以通过标记剂量的方法获得ADI，该法采用一个较低的有作用剂量，如ED_{10}或ED_{05}，但也要使用安全系数。对于遗传性致癌物，一般不能用NOEL－安全系数法来制定ADI，因为即使在最低摄入量时，仍有致癌风险，对此可通过风险评估制定一个极低而可忽略不计、对健康影响甚微或社会能接受的化学物的风险水平。[9]

3）暴露评估和风险描述

暴露评估有三种方法，即总膳食研究、个别食品的选择性研究、双份饭研究。WHO制定了化学污染物膳食摄入量的研究准则(GEMS/Food，1985)。风险描述是危害识别、危害描述和暴露评估的综合结果，评估人体摄入化学物对健康产生不良作用的可能性。在描述风险特征时，必须说明风险评估过程中每一步所涉及的不确定性。

4）水产品风险评估的几个案例

国际上已有针对水产品中化学或生物危害进行的定性或定量评估，现将一些具体而详尽的评估案例列举出来(表5-1)。

表 5-1 风险评估的部分案例

风险评估的实施机构	年份	风险评估内容	类别
FDA	1993	贝类中镉的风险评估[10]	水产品中化学危害的风险评估
澳大利亚国家动植物卫生管理局	1999	组胺(鲭鱼)中毒的风险评估[11]	
美国环保局	2001	鱼体中甲基汞的风险评估[12]	
澳大利亚新西兰食品标准局	2003	对虾中硝基呋喃的风险评估[13]	
FDA	1998	生食双壳贝类感染副溶血性弧菌及影响公众健康的风险评估[14]	水产品中生物危害的风险评估
FDA 协同美国食品安全检验局	2000	水产品中李斯特氏菌的风险评估[15]	
FDA	2002	即食食品中李斯特氏菌的定量风险评估[16]	
中国水产品质量认证中心	2003	福建省牡蛎食用中感染副溶血弧菌的风险评估[17]	
连云港出入境检验检疫局	2003	进境冻大马哈鱼携带溶藻弧菌可能影响人体安全和水产动物健康进行了风险评估[18]	

5.1.2.2 风险交流

风险交流是指在风险评估人员、风险管理人员、消费者和其他相关团体之间就与风险有关的信息和意见进行相互交流。作为风险分析的组成部分,风险交流能恰当地说明问题,是制定、理解和做出最佳风险管理决策的必要的、关键的途径。风险交流也许不能消除所有的分歧,但可能有助于更好地理解分歧、更广泛地理解和接受风险管理决策。

5.1.2.3 风险管理

风险管理是指根据风险评估的结果对备选政策进行权衡,并且在需要时选择和实施适当的控制管理措施。措施包括制定食品标签标准、实施公众教育计划,通过使用其他物质,或者改善农业或生产规范以减少某些化学物质的使用等。

风险分析的一条重要原则是风险评估和风险管理应有功能上的区分。风险管理和风险评估在功能上独立,能确保风险评估过程的科学完整性,减少风险评估和风险管理之间的利益冲突。但风险分析是个重复的过程,风险管理者和风险评估之间的相互作用在实际应用中是不可缺少的。

5.1.3 我国水产品风险评估的工作展望

1) 建立国家水产品风险评估委员会,并组建一支水产品风险评估专家小组

风险技术是 WTO 框架下食品安全领域技术性贸易措施的核心。近几年,国外技术

性贸易措施给我国水产品贸易带来了巨大损失。我国现有的水产品安全技术措施与国际水平不接轨的重要原因之一就在于没有广泛采用风险分析技术。风险评估是制定水产品相关标准和解决国际贸易争端的依据。而我国对该技术的研究和应用也只是刚刚起步,技术和人员储备严重不足。水产品风险评估涉及较多学科,包括化学、毒理学、营养学和微生物学等。因此,建立一支熟悉国际游戏规则、精通食品风险分析技术的专业人员和专家队伍迫在眉睫。我们只有在水产品安全技术性措施方面与国际接轨,运用风险分析手段,才有可能保护我国的对外贸易,保护消费者健康方面有所作为。

2）风险分析技术的落脚点应着眼于为政府部门制定有关政策、法规、标准以及监督、检测措施提供科学依据

我国急需制定与水产品安全风险评估密切相关的基础标准,同时要系统地开展农药残留、兽药残留的监测和评估工作,将风险分析应用到标准的制定过程中。

同时,从农田到餐桌,风险分析将贯串其中的各个环节均列入评估工作中,充分考虑每个环节对产品质量和卫生的影响。水产品安全问题是社会公益性问题,水产品安全管理是一种政府实施的强制性行为,这种行为需要一种基于科学的手段,而风险分析正是为政府安全管理决策提供了一个评估手段。我国虽已将风险分析纳入日程,但全面、具体的评估工作有待于进一步开展。

3）根据风险评估,针对高风险的危害建立全国性有效实时监控监测网络体系

建立安全质量控制系统计算机网络,加强预警预报及处理应急反应系统体制建设,预测、通报处理和食品安全信息发布,收集、整理、交流、发布(在一定范围内)国内国际最新有关安全、质量的动态信息,包括 CAC、OIE、IPPC、CDC、WTO/TBT/SPS、ISO 及与食品安控有关技术方面最新进展,以便综合作出决策反应,成为中国食品安全委员会的耳目和反应神经中枢。该网络还应成为中国食品安控体系档案情报中心,建立黑名单制度,严格监控国际国内有关动态,以便作出快速反应和预警。如果说前面的“监控网络”是技术层面的系统,那么“计算机网络”则是偏重信息层面的系统,两者应紧密配合。

参考文献

[1] 拉森,刘雅丹. 风险分析和国际水产品贸易[J]. 中国渔业经济, 2004, 4: 33-34.

[2] 周德庆,李晓川. 高度重视水产品安全性全面提高我国水产品质量[J]. 中国水产, 2000, 4: 74-75.

[3] 陈艳等. 温暖月份零售带壳牡蛎中副溶血性弧菌的定量研究[J]. 中国食品卫生杂志,2004,16(3):207-209.

[4] 刘秀梅等. 2003 年中国部分沿海地区零售海产品中副溶血性弧菌污染状况的主动监测[J]. 中国食品卫生杂志,2005,17(2):97-99.

[5] 陈艳等. 福建省带壳牡蛎中副溶血性弧菌的市场调查[J]. 中国食品卫生杂志,2005,

17(2):115-118.

[6] 沈晓盛等. 浙江海洋贝类微生物调查及其评估[J]. 海洋渔业,2005,27(1):64-67.

[7] 吴霞. 农药残留分析及其与风险特性、摄入评估之间的关系[J]. 世界农药,2003,25(2):12-18.

[8] 赵丹宇等. 危险性分析原则及其在食品标准中的应用[M]. 北京:中国标准出版社,2001年. 22-32.

[9] A Joint FAO/WHO Expert Consultation. Application of Risk Analysis to Food Standardsissues, WHO/FNU/FOS/95. 3[R]. Geneva, Switzerland: FAO,1995.

[10] U. S. Food and Drug Administration Center for Food Safety and Applied Nutrition. Guidance Document for Cadmium in Shellfish[M]. Washington: Food and Drug Administration,1993:1-44.

[11] Leigh Lehane& June Olley. Histamine (Scombroid) Fish Poisoning: A Review in a Risk-assessment Framework [M]. Canberra: National Office of Animal and Plant Health, 1999: 7-8.

[12] EPA. Guidance Document for Methylmercury in fish: the Protection of Human Health[M]. Washington: EPA, 2001:1-5.

[13] Food Standards Australia New Zealand (FSANZ). Risk Assessment on Nitrofurans in Prawns[M]. Canberra: FSANZ,2004: 5-6.

[14] Center for Food Safety and Applied Nutrition, Food and Drug Administration, U. S. Department of Health and Human Services. Draft Risk Assessment on the Public Health Impact of Vibrio parahaemolyticusin Raw Molluscan Shellfish[R]. Washington: FDA, 2000.

[15] Elisa L. Elliot,John E. Kvenberg. Risk Assessment Used to Evaluate the US Position on Listeria monocytogenesin Seafood [J]. International Journal of Food Microbiology, 2000 (62): 253-260.

[16] J. Rocourt, P. BenEmbarek,H. Toyofuku,J. Schlundt. Quantitative Risk Assessment of Listeria monocytogenesinReady-to-eat Foods: the FAO/WHO approach. FEMS Immunology and Medical Microbiology, 2003,35:263-267.

[17] 邹婉虹. 福建省牡蛎食用中感染副溶血性弧菌的风险评估[J]. 中国水产,2003(1):70-71.

[18] 陈秀开,朱其太. 关于进境冻大马哈鱼携带溶藻弧菌的风险分析[J]. 中国动物检疫,2003,20(7):38-40.

5.2 水产品甲醛风险评估

5.2.1 前言

甲醛作为一种较高毒性物质目前已被世界卫生组织确定为致癌物质(A1类)和致畸物质。[1]美国环境保护署(EPA)建议甲醛推荐剂量(RfD)为0.2 mg/(kg·d),而不致对健康构成明显的风险。

针对甲醛对人体健康的影响,全球范围内的研究和讨论一直没有停止过。早在1981年,美国卫生与人类服务部(DHHS)就将甲醛预期为人类致癌物。1999年世界卫生组织下属的国际癌症研究局(IARC)正式公布甲醛对人类是可能的致癌物。2001年美国化工毒理学研究所(CIIT)利用美国环保署(EPA)制定的癌症研究指南中的BBDR(biological based dose response)实验模型,验证了甲醛能够引发人类鼻咽癌。[2]2002年,WHO委托加拿大卫生部和环境部起草并发表了《Concise International Chemical Assessment Document 40: Formaldehyde》,对413篇甲醛健康效应研究报告进行了总结,初步认定甲醛是A1类人类致癌物[3]。2004年6月15日IARC发布了题为"IARC将甲醛分类为人类致癌物"的新闻公报[4]。2006年IARC为了更为清楚地论证甲醛是人类致癌物,又专门发表了题为"IARC关于人类致癌危险度评价专论第88卷:甲醛(IARC Monographs on the Evaluation of Carcinogenic Risks to Human: Volume 88 Formaldehyde)"的文件,再次论证了"甲醛是人类致癌物(A1类)"的结论。[5]

我国已明令禁止在食品中以任何形式添加甲醛,但是一些不法经营者仍然将其作为防腐剂、漂白剂进行不正当的使用,由甲醛引起的食品安全问题屡见不鲜,极大地损害了消费者合法权益的同时,也对公众的身体健康构成了严重的威胁。水产品既是不法经营者利用甲醛掺杂使假的主要对象,同时一些种类的水产品如龙头鱼、鳕鱼、鱿鱼等又自身自然存在较高本底含量的甲醛。水产品中的甲醛给公众健康带来了潜在的风险,因此急需对水产品中的甲醛开展风险评估和风险管理研究工作,[6]提出科学、合理、适用的甲醛限量标准(建议),以满足市场监督检验的需要,规范水产品的生产和销售行为,切实保护广大消费者的身体健康,保障相关产业的健康发展。

5.2.1.1 甲醛概述

5.2.1.1.1 甲醛的物理化学性质

甲醛(CAS No. 50-00-0,分子式:HCOH)在室温下是一种无色、易挥发、有强烈刺激性气味的气体,易溶于水、醇等极性溶剂,40%(*V*/*V*)或30%(*W*/*W*)的甲醛水溶液俗称"福尔马林"。甲醛具有很高的活性,易聚合,且高度易燃,并能在空气中形成爆炸性混合物。[7]

甲醛的物理化学性质如表 5-2 所示。

表 5-2　甲醛的物理化学性质[3]

特性	范围
相对分子质量	30.03
熔点(℃)	−118～−92
沸点(℃,101.3 kPa)	−21～−19
蒸汽压(Pa,25℃)	516 000
溶解性(mg/L,25℃)	400 000～550 000
亨利定律常数(Pa·m^3/mol,25℃)	$2.2\times10^{-2}\sim3.4\times10^{-2}$
辛醇/水分配系数对数值(log K_{ow})P	−0.75～0.35
有机碳分配系数对数值(log K_{oc})	0.70～1.57
转换因子	1 ppm=1.2 mg/m^3

5.2.1.1.2　甲醛的生产与应用

甲醛的商业化生产是由甲醇高温催化氧化制取而来,催化剂为金属(银)或金属氧化物。[8]甲醛是一种重要的化学品,它被广泛用于多个行业,包括医疗、洗涤剂、化妆品、橡胶、化肥、金属、木材、皮革、纺织品、石油和农业。[3][7]

化妆品中,甲醛被用作防腐剂和抗菌剂。在加拿大,甲醛允许应用于非气雾剂的化妆品中,但浓度不能超过 0.2%。[3]在农业生产过程中,甲醛是常见的粮食熏蒸剂,用于防止粮食的霉变和腐烂;甲醛也被用作蔬菜、作物的杀(真)菌剂;它还是可以杀灭苍蝇和其他昆虫的杀虫剂。

在食品行业,国外相关法规准许某些种类的意大利奶酪限量使用甲醛作为抑菌剂。[9]六亚甲基四胺,一种由甲醛和氨构成的复杂化合物,在酸性条件下可以缓慢分解释放出甲醛,在北欧国家可被用作食品添加剂用于水产品,如鲱鱼和鱼子酱。[10]

5.2.1.1.3　甲醛的毒性

甲醛具有一般毒性和特殊毒性。一般毒性包括刺激作用、致敏作用、免疫毒性和神经毒性;特殊毒性涉及生殖毒性、遗传毒性和致癌性。[11]

(1) 刺激作用

刺激作用是甲醛污染最常见的后果。甲醛对皮肤、眼睛、呼吸道和消化道均具有刺激作用。甲醛的刺激作用表现为对中枢神经系统的刺激感受与引起局部组织的神经源性炎症。[12]因为甲醛的水溶性极高,在没有到达肺部以前已基本被上呼吸道黏膜吸收,所以吸入性甲醛能够引起上呼吸道,主要包括鼻腔、咽、气管和支气管的损伤;浓度仅为 0.5 mg/m^3的甲醛就会刺激眼睛,主要表现是灼热感和流泪;而皮肤直接接触甲醛可以引起过敏性皮炎、色斑,甚至坏死。[3][13]

(2) 致敏作用和免疫毒性

甲醛作为一种环境致敏原能够引发引皮肤过敏,诱发过敏性鼻炎、支气管炎与过敏性哮喘,大量接触时还可引起过敏性紫癜。[11][14] Nordman[15] 等在 12 名甲醛的职业高暴露人群身上发现了明显的哮喘症状。Rumchev[16] 等的研究发现长期接触甲醛会显著增加儿童患哮喘的概率。甲醛还是一种免疫抑制剂,对人体的免疫功能有一定的毒性。文育锋等[17] 的研究结果显示,甲醛对小鼠体液免疫、细胞免疫以及巨噬细胞的功能具有明显的抑制作用。马若波[18] 等的研究表明,高剂量的甲醛能够降低小鼠的免疫器官重量,并对小鼠的体液免疫、非特异性免疫与细胞免疫均具有抑制作用。

(3) 神经毒性

周砚青[19] 等应用 Morris 水迷宫实验证实了甲醛的神经毒性,且较高浓度的甲醛表现出较强的神经毒性,而低浓度时的神经毒性并不典型。Pitten[20] 等也通过迷宫试验以 Wister 大鼠为研究对象研究了甲醛的神经毒性,实验结果显示甲醛暴露组发现食物的时间和犯错误的数量均显著高于对照组。

(4) 生殖毒性

流行病学研究结果显示,甲醛是导致胎儿畸形、出生儿体重减轻和妇女不孕症的潜在威胁物;毒理学研究结果也显示出甲醛具有一定生殖毒性。[21] 刑沈阳[22] 等发现,甲醛可以造成雄性小鼠精子畸形,降低雄性小鼠生殖能力,对雄性小鼠具有一定的生殖遗传毒性。Miyachi 等[23] 和 Hagiwara 等[24] 研究了甲醛对叙利亚仓鼠胚胎细胞染色体的损伤情况。结果显示,甲醛可致胚胎细胞姐妹染色体交换率和断裂率显著增加。Thrasher[25] 等的研究结果显示,甲醛对受精卵、胚胎均会产生不利影响,能够造成细胞受损,增加死亡率。

(5) 遗传毒性和致癌性

研究表明,甲醛在哺乳动物细胞的体外试验中能表现出遗传毒性。[3] 甲醛可以导致动物细胞不同水平上的 DNA 损伤,如碱基突变、染色体畸变、姐妹染色单体互换及抑制 DNA 的修复等等。[26] 其导致 DNA 损伤的机理是由于羰基亲电性和较小的空间位阻作用,并可以诱发自由基效应,因而可以攻击核酸和蛋白质等生物大分子而引起一系列反应。Oliver[27] 和 Conaway[28] 等在各自的实验中均发现一定浓度的甲醛能够引起 DNA-DNA 交联。Grafstrom[27] 的研究结果也显示甲醛可以导致 DNA 单链的断裂。

流行病学的调查结果显示,长期接触高浓度甲醛的人患有皮肤、口腔、鼻腔、咽喉部癌、肺癌和消化系统癌的几率更高。娄小华等[30] 的研究表明,甲醛在机体内可以与还原性谷胱甘肽(GSH)形成结合态的甲醛,能够进一步实现甲醛的远距离毒性。Recio 等[31] 以 10 ppm 剂量水平的甲醛诱导大鼠鼻腔鳞状细胞癌,并在其中 5 个肿瘤中发现了 P_{53} 基因点突变。2006 年 IARC 发表了题为“IARC 关于人类致癌危险度评价专论第 88 卷:甲醛(IARC Monographs on the Evaluation of Carcinogenic Risks to Human: Volume 88 Formaldehyde)”的文件,再次论证了“甲醛是人类致癌物(A1 类)”的结论。

5.2.1.2　水产品中甲醛概述

1）水产品甲醛的可能来源

水产品中甲醛的可能来源主要有：

① 甲醛用于工具、设施的消毒（1%的甲醛水溶液），环境消毒剂和改良剂（3%～4%的甲醛水溶液）或配合其他药物用于立体空间熏蒸消毒，容易造成在水体中的一定量残留。[32]

② 甲醛作为渔药使用[32][33]，可用于鱼类和甲壳类等疾病的防治，在养殖水产品中易有一定程度的残留。目前，美国和加拿大允许甲醛产品在水产养殖过程中作为化学治疗剂使用。[34]

③ 食品包装材料、容器内壁涂料、捆绑树脂、管材、涉水管道及其黏合剂等往往都含有甲醛成分，这些材料如果长期与食品相接触，在酸碱、加热、老化等因素的影响下，可能也会有微量甲醛溶出而迁移到食品或水产品中。[35][36]

④ 人为添加。不法商贩出于防腐、延长保质期、增加感官质量、增加持水量等不正当目的，而在水产品的生产、销售过程中违禁使用甲醛。

⑤ 内源性甲醛按产生阶段可分为两部分。一部分是作为水生动植物自身代谢的产物而自然存在，另一部分是机体死亡后体内的氧化三甲胺（TMAO）等前体物质在酶、微生物或高温热分解等作用下可以进一步分解生成的甲醛。

2）水产品中甲醛的存在形式

Bechmann[37]报道了甲醛在水产品中有三种存在形式：一是在室温下用三氯乙酸（10%）或高氯酸（6%）即可提取得到的游离态甲醛（Free formaldehyde，F-FA）；二是采用水蒸气蒸馏法应用磷酸、硫酸（1%～40%）介质才可得到的可逆结合态的甲醛（Reversibly bound formaldehyde，FA）；三是不可逆结合态的甲醛（Irreversibly bound formaldehyde，I-FA），它不能通过上述方法提取得到，只能通过测定二甲胺的含量然后除去游离态和可逆结合态的甲醛来获得。

3）水产品中甲醛的本底含量研究现状

国内外学者研究表明，生物在新陈代谢过程中都会生成甲醛，其自然存在于多种食物中，包括蔬菜、水果及制品（如果酱）、肉类及肉制品、软饮料、发酵制品、干菌类和水产品中等。[3][38～39]

在水产品中，甲醛作为一种代谢中间产物也是普遍存在的，经国内外学者调查发现，龙头鱼、鳕鱼、鱿鱼等水产品中含有较高本底水平的内源性甲醛。Harada[40]等在16种硬骨鱼和贝类中发现了甲醛的存在，Amano等[41]在新鲜的鳕鱼中发现含有甲醛。Rodriguez[42]等报道了沙丁鱼、鳕鱼和鱿鱼等品种的水产品在冷冻过程中会产生三甲胺、二甲胺和甲醛等挥发性腐败物质，而甲醛的含量最高可达41 mg/kg。Bianchi等[43]对12种水产品（包括海水鱼、淡水鱼和贝类）中的甲醛本底含量进行了测定，研究发现鳕科鱼中的甲醛本底含量最高[（6.4±1.2 mg/kg）～（293±26）mg/kg]，其余样品中甲醛含量均低于22 mg/kg。

柳淑芳等[44]的研究结果显示，不同种类的鱼类甲醛本底含量不同且差异性较大，大部分淡水鱼样品中未能检出甲醛，海水鱼类甲醛本底含量总体高于淡水鱼类，其中龙头鱼和鳕鱼等海水鱼类样品中甲醛本底含量较高。郑斌[45]等检测了鱼类、贝类、虾类、蟹类及多种加工水产品，所测样品中多种含有甲醛，其平均含量为 7.28 mg/kg，其中龙头鱼和鱿鱼具有较高的甲醛含量。

4）甲醛的检测方法

目前甲醛的测定方法有薄层色谱法、分光光度法、流动注射法、极谱法、气相色谱法和高效液相色谱法等。分光光度法作为传统的分析方法是食品包装材料、水产品、面制品和食用菌等样品的相关标准中指定的测定方法。对于食品中痕量甲醛的测定，极谱法、催化动力学法以及衍生色谱法等均具有很高的灵敏度，且上述方法的检测线性范围也较为类似。[46]目前最常用的是乙酰丙酮分光光度法和色谱法。

测定水产品中的甲醛一般采用分光光度法，其测定原理是水产品中的甲醛在磷酸介质中经水蒸气加热蒸馏、冷凝后经水溶液吸收、蒸馏液与乙酰丙酮反应，生成黄色的二乙酰基二氢二甲基吡啶，用分光光度计在 413 nm 处比色定量。[47]该方法原理简单，操作简便，呈色稳定，但也存在着灵敏度低、抗干扰差的缺点。

5）水产品中甲醛的限量标准现状

我国目前对于水产品中甲醛的本底含量缺乏系统性、针对性和科学性的研究，现行标准缺乏科学性和实用性，在水产品质量安全实际监管中难以执行。NY 5172—2002《无公害食品—水发水产品》中规定甲醛应低于 10 mg/kg，这对于一些含较高甲醛本底含量的水产品显然不适应，因而亟须提出科学、合理、适用的甲醛限量标准（建议），才能满足水产品质量安全监管检查的实际需要，切实保护广大消费者的身体健康。

5.2.1.3　食品安全风险评估概述

1）风险分析概述

食品安全风险分析始于 20 世纪 80 年代末，最先应用于航天食品。[48]1997 年国际食品法典委员会（CAC）正式决定采用与食品安全有关的风险分析术语的基本定义，并把有关风险分析方法的内容列入新的 CAC 工作程序手册。1998 年在罗马召开的 FAO/WHO 联合专家咨询会上，形成了《风险情况交流在食品标准和安全问题上的应用》的报告，标志着食品安全风险分析的理论框架已经形成。[48]风险分析的根本目的在于保护消费者的健康和促进公平的食品贸易，是公认的制定食品安全标准的基础。

国际上通用的食品风险分析方法可分为四大类，分别是：SPS《实施卫生和动植物检疫措施协议》的风险评估，CAC 的风险分析方法，欧盟的预防性原则措施以及 GMP、HACCP 体系。[49]其中 CAC 的风险分析方法得到了广泛的应用。根据 CAC 的定义，风险分析（risk analysis）也称危险性分析[50]，是通过对影响食品质量安全的各种物理、生物和化学危害进行评估，对风险的特征进行定性或定量的描述，并在参考有关因素的前提下，提出和实施风险管理措施，进行风险信息交流的过程。食品安全风险分析是由风险评估（risk assessment）、风险管理（risk management）与风险交流（risk communication）三个互为联系、互为前提的部分所构成的一个过程。[51][53]风险评估作为整个风险分析的核心和基础,《食品安全法》已将其确定为一项重要的制度。食品安全风险评估结果是进行风险管理,制定、修订食品安全标准和对食品安全实施监督管理的科学依据。风险评估的结果直接影响食品安全标准及其监管的质量。

2) 风险评估的基本内容

CAC对风险评估做了如下定义。风险评估是一个以科学为依据的过程,由危害识别(hazard identification)、危害特征描述(hazard characterization)、暴露评估(exposure assessment)以及风险特征描述(risk charcterization)四个步骤组成。[54]

(1) 危害识别

危害识别的目的在于确定人体摄入危害物的潜在不良作用,这种不良作用产生的可能性,以及产生这种不良作用的确定性与不确定性。[55]

通常由于资料不足,因此,进行危害识别的最好方法是证据加权,采用已证实的科学结论来获取危害程度的依据。一般对于该步骤而言,很多比较成熟的结论可以直接参考进行相互借鉴。此方法对不同研究方法的重视程度按照以下顺序:流行病学研究、动物毒理学研究、体外试验以及最后的剂量-反应关系。[55][56]

(2) 危害描述

危害描述有时也称为剂量-反应评估,危害描述的目的是为了获得某危害剂量与度量终点之间的直接关系。人体健康风险评估多数是基于动物试验的毒理资料。[51][56]

食品中化学危害物的危害描述一般是将毒理学试验获得的数据外推到人,得到可以保护人体健康的安全限值。安全限值可以是每日允许摄入量(Acceptabel Daily Intake, ADI)、可耐受摄入量(Tolerable Intake, TI)、参考剂量(Reference Dose, RfD)、参考浓度(Reference Concentration, RfC)和最高允许浓度(Maximal Alllowable Concentration, MAC)等。[56]

(3) 暴露评估

暴露评估是指对危害的不同暴露人群摄入的危害水平进行特征描述。进行这种分析需要利用食品原料、添加到主要食品中的食品配料以及整体食品环境中的危害水平,来追踪食物生产链中危害水平的变化。这些数据与目标消费人群的食品消费模式相结合,用以评估特定时期内实际消费的食品中的危害暴露。[54]

(4) 风险描述

风险描述是风险评估的最高环节,主要通过对危害识别、危害描述和暴露评估的结论进行综合分析、判定、估算,获得评估对象对人群的健康风险概率,最后通过可被风险管理者理解的方式以明确的结论、标准的文件形式表述出来,最终可以为政府和风险管理的部门提供科学的决策依据。[56]

当考虑食品中化学危害物对公共卫生构成的风险时,定性风险评估是依靠先例、经验进行主观估计和判断,可提供给决策者低风险、中风险和高风险的定性风险描述。定量风险评估的目标是建立一个数学模型来阐明暴露于那些可造成健康损伤的因素所产生的对健康不良作用的概率。[55]

食品中化学危害物的定量风险描述是通过应用设计合理的公式借助相应的软件实现风险大小计算的，常用的方法主要有：风险概率法、风险接触界限值法、食品安全指数法和风险商值法。

5.2.1.4 食品化学性危害的暴露评估简介

暴露评估是风险评估关键、核心的步骤，同时也是风险评估需要解决技术难点最多的环节之一。[57]对于食品中化学危害物暴露评估的目的旨在求得某危害物对人体的暴露频率、暴露剂量、时间长短、路径及范围。由于剂量决定毒性，所以对于危害物的膳食摄入量估计需要有关食品的消费量数据和这些食物中相关化学物质浓度的资料。[55]

1）食品消费量数据的获取

根据测定的食品中化学危害物含量进行暴露评估时，必须要有可靠的膳食摄入量资料为前提，而获取食品膳食消费数据的方式一般有三种：① 总膳食研究；② 个别食品的选择性研究；③ 双份饭研究。在进行化学危害物暴露评估时应尽可能利用三种方法的数据，而不是仅仅利用一种方法的数据。[55] WHO 在 1985 年制订了化学污染膳食摄入量研究的一般指南，即 UNEP/FAO/WHO 食品污染和监测程序(GEMS/Food)。[58]

目前 GEMS/Food 有五个地区性的和一个全球性的膳食数据库，有 250 种原料和半成品的日消费量数据。非洲、亚洲、地中海、欧洲和拉丁美洲地区性膳食模式是根据联合国粮农组织的食物平衡表中部分国家的数据制定的。但这些食物消费量数据不能提供极端消费者的有关信息。在我国，卫生部疾病控制中心也对我国居民的膳食结构进行过大规模的调查，有相对准确和完善的数据。[55]

2）暴露评估的基本方法

暴露评估方法分为点估计法和概率评估方法两种。

点评估是指一种在暴露评估的每个步骤都采用数字点值的方法。一般情况下选取平均值用以反映人群暴露量的平均水平，选取第 95 百分位数或第 97.5 百分位数用以反映高暴露量人群的情况。[56]

概率暴露评估是使用概率模型表现群体中不同风险等级可能性或表征暴露评估中的不确定性，应用随机（概率）模型建立和分析风险的不同情形。[56]一般认为，该方法最能反映真实情况，但随机模型通常复杂且难以建立。[54]

3）Monte Carlo 方法在暴露评估中的应用

由于概率评估的结果可以反映风险分布更为真实的情况，所以 Monte Carlo 分析方法已被越来越多地应用到食品安全风险分析。在暴露评估中运用 Monte Carlo 模拟技术建立系统或决策问题的数学或逻辑模型，并以该模型进行试验，以获得对系统行为的认识或帮助解决决策问题的过程，它的主要优点在于它将问题或系统的任何适当假设模型化的能力。[55]

Monte Carlo 法是目前应用于人体暴露评估中最为广泛的概率评估法，尤其是一些暴露评估中。[57][59][60]美国的 EPA 在风险分析政策中将其定为风险分析的基本方法。[61]

Monte Carlo方法的分析包括以下四个步骤：第一，定义输入参数的统计分布；第二，从这些分布中随机取样；第三，使用随机选取的参数系列重复模型模拟；第四，分析输出值，得到比较合理的结果。[62]

@Risk（美国Palisade）是基于Monte Carlo模拟技术加载到Excel上专门用于风险分析的专业软件，为Excel增添了高级模型和风险分析功能，允许在建立模型时应用各种概率分布函数，对于展开风险评估和数学模拟非常有用。[63]该软件的分析主要基于Monte Carlo的随机模拟方法，对各种可能出现的结果利用各种概率进行模拟，得出构成风险的各种事件的发生概率，对风险的不确定性进行定量的预测，并能够以各种图表表征分析的结果。

目前应用Monte Carlo法开展暴露评估的公共软件除@Risk外，还有Crystal Ball等。另外还有美国的膳食暴露评估模型（Dietary Exposure Evaluation Model，DEEM），适用于美国及加拿大人群及其他某些敏感人群，对食品、水源及环境中农药残留进行暴露评估的软件Life-Line™、累积性和蓄积性风险评估体系（Cumulative And Aggregate Risk Evaluation System，CARES）等。[57]

5.2.1.5 食品安全风险管理概述

风险管理就是依据风险评估的结果，权衡管理决策方案，并在必要时，选择并实施适当的管理措施（包括制定法规等措施）的过程。[64]风险管理的大部分阶段都需要管理者、评估者以及外部利益相关方之间进行广泛交流、合作与协调。[54]风险评估与风险管理在功能上是分开的。风险评估是由科学家来完成的，而风险管理则是由政府管理部门来实施。这是CAC食品法典准则所倡导的，也是目前国际上发达国家和地区在食品安全风险分析方面的一个重要的发展趋势。[64]

1）风险管理的目标

通过选择和实施适当的管理措施和措施，以期可以有效地控制食品风险，从而保证公众健康，保证我国进出口食品贸易在公平的竞争环境下顺利进行。[55]

2）风险管理的措施

风险管理的措施包括：[64]

① 制定最高限量；

② 制定食品标签准则；

③ 实施公众教育计划；

④ 通过使用替代品或改善农业或生产规范以减少某些化学物质的使用等。

3）风险管理的原则

风险管理的基本原则如下：[55]

① 风险管理应当遵循结构化的方法；

② 在风险管理决策中应当首先考虑保护人体健康；

③ 风险管理的决策和执行应当透明；

④ 风险评估政策的决定应当作为风险管理的一个特殊的组成部分；

⑤ 风险管理应当通过保持风险管理与风险评估功能的分离，确保风险评估的科学完整性，减少风险评估和风险管理的利益冲突；

⑥ 风险管理决策应当考虑风险评估结果的不确定性；

⑦ 在风险管理过程的所有方面，都应当包括与消费者和其他有关团体进行明确的相互交流；

⑧ 风险管理应当是一个考虑在风险管理决策的评价和审查过程中所有新产生资料的持续过程。

5.2.1.6 水产品中甲醛风险评估的国内外研究现状及存在的问题

目前国外对水产品中甲醛风险评估研究较少，国内学者已开展了一些工作。郑斌等研究了常见水产品中甲醛的天然含量，并参照 CAC 的方法对其进行了健康风险评估，得出了水产品中存在的天然甲醛不会对人体健康造成目前科学水平能检测到损害的结论。[45]李洁等对以上海市场水发产品中的甲醛也进行了危险性评估，认为上海市市场中流通的水发产品基本是安全的。[65]但是，这些研究主要是针对部分地区开展的研究，侧重于甲醛的含量调查。风险评估结果仅限于甲醛暴露水平与安全标准的简单比较，无法得知不同概率下膳食风险的大小，且样品量和样品种类较为有限，对于水产品中甲醛的本底含量缺乏系统性、针对性和科学性的研究。只有广泛开展水产品中甲醛本底含量的研究，才能够为我国制定甲醛的安全限量提供可靠、完整的数据及理论支持。

综上所述，我国目前对于水产品中甲醛的本底含量缺乏系统性、针对性和科学性的研究，现行标准缺乏科学性和实用性，在水产品质量安全实际监管中难以执行；亟须应用国际上目前制定标准所遵循的风险评估技术对水产品中的甲醛进行风险评估研究，评估甲醛的饮食暴露给人类健康带来的风险，提出科学、合理、适应的甲醛限量标准（建议），从而满足市场监督检验的需要，规范水产品的生产和销售行为，降低我国人群甲醛的膳食暴露水平，切实保护消费者健康，保障相关产业的绿色可持续发展。

5.2.1.7 研究的目的和意义

通过对我国主要水产品中甲醛含量的系统性监测获得风险评估相关的研究数据，运用国际食品法典委员会（CAC）食品安全风险评估技术，对水产品中的甲醛开展定量暴露评估工作，提出甲醛限量标准（建议），进而有效监控水产品的质量安全，维护消费安全。

开展水产品中甲醛本底含量的研究，运用 CAC 食品安全风险评估技术对水产品中甲醛进行风险评估的基础研究，能够为我国制定甲醛的安全限量提供可靠、完整的数据及理论支持。评估甲醛的膳食暴露风险具有重要的学术价值和现实意义。

通过全国范围水产品中甲醛本底含量的调查，确定可自身产生较高本底含量甲醛的水产品种类并将其告知消费者，使其了解相关风险，进而可以给消费者提供科学合理的饮食建议。同时基于定量风险评估的结果提出甲醛限量标准（建议），满足市场监督检验的需要，规范水产品的生产和销售行为，降低我国人群甲醛的膳食暴露水平，在切实保护消费者健康的同时，也可保障相关产业的绿色可持续发展。

5.2.1.8　研究技术路线

研究技术路线见图 5-2。

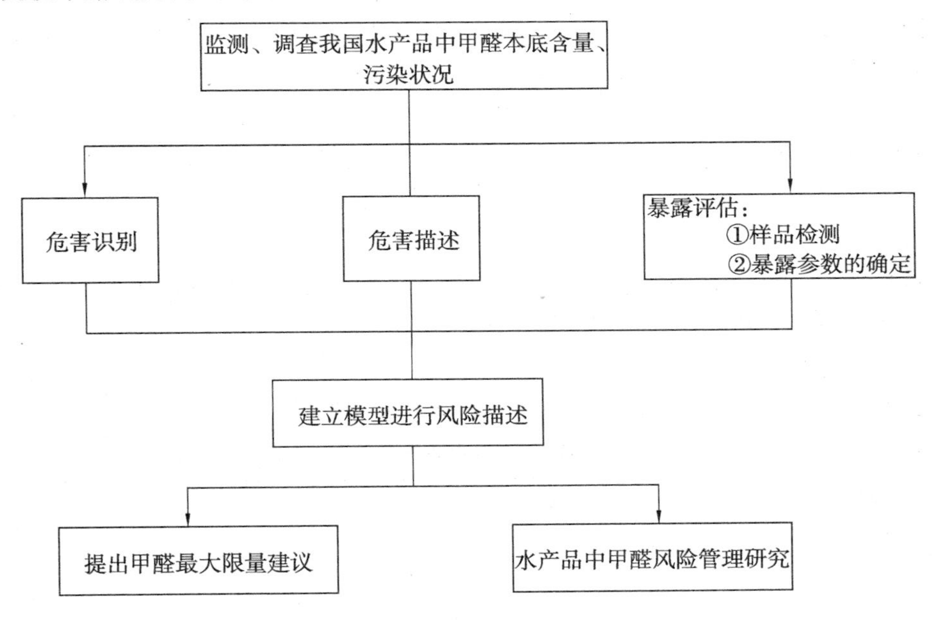

图 5-2　水产品中甲醛风险评估与风险管理研究技术路线

5.2.2　水产品中甲醛本底含量的调查研究

在水产品中，甲醛作为一种代谢中间产物而普遍存在，其本底含量因水产品的生物学类别而异。国内外学者的调查研究发现，龙头鱼、鳕鱼、鱿鱼等水产品中均含有较高本底水平的内源性甲醛，甲醛本底含量高者接近 300 mg/kg。[43][44][66] 水产品中的内源性甲醛会与蛋白质发生反应，继而造成水产品的蛋白质变性和组织变硬，影响水产品的感官性状。[67] 尽管这部分甲醛是自然存在于食品中的，但是对于消费者的身体健康仍然可能存在潜在的风险。1985 年意大利卫生部门制订了鳕鱼和甲壳类水产品中甲醛的限量标准，分别为 60 mg/kg 和 10 mg/kg。然而，中国现行甲醛限量标准缺乏科学性和实用性，且在水产品质量安全实际监管中难以执行，因而亟须对水产品中甲醛的本底含量进行系统的、针对性的科学研究，从而为水产品质量安全监管和标准化工作提供技术支持。

5.2.2.1　样品采集

1）样品来源

我国水产品种类众多，本研究综合考虑水产品的产量、居民日常食用习惯及市场消费情况等方面因素，同时兼顾品种多样性的原则，在中国沿海诸省及湖北、湖南、安徽、江西等水产业较为发达的内陆省份随机采样。在本课题组刘淑玲等人前期进行的水产品中甲醛本底含量调查监测工作的基础上，进一步扩大采样规模，至今总共采集了 1 696 个样品，其中包括 23 种 349 个淡水鱼类样品、89 种 532 个海水鱼类样品、19 种 175 个甲壳类样品、18 种 163 个贝类样品、7 种 63 个头足类样品和 414 个水产干制品样品。

按照统计学的原理，样品采集的样本量越大，精密度也就越高。为保证样品的代表性，尽可能地增加采样数量和扩大采样范围，本实验采取随机采样的方法。样品采集地点包括水产品批发市场、农贸市场、超市、饭店、海港、码头、养殖基地等。

样品的采集方法参照《水产品抽样方法》(SC/T 3016—2004)[68]规定执行。样品采集后，装入洁净的聚乙烯塑料袋中，并在采集当天用保温箱(内放冰块)运回实验室，存放于－20℃冷冻保存待用。

2）样品种类

鱼类样品分类和拉丁文名称参考《中国鱼类统计检索》和《东海鱼类志》;[69][70]贝类和虾蟹类样品分类参考《国际贸易水产品图谱》。[71]

(1) 淡水鱼类样品种类

共采集 23 种 349 个鲜活淡水鱼类样品，如表 5-3 所示。

表 5-3　淡水鱼样品种类

样品	拉丁文名称	目	科
草鱼	*Ctenopharyngodon idellus*	鲤形目	鲤科
鲤	*Cyprinus carpio Linnaeus*	鲤形目	鲤科
鲫	*Carassius auratus*	鲤形目	鲤科
鲢	*Hypophthalmichthys molitrix*	鲤形目	鲤科
泥鳅	*Misgurnus anguillicaudatus*	鲤形目	鳅科
青鱼	*Mylopharyngodon piceus*	鲤形目	鲤科
团头鲂	*Megalobrama amblycephala*	鲤形目	鲤科
鳙	*Aristichthys nobilis*	鲤形目	鲤科
中华倒刺鲃	*Spinibarbus sinensis*	鲤形目	鲤科
大口黑鲈	*Micropterus salmoniodes*	鲈形目	太阳鱼科
鳜	*Siniperca chuatsi*	鲈形目	鲈科
梭鲈	*Lucioperca Lucioperca*	鲈形目	鲈科
罗非鱼	*Oreochromis spp*	鲈形目	丽鱼科
乌鳢	*Aristichthys.nobilis*	鲈形目	鳢科
鳗鲡	*Anguilla japonica*	鳗鲡目	鳗鲡科
美洲鳗	*Anguilla rostrata*	鳗鲡目	鳗鲡科
欧鳗	*Anguilla anguilla*	鳗鲡目	鳗鲡科
日本鳗	*Anguilla japonicus*	鳗鲡目	鳗鲡科
斑点叉尾鮰	*Ictalurus punctatus*	鲶形目	鮰科

续表

样品	拉丁文名称	目	科
大口鲶	*Silurus meridionalis*	鲶形目	鲶科
鲶	*Silurus asotus*	鲶形目	鲶科
红点鲑	*Salvelinus malma*	鲑形目	鲑科
黄鳝	*Monopterus albus*	合鳃鱼目	合鳃鱼科

（2）海水鱼类样品种类

共采集 89 种 532 个鲜活海水鱼类样品，如表 5-4 所示。

表 5-4　海水鱼类样品种类

样品	拉丁文名称	目	科
黄鮟鱇	*Lophius litulon*	鮟鱇目	鮟鱇科
龙头鱼	*Hacpodon neheceus*	灯笼鱼目	龙头鱼科
半滑舌鳎	*Cynoglossus semilaevis*	鲽形目	舌鳎科
长吻红舌鳎	*Cynaglossus lighti*	鲽形目	舌鳎科
大菱鲆	*Psetta maxima*	鲽形目	鲆科
带纹条鳎	*Zebiias zebia*	鲽形目	鳎科
钝吻黄盖鲽	*Pseudopleuronectes yokohamae*	鲽形目	鲽科
蛾眉条鳎	*Zebrias quagga*	鲽形目	鳎科
高眼鲽	*Cleisthenes heizensleini*	鲽形目	鲽科
褐牙鲆	*Paralichthys olivaceus*	鲽形目	牙鲆科
角木叶鲽	*Pleuronichthys cornatus*	鲽形目	鲽科
斑鲫	*Clupanodon punctatus*	鲱形目	鲱科
赤鼻棱鳀	*Thrissa kammalensis*	鲱形目	鳀科
黄鲫	*Setipinna taty*	鲱形目	鳀科
鲚	*Coilia ectenes*	鲱形目	鳀科
鳓	*Ilisha elongata*	鲱形目	鲱科
鳀鱼	*Engraulis japonicus*	鲱形目	鳀科
远东拟沙丁鱼	*Sardinops melanostictus*	鲱形目	鲱科
光魟	*Dasyatis laevigatus*	鲼形目	魟科
黑背圆颌针鱼	*Tylosurus melanotus*	颌针鱼目	颌针鱼科
尖嘴扁颌针鱼	*Ablennes anastomella*	颌针鱼目	颌针鱼科
间鱵	*Hemicamphus intermedius*	颌针鱼目	鱵科

续表

样品	拉丁文名称	目	科
白斑角鲨	*Squalus acanthias Linnaeus*	角鲨目	角鲨科
红金眼鲷	*Beryx splendens lowe*	金眼鲷目	金眼鲷科
白姑鱼	*Arggrosomus argentatus*	鲈形目	石首鱼科
长绵鳚	*Zoaices elongatus*	鲈形目	绵鳚科
长尾大眼鲷	*Priacanthus tayenus*	鲈形目	汤鲤科
大黄鱼	*Pseudosciaena crocea*	鲈形目	石首鱼科
带鱼	*Trichiurus haumela*	鲈形目	带鱼科
弹涂鱼	*Periophthalmus cantonensis*	鲈形目	弹涂鱼科
多鳞鱚	*Sillago sihama*	鲈形目	鱚科
二长棘鲷	*Parargyrops edita*	鲈形目	鲷科
褐蓝子鱼	*Siganus fuscescens*	鲈形目	蓝子鱼科
黑斑猪齿鱼	*Choerodon schoenleini*	鲈形目	隆头鱼科
黑鲷	*Sparus macrocephalus*	鲈形目	鲷科
黑鳃梅童鱼	*Collichthys niveatus*	鲈形目	石首鱼科
红笛鲷	*Lutjanus sanguineus*	鲈形目	笛鲷科
红鳍笛鲷	*Lutjanus erythropterus*	鲈形目	笛鲷科
花鲈	*Lateolabrax japonicus*	鲈形目	鲈科
黄笛鲷	*Lutjanus lutjanus*	鲈形目	笛鲷科
黄姑鱼	*Nibea albiflora*	鲈形目	石首鱼科
黄鳍刺鰕虎鱼	*Acanthogobius flavimanus*	鲈形目	鰕虎鱼科
剑鱼	*Xiphias gladius*	鲈形目	剑鱼科
金线鱼	*Nemipterus virgatus*	鲈形目	金线鱼科
军曹鱼	*Rachycentron canadum*	鲈形目	军曹鱼科
蓝点马鲛	*Scomberomorus niphonius*	鲈形目	鲅科
蓝圆鲹	*Decapterus maruadsi*	鲈形目	鲹科
六丝矛尾鰕虎鱼	*Chaeturichys hexanema*	鲈形目	鰕虎鱼科
卵形鲳鲹	*Trachinotus Ovatus*	鲈形目	鲹科
裸颊鲷	*Lethrinus Guvier*	鲈形目	裸颊鲷科
矛尾鰕虎鱼	*Chaeturichys stigmatias*	鲈形目	鰕虎鱼科
鮸鱼	*Miichthys miiuy*	鲈形目	石首鱼科

续表

样品	拉丁文名称	目	科
千年笛鲷	*Lutjanus sebae*	鲈形目	笛鲷科
少鳞鱚	*Sillago japonica*	鲈形目	鱚科
深水金线鱼	*Nemipterus bathybius*	鲈形目	金线鱼科
石斑鱼	*Epinepheus olivaceus*	鲈形目	鮨科
鲐	*Pneumatophorus japonicus*	鲈形目	鲭科
细条天竺鱼	*Apogonichthys lineatus*	鲈形目	天竺鲷科
线纹笛鲷	*Lutjanus lineolatus*	鲈形目	笛鲷科
小黄鱼	*Pseudociaena polyactis*	鲈形目	石首鱼科
眼斑拟石首鱼	*Sciaenops ocellatus*	鲈形目	石首鱼科
银鲳	*Pampus argenteus*	鲈形目	鲳科
玉筋鱼	*Ammodytes personatus*	鲈形目	玉筋鱼科
真鲷	*Pagrosomus major*	鲈形目	鲷科
竹荚鱼	*Trachurus japonicus*	鲈形目	鲹科
紫红笛鲷	*Lutjanus argentimaculatus*	鲈形目	笛鲷科
海鳗	*Muraensox cinereus*	鳗鲡目	海鳗科
星康吉鳗	*Conger myriaster*	鳗鲡目	康吉鳗科
海鲶	*Arius thalassinus*	鲶形目	海鲶科
黄鳍马面鲀	*Triacanthus blochi*	鲀形目	革鲀科
绿鳍马面鲀	*Navodon septentrionalis*	鲀形目	革鲀科
暗纹东方鲀	*Fugu oblonguse*	鲀形目	鲀科
双斑东方豚	*Fugu bimaculatus*	鲀形目	鲀科
长尾鳕	*Macrourus berglax lacepede*	鳕形目	长尾鳕科
大头鳕	*Cadous macrocephalus*	鳕形目	鳕科
黑线鳕	*Melanogcammus aeglefinus*	鳕形目	鳕科
蓝鳕	*Miciomesistius poutassou*	鳕形目	鳕科
狭鳕	*Theragra chalcogramma*	鳕形目	鳕科
小眼鳗鳞鳕	*Muraenolepis microps*	鳕形目	南极鳕科
孔鳐	*Raja porosa*	鳐形目	鳐科
大泷六线鱼	*Hexagcammos otakii*	鲉形目	六线鱼科
短鳍红娘鱼	*Lepidotrigla micropterus*	鲉形目	鲂鮄科

续表

样品	拉丁文名称	目	科
绿鳍鱼	*Chelidomchthys kumu*	鲉形目	鲂𩾌科
虻鲉	*Erisphex pottii*	鲉形目	前鳍鲉科
汤氏平鲉	*Sebastes thompsoni*	鲉形目	鲉科
细纹狮子鱼	*Liparis tanakae*	鲉形目	狮子鱼科
许氏平鲉	*Sebastes schlegeli*	鲉形目	鲉科
鲬	*Pletycephalus indicus*	鲉形目	鲬科
鲻	*Mugil cephalus*	鲻形目	鲻科

(3) 贝类样品和头足类样品种类

共采集 18 种 163 个贝类样品和 7 种 63 个头足类样品，如表 5-5 所示。

表 5-5 贝类样品和头足类样品种类

样品	拉丁文名称	纲	目
瘤荔枝螺	*Thais bronni*	腹足纲	新腹足目
扁玉螺	*Neverita didyma*	腹足纲	中腹足目
单齿螺	*Monodonta labio*	腹足纲	原始腹足目
红螺	*Rapana bezoar*	腹足纲	新腹足目
锈凹螺	*Chlorostoma rustica*	腹足纲	原始腹足目
疣荔枝螺	*Thais clavigera*	腹足纲	新腹足目
长牡蛎	*Crassostrea gigas*	双壳纲	牡蛎目
长竹蛏	*Solen gouldii* Conrad	双壳纲	帘蛤目
大连湾牡蛎	*Crassostrea talienwhanensis*	双壳纲	牡蛎目
菲律宾蛤仔	*Ruditapes philippinarum*	双壳纲	帘蛤目
毛蚶	*Scapharca subcrenata*	双壳纲	蚶目
四角蛤蜊	*mactra quadrangularis*	双壳纲	帘蛤目
文蛤	*Meretrix meretrix*	双壳纲	帘蛤目
虾夷扇贝	*Patinopectin yessoensis*	双壳纲	珍珠贝目
缢蛏	*Sinonovacula constricta*	双壳纲	帘蛤目
栉孔扇贝	*Chlamys farreri*	双壳纲	珍珠贝目
紫贻贝	*Mytilus edulis*	双壳纲	贻贝目
长蛸	*Octopus variabilis*	头足纲	八腕目
短蛸	*Octopus ocellatus*	头足纲	八腕目

续表

样品	拉丁文名称	纲	目
剑尖枪乌贼	*Loligo edulis*	头足纲	枪形目
曼氏无针乌贼	*Sepiella maindroni*	头足纲	乌贼目
日本枪乌贼	*Loligo japonica*	头足纲	枪形目
中国枪乌贼	*Loligo chinensis*	头足纲	十腕总目
太平洋褶柔鱼	*Todarodes pacificus*	头足纲	枪形目

（4）虾蟹类样品种类

共采集 12 种 112 个虾类样品，7 种 63 个蟹类样品，如表 5-6 所示。

表 5-6　虾蟹类样品种类

品种	拉丁文名称	纲	科
斑节对虾	*Penaeus monodon* Fabricius	甲壳纲	对虾科
凡纳对虾	*Penaeus vannamei*	甲壳纲	对虾科
哈氏仿对虾	*Parapenaeopsis harbwickii*	甲壳纲	对虾科
近缘新对虾	*Metapenaeus affinis*	甲壳纲	对虾科
日本对虾	*Penaeus japonicus* Bate	甲壳纲	对虾科
鹰爪虾	*Trachypenaeus curvirostris*	甲壳纲	对虾科
中国对虾	*Penaeus chinensis*	甲壳纲	对虾科
葛氏长臂虾	*Palaemon gravieri*	甲壳纲	长臂虾科
脊尾白虾	*Palaemon carincauda*	甲壳纲	长臂虾科
口虾蛄	*Oratosquilla oratoria*	甲壳纲	虾蛄科
中国毛虾	*Acetes chinensis*	甲壳纲	樱虾科
克氏原螯虾	*Pro-cambarus clarkii*	甲壳纲	螯虾科
中华管鞭虾	*Solenocera crassicornis*	甲壳纲	管鞭虾科
脊腹褐虾	*Crangon affinis* de Haan	甲壳纲	褐虾科
三疣梭子蟹	*Portunus trituberculatus*	甲壳纲	梭子蟹科
远洋梭子蟹	*Portunus pelagicus*	甲壳纲	梭子蟹科
日本蟳	*Charybdis japonica*	甲壳纲	梭子蟹科
双斑蟳	*Charybdis bimaculata*	甲壳纲	梭子蟹科

（5）水产加工类样品

水产加工类样品主要以干制水产品为主，共采集样品 414 个，其中包括调味鱿鱼丝 232 个、鱼类干制品（鱼干）67 个、调味烤鱼片 60 个、虾类干制品 24 个、贝类干制品 11 个以及其他水产干制品 20 个。

5.2.2.2 实验方法

1）甲醛测定方法

（1）化学试剂

10%(V/V)磷酸溶液；5 μg/mL 甲醛标准溶液（采用碘量法标定）；乙酰丙酮溶液：称取乙酸铵 25 g，溶于 100 mL 蒸馏水中，加冰乙酸 3 mL 和乙酰丙酮 0.4 mL，贮存于棕色瓶，在冰箱冷藏条件下可保存一个月。

（2）仪器与设备

可见分光光度计：上海精密科学仪器有限公司，723 A；电子天平：西法赛多利斯公司，BP2215 型；涡旋混合器：上海医大仪器厂，XW-80A 型；KDM 型可控调温电热套：中国鄄城仪器有限公司，1 000 mL；匀浆机：飞利浦公司。

（3）检测方法

依据《水产品中甲醛的测定》(SC/T 3025—2006)[47]中的乙酰丙酮分光光度法对各种水产品中的甲醛进行测定，样品中甲醛的检出限为 0.50 mg/kg。对未检出的样品，按照世界卫生组织（WHO）和美国环境保护署（USEPA）建议的数据处理方法，甲醛含量取 0 和检出限的平均值即以 0.25 mg/kg 计算。[72][73]

2）样品制备

（1）鱼类

至少取 3 尾清洗后，去头、骨及内脏，取肌肉等可食部分后绞碎混合均匀以备用。小型鱼将鱼从脊背纵向切开，取鱼体一半，中型以上的鱼取其纵切的一半，再横切成 2～3 厘米的小段，选其偶数或奇数段切碎，混匀。装入洁净的聚乙烯袋中备用。[68][74]

（2）虾类

至少取 10 尾清洗后，去虾头、虾皮及肠腺，得到整条虾肉绞碎混合均匀。然后装入洁净的聚乙烯袋中备用。

（3）蟹类

至少取 5 只蟹清洗后，剥去壳盖与腹脐，再去除鳃条，取可食部分（肉及性腺）绞碎混合均匀。再装入洁净的聚乙烯袋中备用。

（4）贝类和头足类

将样品清洗后开壳剥离，收集全部的体液和软体组织匀浆。然后装入洁净的聚乙烯袋中备用。

（5）干制水产品

用粉碎机将水产干制品制备成粉状。再装入洁净的聚乙烯袋中备用。

3）数据统计分析

采用 Excel 2003 进行数据的基本处理，采用 SPSS16.0 进行非参检验等统计分析，置信水平为 $P=0.05$。

5.2.2.3　水产品中甲醛本底含量状况调查

1）不同种类水产品中甲醛含量分析

（1）淡水鱼类样品中甲醛含量

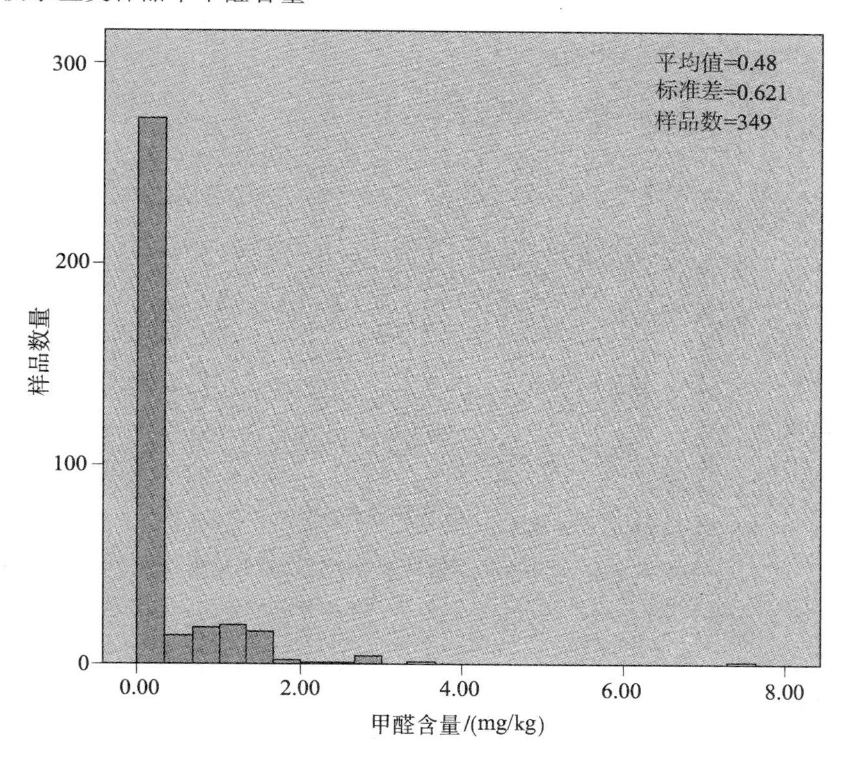

图 5-3　淡水鱼类样品中甲醛含量分布

对于采集到的 349 个淡水鱼类样品中的甲醛含量测定数据如图 5-3 所示。从淡水鱼中的甲醛含量分布来看，淡水鱼类样品中甲醛含量主要处于低端水平。此次监测调查的淡水鱼类甲醛含量范围为 0.25～7.60 mg/kg，平均值为 0.48 mg/kg，中位值为 0.25 mg/kg，平均值与中位值均低于检出限，淡水鱼类中甲醛含量总体上偏低。经 Kolmogorov-Smirnov 非参数检验可知淡水鱼类样品中甲醛含量分布并不符合正态分布（Normal，$P=0.000$）。淡水鱼类样品中第 90 百分位数、第 95 百分位数和第 99 百分位数的甲醛含量分别为 1.20 mg/kg、1.52 mg/kg 和 2.90 mg/kg。

对所监测的淡水鱼类样品的主要纲目甲醛含量进行分析，其箱形图如图 5-4。不同纲目的淡水鱼类中甲醛含量范围不同，鲈形目淡水鱼类的甲醛平均含量为 0.75 mg/kg，而鲤形目（0.39 mg/kg）、鳗鲡目（0.37 mg/kg）和鲶形目（0.36 mg/kg）中甲醛含量平均值均低于检出限。对不同纲目的淡水鱼类甲醛含量差异用 Kruskal-Wallis 多独立样本非参数检验（$P<0.05$），可见不同淡水鱼纲目中甲醛含量存在显著差异，鲈形目淡水鱼类中甲醛含量高于其他纲目的淡水鱼类。

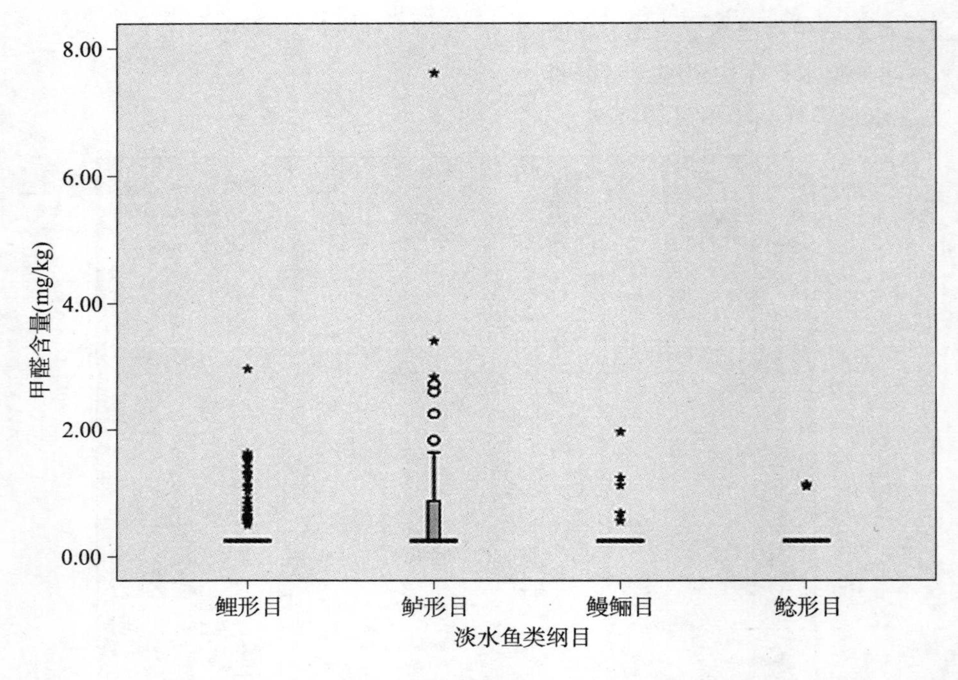

图 5-4　淡水鱼类不同纲目中甲醛含量对比图

本次研究主要集中调查了 12 种淡水鱼类中甲醛的本底含量(表 5-7),以期对淡水鱼类中甲醛的安全监测工作具有一定的科学指导作用。对 12 种淡水鱼类中的甲醛含量进行分析,其箱形图如图 5-5。经 Kruskal-Wallis 多独立样本非参数检验,不同种类的淡水鱼类中甲醛含量也存在一定差异($P<0.05$),其中罗非鱼中甲醛含量最高,中值达到 0.83 mg/kg,均值为 1.17 mg/kg,均高于其他种类的淡水鱼类。

表 5-7　各淡水鱼类中甲醛含量

种类	样本量	甲醛含量(mg/kg,湿重)			
		范围	中值	平均值	标准差
鲤	70	0.25～2.96	0.25	0.44	0.48
草鱼	55	0.25～1.59	0.25	0.34	0.27
鲫	32	0.25～1.30	0.25	0.33	0.22
鳗鲡	40	0.25～1.96	0.25	0.37	0.34
罗非鱼	28	0.25～7.60	0.83	1.17	1.49
鳜	18	0.25～1.83	0.25	0.46	0.40
乌鳢	23	0.25～2.60	0.25	0.44	0.52
团头鲂	15	0.25～0.58	0.25	0.27	0.08
斑点叉尾鮰	11	0.25	0.25	0.25	0.00

续表

种类	样本量	甲醛含量(mg/kg,湿重)			
		范围	中值	平均值	标准差
梭鲈	9	0.25～2.72	0.25	0.91	0.96
鲢	7	0.25～1.29	0.25	0.40	0.39
黄鳝	6	0.25～1.36	0.25	0.44	0.45

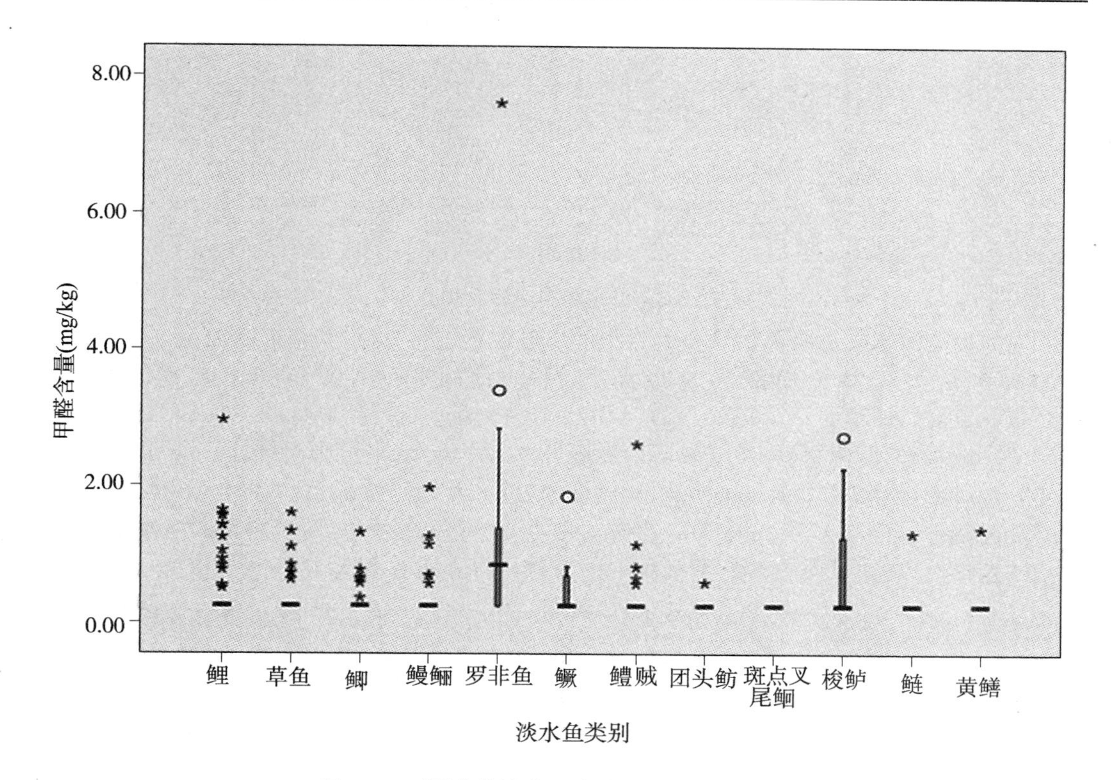

图 5-5　不同种类淡水鱼类中甲醛含量对比图

有研究认为鱼体中甲醛的产生与氧化三甲胺(TMAO)有关。[76]据 Uffe Anthoni[77]等人的实验研究，罗非鱼仍具有从日粮中前体物合成氧化三甲胺的能力，肌肉中也含有较高水平的 TMAO，这在其他种类的淡水鱼类中是不常见的。因而，罗非鱼及其所属的鲈形目样品中甲醛本底含量较高的原因可能与其较高的 TMAO 含量有关。

(2) 海水鱼类样品中甲醛含量

图 5-6 为所采集的 532 个海水鱼类样品中甲醛含量的分布。此次监测调查的海水鱼类样品中甲醛含量的平均值为 9.47 mg/kg，中位值为 0.25 mg/kg，海水鱼类样品的甲醛范围为 0.25～277.98 mg/kg。经 Kolmogorov-Smirnov 非参数检验，海水鱼类样品中的甲醛含量分布也不符合正态分布(P=0.000)。海水鱼类样品第 75 百分位数的甲醛含量为 1.76 mg/kg，第 95 百分位数的甲醛含量为 61.49 mg/kg。

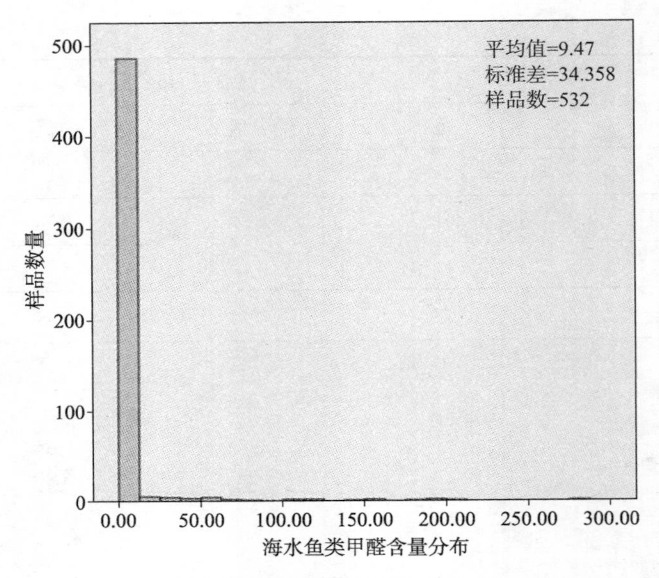

图 5-6 海水鱼类甲醛含量分布

对所监测海水鱼类样品的主要纲目中的甲醛含量进行分析，其箱形图如图 5-7。灯笼鱼目的海水鱼类样品中甲醛含量最高，其平均值可达124.02 mg/kg，其次为鳕形目(96.64 mg/kg)、鳐形目(6.25 mg/kg)、鲈形目(2.99 mg/kg)、鲉形目(2.87 mg/kg)、颌针鱼目(2.70 mg/kg)、鲱形目(1.53 mg/kg)、鲀形目(1.00 mg/kg)、鲽形目(0.91 mg/kg)、鮟鱇目(0.83 mg/kg)、鳗鲡目(0.80 mg/kg)、鲑形目(0.75 mg/kg)、鲶形目(0.66 mg/kg)和鲻形目(0.38 mg/kg)。应用 Kruskal-Wallis 多独立样本非参数检验研究不同纲目的海水鱼类甲醛含量的差异性，得知不同海水鱼类纲目中甲醛含量存在着显著差异($P<0.05$)。

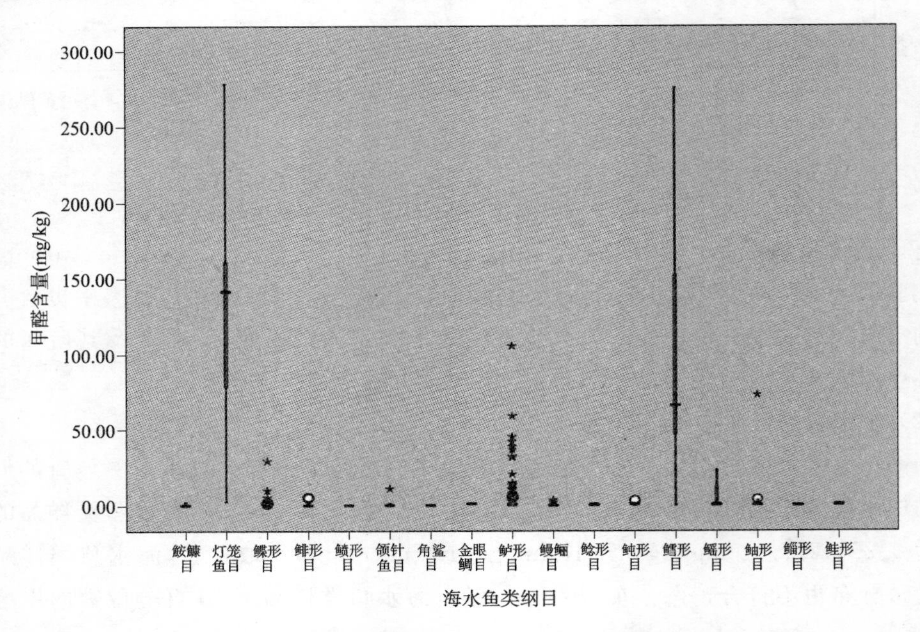

图 5-7 海水鱼类不同纲目中甲醛含量对比图

本次研究主要集中调查了 19 种海水鱼类中甲醛的本底含量(表 5-8),以期对海水鱼类中甲醛的安全监测工作具有一定的科学指导作用。

表 5-8　各海水鱼类中甲醛含量

种类	样本量	甲醛含量(mg/kg,湿重)			
		范围	中值	平均值	标准差
大黄鱼	46	0.25～59.00	1.76	8.87	14.78
小黄鱼	24	0.25～3.27	1.11	1.22	0.89
带鱼	16	0.25～105.60	1.98	8.97	25.97
鳕[a]	16	0.25～275.39	98.95	111.25	76.84
龙头鱼	17	2.40～277.98	141.62	124.02	75.61
鲳[b]	16	0.25～5.87	0.60	1.36	1.65
海鳗	10	0.25～3.70	0.25	0.86	1.15
鲷[c]	29	0.25～7.08	1.02	1.32	1.64
大菱鲆	87	0.25～29.39	0.25	0.90	3.19
褐牙鲆	12	0.25～2.90	0.25	0.57	0.77
许氏平鲉	10	0.25～2.91	0.25	0.86	0.91
海鲈	20	0.25～0.92	0.25	0.33	0.21
鲽[d]	13	0.25～10.00	0.25	1.52	2.72
马面鲀	10	0.25～3.42	1.01	1.15	0.89
大泷六线鱼	8	0.25～72.90	0.25	9.54	25.60
蓝点马鲛	8	0.25～3.44	0.82	1.31	1.14
鲐	7	0.25～6.23	1.36	2.49	2.24
鮟鱇	7	0.25～2.30	0.25	0.83	0.81

注:a. 大头鳕、狭鳕和蓝鳕;b. 银鲳、刺鲳;c. 真鲷、黑鲷;d. 角木叶鲽、高眼鲽。

经 Kruskal-Wallis 多独立样本非参数检验,不同种类海水鱼类中甲醛含量存在显著差异($P<0.05$),19 种海水鱼类中龙头鱼的甲醛含量最高,其平均值为 124.02 mg/kg,其次为鳕鱼,平均值为 111.25 mg/kg(图 5-8)。龙头鱼和鳕鱼是甲醛本底含量较高的海水鱼类品种,这与国内外的报道一致。[43][44][66]

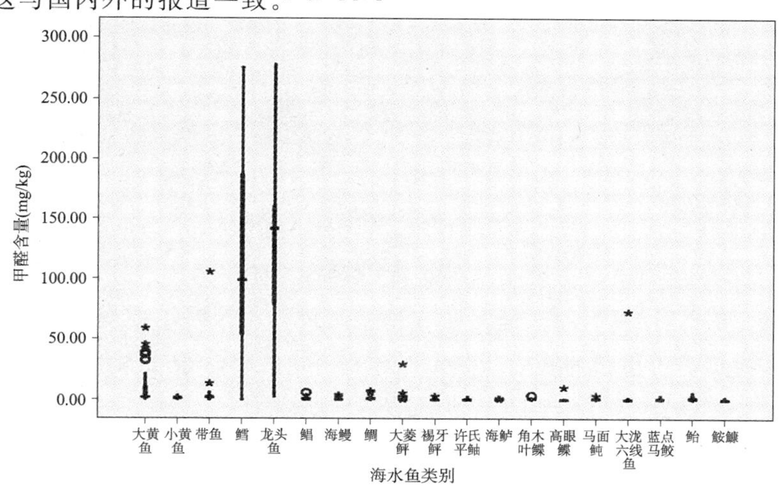

图 5-8　不同海水鱼类中甲醛含量对比图

(3) 贝类样品中甲醛含量

所采集的163个贝类样品(不包括头足类),甲醛含量测定数据见图5-9。贝类样品中甲醛含量的范围为0.25～26.15 mg/kg,中位值为1.32 mg/kg,平均值为2.09 mg/kg,平均值与中位值较为接近,说明贝类样品中的甲醛含量分布较为集中。经Kolmogorov-Smirnov非参数检验,贝类样品中的甲醛含量分布不符合正态分布($P=0.000$)。有30%的贝类样品甲醛含量低于检出限,贝类样品第75百分位数甲醛含量为2.52 mg/kg,第95百分位数的甲醛含量为6.77 mg/kg。

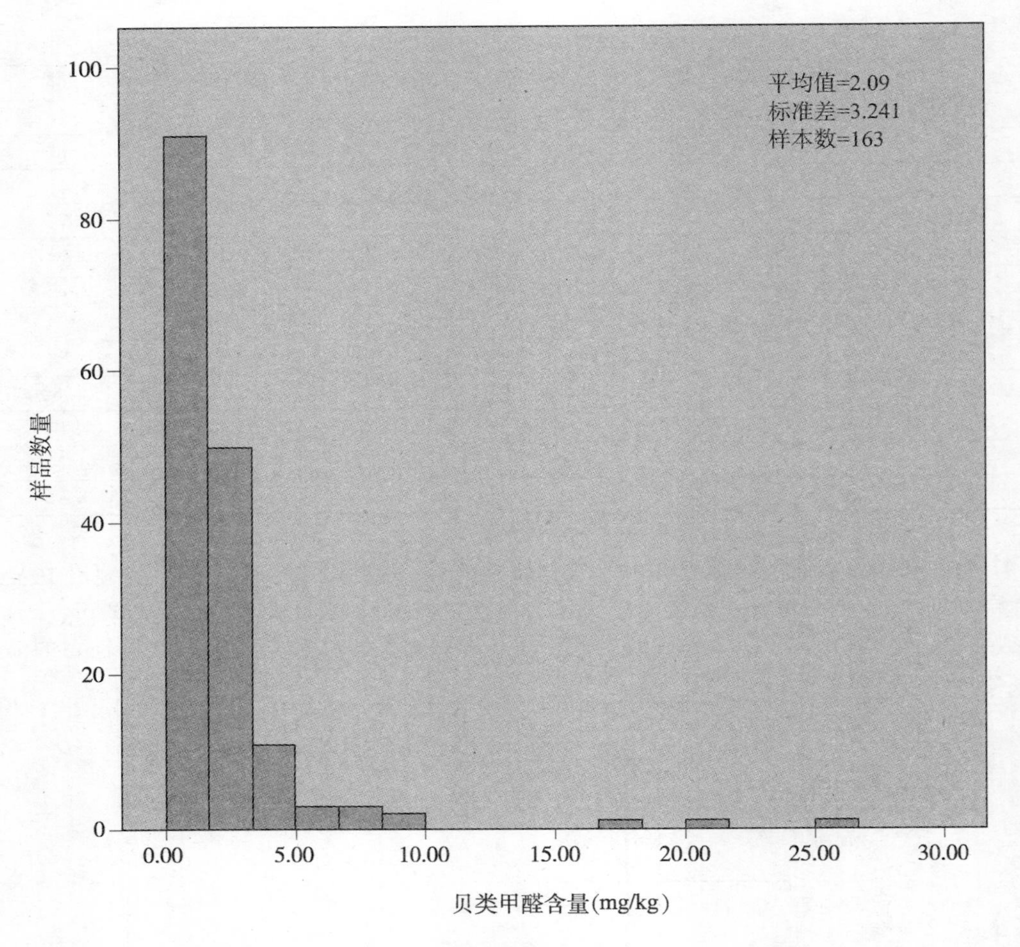

图5-9 贝类中甲醛含量分布

本次研究对扇贝、贻贝、牡蛎、蛏和蛤五种主产贝类中甲醛本底含量进行了系统调查(表5-9),以期对贝类中甲醛的安全监测工作具有一定的科学指导作用。

表 5-9　贝类中的甲醛含量

水产品种类	样本量	水产品中甲醛含量(mg/kg,湿重)			
		范围	中值	平均值	标准差
牡蛎[a]	34	0.25～3.92	1.64	1.52	1.03
蛤[b]	40	0.25～4.28	0.66	1.08	1.12
扇贝[c]	20	0.25～26.15	2.64	5.89	7.48
蛏[d]	20	0.25～6.58	0.79	1.69	2.02
贻贝	23	0.25～6.85	2.44	2.52	1.34

注:a. 大连湾牡蛎、长牡蛎;b. 菲律宾蛤仔、四角蛤蜊和文蛤; c. 栉孔扇贝、虾夷扇贝;d. 缢蛏和竹蛏。

对 5 种我国主产贝类样品中甲醛含量进行分析,箱形图如图 5-10。经 Kruskal-Wallis 多独立样本非参数检验,不同种类的贝类样品中甲醛含量存在显著差异($P<0.05$),扇贝和贻贝样品较牡蛎、蛏和蛤样品中甲醛本底含量较高,其甲醛含量范围分别为 0.25～26.15 mg/kg、0.25～6.85 mg/kg,中位值分别为 2.64 mg/kg、2.44 mg/kg。

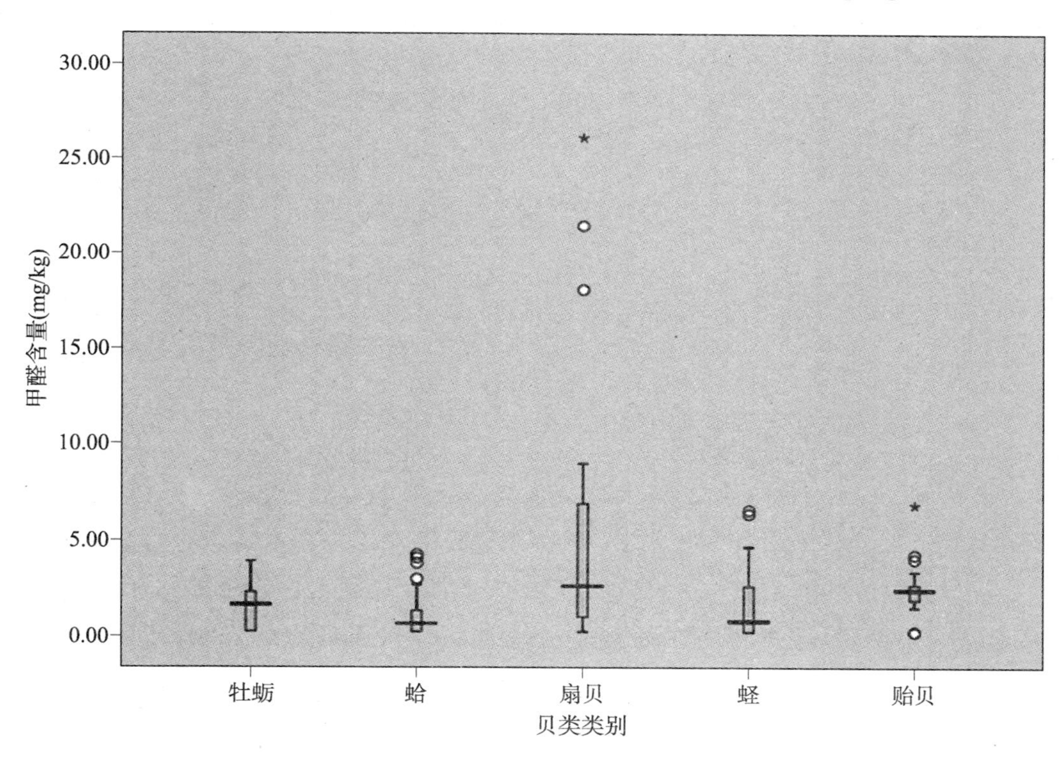

图 5-10　不同贝类样品中甲醛含量对比图

(4) 头足类样品中甲醛含量

所采集的 63 个头足类样品,甲醛含量测定数据如图 5-11。头足类样品的甲醛含量范围为 0.25～321.49 mg/kg,平均值为 10.06 mg/kg,中位值为 1.40 mg/kg。经 Kolmogorov-Smirnov 非参数检验，头足类样品中的甲醛含量分布不符合正态分布（p＝0.000）。90％的头足类样品甲醛含量低于 9.29 mg/kg，头足类样品中第 25 百分位数、第 50 百分位数、第 75 百分位数和第 95 百分位数甲醛含量分别为 0.45 mg/kg、1.40 mg/kg、4.84 mg/kg和 53.44 mg/kg。本次研究集中对中国枪乌贼、日本枪乌贼、章鱼、太平洋褶柔鱼等头足类水产样品中甲醛含量进行了调查（表 5-10）。

表 5-10　头足类样品中甲醛含量

种类	样本量	甲醛含量(mg/kg，湿重)			
		范围	中值	平均值	标准差
中国枪乌贼	32	0.25～321.49	2.10	17.02	57.49
日本枪乌贼	9	0.25～27.15	1.41	4.90	8.59
章鱼[a]	11	0.25～2.37	0.25	0.74	0.70
太平洋褶柔鱼	7	0.25～9.39	5.34	4.22	3.45

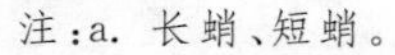

注：a. 长蛸、短蛸。

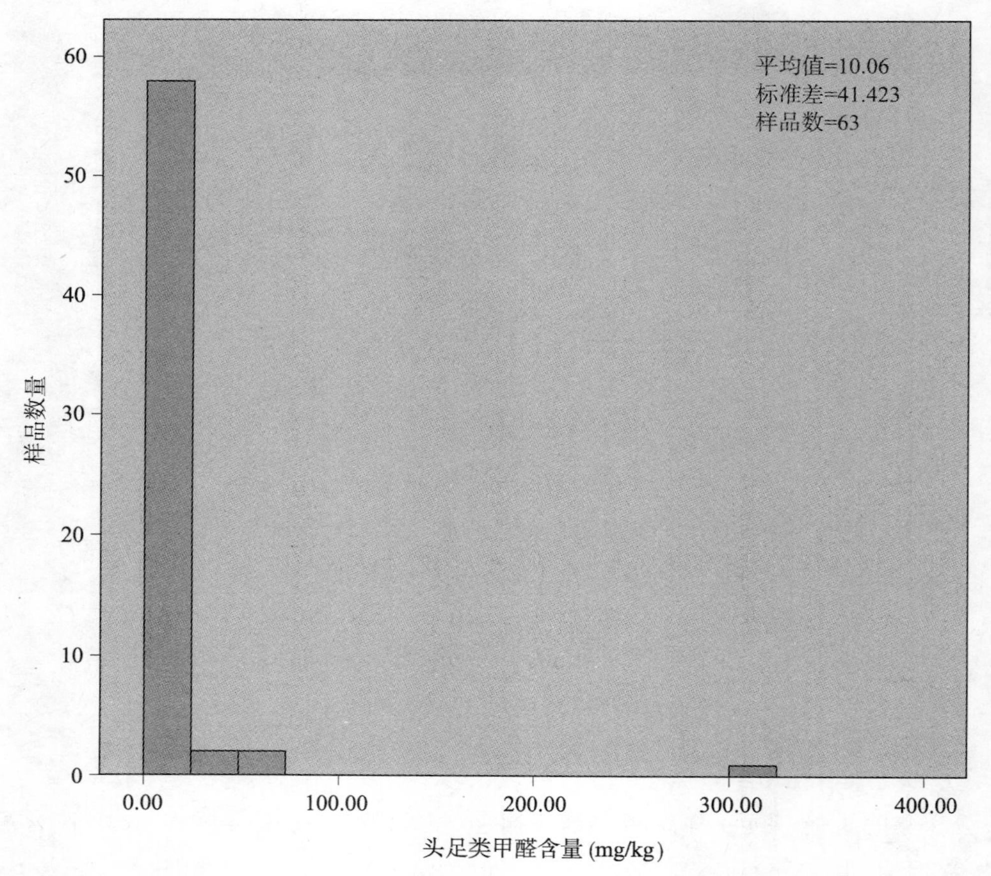

图 5-11　头足类中甲醛含量分布

对头足类样品中甲醛含量进行分析，其箱形图如图 5-12。经 Kruskal-Wallis 多独立样本非参数检验，不同种类的头足类样品中甲醛含量存在显著差异（$P=0.025<0.05$），章鱼中的甲醛含量最低，甲醛含量范围为 0.25～2.37 mg/kg，中位值为 0.25 mg/kg，均值为 0.74 mg/kg；中国枪乌贼中甲醛含量最高，甲醛含量范围为 0.25～321.49 mg/kg，中位值为 2.10 mg/kg，均值为 17.02 mg/kg。

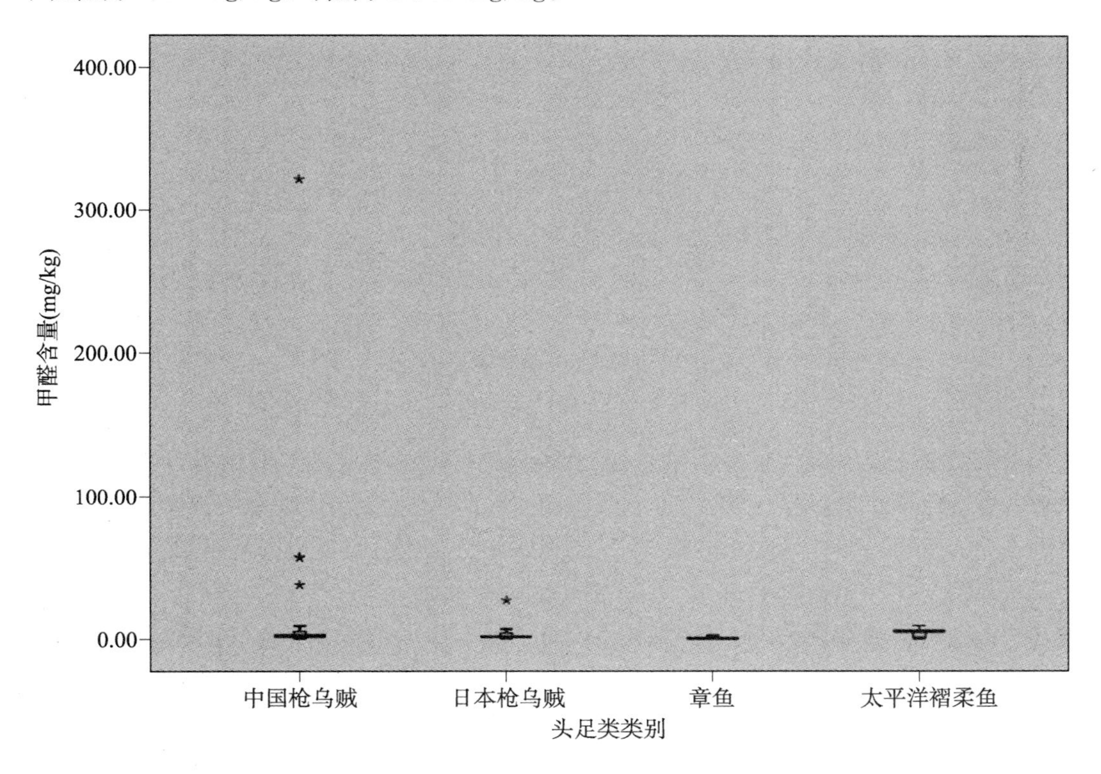

图 5-12　不同头足类样品中甲醛含量对比图

（5）甲壳类样品中甲醛含量

图 5-13 所示为采集的 175 个甲壳类样品中甲醛含量测定数据。甲壳类样品中甲醛含量的范围为 0.25～82.65 mg/kg，中位值为 0.78 mg/kg，平均值为 3.29 mg/kg，中位值远低于平均值，表明甲壳类样品中的甲醛含量主要集中于低端水平。经 Kolmogorov-Smirnov 非参数检验，甲壳类样品中的甲醛含量分布也不符合正态分布（$P=0.000$），只有 10%的甲壳类样品中甲醛含量超过 4.58 mg/kg，60%的甲壳类样品低于 0.98 mg/kg。甲壳类样品的第 75 百分位数甲醛含量为 1.98 mg/kg，第 95 百分位数的甲醛含量为 13.49 mg/kg。

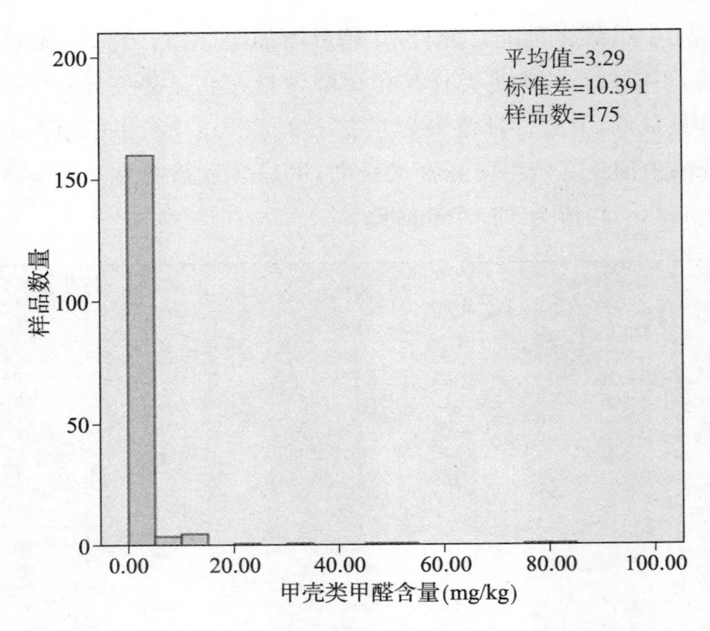

图 5-13 甲壳类中甲醛含量分布

对虾类和蟹类样品中甲醛含量进行分析，其箱形图如图 5-14。虾类样品中甲醛含量范围为 0.25～82.65 mg/kg，平均值为 2.50 mg/kg，中位值为 0.72 mg/kg；蟹类样品中甲醛含量范围为 0.25～79.15 mg/kg，平均值为 4.69 mg/kg，中位值为 0.93 mg/kg。对虾类和蟹类样品中甲醛含量差异用 Mann-Whitney U 检验（$P=0.084>0.05$），可见虾类和蟹类样品中甲醛含量不存在显著差异。

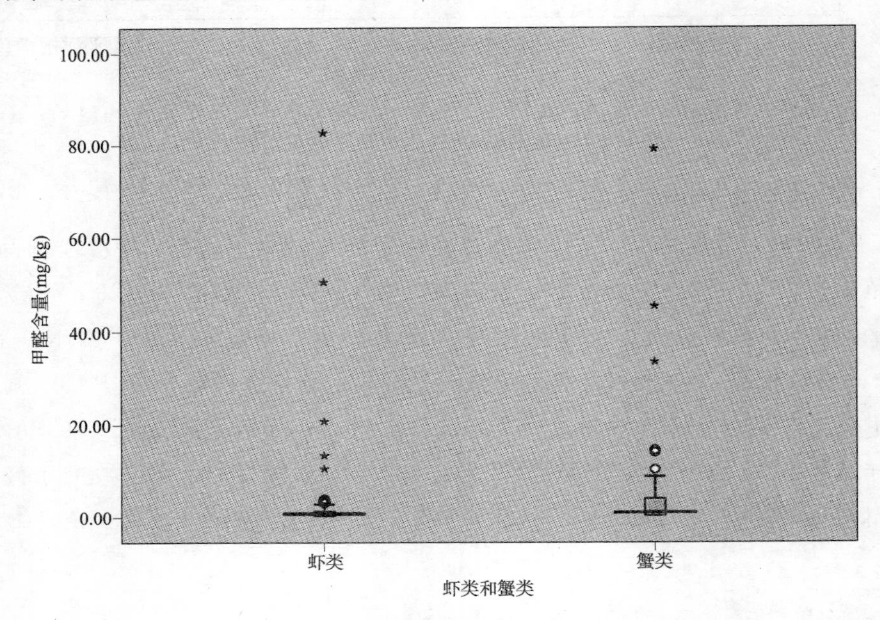

图 5-14 虾类和蟹类样品中甲醛含量对比图

本次研究主要集中对南美白对虾、鹰爪虾、日本对虾、中国对虾、口虾蛄等虾类样品和梭子蟹、锯缘青蟹、日本蟳和中华绒螯蟹等蟹类样品中甲醛含量进行了系统调查(表5-11),以期对甲壳类中甲醛的安全监测工作具有一定的科学指导作用。

对5个种类的虾类样品中甲醛含量进行分析,其箱形图如图5-15。经Kruskal-Wallis多独立样本非参数检验,不同种类的虾类中甲醛含量存在显著差异($P<0.05$),其中口虾蛄中甲醛含量最高,均值为17.91 mg/kg。对4个种类的蟹类样品中甲醛含量进行分析,其箱形图如图5-16。经Kruskal-Wallis多独立样本非参数检验,不同种类蟹类中甲醛含量存在显著差异($P=0.001<0.05$),其中梭子蟹中甲醛含量最高,含量范围为0.25~79.15 mg/kg,平均值为8.92 mg/kg,中位值为3.23 mg/kg;其次为锯缘青蟹,甲醛含量范围为0.25~6.44 mg/kg,平均值为1.67 mg/kg,中位值为0.69 mg/kg;中华绒螯蟹甲醛含量范围为0.25~10.30 mg/kg,平均值为1.39 mg/kg,中位值为0.61 mg/kg;日本蟳样品中甲醛含量最低,所测样品中均未检出。

表5-11　甲壳类样品中甲醛含量

种类	样本量	甲醛含量(mg/kg,湿重)			
		范围	中值	平均值	标准差
南美白对虾	49	0.25~13.36	0.25	1.19	2.39
鹰爪虾	7	1.41~3.97	2.40	2.48	0.95
日本对虾	12	0.25~3.08	1.04	1.08	0.72
中国对虾	10	0.25~2.80	0.65	0.80	0.75
口虾蛄	8	0.25~82.65	2.32	17.91	31.31
虾类	86	0.25~82.65	0.81	2.79	10.39
梭子蟹	28	0.25~79.15	3.23	8.92	17.14
锯缘青蟹	6	0.25~6.44	0.69	1.67	2.40
日本蟳	6	0.25	0.25	0.25	0.00
中华绒螯蟹	21	0.25~10.30	0.61	1.39	2.28
蟹类	61	0.25~79.15	0.93	4.76	12.22

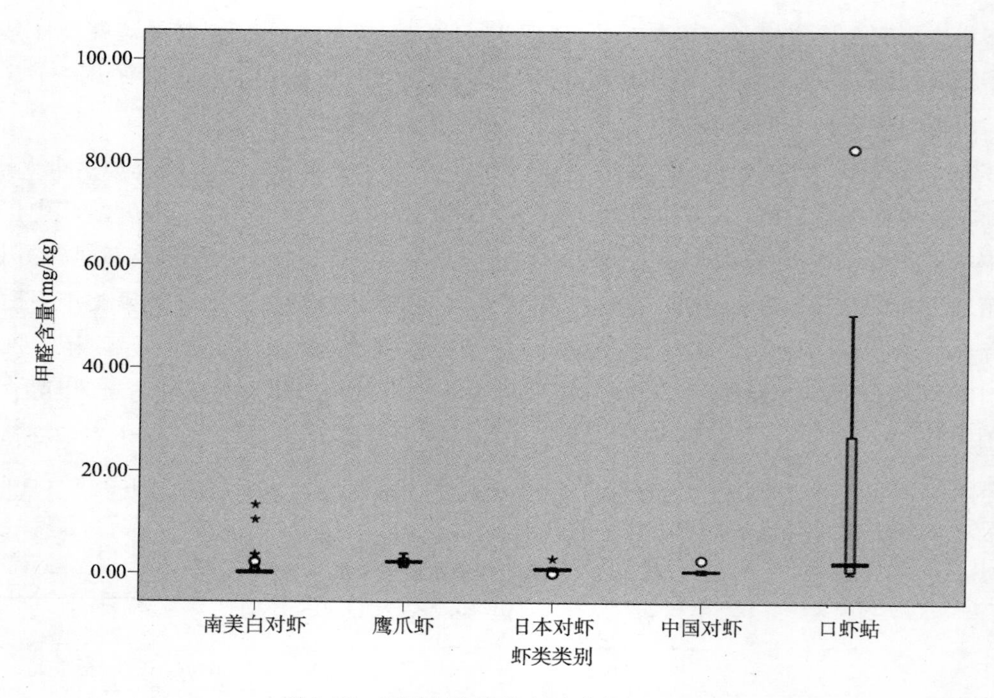

图 5-15　不同虾类样品中甲醛含量对比图

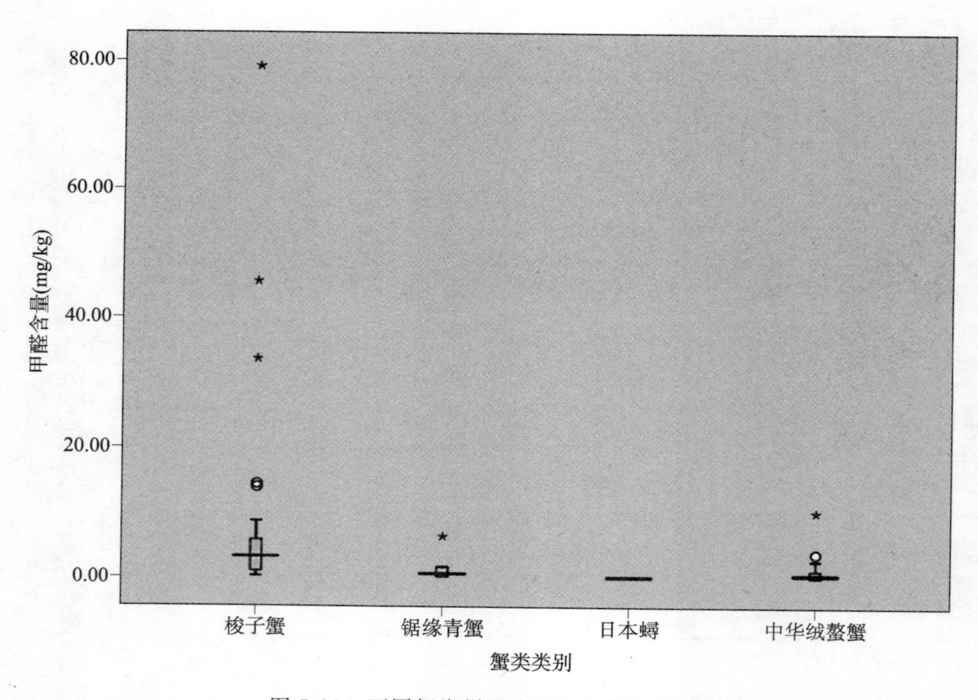

图 5-16　不同蟹类样品中甲醛含量对比图

(6) 水产加工类样品中甲醛含量

监测的水产加工品主要以干制水产品为主,包括鱿鱼丝、鱼干、鱼片、贝类干制品、干制虾制品等种类。所采集的414个水产加工品类样品的甲醛含量测定数据如图5-17所示。水产加工类样品的甲醛含量范围为0.25~391.32 mg/kg,中位值为17.96 mg/kg,平均值为36.78 mg/kg,水产加工类样品中的甲醛含量总体水平较高。经Kolmogorov-Smirnov非参数检验,所检测的水产加工类样品中的甲醛含量分布不符合正态分布($P=0.000$)。水产加工类样品第25百分位数、第50百分位数、第75百分位数和第95百分位数的甲醛含量分别为8.56 mg/kg、17.96 mg/kg、47.78 mg/kg和132.20 mg/kg。

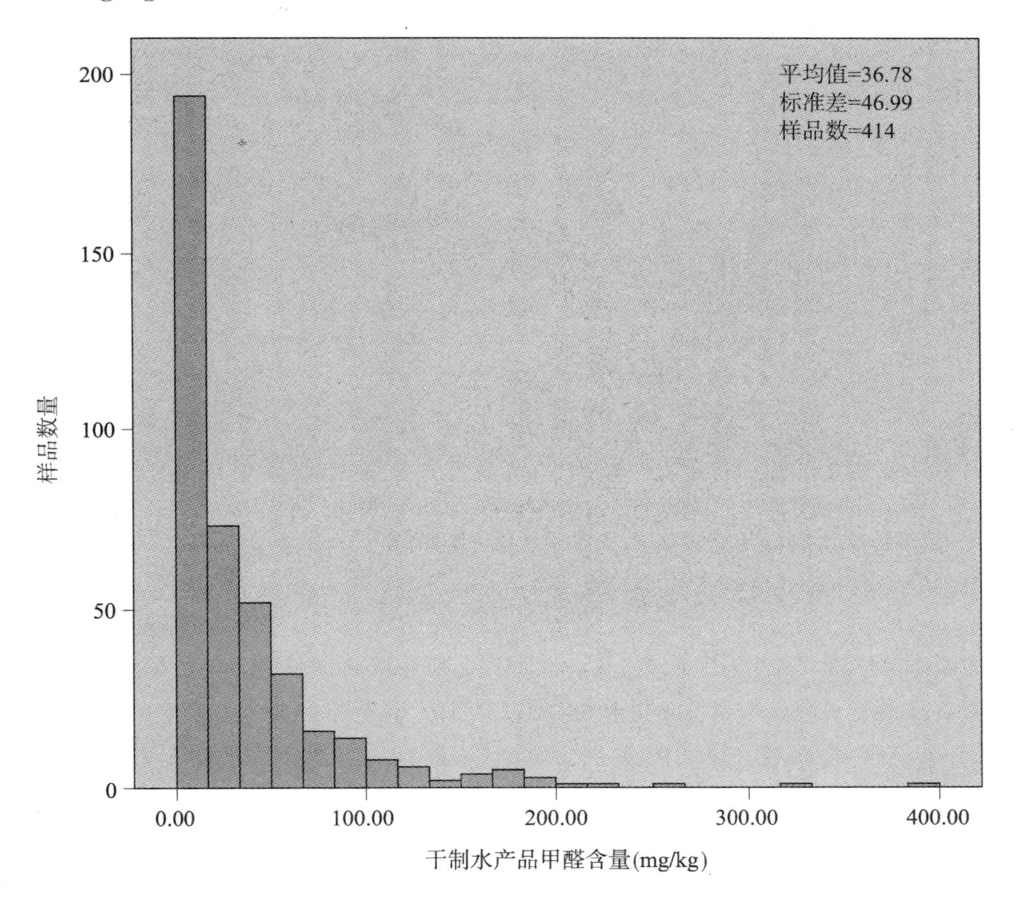

图5-17 干制水产品中甲醛含量分布

对不同种类水产加工样品中甲醛含量进行分析,其箱形图如图5-18。经Kruskal-Wallis多独立样本非参数检验,不同种类干制水产品甲醛含量存在显著差异($P<0.05$)。调味鱿鱼丝中甲醛含量最高,其范围为1.12~391.32 mg/kg,平均值为49.52 mg/kg,中位值为32.99 mg/kg;其次为虾类干制品,甲醛含量范围为1.31~319.68 mg/kg,平均值

为 26.24 mg/kg，中位值为 13.46 mg/kg；鱼类干制品甲醛含量范围为 2.00～87.86 mg/kg，平均值为 22.29 mg/kg，中位值为 14.50 mg/kg；贝类干制品甲醛含量范围为 0.25～68.24 mg/kg，平均值为 21.04 mg/kg，中位值为 14.24 mg/kg；调味烤鱼片甲醛含量最低，其范围为 0.25～111.84 mg/kg，平均值为 16.97 mg/kg，中位值为 8.48 mg/kg。

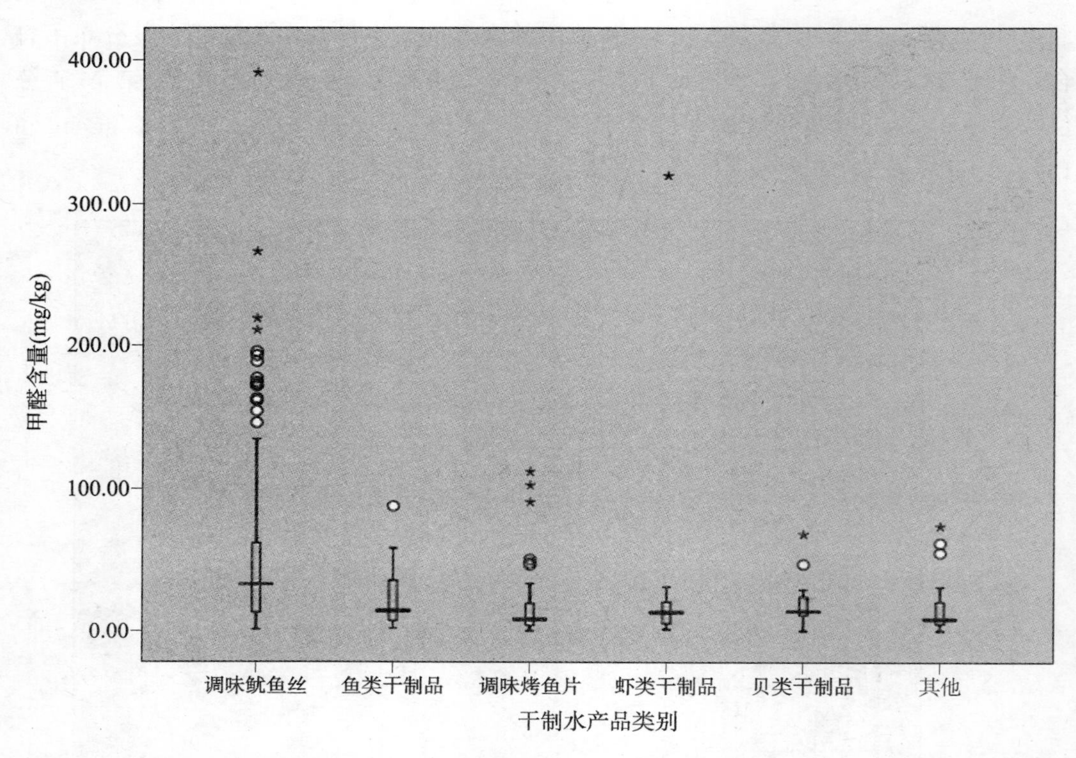

图 5-18　不同干制水产品种类甲醛含量对比图

2）不同种类水产品中甲醛含量比较及水产品中甲醛含量总体分布情况

对不同种类水产品中甲醛含量分析，如图 5-19。不同种类水产品中甲醛含量差异用 Kruskal-Wallis 单向评秩检验（$P<0.05$），可见不同种类水产品中甲醛含量存在显著差异。水产加工品中甲醛含量最高，范围为 0.25～391.32 mg/kg，平均值为 36.87 mg/kg，中位值为 18.19 mg/kg。不同种类水产品中甲醛含量平均值由高到低分别为：水产干制品样品、头足类样品、海水鱼类样品、甲壳类样品、贝类样品和淡水鱼类样品。

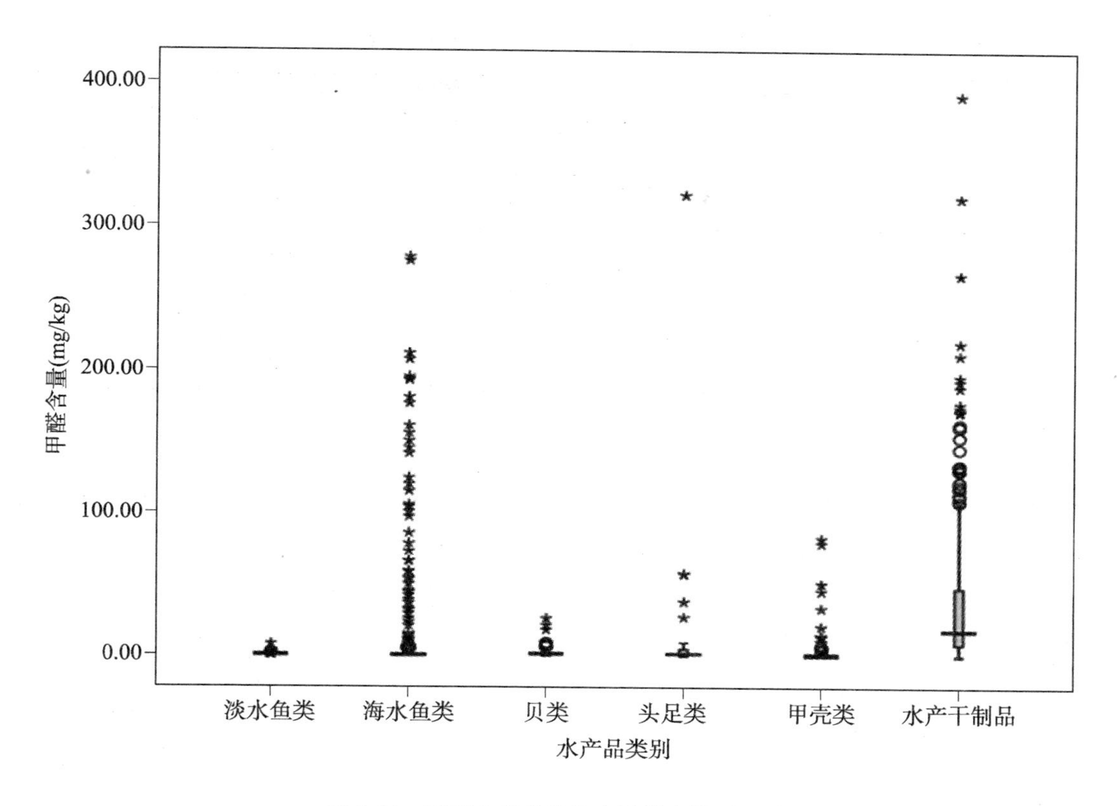

图 5-19　不同水产品种类中甲醛含量对比图

对此次监测调查的 1 696 个水产样品进行描述性分析如表 5-12，水产品样品中甲醛含量范围为 0.25～391.32 mg/kg，平均值为 12.96 mg/kg，中位值为 1.06 mg/kg，标准偏差为 34.35。其百分位数甲醛含量分布如表 5-13。

表 5-12　水产品样品中甲醛含量

种类	样本数(*N*)	最小值	最大值	平均值	中位值	标准差
淡水鱼类	349	0.25	7.60	0.48	0.25	0.62
海水鱼类	532	0.25	277.98	9.47	0.25	34.36
贝类	163	0.25	26.15	2.09	1.32	3.24
头足类	63	0.25	321.49	10.06	1.40	41.42
甲壳类	175	0.25	82.65	3.29	0.78	10.39
水产干制品	414	0.25	391.32	36.78	17.96	46.99
总计	1 696	0.25	391.32	12.96	1.06	34.35

表 5-13　水产品中甲醛含量百分位数

百分位数	甲醛含量(mg/kg)
25	0.25
40	0.25
50	1.06
60	1.76
70	4.02
75	6.88
80	11.52
87.7	30.28
90	39.60
95	70.80
97.5	116.94
99	181.11
99.9	342.79

中位值远低于平均值，表明我国水产品中甲醛含量集中于低端，但有个别种类的水产品甲醛含量较高，龙头鱼和鳕鱼科等海水鱼类中甲醛本底含量要显著高于此次调查研究的其他种类水产品，均值分别达到了 124.02 mg/kg 和 111.25 mg/kg，中国枪乌贼、口虾蛄和梭子蟹样品中甲醛本底含量也较高，因而水产品高百分位数甲醛含量较高。总体上海水动物的甲醛本底含量要显著高于淡水动物，究其原因可能与氧化三甲胺(TMAO)、氧化三甲胺酶(TMAOase)在不同水产品中的分布不同有关。

水产品中内源性甲醛主要前体物质是氧化三甲胺(TMAO)[78][79]，其可在内源性氧化三甲胺酶和微生物作用下，脱甲基生成二甲胺和甲醛。[80]一般来说，TMAO 随着年龄的增加和盐度的提高而提高，一般海水鱼比淡水鱼含量丰富。[80]氧化三甲胺广泛存在于海产动物组织中，海洋板腮鱼类、硬骨鱼类和头足类中都富含 TMAO，虾、蟹中含量也较多，贝类中也有含有一定量 TMAO 的种类，如扇贝，而淡水鱼中含量则极微，但也有罗非鱼等种类仍然具有自我合成 TMAO 的生物学特性。[82][84]据 Uffe Anthoni[77]等人的实验研究，罗非鱼仍具有从日粮中前体物合成氧化三甲胺的能力，肌肉中也含有较高水平的 TMAO，这在其他种类的淡水鱼类中是不常见的。而 TMAOase 也广泛分布于海产动物组织中，而在淡水动物中则没有 TMAOase，即使存在含量也是极微的。[85][86]据国内外报道，鳕鱼类体内 TMAOase 活性很高[87]，在龙头鱼、贝类、褐虾以及长舌鳎中也发现了 TMAOase 活性[41][88]。因而，罗非鱼较其他淡水鱼类含相对较高水平的 TMAO，故其甲醛本底含量要显著高于其他种类的淡水鱼类，但作为淡水鱼类因缺乏 TMAOase 其甲醛本底含量较鳕鱼科鱼类和龙头鱼等海水鱼类品种仍然较低，淡水鱼类总体上内源性甲醛含量都处于较低水平，而内源性甲醛在海水鱼类、贝类、甲壳类和头足类中则普遍存在。

5.2.2.4 小结

本章通过对淡水鱼类、海水鱼类、甲壳类、贝类、头足类和水产干制品共计 1 696 个水产样品中甲醛含量的测定，集中对 49 个类别常见水产品中甲醛含量进行了系统性监测，并对不同类型水产品中甲醛的分布规律及存在差异进行了分析，结论具体如下。

① 淡水鱼类甲醛含量范围为 0.25～7.60 mg/kg，平均值为 0.48 mg/kg，中位值为 0.25 mg/kg，均值和中位值均低于检出限，淡水鱼类中甲醛含量总体水平较低。经 Kruskal-Wallis 单向评秩检验不同淡水鱼纲目中甲醛含量存在显著差异，鲈形目淡水鱼类中甲醛含量高于其他纲目的淡水鱼类（$P<0.05$）。集中调查的 12 种淡水鱼类中甲醛的本底含量也存在一定差异（$P<0.05$），其中罗非鱼中甲醛含量最高，中值达到 0.83 mg/kg，均值为 1.17 mg/kg，均高于其他种类的淡水鱼类。

② 海水鱼类样品中甲醛含量范围为 0.25～277.98 mg/kg，平均值为 9.47 mg/kg，中位值为 0.25 mg/kg，中位值远低于平均值，多数海水鱼类样品中的甲醛含量处于低端水平。经 Kruskal-Wallis 单向评秩检验，灯笼鱼目和鳕形目中甲醛含量显著高于其他纲目中甲醛含量（$P<0.05$）。集中调查的 19 种海水鱼类中甲醛本底含量存在显著差异，龙头鱼和鳕鱼是甲醛本底含量较高的海水鱼类品种，均值分别达到了 124.02 mg/kg 和 111.25 mg/kg。

③ 贝类样品中甲醛含量范围为 0.25～26.15 mg/kg，平均值为 2.09 mg/kg，中位值为 1.32 mg/kg，平均值与中位值较为接近，贝类样品中的甲醛含量总体分布比较集中。经 Kruskal-Wallis 多独立样本非参数检验，不同种类的贝类样品中甲醛含量存在显著差异（$P<0.05$），扇贝和贻贝样品较牡蛎、蛏和蛤样品中甲醛本底含量较高。

④ 头足类样品中甲醛含量范围为 0.25～321.49 mg/kg，平均值为 10.06 mg/kg，中位值为 1.40 mg/kg。经 Kruskal-Wallis 多独立样本非参数检验，不同种类的头足类样品中甲醛含量存在显著差异，中国枪乌贼中甲醛含量最高，章鱼中的甲醛含量最低。

⑤ 虾类样品中甲醛含量范围为 0.25～82.65 mg/kg，平均值为 2.50 mg/kg，中位值为 0.72 mg/kg；蟹类样品中甲醛含量范围为 0.25～79.15 mg/kg，平均值为 4.69 mg/kg，中位值为 0.93 mg/kg。经 Mann-Whitney U 检验，虾类和蟹类样品中甲醛含量不存在显著差异（$P>0.05$）。经 Kruskal-Wallis 多独立样本非参数检验，不同种类的虾中甲醛含量存在显著差异（$P<0.05$），其中口虾蛄中甲醛含量最高；不同种类蟹中甲醛含量存在显著

差异(p<0.05),其中梭子蟹中甲醛含量最高。

⑥ 水产干制品样品中甲醛含量范围为 0.25～391.32 mg/kg,平均值为 36.78 mg/kg,中位值为 17.96 mg/kg,水产加工类样品中甲醛含量总体水平较高。经 Kruskal-Wallis 多独立样本非参数检验,不同种类干制水产品甲醛含量存在显著差异($P<0.05$),其中调味鱿鱼丝中甲醛含量最高。

⑦ 此次监测调查的 1 696 个水产样品的甲醛含量范围为 0.25～391.32 mg/kg,平均值为 12.96 mg/kg,中位值为 1.06 mg/kg,中位值远低于平均值,表明我国水产品中甲醛含量总体上处于低端水平。Kruskal-Wallis 多独立样本非参数检验的结果表明不同种类水产品中甲醛含量存在显著差异($P<0.05$),按甲醛含量的平均值由高到低排序分别为:水产干制品样品、头足类样品、海水鱼类样品、甲壳类样品、贝类样品及淡水鱼类样品。

5.2.3 水产品中甲醛的暴露评估

基于调查监测所得到的水产品中甲醛的本底含量数据,借助美国环境保护署(EPA)的化学危害物暴露评估模型,探索应用基于 Monte Carlo 模拟技术的@Risk5.5 软件开展我国居民通过食用水产品途径的甲醛膳食暴露评估及健康风险评价,完成水产品中甲醛风险评估的关键和核心步骤,研究结果对于量化水产品中甲醛对人体健康的影响将具有重要意义。

5.2.3.1 暴露评估方法

5.2.3.1.1 数据和资料来源

鲜活水产品和干制水产品中甲醛含量数据请参考上述章节。本研究应用@Risk 软件对甲醛含量的分布情况进行分布拟合。鲜活水产品和干制水产品的膳食消费量数据和我国居民平均体重数据参照 GEMS/Food 最新发布的数据。不同年龄和地区组群的鲜活水产品食用量和体重数据参照 2002 年全国营养调查的数据。其他相关暴露参数参照美国环境保护署 EPA 风险分析手册中相关数据。

5.2.3.1.2 水产品中甲醛暴露模型

参照美国环境保护署(EPA)化学污染物健康风险的暴露评估模型,采用日暴露量(CDI)对水产品食用的安全性及其中的内源性甲醛对不同人群的健康风险进行初步评估。本研究仅以水产品作为单一的甲醛膳食暴露途径,暴露量的表征公式如下[89]:

$$CDI=\frac{C\times IR\times ED\times EF}{BW\times AT} \qquad \text{公式(5-1)}$$

式中,CDI 为日暴露量,mg/(kg・d);C 为化学物质暴露浓度,mg/kg;IR 为日均摄入量,kg/d;ED 为暴露持续时间,年;EF 为暴露频率,天/年;BW 为体重,kg;AT 为拉平时间,天。

5.2.3.1.3　暴露评估软件

应用基于 Monte Carlo 模拟技术的@Risk5.5 概率评估专用软件，开展食用水产品途径的甲醛膳食暴露量评估。评估中使用的各种参数对应的概率分布采用@Risk5.5 提供的标准分布函数来表示。

5.2.3.2　食用鲜活水产品途径的甲醛暴露评估

1）暴露评估模型和参数的确定

（1）鲜活水产品中甲醛含量分布拟合

运用@Risk 软件将水产品中甲醛含量的监测值与不同参数化分布进行分布拟合，函数曲线的拟合度运用 Chi-Squared、Andrson-Darling 和 Kolmogorov-Smirnov 3 种统计检验方法进行检验，并综合考虑 3 种方法的结果[63]，最终确定最佳拟合分布。如图 5-20 和 5-21 所示为我国鲜活水产样品中甲醛检测数据的分布拟合结果。

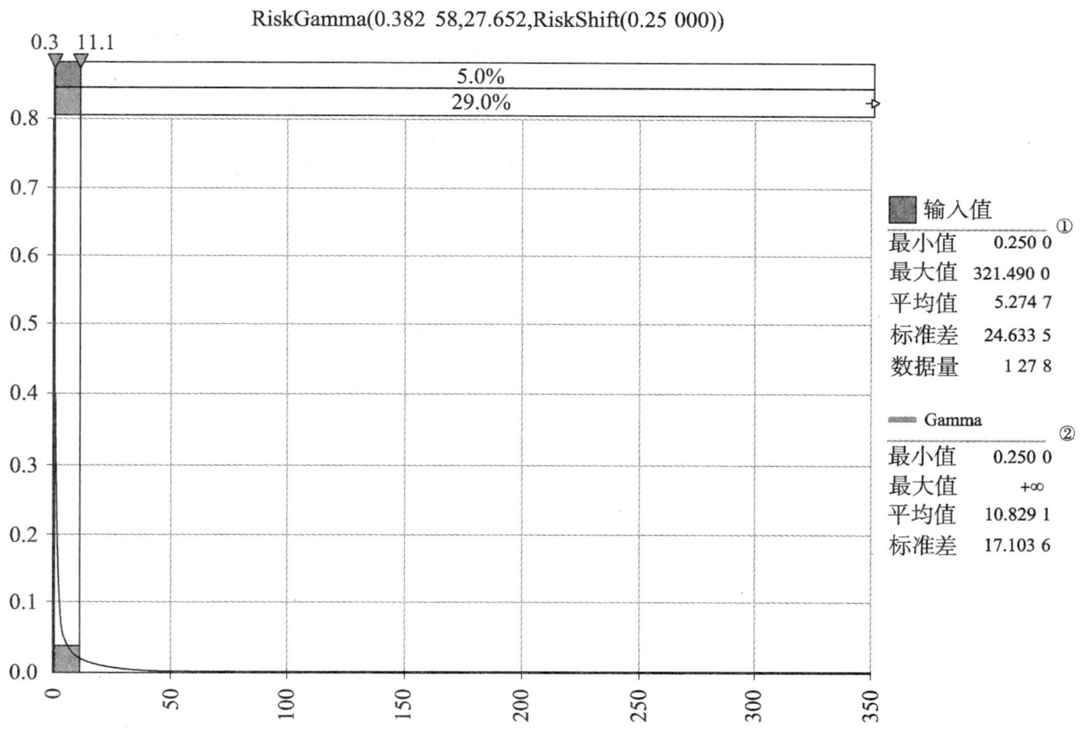

图 5-20　鲜活水产品中甲醛含量数据分布拟合的概率密度曲线

① 输入数据的基本特征，从上至下依次为：最小值、最大值、平均值、标准差和数据量。

② 拟合后数据的基本特征，从上至下依次为：最小值、最大值、平均值和标准差。

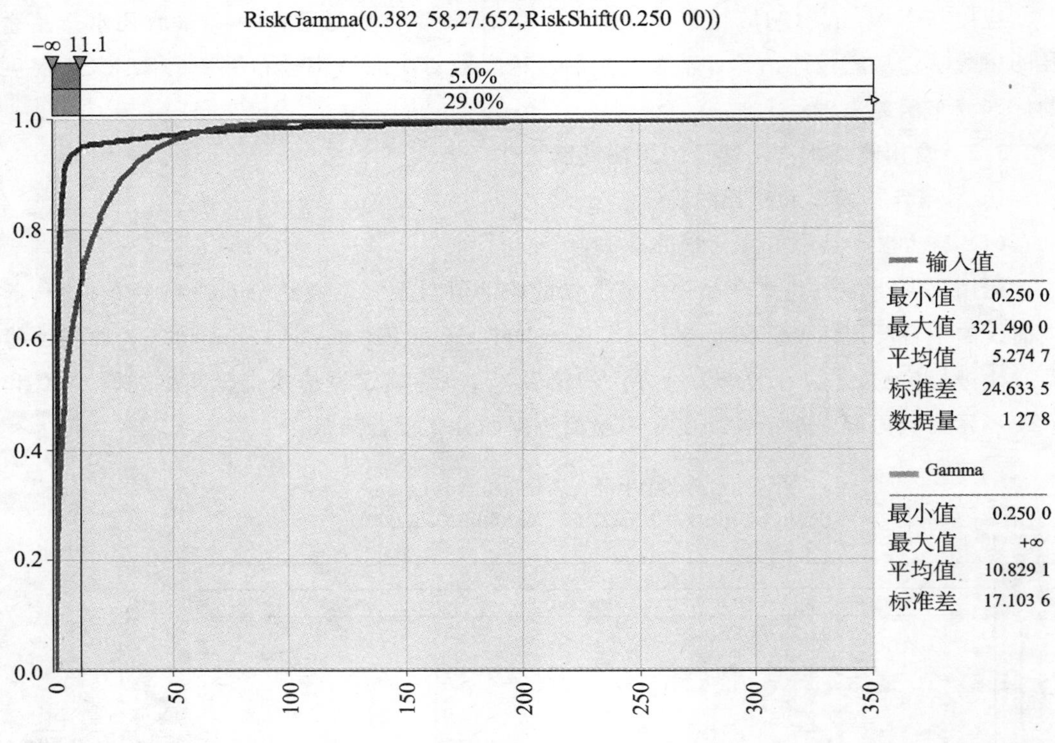

图 5-21 鲜活水产品中甲醛含量数据分布拟合的累积分布曲线

分布拟合的结果表明，鲜活水产品中甲醛含量监测数据比较符合 Gamma 分布，记为 RiskGamma（0. 382 58，27. 652，RiskShift（0. 250 00））。中位值（median）为 3. 889 4 mg/kg，平均值（mean）为 10. 829 3 mg/kg，众数（mode）为 0. 25 mg/kg，标准差（Std. Deviation）为 17. 103 8，峰度（Kurtosis）为 8. 682 8，偏斜度（Skewness）为 3. 233 5。

（2）相关暴露参数

① 水产品的膳食摄入量数据 IR（膳食数据）来源

根据 GEMS/food 最新发布的数据[90]，我国所在地区（G 区：东南亚地区）淡水鱼类、海水鱼类、贝类、头足类和甲壳类的平均摄入量分别为 17. 0 克/标准人日、9. 4 克/标准人日、7. 5 克/标准人日、7. 5 克/标准人日和 3. 6 克/标准人日，合计鲜活水产品的摄入量为 45. 0 克/标准人日，基于以上数据用以估计我国居民食用鲜活水产品途径的甲醛暴露量。

② 体重 *BW*

根据 GEMS/food 最新发布的数据，我国标准人群人均体重按 55 kg 计。[90]

③ 暴露持续时间 *ED*

参照美国环境保护署（EPA）风险分析手册相关数据，终生暴露持续时间为 70 年。[89]

④ 拉平时间 AT

$AT = ED \times 365$ 天/year=25,550 天。[89]

⑤ 暴露频率 EF

参照美国环境保护署(EPA)风险分析手册相关数据,暴露频率取为常数即每年 350 天。[89]

⑥ 甲醛的日均安全暴露水平

采用美国环境保护署(EPA)建议的甲醛推荐口服剂量(RfD)为 0.2 mg/(kg(BW)·d)。

综上所述,基于 Monte Carlo 的我国标准人日食用水产品途径甲醛暴露量的计算参数见表 5-14。

表 5-14 我国标准人日食用水产品途径甲醛暴露量的计算

计算参数	描 述	单 位	分布/数值
RfD	甲醛参考剂量	mg/(kg (BW)·d)	0.2
C	水产品中甲醛含量	mg/kg	RiskGamma(0.382 58,27.652,RiskShift(0.250 00))
IR	水产品每日摄入量	kg/d	0.045[90]
BW	评估人群的平均体重	kg	55[90]
ED	暴露持续时间	a	70[89]
AT	拉平时间	d	25 550[89]
EF	暴露频率	d	350[89]
CDI	食用水产品甲醛日均暴露量		$CDI = \frac{C \times IR \times ED \times EF}{BW \times AT}$

2) 基于 Monte Carlo 方法的我国标准居民食用鲜活水产品途径的甲醛日均暴露量计算

采用表 5-14 中的暴露参数和相关暴露模型,利用基于 Monte Carlo 模拟技术的@Risk5.5 风险分析软件,随机从鲜活水产品中甲醛的含量分布中抽取数值计算我国标准人日食用鲜活水产品途径的甲醛膳食暴露量概率分布,每次模拟过程循环 10 000 次,暴露结果如图 5-22 所示。

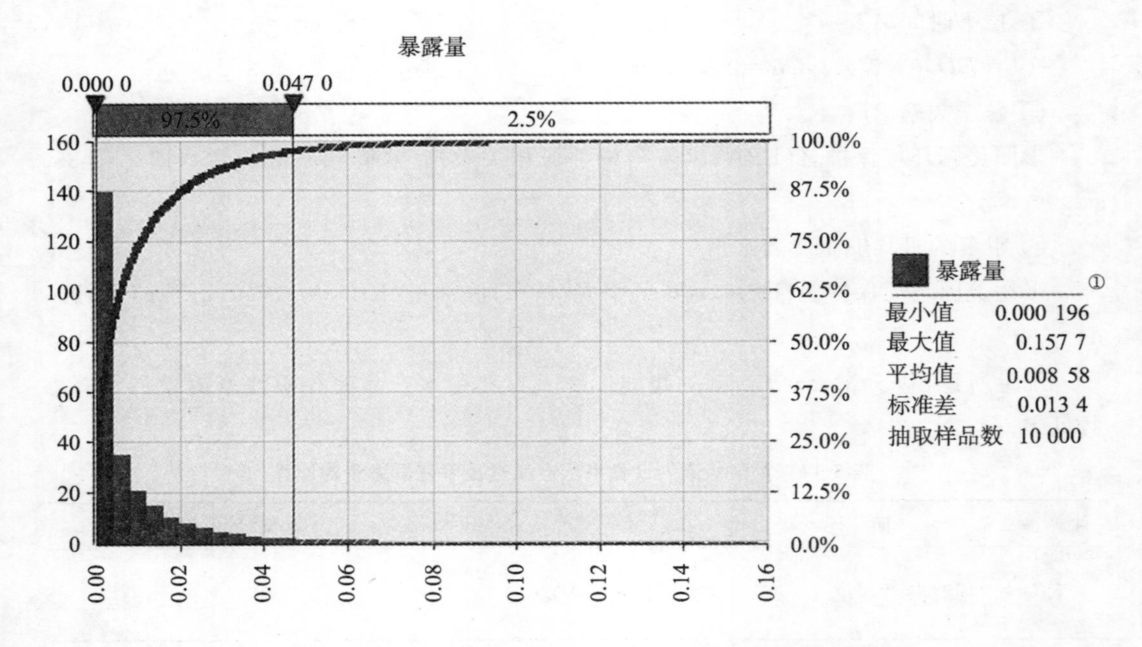

图 5-22　我国标准人食用鲜活水产品途径甲醛日均暴露量概率分布

从暴露评估的结果来看，我国标准人通过食用鲜活水产品途径的甲醛日暴露量的平均值为 8.58×10^{-3} mg/(kg · d)，中位数为 3.08×10^{-3} mg/(kg · d)，第 95 百分位数的甲醛暴露量为 3.52×10^{-2} mg/(kg · d)，第 97.5 百分位数的甲醛暴露量为 4.70×10^{-2} mg/(kg · d)，不同百分位数概率下的暴露量如表 5-15 所示。

表 5-15　标准人日食用鲜活水产品途径甲醛暴露量百分位数值

百分位数	甲醛暴露量(mg/(kg · d))
5	2.03E-4
10	2.33E-4
15	3.05E-4
20	4.27E-4
25	6.01E-4
30	8.72E-4
35	1.23E-3
40	1.72E-3
45	2.37E-3

① 采用 Monte Carlo 模拟出暴露量数据基本特征，从上至下依次为：最小值、最大值、平均值、标准差和抽取样本数。

续表

百分位数	甲醛暴露量(mg/(kg・d))
50	3.08E-3
55	4.02E-3
60	5.14E-3
65	6.55E-3
70	8.25E-3
75	1.04E-2
80	1.34E-2
85	1.77E-2
90	2.39E-2
95	3.52E-2
97.5	4.70E-2
100	1.58E-1

3）不同地区人群鲜活水产品摄入途径甲醛日暴露量的比较

采用 2002 年“中国居民营养与健康状况调查”中城乡不同地区人群的水产品膳食资料和体重资料[91]（表 5-16），其他暴露参数参考表 5-14，利用基于 Monte Carlo 模拟技术的@Risk5.5 风险分析软件，随机从鲜活水产品中甲醛的含量概率分布中抽取数值计算我国不同地区人群日摄入鲜活水产品途径的甲醛膳食暴露量概率分布，每次模拟过程循环 10 000 次，获得我国普通人群食用鲜活水产品途径的甲醛膳食暴露的地区差异（表 5-16）。

由表 5-16 可知，不同地区高暴露人群（97.5 百分位数）通过食用水产品的甲醛日暴露量均低于 EPA 制定的甲醛参考剂量 0.2 mg/(kg・d)，97.5 百分位数的日暴露量仅占甲醛参考剂量的 2.8%～27.4%，因而我国城乡普通居民通过食用鲜活水产品途径的甲醛暴露水平较低。

表 5-16　我国普通人群食用鲜活水产品途径的甲醛日均暴露量(mg/(kg・d))

		城市小计	大城市	小城市	农村小计	一类农村	二类农村	三类农村	四类农村
水产品平均摄入量(g)		44.9	62.3	38	23.7	58.9	18.1	6.1	8.7
平均体重(kg)		61.14	62.73	60.48	57.31	58.70	57.00	59.63	54.73
暴露量	平均值	7.30E-3	9.88E-3	6.25E-3	4.11E-3	9.98E-3	3.16E-3	1.02E-3	1.58E-3
	P50	2.56E-3	3.46E-3	2.19E-3	1.44E-3	3.50E-3	1.11E-3	3.56E-4	5.54E-4
	P95	3.04E-2	4.12E-2	2.60E-2	1.71E-2	4.16E-2	1.32E-2	4.24E-3	6.59E-3
	P97.5	4.00E-2	5.48E-2	3.48E-2	2.26E-2	5.48E-2	1.76E-2	5.65E-3	8.65E-3

注：P50 为 50 百分位数，即把变量值按大小顺序排列，居于全部变量个数的 50%位置的数值。

研究发现，城市居民的日暴露量均值和各百分位数均高于农村居民的日暴露量，食用鲜活水产品途径城市人群面临摄入甲醛的健康风险高于农村人群，这主要是由于城市人群水产品的平均摄入量(44.9 g/d)要高于农村人群水产品的平均摄入量(23.7 g/d)，前者约是后者的 1.89 倍。另外，一类农村的暴露水平与大城市地区的暴露水平相当，原因可能是一类农村人群的水产品平均摄入量(58.9 g/d)与大城市人群水产品的平均摄入量(62.3 g/d)差距较小，这是由于 2002 年全国营养调查中一类农村的采样点主要集中在沿海发达地区，故而其水产品膳食水平较高。因而，食用水产品途径的甲醛暴露水平与地区的经济发展程度有着一定的关联性。

4）不同性别年龄地区人群鲜活水产品摄入途径甲醛日暴露量的比较

由于不同年龄人群的生理和行为参数差别较大，本次评估参照了 2002 年“中国居民营养与健康状况调查”中的人群分组模式将人群按照年龄划分为 10 个亚群。[91] 不同年龄及性别人群的体重调查数据来自于 2002 年全国营养调查并作加权处理，表 5-17 中列出了各组人群的平均体重和水产品日均摄入量信息，其他暴露参数仍参考表 5-14，运用上述计算方法应用 Monte Carlo 模拟技术获得各组人群食用鲜活水产品途径甲醛的日均暴露量和不同概率下的日暴露量(表 5-18)。

表 5-17　评估人群的年龄—地区—性别分组及体重信息

年龄	地区	男性		女性	
		平均体重(kg)	水产品摄入量(克/人·日)	平均体重(kg)	水产品摄入量(克/人·日)
2～3 岁	全国	14.06	16.3	13.48	16.3
	城市	15.58	23	14.95	24.1
	农村	13.52	14.2	12.86	13.8
4～6 岁	全国	18.20	16.1	17.61	15.6
	城市	19.90	24	19.09	25.8
	农村	17.77	13.8	17.21	12.6
7～10 岁	全国	25.98	21.4	25.12	19.1
	城市	28.98	36.8	27.68	31.4
	农村	25.18	17.1	24.44	15.6
11～13 岁	全国	36.22	24.8	36.39	20.3
	城市	39.65	37.2	39.21	32.3
	农村	35.53	21.4	35.99	17

续表

年龄	地区	男性		女性	
		平均体重(kg)	水产品摄入量（克/人・日）	平均体重(kg)	水产品摄入量（克/人・日）
14～17 岁	全国	50.58	29.2	47.81	24.8
	城市	54.63	43.9	50.27	39
	农村	49.13	23.8	46.84	19
18～29 岁	全国	62.52	32.7	52.85	29.2
	城市	65.00	44.5	53.45	39.6
	农村	61.30	27.2	52.59	24.3
30～44 岁	全国	64.42	34.4	55.73	28
	城市	67.70	46.1	57.37	38.3
	农村	63.07	29.4	55.09	23.8
45～59 岁	全国	62.71	33.7	56.59	28.6
	城市	67.28	48.3	59.91	40.6
	农村	61.01	28.2	55.34	24
60～69 岁	全国	60.48	29.7	53.51	25.7
	城市	66.59	42.1	58.97	36.4
	农村	58.17	25	51.39	21.5
70 岁以上	全国	57.33	24.5	49.80	20.8
	城市	62.97	39.4	54.02	33.9
	农村	55.28	19.1	48.32	16.3

表 5-18　不同年龄—地区—性别人群食用鲜活水产品途径甲醛日均暴露量(mg/(kg・d))

年龄	地区	男性				女性			
		平均值	P50	P95	P97.5	平均值	P50	P95	P97.5
2～3 岁	全国	1.19E-2	4.36E-3	4.97E-2	6.54E-2	1.25E-2	4.55E-3	5.18E-2	6.82E-2
	城市	1.52E-2	5.55E-3	6.33E-2	8.33E-2	1.66E-2	6.06E-3	6.91E-2	9.10E-2
	农村	1.08E-2	3.95E-3	4.50E-2	5.93E-2	1.11E-2	4.04E-3	4.60E-2	6.06E-2
4～6 岁	全国	9.11E-3	3.33E-3	3.79E-2	4.99E-2	9.12E-3	3.33E-3	3.80E-2	5.00E-2
	城市	1.24E-2	4.54E-3	5.17E-2	6.81E-2	1.39E-2	5.08E-3	5.79E-2	7.63E-2
	农村	8.00E-3	2.92E-3	3.33E-2	4.38E-2	7.54E-3	2.75E-3	3.14E-2	4.13E-2

续表

年龄	地区	男性				女性			
		平均值	P50	P95	P97.5	平均值	P50	P95	P97.5
7～10 岁	全国	8.48E-3	3.10E-3	3.53E-2	4.65E-2	7.83E-3	2.86E-3	3.26E-2	4.29E-2
	城市	1.31E-2	4.78E-3	5.44E-2	7.17E-2	1.17E-2	4.27E-3	4.86E-2	6.40E-2
	农村	6.99E-3	2.55E-3	2.91E-2	3.83E-2	6.57E-3	2.40E-3	2.74E-2	3.60E-2
11～13 岁	全国	7.05E-3	2.58E-3	2.93E-2	3.86E-2	5.75E-3	2.10E-3	2.39E-2	3.15E-2
	城市	9.66E-3	3.53E-3	4.02E-2	5.29E-2	8.48E-3	3.10E-3	3.53E-2	4.65E-2
	农村	6.20E-3	2.27E-3	2.58E-2	3.40E-2	4.86E-3	1.78E-3	2.02E-2	2.67E-2
14～17 岁	全国	5.95E-3	2.17E-3	2.47E-2	3.26E-2	5.34E-3	1.95E-3	2.22E-2	2.93E-2
	城市	8.28E-3	3.02E-3	3.44E-2	4.53E-2	7.99E-3	2.92E-3	3.33E-2	4.38E-2
	农村	4.99E-3	1.82E-3	2.08E-2	2.73E-2	4.18E-3	1.53E-3	1.74E-2	2.29E-2
18～29 岁	全国	5.39E-3	1.97E-3	2.24E-2	2.95E-2	5.69E-3	2.08E-3	2.37E-2	3.12E-2
	城市	7.05E-3	2.58E-3	2.93E-2	3.86E-2	7.63E-3	2.79E-3	3.18E-2	4.18E-2
	农村	4.57E-3	1.67E-3	1.90E-2	2.50E-2	4.76E-3	1.74E-3	1.98E-2	2.61E-2
30～44 岁	全国	5.50E-3	2.01E-3	2.29E-2	3.01E-2	5.17E-3	1.89E-3	2.15E-2	2.84E-2
	城市	7.01E-3	2.56E-3	2.92E-2	3.84E-2	6.88E-3	2.51E-3	2.86E-2	3.77E-2
	农村	4.80E-3	1.75E-3	2.00E-2	2.63E-2	4.45E-3	1.63E-3	1.85E-2	2.44E-2
45～59 岁	全国	5.53E-3	2.02E-3	2.30E-2	3.03E-2	5.21E-3	1.90E-3	2.17E-2	2.85E-2
	城市	7.39E-3	2.70E-3	3.08E-2	4.05E-2	6.98E-3	2.55E-3	2.90E-2	3.82E-2
	农村	4.76E-3	1.74E-3	1.98E-2	2.61E-2	4.47E-3	1.63E-3	1.86E-2	2.45E-2
60～69 岁	全国	5.06E-3	1.85E-3	2.10E-2	2.77E-2	4.95E-3	1.81E-3	2.06E-2	2.71E-2
	城市	6.51E-3	2.38E-3	2.71E-2	3.57E-2	6.36E-3	2.32E-3	2.65E-2	3.48E-2
	农村	4.43E-3	1.62E-3	1.84E-2	2.43E-2	4.31E-3	1.57E-3	1.79E-2	2.36E-2
70 岁以上	全国	4.40E-3	1.61E-3	1.83E-2	2.41E-2	4.30E-3	1.57E-3	1.79E-2	2.36E-2
	城市	6.44E-3	2.35E-3	2.68E-2	3.53E-2	6.46E-3	2.36E-3	2.69E-2	3.54E-2
	农村	3.56E-3	1.30E-3	1.48E-2	1.95E-2	3.47E-3	1.27E-3	1.45E-2	1.90E-2

对不同人群食用鲜活水产品途径的甲醛暴露评估表明(表 5-18)，食用鲜活水产品途径的甲醛暴露水平随年龄的增长有下降的趋势，比较不同组群的平均日暴露量、P50、P95和 P97.5 的日暴露量，幼儿(2～3 岁)和儿童(4～6 岁、7～10 岁、11～13 岁)的暴露水平均要高于其他人群的暴露水平，尤其是 2～3 岁的幼儿日暴露量的平均值较成人日暴露量平均值约高一个数量级，而幼儿和儿童的暴露水平较为接近，这主要是由不同年龄段人群的

体重和水产品的摄取量差异所造成的，因而考虑幼儿和儿童具有重大意义。

根据幼儿和儿童组群食用鲜活水产品途径的甲醛暴露评估结果，得到暴露量箱形图（图 5-23 至图 5-25）。从图 5-23 和图 5-24 可以看出，城市幼儿和儿童各百分位数的暴露量均高于农村幼儿和儿童各百分位数的暴露量，因而城市幼儿和儿童通过食用鲜活水产品途径的甲醛暴露水平要高于农村幼儿和儿童的暴露水平。

由表 5-18 和图 5-24 可知，全国 2～3 岁和 4～6 岁群组的女孩各百分位数日暴露量分别高于 2～3 岁和 4～6 岁群组男孩各百分位数的日暴露量，全国 7～10 岁和 11～13 岁群组的男孩各百分位数日暴露量分别高于 7～10 岁和 11～13 岁群组女孩各百分位数的暴露量。如表 5-17 所示，全国 2～13 岁年龄阶段的四个群组，男孩的水产品的摄入量均高于女孩水产品的摄入量，然而，7 岁前，男孩的体重高于女孩的体重，此时暴露水平主要受体重的影响，因而女孩的暴露水平要高于男孩；而 7 岁之后，男孩与女孩的体重较为接近，11～13 岁群组女孩的体重甚至高于该群组男孩的体重，此时暴露水平主要受水产品摄入量的影响，因而男孩的暴露水平高于女孩。

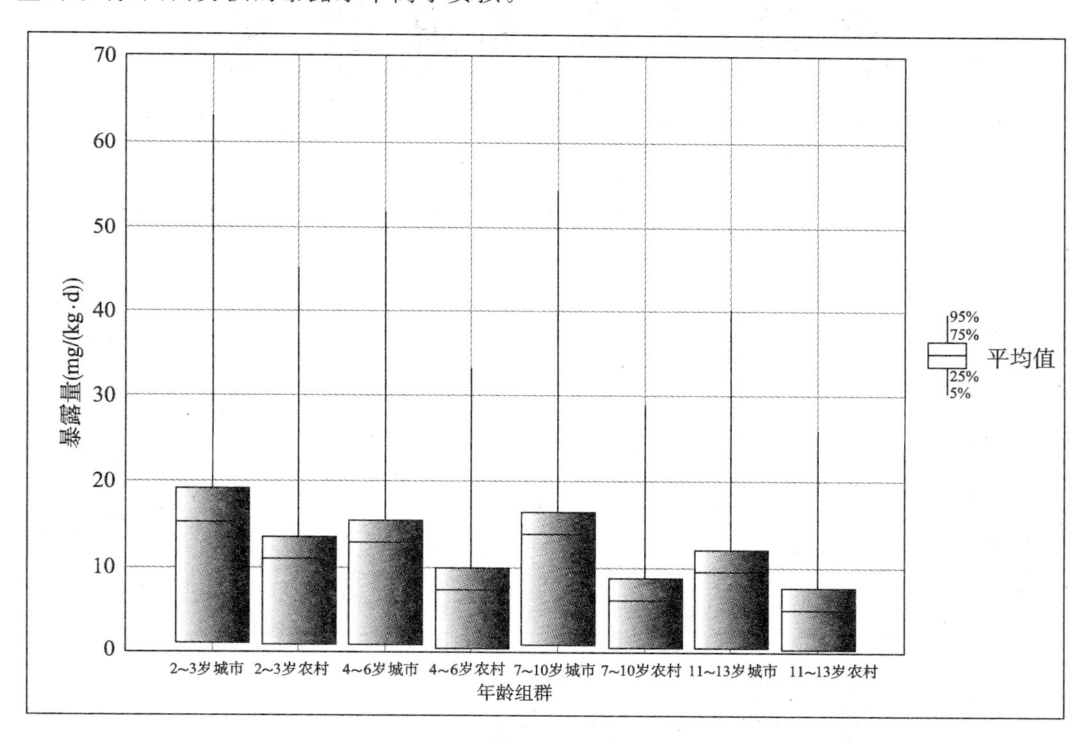

图 5-23　2～13 岁男性城市居民和农村居民摄食鲜活水产品途径甲醛日均暴露量比较

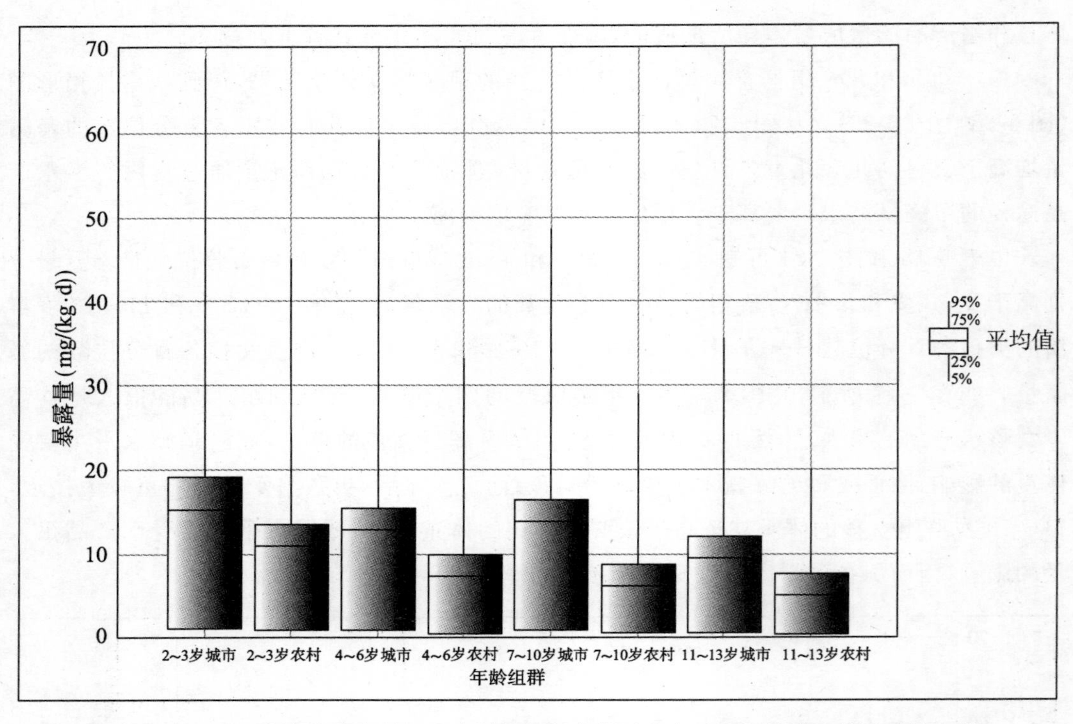

图 5-24　2～13 岁女性城市居民和农村居民摄食鲜活水产品途径甲醛日均暴露量比较

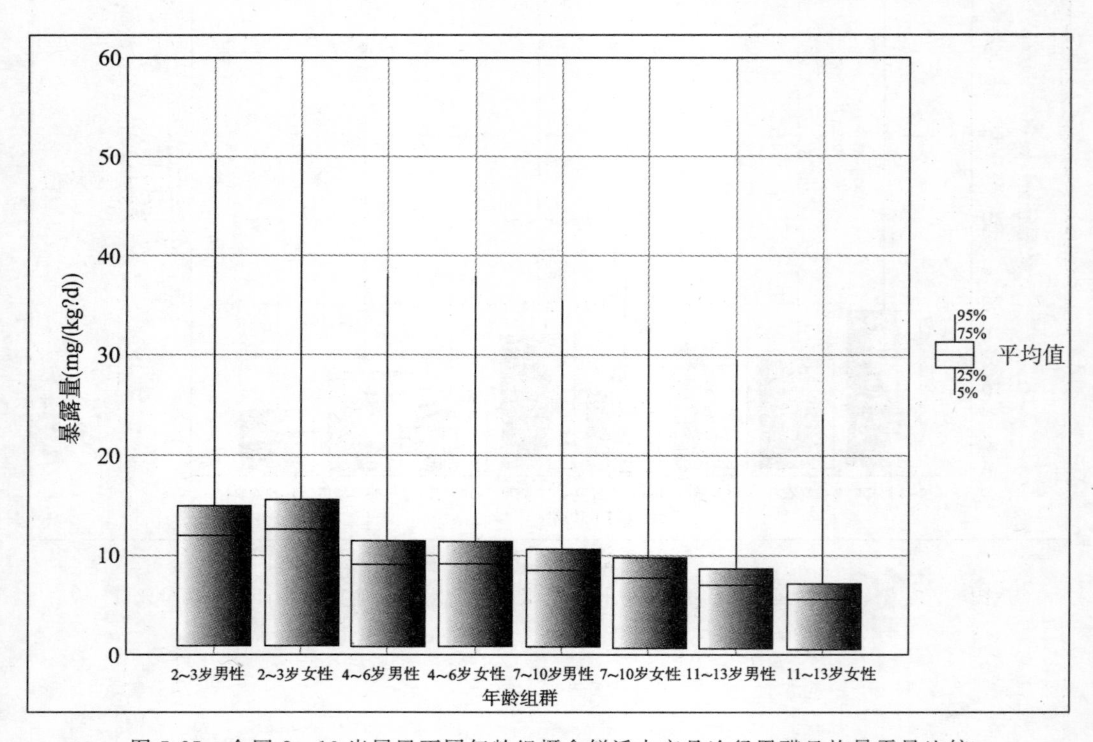

图 5-25　全国 2～13 岁居民不同年龄组摄食鲜活水产品途径甲醛日均暴露量比较

5.2.3.3 食用水产加工品途径的甲醛暴露评估

此次监测的水产加工品主要以干制水产品为主，包括鱿鱼丝、鱼干、鱼片、贝类干制品、干制虾制品等种类。

运用@Risk 软件将干制水产品中甲醛含量的监测值与不同参数化分布进行分布拟合，函数曲线的拟合度运用 Chi-Squared、Andrson-Darling 和 Kolmogorov-Smirnov 3 种统计检验方法进行检验，并综合考虑 3 种方法的结果，最终确定最佳拟合分布。[63] 如图 5-26 和图 5-27 所示为我国干制水产样品中甲醛检测数据的分布拟合结果。

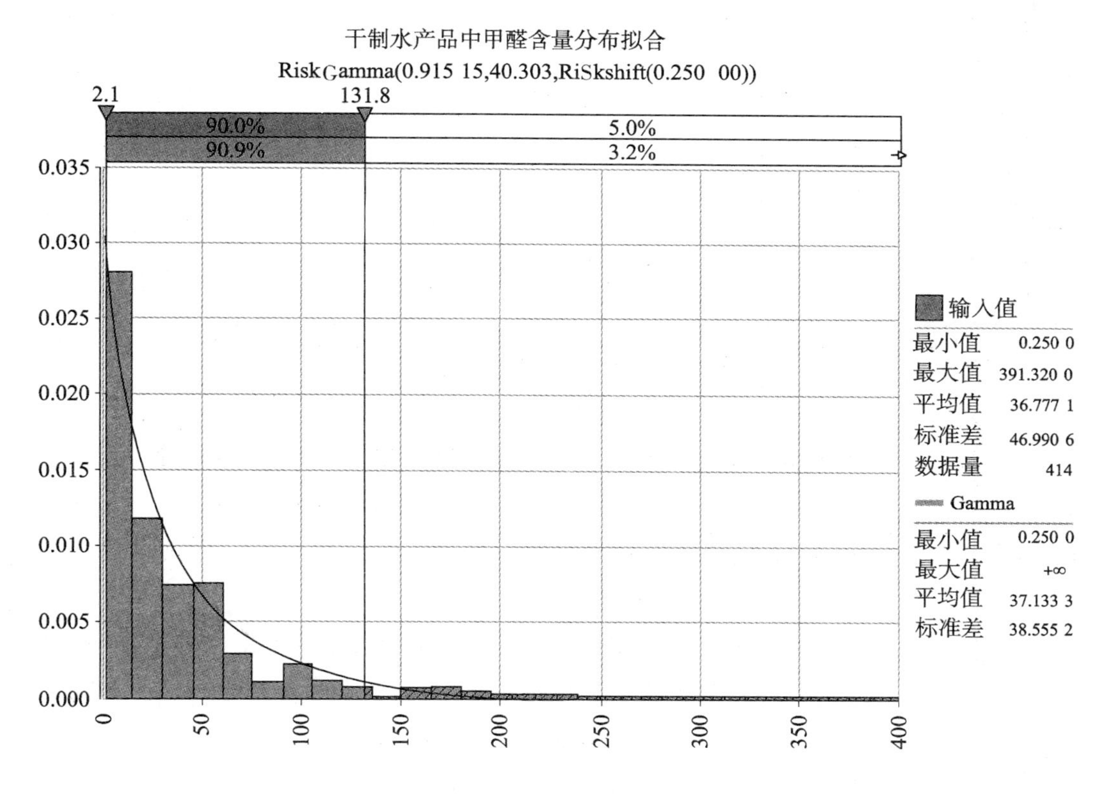

图 5-26 干制水产品中甲醛含量数据分布拟合的概率密度曲线

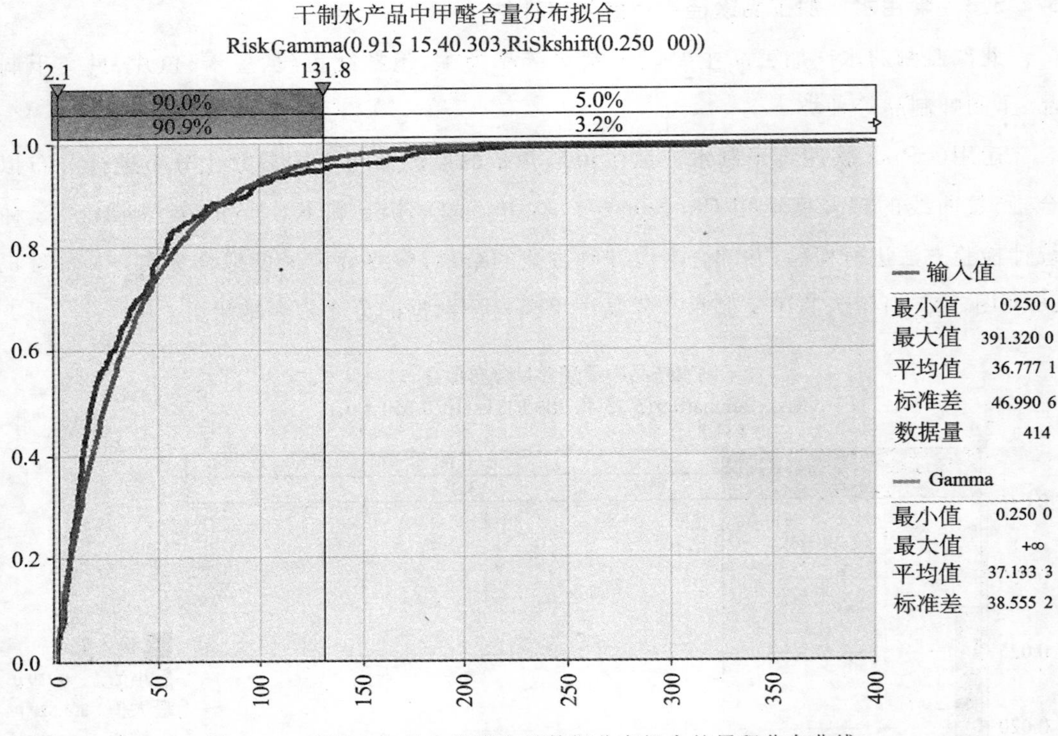

图 5-27 干制水产品中甲醛含量数据分布拟合的累积分布曲线

分布拟合的结果表明，干制水产品中甲醛含量监测数据比较符合 Gamma 分布，记为 RiskGamma(0.915 15,40.303,RiskShift(0.250 00))。中位值(median)为 17.955 0 mg/kg，平均值(mean)为 36.777 1 mg/kg，标准差(Std. Deviation)为 46.990 6，峰度(Kurtosis)为 16.389 5，偏斜度(Skewness)为 3.053 3。

干制水产品的膳食摄入量数据，参考 GEMS/food 最新发布的数据[90]中我国所在地区(G 区：东南亚地区)，以此次调查过程中所涉及的干制水产品在 GEMS/food 中的归属类别每日摄入量之和作为干制水产品的膳食摄入量，以进行相关的暴露评估，如表 5-19 所示，我国居民干制水产品的每日膳食摄入量的平均值为 2.5 g。

表 5-19 干制水产品摄食摄入量估算(g/d)

名称	英文名称	每日摄入量(g)
甲壳类 腌渍、干制	Crustaceans cured	0.0
贝类 腌渍、干制	Molluscs Cured	0.0
头足纲 腌制、干制	Cephalopods Cured	0.0
底栖 海水鱼 腌制、干制	Demersal Cured	0.1
远洋 海水鱼 腌制、干制	Pelagic Cured	0.9
其他 海水鱼 腌制、干制	Marine NES Cured	1.4
干制鱼类	Dried Fish(MD 180)	0.1
合计		2.5 g/天

基于以上数据，其他暴露参数仍参照表5-14中的暴露参数和相关暴露模型，利用基于Monte Carlo模拟技术的@Risk5.5风险分析软件，随机从干制水产品中甲醛的含量分布中抽取数值计算我国标准人日食用干制水产品途径的甲醛膳食暴露量概率分布，每次模拟过程循环10 000次，暴露结果如图5-28所示。

从暴露评估的结果来看，我国标准人通过食用干制水产品途径甲醛的日暴露量的平均值为1.62E-3 mg/(kg·d)，中位数为1.08E-3 mg/(kg·d)，95百分位、97.5百分位甲醛暴露量分别为5.01E-3 mg/(kg·d)、6.27E-3 mg/(kg·d)，不同百分位数概率下的日均暴露量在表5-20中列出。

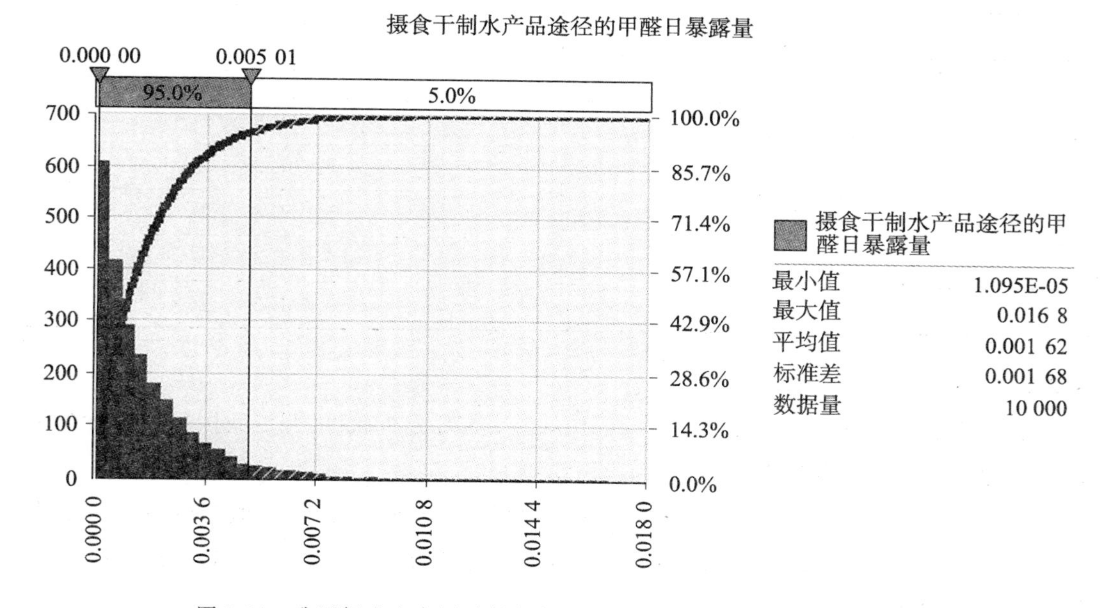

图5-28　我国标准人食用干制水产品途径的甲醛日均暴露量概率分布

表5-20　标准人日食用干制水产品途径甲醛暴露量百分位数值

百分位数	甲醛暴露量(mg/(kg·d))
5	7.85E-5
10	1.51E-4
15	2.30E-4
20	3.20E-4
25	4.22E-4
30	5.28E-4
35	6.51E-4
40	7.77E-4

续表

百分位数	甲醛暴露量(mg/(kg·d))
45	9.17E-4
50	1.08E-3
55	1.27E-3
60	1.47E-3
65	1.69E-3
70	1.96E-3
75	2.28E-3
80	2.64E-3
85	3.11E-3
90	3.79E-3
95	5.01E-3
97.5	6.27E-3
100	1.68E-2

5.2.3.4 小结

利用基于 Monte Carlo 模拟技术的@Risk5.5 风险分析软件，开展我国居民通过食用水产品途径的甲醛膳食暴露评估，得到以下结论。

① 我国标准人通过摄入鲜活水产品途径甲醛的日暴露量的平均值与中位数分别为 8.49E-3 mg/(kg·d)和 3.08E-3 mg/(kg·d)，第 95 百分位数的暴露量为 3.52E-2 mg/(kg·d)，第 97.5 百分位数的甲醛暴露量为 4.70E-2 mg/(kg·d)。

② 我国城乡普通居民通过食用鲜活水产品途径的甲醛暴露水平均低于 EPA 制定的甲醛参考剂量 0.2 mg/(kg·day)，暴露水平较低，但食用鲜活水产品途径城市人群面临摄入甲醛的健康风险高于农村人群。

③ 对不同人群食用鲜活水产品途径的甲醛暴露评估表明，食用鲜活水产品途径的甲醛暴露水平随年龄的增长有下降的趋势，不同年龄群体的膳食暴露量存在差异，幼年消费者(2～13 岁)的暴露量均高于成年人。

④ 我国标准人通过摄入干制水产品途径甲醛的日均暴露量的平均值为 1.62E-3 mg/(kg·d)，中位数为 1.08E-3 mg/(kg·d)，第 95 百分位数的甲醛暴露量为 5.01E-3 mg/(kg·d)，第 97.5 百分位甲醛暴露量为 6.27E-3 mg/(kg·d)。

5.2.4　水产品中甲醛的风险评估

5.2.4.1　风险评估方法

1）风险评估软件

应用基于 Monte Carlo 模拟技术的@Risk5.5 定量风险评估专用软件，且评估中使用的各种参数对应的概率分布采用@Risk5.5 提供的标准分布函数来显示。

2）风险描述方法

应用风险商（HQ，hazard quotient）对水产品中甲醛进行风险描述，以甲醛推荐口服剂量（RfD）为标准进行评价，通过接触人群暴露量 CDI 和甲醛的 RfD 计算风险商 HQ[92]，下列公式表征膳食水产品的甲醛风险大小。当 $HQ<1$ 时，表示没有风险；当 $HQ>1$ 时，表明有风险，且数值越大，风险也越大。

$$HQ = \frac{\sum CDl}{RfD} = \frac{(\sum_{i=1}^{2} C_i \times lR_i) \times ED \times EF}{BW \times AT \times RfD} \qquad (公式 5-2)$$

其中，$\sum CDI$ 为食用鲜活水产品途径和食用水产加工品（主要为干制水产品）途径带来的甲醛日暴露量之和，mg/(kg·d)；C_1 为鲜活水产品中甲醛暴露浓度，mg/kg；C_2 为干制水产品中甲醛暴露浓度，mg/kg；IR_1 为鲜活水产品的日均摄入量，kg/d；IR_2 为干制水产品的日均摄入量，kg/d；ED 为暴露持续时间，年；EF 为暴露频率，天/年；BW 为体重，kg；AT 为拉平时间，天；RfD 为甲醛推荐口服剂量 mg/(kg·d)。

本次风险评估采用 USEPA 制定的甲醛参考剂量（RfD）即 0.2 mg/(kg·d)为标准，其在科学涵义上与每日允许摄入量（ADI）值是等同的，运用风险商理论与 Monte Carlo 模拟技术，分析食用水产品与水产加工品途径摄入甲醛对我国居民身体健康所造成的风险。

5.2.4.2　结果与讨论

1）危害识别

外界暴露的甲醛可以与接触部位的蛋白质和核酸发生分子交联。在许多细胞内分布广泛的酶的作用下，甲醛可以迅速氧化为甲酸，其中最重要的一个酶是依赖于 NAD^+ 的甲醛脱氢酶。在甲醛脱氢酶的作用下，甲醛可以与谷胱甘肽反应生成 S-羟甲基谷胱甘肽。而甲醛脱氢酶已被证明存在于人类肝脏、血红细胞和老鼠的一些组织（如嗅觉上皮细胞、肾和脑）当中。[3] 甲酸及其代谢物还可与氨基酸、蛋白质、核酸等形成不稳定的结合物，转移至肾、肝和造血组织。[93]

（1）动物试验

① 一次性暴露

经口给予的甲醛对大鼠（Rattus）的 LD_{50} 为 800 mg/kg（体重）；对豚鼠的 LD_{50} 为 260 mg/kg（体重）。

② 短期及中期暴露

按每天 25 mg/kg 的剂量经饮水途径将甲醛给予 Wistar 大鼠，历时 4 周，在前胃未发现组织病理改变，此实验确定了可观察的无副作用剂量水平（NOAEL）为 25 mg/(kg · d)。[3] 另有一项试验，发现甲醛对大鼠和狗的无观察效果水平（NOEL）分别为 50 mg/(kg · d)与 75 mg/(kg · d)。[3]

③ 长期暴露

每天净饮水途径给予雄性 Wistar 大鼠以 0、1.2、15、85 mg/kg（体重）的甲醛作用剂量，给予雌性 Wistar 大鼠以 0、1.8、21、109 mg/kg（体重）的甲醛剂量水平，实验历时 2 年。研究发现，高剂量组的 Wistar 大鼠出现了饮水量、饮食量下降，体重下降，口腔和胃黏膜组织病变等不良反应。[3]

(2) 危害识别结果

由于甲醛极易溶于水，能与生物大分子快速反应，且代谢迅速，暴露造成的不良反应主要体现在甲醛首先接触的组织或器官，通过吸入途径甲醛能够作用于呼吸道和呼吸消化道；通过食入途径甲醛能够作用于口腔和胃肠黏膜。[3] 因而，目前经口摄入途径的甲醛毒理学数据较为有限，仅有的试验也只是通过饮水途径给予一定的甲醛作用剂量，而对以食物为媒介的甲醛摄入毒理学试验还尚未见报道，且根据世界卫生组织等国际组织的研究报告食品中以结合态形式存在的甲醛的毒性尚不明确，但是经口摄入甲醛的健康危害不容忽视。

2) 危害描述

根据美国环境保护署（USEPA）以大鼠为实验对象的甲醛经口染毒试验，经剂量-反应外推，得到甲醛的经口参考剂量（RfD）为 0.2 mg/(kg · d)。参考剂量（RfD）与每日允许摄入量（ADI）类似，是 USEPA 对非致癌物质进行风险评估提出的概念，是日平均摄入剂量的估计值。由于目前 FAO/WHO 并未对甲醛的 ADI 进行规定，因而此次风险评估应用 RfD 代替 ADI 作为甲醛的安全限量值。

3) 暴露评估

暴露评估数据见 5.1.2 的内容。

4) 食用水产品途径风险商的计算

表 5-21 我国普通居民食用鲜活水产品及水产加工品途径摄入甲醛的风险商计算参数

计算参数	描述	单位	分布/数值
RfD	甲醛参考剂量	mg/(kg(BW) · d)	0.2
C_1	鲜活水产品中甲醛含量	mg/kg	RiskGamma(0.382 58,27.652,RiskShift(0.250 00))
C_2	干制水产品中甲醛含量	mg/kg	RiskGamma(0.915 15,40.303,RiskShift(0.250 00))

续表

计算参数	描述	单位	分布/数值
IR_1	鲜活水产品每日摄入量	kg/d	0.045[90]
IR_2	干制水产品每日摄入量	kg/d	0.0025[90]
BW	评估人群的平均体重	kg	55[89]
ED	暴露持续时间	年	70[89]
AT	拉平时间	天	25550[89]
EF	暴露频率	days/year	350[89]
HQ	风险商		$HQ=\frac{\sum CDI}{RfD}=\frac{(\sum_{i=1}^{2}C_i\times IR_i)\times ED\times EF}{BW\times AT\times RfD}$

采用表 5-21 中的暴露参数和风险商公式，利用基于 Monte Carlo 模拟技术的@Risk 5.5风险分析软件，随机从鲜活水产品和干制水产品的甲醛含量分布中抽取数值计算我国普通人群食用鲜活水产品及干制水产品途径的甲醛膳食风险概率分布，每次模拟过程循环 10 000 次，风险评估结果如图 5-29 所示。

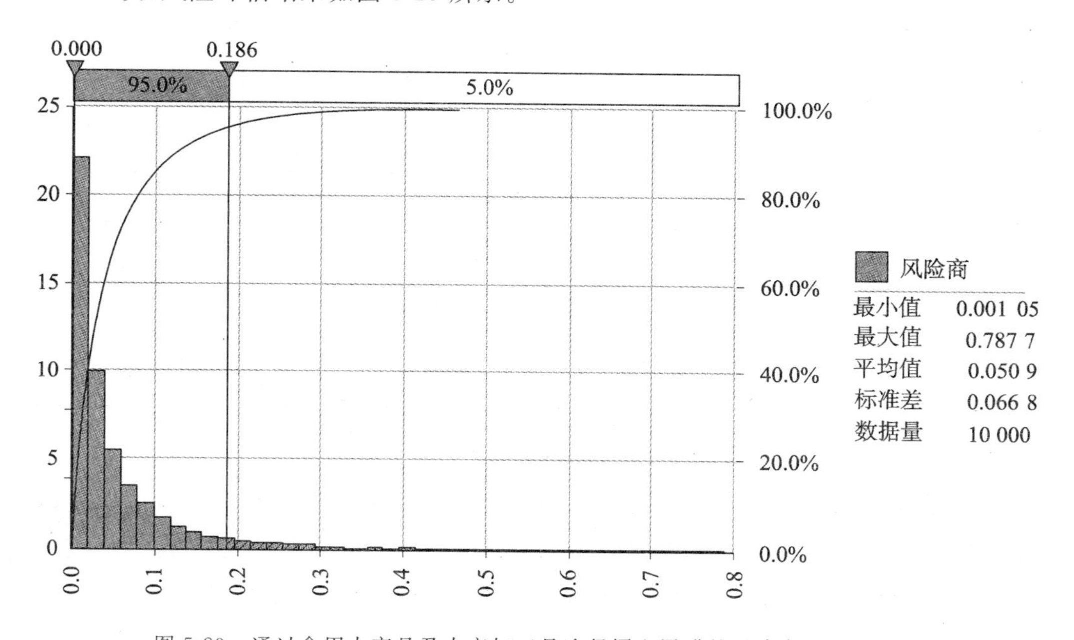

图 5-29　通过食用水产品及水产加工品途径摄入甲醛的风险商概率分布

如图 2-29 显示，我国居民通过食用鲜活水产品及干制水产品途径摄入甲醛的风险商平均值为 5.09E-2，高暴露水平下，即 95 百分位和 97.5 百分位的风险商分别为 1.86E-1 和 2.42E-1，均小于 1。且其他各百分位数风险商也均小于 1(表 5-22)，说明我国普通居民仅通过食用鲜活水产品与水产干制品摄入甲醛对健康造成的风险较小或没有风险。

表 5-22　水产品中甲醛风险商百分位数

百分位数	风险商
5%	3.32E-3
10%	5.27E-3
15%	6.99E-3
20%	8.80E-3
25%	1.10E-2
30%	1.33E-2
35%	1.60E-2
40%	1.87E-2
45%	2.19E-2
50%	2.59E-2
55%	3.09E-2
60%	3.63E-2
65%	4.34E-2
70%	5.23E-2
75%	6.39E-2
80%	7.73E-2
85%	9.68E-2
90%	1.27E-1
95%	1.86E-1
97.5%	2.42E-1
100%	7.88E-1

5）食用鲜活水产品和干制水产品的甲醛摄入风险比较

参照表 5-21 中相关风险商计算参数，应用基于 Monte Carlo 模拟技术的@Risk5.5 风险分析软件，分别从鲜活水产品和干制水产品中甲醛含量分布中抽取数值比较我国普通人群食用鲜活水产品和干制水产品途径的甲醛膳食风险概率分布，每次模拟过程循环 10 000次，风险评估结果如图 5-30 和图 5-31 所示。

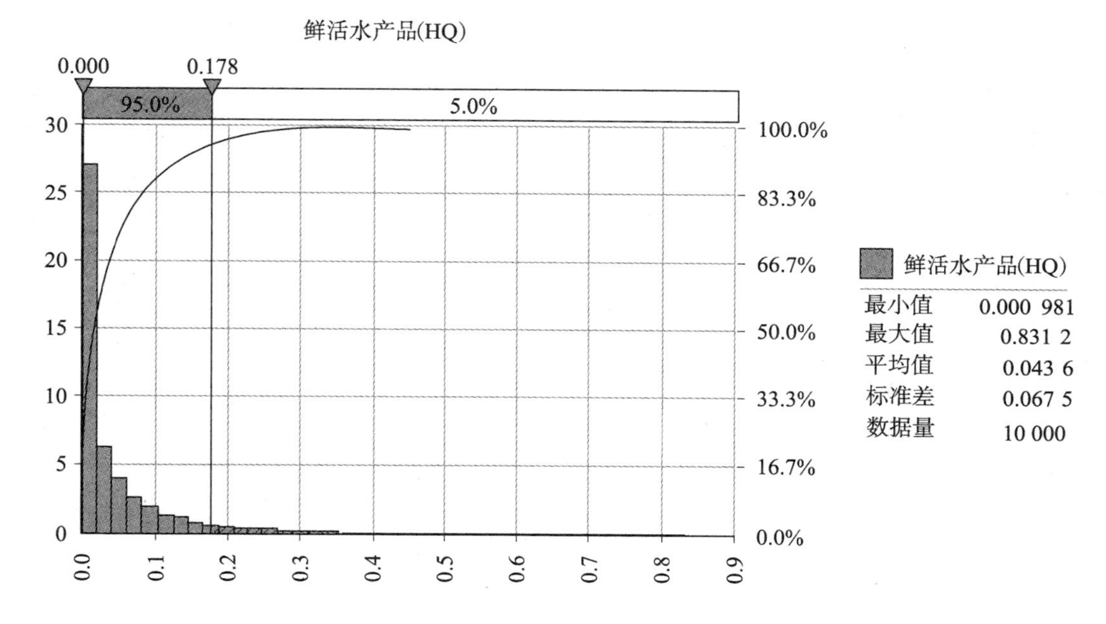

图 5-30　食用鲜活水产品途径摄入甲醛的风险商概率分布

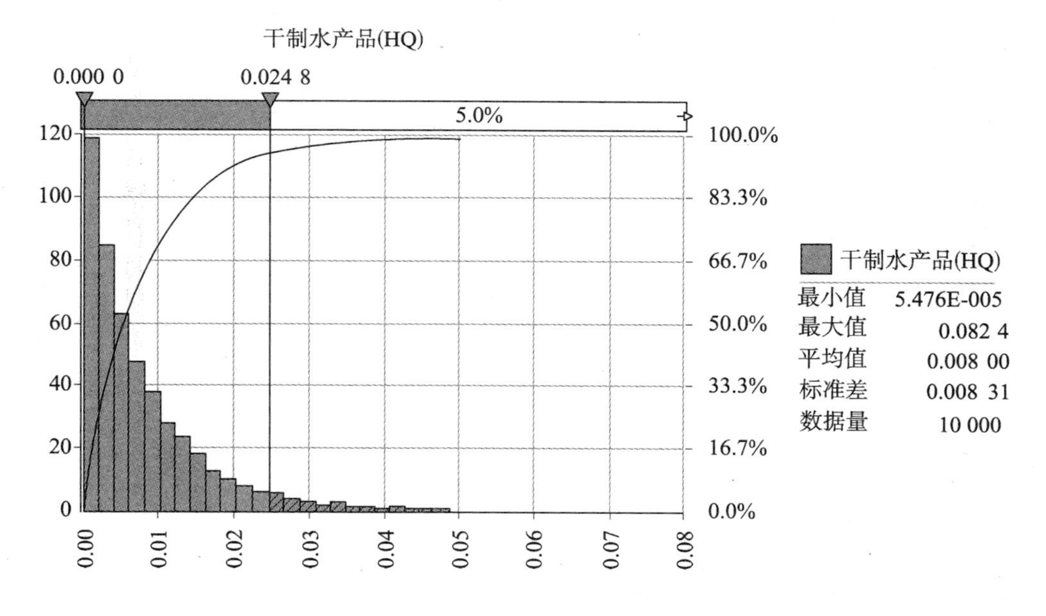

图 5-31　食用干制水产品途径摄入甲醛的风险商概率分布

表 5-23 食用鲜活水产品和干制水产品的甲醛摄入途径风险比较

HQ	最小值	最大值	平均值	标准差	P_{50}	P_{95}	$P_{97.5}$
鲜、活水产品	9.81E-4	8.31E-1	4.36E-2	6.75E-2	1.60E-2	1.78E-1	2.36E-1
干制水产品	5.48E-5	8.24E-2	8.00E-3	8.31E-3	5.31E-3	2.48E-2	3.05E-2

由图 5-30 和图 5-31 可知，中国普通居民通过食用鲜活水产品途径、食用干制水产品途径摄入甲醛的风险商平均值分别为 0.043 6 和 0.008 0，风险商大于 1 的概率均为零。且食用干制水产品途径的甲醛膳食风险商的平均值和各百分位数均比食用鲜活水产品途径的甲醛膳食风险商的平均值和各百分位数略低 1 个数量级（表 5-23），因而通过食用干制水产品的甲醛摄入风险要远低于食用鲜活水产品的甲醛摄入风险。根据 GEMS/food 最新发布的数据[90]，我国所在地区的普通居民鲜活水产品的日均摄入量为 45 g，而干制水产品的日均摄入量仅为 2.5 g，因此，虽然两者中某些样品的甲醛含量相近，但是日均膳食水平的差异决定了食用鲜活水产品途径带来的甲醛膳食暴露成为主要的风险途径。

5.2.4.3 小结

应用基于蒙特卡罗模拟技术的@Risk 定量风险评估软件开展了以水产品为来源的甲醛的定量风险评估初步研究，初步得到了以下结论。

① 我国居民通过食用鲜活水产品及干制水产品途径摄入甲醛的风险商平均值为 5.09E-2，95百分位和 97.5 百分位的风险商分别为 1.86E-1 和 2.42E-1，均小于 1，说明我国普通居民仅通过食用鲜活水产品与水产干制品摄入甲醛对健康造成的风险较小或没有风险。

② 食用干制水产品途径的甲醛膳食风险商的平均值和各百分位数均比食用鲜活水产品途径的甲醛膳食风险商的平均值和各百分位数略低 1 个数量级，通过食用干制水产品的甲醛摄入风险要远低于食用鲜活水产品的甲醛摄入风险。

5.2.5 水产品中甲醛限量标准与风险评估不确定性研究

5.2.5.1 数据和资料来源

1）风险评估假设

人体暴露甲醛的途径多样，主要有呼吸暴露途径、皮肤暴露途径和饮食暴露途径等。本次评估采用的安全参照标准为美国 EPA 制定的经口参考剂量(RfD)0.2 mg/(kg BW · d)，因而只考虑膳食暴露途径。由于生物在新陈代谢过程中都会生成少量内源性甲醛，其自然存在于多种食物中，包括蔬菜、水果、肉类及肉制品、软饮料、发酵制品、干菌类和水产品等，因而，水产品中甲醛限量标准的制定还需综合考虑其他食品中的甲醛本底含量。

2）暴露评估数据来源

水产品中甲醛含量参照此次本底含量监测的数据，其他食物中甲醛本底含量的数据参考 WHO 等国际组织发布的数据、我国相关限量标准以及相关文献中的有关报道，食物消费量数据参照 GEMS/Food 中我国所在 G 区的膳食消费数据。

5.2.5.2 鲜活水产品中甲醛限量标准的制定

1）风险评估模型参数设定

（1）水产品中甲醛含量分布和消费量

水产品中甲醛含量分布和消费量参考第 5.2.2 和 5.2.3 中的相关数据。

（2）其他食物中甲醛含量分布和膳食消费量数据

除了干制水产品中甲醛本底含量数据来源于此次调查监测，水果、蔬菜、肉类及肉制品、奶及奶制品、饮料及酒精饮品、饮用水中甲醛本底含量数据参考世界卫生组织及其下属的国际癌症研究局（IARC）和中国香港食物安全中心公布的数据，膳食消费量数据来源于 GEMS/Food 中我国所在区域膳食营养调查数据，如表 5-24 所示。

表 5-24 其他食物中甲醛本底含量和膳食消费数据

食品种类	消费数据(g/d)	甲醛含量(mg/kg)	数据来源
水果			
梨	6.4	60[a](38.7[b])	WHO 1989[94]
苹果	14.4	17.3[a](22.3[b])	WHO 1989[94]
杏	0.2	9.5	中国香港卫生署[95]
香蕉	21.4	16.3	中国香港卫生署[95]
葡萄	2.6	22.4	中国香港卫生署[95]
李子	3.3	11.2	中国香港卫生署[95]
西瓜	39.3	9.2	中国香港卫生署[95]
蔬菜			
甜菜头	7.0	35	中国香港卫生署[95]
鳞茎类蔬菜(如洋葱)	16.8	11.0	中国香港卫生署[95]
椰菜花	9.6	26.9	中国香港卫生署[95]
黄瓜	7.9	2.3～3.7	中国香港卫生署[95]
葱	0.6	13.3[a](26.3[b])	WHO,1989[94]
马铃薯	52.7	19.5	中国香港卫生署[95]
菠菜	9.4	3.3[a](7.3[b])	WHO,1989[94]

续表

食品种类	消费数据(g/d)	甲醛含量(mg/kg)	数据来源
西红柿	22.8	5.7[a](7.3[b])	WHO,1989[94]
白萝卜	7.0	3.7[a](4.4[b])	WHO,1989[94]
胡萝卜	5.4	6.7[a](10[b])	WHO,1989[94]
卷心菜	23.6	4.7[a](5.3[b])	WHO,1989[94]
肉类及肉制品			
猪肉	40.1	20	WHO.1989[94]
羊肉	3.8	8	WHO,1989[94]
家禽	17.6	5.7	WHO,1989[94]
奶及奶制品			
羊奶	6.1	1	WHO,1989[94]
牛奶	41.9	＜3.3	WHO,1989[94]
芝士	0.2	＜3.3	WHO,1989[94]
饮料及酒精饮品			
酒精饮品	23.0	0.02～3.8 mg/L	WHO,2002[3]
罐装或瓶装啤酒		0.1～1.5	WHO,2002[3]
啤酒		0.1～0.9	唐,2009[96]
发酵酒限量		2.0 mg/L	《发酵酒卫生标准》GB2758～2005
其他			
饮用水	2 L～3 L[97]	0.1 mg/L	WHO,1989[94]
干制水产品限量	2.5	RiskGamma (0.915 15,40.303)	前述 5.2.2

注:a. 铬酸法;b. 席夫试剂法。

由于目前各种食物中甲醛本底含量缺乏系统性的调查研究,相关数据较为有限,且检测方法多样,因而,对于不同检测方法所测数值,假定该类食物中甲醛本底含量取所测数据较高检测方法所得到的本底含量,以便作保守估计,另外对于表 5-24 中相关范围的数据,假设其服从均匀分布(Uniform),即在该区间内的任何值都有相同可能性出现。另外,对于甲醛限量标准的制定不仅要考虑普通居民,还需考虑高暴露人群,对于高暴露人群的鲜活水产品日均膳食消费量参考 Jiang QT[98] 和梁鹏[99] 等人的膳食调查结果,估计我国高膳食水产品人群日均消费量为 200 g,与美国 EPA 相关报道的美国高膳食水平 275 g

相比略低，较为符合我国的实际消费水平。其他相关暴露参数如表 5-25 所示。

表 5-25　基于 Monte Carlo 的甲醛风险商的计算

计算参数	描述	单位	分布/数值
RfD	甲醛参考剂量	mg/(kg·d)	0.2
C_1	梨中甲醛含量	mg/kg	60
IR_1	梨每日摄入量	kg/d	0.006 4
C_2	苹果中甲醛含量	mg/kg	22.3
IR_2	苹果每日摄入量	kg/d	0.014 4
C_3	杏中甲醛含量	mg/kg	9.5
IR_3	杏每日摄入量	kg/d	0.000 2
C_4	香蕉中甲醛含量	mg/kg	16.3
IR_4	香蕉每日摄入量	kg/d	0.021 4
C_5	葡萄中甲醛含量	mg/kg	22.4
IR_5	葡萄每日摄入量	kg/d	0.002 6
C_6	李子中甲醛含量	mg/kg	11.2
IR_6	李子每日摄入量	kg/d	0.003 3
C_7	西瓜中甲醛含量	mg/kg	9.2
IR_7	西瓜每日摄入量	kg/d	0.039 3
C_8	甜菜头中甲醛含量	mg/kg	35
IR_8	甜菜头每日摄入量	kg/d	0.007
C_9	洋葱中甲醛含量	mg/kg	11
IR_9	洋葱每日摄入量	kg/d	0.016 8
C_{10}	椰菜花中甲醛含量	mg/kg	26.9
IR_{10}	椰菜花每日摄入量	kg/d	0.009 6
C_{11}	黄瓜中甲醛含量	mg/kg	RiskUniform(2.3,3.7)
IR_{11}	黄瓜每日摄入量	kg/d	0.007 9
C_{12}	葱中甲醛含量	mg/kg	26.3

续表

计算参数	描述	单位	分布/数值
IR_{12}	葱每日摄入量	kg/d	0.000 6
C_{13}	马铃薯中甲醛含量	mg/kg	19.5
IR_{13}	马铃薯每日摄入量	kg/d	0.052 7
C_{14}	菠菜中甲醛含量	mg/kg	7.3
IR_{14}	菠菜每日摄入量	kg/d	0.009 4
C_{15}	西红柿中甲醛含量	mg/kg	7.3
IR_{15}	西红柿每日摄入量	kg/d	0.022 8
C_{16}	白萝卜中甲醛含量	mg/kg	4.4
IR_{16}	白萝卜每日摄入量	kg/d	0.000 7
C_{17}	胡萝卜中甲醛含量	mg/kg	10
IR_{17}	胡萝卜每日摄入量	kg/d	0.005 4
C_{18}	卷心菜中甲醛含量	mg/kg	5.3
IR_{18}	卷心菜每日摄入量	kg/d	0.023 6
C_{19}	猪肉中甲醛含量	mg/kg	20
IR_{19}	猪肉每日摄入量	kg/d	0.041
C_{20}	羊肉中甲醛含量	mg/kg	8
IR_{20}	羊肉每日摄入量	kg/d	0.003 8
C_{21}	禽肉中甲醛含量	mg/kg	5.7
IR_{21}	禽肉每日摄入量	kg/d	0.017 6
C_{22}	羊奶中甲醛含量	mg/kg	1
IR_{22}	羊奶每日摄入量	kg/d	0.006 1
C_{23}	牛奶中甲醛含量	mg/kg	3.3
IR_{23}	牛奶每日摄入量	kg/d	0.041 9
C_{24}	芝士中甲醛含量	mg/kg	3.3
IR_{24}	芝士每日摄入量	kg/d	0.000 2
C_{25}	酒精饮品中甲醛含量	mg/kg	RiskUniform(0.02,3.8)
IR_{25}	酒精饮品每日摄入量	kg/d	0.023
C_{26}	咖啡中甲醛含量	mg/kg	RiskUniform(10,16)
IR_{26}	咖啡每日摄入量	kg/d	0.000 2
C_{27}	饮用水甲醛含量	mg/L	0.1

续表

计算参数	描述	单位	分布/数值
IR_{26}	饮用水每日摄入量	L/d	RiskUniform(2,3)
C_{27}	干制水产品中甲醛含量	mg/kg	RiskGamma(0.915 15,40.303,RiskShift(0.250 00))
IR_{27}	干制水产品每日摄入量	kg/d	0.002 5
ED	暴露持续时间	year	70
BW	我国标准人体重	kg	55
AT	拉平时间	d	25 550
EF	暴露频率	days/year	350
HQ	风险商	$HQ=\frac{\sum CDI}{RfD}=\frac{(\sum_{i=1}^{27}C_i\times IR_i)\times ED\times EF}{BW\times AT\times RfD}$	

2）鲜活水产品中甲醛不同含量时风险商值的计算

假设鲜活水产品中甲醛含量为 40 mg/kg，采用表 5-25 中相关暴露参数及公式，应用风险评估软件@Risk5.5 建立甲醛的风险评估模型，模型采用 Monte Carlo 模拟技术，计算基于目前各种食品中甲醛本底含量资料的膳食摄入风险商，图 5-32 所示为鲜活水产品中甲醛含量为 40 mg/kg 对普通人群健康影响的风险评估结果。

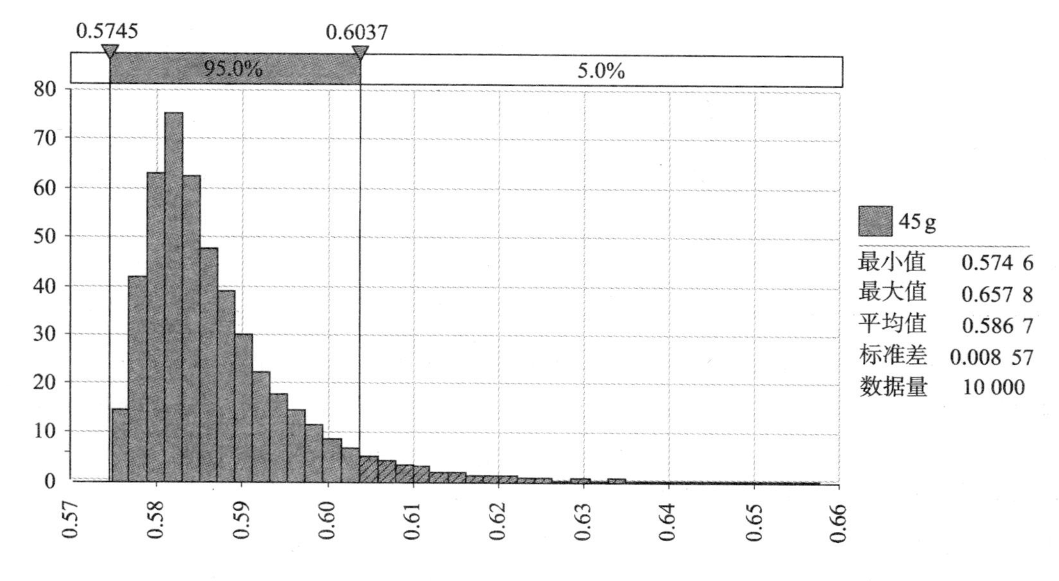

图 5-32　鲜活水产品中甲醛含量为 40 mg/kg 风险评估结果

运用上述同样的计算方法，获得鲜活水产品中其他甲醛含量时的风险商值，如表 5-26 所示。

表 5-26 鲜活水产品中不同甲醛含量风险评估结果

鲜活水产品中甲醛含量	普通人群				高消费人群			
	风险商均值	95 百分位	97.5 百分位	99 百分位	风险商均值	95 百分位	97.5 百分位	99 百分位
5	0.45	0.47	0.47	0.48	0.52	0.53	0.54	0.55
10	0.47	0.48	0.49	0.50	0.60	0.62	0.63	0.63
15	0.49	0.50	0.51	0.52	0.69	0.71	0.71	0.72
20	0.51	0.52	0.53	0.54	0.78	0.79	0.80	0.81
25	0.52	0.54	0.55	0.56	0.86	0.88	0.89	0.90
30	0.55	0.56	0.57	0.58	0.95	0.97	0.97	0.98
35	0.55	0.58	0.59	0.60	1.04	1.06	1.06	1.07
40	0.59	0.60	0.61	0.62	1.13	1.14	1.15	1.16
45	0.61	0.62	0.63	0.64	1.21	1.23	1.24	1.24
50	0.62	0.64	0.65	0.66	1.30	1.31	1.32	1.33
55	0.64	0.66	0.67	0.68	1.39	1.40	1.41	1.42
60	0.66	0.68	0.69	0.70	1.48	1.49	1.50	1.51
65	0.68	0.70	0.71	0.72	1.56	1.58	1.58	1.59
70	0.70	0.72	0.73	0.74	1.65	1.67	1.67	1.68
75	0.72	0.74	0.75	0.75	1.74	1.75	1.76	1.77
80	0.74	0.76	0.77	0.77	1.82	1.84	1.85	1.85
85	0.76	0.78	0.78	0.79	1.91	1.93	1.93	1.94
90	0.78	0.80	0.80	0.81	2.00	2.01	2.02	2.03
95	0.80	0.82	0.82	0.83	2.09	2.10	2.11	2.12
100	0.82	0.84	0.84	0.85	2.17	2.19	2.20	2.20

从表 5-26 中可以看出，对于普通人群而言，即便鲜活水产品中甲醛含量为 100 mg/kg 时，风险商均值和各百分位数均小于 1，说明我国普通人群食用鲜活水产品途径摄入甲醛不存在风险。经 Monte Carlo 模拟运算，当鲜活水产品中甲醛含量达到 150 mg/kg 时，风险商均值达到了 1.02，大于 1，说明对普通人群存在着风险可能性。基于目前水产品甲醛本底含量的监测数据，鳕鱼科鱼类、龙头鱼等种类的海水鱼类中某些样品甲醛本底含量超过了 150 mg/kg，因而这些鱼类存在着较高的甲醛摄入风险，应尽量减少食用次数和数量，以降低食用风险。

对于高膳食水产品的特殊人群而言，当水产品中甲醛含量为 30 mg/kg 时，风险商平均值为0.95，第95百分位数、第97.5百分位数和第99百分位数的甲醛风险商分别为0.97、0.97和0.98，且风险商值均小于1，表明鲜活水产品中甲醛含量为30 mg/kg时不存在风险。而当水产品中甲醛含量大于35 mg/kg时，风险商均大于1，对于水产品的高水平膳食者存在膳食风险。由于标准的设立并不是只保护普通人群，对于水产品的高水平膳食的高暴露人群更需予以考虑，因此建议将鲜活水产品中的甲醛限量暂定为30 mg/kg。

5.2.5.3　水产品中甲醛风险评估的不确定性分析

风险评估是一个非常复杂的过程，它涉及化学、毒理学、营养学、流行病学、食品科学、统计学和模型技术等多个学科。而且在风险评估的整个过程中，各个环节都存在不确定性因素，造成评价结果不确定性的因素本身也被认为是不确定的。对评估过程的讨论和评定结果的解释对整个风险评估过程有着重要的参考价值。[100]水产品中甲醛的风险评估的不确定性主要从以下方面分析。

① 甲醛的实际暴露存在着吸入、经口、皮肤接触或是职业接触等多种暴露途径，本次研究仅以水产品作为单一的暴露途径和来源，实际人群膳食结构多样而又复杂，且生物在新陈代谢过程中都会生成甲醛，其自然存在于多种食物中，除水产品外，蔬菜、水果及制品（如果酱）、肉类及肉制品、软饮料、发酵制品及干菌类也都含有一定本底含量的内源性甲醛，[7][38][39]因而此次风险评估的暴露途径与介质都相对单一，暴露模型较为简单，今后应逐步建立多途径—多介质的甲醛暴露模型，开展更为全面、细致的风险评估工作。

② 受采样条件的限制，此次风险评估的样本量有限，样品种类和采样覆盖面还不够广，鲜活水产品的采集尽管已考虑到品种多样性，但由于我国水产品种类众多，所以调查监测的种类很难涉及所有的消费品种，且仅对水产加工品中的水产干制品进行了研究，对于其他类型的水产加工品还尚未评估，因而本研究对水产品中甲醛的定量风险评估是一次探索性的研究，今后还需进一步加大采样的种类、次数和范围，进一步完善采样计划，以期获得水产品中甲醛实际风险更为真实的反映。

③ 此次风险评估的膳食暴露模型较为简单，尚未考虑加工因子、人体吸收系数等参数，今后还需开展不同加工、烹饪方法对水产品中甲醛含量的影响及水产品中甲醛的生物利用度等方面的实验，以进一步完善现有的暴露评估模型。

④ 评估过程中一些暴露参数，如暴露持续时间和暴露频率，由于难以得到具备我国居民特色的相关风险评估参数数据资料作为理论支持，只能借鉴国外一些先进的风险评估经验。但统计资料的变异系数大多在100%以内，特别是人体生理因子类参数的平均变异系数仅为47.1%。尽管如此，建立符合我国国情的相关数据库是开展更深入研究的前提。[101]

⑤ 本研究中的暴露人群主要考虑的是通过食用水产品暴露于甲醛的普通消费者，并没有考虑到甲醛职业暴露人群和敏感人群等特殊人群；另外对于沿海、内地人群水产品的

消费量差异及不同地区人群的水产品消费特征与消费习惯等对风险评估结果造成的影响也尚未探讨，评估尚存一定的局限性。[6]

⑥ 此次评估在广泛开展了水产品中甲醛含量的调查监测的基础上，参考了世界卫生组织以及相关文献中其他食品甲醛本底含量的数据，应用 Monte Carlo 模拟技术对鲜活水产品中甲醛的限量标准进行了初步探讨。但由于目前对各种食物中甲醛本底含量缺乏系统性的调查研究，且相关数据较为有限，今后还需进一步调查和收集其他种类食品中甲醛的本底含量，以期获得更为科学、合理的甲醛限量标准。

由于风险评估存在不确定性，因此在制定风险管理措施时还应充分考虑到风险分析的不确定性与影响性。[6]

5.2.5.4 小结

① 应用基于 Monte Carlo 模拟技术的@Risk5.5 风险评估软件建立甲醛的风险评估模型，建议将鲜活水产品中甲醛限量暂定为 30 mg/kg，同时保护水产品的普通膳食人群和高膳食暴露人群的身体健康。

② 风险评估尚存一定的不确定性和局限性，仍需进一步完善评估过程中需要的资料，不断完善模型，尽可能降低评估结果的不确定性。

5.2.6 水产品中甲醛的风险管理

风险管理是根据风险评估的结果，选择和实施适当的管理措施，尽可能有效地控制食品风险，保障公众健康。[102]基于目前水产品中甲醛的风险评估结果，提出如下管理建议和措施，以供风险管理决策人员参考，进而有效控制我国居民食用水产品途径的甲醛膳食暴露风险。

（1）杜绝水产品中人为恶意、不正当使用甲醛的行为，并加大处罚力度

健全食品安全法律法规体系建设，并加强食品安全问题宣传教育，严格控制和杜绝人为添加甲醛的行为。相关部门应加强对工业甲醛生产及流通途径的监管，对于违法在食品中不正当添加甲醛导致人体健康造成严重危害的行为，应该根据我国相关法律给予重罚和严惩。[6]另外，对于水产品中内源性甲醛和外源性甲醛的鉴别区分还需进一步研究，从而为相关执法部门提供科学合理的执法依据。

（2）HACCP 体系和良好的卫生规范[6]

企业具有提供安全食品的责任，因而对于水产品加工企业应推广实施 HACCP 体系和良好的卫生规范，加强对水产品加工原料中甲醛的检测，同时设立关键控制点，防止生产过程中其他途径外源性甲醛的引入。

（3）限制销售甲醛本底含量特别高的水产品，教育告知消费者相关风险

限制销售甲醛本底含量特别高的水产品种类，如龙头鱼和鳕鱼，但是这些种类的水产品仍然具备一定的营养价值，并且绝大多数消费者只是偶尔才会食用这些水产品。另外

水产品来源的甲醛也只是我国普通居民造成风险的因素之一，仅仅禁止甲醛本底含量高的水产品进入市场并不能有效降低暴露水平和相应风险。因而应与消费者建立有效的风险信息交流，让他们获悉不同水产品中甲醛的本底含量和相应的风险，从而使消费者能够主动控制自己的甲醛暴露水平。

(4) 风险轮廓将焦点集中于敏感群体及一些甲醛本底含量高的水产品品种

幼儿、儿童为食用水产品途径甲醛暴露的敏感性群体，在风险管理过程中应给予足够的关注和重视。需要进一步明确敏感性群体的水产品消费特征、食用种类和食用数量，以及对高甲醛本底含量水产品品种的消费量，对敏感性群体开展针对性的风险评估研究，以期继续完善风险评估结果。

(5) 水产品中甲醛控制措施的研究

进一步深入研究不同贮藏条件、加工工艺、烹饪方法等对水产品中甲醛的影响，提出有效的控制措施和抑制技术，科学指导实际生产和现实消费，保证水产品质量安全，有效降低水产品来源的甲醛暴露水平和健康风险。

(6) 制定水产品中甲醛安全限量

根据鲜活水产品和水产加工品中甲醛含量的差异，建议制定不同的限量标准。进一步弄清龙头鱼、鳕鱼等甲醛高本底含量的水产品种类在我国人群日常膳食中所处的地位及具体消费状况，开展针对性的风险评估，以便单独制定相关标准，满足实际执法和监督的需要。

5.2.7 总结与展望

此次调查检测的1 696个水产品样品中，甲醛平均含量为12.96 mg/kg，中位值为1.06 mg/kg，多数水产品中甲醛的本底含量处于低端水平。经Kruskal-Wallis多独立样本非参数检验，不同种类的水产品之间甲醛含量存在一定差异($P<0.05$)，具体表现为海水鱼类样品中甲醛含量最高，其次为头足类样品、甲壳类样品和贝类样品，淡水鱼类样品中甲醛含量最低；总体上，海水动物的甲醛本底含量要显著高于淡水动物，龙头鱼和鳕鱼科等海水鱼类中甲醛本底含量显著高于此次调查研究的其他种类水产品，均值分别达到了124.02 mg/kg和111.25 mg/kg，中国枪乌贼、口虾蛄和梭子蟹样品中甲醛本底含量也较高。

在此次调查监测得到的水产品中甲醛本底含量数据的基础上，参照EPA化学危害物的暴露评估模型和相关暴露参数及我国水产品的水产品膳食消费资料，应用基于Monte Carlo模拟技术的@Risk风险评估软件，开展我国普通居民通过食用水产品途径的膳食暴露评估。评估结果显示，我国标准人通过食用鲜活水产品途径甲醛的日均暴露量的平均值为8.49E-3 mg/(kg·d)，中位数为3.08E-3 mg/(kg·d)，95百分位、97.5百分位甲醛暴露量分别为3.52E-2 mg/(kg·d)、4.70E-2 mg/(kg·d)；通过食用干制水产品途径甲醛的日均暴露量的平均值为1.62E-3 mg/(kg·d),中位数为1.08E-3 mg/(kg·d),95百分位、97.5百分位甲醛暴露量分别为5.01E-3 mg/(kg·d)、6.27E-3 mg/(kg·d)。因而我国普通居民通过食用鲜活水产品和干制品途径的甲醛日暴露量均低于EPA制定的甲醛参考剂量,暴露水平较低。但是食用鲜活水产品途径城市人群面临摄入甲醛的健康风险高于农村人群;食用鲜活水产品途径的甲醛暴露水平随年龄的增长有下降的趋势,幼儿(2～3岁)和儿童(4～6岁、7～10岁、11～13岁)的暴露水平均要高于其他人群的暴露水平,且城市幼儿和儿童通过食用鲜活水产品途径的甲醛暴露水平要高于农村幼儿和儿童的暴露水平;7岁前,女孩的暴露水平要高于男孩,7岁后,男孩的暴露水平高于女孩。

运用基于蒙特卡罗模拟的@Risk软件,以风险商表征食用水产品途径的甲醛膳食风险。结果表明,我国居民通过食用鲜活水产品及干制水产品途径摄入甲醛的风险商平均值为5.09E-2,高暴露水平下,即95百分位和97.5百分位的风险商分别为1.86E-1和2.42E-1,均小于1,且其他各百分位数风险商也均小于1。这说明我国普通居民仅通过食用鲜活水产品及水产干制品途径摄入甲醛对健康造成风险较小或没有风险。食用干制水产品途径的甲醛膳食风险商的平均值和各百分位数均比食用鲜活水产品途径的甲醛膳食风险商的平均值和各百分位数略低1个数量级,我国普通居民通过食用干制水产品的甲醛摄入风险要远低于食用鲜活水产品的甲醛摄入风险。

应用@Risk定量评估软件建立膳食来源的甲醛风险评估模型,综合考虑其他来源的甲醛膳食暴露途径,评价鲜活水产品中不同甲醛含量对我国普通人群和水产品高膳食水平的特殊人群所造成的膳食暴露风险时,建议将我国鲜活水产品中甲醛安全限量标准暂定为30 mg/kg,以期控制我国普通居民食用鲜活水产品途径的甲醛暴露水平和膳食风险。

风险评估尚存一定的不确定性。本研究仅以水产品作为唯一的甲醛暴露途径和来源,而实际甲醛的暴露途径复杂而又多样,且仅对水产加工品中的水产干制品进行了研究,对于其他类型的水产加工品还尚未评估。评估过程中一些暴露参数,如暴露持续时间和暴露频率,由于难以得到具备我国居民特色的相关风险评估参数数据资料作为理论支持,只能借鉴国外一些先进的风险评估经验。另外,此次评估只对我国普通居民进行了相关风险评估,对于沿海、内地人群水产品的消费量差异及不同地区人群的水产品消费特征与消费习惯等对风险评估结果造成的影响还尚未探讨,评估尚存一定的局限性,仍需进一步完善评估资料和模型,细化我国居民膳食消费量和膳食结构模式的研究,继续深入研究水产品等食品中甲醛的具体形成机理、变化规律及控制措施,以开展更为深入、细致、全面的风险评估工作。

参考文献

[1] 庚晋,周洁.甲醛污染的危害[J].建材产品与应用.2002,(5):49-51.

[2] Haber LT., Maier A., Zhao QY, et al. Applications of mechanistic data in risk assessment: the past, present, and future[J]. Toxicological sciences, 2002, 61: 32-39.

[3] WHO. Concise International Chemical Assessment Document 40: Formaldehyde [R]. Geneva :World Health Organization, 2002.

[4] IARS/WHO. IARS Classifies Formaldehyde As Carcinogenic to Humans[R]. Genevese: International Agency for Research on Cancer, 2004.

[5] IARC/WHO. Monographs on the Evaluation of Carcinogenic Risks to Human Volume 88: Formaldehyde, 2-Butoxyethanol and 1-tert-Butoxypropan-2-ol[R]. Geneva: World Health Organization, 2006.

[6] 刘淑玲.水产品中甲醛的风险评估与限量标准研究[D].青岛:中国海洋大学,2009.

[7] ICPS. Formaldehyde[R]. Geneva: World Health Organization, International Programme on Chemical Safety, 1989, 219.

[8] ATSDR. Toxicological profile for formaldehyde[R]. Atlanta: US Department of Health and Human Services, Agency for Toxic Substances and Disease Registry, 1999.

[9] Restani P, Restelli A R, Galli C L. Formaldehyde and hexamethylenetetramine as food additives: chemical interactions and toxicology[J]. Food additives and contaminants, 1992, 9(5): 597-605.

[10] Scheuplein R J. Formaldehyde: The Food and Drug Administration's perspective. In: Turoski V, ed. Formaldehyde—analytical chemistry and toxicology[J]. American Chemical Society, 1985, 237-245.

[11] 李娜.甲醛的毒理学研究进展[J].职业卫生与应急救援,2009,(06):309-311.

[12] 杨玉花,袭著革,晁福寰.甲醛污染与人体健康研究进展[J].解放军预防医学杂志,2005,23(2):70-71.

[13] 朱桂珍.甲醛中毒的诊断与治疗[J].中毒与急救,2006,4(1):57-60.

[14] 岳伟,金晓滨,潘小川.室内甲醛与成人过敏性哮喘关系的研究[J].中国公共卫生,2004,20(8):904-906.

[15] Nordman H, Keskinen H, Tupparainen M. Formaldehyde asthmarare or overlooked[J]. Allergy Clin Immunol, 1985, 75: 91-99.

[16] Rumchev K B, Spichett J T, BulsaraM K, et al. Domestic exposure to formaldehyde significantly increases the risk of asthma in young children[J]. Eur Respir, 2002, 20 (2): 403-408.

[17] 文育锋,姚应水,王金权,等. 甲醛对小鼠免疫系统的影响[J]. 皖南医学院学报,2001,20(3):166.

[18] 马若波,张旸,吴艳萍,等. 甲醛对小鼠免疫功能影响[J]. 中国公共卫生,2007,23(10):1218.

[19] 周砚青,常亮,王昆,等. 用水迷宫实验检测甲醛对小鼠的神经毒性[J]. 公共卫生与预防医学,2007,18(6):4-6.

[20] Pitten F, Kramer A, Herrmann K, et al. Formaldehyde neurotoxicity in animal experiments[J]. Pathol Res Pract, 2000, 196 (3): 193-198.

[21] 郝连正,王志萍. 甲醛致雌性生殖毒性的研究进展[J]. 环境与健康杂质,2008,25(12):1122-1124.

[22] 刑沈阳,叶琳,王南南. 甲醛对雄性小鼠的生殖遗传毒性[J]. 吉林大学学报(医学版),2007,33(4):716-718.

[23] Miyachi T, Tsutsui T. Ability of 13 Chemical Agents Used in Dental Practice to Induce Sister-chromatid Exchanges in Syrian Hamster Embryo Cells[J]. Odontology, 2005, 93: 24-29.

[24] Hagiwara M, Watanabe E, Barrett JC, et al. Assessment of Genotoxicity of 14 Chemical Agents Used in Dental Practice: Ability to Induce Chromosome Aberrations in Syrian Hamster Embryo Cells[J]. Mutat Res, 2006, 603: 111-120.

[25] Thrasher J D, Kilburn K H. Embryo Toxicity and Teratogenicity of Formaldehyde [J]. Arch Environ Health, 2001, 56(4): 300-311.

[26] Quievryn G, Zhitkovich A. Loss of DNA-protein Crosslinks From Formaldehde-exposed Cells Occurs Through Spontaneous Hydrolysis and Active Repair Process Linked to Proteosome Function[J]. Carcinogenesis, 2000, 21 (8): 1573.

[27] Oliver M, Kristin R, Gunter S, et al. Analysis of Chromate-induced DNA-protein Crosslinks with the Comet Assay[J]. Mutation Research, 2000, 417: 71-80.

[28] Conaway C C, John W, Lynne K, et al. Formaldehyde Mechanistic Data and Risk Assessment: Endogenous Protection from DNA Adduct Formation[J]. Elsevier Science, 1996, 71(1/2): 29-55.

[29] Grafstorm R C, Fornace J A, Autrup H, et al. Formaldehyde Damage to DNA and Inhibition of DNA Repair in Human Bronchial Cells[J]. Science, 1983, 220: 216-218.

[30] 娄小华,陈莉,吴丹,等."活性甲醛"与甲醛远距离毒性的初步研究[J]. 环境科学学报,2009,29(3):607-612.

[31] Recio L, Sisk S, pluta L, et al. P53 Mutations in Formaldehyde-induced Nasal Squamons Cell Carcinomas in Rats[J]. Cancer Res, 1992, 52: 6113-6116.

[32] 杨坚. 渔药手册[M]. 中国科学技术出版社. 1998,109-112.

[33] Jung S H, Kim J W, Jeon I G et al. Formaldehyde Residues in Formalin-treated Olive Flounder, Black Rockfish and Seawater[J]. Aquaculture, 2001, 194 (3～4): 253-262.

[34] Main K L, Rosenfeld C. Aquaculture Health Management Strategies for Marine Fishes[J]. Aquaculture, 1996, 235-301.

[35] 王传现,卢钟山,胡永强,等. 糖果中甲醛的危险性评估[J]。检验检疫科学,2007,(6):51-55.

[36] Pearson D. The Chemical Analysis of Foods, 7th ed[M]. Churchill Livingstone, New York. 1976, 40-41.

[37] Bechmann I E. Comparison of the Formaldehyde Content Found in Boiled and Raw Mince of Frozen Saithe Using Different Analytical Methods[J]. Lebensm Wiss U Technol, 1998, 31: 449-453.

[38] 马永均,安利华,郑万源,等. 中国常见水果甲醛本底值调查及含量分析[J]. 食品科技,2007,(03):221-224.

[39] 林树钱,王赛贞,林志杉. 香菇生长发育和加工贮存中甲醛含量变化的初步研究[J]. 中国食用菌,2002,21(3):26-28.

[40] Harada K. Studies on Enzyme Catalying the Formation of Formaldehyde and Dimethylamine in Tissues of Fishes and Shells[J]. J Shimonoseki Univ Fish,1975,23: 163-241.

[41] Amano K, Yamada K, Bito M. Content of Formaldehyde and Volatile in Different Tissues of Gadoid Fish[J]. Bulletin of the Japanese Scoiety of Scientific Fisheries, 1963, 29:860-864.

[42] Rodriguez. Studies on the Principal Degration Products of Trimethylamine Oxide Four Species of Refrigerated Fish[J]. Food and Feed Chemistry, 1997,288:131-135.

[43] Bianchi F, Careri M, Musci M, Mangia A. Fish and Food Safety: Determination

of Formaldehyde in 12 Fish Species by SPME Extraction and GC-MS Ananlysis [J]. Food Chemistry. 2007, 100 : 1049-1053.

[44] 柳淑芳,杜永芳,朱文慧,等.食用鱼类甲醛本底含量研究初报[J].海洋水产研究,2005,26(6):77-82.

[45] 郑斌,陈伟斌,徐晓林等.常见水产品中甲醛的天然含量及风险评估[J].浙江海洋学院学报,2007,26(1):6-11.

[46] 韩宏伟.食品中甲醛的检测方法[J].国外医学卫生学分册。2008,35(5):13.

[47] 周德庆,马敬军,李晓川,翟毓秀,王联珠.SC/T3 025～2 006 水产品中甲醛的测定[S].北京:中国农业出版社,2006.

[48] 徐成德.我国开展食品安全风险分析的问题与对策[J].农产品加工·学刊.2009,163(2):61-66.

[49] 韦宁凯.食品安全风险监测和风险评估[J].铜陵职业技术学院学报.2009,2:32-36.

[50] 王茂起,刘秀梅,王竹天.中国食品污染监测体系的研究[J].中国食品卫生杂志,2006,18(6):491-496.

[51] FAO/WHO. Application of Risk Analysis to Food Standards Issues, Report of the Joint FAO/WHO Expert Consultation[R]. Geneve: WHO, 1995.

[52] FAO/WHO. Risk Management and Food Safety, Report of a Joint FAO/WHO Consulation[R]. Rome : WHO, 1997.

[53] FAO/WHO. The Application of Risk Communication to Food Standards and Safety Matters, Report of a Joint FAO/WHO Expert Consultation[R]. Rome: WHO, 1998.

[54] FAO/WHO.食品安全风险分析—国家食品安全管理机构应用指南[M].陈君石,樊永祥,译.北京:人民卫生出版社,2008:4-7.

[55] 王大宁.食品安全风险分析指南[M].北京:中国标准出版社,2004:28-90.

[56] 钱永忠,李耘,周德庆,等.农产品质量安全风险评估—原理、方法和应用[M].北京:中国标准出版社,2007.

[57] 钱永忠,李耘,陈晨.应用于农药残留对人体暴露评估的蒙特卡洛方法及其进展[J].农业质量标准.2007,5:44-47.

[58] 宋怿.食品风险分析理论与实践[M].北京:中国标准出版社,2005:86-87.

[59] 罗祎,陈冬东,唐英章,等.论食品安全暴露评估模型[J].食品科技,2007,2:21-24.

[60] Boon P E, vander Voet H, van K laveren J D. Validation of a Probability Model of Dietary Exposure to Selected Pesticides in Duth Infants[J]. Food Additives and Contaminants, 2003, 20 (Suppll): 36-49.

[61] 刘潇威.农产品中重金属风险评估的研究进展[J].农业环境科学学报,2007,26(1):15-18.

[62] 王永杰,贾东红.健康风险评价中的不确定性分析[J].环境工程,2003,21(6):66-69.

[63] 叶文慧,张东杰.Monte Carlo 对大米为来源的镉膳食暴露风险评估的初步研究[J].中国酿造,2008,(10):52-54.

[64] 曾庆祝,冯力更.食品安全保障技术[M].北京:中国商业出版社,2008:63-75.

[65] 李洁,张磊,徐晨.水发产品中甲醛的危险性评估[J].上海预防医学杂志.2006,18(4):174-176.

[66] 白艳玲.龙头鱼甲醛含量的调查研究[J].中国热带医学,2003,3(5):670-671.

[67] Sotelo, C. G. , Pineiro, C. , Perez-Martin, R. I. Denaturation of fish proteins during frozen storage: role of formaldehyde[J]. Lebensmittel Untersuchung and Forschung, 1995, 200:14-23.

[68] 李晓川,王联珠,李兆新.SC/T3 016～2 004 水产品抽样方法[S].北京:中国农业出版社,2004.

[69] 成庆泰,郑葆珊.中国鱼类系统检索[M].北京:科学出版社,1987.

[70] 朱元鼎,张春霖.东海鱼类志[M].北京:科学出版社,1963.

[71] 林洪,刘勇.国际贸易图谱[M].青岛:中国海洋大学出版社,2008.

[72] Tolerance reassessment advisory committee. Regulating Risk From Undetected Residues in Food[R]. Washington DC, USA: Office of pesticide programs. Environmental Protection Agency ,1998.

[73] GEMS/Food-WHO. Reliable Evaluation of Low-level Contaminant of food, workshop in the frame of GEMS/Food-EURO[R]. Kulmbach, Germany: WHO,1995: 26-27.

[74] 周德庆,于维森,李昭勇,等.水产品质量安全与检验检疫实用技术[M].北京:中国计量出版社,2007,79-81.

[76] 马敬军,周德庆,张双灵.水产品中甲醛本底含量与产生机理的研究进展[J].海洋水产研究,2004,25:85-89.

[77] Anthoni U. , Borresen T. , Christophersen C. et al. Is Trimethylamine Oxide a Reliable Indicator for the Marine Origin of Fish? [J]. Comp. Biochem Physiol, 1990, 97B (3): 569-571.

[78] Leelapongwattana, K. , Benjakul, S. , Visessanguan, W. , Howell, N. K. . Physicochemical and Biochemical Changes During Frozen Storage of Minced Flesh of Lizardfish (Saurida micropectoralis) [J]. Food Chemistry ,1995, 90:141-150.

[79] Parking K. L , Hultin H. O. . Some Factors Influencing the Production of Dimethylamine and Formaldehyde in Minced and Intact Red Hake Muscle [J]. Food Process Preserv, 1982, 6: 73-97.

[80] Meiko Kimura, Ikuo Kimura, Nobuo Seki. TMAOase, Trimethylamine-N-oxide Demethylase, is a Thermostable and Active Enzyme at 80℃[J]. Fisheries Science, 2003, 69: 414-420.

[81] Aren V W. Biochemistry of Non-protein Nitrogenous Compounds in Fish Including the Use of Amino Acids for Anaerobic Energy Production [J]. Comp Biochem Physiol, 1988, 91B (2): 207-228.

[82] Hebard, C. E. , Flick, G. J. , Martin, R. E. Occurrence and Significance of Trimethylamine Oxide and Its Derivatives in Fish and Shellfish [M]. Westport: AVI Publishing Company Connecticut, 1982:149-304.

[83] 沈月新.水产食品学[M].北京:中国农业出版社,2001:30.

[84] Norifumi Niizeki, Toshiko Daikoku, Morihiko Sakaguchi et al. Mechanism of Biosynthesis of Trimethylamine Oxide From Choline in the Teleost Tilapia, Oreochromis niloticus, under freshwater conditions [J]. Comparative Biochemistry and Physiology Part B, 2002, 131: 371-386.

[85] Spinelli J,Koury B. J. None-enzymic Formation of Dimethylamine in Dried Fishery Products[J]. 1979,45-49.

[86] 宋丹阳,周德庆,杜永芳,等.氧化三甲胺酶研究进展[J].食品科学,2007,28:350-353.

[87] Phillippy B. Q. , Hultin H. O. Distribution and Some Characteristics of TMAOase Activity of Red Hake Muscle[J]. J Food Biochem, 1993, 17: 235-250.

[88] Yamagada M, Low L. K. Banana shrimp, penaeus merguiensis, Quality Changes During Iced and Frozen Storage[J]. Journal of Food Science, 1995, 60 (4): 721.

[89] USEPA, 1991. Risk Assessment Guidance for Superfund (RAGS), vol. 1. Human Health Evaluation Manual Supplemental Guidance: Standard Default Exposure Factors. OSWER Directive 9285. 6-03[R]. United States Environmental Protection Agency, Washington DC, Office of Emergency and Remedial Response.

[90] World Health Organization, 2007. Global Environment Monitoring System-Food Contamination Monitoring and Assessment Programme (GEMS/Food). Available from: (http://www.who.int/foodsafety/chem/gems/en/index.html).

[91] 金水高.中国居民营养与健康状况调查报告之十 2002 营养与健康状况数据集[M].

北京:人民卫生出版社,2008:42-51.
[92] US EPA. Guidelines for Exposure Assessment, EPA/600/Z-92/001[R]. Washington DC: US. Environmental Protection Agency, Risk Assessment Forum, 1992.
[93] Shirley Teng, Kristin Beard, Jalal Pourahmad, et al. The formaldehyde metabolic Detoxification Enzyme Systems and Molecular Cytotxic Mechanism in Isolated Rat Hepatocytes[J]. Chemico-Biological Interactions, 2001, 130(12): 285-296.
[94] ICPS/WHO. Formaldehyde Environmental Health Criteria [R]. Geneva: World Health Organization, 1989.
[95] 风险简讯-食物中含甲醛[EB/OL]. 中国香港:香港特别行政区政府食物安全中心, 2009(2009-01-05) http://sc. info. gov. hk/gb/www. cfs. gov. hk/tc _ chi/programme/programme_rafs/programme_rafs_fa_02_09. html
[96] Xiaojiang Tang, Yang Bai, et al. Formaldehyde in China: Production, consumption, exposure levels, and health effects[J]. Environment International, 2009 (35): 1210-1224.
[97] 金征宇,胥传来,谢正军,等. 食品安全导论[M]. 北京:化学工业出版社,2005,146.
[98] Jiang QT, Hanari N, Miyake Y, Okazawa Y, Lau RKF, K. Chen, B. Wyrzykowska, M. K. So, N. Yamashita and P. K. S. Lam. Health risk assessment for polychlorinated biphenyls, polychlorinated dibenzo-p-dioxins and dibenzofurans, and polychlorinated naphthalenes in seafood from Guangzhou and Zhoushan China[J]. Environ. Pollut, 2007(148): 31-39.
[99] 梁鹏. 广东省市售水产品中汞含量分布及人体摄入量评估[D]. 北碚:西南大学, 2008.
[100] 吴雪原. 茶叶中农药的最大残留限量及风险评估研究[D]. 合肥:安徽农业大学, 2007.
[101] 郭淼,陶澍,杨宇,等. 天津地区人群对六六六的暴露分析[J]. 环境科学,2005,(1): 164-167.
[102] 魏益民. 食品安全学导论[M]. 北京:科学出版社,2009,50.

5.3 海产贝类中诺如病毒风险评估

本次风险评估为了调查我国海产贝类中诺如病毒的感染状况,提出针对贝类的风险管理措施,保护消费者的健康和促进公平的食品贸易。

诺如病毒(Norovirus,NoVs)是世界范围内急性流行性胃肠炎(即非菌性胃肠炎)的重要病因,是一种重要的食源性病毒,曾经被称为诺瓦克样病毒(Norwalk-like viruses,NLVs)和小圆状病毒(Small Round Structured Viruses, SRSVs),属于杯状病毒家族,是无包被的单股正链 RNA 病毒。[1]

随着水环境污染的加剧,许多水产品遭到了诺如病毒的污染,特别是作为滤食性水生动物的贝类,每天从污染的水中富集大量的食源性微生物和病毒。本评估中涉及的主要贝类产品有:牡蛎、扇贝、毛蚶、菲律宾蛤仔、蛤蛏、紫贻贝。所有的贝类都采集于中国主要沿海城市的大型农贸市场。

资料表明,从 1995 年我国发现诺如病毒以来,由诺如病毒引发急性肠胃炎的报道不断。贝类是诺如病毒传播的主要媒介,我国居民亦有生食贝类的习惯,由生食贝类引发的诺如病毒感染时有发生。我国虽然尚未出现大规模暴发事件,但是,诺如病毒的感染趋势正在扩大,报道的散发案例越来越多,由于低剂量的病毒粒子就能引发大规模的疫情爆发,这应该引起广大消费者的重视。我国是水产品的养殖大国,也是水产品的出口和消费大国。每年因出口可以创汇数十亿美元,占农产品出口总值的一半。近年来,随着世界各国对食品卫生的重视,我国水产品出口屡屡碰壁,欧洲、美国和日本等许多国家对我国的水产品提出了诸多严格的检测指标,其中一项是诺如病毒的检测,规定诺如病毒不得检出。因此,开展诺如病毒的监测,进行风险评估是十分迫切的,这样既可以保障消费者的健康,也可以避免我国出口水产品时造成不必要的损失。

本报告依照 CAC 的食品安全风险分析理论,从海产贝类中诺如病毒的危害识别、危害特征描述、暴露评估以及风险特征描述四个方面进行风险评估,为今后进一步完善贝类中诺如病毒的风险评估提供参考和依据。

5.3.1 危害识别

5.3.1.1 诺如病毒

诺如病毒是导致人类非细菌性肠胃炎的主要病原,据美国疾控中心(CDC)统计,1997～2000 年上报的 233 起肠道腹泻病例中约有 86%与诺如病毒有关。诺如病毒属于脊椎动物病毒(Vertebrate Virus)杯状病毒科(Caliciviridae),该类病毒直径为 26～35 nm,无包膜,表面粗糙,球形,呈 20 面体对称。从胃肠炎患者粪便中提取的诺如病毒的 cDNA 全序列分析表明,诺如病毒基因组为 7.5～8 kb 大小的单股正链 RNA 病毒。

人体是诺如病毒已知的唯一宿主。诺如病毒通过人类粪便污染贝类生存的水域,贝类的滤食特性使其受到病毒的污染。

(1) 感染疾病的类型

1972 年,美国 Norwalk 镇胃肠炎暴发,Kapikian 等在一位患者的粪便中发现了一种直径约为 27 nm 的病毒颗粒，将之命名为诺瓦克病毒（Norwalk virus）。[2][3] 此后，世界各地陆续自胃肠炎患者粪便中分离出多种形态与之相似但抗原性略异的病毒颗粒，并以发现地点命名，统称为诺瓦克样病毒（Norwalk-like viruses, NLVs）。由于此病毒呈圆形，无包膜，表面光滑，故也被称作小圆状结构病毒（small round structured viruses, SRSVs）。1992 年研究者对诺瓦克病毒及其他相似病毒全基因组序列分析后，根据基因组结构和系统发生分析将诺如病毒归为杯状病毒科（Caliciviridae family），形成一个属，现在被称为诺如病毒属（Norovirus）。[4] 杯状病毒科除诺如病毒属外，还有札如病毒属（Sapovirus）、猪水疱疹病毒属（Vesivirus）和兔出血病病毒属（Lagovirus）。由于诺如病毒和札如病毒主要感染人并引起人的急性胃肠炎，因此合称为人类杯状病毒（Human calicivirus, HuCv）。根据基因组的聚合酶区和衣壳蛋白区序列，诺如病毒被分为 5 个基因组（Genogroup），其中基因组Ⅰ（GenogroupⅠ，GⅠ）和基因组Ⅱ（GenogroupⅡ，GⅡ）以及暂定的基因组Ⅳ（GenogroupⅣ，GⅣ）感染人类，GⅠ和 GⅡ是引起人急性胃肠炎暴发的主要病原体。[5]~[8] 基因组Ⅲ（GenogroupⅢ，GⅢ）和基因组Ⅴ（GenogroupⅤ，GⅤ）分别感染牛和鼠，虽然核酸方面与人类杯状病毒相关并引起腹泻的动物诺如病毒在家畜中发现，但是目前仍然缺少动物诺如病毒到人类传播的证据。[9]~[11] 根据诺如病毒的核苷酸序列，GⅠ和 GⅡ可进一步分为 8 和 17 个基因型（Genetic Cluster 或 Genotype），天然感染猪的诺如病毒属于 GⅡ，包括 GⅡ-11、GⅡ-18 和 GⅡ-19；GⅢ分为 2 个基因型（genotype）；GⅣ和 GⅤ分别包含 1 个基因型（Zheng et al., 2006）[10][12][13]。

在 1995 至 2008 间，诺如病毒出现了很多新的重组毒株和几个 GⅡ.4 型的变异株。[14][15] GⅡ.4 型是引起大多数疫情爆发最主要的型别[16]。随着人们食用被诺如病毒污染的贝类而导致急性肠胃炎的频繁发生，多种诺如病毒型别在贝类和人体粪便样品中检出。[17]~[20]

（2）诺如病毒的理化性质

细菌和病毒的性质及稳定性是不同的。肠道病毒可以忍受环境的压力，能够在环境中生存数周甚至数月，而细菌能够被贝类净化掉，几天之内就会死亡。正是由于这些原因，细菌不能作为评估病毒感染量的指示物。[21]

热处理的方法加工贝类通常不能杀灭诺如病毒，冷冻储藏一般也不能使病毒失去活性。1995 年在佛罗里达州的病毒爆发调查中发现，只吃彻底煮熟的牡蛎（烤、炖、炸）的人和只吃生牡蛎的人一样都可能患病。[22] 诺如病毒在 60℃ 孵育 30 min 后仍保持感染性。[23]

从 19 世纪 70 年代到 80 年代，英国胃肠炎和肝炎疫情的爆发很多是与煮熟的毛蚶的消费有关的。调查显示，当环境的温度低及烹饪之前贝类加热不充分的时候，使用的批量蒸煮程序不能够烹调好贝类。随着对疫情的研究，对于 A 型肝炎病毒，英国农业部推荐的商业加工条件是贝类内部温度要达到 90℃，且要持续加热 1.5 min。然而，这样的加热条件对于批量加热贝类且保证贝类风味的条件下很难实现。由于诺如病毒不可培养，其热失活的数据是不可用的。然而对猫杯状病毒（可代表诺如病毒的模型）的研究发现，诺如病毒比A型肝炎病毒更易失活。所以，把贝类的加热参数定为贝类内部90℃、1.5 min是可以有效杀灭诺如病毒的。新西兰的研究表明，通过蒸煮的方式使存在于较大的贻贝中的诺如病毒失活很难在家庭条件下实现，300 s后贻贝内部温度达不到90℃，延长时间又破坏了食物的营养。在煮沸的水中，要使贝类内部温度达到90℃，需要170 s，要使诺如病毒失活至少需要260 s的时间。然而，所有的贻贝的壳都会在210 s后打开，而只要是贻贝壳打开一般都认为是可以食用了。[24]贻贝被腌制4周之后，诺如病毒的滴度都不会下降。[25]

诺如病毒可以耐受pH3～4的胃酸。室温下将病毒暴露于pH2.7的溶液中，诺如病毒仍然具有侵染性。诺如病毒可能对pH>9.0的环境较为敏感，但是至今尚没有明确的证据。

诺如病毒对外界的抗性非常强，在诺如病毒暴发后12 d，仍可以在环境的表面检测到传染性的诺如病毒。

目前尚不知辐照对诺如病毒的影响。

（3）传播途径

诺如病毒主要通过粪口途径传播。消费者可以通过摄取被粪便污染的食品或水源感染诺如病毒。诺如病毒还可以通过呕吐在人与人之间相互传播。有证据表明，携带病毒的无症状食品加工人员可以通过食品传播诺如病毒。除此之外，污染的环境表面，特别是地毯和坐便器，也被认为是一条重要的传播途径。

（4）检测方法

诺如病毒的检测在分子生物学发展之前是相当困难的。这是由于诺如病毒不可体外培养，也无动物模型，加上基因多样性，使得传统的免疫学方法和血清分型技术在诺如病毒的检测和分型上受到了限制。过去十几年来，RT-PCR和核酸测序技术的引入为粪便样品、环境样品以及贝类样品中诺如病毒的直接检测和分型提供了有效的方法。近年来，实时荧光定量RT-PCR和实时NASBA技术为诺如病毒的定量检测提供了技术支持。国内外诺如病毒的分型主要依靠核酸测序的方法。定量检测主要是定量病毒RNA的拷贝数。通常一个RNA拷贝数相当于一个病毒粒子。由于受标准品制备的限制，诺如病毒的绝对定量方法尚不统一。从贝类中提取病毒RNA的回收率在各个实验结果中差异很大（20%～100%），因此定量测量几乎都是被低估的。[26]

5.3.1.2　双壳贝类

本评估报告中的双壳贝类都是新鲜未加工的，均属滤食性的海洋双壳贝类，体内均能够积累病原性微生物。所涉及的双壳贝类包括：牡蛎、扇贝、蛤蛏、紫贻贝、菲律宾蛤仔、毛蚶。所有样品均产自中国沿海主要城市和主要贝类产区。表5-27列出了中国主要双壳贝类的产量及主产区（2010渔业统计年鉴）。[27]

表 5-27　我国主要海产贝类产量及产区

贝类种类	产量(吨)	主要产区
牡蛎	3 642 829	福建、广东、山东
蚶	310 380	浙江、辽宁、福建
贻贝	702 157	山东、广东、福建
扇贝	1 407 467	山东、辽宁
蛤	3 538 906	山东、辽宁、广东
蛏	714 434	浙江、福建、山东

5.3.1.3　感染贝类的病毒来源

人类是诺如病毒的唯一宿主，人类粪便是诺如病毒的唯一污染源。诺如病毒感染的人的粪便可能污染土壤和水。粪便污染物的排放导致贝类生长的河床、修养的水源、灌溉水和饮用水受到污染。诺如病毒能够在环境中存活很长的时间，贝类被污染 8 周后依然可以检出诺如病毒阳性。[28]

贝类属于滤食性动物，通过滤食水中的微藻获取食物的同时，消化道可大量富集随污水进入养殖区域的诺如病毒。贝类的这种富集作用导致其内脏团内的病毒浓度可以高出周围环境的几十甚至上千倍。[21][29]同时诺如病毒对不良环境条件的抵御能力较强，这些病毒一旦释放到环境中，就会大面积扩散，并且在外界环境中长时间生存。病毒污染的贝类已经被建议作为海水受人类污染的指示物。[30][31]

病毒污染的风险区一般在浅水域和入海口处。粪便污染物随淡水涌入到近地面的海洋环境，所以贝类生长的海水深度与被污染的可能性有很大关系。例如，紫贻贝通常生长的海水深度比其他种类的贝要深一些，因此相对感染的几率就要小一些。

肠道病毒易于吸附在水中颗粒物的表面。在被病毒污染的水中，经过 4～5 h 的生物富集作用，每个贝类体内的病毒含量就可以达到>1 000 病毒粒子。[28][32]~[34]超过 90%的肠道病毒在 48 h 内会随粪便被排出贝类体外，但也会有一些保留或隐藏在贝类组织中以免被清除掉。[34][35]

很多研究探索了诺如病毒在牡蛎组织中的位置。诺如病毒在牡蛎的鳃、胃、消化腺、内脏团等部位都有检出。[36][37]最新的研究显示了诺如病毒能够与牡蛎消化道中的抗原特异性的结合，类似于人类的血型组织抗原，而且是结合在消化道和非消化道组织内的细胞，这也说明了为什么病毒在净化后的贝类中依然存在。[19][38][39]

5.3.2　危害描述

5.3.2.1　疾病描述

诺如病毒引起的肠胃炎能够引起全球爆发。症状的平均持续时间是 12～48 h。

潜伏期多为24～48 h，最短12 h，最长72 h。感染者发病突然，主要症状为恶心、呕吐、低烧、腹痛和腹泻。儿童患者呕吐普遍，成人患者腹泻为多，24 h内腹泻4～8次，粪便为稀水便或水样便，无黏液脓血。大便常规镜检WBC<15，未见RBC。原发感染患者的呕吐症状明显多于续发感染者，有些感染者仅表现出呕吐症状。此外，也可见头痛、寒战和肌肉痛等症状，严重者可出现脱水症状。病程自限，一般为2～3 d，恢复后无后遗症。感染后，诺如病毒在感染者的粪便中大量存在（$>10^8\sim10^9$/g），还存在于呕吐物中。疾病还可以通过气溶胶的形式传播。[40][41]

诺如病毒的感染几率很高，通常高于30%，有时候会高达80%。诺如病毒类型较多，感染一类型病毒不能预防其他类型的感染。自然感染后缺乏交叉保护，这是很难开发诺如病毒疫苗的主要原因。[42]诺如病毒可以感染各个年龄段的人，年老者和免疫力低下者更易感染。感染诺如病毒也会发生死亡。一份分析报告指出：在英格兰和威尔士年龄大于65岁死亡的老年人中，其中20%是由于感染肠道疾病死亡的，13%是由于感染与诺如病毒相关的非传染性肠道疾病死亡的。[43]这些死亡病例多数都是由于严重的脱水。

最近的研究表明，诺如病毒能够识别人类组织血型抗原（histo-blood group antigens，HBGAs），包括H、Lewis和A型组织血型抗原，并以此作为感染人类的受体。[41]组织血型抗原是一类复合糖类，以N-或O-方式连接在许多蛋白或脂类的最外端，这些糖蛋白或糖脂分布于红细胞表面以及呼吸道、消化道和生殖道黏膜上皮细胞表面，他们也以游离低聚糖形式存在于唾液、肠内容物、乳及血液等体液中。[44][45]

5.3.2.2 剂量-反应

摄入少量的诺如病毒粒子就会导致发病。据估计，10～100个病毒粒子就会导致发病。如果饮用水中有1个病毒粒子，消费者就会有20%的几率发病。由于诺如病毒无法在体外培养，无法在食品中增殖，且没有合适的动物模型，因此关于诺如病毒剂量-反应的研究非常少，剂量-反应的关系仍在研究当中。Graham等将诺瓦克病毒接种到51名志愿者中（21名女子，30名男子，19～39岁的医学院学生），所有的受试者接种了相同的剂量，其中36人被感染，侵染率为70%。

2008年，Teunis通过人体挑战实验获得了一株诺如病毒（GI. 1型）的剂量-反应关系。[46]这个剂量-反应关系单单是建立在易感型志愿者的基础上的。感染情况和疾病症状都被研究。剂量-反应关系显示非常低数量的病毒粒子就能够引发较高的感染率（一个病毒粒子的感染率为50%）。然而，即使最高的剂量感染率也达不到100%，这就表明了小部分人群有很低的易感性，可能是已经获得了免疫。疾病发生的可能性显示了剂量依赖性，在低剂量时甚至是急剧下降的（68%的感染者出现了急性肠胃炎的症状）。研究者评论结果时建议高风险的事件发生在污染严重的地方，不仅可以引起感染，也可以导致疾病的发生。相反，如果一个人感染了低剂量的病毒，他患病的可能性也小。所以低剂量的地方性的爆发（如病毒污染了饮用水）可能导致感染但是患病的相对会少，也就降低了认识污染事件的可能性。最近的分析发现由食用牡蛎引起的疾病的爆发的次数比食品处理者引起的疾病的爆发要多，这样的区别可能是由于牡蛎能够富集多种基因型的病毒，而食品处理者只能携带一种基因型的病毒。[47]

由于诺如病毒不可培养的特殊性，目前还找不到任何一个模型能够代表诺如病毒的剂量-反应。日本学者 Masago 在对自来水中的诺如病毒进行风险评估时，假设诺如病毒的 ID_{50} 为 10～100，利用以下公式来计算其疾病感染率。

$$P = 1 - \exp(-\lambda \times D) \quad \text{（公式 5-3）}$$

$$\lambda = -\frac{\log 0.5}{ID_{50}} \quad \text{（公式 5-4）}$$

其中，D 是病毒粒子的摄入量，λ 为参数，当 ID_{50} 取值 10 或 100 时，对应的 λ 值为0.069和0.006 9，这个模型应用的前提是每个病毒粒子都能引发疾病的发生且感染力相同。采取此模型是因为有关诺如病毒剂量-反应关系的资料太少，应用复杂的剂量-反应模型如 Beta-Poisson 也是不合理的。

5.3.3 暴露评估

5.3.3.1 影响诺如病毒感染发生可能性的因素

（1）食用贝类的方式

海产贝类是传播诺如病毒的主要载体。生食牡蛎等海产贝类很容易感染诺如病毒。而且诺如病毒的感染剂量相当低，1 个病毒粒子就有可能导致消费者的感染。此外，诺如病毒对高温的抵抗力很强。通常的蒸煮方式有时并不足以杀灭病毒。通过试验研究发现，诺如病毒主要存在于贝类的消化道内，肌肉等其他部位不含诺如病毒。而牡蛎等双壳贝类在食用时一般不会去除内脏，这就增大了消费者感染病毒的几率。食用贝类前首先进行贝类净化可以降低感染的风险。但是，短时间的贝类净化是无法降低其中诺如病毒含量的。

（2）接触诺如病毒的感染者

许多案例表明，诺如病毒通常是在小范围内引起暴发。家庭、学校、医院、部队等都曾发生过诺如病毒感染的大规模暴发。感染诺如病毒患者的排泄物中含有大量的诺如病毒粒子，而诺如病毒存活能力非常强，在诺如病毒暴发后 12 d，仍可以在环境的表面检测到具有传染性的诺如病毒，这也就解释了为何诺如病毒多在一种封闭的环境中暴发。2010 年 1 月 15 日，中山市 56 名儿童感染诺如病毒集体入院；2010 年 12 月 17 日，广东省卫生厅公布了一起因水污染而引起的诺如病毒事件，报告地区为广州从化市，发病 429 人，无死亡，属一般级别事件，感染者均是从化农村的农民；2010 年 12 月 22 日，江门五邑大学 52 人诺如病毒中毒；2011 年 2 月 14 日广东阳江第一中学 478 学生集体患肠胃炎因诺如病毒感染。

(3) 食品工作者对食品的污染

携带病毒的食品工作者可以通过加工的贝类传播诺如病毒。1997 年 7 月到 1999 年 6 月新西兰暴发的 27 起食源性诺如病毒中有 7 起是由食品工作者引起的污染。2001 年，通过对新西兰暴发的所有诺瓦克样病毒感染进行分析后得知，其中的 8 起是由食品工作者引起的污染。目前尚未在国内出现食品从业者传播诺如病毒的报道。

5.3.3.2 我国贝类产品中诺如病毒的污染状况

我国尚没有大规模监测我国海产贝类中诺如病毒的报道。2004 年，汪俊等使用 RT-PCR 方法检测青岛地区太平洋牡蛎中的诺如病毒，在 37 个牡蛎样品中检测得到 6 个诺如病毒阳性样品，检出率为 16.2%。[48]同时，还对阳性结果进行了测序分析，发现我国诺如病毒与日本出现的诺如病毒的同源性为 96%，都属于 GⅡ型。陈广全等使用 RT-PCR 方法检测上海贝类产品中诺如病毒的存在状况，32 份贝类样品中(花蛤、青蛤、扇贝、牡蛎、毛蚶、蛏子)检出两份毛蚶样品为诺如病毒阳性。李振等使用 RT-PCR 方法检测了青岛地区市售海产贝类中诺如病毒的污染状况。208 只牡蛎中检出 21 个诺如病毒阳性样品，检出率为 10.1%；169 个毛蚶样品中检出 9 个阳性样品，检出率为 5.3%；169 个杂色蛤和 100 个扇贝样品中未发现诺如病毒阳性样品。[49]

以上调查数据都是定性检测，没有我国海产贝类中诺如病毒污染状况的定量数据。本实验室在我国贝类主要产区设置 10 个样品采集点，每月采样一次，冰盒内保存，24 h 内运到实验室进行处理。运用所建立的蛋白酶 K-PEG8000 病毒富集方法以及 Real-time RT-PCR 技术，对 6 种贝类样品进行诺如病毒定量检测。

(1) 主要沿海城市零售市场不同贝类诺如病毒污染状况

对 10 个沿海城市零售市场的 186 个太平洋牡蛎样品、140 个紫贻贝样品、172 个栉孔扇贝样品、173 个缢蛏样品、158 个毛蚶样品和 170 个菲律宾蛤仔样品进行 Real-time RT-PCR 扩增，结果显示这六种贝类样品中诺如病毒的检出率分别是 10.22%，9.29%，3.49%，2.89%，7.59%，8.82%。六种贝类样品的诺如病毒平均检出率为 7.01%，见表 5-28。

表 5-28 不同贝类中诺如病毒的平均含量及检出率

贝类种类	样本量(件)	检出量(件)	检出率(%)	平均浓度(copies/g)
牡蛎	186	19	10.22	1.84E+04
紫贻贝	140	13	9.29	1.75E+03
扇贝	172	6	3.49	2.31E+03
缢蛏	173	5	2.89	1.68E+02
毛蚶	158	12	7.59	3.05E+04
菲律宾蛤仔	170	15	8.82	1.57E+05

定量结果如图 5-33 所示，贝类中的诺如病毒含量多集中在 1E2-1E3copies/g 的水平上。

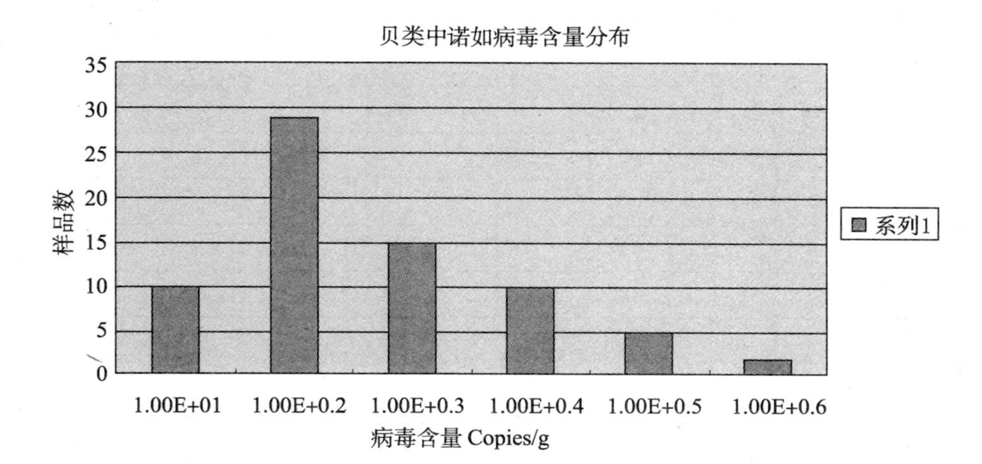

图 5-33 贝类中诺如病毒的含量分布

(2) 主要沿海城市零售市场不同季节贝类的诺如病毒污染状况

为了便于研究贝类中诺如病毒的季节分布。将样品按春季(3～5 月)、夏季(6～8 月)、秋季(9～11 月)和冬季(12～2 月)进行了分类。结果显示：秋季贝类中诺如病毒的含量最高，平均值达 1.02E+05 copies/g，冬季和夏季次之，春季最低，不同季节样品的检出率分别为：3.14%(春)、9.20%(夏)、6.14%(秋)和 9.55%(冬)，见表 5-29。

表 5-29 不同季节贝类中诺如病毒的平均含量及检出率

季节	样本量(件)	检出量(件)	检出率(%)	阳性样本病毒含量范围(copies/g)
春(3～5 月)	197	6	3.14	1.42E+01－3.07E+05
夏(6～8 月)	261	24	9.20	6.07E1－1.82E3
秋(9～11 月)	342	21	6.14	8.4－1.39E5
冬(12～2 月)	199	19	9.55	8.9－1.64E6

(3) 不同城市贝类诺如病毒污染状况

将样品按采样城市进行分类。不同城市贝类中诺如病毒的检出率如表 5-30 所示。

表 5-30 不同沿海城市贝类的诺如病毒污染状况

城市	样本量(件)	检出量(件)	检出率(%)
青岛	184	10	5.43
烟台	121	10	8.26
威海	133	11	8.27
大连	139	15	10.79

续表

城市	样本量(件)	检出量(件)	检出率(%)
日照	131	10	7.63
莱州	92	2	2.17
连云港	47	3	6.38
舟山	56	1	1.79
广州	48	5	10.42
厦门	48	3	6.25

5.3.3.3 欧美国家贝类产品中诺如病毒的存在状况

通过表5-31我们可以看出，在欧美国家，诺如病毒的阳性检出率要高于我国，瑞典诺如病毒的阳性检出率竟达到了76%。贝类净化虽然可以降低感染诺如病毒的风险，但是，短时间的净化仍然无法完全去除诺如病毒。

表5-31 国外报道的软体动物中诺如病毒的存在状况

国家	贝类	样品数	阳性率(%)	时间
法国	牡蛎	108	23	1995～1998
法国	贻贝	73	35.6	1995～1998
希腊	牡蛎、贻贝	144	1.4	2000～2001
西班牙	牡蛎、贻贝	104	25	2000～2001
瑞典	牡蛎、贻贝	54	76	2000～2001
英国	牡蛎	32	56(未净化)	1995～1996
英国	牡蛎	32	38(净化)	1995～1996
英国	牡蛎	32	73(夏季)	1995～1996
英国	牡蛎	32	31(冬季)	1995～1996
英国	牡蛎，贻贝	173	5.8	2000～2001
英国	牡蛎	237	59	2004～2006
美国	牡蛎	45	44	2002～2003

5.3.3.4 贝类膳食摄入情况

目前UNEP/FAO/WHO食品污染和监测程序(GEMS/Food)有五个地区性的和一个全球性的膳食数据库，有250种原料和半成品的日消费量数据。非洲、亚洲、地中海、欧洲和拉丁美洲地区性膳食模式是根据联合国粮农组织的食物平衡表中部分国家的数据制定的。但这些食物消费量数据不能提供极端消费者的有关信息。在我国，卫生部疾病控制中心也对我国居民的膳食结构进行过大规模的调查，但由于贝类不属于必需食物，我国贝类膳食调查数据尚处于空白。青岛市居民营养与健康状况调查显示，城市居民每日人均软体动物消费量为7.9 g，农村为7.0 g。根据GEMS/food最新发布的数据，我国所在地区(G区：东南亚地区)贝类的平均摄入量分别为7.5 g/标准人日。

5.3.3.5 风险人群

所有人群对诺如病毒都十分敏感，老年人以及免疫力低下的人群风险更高。在我国，生食双壳贝类并不是主要的食用方式，通过生食牡蛎感染诺如病毒相对来说较少发生。研究表明，吃彻底煮熟的牡蛎(烤、炖、炸)的人和只吃生牡蛎的人一样都可能患病，因此喜食贝类的人群皆有可能是风险人群。但是，有证据表明，生食牡蛎会存在相对较高的风险。

5.3.4 风险描述

5.3.4.1 我国诺如病毒的感染状况

我国诺如病毒的感染也十分普遍，自方肇寅等于1995年首次在河南腹泻患儿便样中检出诺如病毒以来，已经在长春、广州、武汉、福州、兰州等地先后开展了对诺如病毒的流行病学调查，结果表明诺如病毒的阳性率在15%左右。[50]~[54]在2003年10月到12月底，广州市共报道了8起诺如病毒引起群体性胃肠炎的疫情。靖宇等在应用重组诺如病毒Norwalk株和Mexico株衣壳蛋白(rNV和rMX)为抗原的间接ELISA对北京地区1 109份不同年龄人群血清标本中特异性IgG抗体的检测表明，rNV和rMX总阳性率分别为88.8%和90.6%。[55]通过对我国各地的诺如病毒分子流行病学调查表明我国的诺如病毒流行优势株也为GⅡ-4诺如病毒。1998～2002年，谢华萍等在长春地区对诺如病毒开展的流行病学研究表明，588份轮状病毒阴性标本中，有202份为阳性标本，抽取17份阳性标本进行分子鉴定，15株为GⅡ-4诺如病毒。[51]刘翼等于2003年10月到2004年1月在广州市收集儿童腹泻样本258份，诺如病毒阳性样本42份，抽取11份阳性样本进行测序分析，结果有5份为GⅡ-4诺如病毒。[53]

2003～2010年文献中可查的诺如病毒引发的疫情共62起，总体来说主要集中在南方城市，其中广东省41起，广西9起，浙江8起，长沙、上海各1起；发生月份主要集中在10月～4月；发生地点多为学校、农村社区、工厂、医院、监狱、游轮等群聚性场所。

5.3.4.2 国外诺如病毒引起肠胃炎的暴发

诺如病毒引起的急性胃肠炎的暴发是全球性的。日本、美国、加拿大、欧盟等许多国家和地区已经报道了由于食用海产贝类而引发诺如病毒大规模暴发的案例。英国一项关于诺如病毒侵染率的研究显示，一年中共发生案例约4.6万起，7 300名国民受到诺如病毒的感染并引起胃肠炎。其中，有33%属于食源性传播。在新西兰，有15%～20%的食源性胃肠炎疾病是由诺如病毒引起的，是第二大常见的引起胃肠炎的病原体。在英国，诺如病毒感染的频率为1 449/100 000居民，没有数据显示，其中有多少属于食源性诺如病毒感染。而在美国,估计每年受到食源性诺如病毒感染的案例有 920 万,占世界的 40%(0.23 亿)。澳大利亚食源型病毒疾病的论述中指出,自 1977 年以来,大量的诺如病毒感染的暴发与牡蛎相关,并且涉及 2 000 名消费者。美国和英国报道的感染诺如病毒的比例见表 5-32。

表 5-32　国外食源性诺瓦克样病毒感染的影响与频率

国家	年份	暴发次数	案例数
英国	1995	366(43.9%)	11 215(53.9%)
英国	1996	314(42.8%)	11 484(58.9%)
美国	1993～1997	24(0.9%)	1 233(1.4%)
美国	1989	1(0.2%)	42(0.3%)

5.3.5　风险管理

5.3.5.1　污染来源的控制

水体中的诺如病毒主要来自化粪池、生活污水排放以及游船污水排放。诺如病毒对不良环境条件的抵御能力较强,这些病毒一旦释放到环境中,就会大面积扩散,并且在外界环境中长时间生存,这直接导致双壳贝类养殖场污染病毒的风险越来越高。因此,控制污染来源是降低贝类产品污染诺如病毒风险的根本。为此,应该加强以下信息的收集:

① 为了确定污染过程,应该加强游船和家庭排放的污水中残留的诺瓦克样病毒特性的研究。

② 在重要的贝类生长聚集区域监测诺瓦克样病毒的流行状况,包括病毒污染的季节性。

③ 监测环境和贝类中诺如病毒的污染状况。

5.3.5.2　贝类产品的控制

双壳贝类可以通过滤食作用将水体中可能存在的诺如病毒粒子富集在消化道内。诺如病毒无法在贝类体内增殖,因此,贝类体内的诺如病毒主要来自于养殖海域。通过本实验室的调查可以发现,海产贝类中诺如病毒的污染比较常见,在 6 种贝类中都有检出。

在澳大利亚,销售之前进行贝类净化可以减少疾病暴发的数量,虽然这个措施并不是完全有效的。研究人员对贝类净化去除病毒的效力持怀疑态度,澳大利亚、英国、法国正在对此问题进行研究。截至目前的研究结果表明,用器皿净化贝类中的病毒并不十分有效。贝类净化可以去除贝类中的细菌,但是病毒可以在贝类消化道内生存几天甚至几星期。贝类水体的替换可成功去除病毒,这是有效的去除病毒的方法。欧盟 91/492 决议规定,在重污染水域,贝类至少应该在洁净的水域中净化 2 个月才可以去除贝类中的肠道病毒。新西兰的研究也表明,这种方法确实可以去除牡蛎中的诺如病毒。

5.3.5.3　切断其他传播途径

食品工作者对食品的污染被认为是传播食源性疾病的途径之一。Thornley等通过对2001年新西兰暴发的所有诺如病毒感染进行分析得知，其中的8起是由食品工作者引起的污染。患胃肠疾病的食品制造者48～72 h不准从事食品加工工作，可有效防止这样的污染。新西兰食品安全局和环境科学研究中心为食品工业开发了一项食品企业疾病政策以确保食品工业中原材料的安全。它明确界定了食品制造者在出现症状（腹泻或呕吐）到康复并重新从事食品行业的最短周期。所有的食源性病原体都被考虑，包括诺如病毒。感染诺如病毒的食物制造者在症状消失至少48 h之后才能工作。诺如病毒在人与人之间的传播很容易发生。诺如病毒的主要传播以食品或水源作为载体，其次就是通过人与人之间进行传播。呕吐、粪口途径和气溶胶都可能引起传染。病毒可以通过环境表面，甚至是水溶胶传播，这种传播很难控制。

5.3.5.4　风险管理措施

根据以上风险管理的信息，我们可以提出以下几条风险管理的措施。

① 水体的污染导致贝类产品的污染，因此，必须加大水环境的整治力度，严格执行《水污染防治法》和《渔业法》，尽快建立海洋污染监控系统。对于尚未污染的水域或海区应以监控为主，防患于未然；对于已经污染的水域或海区应以治理为主，退污还清。

② 我国沿海地区的海产贝类中均污染了诺如病毒，因此，应该加强沿海地区主要贝类养殖区的监控，找出受到诺如病毒污染的养殖区，并对污染地区的海产贝类进行监测。

③ 对于来自污染海域的海产贝类，应该先在清洁的海域中进行暂养，并实时监控海产贝类中的诺如病毒，在进入市场之前确保贝类中不含有诺如病毒。

④ 食品工作者对食品的污染被认为是传播食源性疾病的途径之一，因此，应该制定相应的规章制度，对患有病毒性胃肠炎的食品工作者进行控制，确保在食品加工的环节不会污染诺如病毒。

⑤ 完善沿海城市水产品市场的监管制度，建立可追溯体系。一旦在产品中发现诺如病毒的存在，应该迅速将可疑的贝类产品召回，并对其产地进行监控。

⑥ 建立诺如病毒感染的通报制度。一旦出现大规模的诺如病毒感染，应该及时通报，并采取相应的隔离措施，尽可能降低人—人接触传播的风险。诺如病毒感染剂量非常低，1个病毒粒子就可能会导致消费者发病，因此，海产贝类中一旦还有诺如病毒，将给消费者带来极大的安全隐患。

对于消费者而言，也应该注意以下几点。

① 尽量减少食用风险较高的海产贝类（牡蛎、毛蚶）的频率，不要食用死的或者不新鲜的海产贝类。

② 食用贝类产品时应该将贝类产品充分加热，切不可生食或食用处理不充分的贝类产品。

③ 从调查结果来看，不仅冬季是诺如病毒污染的高峰期，夏季贝类诺如病毒感染率也很高。在这两个季节，应该减少食用贝类产品的频率。

④ 一旦感染了诺如病毒，应该及时就医，并且与注意与患者隔离，防止接触传播的发生。

参考文献

[1] Siebenga JJ，Vennema H，Zheng DP，et al. NorovirusIllness is A Global Problem：Emergence and Spread of NorovirusGII. 4 Variants，2001～2007 [J]. Journal of Infectious Diseases，2009,200(5)：802-812.

[2] Dolin，R.，Blacklow，NR.，DuPont，H.，et al. Biological Properties of Norwalk Agent of Acute Infectious Nonbacterial Gastroenteritis [J]. ProcSocExpBiol Med.，1972，140：578-583.

[3] Kapikian，AZ.，Wyatt，RG.，Dolin，R.，et al. Visualization by Immune Electron Microscopy of A 27-Nm Particle Associated with Acute Infectious Nonbacterial Gastroenteritis [J]. J Virol.，1972，10：1075-1081.

[4] Jiang，X.，Wang，J.，Graham，DY. et al. Detection of Norwalk Virus in Stool by Polymerase Chain Reaction. J ClinMicrobiol.，1992，30：2529-2534.

[5] Vinje，J.，Hamidjaja，RA. and Sobsey，M. D. Development and Application of A Capsid VP1 (Region D) Based Reverse Transcription PCR Assay for Genotyping of GenogroupI andII Noroviruses [J]. J Virol Methods，2004，116：109-117.

[6] Ando，T.，Noel，JS. and Fankhauser，R. L. Genetic Classification of Norwalk-Like Viruses [J]. J Infect Dis.，2000，181(2)：336-348.

[7] Karst，SM.，Wobus，CE.，Lay，M.，et al. Stat1-Dependent Innate Immunity to A Norwalk-Like Virus. Science，2003，299：1575-1578.

[8] Koopmans，MP. Outbreaks of Viral Gastroenteritis，in Particular Due to the Norwalkvirus：An Underestimated Problem [J]. Ned TijdschrGeneeskd，2002，146：2401-2404.

[9] Dastjerdi，AM.，Green，J.，Gallimore，CI.，et al. theBovine Newbury Agent-2 is Genetically More Closely Related to Human Srsvs Than to Animal Caliciviruses[J]. Virology，1999，254：1-5.

[10] Sugieda，M.，Nagaoka，H.，Kakishima，Y.，et al. Detection of Norwalk-like virus genesin the caecum contents of pigs [J]. Arch Virol.，1998，143：1215-1221.

[11] van Der Poel, WH., Vinje, J., van Der Heide, et al. Norwalk-like Calicivirus-Genes inFarm Animals [J]. Emerg Infect Dis, 2000, 6: 36-341.

[12] Zheng, DP., Ando, T., Fankhauser, RL., et al. Norovirus Classification and Proposed Strain Nomenclature [J]. Virology, 2006, 346: 312-323.

[13] Wang, QH., Han, MG., Cheetham, S., et al. Porcine Noroviruses Related to Human Noroviruses [J]. EmergInfect Dis., 2005, 11:1874-1881.

[14] Bull RA., Tanaka M. M., White PA. Norovirus Recombination [J]. Journal of General Virology, 2007, 88 (12): 3347-3359.

[15] Koopmans M. Progress in Understanding Norovirus Epidemiology [J]. Current Opinion inInfectious Diseases, 2008, 21(5): 544-552.

[16] Siebenga JJ., Vennema H., Zheng DP., et al. Norovirus Illness is A Global Problem: Emergence and Spread ofNorovirus Gii. 4 Variants, 2001-2007 [J]. Journal ofInfectious Diseases, 2009, 200(5): 802-812.

[17] Costantini V., Loisy F., Joens L., et al. Human and Animal Enteric Caliciviruse-sin Oysters from Different Coastal Regions ofthe United States [J]. Applied and Environmental Microbiology, 2006, 72(3): 1800-1809.

[18] Gallimore CI., Pipkin C., Shrimpton H., et al. Detection of Multiple Enteric Virus Strains withinA Foodborne Outbreak of Gastroenteritis: An Indication ofthe Source of Contamination [J]. Epidemiology andInfection, 2005, 133(1): 41-47.

[19] Le Guyader F. S., Bon F., Demedici D., et al. Detection of Multiple Noroviruses Associated with An International Gastroenteritis Outbreak Linked to Oyster Consumption [J]. Journal of Clinical Microbiology, 2006, 44(11): 3878-3882.

[20] Le Guyader, FS., Le Saux, JC., Ambert-Balay, K., et al. Aichi Virus, Norovirus, Astrovirus, Enterovirus, and Rotavirus Involved in Clinical Cases from A French Oyster-Related Gastroenteritis Outbreak [J]. Journal of Clinical Microbiology, 2008, 46:4011-4017.

[21] Lees, D., Viruses and Bivalve Shellfish [J]. International Journal of Food Microbiology, 2000, 59(1～2): 81-116.

[22] Mcdonnell, S., Kirkland, KB., Hlady, WG., Aristeguieta, C., Hopkins, R. S., Monroe, S. S. & Glass, R. I. Failure of Co SeamerOkingto Prevent Shellfish-Associated Viral Gastroenteritis [J]. Archives ofInternal Medicine, 1997, 157(1): 111-116.

[23] Dolin, R., Blacklow, NR., Dupont, H., et al. Biological Properties of Norwalk Agent of Acute Infectious Nonbacterial Gastroenteritis [J]. ProcSocExpBiol

Med.，1972，140：578-583.

[24] Hewitt J，Greening Ge. Effect of Heat Treatment on Hepatitis A Virus andNorovirusin New Zealand Greenshell Mussels (PernaCanaliculus) by Quantitative Real-Time Reverse Transcription Pcrand Cell Culture [J]. Journal of Food Protection，2006，69(9)：2217-2223.

[25] Hewitt J.，Greening G. E. Survival and Persistence ofNorovirus，Hepatitis A Virus，and Feline Calicivirusin Marinated Mussels [J]. Journal of Food Protection，2004，67(8)：1743-1750.

[26] Hewitt J.，Greening GE. Norovirus Detection andStandardisationin Shellfish 2008-9. A Report forthe New Zealand Food Safety Authority. Institute of Environmental Science and Research Ltd，Christchurch. Esr Client Report Fw09067[R]. Keneperu：Esr.，2009.

[27] 中华人民共和国农业部渔业局. 2010年中国渔业统计年鉴[M]. 北京：中国农业出版社，2010.

[28] Greening G.，Lake R.，Hudson J.，et al. Risk Profile：Norwalk-Like Virus in Mollusca (Raw)，Client Report Fw0110[R]. New Zealand Food Safety Authority，2003.

[29] Grohmann，GS. Viruses，Food and Environment. in：Ad Hocking；G Arnold；I Jenson et al. (Eds). Foodborne Microorganisms of Public Health Significance. Fifth Edition[M]. Sydney：Australian Institute of Food Science and Technology，1997.

[30] Asahina AY.，Lu Y.，Wu C.，et al. Potential Biosentinelsof Human Waste in Marine Coastal Waters：Bioaccumulation of Human NorovirusesandEnteroviruses-from Sewage-Polluted Waters byIndigenous Mollusks [J]. Journal ofVirological Methods，2009，158(1～2)：46-50.

[31] Nenonen NP.，Hannoun C.，Horal P.，et al. Tracing ofNorovirus Outbreak Strains in Mussels Collected Near Sewage Effluents [J]. Applied and Environmental Microbiology，2008，74(8)：2544-2549.

[32] Greening GE.，Mirams M.，Berke T. Molecular Epidemiology of 'Norwalk-Like Viruses' Associated with Gastroenteritis Outbreaks in New Zealand [J]. Journal of Medical Virology，2001，64(1)：58-66.

[33] Kingsley DH.，Richards GP. Persistence of Hepatitis A Virus in Oysters [J]. Journal of Food Protection，2003，66(2)：331-334.

[34] Seamer C. the Biology of Virus Uptake and Elimination by Pacific Oysters (Cras-

sostreaGigas) [M]. Wellington: Victoria University of Wellington, 2007.

[35] Schwab, KJ., Neill, FH., Fankhauser, R. L., et al. Development of Methods to Detect "Norwalk-Like Viruses" (Nlvs) and Hepatitis A Virus in Delicatessen Foods: Application toA Food-Borne Nlv Outbreak [J]. Applied and Environmental Microbiology, 2000, 66(1): 213-218.

[36] Wang D., Wu Q., Kou X., et al. Distribution ofNorovirusin Oyster Tissues [J]. Journal of Applied Microbiology, 2008, 105(6): 1966-1972.

[37] Wang D., Wu Q., Yao L., et al. New Target Tissue for Food-Borne Virus Detection in Oysters [J]. Letters in Applied Microbiology, 2008, 47(5): 405-409.

[38] Tian P., Bates AH., Jensen HM., et al. Norovirus Binds to Blood Group A-Like Antigens in Oyster Gastrointestinal Cells [J]. Letters in Applied Microbiology, 2006, 43(6): 645-651.

[39] Mcleod C., Hay B., Grant C., et al. Localization ofNorovirusand Poliovirus in Pacific Oysters [J]. Journal of Applied Microbiology, 2009, 106(4): 1220-30.

[40] Marks PJ., Vipond IB., Carlisle D., et al. Evidence for Airborne Transmission of Norwalk-Like Virus (Nlv) in A Hotel Restaurant [J]. Epidemiology andInfection, 2000, 124(3): 481-487.

[41] Hutson, AM., Atmar, RL., Estes, MK., et al. Norovirus Disease: Changing Epidemiology and Host Susceptibility Factors [J]. Trends in Microbiology, 2004, 12(6):279-287.

[42] D'Souza DH., Moe CL., Jaykus LA. Foodborne Viral Pathogens. in: Mp Doyle; LrBeuchat (Eds). Food Microbiology: Fundamentals andFrontiers[M], 3rd Edition. Washington Dc: Asm Press, 2007.

[43] Harris JP., Edmunds WJ., Pebody R., et al. Deaths fromNorovirusamongthe Elderly, England and Wales. Emerging Infectious Diseases, 2008, 14(10): 1546-1552.

[44] Hutson, AM., Airaud, F., Lependu, J., et al. Norwalk Virus Infection Associates with Secretor Status Genotyped from Sera [J]. J Med Virol, 2005, 77: 116-120.

[45] Ravn V, Dabelsteen E. Tissue Distribution ofHisto-Blood Group Antigens. Apmis, 2000, 108(1):1-28.

[46] Teunis PF., Moe CL., Liu P., et al. Norwalk Virus: How Infectious is It? [J]. Journal of Medical Virology, 2008, 80(8): 1468-1476.

[47] Nakagawa-Okamoto R., Arita-Nishida T., Toda S., Kato H., et al.: Detection

of Multiple Sapovirus Genotypes and Genogroupsin Oyster-Associated Outbreaks [J]. Jpn J Inf Dis., 2009, 62:63-66.

[48] 汪俊，薛长湖，李兆杰，等. 太平洋牡蛎中诺瓦克样病毒的RT-PCR法检测和病毒聚合酶区部分序列的分析[J]. 中国水产科学，2004，11(6)：525-529.

[49] 李振. 青岛地区贝类中诺瓦克样病毒污染状况调查与风险评估初探：[D]. 青岛：中国海洋大学，2006：25-29.

[50] 方肇寅，温乐英，晋圣瑾，赵章华. 在我国腹泻患儿中发现诺瓦克样病毒感染[J]. 病毒学报，1995，3：215-219.

[51] 谢华萍，方肇寅，王光，等. 长春市儿童医院1998～2001年婴幼儿杯状病毒腹泻流行病学研究[J]. 病毒学报，2002，18(4)：332-336.

[52] 陈军林，王滔，高建民，等. 福州地区腹泻患者诺瓦克样病毒感染的分子流行病学特点[J]. 中国人兽共患病杂志，2003，19 (2)：83-85.

[53] 刘翼，戴迎春，姚英民，等. 广州市某医院儿童秋冬季腹泻诺瓦克样病毒感染的分子流行病学研究[J]. 中华流行病学杂志，2005，26(7)：525-529.

[54] 董巧丽，金玉章菁，谢华萍，等. 兰州地区婴幼儿轮状病毒和杯状病毒腹泻的研究. 临床儿科杂志，2005，23(6)：364-369.

[55] 靖宇，钱渊，王洛平. 北京地区人群诺瓦克样病毒血清抗体水平调查[J]. 病毒学报，1998，14(4)：322-328.

5.4　我国沿海城市海产品中副溶血性弧菌的半定量风险评估

副溶血性弧菌(*Vibrio parahaemolyticus*)广泛存在于海水、海底沉积物以及各种海产品中，如贝类、鱼类和虾蟹类等，是一种主要的食源性致病菌。人们通常由于食用了副溶血性弧菌污染的食物而发病，该菌可引起肠胃炎，患者多出现恶心、呕吐、腹泻和发热等症状，严重者还可出现脱水、休克昏迷，甚至死亡。[1]

风险评估的方法可分为定性、半定量和定量风险评估。定性风险评估指评估结果用定性专用词语如高、中、低或者可忽略来描述，一般作为评估的第一部分来完成，其决定是否要进行半定量和定量风险评估；半定量风险评估一般使用评分机制来对风险发生的可能性和严重程度进行评估和描述，经常是在缺乏完整的资料而不能进行完整的定量风险评估的情况下，通过半定量风险评估比较风险的程度及风险降低策略的有效性；定量风险评估是用数学模型对风险发生的可能性或造成的影响进行模拟并用数字化来描述，最常用的风险评估模型为Monte Carlo模型。[2][4]

近年来，副溶血性弧菌引起的食物中毒已高居微生物性食物中毒的首位，尤其是在沿海省份。根据上述情况，对沿海省份居民因食用海产品而引起食物中毒的风险进行评估就非常必要。然而，我国食品中微生物风险评估的基础数据相对较缺乏，缺少能满足风险评估所需的营养调查、食品消费方式等膳食数据，缺少因摄入被污染食品引发疾病的真实资料和爆发数据等流行病学资料。此外，我国食品中微生物风险评估模型构建也不完善，主要参考外国相关的风险评估报告。因此，利用半定量风险评估软件，对沿海居民因食用不同海产品（鱼类、虾蟹类和贝类）而产生的风险进行评估，比较不同海产品中副溶血性弧菌风险的大小，可以为政府的安全监管和指导居民合理消费水产品提供依据，也便于今后优先对风险较高的水产品开展定量风险评估。

5.4.1　材料与方法

5.4.1.1　资料来源

副溶血性弧菌的危害识别和危害特征描述主要查阅国内外有关副溶血性弧菌流行病学的文献、专著和报告，并结合 CAC（The Codex Alimentarius Commission）相关微生物风险评估的指南。不同省份贝类的产量参考《2010 年渔业统计年鉴》[5]，人口数量及结构参考国家统计局第六次人口普查资料。

5.4.1.2　海产品中副溶血性弧菌的污染情况

为了解海产品中副溶血性弧菌的污染情况，收集了文献报道的 2003～2010 年海产品（鱼类、虾蟹类和贝类）中副溶血性弧菌的检出率，并着重调查了我国沿海城市的贝类中副溶血性弧菌的污染状况，从 2008 年到 2010 从沿海城市的零售市场上共采集了 839 个贝类样品，采用文献报道的方法[6]考察了样品中副溶血性弧菌的检出率。

5.4.1.3　评估方法

采用了澳大利亚霍巴特大学的 Ross 和 Sumner 研制开发的 Risk Ranger 软件进行评估。[7]Risk ranger 软件是一种半定量的风险评估方法。主要用于比较不同来源产品中的食源性风险，可对不同来源的风险进行分级，同时确定优先性。

5.4.2　结果与分析

5.4.2.1　危害识别

副溶血性弧菌于 1950 年首次在日本大阪市发现，其当时已引起了 20 起食物中毒事件，共有 272 人患病。副溶血性弧菌通常引起人类肠胃炎，表现为：腹部痉挛、腹泻、恶心、呕吐和发热，该病的潜伏期一般为 2～6 h，具有自限性，病程一般为 3 d 左右，很少的情况下，会引起败血症，甚至死亡。美国国立卫生研究院 1998 年对微生物危害按危害程度分级如表 5-33 所示。[8]从表 5-33 中可以看出副溶血性弧菌的危害级别属于第二级（RG2），危害程度应为“轻微”。

表 5-33 生物危害因素的危害程度

风险等级	危害引起的结果	危害因子
RG1	不会引起健康成人疾病	地衣芽孢杆菌、豚鼠疱疹病毒等
RG2	有时需要药物治疗	副溶血性弧菌、沙门氏菌、空肠弯曲菌、甲型肝炎病毒、诺如病毒等
RG3	多数情况会需要药物治疗	霍乱弧菌、布鲁氏菌属、鼠疫耶尔森菌、口蹄疫病毒、新城疫病毒等
RG4	引起严重疾病或死亡	主要为病毒，如拉沙热病毒、天花病毒等

5.4.2.2 危害特征描述

副溶血性弧菌在沿海地区已成为引起微生物性食物中毒的首要因素。副溶血性弧菌为全人群易感，男女老幼均可患病，但以青壮年为多，病后免疫力不强，可重复感染。[9] 其引起的疾病多发生于夏秋沿海地区，常造成集体发病，近年来沿海地区发病有增多的趋势。因此本次风险评估目标人群暂定为沿海省份的身体健康状况良好的所有普通大众，认定副溶血性弧菌为“普遍易感”。

5.4.2.3 暴露评估

1）污染概率

本研究从 2008 年 12 月到 2010 年 11 月从我国的沿海城市共收集贝类样品 839 个，其中 565 个样品中副溶血性弧菌检测为阳性，检出率为 67.34%。结合 2003～2010 年文献报道的海产品中副溶血性弧菌的调查结果，计算出了鱼类、虾蟹类和贝类中副溶血性弧菌的加权平均污染率分别为 28.36%、42.72%和 60.48%。具体文献来源及实验结果如表 5-34 所示。[10][21] 将上述数值填入到 Risk Ranger 软件的问题 6 中。

表 5-34 不同海产品中副溶血性弧菌的检出率

编号	海产鱼类		海产虾蟹类		海产贝类		来源
	检出率	样品数	检出率	样品数	检出率	样品数	
1	19.50%	87	—	98	—	—	严纪文等
2	33.74%	80	51.85%	81	—	—	程苏云等
3	16.80%	119	21.40%	56	48.80%	125	张淑红等
4	12.50%	80	26.00%	46	—	73	车光等
5	25.50%	51	37.90%	116	49.30%	69	刘秀梅等
6	17.50%	80	—		—	—	杨丽华等
7	32.38%	105	48.42%	95	46.60%	103	曾健军等

续表

编号	海产鱼类		海产虾蟹类		海产贝类		来源
	检出率	样品数	检出率	样品数	检出率	样品数	
8	38.33%	60	35.29%	51	55.56%	27	邓志爱等
9	—	28	40.00%	20	78.26%	23	李秀桂等
10	40.00%	120	61.70%	60	75.00%	60	宋晓荷
11	33.33%	72	41.46%	73	49.21%	63	蒋立新等
12	32.63%	144	52.76%	127	63.33%	30	张俊彦等
13	—	—	—	—	67.34%	839	本研究
加权平均值	28.36%		42.72%		60.48%		

注:"—"代表文献中未报道。

2）消费情况

模型中将消费人群所占的比例分为四类:分别是:全人群(100%)、大多数(75%)、一部分(25%)和很少(5%)。假定海产品主要自沿海省市消费,假设"大多数人(75%)每周食用一次贝类,每两周食用一次鱼类或虾蟹类"。根据国家统计局第六次人口普查报告,沿海省市(辽宁、天津、河北、山东、江苏、上海、浙江、福建、广东、广西、海南)的人口总数为576 333 251 人。

3）加工过程的控制

海产品主要以鲜活状态销售为主,尤其是贝类产品,沿海居民多以购买鲜活的贝类自己加工食用,此外,贝类的存活能力很强,市售贝类多在常温放置,少有其他的保鲜措施,因此,假定贝类产品没有加工过程,对危害没有影响;鱼类和虾蟹类的存活率低、易腐败,在销售过程常采用加冰保存等方式,低温对副溶血性弧菌生长有抑制作用[22],因此,假定鱼类和虾类产品的加工过程,可降低副溶血性弧菌的危害。针对 Risk Ranger 软件的问题 7,鱼类和虾类产品选择"加工过程可降低危害",贝类产品选择"加工过程对危害没有影响"。

4）食用前的准备

Risk Ranger 软件"可靠得消除"共设计了 5 个选项来评估食用前的烹调过程,分别是:"可靠得消除"、"通常降低危害"、"轻度降低危害"、"对危害无影响"和"其他"。副溶血性弧菌通常在 50℃～60℃,蒸煮 10 min,其菌含量就能降低到安全水平,但是考虑沿海居民的烹调方式和饮食习惯,人们追求海产品的鲜味,通常稍加烹调,并不将海产品完全煮熟或者有生食的习惯,因此,针对 Risk Ranger 软件的问题 11,假定为"通常能消除危害"。

5）剂量-反应

Risk Ranger 软件中的问题 10：最初感染剂量的几倍增加会引起普通消费者中毒，涉及了副溶血性弧菌致病的剂量-反应。美国 FDA 限定牡蛎中副溶血性弧菌含量超过 1×10^{4} CFU/g时，就不适宜食用了。根据本研究的调查结果显示，贝类中副溶血性弧菌的含量平均为 10^{2} CFU/g 的水平，因此，假定 100 倍的增加水平会引起消费者中毒。

5.4.2.4 风险特征描述

根据上述危害识别、危害特征描述以及暴露评估的结果，Risk Ranger 软件中关于三种海产品的风险因素如表 5-35 所示。

表 5-35 三种海产品中副溶血性弧菌半定量评估是考虑的风险因素

风险因素	海产鱼类	海产虾蟹类	海产贝类
问题 1	轻度危害一有时需要药物治疗	轻度危害一有时需要药物治疗	轻度危害一有时需要药物治疗
问题 2	普遍易感	普遍易感	普遍易感
问题 3	每月 2 次	每月 2 次	每周
问题 4	大多数(75%)	大多数(75%)	大多数(75%)
问题 5	沿海省市	沿海省市	沿海省市
问题 6	28.36%	42.72%	60.48%
问题 7	加工过程可降低危害	加工过程可降低危害	加工过程对危害没有影响
问题 8	不存在	不存在	不存在
问题 9	无控制	无控制	无控制
问题 10	中度增加	中度增加	中度增加
问题 11	通常降低危害	通常降低危害	通常降低危害

将上述三种海产品中 11 个问题的选项输入软件并运行，结果如表 5-36 所示。因消费鱼类、虾类和贝类产品接触副溶血性弧菌而患病的概率分别为 1.0×10^{-6}、2.8×10^{-6} 和 8.3×10^{-5}，消费贝类产品的患病概率明显高于其他两种产品。三种产品的评分结果是鱼类(47)、虾类(49)、贝类(51)，Risk Ranger 软件将评分分为三个等级：小于 32 为低风险，32～48 为中度风险，大于 48 为高度风险。根据评估等级，鱼类中的副溶血性弧菌为中度风险，虾类和贝类中的副溶血性弧菌为高度风险。因此，需要加强虾类和贝类，尤其是贝类中副溶血性弧菌的监测，有必要开展贝类中副溶血性弧菌的定量风险评估，以认识其危害。

表 5-36　三种海产品的半定量风险评估结果

产品类别	消费者患病的概率	预计每年的发病数	评分结果
海产鱼类	9.45×10^{-7}	1.49×10^{5}	48
海产虾蟹类	1.42×10^{-6}	2.25×10^{5}	49
海产贝类	8.62×10^{-5}	1.36×10^{7}	59

5.4.3　讨论

半定量的风险评估的作用是在没有定量数据或者定量数据缺乏的情况下，让使用者从一系列问题中作出定性的选择，并将这些定性的选择量化，最后转化为评分结果和患病概率。半定量风险评估也称相对定量风向评估，其最大的作用就是比较不同来源风险之间的差别，将它们分级，确定风险的高低，为食品安全管理体系提供信息来源，也为定量风险评估提供依据。国外学者广泛将该方法应用于不同风险的比较。Mataragas 等对猪肉和禽肉中不同的致病菌对人类的危害进行了风险分级，最终确定了超过保质期的或被单核细胞增生李斯特氏菌（*Listeria monocytoenes*）或金黄色葡萄球菌（*Staphyloccocus aureus*）污染的即食猪肉和禽肉产品为高风险产品，需要优先进行风险评估研究。[23] 本研究利用该方法对鱼类、虾类和贝类中的副溶血性弧菌做了半定量风险评估，结果显示贝类中的副溶血性弧菌的风险明显高于其他两种产品，在资源有限的情况下，可以优先进行贝类中副溶血性弧菌的定量风险评估。

Risk Ranger 软件的一个重要作用就是让风险评估初学者熟悉风险评估的各个流程，了解风险控制的关键点。通过评估可以看到，我国的鲜活水产品，尤其是贝类产品的加工控制体系有限。贝类产品通常是收获后经过简单的冲洗，就直接上市销售，销售期间也没有控制措施。希腊等欧洲国家的贝类产品收获后，上市之前，一般都要放到贝类净化车间中，经过 1 星期左右的净化，使贝类体内的微生物水平降到安全线以下。我国尚无大规模进行贝类净化的工厂，仅在大连和威海有少数几个贝类净化车间，主要用于生食或高值贝类产品的净化。通过评估发现，降低副溶血性弧菌风险的另一重要措施就是食用前的准备过程。在其他条件不变的情况下，仅在“食用前彻底加热”就可完全消除，风险值就为 0，因此，食用前的准备非常重要，建议消费者食用前充分烹调。

Risk Ranger 软件可以对食品中的危害进行风险分级，但也有一定的局限性。例如，在软件中对危害的浓度和每餐摄入食品的数量没有考虑，有关食物的摄入量仅有“消费频率”一个选项；有关危害的剂量-反应在软件中仅有“最初感染剂量的几倍增加会引起消费者的感染和中毒”一个选项，针对不同的危害因素，该选项不能提供足够的因素。而且，软件中的多数结果需要使用者进行估计，估计值同实际情况之间的差异可能会影响结果的适用范围。

参考文献

[1] Honda T, Iida T, Akeda Y, et al. Sixty Years of *Vibrio parahaemolyticus* [J]. Microbe Research, 2008, 3: 462-466.

[2] Codex Alimentarius Commission. Principles and Guidelines for the Conduct of Microbiological Risk Assessment [M]. CAC/GL-30, 1999.

[3] FAO& WHO. Food Safety Risk Analysis-A Guide for National Food Safety Authorities, FAO Food and Nutrition[M]. 2006,87.

[4] 马丽萍,姚琳,周德庆.食源性致病微生物风险评估的研究进展[J].中国渔业标准,2011,2(1):20-25.

[5] 中华人民共和国农业部渔业局.2010年中国渔业统计年鉴[M].北京:中国农业出版社,2010.

[6] Zhao F, Zhou D Q, Cao H H, et al. Distribution, Serological and Molecular Characterization of *Vibrio parahaemolyticus* from Shellfish in the Eastern Coast of China. Food control, 2011, 22: 1095-1100.

[7] Thomas R, John S. A simple, Spreadsheet-based, Food Safety Risk Assessment Tool [J]. International Journal of Food Microbiology, 2002, 77: 39-53

[8] National Institutes of Health. Guidelines for Research Involving Recombinant DNA Molecules [M]. MSU., 1998, 30-35.

[9] 高围微,刘弘,刘诚,等.三疣梭子蟹中副溶血弧菌定量风险评估探索[J].环境与职业医学,2011,28(7):414-418.

[10] 邓志爱,李孝权,张健,等.广州市水产品副溶血性弧菌污染状况调查及PFGE分型研究[J].中国卫生检验杂志,2009,19(50):1130-1132.

[11] 孟娣.水产品中副溶血性弧菌快速检测技术及风险评估研究[学位论文].青岛,中国海洋大学.

[12] 程苏云,张俊彦,王赞信,等.海水产品副溶血性弧菌污染定量检测分析[J].中国卫生检验杂志,2007,17(2):336-338.

[13] 张淑红,王英豪,韩艳青,等.2005～2007年河北省水产品副溶血性弧菌主动监测及耐药性研究[J].实用预防医学,2008,15(4):1002-1004.

[14] 车光,蒋震羚,唐振柱,等.2003～2004年广西海产品副溶血性弧茵污染调查[J].广西预防医学,2005,11(5):291-293.

[15] 刘秀梅,程苏云,陈艳,等.2003年中国部分沿海地区零售海产品中副溶血性弧菌污

染状况的主动监测[J]. 中国食品卫生杂志,2005,17(2):97-99.
[16] 杨丽华,陈敏,陈洪友,等. 闵行区部分农副产品副溶血性弧菌监测及PFGE分型研究[J]. 中国卫生检验杂志,2010,20(7):1611-1614.
[17] 曾健君,冯伟明,罗泽燕,等. 惠州市2007～2009年副溶血性弧菌污染状况调查[J]. 中国热带医学,2010,10(12):1468
[18] 李秀桂,黄彦,唐振柱,等. 广西水产品中副溶血性弧菌主动监测及其危险性分析[J]. 实用预防医学,2009,16(4):1136-1138.
[19] 宋晓荷,林朝,朱小桢,等. 象山地产海产品副溶血性弧菌污染状况研究[J]. 浙江预防医学,2010年,22(1):20-22.
[20] 蒋立新,杨梅,邓凯杰,等. 深圳市水产品中副溶血性弧菌污染现状及耐药性分析[J]. 职业与健康,2010,26(3):287-288.
[21] 张俊彦,梅玲玲,朱敏,等. 301份海水产品副溶血性弧菌定量检测分析[J]. 中国卫生检验杂志,2007,17(3):509-510.
[22] 严纪文,马聪,朱海明,等. 2003—2005年广东省水产品中副溶血性弧菌的主动监测及其基因指纹图谱库的建立[J]. 中国卫生检验杂志,2006,16(4):387-391
[23] Mataragas M, Skandamis P N, Drosinos E H, et al. Risk Profiles of Pork and Poultry Meat and Risk Rating SoftVarious Pathogen/Product Combinations [J]. Int J Food Microbiol., 2008, 126: 1-12.

5.5 贝类中副溶血弧菌的定量风险评估

根据5.4中的半定量风险评估的结果,确定了贝类中副溶血弧菌具有较高的风险,应优先进行定量风险评估研究。本节采用@risk 4.5(Palisade Corporation)风险评估软件建立评估模型,利用蒙特卡罗(Monte Carlo)模拟技术对我国东部沿海六个城市消费者的食用贝类所面临的风险进行评估。

5.5.1 前言

5.5.1.1 副溶血弧菌的生物学特性

副溶血弧菌是革兰氏阴性菌,其菌体通常呈现弧状、杆状或丝状,没有芽孢(如图5-34所示)。在液体培养基中,大多数具有单端鞭毛,可以运动,有的也存在侧鞭毛,便于运动和更好的黏附。[1]副溶血弧菌为嗜盐性细菌,在含盐量为0.5%～10%的环境中均能生长,尤其在含盐量为2%～4%的情况下生长最佳,在无盐的或者含盐量10%以上的培养基上不能生长。副溶血弧菌可以在15℃～44℃的温度范围内生长,尤其在35℃～37℃生长最佳，当温度低于 4℃时停止生长。副溶血弧菌适宜生长的 pH 范围为 7.5～8.5，以 pH7.7～8.0 为最佳，在 pH 低于 6.0 的酸性环境中则无法生长。[2][3]

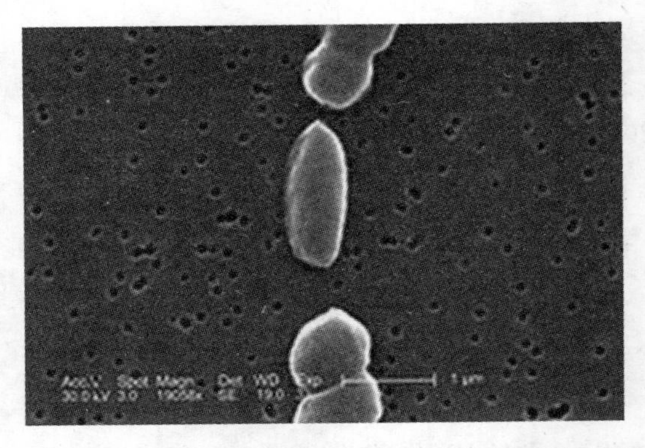

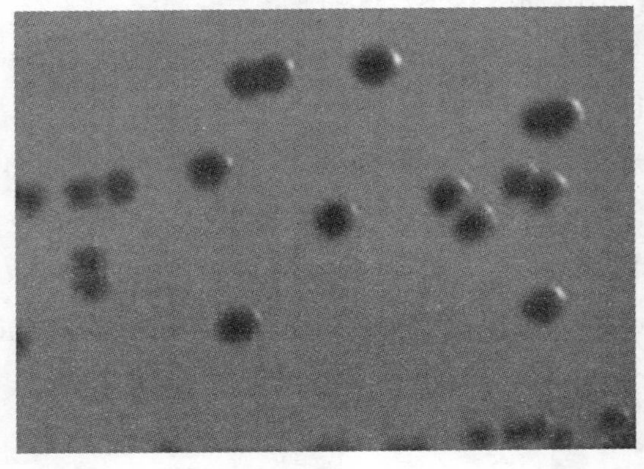

图 5-35 副溶血弧菌在 TCBS 上的生长情况

注：图 5-34 引自 http://zh.wikipedia.org/wiki。

副溶血弧菌和霍乱弧菌创伤弧菌等细菌，都属于弧菌科，弧菌属。但副溶血弧菌和其他弧菌在一些特征上不同。副溶血弧菌的大小约是 0.3×2 μm，其菌体不像典型弧菌呈弯曲状，它是笔直的棒状(似杆菌)。此外，副溶血弧菌不能利用乳糖和蔗糖，能在不产生气体及硫化氢的情况下分解葡萄糖而产酸，与可以发酵利用葡萄糖及蔗糖的其他弧菌科细菌不同，是区别副溶血弧菌与其他弧菌的方法之一。[4] 由于这个特性，副溶血弧菌在 TCBS 培养基上呈现亮绿色、圆形、中等偏大的菌落(如图 5-35 所示)。副溶血弧菌的增殖速度很快，在嗜盐性平板或培养基中，只要 8 min 左右就会分裂一次。[5] 而该菌在海产品中的繁殖也相当迅速，如 30℃时，在章鱼体内副溶血弧菌从 10^2 CFU/g 繁殖到10^7 CFU/g 仅需 6 h，副溶血弧菌的增殖迅速也是它容易造成食物中毒的原因之一。

5.5.1.2 副溶血弧菌的分布

副溶血弧菌在海洋环境中的分布主要与海水温度有关。研究表明，在海水温度低于 15℃时很少能检测到副溶血弧菌。美国麻里兰州的切萨皮克湾生态学研究表明，在冬天，副溶血弧菌主要存在于海水的沉积物中；在晚春或者初夏，当海水的温度升至14℃以上时副溶血弧菌才从海水沉积物中释放出来进入海水中繁殖。1984～1985年，美国9个临海州的研究报告表明，当海水的温度低至16℃以下的时候，每100 mL海水中只有4个副溶血弧菌；然而当海水的温度升至25℃左右的时候，每100 mL海水中副溶血弧菌的含量就升高到了1,000个。[6] Duan等于2002年11月到2003年10月在美国俄勒冈州的调查中也发现，海水中的副溶血弧菌含量和海水的温度有着密切的相关性，在夏季随着水温达到最高，副溶血弧菌含量也达到最高。[7][8]

除了在海水中外，副溶血弧菌广泛存在于海产品中，如各种贝类、鱼类和虾蟹类等。副溶血弧菌在贝类中的含量也明显同海水温度密切相关，因此，在牡蛎收获的夏季和春季，副溶血弧菌的含量明显高于冬季。[9] 在收获时，牡蛎中副溶血弧菌的浓度通常低于10^3 CFU/g，但在温暖的气候下，牡蛎中副溶血弧菌的浓度将很快超过这个值。[10] 研究结果表明，在环境温度超过26℃以后，未低温冷藏保温的牡蛎中的副溶血弧菌的含量在24 h之内会增加50～790倍。[11] Cook等调查了1998年6月至1999年7月美国的饭店、牡蛎餐馆、水产品批发和零售市场上的370件牡蛎样品中副溶血弧菌的含量，结果显示：夏季月份市场牡蛎中副溶血弧菌的含量最高，一些样品的含量甚至超过1 000 MPN/g。[12]

5.5.1.3　副溶血弧菌的毒力基因

1）*tdh* 基因

tdh 基因编码产生耐热直接溶血素（Thermostable Direct Hemolysin，TDH），TDH能够在我萋氏血平板上引起β溶血，形成溶血环，被认为是副溶血弧菌的主要毒力因子，其具有细胞毒性、心脏毒性、致死毒性和肠毒素作用。[13] *tdh* 基因全长567 bp，编码含有165个氨基酸残基的成熟蛋白质，该成熟蛋白质序列前24个氨基酸为信号肽，只有一个开放式阅读框。[14] 1984年Kaper等首次从临床分离株WP1克隆了 *tdh* 基因（*tdh*1），后来，Hida和Yamamoto发现了一种同 *tdh*1 明显不同的 *tdh* 基因（*tdh*2）。[15] 研究表明，*tdh*1 和 *tdh*2 具有相似的溶血活性，KP强阳性的菌株通常都携带2个染色体基因拷贝，携带 *tdh* 阳性株而KP为阴性或弱阳性的菌株常常仅携带1个染色体基因拷贝。此后，陆续又发现副溶血弧菌还存在 *tdh*3～5，其中 *tdh*3 和 *tdh*4 从KP阴性菌株可以克隆得到，*tdh*5 是Baba等在研究副溶血弧菌AQ3860时发现的，*tdh*1、*tdh*2、*tdh*3、*tdh*4、*tdh*5 的同源性达97%以上。[16] 在90%以上的临床分离的副溶血弧菌中都能检测出 *tdh* 基因，而 *tdh*2 基因被认为是主要的溶血相关基因。

2）*trh* 基因

trh 基因编码产生TDH相关溶血素（Thermostable Direct Hemolysin-related Hemolysin，TRH），该溶血素最早由Honda等在马尔代夫的一起胃肠炎暴发的副溶血弧菌中发现的，该菌株为KP阴性菌株不产生TDH，是产生一种与TDH相关的溶血素TRH，因此TRH也被认为是副溶血弧菌的另一重要毒力因子。[17] TRH和TDH都由165个氨基酸

残基组成,两者的氨基酸序列一致性高达67%,而且两者的生物活性也很相似,都具有溶血性、细胞毒性、肠毒性和对小鼠的致死作用,显示 *trh* 和 *tdh* 基因可能由共同的祖先进化而来。[18][20] *trh* 基因有 *trh*1 和 *trh*2 两种类型,在不同的菌株之间有所差异,两者的同源性约为84%。苏建新等对我国临床分离的副溶血弧菌的 *trh* 基因进行克隆和序列分析,结果显示:*trh* 基因在两个不同来源的菌株之间高度保守,与参考菌株 *trh* 基因的同源性达高99%。[21]部分临床分离株可同时含有 *tdh* 和 *trh* 两种基因,而大多数的环境分离株则既无 *tdh* 基因也无 *trh* 基因。[22][23]

3) *ureC* 基因

ureC 基因编码产生尿素酶,副溶血弧菌一般不产生尿素酶,但1997年在美国西海岸地区分离的某些临床菌株却显示具有尿素酶活性,说明尿素酶可能是同某些副溶血弧菌的毒力因子有关,或其本身就是一种毒力因子。深入研究显示,尿素酶与TRH的致病性有密切关系,尿素酶阳性的菌株都具有 *trh* 基因,同时所有具有 *trh* 基因的菌株也都具有产尿素酶的能力,这些结果表明 *ureC* 与 *trh* 基因之间存在一定的联系,在致病性的KP阴性菌株的染色体上可能同时存在 *ureC* 基因和 *trh* 基因,但它们的作用机制尚不清楚。[24][25]

4) *tlh* 基因

tlh 基因是一个假定的副溶血弧菌的治病基因,其编码产生不耐热溶血素(thermo-labile hemolysin,TLH)。TLH不会直接造成我萋氏血平板上的溶血,其功能和致病性尚不十分清楚,但其他弧菌中的 *tlh* 同源基因却是一种重要的致病基因。然而,*tlh* 基因在副溶菌中具有种特异性,所有的副溶血弧菌中都含有该基因。[26]我国学者李志峰等对国内标准株Vp14290的 *tlh* 基因进行体外扩增、克隆以及测序。[27]扩增的 *tlh* 基因全长1 257 bp,测序结果显示,Vp14290与国际标准株WP1的 *tlh* 基因序列的同源性高达99%,说明 *tlh* 基因在副溶血弧菌中具有高度保守性。

5) T3SS系统

副溶血弧菌标准菌株RIMD2210633完整的基因组测序于2003年完成,该菌为O3:K6血清型,测序结果表明,副溶血弧菌有两条大小不同的环状染色体,大小分别为32 885 886 bp和1 877 212 bp,如图5-36所示。[28]同霍乱弧菌相比,副溶血弧菌的基因组内部存在着大量的重排现象,而且副溶血弧菌的基因组中存在着Ⅲ型分泌系统(T3SS),而在霍乱弧菌中却并不存在。在能够引发痢疾的多种细菌中,如志贺氏菌、沙门氏菌和肠道病原性大肠杆菌中,T3SS是一种处于核心地位的毒力因子,这表明在副溶血弧菌中,T3SS也可能是一种重要的致病因子。在副溶血弧菌的临床分离株RIMD2210633中存在包含着两组编码T3SS的基因簇。

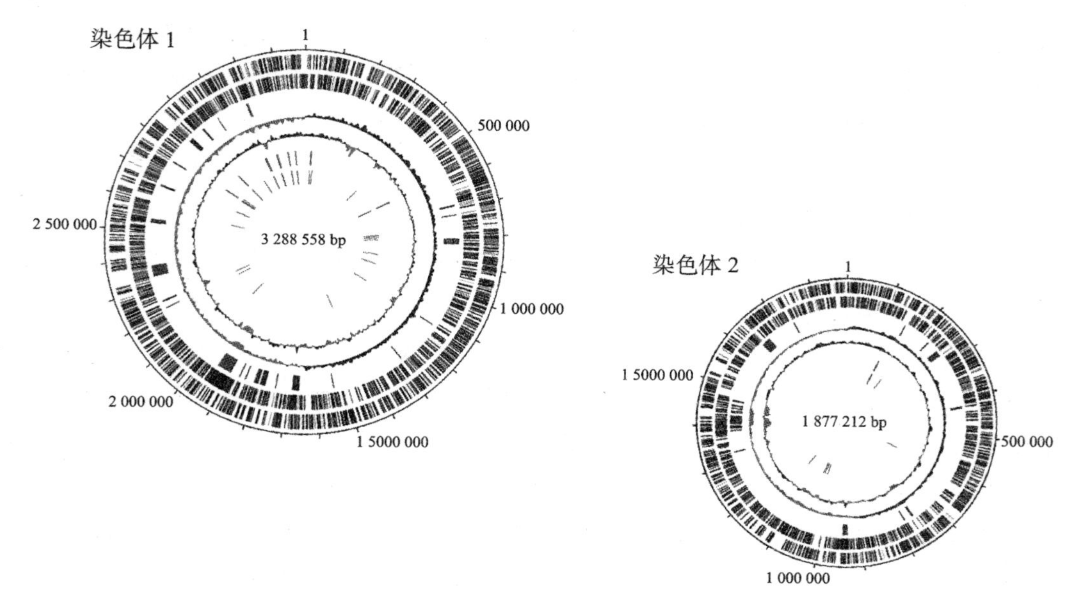

图 5-36　副溶血弧菌的基因组

T3SS 由基底部和针状结构组成，广泛存在于革兰氏阴性菌中，它的作用是分泌和注射毒力因子到真核细胞的胞浆中，在许多种革兰氏阴性细菌，如耶尔森氏菌、沙门氏菌以及志贺氏菌中 T3SS 都发挥着极其重要的作用。T3SS 需要多个蛋白质的参与。

T3SS 具有如下的特点：

① 是一种多成分分泌系统，在革兰阴性细菌中高度保守。

② 作用时需要能量。

③ 当在与宿主细胞密切接触时，病原菌才启动 T3SS，分泌效应分子，也就是接触依赖性分泌。

④ 它能够把效应分子直接从胞质中转送到细胞的表面。

⑤ 盐度、温度等环境因素可诱导分泌系统和效应分子的合成。

⑥ T3SS 包括效应分子、调节蛋白、结构蛋白、伴侣蛋白等。

⑦ 编码 T3SS 的基因能够在细菌间传递。

⑧ 与细菌的致病性密切相关，获得 T3SS 基因的非致病菌就获得致病性。

不同病原菌之所以产生不同的疾病症状，可能是因为它们分泌的蛋白质不同，作用于宿主的细胞和分子不同。[29]

副溶血弧菌有两组 T3SS 的基因分别在其大小的染色体上存在，为 T3SS-1 和T3SS-2。T3SS-1 由近 30 种 ORF 以及其他革兰氏阴性细菌，如耶尔森氏菌、沙门氏菌以及志贺氏菌同源的 T3SS 的重要的基因组成。[30] T3SS-1 几乎拥有耶尔森氏菌属和铜绿假单胞菌中 T3SS 的一切成分基因，而且在所有的环境和临床分离株中都存在，其平均 GC 含量和整个基因组的 GC 含量基本一致。[31][32] T3SS-2 位于副溶血弧菌小染色体的毒力岛上，仅出现在 KP 阳性的菌株之中。目前，T3SS-2 基因的组成方式还没发现和其他的细菌相似。其 GC 含量为 39.8%明显低于 45.4%的全基因组 GC 含量，表明该片段可能通过水平转移进入到副溶血弧菌中。T3SS-2 仅在 KP 阳性的菌株之中出现，而 T3SS-1 几乎存在于所有的副溶血弧菌中。但 T3SS-2 细胞毒性作用的机制有待于进一步研究。[33]

5.5.1.4 副溶血弧菌的流行状况

1951 年，副溶血弧菌首次在日本大阪市被发现，其当时引起了 272 人发病，20 人死亡。[34]在 1996 年到 1998 年之间，副溶血弧菌成为日本第一位的食源性疾病致病菌，引起了1 710次食物中毒事件，共有 24 373 人中毒，占日本的食源性疾病的 20%～30%。[35][36]在亚洲其他国家和地区，副溶血弧菌引起的食源性疾病也不断增多。在我国，1991 年到 2001 年5 770起食物中毒事件的 31.1%都是由副溶血弧菌引起的；1981 年到 2003 年，台湾地区 69%的细菌性食物中毒事件都是由副溶血弧菌引起的。[37][38]

在欧洲，副溶血弧菌引起感染的病例明显少于亚洲，仅在西班牙和法国有几次零星的爆发。如 1989 年在西班牙，由于食用鱼类和贝类引起了 8 人食物中毒的事件；1999 年在西班牙加利西亚，由于生食牡蛎而引起了 64 人患病；1997 年在法国，由于食用亚洲进口的虾，引起了 77 人患病。[39][41]

在美国，副溶血弧菌在 1971 首次被确认为是病原菌，其在马里兰州引发了 3 起食物中毒事件，共有 425 人患病，这些事件都是由于食用了未充分煮熟的蟹类引起的。[42]此后，在美国沿海地区，由于生食牡蛎和使用未煮熟的海产品引起的副溶血弧菌食物中毒事件也有零星报道，1973 年到 1998 年之间，美国总共报道了 40 起由副溶血弧菌引起的食物中毒事件，其中 4 起超过 700 人中毒的事件都是由于生食牡蛎造成的。[43]在 1998 年，由于生食西北太平洋牡蛎引起了 209 人中毒，其中 1 人死亡，自此由副溶血弧菌引起的食物中毒事件逐渐引起美国的重视。[44][45]

5.5.2 东部沿海城市贝类中副溶血弧菌的分布及致病性研究

副溶血弧菌(*Vibrio parahaemolytics*)主要分布于海水及海产品中，最早于 1951 年在日本的一次暴发性食物中毒事件中被分离发现，是我国大陆沿海地区食物中毒中最常见的致病菌。人们通常是由于食用了生的或者加热不彻底的海产品及交叉污染而感染副溶血弧菌并引起食物中毒的，中毒症状多为头疼、腹泻、呕吐反胃、胃部痉挛和发低烧，少数情况下可引起败血症，进而导致死亡。

副溶血弧菌的致病机理已有大量研究，目前，普遍认为耐热直接溶血素——TDH (thermostable direct hemolysin)和 TDH 相关溶血素——TRH (thermostable direct hemolysin-relatedhemolysin)是主要的致病因子，副溶血弧菌中存在其中一种和两种上述溶血素都可能引起人类患病，TDH 和 TRH 分别由 *tdh* 和 *trh* 基因编码。[3]此外，其他一些副溶血弧菌的表达调控基因如 *tlh*、*gyrB* 和 *toxR* 也相继被发现，这三种基因在副溶血弧菌中广泛存在，因而常作为副溶血弧菌检测的靶基因。

副溶血弧菌在海水及海底沉积物中都有存在，Luigi Vezzulli 等人对海洋环境中的副溶血弧菌进行了检测，结果显示，当温度高于 25℃时，海水中的副溶血弧菌的含量高于沉积物中的；当海水温度低于 14℃时，沉积物中的则高于海水中的。[46] 贝类由于其底栖的生活方式和滤食性特点，体内可富集大量副溶血弧菌。我国是贝类生产大国，2009 年产量达 1 072 万吨。东部沿海省份（山东、江苏、浙江、福建）的产量占全国总产量的 60%左右。[47] 而且贝类味道鲜美，沿海地区居民多喜食。因此，考察东部沿海城市贝类中副溶血弧菌的污染状况，可了解副溶血弧菌在贝类中的分布情况，并为风险评估积累数据。

5.5.2.1　实验材料

1）实验菌株

实验中使用了标准菌株 3 株，其特征如表 5-37 所示。所有菌株都在含 3% NaCl 的 TSA 上 37℃培养 18 h。

表 5-37　菌株来源及特征

编号	菌株来源	血清型	*tdh*	*trh*
1.1615	中国普通微生物菌种保藏管理中心 (China General Microbiological Culture Collection Center)，CGMCC	O1:K1	－	＋
1.1616		O3:K29	＋	－
1.1997		O4:K11	＋	－

2）样品

采集了我国东部烟台、威海、青岛、连云港、舟山和厦门六个沿海城市零售的四种贝类——牡蛎、菲律宾蛤仔、紫贻贝和栉孔扇贝。从 2008 年 12 月至 2009 年 11 月，每月采集一次，共 288 个样品。样品采集以购买于大型农贸市场零售的贝类为主，购买后加冰保存，并于 24 h 内运至实验室处理。

3）引物

实验中使用 *tlh* 基因用于副溶血弧菌的鉴定，*tdh* 和 *trh* 基因用于菌株的毒力检测，它们引物序列如表 5-38 所列，由北京英骏公司合成。

表 5-38　实验中使用的引物及序列

名称	序列	靶基因	扩增片段大小
L-TLH	GCTACTTTCTAGCATTTTCTCTGC	*tlh*	450 bp
R-TLH	AAAGCGGATTATGCAGAAGCACTG		
L-TDH	GTAAAGGTCTCTGACTTTTGGAC	*tdh*	269 bp
R-TDH	TGGAATAGAACCTTCATCTTC ACC		
L-TRH	TTGGCTTCGATATTTTCAGTATCT	*trh*	500 bp
R-TRH	CATAACAAACATATGCCCATTTCCG		

5.5.2.2 实验方法

1）贝类中副溶血弧菌的分离及定量

样品处理：未开壳的贝类在自来水中冲刷并甩干表面水分，以无菌操作打开外壳，取全部内容物，包括贝肉和体液。无菌操作称取样品 25 g，加入灭菌的 225 mL 3％NaCl 碱性蛋白胨水中，用旋转刀片式均质器以 8 000 r/min 均质 1 min 制成 1∶10 的稀释液。

定量检测：吸取 1∶10 稀释液 1 mL，注入含有 9 mL3％NaCl 碱性蛋白胨水的试管中，振荡试管混匀，制成 1∶100 的稀释液。按照上述方法分别制备 1∶1 000 和 1∶10 000的稀释液，每个稀释度各接种三支试管。置 36℃±1℃恒温培养箱中，培养 8～18 h。

菌株分离：在所有显示生长的试管中用接种环取一环，于 TCBS 显色培养基上画线分离。每支试管画线一块平板，于 36℃±1℃培养 18～24 h。

纯培养：挑取 5 个可疑菌落，画线 3％NaCl 胰蛋白胨大豆琼脂平板，于 36℃±1℃培养 18～24 h。

DNA 的粗提：挑取一环上述纯培养物到 100 μL 灭菌超纯水中，100℃水浴 10 min，立即放到冰上冷却 2 min，12 000 r/min 离心 10 min，吸取上清液，作为 DNA 的粗提液用于 PCR 鉴定。

PCR 鉴定：可疑菌落用 PCR 方法确定其是否为副溶血弧菌，PCR 反应体系如下：

模板（DNA 粗提液）	1.0 μL
10×PCR Buffer（含 Mg^{2+}）	2.0 μL
dNTPs（2.5 mmol/L）	1.0 μL
L-TLH	1.0 μL
R-TLH	1.0 μL
Taq DNA 聚合酶（5 U/μL）	0.2 μL
灭菌超纯水	13.8 μL
总体积	20.0 μL

PCR 反应条件：94℃预变性 5 min，然后进入循环 94℃变性 30 s，56℃退火 40 s，72℃延伸 50s，共 35 个循环。反应结束，取 5 μL PCR 产物在 1.0％的琼脂糖凝胶上电泳检测。

生化鉴定：参照 GB/T4789.7—2008 进行，所用生化鉴定管及培养基购自北京陆桥公司，分初步鉴定和确定鉴定。其中初步鉴定：取纯培养菌落分别进行革兰氏染色、嗜盐性试验、氧化酶试验并接种于 3％NaCl 三糖铁琼脂斜面并穿刺底层。确定鉴定：取初步鉴定为阳性的纯培养物分别接种含 3％NaCl 的甘露醇、赖氨酸、MR-VP 培养基于 36℃±1℃培养 24～48 h 后观察结果，隔夜培养物进行 ONPG 试验。

2）毒力基因检测

使用特异引物来检测是否含有检测毒力副溶血弧菌的毒力基因 *tdh* 和 *trh*。PCR 采

用20 μL反应体系,反应体系如下:

组分	体积
模板(DNA粗提液)	1.0 μL
10×PCR Buffer(含 Mg^{2+})	3.0 μL
dNTPs(2.5 mmol/L)	1.0 μL
L-TDH/L-TRH	1.0 μL
L-TDH/L-TRH-R	1.0 μL
*Taq*DNA聚合酶(5 U/mL)	0.2 μL
灭菌超纯水	20.8 μL
总体积	30.0 μL

反应程序如下:94℃预变性5 min,进入循环,94℃变性30 s,58℃退火40 s,72℃延伸50秒,共30个循环,最后72℃延伸10 min。反应结束后,用1%的琼脂糖凝胶电泳进行检测。

3）血清分型

血清分型使用日本生研的副溶血弧菌血清试剂盒进行。实验前,菌株在含3% NaCl的大豆蛋白琼脂上培养18～24 h,取适量菌体参照说明书进行鉴定,具体步骤如下。

K型鉴别:

① 取适当数量的副溶血弧菌培养物(约3～5个火柴头大小),放入0.5 mL的3% NaCl溶液中,重悬细胞作为抗原,用于副溶血弧菌的K型鉴别。

② 吸取一滴多价血清(约10 μL)到一片干净的载玻片上,载玻片事先用蜡笔分好区域;同时取一滴生理盐水作为对照。

③ 分别取一滴菌液抗原(约10 μL)到多价血清和生理盐水中。

④ 上下晃动载玻片,使液体混合均匀,在1 min内出现明显凝集反应,则为阳性;不凝集、弱凝集或者超过1 min出现凝集反应,均为阴性。

⑤ 多抗血清为阳性的样本,用多抗对应的单抗血清,重复步骤②～④进行凝集反应。如和所有的多抗血清反应均为阴性,则用单抗血清K70和K71进行鉴定。

如和所有的多抗及K70和K71血清反应均为阴性,则在0.5 mL步骤①制备的抗原中加入0.5 mL的2 mol/L的盐酸溶液,混匀后室温放置30 min;900 g离心20 min,弃去上清,用3 mL的3% NaCl溶液洗涤;900 g离心20 min,弃去上清,用0.5 mL 3% NaCl溶液重悬细胞作为抗原,重复上述步骤②～⑤。

O群鉴别

① 取适当数量的副溶血弧菌培养物(约3～5个火柴头大小),放入3 mL的含5%甘油的3% NaCl溶液中,重悬细胞,121℃灭菌1 h。900 g离心20 min,弃去上清,0.5 mL的3% NaCl溶液中,重悬细胞作为抗原,用于副溶血弧菌的O群鉴别。

② 吸取一滴O群血清(约10 μL)到一片干净的载玻片上,载玻片事先用蜡笔分好区

域；同时取一滴生理盐水作为对照。

③ 上下晃动载玻片，使液体混合均匀，在 1 min 内出现明显凝集反应，则为阳性；不凝集、弱凝集或者超过 1 min 出现凝集反应，均为阴性。

4)溶血实验

溶血实验也称神奈川试验，是在我妻氏血平板上测试菌株是否存在特定的溶血素。溶血实验的阳性结果与副溶血弧菌分离株的致病性显著相关。

用接种环挑取 3%NaCl 蛋白胨大豆琼脂上的测试菌培养物，接种于表面干燥的我妻氏血平板上。每个平板可分成 2～4 个区域，每个区域接种一株菌。36℃±1℃培养不超过 24 h，并立即观察。阳性结果为菌落周围呈半透明的溶血环。

5) 数据处理

采用 SPSS16.0 软件对副溶血弧菌的含量进行分析，采用其中的单因素方差分析方法对不同季节、不同贝类和不同地域样品中的副溶血弧菌含量进行比较。为便于计算，当样品检出为阴性时，假定样品副溶血弧菌的含量为 1.5 MPN/g(检出限的 1/2)，最高检出数值定为 2 400 MPN/g。

5.5.2.3 结果与分析

1)贝类中副溶血弧菌的季节分布

为了便于研究贝类中副溶血弧菌的季节分布，将样品按春季(3～5 月)、夏季(6～8 月)、秋季(9～11 月)和冬季(12～2 月)进行了分类。结果显示：夏季贝类中副溶血弧菌的含量最高，平均值达 9.0×10^2 MPN/g，秋季和春季次之，冬季最低(图 5-37)，不同季节样品的检出率与含量具有相同的规律，分别为：52.8%(春)、80.5%(夏)、63.9%(秋)和 41.6%(冬)，表明贝类中副溶血弧菌的含量和检出率在夏季达到了峰值。取副溶血弧菌含量的 lg 值，经单因素方差分析，显示不同季节的副溶血弧菌含量存在显著差异($P<0.05$)。经 S-N-K 方法进一步分析显示：夏季和冬季的副溶血弧菌含量同其他季节存在显著差异($P=0.124>0.05$)，而春秋两季之间差异不显著(表 5-39)。

表 5-39 不同季节贝类中副溶血弧菌的 S-N-K 分析

分析方法	季节	样本数量	子集 $\alpha=0.05$		
			1	2	3
Student-Newman-Keuls[a]（两两比较检验）	冬季	65	0.61		
	春季	91		1.19E0	
	秋季	92		1.43E0	
	夏季	74			2.32E0
	显著性		1.000	0.124	1.000

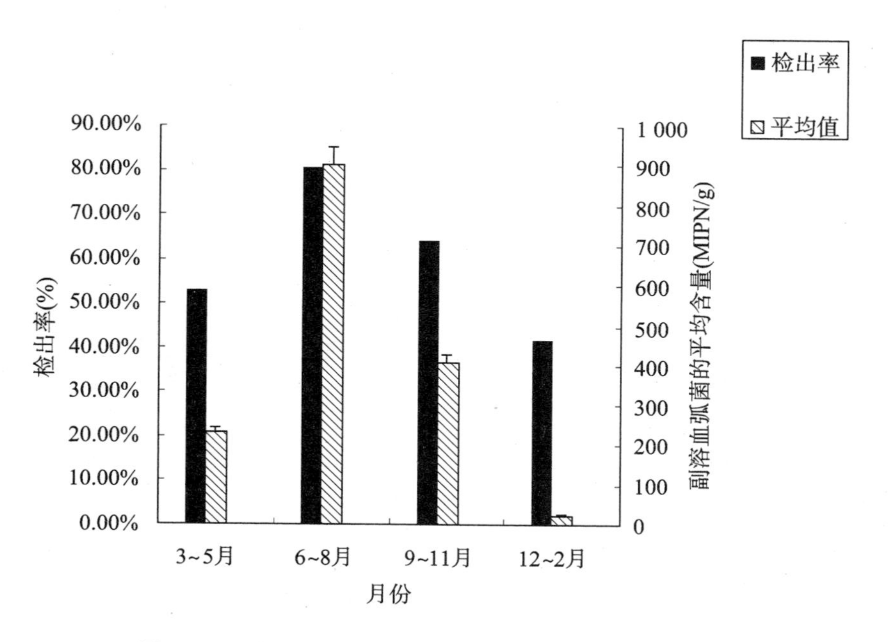

图 5-37　不同季节贝类中副溶血弧菌的平均含量及检出率

不同季节贝类中副溶血弧菌的含量分布如图 5-38 所示。从图 5-38 中可以看出夏季贝类中副溶血弧菌的含量主要集中在高端，有 25.7％的含量为 2.4×10^{3} MPN/g，夏季副溶血弧菌含量的平均值为 9.0×10^{2} MPN/g，中位值为 2.6×10^{2} MPN/g，90 百分位点的副溶血弧菌含量为 2.4×10^{3} MPN/g；冬季贝类中副溶血弧菌的含量主要集中在低端，有 66.2％的含量为 1.5 MPN/g，冬季副溶血弧菌含量的平均值为 24.6 MPN/g，中位值为 1.5 MPN/g；春季贝类中副溶血弧菌的含量主要集中在低端，有 36.3％的含量为 1.5 MPN/g，低端值的数量明显少于冬季，春季副溶血弧菌含量的平均值为 2.3×10^{2} MPN/g，中位值为 9.4 MPN/g，90 百分位点的副溶血弧菌含量为 4.2 MPN/g；秋季贝类中副溶血弧菌的含量分布同春季类似，含量主要集中在低端，有 38％的含量为 1.5 MPN/g，秋季副溶血弧菌含量的平均值为 4.0×10^{2} MPN/g，中位值为 36 MPN/g，90 百分位点的副溶血弧菌含量为 2.4×10^{3} MPN/g。

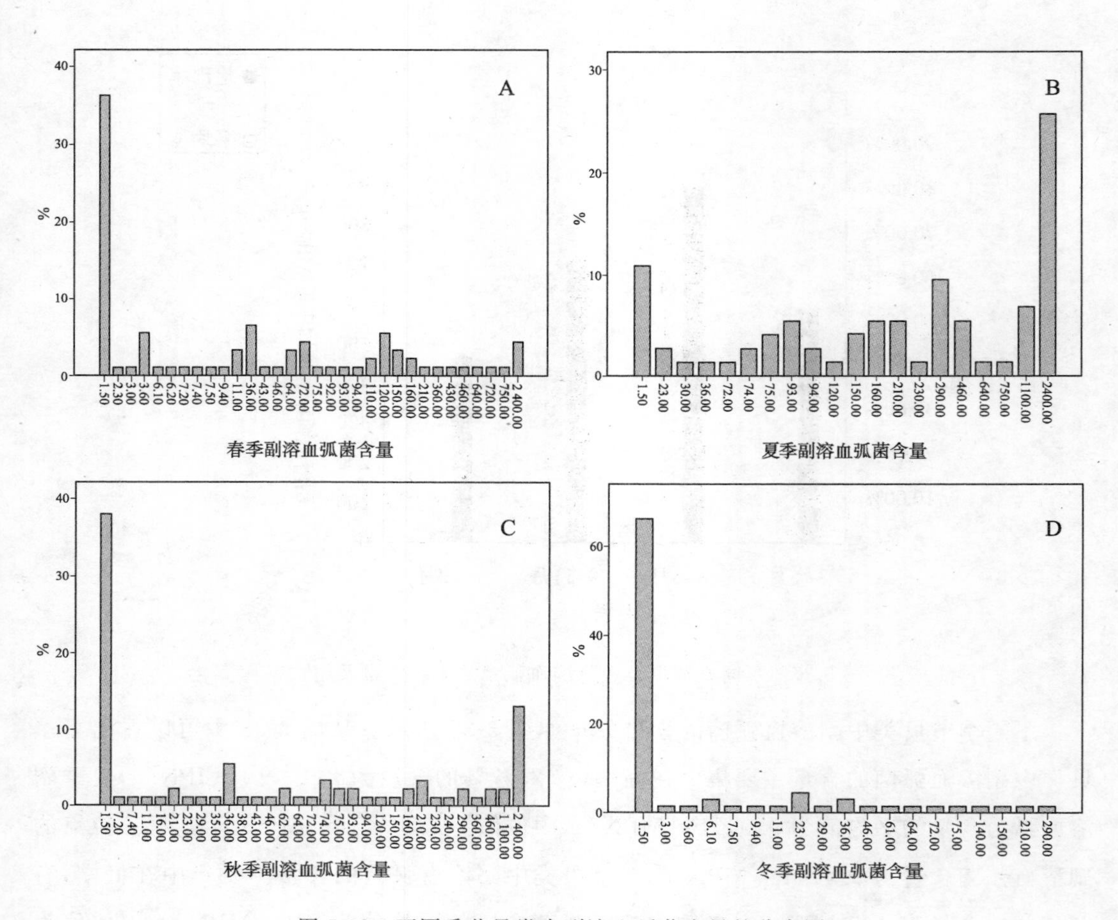

图 5-38　不同季节贝类中副溶血弧菌含量的分布图

2）贝类中副溶血弧菌含量随温度变化的情况

收集了烟台、威海、青岛、连云港、舟山、厦门六个城市 2008 年 12 月～2009 年 11 月的月平均最高气温和平均最低气温。结合六个城市贝类中副溶血弧菌的调查结果，绘制六个城市贝类中副溶血弧菌含量随温度变化趋势图（图 5-39）。从图 5-39 中可以看出，六个城市都是在气温达到最高值时，副溶血弧菌的含量也达到最大值，当温度减低时，副溶血弧菌的含量也随着下降。经相关性分析显示，贝类中副溶血弧菌的含量同气温显著相关（$P<0.05$）。上述结果显示，温度是影响贝类中副溶血含量的一个重要因素。

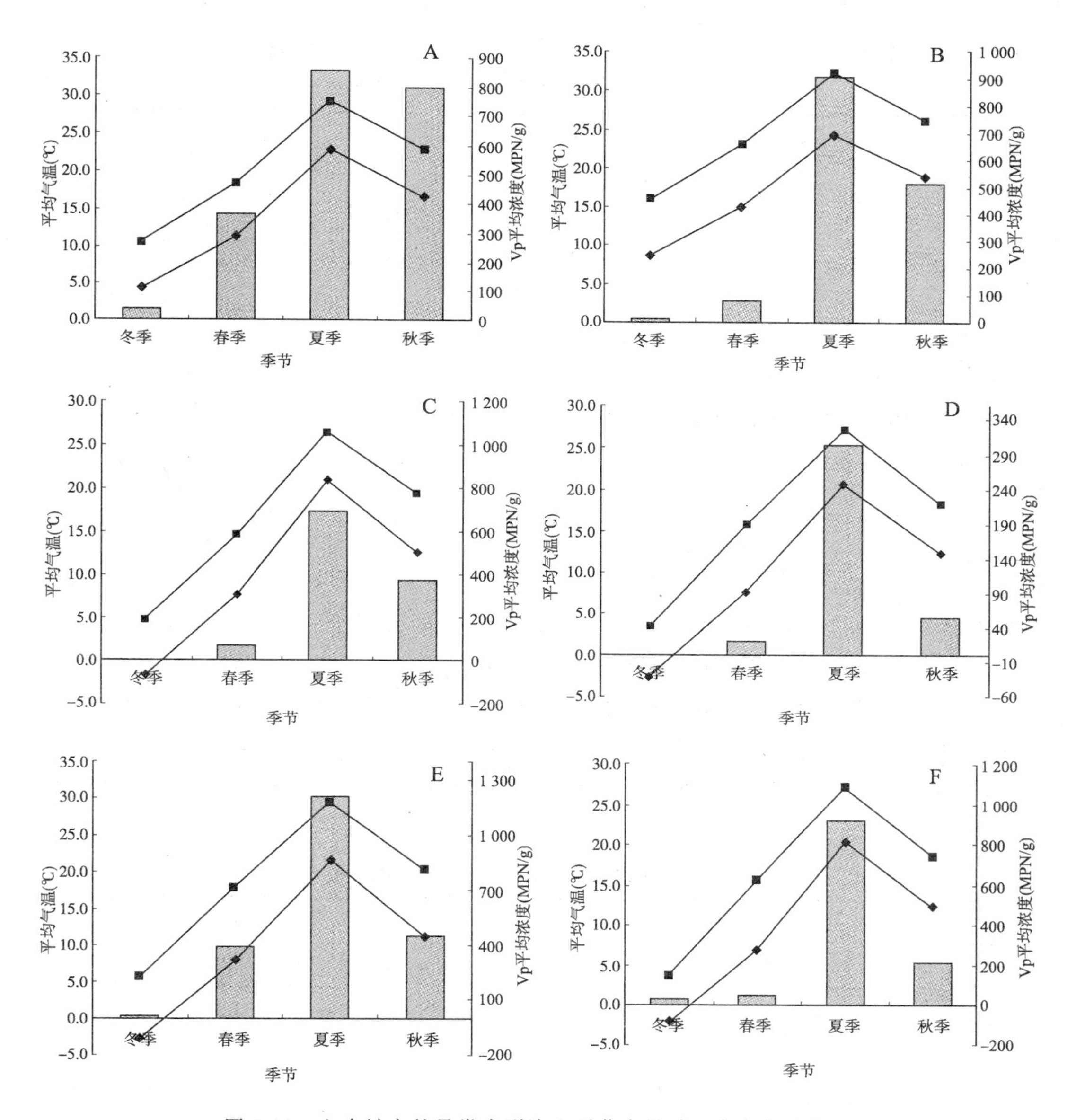

图 5-39　六个城市的贝类中副溶血弧菌含量随温度变化趋势图

其中 A 为青岛市贝类中副溶血弧菌含量随温度变化趋势图，B 为烟台市，C 为威海市，D 为连云港市，E 为舟山市，F 为厦门市。

3）不同贝类中副溶血弧菌的分布

按照贝类品种将采集的样品进行分类。分析结果显示：牡蛎中副溶血弧菌的检出率最低为 48.8%，其次为扇贝（60.0%）、蛤蜊（63.6%），最高的为贻贝（68.1%）。上述四种贝类中副溶血弧菌的平均含量分别为 3.0×10^2 MPN/g、4.0×10^2 MPN/g、4.2×10^2 MPN/g和 3.9×10^2 MPN/g。取副溶血弧菌含量的 lg 值，经单因素方差分析，显示不同贝类的副溶血弧菌含量不存在显著差异（$P=0.291>0.05$）（表 5-40）。

表 5-40　不同贝类样品中副溶血弧菌的分布

种类	样本数	阳性样本数	检出率	平均浓度(MPN/g)
牡蛎	80	39	48.8%	3.0×10^2
扇贝	70	42	60.0%	4.0×10^2
蛤蜊	66	42	63.6%	4.2×10^2
贻贝	72	49	68.1%	3.9×10^2
合计	288	172	59.7%	3.7×10^2

4）贝类中副溶血弧菌的地域分布

将样品按采样城市进行分类。不同城市贝类中副溶血弧菌的检出率和平均浓度分别为：连云港（66.0%，4.9×10^2 MPN/g）、青岛（61.1%，3.1×10^2 MPN/g）、威海（57.8%，3.0×10^2 MPN/g）、厦门（54.7%，3.8×10^2 MPN/g）、烟台（53.1%、91 MPN/g）、舟山（63.8%，5.2×10^2 MPN/g）。从中可以看出检出率最高的为连云港，平均浓度最高的为舟山；检出率和平均浓度最低的均为烟台。取副溶血弧菌含量的 $\log_{10}$ 值，经单因素方差分析，显示不同地域的副溶血弧菌含量存在显著差异（$P=0.015<0.05$）。进一步将烟台同其他城市进行比较，经 LSD 方法分析显示：烟台和威海贝类中副溶血弧菌的含量不存在显著差异（$P=0.85>0.05$），但同其他城市存在显著差异（表 5-41）。结果表明，贝类中副溶血弧菌的含量存在地域差异，地域上临近的城市其含量分布相近。

表 5-41　烟台同其他城市的 LSD 分析结果

(I)城市	(J)城市	平均差	标准误	显著性	95%可信区间	
					下限	上限
烟台	连云港	−7.086 620 037 532434E-1 *	.22718909 6261409	.002	−1.155 656 441 3 2951E0	−2.616 675 661 7 6975E-1
	青岛	−4.110 745 7 89358163E-1 *	.20399632 6933075	.045	−8.124 372 540 1 8404E-1	−9.711 903 853 2 2884E-3
	威海	−4.038 364 280 25 6572E-1	.23355416 8035321	.085	−8.633 541 412 5 4375E-1	5.568 128 520 30 606E-2
	厦门	−5.393 444 060 15 5534E-1 *	.23646590 8568407	.023	−1.004 590 967 3 4206E0	−7.409 784 468 9 0507E-2
	舟山	−7.315 501 848 58 4418E-1 *	.21819780 5391870	.001	−1.160 854 261 9 7529E0	−3.022 461 077 4 1592E-1

综合上述结果，在所有的贝类品种中都检出了副溶血弧菌，表明副溶血弧菌在贝类中广泛分布。副溶血弧菌的分布具有明显的季节和地域差异，表明其分布受环境因素影响较大。Parveen 等研究了温度、盐分、pH、溶氧量以及粪大肠菌群数量等海水环境因素对副溶血弧菌含量的影响，结果显示，温度对副溶血弧菌的影响最大，相关性达68%；其次为大肠菌群数量，相关性为8.4%，而粪大肠菌群数量是海水质量的一个表征指标，说明海水质量对副溶血弧菌的分布也有一定的影响。[48] 本研究中副溶血弧菌的季节分布明显，应是不同季节的温度变化造成的。Luigi Vezzulli 等的研究表明，当海水温度高于25℃，海水中副溶血弧菌的含量明显升高，因此，在气温较高的季节应加强副溶血弧菌的监控。[46] 近年来，沿海城市受人口增多和工业发展等因素的影响，环境污染加剧，本研究中一些城市的副溶血弧菌含量较高，同环境污染存在一定的关系。

5）副溶血弧菌的血清型

288个样品中，共检出副溶血弧菌172株，其中155株分属于9个不同的O群，17株无法区分其O群（表5-42）。9个O群中以O3群的菌株数最多，共有33株，占分离菌株总数的19.2%。K型分析结果显示，仅有42株可区分其K型，存在大量不可分型的菌株。具体分型结果如表5-43所示。

表5-42 172株副溶血弧菌的血清型结果

O群	菌株数	K型（菌株数）
O1	24	K25(1),K32(4),K38(1),KUT(18)
O2	14	K3(1),K28(3),KUT(10)
O3	33	K6(1),K17(1),K29(2),K33(7),K57(1),KUT(21)
O4	26	K34(3),K4(3),K42(2),K53(1),K63(1),K68(1),K8(1),KUT(14)
O5	10	K15(1),K17(2),KUT(7)
O6	1	KUT(1)
O8	3	K41(1),KUT(2)
O10	26	K24(2),KUT(24)
O11	18	K40(1),K51(1),KUT(16)

6）副溶血弧菌的毒力基因检测

在172株副溶血弧菌中，共检测出 *tdh* 阳性株2个，占1.2%；trh阳性株5个，占2.9%。2株 *tdh* 阳性株的血清型分别为O3∶K6和O4∶K68（表5-43），据文献报道，上述两种血清型均在临床分离菌株中存在，表明2株 *tdh* 阳性株可能为致病性副溶血弧菌。

表 5-43　不同省份副溶血弧菌 RAPD 及毒力基因检测结果

省份	*tdh* 阳性			*trh* 阳性		
	数量	血清型	神奈川试验	数量	血清型	神奈川实验
山东	1	O3：K6	阳性	2	O2：KUT O10：KUT	阴性
江苏	0			1	O4：K42	阴性
浙江	1	O4：K68	阳性	1	UT	阴性
福建	0			1	O10：KUT	阴性

7）副溶血弧菌溶血实验

神奈川试验结果显示，在 172 株副溶血弧菌中，仅 2 株 *tdh* 阳性菌株显示为神奈川试验阳性，产生溶血现象，其产生的溶血环如图 5-40(A)所示。5 株 *trh* 阳性菌株和其他菌株均显示为神奈川阴性，未产生溶血现象，如图 5-40(B)所示。

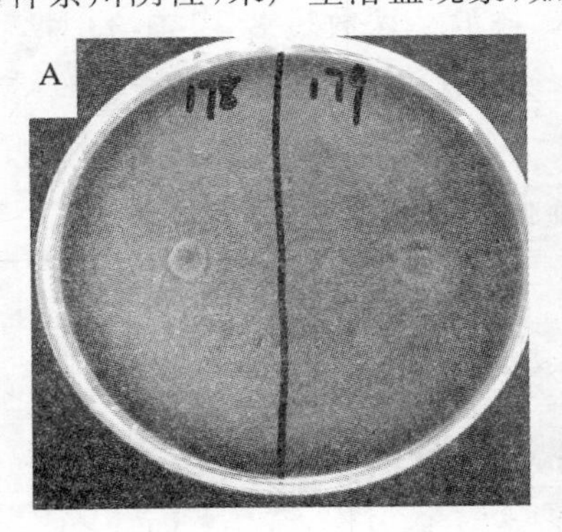

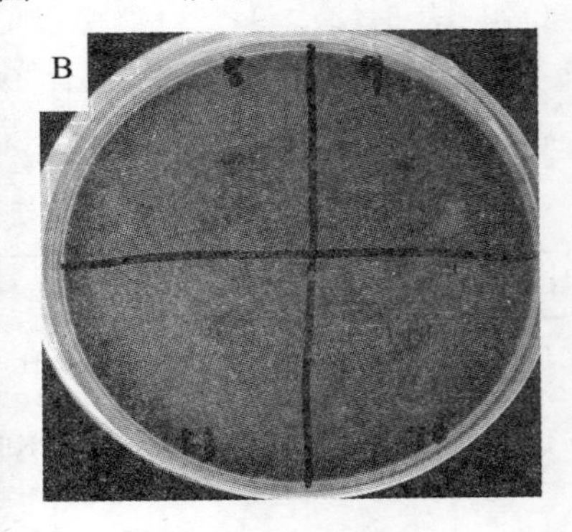

图 5-40　神奈川试验结果

注：A 为神奈川阳性结果，B 为神奈川阴性结果。

5.5.2.4　小结

从 2008 年 12 月至 2009 年 11 月，采集了我国东部烟台、威海、青岛、连云港、舟山和厦门六个沿海城市的贝类样品 288 个，其中牡蛎 80 个，菲律宾蛤仔 72 个、栉孔扇贝 70 个、紫贻贝 66 个。调查结果显示：有 172 个样品检出副溶血弧菌阳性，检出率为 59.72%，平均浓度为 351.55 MPN/g。副溶血弧菌在贝类中的分布存在季节和地域差异，但不同贝类之间不存在差异，表明副溶血弧菌的分布主要受环境因素影响，而其中温度的影响最大。

分离的副溶血弧菌的血清分型结果显示：172 株菌中 155 株可以区分其 O 群，O3 群的菌株数最多，共有 33 株，占分离菌株总数的 19.2%；仅有 42 株可区分其 K 型，存在大量 K 型无法区分的菌株。毒力检测结果显示：172 株菌中有 2 株携带 *tdh* 基因，5 株携带 *trh* 基因。其中 2 株 *tdh* 阳性菌有溶血现象，5 株 *trh* 阳性菌不产生溶血现象，表明 2 株 *tdh* 阳性菌具有致病性。

5.5.3 东部沿海城市贝类中副溶血弧菌的定量风险评估

5.5.3.1 危害识别

副溶血弧菌(*Vibrio parahaemolyticus*)是一种革兰氏阴性、嗜盐菌,是世界公认的海产食品存在的致病菌。[49]副溶血弧菌常在热带和温带的河口环境中广泛存在,生长于多种海洋食品中,如鱼类、甲壳类和贝类中。副溶血弧菌在贝类的消化腺中可以聚集和繁殖。

1996年之前,致病的副溶血弧菌的血清型分布广泛,包括O4∶K12,O1∶K56,O3∶K6等,一起食物中毒事件中往往包括几种血清型的副溶血弧菌。1996年在印度的一起食物中毒事件中,发现血清型O3∶K6是主要的血清型,从此以后,O3∶K6成为亚洲地区主要的致病性副溶血弧菌的血清型。1998年,在美国的纽约和德克萨斯暴发的食物中毒中也检出O3∶K6是主要的血清型。有结果显示,该血清型的副溶血弧菌的感染剂量明显低于其他血清型。但也并不是所有的副溶血弧菌都具有致病性,从海产品及环境中分离出的副溶血弧菌大多不具有致病性。致病性的副溶血弧菌通常都携带有TDH。TDH是一种溶血素,能在我妻氏血平板上产生溶血环,该表型又被称为神奈川现象,但副溶血弧菌的确切的致病机理尚不明确。[50]

副溶血弧菌感染的主要临床表现为急性肠胃炎,是一种自限性疾病,通常为中等严重程度并且病程较短。该病的症状包括:脱水性腹泻、恶心、呕吐、腹部痉挛等,少数情况会出现头疼、低烧和畏寒。副溶血弧菌引起的腹泻患者的排泄物中通常混合着血和脓,肠胃镜检查显示肠胃表面出现溃疡。表5-44列出了主要症状的发生频率。[51][52]

表5-44　副溶血弧菌临床症状及频率

症状	症状发生频率	
	中位数	范围
腹泻	98%	80%～100%
腹部痉挛	82%	68%～100%
恶心	71%	40%～100%
呕吐	52%	17%～79%
头疼	42%	13%～56%
高烧	27%	21%～33%
畏寒	24%	4%～56%

在极少数情况下,感染可引起败血症。败血症是一种严重的可危及生命的系统性疾病,它通常是由致病微生物或其产生的毒素引起的。败血症的典型症状是发烧和低血压,随后出现水肿、四肢疼痛和出血,进而可引起死亡。[53][54]

在1950年，副溶血弧菌在日本引起疾病暴发，共有272人患病，导致20人死亡。在1996到1998年之间，副溶血弧菌成为日本第一位的食源性疾病致病菌，引起了1 710次食物中毒事件，共有24 373人中毒。1973～1998年，美国共发生40余起副溶血弧菌引起的疾病暴发，涉及1 000余人。根据我国国家食源性疾病监测网的监测数据显示：1992年至2001年，由副溶血弧菌引起的食物中毒在细菌性食物中毒中已经占据了重要位置。1990～2009年，我国文献报道的较大规模的食物中毒事件如表5-45所示。[55]～[66]

表5-45　1990～2009年部分副溶血弧菌流行病学统计

时间	地点	涉及人数	暴发地点	原因
1990～1997年	山东	1 132	—	海产品烹饪不当、生熟不分、交叉污染
1998～1999年	广东	398	—	海产品烹饪不当、生熟不分、交叉污染
1998～2007年	上海	2 247	—	食物交叉污染
2000～2003年	广西	365	—	海产品烹饪不当、生熟不分、交叉污染
2003年8月	河北	69	学校食堂	海产品烹饪不当、生熟不分、交叉污染
2004年7月	上海	54	公司食堂	容器污染
2004年9月	辽宁	46	自助餐厅	未煮熟贝类
2005年5月	浙江	207	公司	盒饭受副溶血弧菌污染
2005年10月	广东	26	食堂	海产品烹饪不当、生熟不分、交叉污染
2006年9月	山东	232	婚宴	盐水虾，未煮熟
2007年7月	江苏	56	酒店	食物交叉污染
2007年7月	辽宁	28	婚宴	海产品未煮熟、熟食受到二次交叉污染
2007年8月	浙江	29	食堂	虾未熟制
2007年9月	浙江	20	酒店	未充分煮熟的海产品，加工环境卫生差
2007年8月	厦门	529	—	海产品烹饪不当、生熟不分、交叉污染
2007年8月	陕西	242	酒店	食用虾不新鲜
2008年8月	浙江	40	企业食堂	醉泥螺加工不存不恰当
2009年10月	杭州	16	酒店	食物交叉污染

从上面的统计结果可以看出，疫情主要发生在我国沿海地区，该地区居民多喜食海产品，海产品若烹饪不当或加热不彻底很容易残留有副溶血弧菌，进而引发疾病。该病多是群体性暴发，多发生在人口较多的场所，如酒店、食堂等。这些地方食物原料较多，如生熟不分或管理不严很容易发生交叉污染。副溶血弧菌引起的疾病多发生在7～9月，这些月份的气温较高，副溶血弧菌很容易繁殖。美国FDA统计1988～2001年不同季节因食用牡蛎而引起的副溶血弧菌中毒事件的数量，结果如表5-46所示。从表5-46中可以看出，夏季疾病暴发的次数明显高于其他季节。[67]

表 5-46　不同季节消费牡蛎引起副溶血弧菌中毒的统计结果

季节	2000 年	2001 年	1988～2001 年
冬季	1	2	22
春季	14	17	146
夏季	39	49	354
秋季	8	7	71
总计	62	75	593

5.5.3.2　危害特征描述

危害特征描述也称剂量-反应，就是定量描述摄取副溶血弧菌的浓度和频率同疾病危害程度之间的剂量-反应关系。这部分内容主要参考国外文献，以找到最合适的剂量-反应模型。

1）临床给食实验

1958 年，Takikawa 利用一株神奈川试验阳性菌株在人类志愿者身上做了一次实验。结果显示：在食用 10^6 个副溶血弧菌时，2 个志愿者仅有 1 个出现了肠胃炎症状；当增加到 10^7 个时，两个人均发病。此研究还显示：副溶血弧菌的生长浓度可达 10^{10} CFU/mL。[68]

1974 年，Sanyal 等的另一实验表明：当志愿者食用了 10^{10} 个神奈川试验阴性菌时，没有发病；当食用了 2×10^5 个神奈川试验阳性菌时，4 个志愿者中有 1 个出现了胃部不适；当增加到 3×10^7 个时，2 个志愿者出现了胃部不适和肠胃炎。[69]

2）动物实验

1975 年，Calia 等用神奈川试验阳性菌感染小兔，剂量达到 $10^9\sim10^{10}$ 时，36 只兔子中的 9 只可以从血液中分离到副溶血弧菌；21 只兔子中的 11 只可从脾脏中分离得到副溶血弧菌，有 14 只可从肝脏中分离得到副溶血弧菌。[70]

1990 年，Hoashi 等用 4 株 TDH^+ 菌和 3 株 TDH^- 做了 7 组实验。实验结果显示：菌株的剂量达到 10^5 个时，小白鼠没有死亡；剂量分别达到 10^6、10^7、10^8 个时小白鼠的死亡率分别达为 4%、61%和 90%。而且 TDH^+ 和 TDH^- 菌株在任一剂量上对小白鼠的致死率都没有明显的不同。[71]

3）模型的选择

副溶血弧菌风险评估常用的剂量/反应模型有：Beta-poisson 模型、Gompertz 模型和 Probit 模型。其中 Gompertz 模型和 Probit 模型是线性模型，这两种模型中，其线性指数都为感染剂量的 lg 的线性函数；而 Beta-poisson 模型是在致病菌和人群的交互作用中引入异质性的概念，其不确定度相对其他两个模型要小一些。在考虑了模型的易用性和线性范围特征的情况下，本研究采用 Beta-poisson 模型。公式如下：

$$Pr(\mathrm{ill}/\mathrm{d})=1-(1+d/\beta)^{-\alpha} \qquad (式\ 5\text{-}5)$$

其中,d 代表致病性副溶血弧菌的摄入量,$Pr(ill/d)$代表致病性副溶血弧菌引起肠胃炎的概率。根据人类给食实验和动物实验,α、β 为常数,α 取值 0.6,β 取值 1.3×10^6。[72]

5.5.3.3 暴露评估

1)暴露评估框架

在本研究中,因是从零售市场上购买的贝类样品,因此暴露评估的起点是"贝类的零售",终点是"消费者的食用"。整个过程包括了零售阶段、烹调/煮食和食用三个部分,暴露评估的框架如图 5-41 所示。暴露评估过程需要的数据有:贝类中副溶血弧菌的初始浓度、从购买到烹调前副溶血弧菌的生长速率、贮藏时间、温度、贝类的人均消费量、消费频率、致病性副溶血弧菌的比例等。

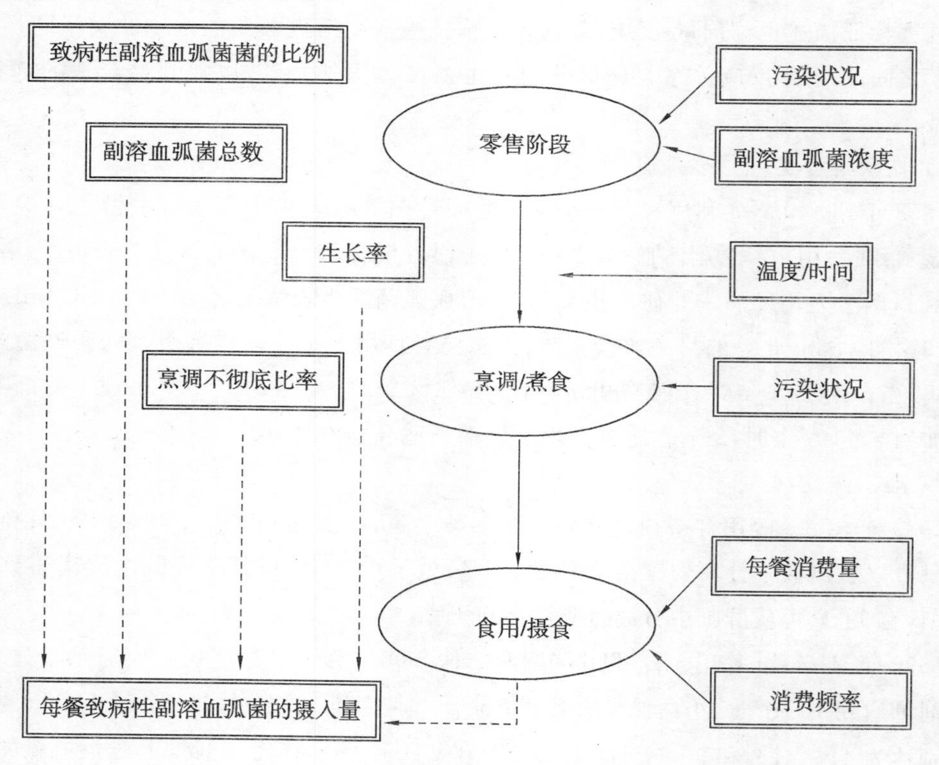

图 5-41 贝类中副溶血弧菌暴露评估模型

2)暴露评估模型的确定

(1)贝类中副溶血弧菌的含量

零售阶段贝类中副溶血弧菌的数据参见 5.5.2 的调查结果,同时结合本实验 2010 年的贝类污染状况调查结果,合计样品数量 839 个。利用@risk 软件对不同季节不同城市贝类中副溶血弧菌的含量进行分布拟合。

(2)购买到烹调前副溶血弧菌的生长模型

假定从购买到烹调前阶段副溶血弧菌的生长符合指数生长模型。该模型的公式如下：

$$N = N_L e^{kt}$$ （公式 5-6）

其中，N_L 为购买前贝类中副溶血弧菌的初始浓度，t 表示购买到烹调前的时间，k 表示生长速率，其分布根据 Miles 等人的研究，公式如下：

$$\sqrt{k} = 0.035\,634(T-278.5)\{1-\exp[0.340\,3(T-319.6)]\} \cdot \sqrt{(a_w-0.921)\{1-\exp[263.64(a_w-0.998)]\}} / \sqrt{\ln(10)}$$ （式 5-7）

其中，T 代表温度，a_w 代表水分活度。由于购买时贝类大多呈鲜活状态，假设其 a_w 不发生变化，取值为 0.985。[73]

（3）烹调前的贮藏时间与温度

假定贝类购买后烹调前，放在常温环境中保存。副溶血弧菌的生长与气温有关。根据国家气象中心记录的六个城市的每月平均最高气温和平均最低气温，按照春季（3～5 月），夏季（6～8 月），秋季（9～11 月），冬季（12～2 月）对不同季节的气温分布进行拟合。

（4）膳食调查

为了获得贝类的每餐消费数量和消费频率，参考曹慧慧等的膳食调查结果，利用@risk软件对每餐消费的贝类数量进行分布拟合。

（5）评估方法

利用贝类中副溶血弧菌的初始浓度、致病性副溶血弧菌的比率和膳食调查的结果推算出居民每餐致病性副溶血弧菌的摄入量分布。由于在零售到烹调之前副溶血弧菌的含量会发生变化，因此在暴露评估中引入贮藏时间和温度等变量，对暴露评估模型校正，获得每餐消费贝类摄入的致病性副溶血弧菌的暴露评估。整个模型中的各个变量均适用@risk软件进行分布拟合，再运用@risk 软件对暴露模型进行蒙特卡罗模拟。每次模拟进行 10 000 次迭代，得出每餐中致病性副溶血弧菌的暴露量。

3）暴露评估结果

（1）贝类中副溶血弧菌含量分布拟合

将 839 个样品中副溶血弧菌的数据，按不同城市和不同季节进行分类。考虑到每个城市每个季节的样本数量较少，而夏秋季是副溶血弧菌疾病的高发季，因此按不同城市夏秋季和冬春季对数据进行分布拟合。烟台夏秋季和冬春季贝类中副溶血弧菌含量分布拟合如图 5-42 和 5-43 所示。

根据 5.5.2 的调查结果显示，288 个贝类样品中，仅有 2 个检测出 *tdh* 基因阳性并且神奈川实验阳性，因此贝类中致病性副溶血弧菌所占的比例为 0.7%。

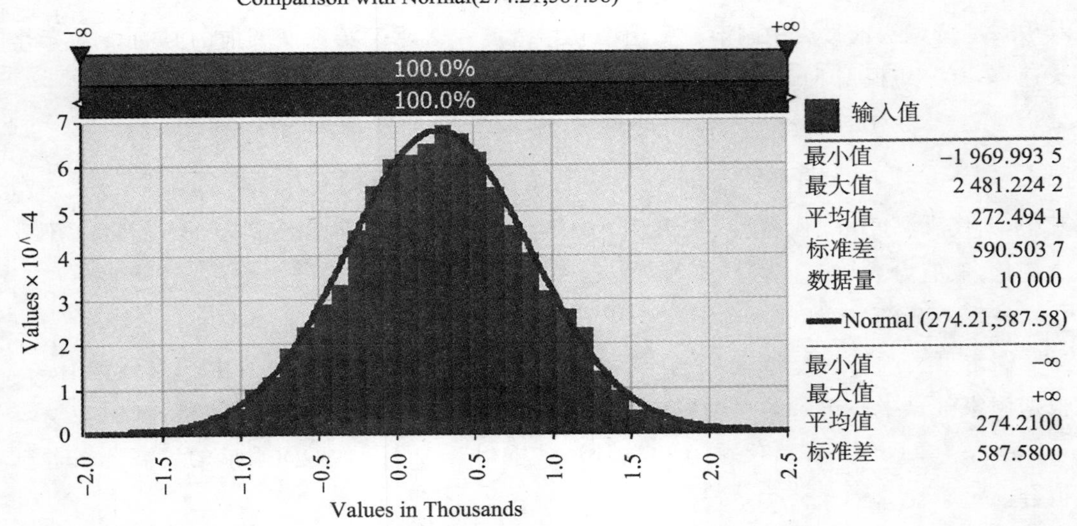

图 5-42 烟台夏秋季贝类中副溶血弧菌含量的分布拟合

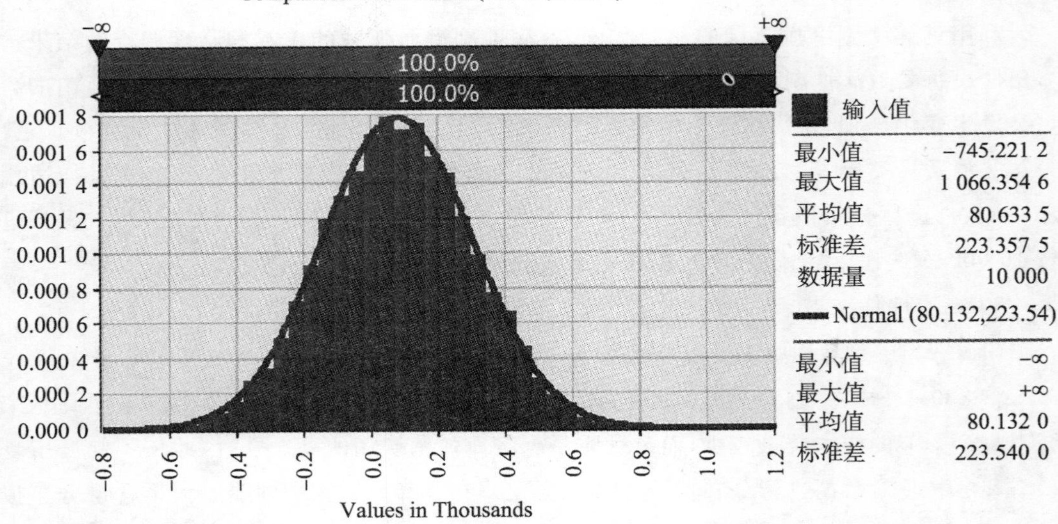

图 5-43 烟台冬春贝类中副溶血弧菌含量的分布拟合

六个城市的夏秋季和冬春季贝类中副溶血弧菌含量的分布拟合结果如表 5-47 所示。

表 5-47　贝类中副溶血弧菌含量分布拟合

城市	夏秋季	冬春季
连云港	RiskNormal(548.22,855.08)	RiskNormal(116.77,235.04)
青岛	RiskNormal(580.70,875.10)	RiskNormal(63.01,187.04)
威海	RiskNormal(581.11,831.77)	RiskNormal(78.31,173.07)
厦门	RiskNormal(645.05,933.52)	RiskNormal(236.64,589.51)
烟台	RiskNormal(274.21,587.58)	RiskNormal(80.13,223.54)
舟山	RiskNormal(740.97,970.25)	RiskNormal(180.18,498.75)

(2) 贮藏温度的分布拟合

按照 5.4.1.3 所述的季节划分方法，计算出六个城市不同季节的平均最高气温和平均最低气温，假设温度分布符合均一分布，利用@risk 将温度分布拟合，结果如表 5-48 所示。

表 5-48　六个城市不同季节温度分布拟合

城市	春季	夏季	秋季	冬季
连云港	Uniform(8.0,18.0)	Uniform(21.7,29.3)	Uniform(11.0,20.3)	Uniform(－2.7,5.7)
青岛	Uniform(7.7,14.7)	Uniform(21.0,26.3)	Uniform(12.7,19.3)	Uniform(－1.7,4.7)
威海	Uniform(7.0,15.7)	Uniform(20.3,27.3)	Uniform(12.3,18.3)	Uniform(－2.0,3.7)
厦门	Uniform(15.0,23.0)	Uniform(24.3,32.3)	Uniform(19.0,26.0)	Uniform(8.7,16.0)
烟台	Uniform(7.7,16.0)	Uniform(20.7,27.3)	Uniform(12.3,18.3)	Uniform(－2.7,3.3)
舟山	Uniform(11.3,18.3)	Uniform(23.0,29.3)	Uniform(16.7,23.0)	Uniform(4.3,10.3)

(3) 贮藏时间分布拟合

居民购买贝类产品大多当天购买当天食用，因此，假定在购买后的贮藏时间服从 Pert 分布，最短为 1 h，最可能为 6 h，最常为 10 h。利用@risk 对贮藏时间进行分布拟合，结果如图 5-44 所示。

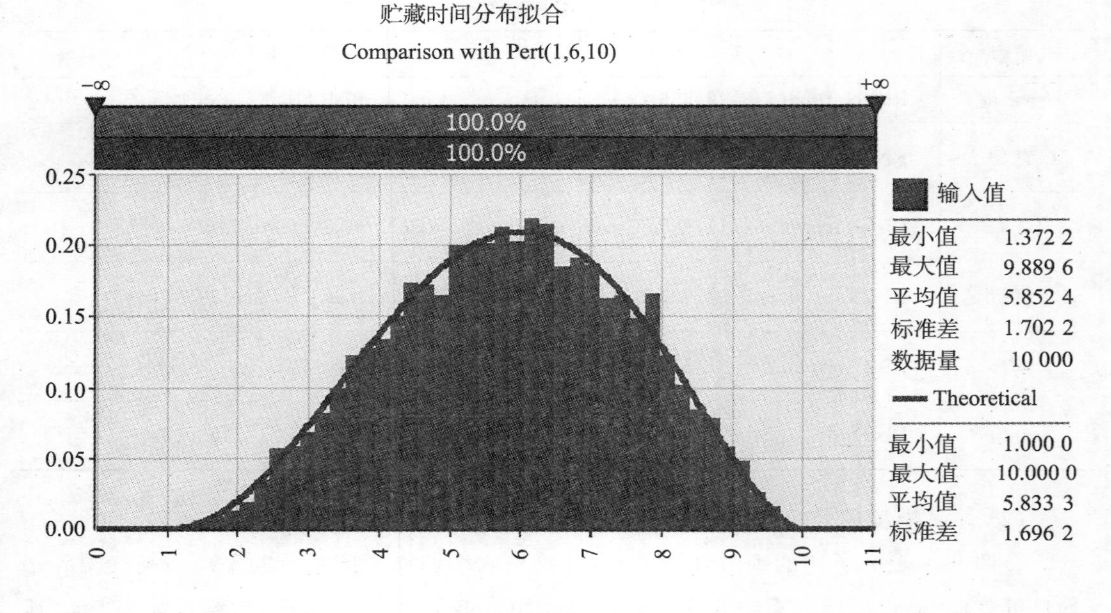

图 5-44　贮藏时间分布拟合

（4）膳食调查结果拟合

根据文献报道的膳食调查结果显示，青岛市居民每人每餐消费贝类的平均值为 14.63 g，符合正态分布。利用@risk 对膳食调查结果进行分布拟合，结果如图 5-45 所示。调查结果显示，生食和烹调不当比率约为 0.01，假设上述结果在六个城市中都适用。

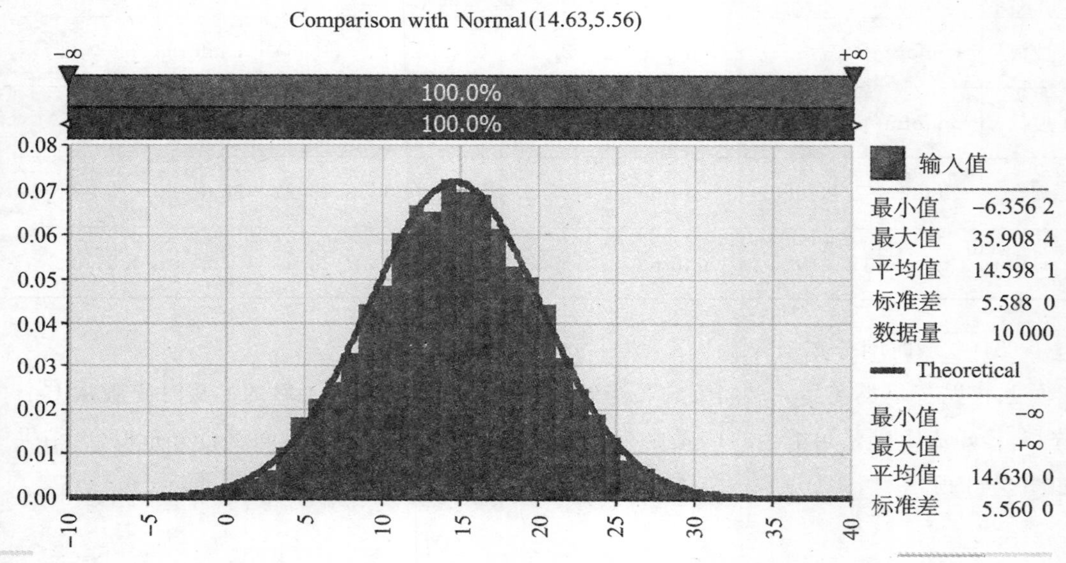

图 5-45　贝类膳食调查结果分布拟合

（5）不同季节致病性副溶血弧菌的暴露量和敏感性分析

暴露评估模型中各个变量及其分布如表5-49所示。将上述变量带入评估模型中，利用@risk软件得出不同季节贝类消费过程中致病性副溶血弧菌的暴露分布结果。

表5-49　暴露评估中的相关变量

变量名称	单位	变量描述
贝类中副溶血弧菌含量（N_L）	MPN/g	如表6-4所示
致病性副溶血弧菌的比例		0.7%
气温（T）	℃	如表6-5所示
贮藏时间（t）	h	t=Pert(1,6,10)
每人每餐贝类消费量（M）	g	M=Normal(14.63,5.56)

① 春季不同城市致病性副溶血弧菌暴露评估结果。春季六个城市的居民通过食用贝类过程中感染致病性副溶血弧菌的暴露量结果如表5-50所示。从表中可以看出烟台、威海、青岛、连云港、舟山和厦门居民的暴露量平均值分别为：8.47、8.32、6.66、11.73、19.83、25.22，地域差距较明显，南方城市居民的暴露量明显高于北方城市，暴露量最高的城市为厦门，最低的为青岛。利用@risk软件对相关变量的敏感性分析结果显示：春季居民的暴露量主要受贝类中副溶血弧菌含量、每餐消费量、气温和贮藏时间的影响。其中贝类中副溶血弧菌含量的影响最大，其次为每餐消费量和气温，贮藏时间的影响最小，六个城市春季气温对居民暴露量的斯皮尔曼等级相关系数的平均值为0.1。

表5-50　春季不同城市致病性副溶血弧菌的暴露量

城市	暴露量平均值	50百分位	90百分位	95百分位
烟台	8.47	6.73	39.92	51.30
威海	8.32	6.76	33.03	42.22
青岛	6.66	5.13	32.17	41.74
连云港	11.73	9.89	44.66	57.46
舟山	19.83	16.37	91.30	119.02
厦门	25.22	20.19	109.51	141.76
平均值	13.37	10.85	58.43	75.58

② 夏季不同城市致病性副溶血弧菌暴露评估结果。夏季六个城市的居民通过食用贝类过程中感染致病性副溶血弧菌的暴露量结果如表5-51所示。从表中可以看出烟台、威海、青岛、连云港、舟山和厦门居民的暴露量平均值分别为：29.63、63.11、63.84、63.10、83.07、71.64，南方城市居民的暴露量要高于北方城市，暴露量最大的城市为舟山，最低的为烟台。利用@risk软件对相关变量的敏感性分析结果显示：贝类中副溶血弧菌含量的

影响最大，其次为每餐消费量和气温，贮藏时间的影响最小，六个城市夏季气温对居民暴露量的斯皮尔曼等级相关系数的平均值为0.22，高于春季的相关系数，说明夏季气温对居民暴露量的影响要高于春季。

表 5-51 夏季不同城市致病性副溶血弧菌的暴露量

城市	暴露量平均值	50 百分位	90 百分位	95 百分位
烟台	29.63	23.96	116.78	150.12
威海	63.11	52.73	191.21	240.60
青岛	63.84	53.12	201.69	255.35
连云港	63.10	53.40	199.42	249.47
舟山	83.07	69.85	238.52	302.66
厦门	71.64	62.04	216.30	272.88
平均值	62.40	52.52	193.99	245.18

③ 秋季不同城市致病性副溶血弧菌暴露评估结果。秋季六个城市的居民通过食用贝类过程中感染致病性副溶血弧菌的暴露量结果如表5-52所示。从表中可以看出烟台、威海、青岛、连云港、舟山和厦门居民的暴露量平均值分别为：28.18、60.23、61.13、59.43、79.46、71.47，与各个城市居民夏季的暴露量较类似，南方城市居民的暴露量明显高于北方城市，暴露量最大的城市为舟山，最低的为烟台。利用@risk软件对相关变量的敏感性分析结果显示：贝类中副溶血弧菌含量的影响最大，其次为每餐消费量和气温，贮藏时间的影响最小，六个城市秋季气温对居民暴露量的斯皮尔曼等级相关系数的平均值为0.18。

表 5-52 夏季不同城市致病性副溶血弧菌的暴露量

城市	暴露量平均值	50 百分位	90 百分位	95 百分位
烟台	28.18	22.75	111.05	143.27
威海	60.23	50.27	182.50	229.46
青岛	61.13	51.11	192.79	244.27
连云港	59.43	50.20	188.44	235.46
舟山	79.46	66.81	228.10	287.63
厦门	71.47	59.27	215.72	268.84
平均值	59.98	50.07	186.43	234.82

④ 冬季不同城市致病性副溶血弧菌暴露评估结果。夏季六个城市的居民通过食用贝类过程中感染致病性副溶血弧菌的暴露量结果如表5-53所示。从表中可以看出烟台、威海、青岛、连云港、舟山和厦门居民的暴露量平均值分别为：8.44、8.28、6.29、11.62、19.50、23.48，暴露量最大的城市为厦门，最低的为青岛。利用@risk软件对相关变量的

敏感性分析结果显示：贝类中副溶血弧菌含量的影响最大，其次为每餐消费量和气温，贮藏时间的影响最小，六个城市冬季气温对居民暴露量的斯皮尔曼等级相关系数的平均值为－0.11，显示冬季气温对居民暴露量呈负相关。

表 5-53　冬季不同城市致病性副溶血弧菌的暴露量

城市	暴露量平均值	50 百分位	90 百分位	95 百分位
烟台	8.44	6.70	39.70	51.10
威海	8.28	6.72	32.81	41.98
青岛	6.29	5.09	31.64	41.31
连云港	11.62	9.78	44.36	56.97
舟山	19.50	16.09	89.95	116.79
厦门	23.48	18.72	106.54	136.74
平均值	12.94	10.52	57.5	74.15

综上所述，不同季节居民通过食用贝类感染致病性副溶血弧菌的暴露量呈季节分布，暴露量夏季＞秋季＞春季＞冬季。有关变量的敏感性分析结果显示：在各个季节中，居民暴露量都受副溶血弧菌含量的影响最大；气温对居民暴露量的影响随季节不同而发生变化，夏季和秋季的相关系数要高于秋季，而冬季气温对居民暴露量呈负相关。

5.5.3.4　风险特征描述

将 5.4.2.3 中暴露评估的结果带入到剂量/反应模型中，利用@risk 软件进行蒙特卡罗模拟。每次模拟进行 10 000 次迭代，计算出每餐食用贝类引发肠胃炎的概率。

1）春季食用贝类引发肠胃炎的概率

将六个城市春季致病性副溶血弧菌的暴露量带入到剂量/反应模型中，利用@risk 软件计算的结果如表 5-54 所示。从表中可以看出春季六个城市食用贝类引发肠胃炎的概率多集中在 10^{-6}，发病概率最高的城市是厦门，为 1.2×10^{-5}，其次为舟山为 8.76×10^{-6}，发病概率最低的为青岛是为 2.89×10^{-6}。总体上讲，春季发病的概率是厦门和舟山明显高于其他城市。六个城市春季食用贝类的风险评估结果如图 5-46 所示。

表 5-54　六个城市春季食用贝类引发肠胃炎的概率

城市	平均发生率	50 百分位	90 百分位	95 百分位
烟台	3.98E-06	3.27E-06	1.82E-05	2.36E-05
威海	3.82E-06	3.15E-06	1.49E-05	1.92E-05
青岛	2.89E-06	2.34E-06	1.50E-05	1.92E-05
连云港	5.71E-06	4.66E-06	2.12E-05	2.74E-05
舟山	8.76E-06	7.06E-06	4.10E-05	5.41E-05
厦门	1.20E-05	9.83E-06	5.16E-05	6.67E-05
平均值	6.19E-06	5.05E-06	2.70E-05	3.50E-05

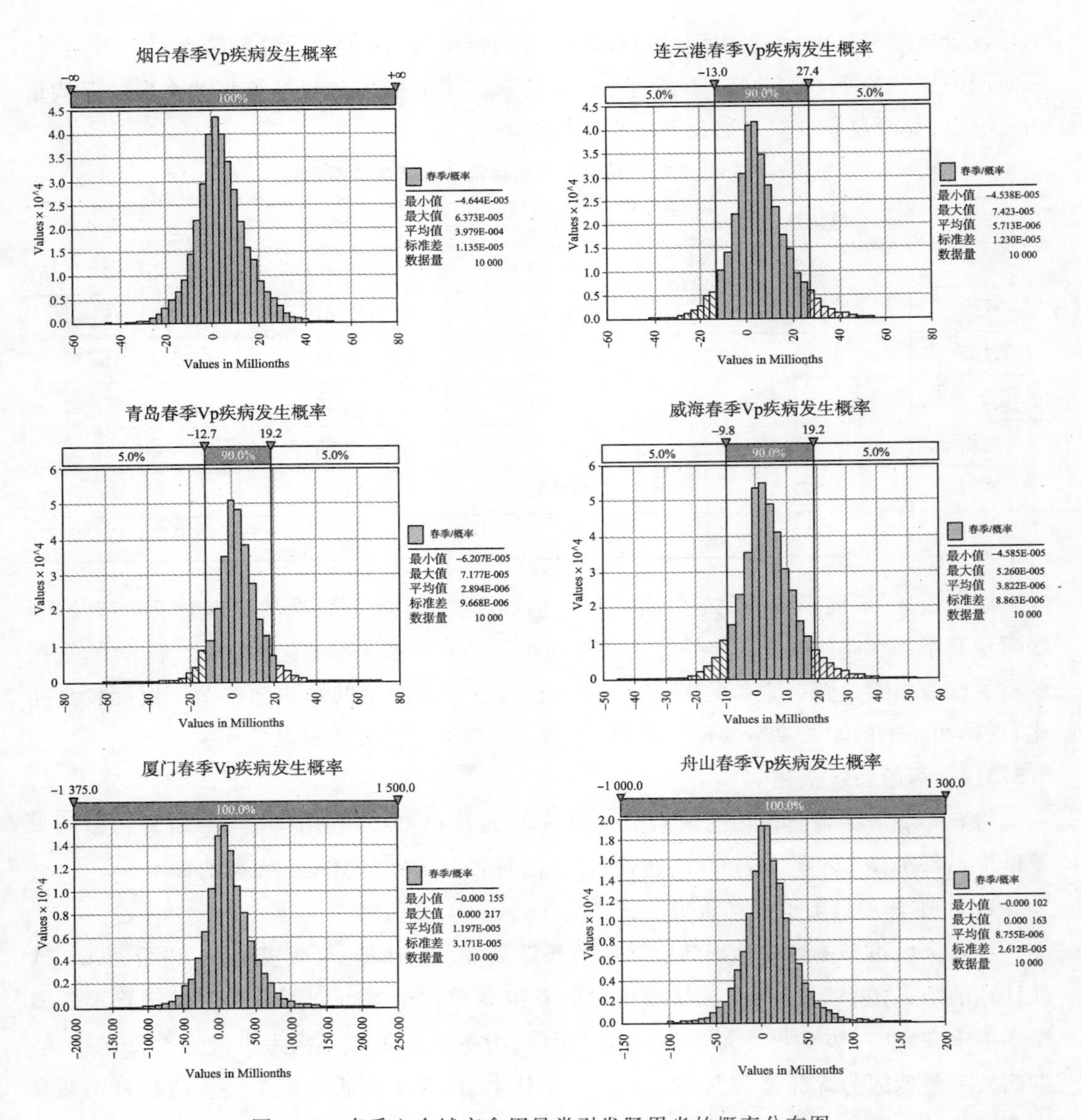

图 5-46 春季六个城市食用贝类引发肠胃炎的概率分布图

2）夏季食用贝类引发肠胃炎的概率

六个城市夏季食用贝类引发肠胃炎的概率如表 5-55 所示。从表中可以看出，夏季食用贝类引发肠胃炎的概率都集中在 10^{-5}，比春季要高出 1 个数量级。发病概率最高的城市是舟山，为 3.79×10^{-5}，其次为厦门为 3.42×10^{-5}，发病概率最低的为连云港和威海都为是为 2.84×10^{-5}。六个城市夏季食用贝类的风险评估结果如图 5-47 所示。

表5-55 六个城市夏季食用贝类引发肠胃炎的概率

城市	平均发生率	50百分位	90百分位	95百分位
烟台	3.19E-05	1.18E-05	5.41E-05	7.00E-05
威海	2.84E-05	2.39E-05	8.90E-05	1.10E-04
青岛	2.98E-05	2.50E-05	9.16E-05	1.16E-04
连云港	2.84E-05	2.33E-05	8.90E-05	1.13E-04
舟山	3.76E-05	3.19E-05	1.07E-04	1.35E-04
厦门	3.42E-05	2.90E-05	1.04E-04	1.32E-04
平均值	3.17E-05	2.42E-05	8.91E-05	1.13E-04

3）秋季食用贝类引发肠胃炎的概率

六个城市夏季食用贝类引发肠胃炎的概率如表5-56所示。从表中可以看出，夏季食用贝类引发肠胃炎的概率多集中在10^{-5}，同夏季较类似，但比春季要高出1个数量级。发病概率最高的城市是舟山，为3.59×10^{-5}，其次为厦门为3.26×10^{-5}，发病概率最低的为烟台3.9×10^{-6}。六个城市秋季食用贝类的风险评估结果如图5-48所示。

表5-56 六个城市秋季食用贝类引发肠胃炎的概率

城市	平均发生率	50百分位	90百分位	95百分位
烟台	3.90E-06	3.09E-06	1.83E-05	2.39E-05
威海	2.71E-05	2.29E-05	8.47E-05	1.05E-04
青岛	2.85E-05	2.39E-05	8.75E-05	1.11E-04
连云港	2.67E-05	2.21E-05	8.38E-05	1.06E-04
舟山	3.59E-05	3.05E-05	1.03E-04	1.28E-04
厦门	3.26E-05	2.77E-05	9.95E-05	1.26E-04
平均值	2.58E-05	2.17E-05	7.95E-05	1.00E-04

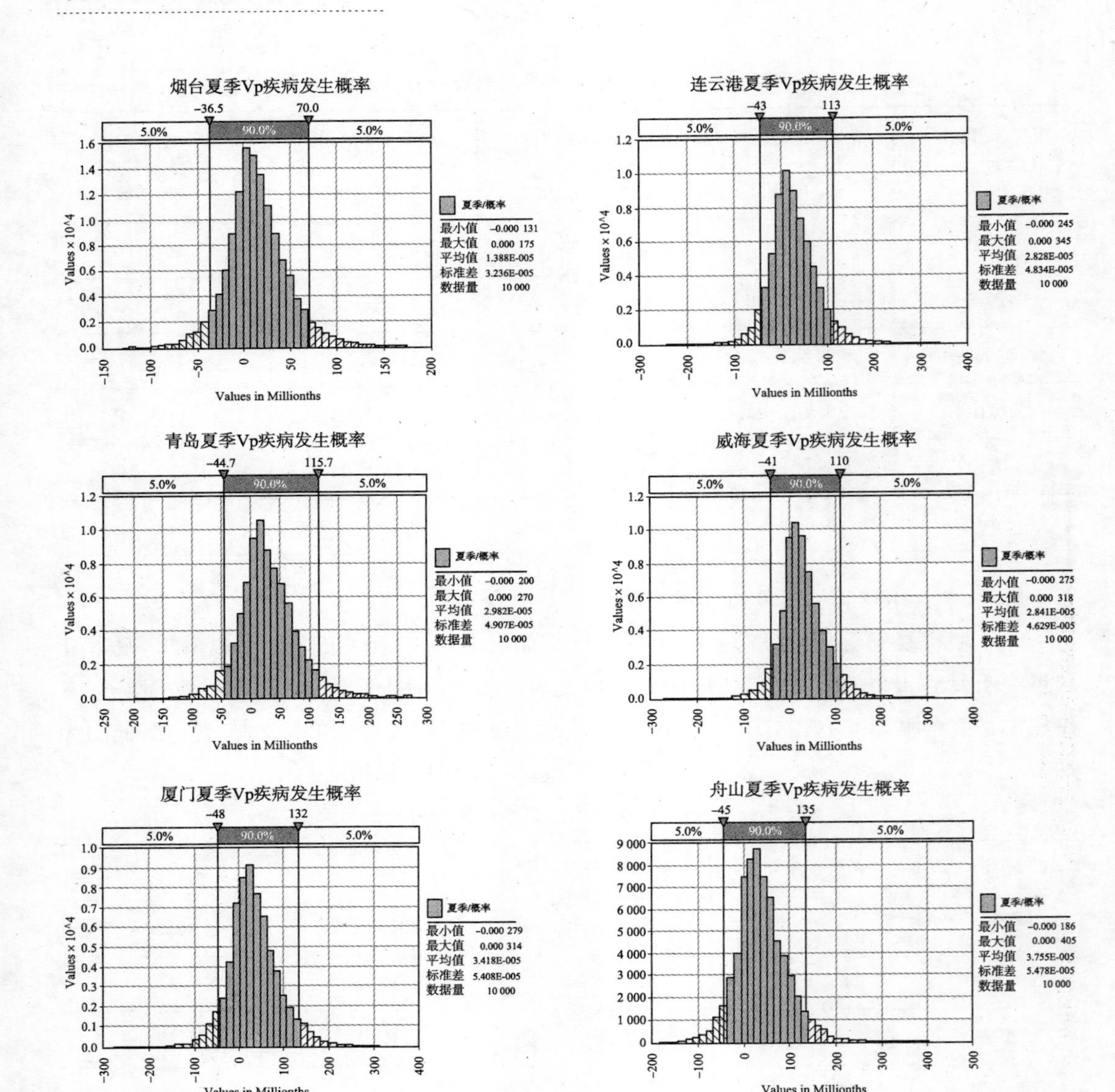

图 5-47 夏季六个城市食用贝类引发肠胃炎的概率分布图

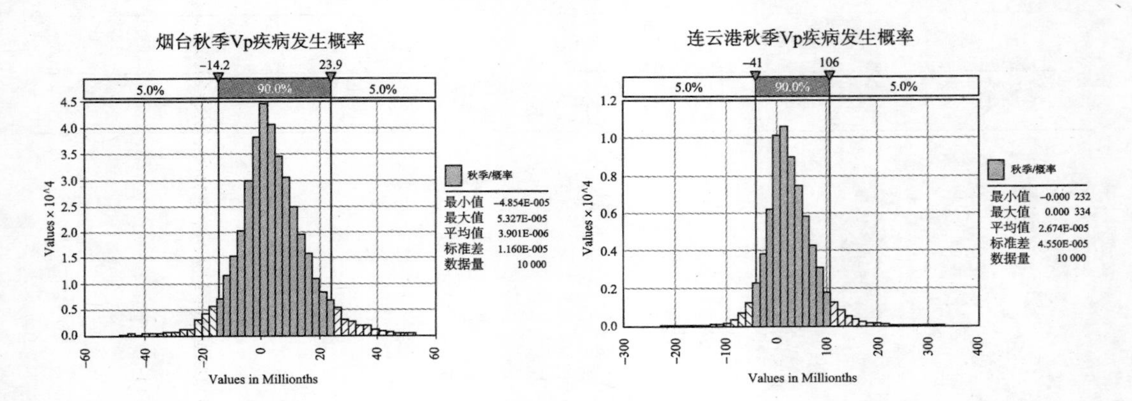

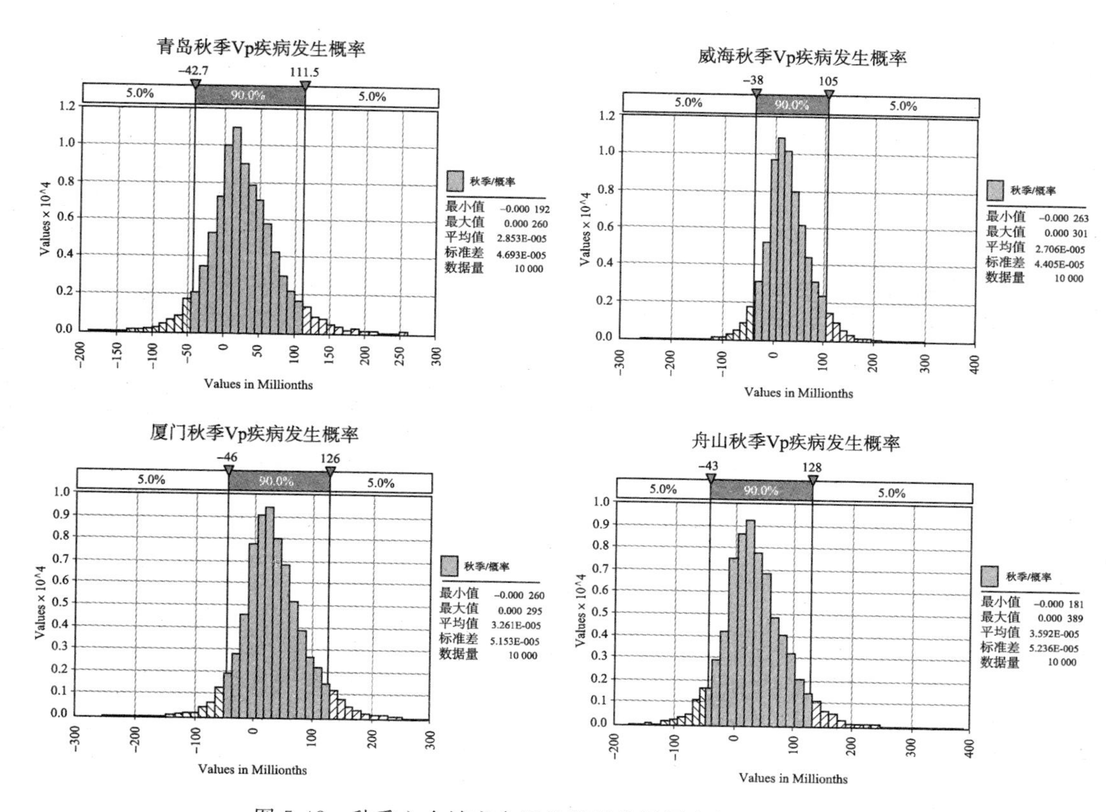

图 5-48　秋季六个城市食用贝类引发肠胃炎的概率分布图

4）冬季食用贝类引发肠胃炎的概率

经@risk 软件分析，冬季六个城市食用贝类引发肠胃炎的概率如表 5-57 所示。从表中可以看出，冬季食用贝类引发肠胃炎的概率都集中在 10^{-6}，比夏季和秋季要低 1 个数量级。发病概率最高的城市是舟山，为 8.61×10^{-6}，其次为厦门为 8.16×10^{-6}，发病概率最低的为青岛 2.88×10^{-6}。六个城市冬季食用贝类的风险评估结果如图 5-49 所示。

表 5-57　六个城市冬季食用贝类引发肠胃炎的概率

城市	平均发生率	50 百分位	90 百分位	95 百分位
烟台	3.84E-06	3.06E-06	1.81E-05	2.35E-05
威海	3.81E-06	3.14E-06	1.48E-05	1.91E-05
青岛	2.88E-06	2.34E-06	1.49E-05	1.92E-05
连云港	5.66E-06	4.63E-06	2.10E-05	2.71E-05
舟山	8.61E-06	6.93E-06	4.03E-05	5.32E-05
厦门	8.16E-06	9.58E-06	5.01E-05	6.48E-05
平均值	5.49E-06	4.95E-06	2.65E-05	3.45E-05

综上所述，六个城市居民食用贝类而引发肠胃炎的概率夏季和秋季明显要高于春季

和冬季。同一季节内，六个城市的平均发病概率较接近，但南方城市的概率要稍高于北方城市。因此，夏季和秋季为副溶血弧菌引发肠胃炎的高发季节，在这两个季节应加强贝类中副溶血弧菌的监测力度。青岛市 2004～2009 年夏季流行病学的监测数据显示，副溶血弧菌引起肠胃炎的发病概率为 5.58×10^{-5}，[72]本评估的结果显示，青岛夏季的预期的发病概率为 2.98×10^{-5}，预期结果同实际情况基本吻合；2000 年福建省的疾病监测结果显示，春、夏、秋、冬季感副溶血弧菌引起的肠胃炎感染发生概率分别为：3.2×10^{-5}、7.9×10^{-5}、3.8×10^{-5} 和 2×10^{-6}，[74]本次风险评估厦门市春、夏、秋、冬季预期的发病概率分别为 1.20×10^{-5}、3.42×10^{-5}、3.26×10^{-5} 和 8.16×10^{-6}，预期结果同实际情况基本吻合。

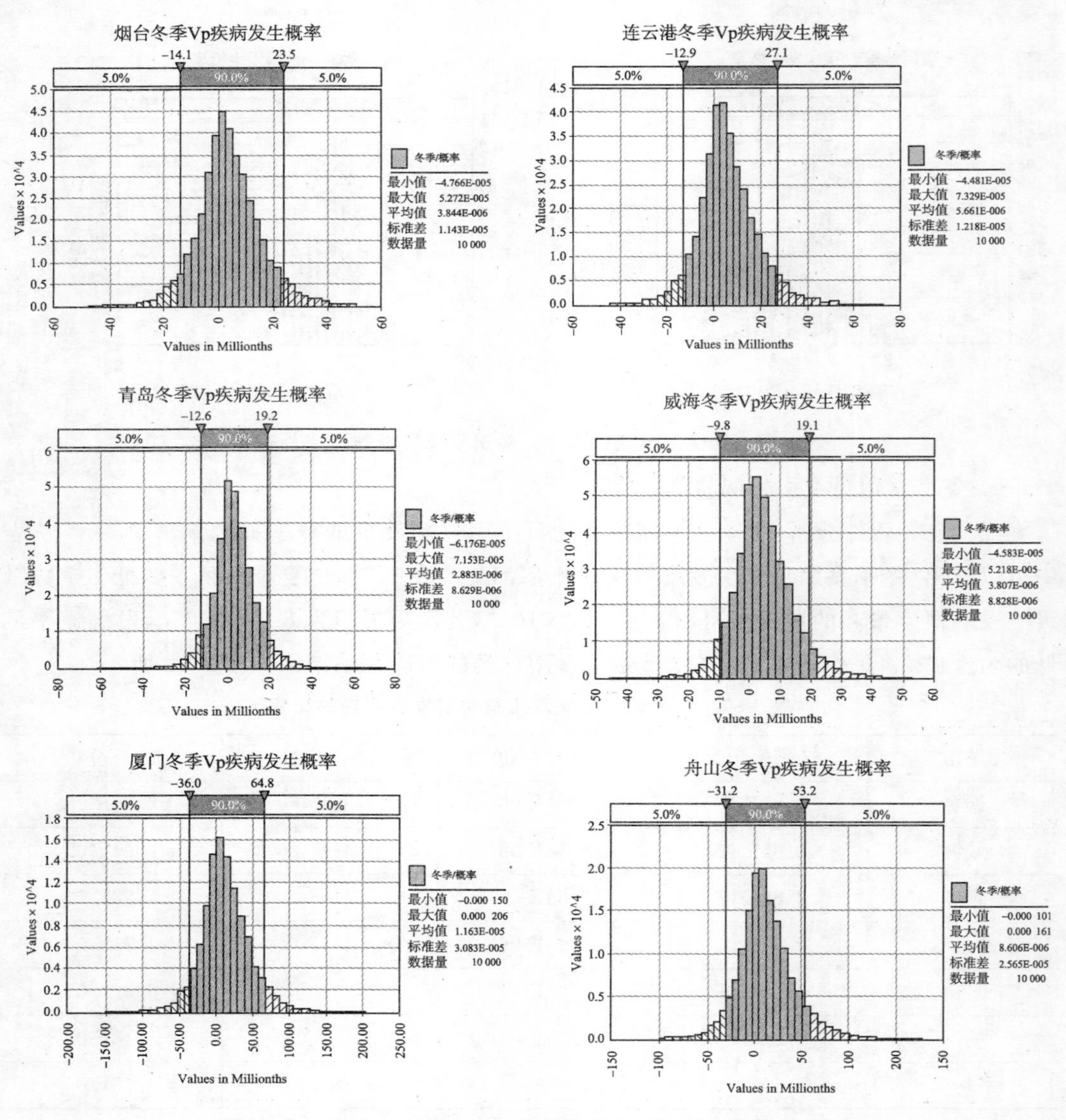

图 5-49　冬季六个城市食用贝类引发肠胃炎的概率分布图

5.5.3.5　贝类中副溶血弧菌风险评估的不确定性分析

1)风险评估的确定性

由风险评估的结果可知，不同季节因食用贝类而感染副溶血弧菌疾病的风险高低不同，夏季和秋季的风险明显高于春季和冬季；不同城市间因食用贝类而引起感染副溶血弧菌疾病的风险高低也不相同，舟山和厦门明显高于其他城市，也就是气温较高城市的风险要高于气温低的城市。

2)风险评估的不确定性

风险评估尤其是微生物的风险评估是一个复杂的过程，其涉及了统计学、食品科学、营养学、毒理学、微生物学、流行性病学以及模型技术等多个学科。在风险评估的整个过程中，许多环节都存在不确定性的因素，造成评价结果不确定性因素本身也被认为具有不确定性。对评估过程中不确定性的讨论和对评价结果的解释对整个风险评估的过程有重要的参考价值。本次风险评估的不确定性主要包括以下几个方面。

① 副溶血弧菌生长模型的局限性。评估中使用的模型是在副溶血弧菌的实验室最适生长条件下使用一株生长较快的菌株模拟出来的。本次风险评估中的副溶血弧菌多在贝类体内，尤其是消化腺中存在，生长条件同模型相比有一定的差异，而且没有考虑副溶血弧菌菌株之间的差异和贝类品种的差异。模型中水活度(a_w)在不同温度条件下可以发生变化，本次评估中假定 a_w 为一个最可能值。因此，今后需要建立副溶血弧菌在贝类体内生长的模型，以合理地模拟副溶血弧菌的生长。

② 致病性副溶血弧菌的比例的局限性。本次风险评估利用调查结果来推测致病性菌株所占的比例。有研究结果表明受检测方法和条件的影响，实验室检出致病性的比例可能要低于其实际的比例。

③ 剂量/反应模型的局限性。本次风险评估采用的公认的剂量/反应模型也存在一定的局限性，它是根据人类给食实验和动物模拟实验获得的，实验中使用的是大剂量的感染，而实际的摄入水平显著低于实验的摄入剂量。将高摄入剂量时收集到的摄入/反应模型应用于低剂量摄入水平时可能会不太准确。另外，受实验动物的影响，剂量/反应模型同人类摄入也存在一定的差异。剂量/反应模型的验证需要流行病学资料，但我国实际的流行病学调查资料的信息较少。

④ 膳食调查的局限性。本次风险评估采用文献报道的青岛市居民贝类的消费量，并将其应用到其他城市中。不同城市居民消费贝类的数量和次数可能存在差异，这造成风险评估结果的不确定性。本次风险评估中没有考虑到不同人群对贝类的消费，仅针对普通消费者，没有针对特殊人群，如老人、儿童、孕妇等。膳食调查的局限，受制于我国此方面的数据缺乏和公开不够。

由于风险评估存在不确定性，因此在制定风险管理政策时应充分考虑到风险分析的不确定性和影响性。

5.5.3.6 小结

暴露评估的结果显示：六个城市的居民在不同季节因食用贝类摄入的致病性副溶血弧菌的数量存在差别，夏季和秋季的暴露量明显高于春季和冬季，六个城市的居民在春季、夏季、秋季和冬季暴露量的平均值分别为13.37、62.40、59.98和12.94；不同城市之间的暴露量也存在差异，舟山和厦门的暴露量明显高于其他城市，其中最高的暴露量出现在夏季的舟山，平均暴露量为83.07，最低的则为冬季的青岛，平均暴露量为6.66。敏感性分析结果显示：各个变量因素对暴露量的影响各不相同，对暴露量影响最大的是贝类中的副溶血弧菌含量，其次为每餐消费量和城市的气温，贮藏时间的影响最小，其中气温对居民暴露量的斯皮尔曼等级相关系数在夏季为0.22，秋季为0.18，春季为0.10，冬季则为−0.10，表明气温对暴露量的影响在春、夏、秋季为正相关，冬季则为负相关。

风险评估的结果显示，夏季和秋季六个城市的居民因食用贝类引发肠胃炎的概率明显高于春季和冬季，春季、夏季、秋季和冬季发病概率的平均值分别为6.19×10^{-6}、3.76×10^{-5}、2.58×10^{-5}和5.49×10^{-5}。六个城市在夏季的发病概率分别为：烟台(1.39×10^{-5})、威海(2.84×10^{-5})、青岛(2.98×10^{-5})、连云港(2.84×10^{-5})、舟山(3.76×10^{-5})、厦门(3.42×10^{-5})。不同城市之间的发病概率也存在着差异，总体上说南方城市(舟山和厦门)要高于其他城市，发病概率最高的为舟山市的夏季，为3.76×10^{-5}，最低的为青岛，冬季为2.88×10^{-6}。

参考文献

[1] Liston J. Microbial Hazards of Seafood Consumption [J]. Food Technol., 1990, 44: 56-62.

[2] 苏世彦.食品微生物检验手册[M].北京：中国轻工业出版社；1998.

[3] Honda T, Iida T, Akeda Y, et al. Sixty Years of *Vibrio parahaemolyticus* [J]. Microbe Research, 2008, 3: 462-466.

[4] Kaneko T, Colwell R R. Ecology of *Vibrio parahaemolyticus* in Chesapeake Bay [J]. J. Bacteriol., 1973, 113 (L): 24-32.

[5] 东秀珠，蔡妙英.常见细菌系统鉴定手册[M].北京：科学出版社，1996：107-118.

[6] Depaola A, Hopkins L H, Peeler J T, et al. Incidence of *Vibrio parahaemolyticus* in U. S. Coastal Waters and Oysters [J]. Appl. Environ. Microbiol., 1990, 56(8): 2299-302.

[7] Duan J, Su YC. Occurrence of *Vibrio parahaemolyticus* intwo Oregon Oyster Growing Bays[J]. J. Food Sci., 2005, 70: 58-63.

[8] Su Y C, Duan J, Wu W H. Selectivity and Specificity ofa Chromogenic Medium for Detecting *Vibrio parahaemolyticus* [J]. J. Food Prot., 2005, 68(7): 1454-1456.

[9] Kaysner CA, Depaola A. Outbreaks of *Vibrio parahaemolyticus* Gastroenteritis from Raw Oyster Consumption: Assessing the Risk of Consumption and Genetic Methods for Detection of Pathogenic Strains [J]. J. Shellfish Res., 2000, 19: 657.

[10] Depaola A, Kaysner CA, Bowers J, et al. Environmental Investigations of *Vibrio parahaemolyticus* in Oysters After Outbreaks in Washington, Texas, and New York (1997 and 1998) [J]. Appl. Environ. Microbiol., 2000, 66: 4649-4654.

[11] Gooch JA, Depaola A, Bowers J, et al. Growth and Survival of *Vibrio parahaemolyticus* in Postharvest American Oysters [J]. J. Food Prot., 2002, 65:970-974.

[12] Cook DW, O'Leary P, Hunsucker J C, et al. Vibrio vulnificusand *Vibrio parahaemolyticus* in US Retail Shell Oysters: A National Survey from June 1998 to July 1999 [J]. J. Food Prot., 2002, 65: 79-87.

[13] Honda T, Ni Y, Miwatani T, et al. theThermostable Direct Hemolysinof *Vibrio parahaemolyticus* isaPoreforming Toxin [J]. Can J Microbiol., 1992, 38 (11): 1175-1180.

[14] Nishibuchi M, Kaper JB. Nucleotide Sequence of Thermstable Direct Hemolysin Gene of *Vibrio parahaemolyticus* [J]. J Bacteriol., 1985, 162 :558-564.

[15] Nishibuchi, M, Kaper, J B. Duplication and Variation oftheThermostable Direct Hemolysin (*tdh*) Gene in *Vibrio parahaemolyticus* [J]. J Bacteriol, 1989, 140: 352-358.

[16] Baba K, Shirai H, Terai A, et al. Analysis ofthe *tdh* Gene Cloned froma *tdh* Gene and *trh* Gene-positive Strain of *Vibrio parahaemolyticus* [J]. MicrobiolImmunol., 1991, 35: 253-258.

[17] Honda T, Iida T. The Pathogenicity of *Vibrio parahaemolyticus* andthe Role oftheThermostable Direct Haemolysinand Related Haemolysins [J]. Rev Med Microbiol., 1993, 4 : 106-113.

[18] Honda T, Ni Y X, Hata A, et al. Properties ofaHemolysin Related totheThermostable Direct Hemolysin Produced bya Kanagawa Phenomenon Negative, Clinical Isolate of *Vibrio parahaemolyticus* [J]. Can J Mierobiol., 1990, 36(6):395-399.

[19] Honda T, Ni Y X, Miwatani T. Purification and Characterization of A Hemolysin Produced bya Clinical Isolate of Kanagawa Phenomenon-Negative *Vibrio parahaemolyticus* and Related totheThermostableDireetHemolysin [J]. Infeetimmun., 1988, 56(4): 961-965.

[20] Shirai H, Ito H, Hirayama T, et al. Molecular Epidemiologic Evidence for Association ofThermostable Direct Hemolysin (*tdh*) and TDH-related Hemolysinof *Vibrio parahaemolyticus* with Gastroenteritis [J]. Infect Immun., 1990, 58 (11): 3568-3573.

[21] 苏建新,聂军,吴振龙.副溶血性弧菌耐热直接相关溶血素基因的克隆与序列分析[J].第一军医大学学报,2002,22(6):515-517.

[22] Tada J, OhashiT, Nishimura N, et al. Detection oftheThermostable Direct Hemolysin Gene (*tdh*) andtheThermostable Direct Hemolysin-Related Hemolysin Gene (*tdh*) of *Vibrio parahaemolyticus* by Polymerase Chain Reaction [J]. Mol Cell Probes., 1992, 6 (6):477-487.

[23] Kishishita M, Matsuoka N, Kumagai K, et al. Sequence Variation intheThermostable Direct Hemolysin- related Hemolysin (*trh*) Gene of *Vibrio parahaemolyticus* [J]. Appl Environ Microbiol., 1992, 58 (8):2449-2457.

[24] Anders D. The Occurrence of Human Pathogenic *Vibrio* Spp. and Salmonella in Aquaculture [J]. International Journal of Food Science & Technology, 1988, 33 (2): 127-138.

[25] Nishibuchi M, Kaper J B. Thermostable Direct Hemolysin Gene of *Vibrio parahaemolyticus*: A Virulence Gene Acquired by A Marine Bacterium [J]. Infection and Immunity, 1995, 63(6): 2093-2099.

[26] 李国,闫茂仓,常维山,等.文蛤副溶血弧菌间接ELISA检测技术研究[J].海洋通报,2008,27(5):85-90.

[27] 李志峰,聂军,戴迎春,等.副溶血弧菌不耐热溶血毒素的表达与纯化[J].中国公共卫生,2004,20(1):27-28.

[28] Makino, K, Oshima, K, Kurokawa, K, et al. Genome Sequence of *Vibrio parahaemolyticus*: A Pathogenic Mechanism Distinct fromthatof *V. cholerae* [J]. Mechanisms of Disease, 2003, 361: 743-749.

[29] 杨雷.副溶血性弧菌的体外比较转录组学研究[学位论文].北京,中国医学科学院.

[30] Ono T, Park K S, Ueta M, et al. Identification of Proteins Secreted via *Vibrio parahaemolyticus* Type III Secretion System 1 [J]. Infect Immun., 2006, 74(2): 1032-42.

[31] Makino K, Oshima K, Kurokawa K, et al. Genome Sequence of *Vibrio parahaemolyticus*: A Pathogenic Mechanism Distinct fromthat of *V vholerae* [J]. Lancet., 2003, 361(9359): 743-749.

[32] Park K S, Ono T, Rokuda M, et al. Functional Characterization oftwo Type III

Secretion Systems ofVibrioparahaemolyticus [J]. Infect Immun., 2004, 72(11): 6659-6665.

[33] Kodama T, Hiyoshi H, Gotoh K, et al. Identification oftwo Translocon Proteins of *Vibrio parahaemolyticus* Type III Secretion System 2 [J]. Infect Immun., 2008, 76(9):4282-8289.

[34] Daniels NA, Ray B, Easton A, et al. Emergence ofa New O3:K6 V. Parahaemo-lyticusSerotype in Raw Oysters [J]. Jama, 2000, 284: 1541-1545.

[35] Infectious Disease Surveillance Center (IDSC). *Vibrio parahaemolyticus* , Japan, 1996 - 1998. Infectious Agents Surveillance Report, 1999, 20, (7): 233.

[36] Alam MJ, Tomochika KI, Miyoshi SI, et al. Environmental Investigation of Potentially Pathogenic *Vibrio parahaemolyticus* intheSeto-inland Sea, Japan [J]. FemsMicrobiol. Lett., 2002, 208: 83-87.

[37] Liu X, Chen Y, Wang X, Ji R. Foodborne Disease Outbreaks in China from 1992 to 2001 National Foodborne Disease Surveillance System [J]. J. Hygiene Res., 2004, 33: 725-727.

[38] Anon. Food Poisoning in Taiwan, 1981 - 2003. Department of Health, Taiwan. 2005, Available at /http://food. doh. gov. tw/chinese/academic/academic2_1. htms, Accessed May 2, 2010.

[39] Molero X, Bartolome RM, Vinuesa, T, et al. Acute Gastroenteritis Due to *Vibrio parahaemolyticus* in Spain: Presentation of 8 Cases [J]. Med. Clin., 1989, 92: 1-4.

[40] Lozano-Leon A, Torres J, Osorio CR, et al. Identification of TDH-positive *Vibrio parahaemolyticus* froman Outbreak Associated with Raw Oyster Consumption in Spain [J]. FemsMicrobiol. Lett., 2003, 226: 281-284.

[41] Robert-Pillot A, Guenole A, Lesne J, et al. Occurrence ofthe *tdh* and *trh* Genes in *Vibrio parahaemolyticus* Isolates from Waters and Raw Shellfish Collected intwo French Coastal Areas andfrom Seafood Imported into France [J]. Int. J. Food Microbiol., 2004, 91: 319-325.

[42] Molenda JR, Johnson WG, Fishbein M, et al. *Vibrio parahaemolyticus* Gastroenteritis in Maryland: Laboratory Aspects [J]. Appl. Microbiol., 1972, 24: 444-448.

[43] Daniels NA, Mackinnon L, Bishop R, et al. *Vibrio parahaemolyticus* Infections inthe United States, 1973～1998 [J]. J. Infect. Dis., 2000, 181: 1661-1666.

[44] Centers for Disease Control and Prevention (CDC). Outbreak of *Vibrio parahaemolyticus* Infections Associated with Eating Raw Oysters—Pacific Northwest,

1997 [J]. Morb. Mortal. Wkly. Rep., 1998, 47: 457-462.

[45] Su YC, Liu CC. *Vibrio parahaemolyticus* : A Concern of Seafood Safety. Food Microbiology, 2007, 24: 549-558.

[46] Luigi V, Elisabetta P, Mariapaola M, et al. Benthic Ecology ofVibriospp. and Pathogenic Vibrio Species ina Coastal Mediterranean Environment (La Spezia Gulf, Italy) [J]. Environmental Microbiology, 2009, 58: 808-818.

[47] 中华人民共和国农业部渔业局.2009 年中国渔业统计年鉴[M].北京:中国农业出版社,2009.

[48] Parveen S, Hettiarachchi K A, Bowers J C, et al. Seasonal Distribution oftotal and Pathogenic *Vibrio parahaemolyticus* in Chesapeake Bay Oysters and Waters [J]. International Journal of Food Microbiology, 2008, 128: 354-361.

[49] Fujino T Y, Okuno D, Nakada A, et al. Onthe Bacteriological Examination of-Shirasu Food Poisoning [J]. Med. J. Osaka Univ., 1953, 4: 299-304.

[50] Yasushi M, Teiji K, Yasushi O, et al. In Vitro Hemolytic Characteristic of *Vibrio parahaemolyticus* : Its Close Correlation with Human Pathogenicity [J]. J Bacteriol., 1969, 100(2): 1147-1149.

[51] Barker W H &Gangarosa E J. Food Poisoning Due to *Vibrio parahaemolyticus* [J]. Ann. Rev. Med., 1974, 25:75-81.

[52] Levine W C, & Griffin P M. VibrioInfections onthe Gulf Coast: Results of First Year of Regional Surveillance [J]. J. Infect. Dis., 1993, 167: 479-483.

[53] Hlady W G. VibrioInfections Associated with Raw Oyster Consumption in Florida, 1981～1994[J]. J. Food Protect., 1997, 60: 353-357.

[54] Klontz K C. Fatalities Associated with *Vibrio parahaemolyticus* and Vibrio Cholerae Non-O1 Infections in Florida (1981～1988) [J]. Med. J., 1990, 83: 500-502.

[55] 王晓虹,马呈珠,张红,等,山东省 1990～1997 年副溶血性弧菌食物中毒资料分析[J].预防医学文献信息 1999,5(2):177.

[56] 罗小铭,冯雪琴.3253 份肠道门诊腹泻患者粪便病原菌检查结果分析[J].广东医学 2001,22(8):697-698.

[57] 齐绪林,林东,徐晓刚,等,溶血弧菌胃肠道感染 2247 例分析[J].中国临床医学,2008,15(5):446-447.

[58] Anoymous. Occurrence of Food Poisoning Outbreak in Taiwan 2000 [M]. Bureau of Food Sanitation, Department of Health, 2001.

[59] 唐振柱,陈兴乐,黄林,等,2000 年～2003 年广西细菌性食物中毒流行病学分析[J].中国食品卫生杂志,2005,17(3):224-227.

[60] 赵丹燕,赵霞云,沈红,等.一起副溶血性弧菌食物中毒调查浙江预防医学[J].浙江预防医学,2001,17(11):34.

[61] 万新霞,柴玉艳,高峰,等.一次副溶血弧菌所致食物中毒的调查报告[J].中国民族民间医药,2007,5:298.

[62] 朱丽莎,王益军,艾明华,等,由副溶血弧菌引起的食物中毒调查[J].中国误诊学杂志 2007,7(28):8596.

[63] 张英英,严卓琳,吕蓓.一例酒店洗菜工自身感染副溶血弧菌的调查报告[J]中国自然医学杂志 2008,10(3):233-234.

[64] 周鉴.一起职工食堂副溶血性弧菌食物中毒调查[J].浙江预防医学,2009,21(1):43-45..

[65] 任宜,虞吉寅.一起旅游者副溶血性弧菌食物中毒检测[J].浙江预防医学 2008,20(7):53.

[66] 李晓艳,吕碧锋,潘海晖,等.529 例副溶血弧菌食物中毒分析[J].现代医药卫生,2008,24(5):44-46.

[67] Centers for Disease Control and Prevention (CDC). *Vibrio parahaemolyticus* . 2002, http://www. cdc. gov/ncidod/dbmd/diseaseinfo/vibrioparahaemolyticus_t. htm.

[68] Takikawa I. Studies on Pathogenic Halophilic Bacteria [J]. Yokohama Med Bull, 1958, 9(5): 313-322.

[69] Sanyal S C&andSen P C. Human Volunteer Study onthe Pathogenicity of *Vibrio parahaemolyticus* [M]. International Symposium on *Vibrio parahaemolyticus* . Saikon, Publishing Company, Tokyo, 1974, 227-230.

[70] Calia F M. & Johnson D E. Bacteremia in Suckling Rabbits after Oral Challenge with *Vibrio parahaemolyticus* [J]. Infect. Immun. , 1975, 11: 1222-1225.

[71] Hoashi K, Ogata K, Taniguchi H, et al. Pathogenesis of *Vibrio parahaemolyticus* : IntraperitonealandOrogastric Challenge Experiments in Mice [J]. MicrobiolImmunol. , 1990, 34(4): 355-366.

[72] 曹慧慧.九个城市零售贝类中副溶血性弧菌的定量风险评估[学位论文].青岛,中国海洋大学.

[73] Miles DW, Ross T, Olley J, et al. Development and Evaluation ofa Predictive Model forthe Effect of Temperature and Water Activity onthe Growth Rate of *Vibrio parahaemolyticus* [J]. Int J Food Microbiol. , 1997; 38: 133-142.

[74] 陈艳,刘秀梅.福建省零售生食牡蛎中副溶血性弧菌的定量危险性评估[J].中国食品卫生杂志,2006,18(2):103-107.

附录

1. TBT 协定(全文)

前言、总则

各成员，

考虑到乌拉圭回合多边贸易谈判；

期望进一步实现 1994 年关税贸易总协定的各项目标；

认识到国际标准和合格评定体系能为提高生产效率和推进国际贸易作出重大贡献；

期望鼓励制定此类国际标准和合格评定体系；

期望这些技术法规和标准，包括对包装、标志和标签的要求，以及对技术法规和标准的合格评定程序不要给国际贸易制造不必要的障碍；

认识到不应妨碍任何国家采取必要措施，在其认为适当的程度保证其出口产品的质量，或保护人类、动物或植物的生命和健康，保护环境，或防止欺诈行为。但是不能用这些措施，作为对情况相同国家进行任意或无理歧视或变相限制国际贸易的手段，而应遵循本协定的规定；

认识到不应妨碍任何国家采取必要措施保护其根本安全利益；

认识到国际标准化在发达国家向发展中国家转让技术方面可以做出贡献；

认识到发展中国家在制定和实施技术法规、标准，以及对符合技术法规和标准而制定的合格评定程序上可能遇到的特殊困难，希望对他们在这方面所作的努力给予协助；

兹达成协定如下：

第一条 总 则

1.1 标准化及合格评定程序的通用术语的含义通常应根据联合国系统及国际标准化团体所采用的定义，并考虑其上下文以及本协定的目的和宗旨来确定。

1.2 为达到本协定之目的，使用附件 1 中的术语和定义。

1.3 所有产品,包括工业产品和农产品,均应遵守本协定各款。

1.4 政府机构为其生产或者消费需要所制订的采购规范不受本协定各条款的约束,但根据其涉及的范围执行政府采购协定。

1.5 本协定各条款不适用于列入《实施卫生与植物卫生措施协定》附件A中的卫生和植物卫生措施。

1.6 本协定中的技术法规、标准和合格评定程序应理解为包括其任何修正本及对规则或产品范围的任何补充件,无实质意义的修正和补充除外。

技术法规和标准

第二条 中央政府机构对技术法规的制定、批准和实施

对于各自的中央政府机构:

2.1 各成员在技术法规方面,应保证给予源自任何成员境内进口产品的待遇不低于给予本国生产的同类产品或来自任何其他国家的同类产品的待遇。

2.2 各成员应保证技术法规的制定、批准或实施在目的或效果上均不会给国际贸易制造不必要的障碍。为达此目的,技术法规除为实现正当目标所必需的条款外,不应有额外限制贸易的条款。考虑到正当目标未能实现可能导致的后果,技术法规应包括为实现正当目标所必需的条款。这里所说的正当目标是指国家安全,防止欺诈行为,保护人身健康或安全,保护动物植物的生命和健康,保护环境。在评估未能实现上述正当目标所导致的风险时,尤其需要考虑到的因素有:现有的科学和技术信息,有关的加工技术或产品的预期最终用途。

2.3 如果批准某技术法规的环境或目的已不复存在,或者改变了的环境或目标可以用对贸易有较少限制的方式来保障时,则该技术法规应予以取消。

2.4 当需要制定技术法规并且已有相应国际标准或者其相应部分即将发布时,成员应使用这些国际标准或其相应部分作为制定本国技术法规的基础,除非这些国际标准或其相应部分对实现其正当目标无效或不适用,例如由于基本的气候或地理因素或基本的技术问题等原因。

2.5 当任何成员在制定、批准或实施可能对其他成员的贸易产生重大影响的技术法规时,应其他成员的要求,该成员应根据本协定第2.2款到第2.4款的规定对其技术法规的合理性做出解释。凡是为实现第2.2款所述的某一正当目标并根据相应的国际标准制定、批准和实施的技术法规,均应当有理由被认为是没有给国际贸易制造不必要的障碍。

2.6 为了在尽可能广泛的基础上对技术法规进行协调,各成员在他们资源允许的条

件下，应尽可能通过适当的国际标准化团体，充分参与他们已采用的、或准备采用的技术法规覆盖的产品的国际标准的制定工作。

2.7 只要其他成员的技术法规能够充分实现与本国法规相同的目标，即使这些法规与本国法规不同，成员也应积极考虑等效采用这些技术法规。

2.8 凡适用时，各成员应尽可能按产品的性能要求，而不是按设计或描述特性制定技术法规。

2.9 凡是没有相应的国际标准、或提出的技术法规中的技术内容与相应国际标准的技术内容不一致，并且该技术法规对其他成员的贸易可能有重大影响时，该成员应：

2.9.1 在早期适当阶段，在出版物上刊登准备采用此技术法规的通知，使其他成员中有利害关系的各方了解该信息及其内容；

2.9.2 通过秘书处，将该技术法规覆盖的产品清单通报其他成员，并简要介绍该技术法规的目的和理由，这种通报应尽早进行，以便仍可提出意见或修改；

2.9.3 如有要求，应向其他成员提供通报的技术法规的细节或副本，并尽可能标出与相应国际标准不一致之处；

2.9.4 应无歧视地给各成员留出合理的时间，以便他们提出书面意见，根据要求与他们讨论这些意见，并对这些书面意见和讨论结果予以考虑。

2.10 在第2.9款引导部分规定的情况下，如果成员中出现了涉及安全、健康、环境保护或国家安全等紧急问题或出现上述紧急问题的威胁时，该成员如果认为有必要可以略去第2.9款中规定的步骤，但是该成员在采用该技术法规时应：

2.10.1 立即通过秘书处将该技术法规及其覆盖的产品清单通报其他成员，同时简要说明该技术法规的目的和原由，包括该紧急问题的性质；

2.10.2 如有要求，应向其他成员提供该技术法规的副本；

2.10.3 无歧视地允许其他成员提出书面意见，应要求与他们讨论这些意见，并对书面意见和讨论结果予以考虑。

2.11 成员应确保迅速出版已采用的所有技术法规或以其他方式提供，使其他成员中有利害关系的各方了解该信息及其内容。

2.12 除第2.10款所述的那些紧急情况外，成员应在技术法规的出版和生效之间留出合理的时间，以便使产品出口成员中的生产者，特别是发展中国家成员中的生产者有时间依照产品进口成员的要求调整其产品或生产方法。

第三条 地方政府机构和非政府机构对技术法规的制定、批准和实施

对于各自境内的地方政府和非政府机构：

3.1 各成员应采取他们所能采取的适当措施确保地方政府机构和非政府机构遵守第2条的规定，但第2条中的2.9.2款和2.10.1款中对外通报的义务不包括在内。

3.2 各成员应确保按第2条中的第2.9.2款和2.10.1款的规定对直属中央政府以下的地方政府的技术法规进行通报。但对实质内容与中央政府已公布的技术法规内容相同的地方技术法规可不必进行通报。

3.3 各成员可以通过中央政府与其他成员联系，包括第2条中第2.9款和第2.10款提及的通报、提供信息、提出的意见和进行讨论。

3.4 各成员不得采取措施要求或鼓励地方政府机构或非政府机构在其境内采取与第二条不符的行为。

3.5 各成员负有完全的责任遵守第2条的各项规定。各成员应制定和采取积极措施并建立机制支持监督非中央政府机构遵守第2条的行动。

第四条 标准的制定、批准和实施

4.1 各成员应保证其中央政府标准化机构接受并遵守本协定附件3中的标准制定、批准和实施的良好行为规范(在本协定中称为良好行为规范)。他们应能够采取适当措施确保其境内的地方政府和非政府标准化机构以及他们参加的或其境内有一个或多个机构参加的区域标准化组织，接受并遵守这个良好行为规范。此外，成员不得采取措施导致直接或间接要求或鼓励这些标准化机构违反良好行为规范。确保其境内的标准化机构遵守良好行为规范是各成员的义务。

4.2 已接受并遵守良好行为规范的标准化机构是否符合本协定的各项原则，应得到成员的认可。

合格评定

第五条 中央政府机构的合格评定程序

5.1 当需要提供符合技术法规或标准的确实保证时，各成员应确保其中央政府机构对在其他成员境内生产的产品实行下述规定：

5.1.1 合格评定程序的制定、批准和实施应允许在其他成员境内生产的产品的供应商在不低于本国或其他任何成员境内生产的同类产品供应商的条件下进入该成员境内；核准人需使产品供应商根据该程序规则享有合格评定的权利，包括当程序允许时，在该机构的所在地进行合格评定和得到该认证体系标志的可能性。

5.1.2 合格评定程序的制定、批准或实施在目的和效果上不应对国际贸易制造不必要的障碍。这特别意味着：合格评定程序应当让进口成员对产品符合相应的技术法规或标准建立足够的信心。这种信心就是产品是符合可应用性的技术法规或标准的，同时也应考虑产品不合格导致的风险。5.2 当执行第 5.1 款的各项规定时，各成员应确保：

5.2.1 合格评定程序要尽快进行和完成，对在其他成员领土上生产的产品，应在程序上给予不低于本国生产的同类产品的优惠待遇；

5.2.2 每个合格评定程序的标准处理时限应予以公布或应要求，把预期的处理时限通知申请人；当收到合格评定申请后，机构应立即检查文件是否齐全并将所有不完备处准确和完整地通知申请人；受理机构应尽快把评定结果准确和完整地送交申请人，以便可以采取必要的纠正措施；即使申请时发现文件不完备，应申请人要求，受理机构也应尽可能进行合格评定；如申请人要求，应向申请人通报程序已进行到的阶段，并对任何延迟做出解释；

5.2.3 向申请人索取的信息仅限于合格评定及确定费用所必须的内容；

5.2.4 为合格评定程序提供的或通过合格评定程序得到的在其他成员领土生产的产品的有关信息的保密性应受到与本国产品相同的尊重，其正当的商业利益应受到与本国产品相同的保护；

5.2.5 对在其他成员境内生产的产品进行合格评定所收的费用，除通讯、运输以及其他因申请人与合格评定机构不在同一地点而引起的花费外，所收取的费用应与本国的或任何其他国家的相同；

5.2.6 合格评定程序所用设施的地点及样品的抽取不应给申请人或其代理人造成不必要的不便；

5.2.7 当已被确认符合技术法规或标准的产品规格改变了时，对改变规格产品的合格评定程序仅限于那些能证明该产品仍符合有关技术法规或标准的必要部分；

5.2.8 应设立程序审查合格评定程序运作方面的投诉，如投诉合理，应采取纠正措施。

5.3 无论 5.1 款还是 5.2 款均不得阻碍成员在其境内进行合理的现场检查。

5.4 当要求提供产品符合技术法规或标准，并由国际标准化机构已发布或即将发布的相应指南或建议时，成员应保证其中央政府机构使用它们或它们的相应部分作为他们合格评定程序的基础，除非根据要求做出解释，说明这些指南、建议或其相应部分特别是由于下述原因对成员不适合：国家安全要求；阻止欺诈行为；保护人类健康或安全、保护动物或植物生命或健康、保护环境；基本气候或其他地理因素；基本技术或基础设施问题。

5.5 为使合格评定程序在尽可能广泛的基础上协调一致，各成员在其资源允许的条件下应尽可能参加相关国际标准化机构制定合格评定指南和建议的工作。

5.6 当国际标准化机构尚未制定出相应的指南或建议时，或提出的合格评定程序的技术内容与国际标准化机构制定的指南或建议不一致时，并且此合格评定程序可能对其他成员的贸易有重大影响时，该成员应：

5.6.1 在早期适当阶段，在出版物上刊登他们准备制定此合格评定程序的通知，以便使有利益关系的其他成员掌握各方面信息。

5.6.2 通过秘书处将此合格评定程序覆盖的产品清单通报各成员，并简要说明其目的和理由。这样的通报应在早期适当阶段进行，以便对收到的意见进行考虑和对此程序做出修改。

5.6.3 如有要求，应向其他成员提供建议中的程序的细节或副本，并在可能时标明与国际标准化机构制定的指南或建议的基本不同之处。

5.6.4 应无歧视地给予各成员提出书面意见的合理时间，如有要求，应与他们讨论这些意见，并对这些书面意见和讨论结果予以考虑。

5.7 在5.6款引导部分规定的情况下，如果成员中出现了涉及安全、健康、环境保护或国家安全等紧急问题或产生了出现上述紧急问题的威胁时，该成员如果认为有必要可以略去第5.6款中规定的步骤，但是该成员在采用此程序时应：

5.7.1 立即通过秘书处把此程序及所涉及的产品通知其他成员，同时简要说明此程序的目的和原由，包括紧急问题的性质；

5.7.2 如有要求，应向其他成员提供此程序有关规则的副本；

5.7.3 无歧视地允许其他成员提出书面意见，应要求与他们讨论这些意见，并对书面意见和讨论结果予以考虑。

5.8 各成员应保证迅速出版已批准的所有合格评定程序，或以其他方式，使其他各成员中有兴趣的各方面了解其内容。

5.9 除第5.7款所述的那些紧急情况外，成员应在合格评定程序出版和生效之间留出合理的时间，以便使产品出口成员中的生产者，特别是发展中国家成员中的生产者有时间调整其产品或生产方法以适合产品进口成员的要求。

第六条 中央政府机构对合格评定的承认

对于各自的中央政府机构：

6.1 在不损害第6.3款和第6.4款规定的情况下，各成员应保证凡有可能，接受在其他成员中进行的合格评定程序的结果，即使那些程序和他们自己的程序不同，只要他们确信那些程序与本国程序一样可以保证产品符合有关的技术法规或标准。各方应认识到有必要进行事先磋商，以便特别就下述内容达成相互满意的谅解：

6.1.1 出口成员中有关的合格评定机构有足够且持久的技术能力才能保证其合格评定结果的连续可靠性(在这方面，可以考虑对其技术能力进行验证的做法，例如根据国际标准化机构制定的相应指南或建议进行认可)。

6.1.2 只限于接受出口成员中指定机构出具的合格评定结果。

6.2 各成员应保证其合格评定程序尽可能允许6.1款的执行。

6.3 鼓励各成员应其他成员要求参加签订相互认可合格评定结果协定的谈判。成员们可以要求这类协定应符合6.1款的准则并在促进有关产品贸易方面使彼此感到满意。

6.4 鼓励各成员在不低于给予自己境内或其他国家境内机构的优惠条件下，允许其他成员境内的合格评定机构参加其合格评定程序。

第七条 地方政府机构的合格评定程序

对于各自境内的地方政府机构：

7.1 各成员应采取他们所能采取的适当措施确保地方政府机构遵守第5条和第6条的规定，但第5.6.2款和第5.7.1款中对外通报的义务除外。

7.2 各成员应保证按第5.6.2款和第5.7.1款规定对直接低于中央政府一级的地方政府合格评定程序进行通报，但对技术内容与中央政府已通报的合格评定程序实质相同的地方政府合格评定程序则不必进行通报。

7.3 各成员可以通过中央政府就包括第5.6款和第5.7款所述的通报提供的信息、提出的意见和讨论，要求与其他成员接触。

7.4 各成员不得采取措施要求或鼓励地方政府机构在其领土内采取与第5条和第6条不符的行动。

7.5 根据本协定，各成员对执行第5条和第6条的规定负有全部责任。各成员应制定和采取积极措施和建立必要的监督机制来监督非中央政府机构执行第5条和第6条的规定。

第八条 非政府机构的合格评定程序

8.1 各成员应采取他们所能采取的适当措施保证其境内开展合格评定程序的非政府机构遵守第5条和第6条的规定，但对外通报建议中的合格评定程序的义务除外。此外，成员不得采取任何措施，直接或间接地要求或鼓励这些机构采取不符合第5条和第6条规定的行为。

8.2 各成员应保证只有在非政府机构遵守第5条和第6条规定的条件下，中央政府机构才能依赖这些非政府机构实施的合格评定程序，其中对外通报合格评定程序的义务除外。

第九条 国际性和区域性体系

9.1 当被要求提供产品符合技术法规或标准的确实保证时，只要可行，各成员应制定和采用国际合格评定体系并作为该体系成员或参加该体系活动。

9.2 各成员应采取他们所能采取的适当措施，保证其境内参加或参与国际性和区域性合格评定体系的团体遵守第5条和第6条的规定。此外，各成员不得采取任何措施直接或间接要求或鼓励这些体系采取违反第5条和第6条规定的行为。

9.3 各成员应保证其中央政府机构只信赖遵守第5条和第6条的国际性或区域性合格评定体系(对国际性或区域性合格评定体系的依赖,仅限于这些体系遵守第5条和第6条规定的程度)。

信息和援助

第十条 关于技术法规、标准和合格评定程序的信息

10.1 每个成员应保证设立一个咨询处,能回答其他成员和其他成员境内有关方面的所有合理询问,并提供下述有关文件:

10.1.1 该成员中央或地方政府机构、对技术法规有执法权的非政府机构、或上述机构是成员或参与者的区域性标准化机构在其境内批准或建议的任何技术法规;

10.1.2 中央或地方政府机构或上述机构是成员或参与者的区域性标准化机构在其境内批准或建议的任何标准;

10.1.3 中央或地方政府机构或对技术法规有执法权的非政府机构或上述机构是成员或参与者的区域性机构在其境内实施的任何合格评定程序或建议的合格评定程序;

10.1.4 成员或其境内中央或地方政府机构参加国际性和区域性标准化机构、合格评定体系的成员身份情况和参加活动情况以及涉及本协定范围的双边和多边协议情况;还应能提供这些体系和协议的有关条款的信息;

10.1.5 按本协定发布通报的地点,或提供能够得到这类信息的地址;

10.1.6 第10.3款涉及的咨询处的地址。

10.2 如果成员因法律或行政原因设立多个咨询处时,该成员应向其他成员提供每一个咨询处工作范围的完整且明确的资料。此外,该成员应保证送给非对口咨询处的询问件被立即转给对口咨询处。

10.3 各成员均应尽他们所能采取适当措施,保证建立一个或多个咨询处以便回答其他成员和其他成员境内有关方面的所有合理询问,并且提供从何处可获得下述文件或信息:

10.3.1 非政府标准化机构或这类机构是成员或参加的区域性标准化机构在其境内批准或提议的任何标准;

10.3.2 非政府机构或这类机构是成员或参与的区域性机构,在其境内采用的或提议的任何合格评定程序;

10.3.3 其境内非政府机构参加国际性和区域性标准化机构和合格评定体系的身份

和情况以及在本协定范围内的双边和多边协议的情况，他们还应提供这些体系和协议的有关条款的信息。

10.4 各成员应尽他们所能采取适当措施，保证当其他成员或其他成员中有关方面根据本协定条款索取文件副本时，除实际运费外，提供的价格(如有定价)应与提供给本国或任何其他成员的价格相同。

10.5 应各成员的要求，对于特别通报的文件，发达国家成员应提供该文件的英、法或西班牙文译本或文件摘要(如果文章篇幅较长)。

10.6 WTO秘书处按本协定规定收到通报时，应将此通报副本分发给所有成员和有关的国际标准化和合格评定机构，并提请发展中国家成员注意涉及他们特别利益的产品的通报。

10.7 凡是一个成员与任何其他国家在技术法规、标准或合格评定程序上达成可能对贸易有重大影响的协议时，至少协议中某一方应通过WTO秘书处通知其他成员此协议所覆盖的产品清单，包括该协议的简要说明。如有要求，应鼓励成员为签订类似的协定或加入此协定而同其他成员进行磋商。

10.8 本协定的任何内容不得解释为要求：

10.8.1 以非成员语言出版文本；

10.8.2 除第10.5款规定外，以非成员语言提供草案细节或副本；

10.8.3 成员提供他们认为泄露后会违背其基本安全利益的信息。

10.9 发往WTO秘书处的通报应使用英、法或西班牙文。

10.10 各成员应指定一个中央政府机构代表国家执行本协定关于通报程序的条款，不包括附件3部分。

10.11 但是如果因法律或行政原因，由两个或多个中央政府机构负责通报程序，该成员应将每个机构的责任范围完整地和明确地提供给其他成员。

第十一条 对其他成员的技术援助

11.1 如被要求，成员应就技术法规的制定向其他成员，特别是向发展中国家成员提供咨询。

11.2 如被要求，成员应就建立国家标准化机构和参加国际标准化机构问题向其他成员，特别是发展中国家成员提供咨询，并在相互同意的条款和条件下，向他们提供技术援助。成员还应鼓励本国标准化机构也照此办理。

11.3 如被要求，成员应尽他们所能采取的适当措施，安排其境内的管理机构就下述问题向其他成员，特别是发展中国家成员提供咨询，并在相互同意的条款和条件下，就以下问题向他们提供技术援助：

11.3.1 管理机构或按技术法规开展合格评定的机构的建立；

11.3.2 能够最好地符合技术法规的方法。

11.4 如被要求，成员应采取所能采取的适当措施，就提出咨询要求的成员境内建立合格评定机构问题，为其他成员特别是发展中国家成员提供咨询，并在相互同意的条款和条件下向他们提供技术援助。

11.5 如被要求，成员应采取他们所能采取的适当措施，就其他成员的生产厂为进入该成员境内政府或非政府机构的合格评定体系的步骤，向其他成员，特别是发展中国家成员提供咨询，并在相互同意的条款和条件下，向他们提供技术援助。

11.6 如被要求，参加或参与国际或区域性合格评定体系的成员应就其他成员为参加或参与这些体系并履行其义务需要建立的机构和合法体制问题，向其他成员，特别是发展中国家成员提供咨询，并在相互同意的条款和条件下，向他们提供技术援助。

11.7 如被这样要求，成员应鼓励其境内的参加或参与国际或区域性合格评定体系的机构，向其他成员，特别是发展中国家成员提供咨询，并在建立机构从而使其境内的有关机构履行成员或参与者义务方面，考虑向他们提供所需的技术援助。

11.8 根据第11.1款至第11.7款的规定向其他成员提供咨询和技术援助时，应优先考虑最不发达国家的需求。

第十二条 对发展中国家成员的特殊和区别待遇

12.1 各成员应按下述条款以及本协定的其他条款对发展中国家成员给予有区别的和更优惠的待遇。

12.2 各成员应特别注意本协定中有关发展中国家成员的权利和义务的条款，并应考虑到发展中国家成员无论在国内还是在运作本协定的机构安排方面在执行本协定时的特殊发展、资金和贸易上的需要。

12.3 各成员在制定和实施技术法规、标准和合格评定程序时，应考虑到各发展中国家成员的特殊发展、资金和贸易上的需要，以保证这些技术法规、标准和合格评定程序不对发展中国家成员的出口造成不必要的障碍。

12.4 各成员认识到：即使已有国际标准、指南和建议，在其特殊的技术和社会经济条件下，发展中国家成员仍可采用某些技术法规、标准或合格评定程序以保持与其发展需要相适应的当地技术、生产方法和加工工艺。因此，各成员认识到不应期望发展中国家成员采用不适合其发展、资金和贸易需要的国际标准作为其技术法规或标准，包括试验方法。

12.5 考虑到发展中国家成员的特殊问题，各成员应采取他们所能采取的适当措施，保证国际标准化机构和国际合格评定体系以一种有助于所有成员的有关机构积极和有代表性地参加的方式组织和运作。

12.6 各成员应采取他们所能采取的措施，保证国际标准化机构，应各发展中国家成员的要求,考虑制定对发展中国家成员有特殊利益的产品国际标准的可能性,并在可能时制定这些标准。

12.7 根据第 11 条的规定,成员应向各发展中国家成员提供技术援助,以保证技术法规、标准及合格评定程序的制定和实施不会对各发展中国家成员出口的扩大和多样化造成不必要的障碍。在确定技术援助的内容和条件时,应考虑到请求方,特别是最不发达国家成员的发展阶段。

12.8 认识到发展中国家成员在技术法规、标准和合格评定程序的制定和实施,包括组织机构和基础设施方面可能面临的特殊问题,认识到各发展中国家的成员的特殊发展和贸易需要以及他们的技术发展阶段可能妨碍他们充分履行本协定的义务,因此各成员应充分考虑到上述事实。为此,为了保证各发展中国家成员能够遵守本协定,应要求,根据本协定第 13 条设立的贸易技术壁垒全委员会(本协定中称"委员会")被授权允许在规定的一段时间内,全部或部分地免除他们对协定应负的义务。考虑这种要求时,委员会应考虑到该发展中国家成员在技术法规、标准及合格评定程序的制定和实施方面的特殊问题及特殊发展和贸易需要以及其技术发展阶段,因为这些都可能妨碍他们充分履行本协定,委员会应特别考虑各不发达国家成员的特殊问题。

12.9 在咨询时,各发达国家成员应考虑到发展中国家成员在制定和实施标准、技术法规和合格评定程序时的特殊困难,在考虑帮助各发展中国家成员时,发达国家要考虑发展中国家在经费、贸易和发展方面的特殊需要。

12.10 委员会应从国家和国际角度定期检查本协定所规定的给予各发展中国家成员的特殊和区别待遇的问题。

机构、磋商和争端解决

第十三条 贸易技术壁垒委员会

13.1 贸易技术壁垒委员会由各成员代表组成的。委员会应选出自己的主席并在必要时召开会议,为了使各成员有机会就执行协定或促进本协定目的的有关事宜进行磋商,会议至少每年召开一次。委员会应执行本协定或成员所赋予的职责。

13.2 委员会应成立工作组或其他适当机构。这些工作组或机构应执行委员会根据本协定相应条款赋予他们的职责。

13.3 应避免本协定中的工作与政府在其他技术机构的工作发生不必要的重复。为了减少这类重复,委员会应检查是否有这类问题。

第十四条　磋商和争端解决

14.1　就影响本协定执行的任何事项进行磋商和争端的解决均应在争端解决机构的主持下进行，并应按照争端解决协定阐述和实施的1994年GATT第22条和第23条的规定执行。

14.2　应发生争端的一方提出要求，或应争端解决机构提议，小组委员会可以建立一个技术专家组，协助解决需由专家详细研究的技术性问题。

14.3　技术专家组应按附件2的程序管理。

14.4　当某成员认为另一成员在第3条、第4条、第7条、第8条、第9条规定下没能达到令人满意的结果，并且使其贸易利益受到重大影响时，可以引用上述争端解决条款。在这方面，将各成员境内的团体视为成员等同对待。

最后条款

保留

15.1　没有得到其他成员的允许，不能对本协定中的任何条款提出任何保留。

复审

15.2　在世界贸易组织(WTO)协定生效后，各成员应立即把现行的或将采取的实施和管理本协定的措施通报给委员会。此后，对这些措施的任何变动也应向委员会通报。

15.3　委员会应参照协定的宗旨，每年对协定的实施和运作进行复审。

15.4　世界贸易组织(WTO)协定生效之日起，第3年年底之前，以及以后每3年结束之前，委员会应对本协定的实施和运作包括与透明度有关的条款进行复审。在不损害第12条规定的前提下，为保证成员间的相互经济利益以及权利和义务的平衡，委员会可以根据需要提出对权利和义务的调整建议。根据实施本协定所取得的经验，若需要，委员会可以向商品贸易理事会提出对本协定进行修改的提案。

附件

15.5　本协定的附件是本协定整体的一部分。

附件1:本协定名词术语及其定义

在本协定中使用的ISO/IEC指南2(1991年)第6版:《标准化及有关活动所采用的名词术语及其定义》中的名词术语,如在本协定中使用,其含义应与上述指南中所给出的定义相同,但要考虑到本协定不覆盖部分的内容。

但就本协定而言,使用下述定义:

1. 技术法规

强制执行的规定产品特性或相应加工和生产方法的包括可适用的行政管理规定。技术法规也可以包括或专门规定用于产品、加工或生产方法的术语、符号、包装、标志或标签要求。

注释:

ISO/IEC指南2中的定义不是采用独立完整定义方式,而是建立在所谓“板块”系统上的。

2. 标准

为了通用或反复使用的目的,由公认机构批准的、非强制性的文件。标准规定了产品或相关加工和生产方法的规则、指南和特性。标准也可以包括或专门适用于产品、加工或生产方法的术语、符号、包装标志或标签要求。

注释:

ISO/IEC指南2规定的术语包括产品、加工和服务。本协定只涉及产品或相关加工和生产方法方面的技术法规、标准和合格评定程序。ISO/IEC指南2定义的标准可以是强制性的也可以是自愿采用。本协定中标准定义为自愿性文件,技术法规定义为强制性文件。国际标准化机构制定的标准是建立在协商一致基础上的。本协定还包括建立在非协商一致基础上的文件。

3. 合格评定程序

直接或间接用来确定是否达到技术法规或标准相应规定的程序。

注释:

合格评定程序特别包括取样、测试和检查程序;评估、验证和合格保证程序;注册、认可和批准以及它们的综合的程序。

4. 国际机构或体系

至少允许本协定所有成员的有关团体加入的机构或体系。

5. 区域机构或体系

仅允许本协定部分成员的有关团体加入的机构或体系。

6. 中央政府机构

中央政府、中央政府各部和部门以及所述活动受中央政府控制的任何机构。

注释:

欧洲共同体的情况适用中央政府机构的条款。但是欧洲共同体可以建立区域机构或合格评定体系,在这种情况下,则适用本协定中区域机构或合格评定体系的条款。

7. 地方政府机构

非中央政府的政府机构(如州、省、郡、市等)及其各部或部门,或其所述活动上受这类政府控制的任何机构。

8. 非政府机构

非中央政府和地方政府机构,包括具有合法权力实施技术法规的非政府机构。

附件2:技术专家组

下述程序适用于按第14条建立的技术专家组:

1. 技术专家组由小组委员会管辖。其工作职责和具体的工作程序应由小组委员会决定,技术专家组应向小组委员会报告工作。

2. 参加技术专家组的人员应仅限于所述领域里富有专业知识和经验的个人。

3. 未经所有争执方的一致同意,争执方的公民不得参加技术专家组,除非小组委员会认为在特定科学知识方面需要他们参加。争执方的政府官员不得参加技术专家组。技术专家以个人身份参加技术专家组,既不得作为政府代表,也不得作为任何组织的代表。因此政府或其他组织不得就技术专家组处理的事项向他们下达指示。

4. 技术专家组可以向他们认为适当的任何来源处寻求信息和技术咨询。当技术专家组向某成员管辖的来源处寻求这类信息或建议时,应事先通知该成员国的政府。任何成员应迅速和全部地答复技术专家组认为必要和适当的信息提出的任何要求。

5. 除保密信息外,争执方应能获得提供给技术专家组的全部有关信息,除非向技术专家组提供的信息是保密的。凡属向技术专家组提供的保密信息未经提供该信息的政府、组织或个人的正式授权不得公布。如向技术专家组索取没有向其授权予以公布的这类信息时,应由提供该信息的政府、组织或个人提供该信息的非保密性摘要。

6. 技术专家组应向有关成员提供报告草案征询他们的意见,在最终报告中考虑他们的适当意见,当把最终报告提交小组委员会时,也应同时分发给有关成员。

附件3:制定、批准和实施标准的良好行为规范

总条款

A. 本协定附件1中的定义适用于本规范。

B. 世界贸易组织(WTO)成员境内的任何标准化机构,无论是中央政府机构、地方政府机构或非政府机构;有一个或多个世界贸易组织成员参加的任何政府性区域标准化机构:世界贸易组织(WTO)成员境内有一个或多个机构参加的任何非政府性区域标准化机构(以下统称"标准化机构"和"各标准化机构"),都可以加入本规范。

C. 各标准化机构接受或退出本规范,均应通报位于日内瓦的ISO/IEC信息中心。通报内容应包括该机构的名称、地址以及现在和预期的标准化活动工作范围。通报可直接送ISO/IEC信息中心,或通过ISO/IEC的国家成员委员会,或通过ISONET的有关国家成员或其国际分支机构转交。

实质性条款

D. 在标准方面,各标准化机构应给予来自世界贸易组织其他任何成员境内产品的待遇应不低于本国同类产品以及其他任何国家同类产品的待遇。

E. 各标准化机构应保证不制定、不采用或不实施在目的上或效果上给国际贸易制造不必要障碍的标准。

F. 当国际标准存在或即将完成时,除非它们或其有关部分由于保护级别不够,或基本气候、地理因素或基本技术的等原因而无效或不适用,各标准化机构应以他们或其有关部分作为自己制定标准的基础。

G. 为使标准在尽可能广泛的基础上协调一致,各标准化机构应以适当方式在资源允许的条件下尽可能参加有关国际标准化机构制定他们已采用或准备采用国际标准的制定工作。成员境内的标准化机构应尽可能通过一个代表团参加某一特定的国际标准化活动,这个代表团代表其境内所有标准化机构。参加与其已采用或准备采用标准相关的国际标准化活动。

H. 成员境内的各标准化机构应尽可能避免在工作上与境内其他标准化机构或相应国际或区域性标准化机构相重复或重叠。他们还应尽一切努力使其制定的标准在国内达成协商一致。同样,区域性标准化机构应尽可能避免在工作上与相关的国际标准化机构相重复或重叠。

I. 凡有可能,各标准化机构应按产品性能而不是按设计或描述特性编写产品要求方

面的标准。

J. 各标准化机构应至少每6个月公布一次工作计划，包括其名称和地址、正在制定的标准以及前一段时间已采用的标准。标准在制定之中是指一个标准从做出制定的决定时起直到它被批准为止。应要求，特定标准草案的标题应以英文、法文或西班牙文提供，工作计划的通报应在国内标准化活动出版物上公布，或在适宜的情况下，在区域性标准化活动出版物上公布。

按ISONET规则，对工作计划中的每一个标准项目都应给出主题的类别、标准制定过程中所处的阶段，以及引用作为基础的国际标准。各标准化机构应在出版其工作计划之前将其通报设在日内瓦的ISO/IEC信息中心。

通报中必须包括标准化机构的名称和地址、公布工作计划的出版物的名称和版次、工作计划适用的期限、出版物的价格以及索取该出版物的方法和地点。通报可以直接寄给IS0/IEC信息中心，或者必要时通过ISONET有关国家成员或ISONET的国际分支机构转交。

K. ISO/IEC的国家成员应尽可能参加或指派一机构参加ISONET，并且争取享有最高类型的成员资格。其他标准化机构应尽可能与ISONET成员保持联系。

L. 在采用一个标准之前，标准化机构应留出至少60 d的时间让其他世界贸易组织成员境内有利害关系的各方对标准草案提出意见。但在出现或可能出现危及安全、健康或环境的紧急问题时，这段时间可以缩短。该标准化机构应在征询意见期限开始之前，在J中规定的出版物上公布征询意见的期限，并应尽可能标明此标准草案是否偏离有关的国际标准。

M. 应世界贸易组织成员境内的任一有利害关系方的要求，标准化机构应立即提供或安排提供其已提交征询意见的标准草案文本。提供此种服务的任何费用，除其实际运费外，应与向国内外各方收取的费用相同。

N. 该标准化机构在对此标准作进一步处理时，应考虑在征询意见期间收到的意见。对已接受良好行为规范的各标准化机构所提出的意见，应尽可能快地予以答复。答复内容必须包括该标准有必要偏离有关国际标准的解释。

O. 标准一旦被批准，应立即出版。

P. 应WTO成员境内任一有利害关系的团体要求，标准化机构应立即提供或安排提供最新的工作计划文本或其制定的标准文本。提供此种服务的任何费用，除其实际运费外，应与向国内外各方收取的费用相同。

Q. 各标准化机构应当对接受本良好行为规范的其他标准化机构提出的有关规范实施的问题或意见，给予建设性考虑并提供足够的磋商的机会。应尽一切努力客观地解决任何抱怨。

2. CAC食品法典委员会机构图(2013年)

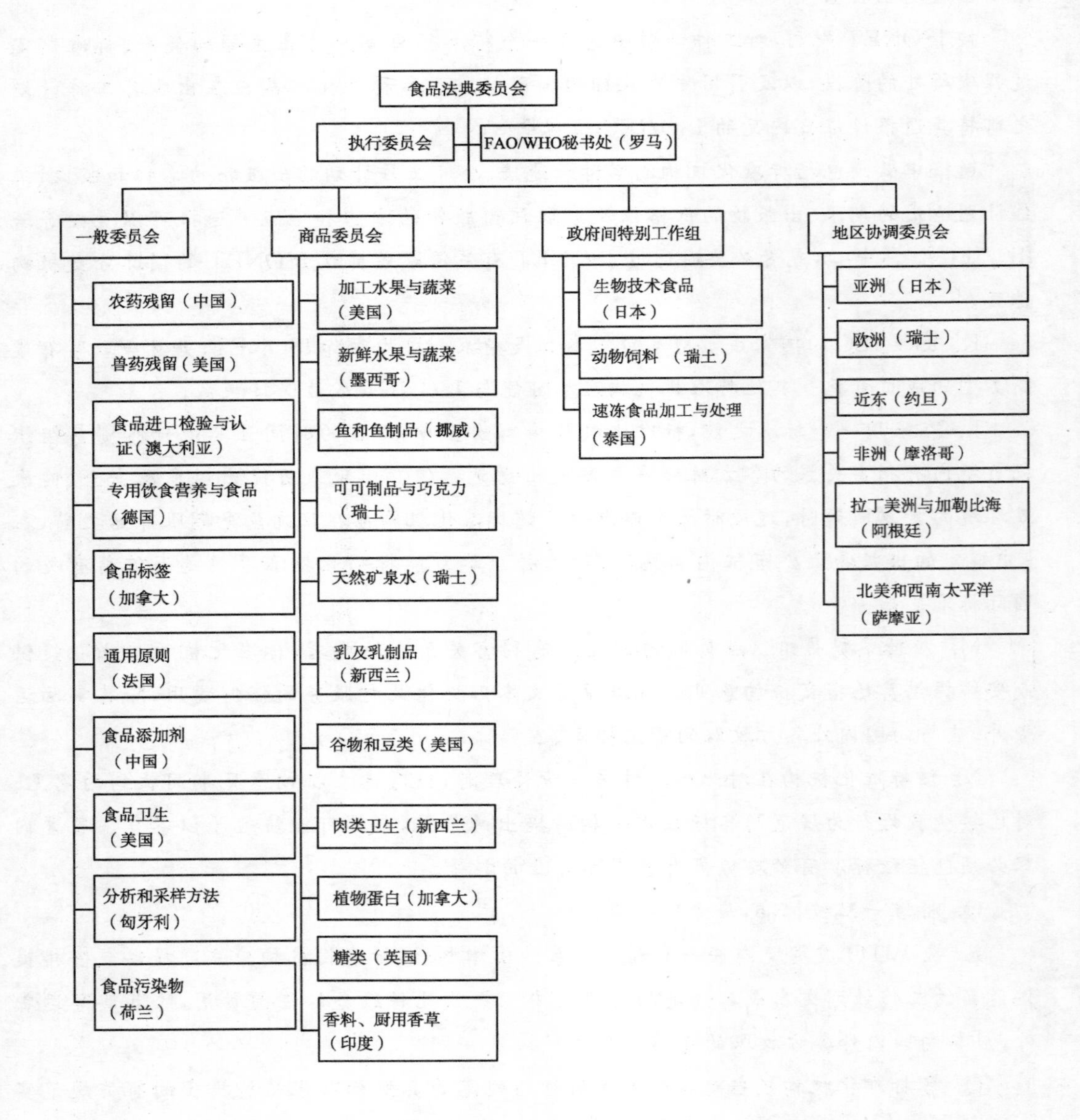

3. CAC 食品法典框架中应用风险分析工作原则(草案)

CAC 在食品安全风险分析理论的研究方面,特别是风险分析的体系描述、术语定义、原则及指南等方面做了大量的工作,建立了专门的风险分析专家队伍和磋商机制。风险分析随食品法典工作的进展而发展,法典工作因风险分析的开展而在食品安全方面更具科学性和生命力。CAC 对风险分析理论的发展与应用,尤其是对全球食品中微生物危害的风险分析工作开展奠定了基础,做出了很大贡献。无论是过去、现在和将来,CAC 始终都将领导着全球食品安全风险分析向前发展。在风险分析方面,CAC 将采取如下措施。

1. 向成员国政府、各法典分委员会及有关国际组织征求对风险评估策略和风险描述的意见和建议,并要求食品法典一般原则委员会(CCGP)以在 23 届食品法典大会上采纳这些定义的观点出发认真考虑这些评论意见和建议;

2. 要求 CCGP 为确定风险管理和风险评估的策略及程序手册中包括的风险交流和文件而制定详细的原则。提出的“工作原则”草案列在 CAC 的 ALINORM 97/9－Rev. 1 文件中(这个文件没有找到);

3. 一旦原则制定了,那么就要按要求制定科学的指南以支持这些原则的一致应用。要求 CCGP 来协调这个计划而且还包括所有相关的法典分委员会来协调这个计划,这包括要求涉及风险分析的任一法典分委员会都要用标准化的概要模式在他们各自发表的报告中正式陈述执行法典委员会的原则和指南的情况,以及推荐咨询机构如 JMPR 和 JECFA 也如此办理。还要求食品法典分委员会研究制定使用这些原则和指南的标准,作为清单并与他们文件化的风险评估/风险管理政策紧密结合。

4. 当原则和指南制定后,原则和指南加上法典体系中的关于风险分析的介绍叙述及各委员会在执行原则和指南方面的明确职责都包含在程序手册中;

5. 认识到不同国家对食品控制体系等效性的看法是一个关键的问题,食品法典原则和指南将促进这个问题的解决;

6. 在食品法典采纳这些原则之前,要求 JECFA、JMPR 及其他咨询机构和法典分委员会继续评估,并改进已列入优先表中的风险评估和风险管理原理的应用;

7. 鼓励进一步研究制定定性的风险评估方案,以在制定详细的食品标准方面尽快取得进展。

附

CAC/GL 62－2007

供各国政府应用的食品安全危险性分析工作原则 CAC/GL 62－2007

范　围

1.《供各国政府应用的食品安全危险性分析工作原则》旨在就评估和管理与食品相关的人类健康危险性并交流信息等，向各国政府提供指导。

一般方面

2. 适用于食品安全的危险性分析的总体目标是，确保人类健康得到保护。

3. 这些原则同样适用于各国的食品管制和食品贸易状况，且应以非歧视的方式一以贯之地予以应用。

4. 在可能范围内，应当将危险性分析的应用确立为国家食品安全体系的一个组成部分①。

5. 应通过充分运作的食品管制体系/计划支持国家一级实施危险性管理决定。

6. 危险性分析应当：

- 一以贯之地应用；
- 公开、透明，并记录在案；以及
- 酌情根据新生成的科学数据进行评价和审查。

7. 危险性分析应遵循食品法典委员会②界定的结构化办法，该办法由三个截然不同但又密切联系的部分组成，即危险性评估、危险性管理和危险性信息交流，三者都是总体危险性分析的必要组成部分。

8. 应当以透明的方式全面、系统地记录危险性分析的三个组成部分。在尊重正当的保密顾虑的同时，应确保所有相关方③都能获取相关文件。

9. 在整个危险性分析过程中，应确保与所有相关方开展有效的交流和磋商。

---

① 认识到各国政府在应用这些原则时将考虑到国家能力和资源情况，利用不同的办法并制定不同的时间框架。

② 见《程序手册》中“与食品安全相关的危险性分析术语定义”。

③ 在本文件中，“相关方”指“危险性评估者、危险性管理者、消费者、产业界、学术界，以及在适当情况下，还包括其他相关方及其代表组织”（见“危险性信息交流”的定义）。

10. 应在管理与食品相关的人类健康危险性的总体框架下,应用危险性分析的三个组成部分。

11. 应尽可能分离危险性评估和危险性管理的职能,以确保危险性评估的科学完整性,避免危险性评估者和危险性管理者混淆各自应履行的职能,并减少任何利益冲突。然而,认识到危险性分析是一个反复的过程,危险性管理者 危险性评估者之间的互动是确保实际应用的必要条件。

12. 防范是危险性分析的内在要素。在评估和管理与食品相关的人类健康危险性的过程中,存在很多不确定性因素。在危险性分析过程中,应明确考虑不确定性程度和现有科学资料的多变性。用于选定危险性评估和管理方案的前提应反映不确定性程度及危害的特点。

13.《食品法典》、粮农组织、卫生组织,以及其他相关国际政府间组织,如动物卫生组织和《国际植物保护公约》开展了旨在保护人类健康的危险性分析活动,各国政府应考虑从这些活动中获得的相关指导和资料。

14. 在国际组织的支持下,各国政府应酌情设计和/或采用适当的培训、资料以及能力建设计划,确保在其食品管制体系中有效应用危险性分析原则和技术。

15. 各国政府应与相关国际组织、其他国家政府(如在区域一级通过粮农组织/卫生组织区域协调委员会)分享危险性分析方面资料和经验,以促进和推动更广泛、以及酌情更一以贯之地应用危险性分析。

危险性评估政策

16. 危险性评估政策的确定应列为危险性管理的一个具体组成部分。

17. 危险性管理者应在开展危险性评估前,通过与危险性评估者及所有其他相关方开展磋商,从而确定危险性评估政策。此程序旨在确保系统、完整、公正和透明地开展危险性评估。

18. 危险性管理者向危险性评估者规定的任务应尽可能明确。

19. 如有必要,危险性管理者应请危险性评估者评价因不同危险性管理方案所导致的潜在危险性变动。

危险性评估

20. 每项危险性评估都应 预期目的相符。

21. 应明确明正在开展的危险性评估的范围和目的，并遵照危险性评估政策而开展。应界定危险性评估的产出形式以及可能的替代产出。

22. 参与危险性评估的专家，包括政府官员和政府外的专家，都应客观地开展科学工作，且不受制于任何有可能损害评估完整性的利益冲突。应公开有关这些专家的身份、个人专门知识及专业经验的资料，具体根据各国的考虑而定。在选拔这些专家时，应采取透明的方式，并以他们的专门知识以及他们相对于所涉利益的独立性为依据，包括披露与危险性评估相关的利益冲突。

23. 危险性评估应当纳入四个步骤，即：危害的认定；危害的特点描述；暴露评估；及危险性的特点描述。

24. 危险性评估应基于与国情最相关的科学数据。应尽可能利用现有的定量资料。危险性评估也可以考虑定性资料。

25. 危险性评估应考虑整个食品链中采用的相关生产、储存和处理做法，包括传统做法、分析办法、抽样和检验，以及具体不利健康影响的流行程度。

26. 应在危险性评估的每个步骤明确考虑会对危险性评估产生影响的制约因素、不确定性及前提，并以透明的方式将其记录在案。在估计危险性时，对不确定性和多变性的表述可以是定性的，也可以是定量的，但应该在科学可实现的范围内进行量化。

27. 危险性评估应基于实际的接触情况，同时考虑危险性评估政策界定的不同情况；应考虑到易受影响人群和高危险性人群。在开展危险性评估时，应酌情考虑到急性、慢性（包括长期）、累积性和/或综合的不良健康影响。

28. 危险性评估报告应指明任何限制因素、不确定性、前提，及其对危险性评估的影响。应记录少数意见。应由危险性管理者，而不是危险性评估者负责解决不确定性对危险性管理决定的影响。

29. 应以非常容易理解且有用的形式，向危险性管理者提交危险性评估结论，包括危险性估计（若有的话），并将其提供给其他危险性评估者和相关方，以便他们能审查该评估。

危险性管理

30. 各国政府在危险性管理方面作出的决定，包括采取的卫生措施，应将保护消费者健康作为其主要目标。应避免在选定用于解决不同情况下类似危险性的措施中出现不合理的差异。

31. 危险性管理应该遵循结构化办法,包括开展初步危险性管理活动[①]、评价危险性管理方案,实施、监测和审查已作出的决定。

32. 各项决定应当以危险性评估为基础并与评估的危险性相称,同时应根据第二项原则声明[②]中提及的、与国家一级决策相关的“审议其他因素的标准”,酌情考虑到与保护消费者健康及促进食品交易公平做法相关的其他正当因素。各国政府应根据《食品法典》标准和相关条文(若有的话)制定其卫生措施。

33. 要实现商定的结果,危险性管理应当考虑整个食品链中采用的相关生产、储存和处理做法,包括传统做法、分析方法、抽样和检验、执行和遵守的可行性,以及具体不利健康影响的流行程度。

34. 危险性管理应考虑危险性管理方案的经济影响及可行性。

35. 危险性管理过程应该透明、一以贯之并充分记录在案。应记录关于危险性管理的各项决定,以便推动所有相关方更广泛地了解危险性管理的过程。

36. 应将初步危险性管理活动及危险性评估结果 对现有危险性管理方案的评价结合起来,以便作出危险性管理决定。

37. 应从危险性分析的范围和目的及其实现的消费者健康保护水平的角度,评估各项危险性管理方案。也应该考虑不采取任何行动的方案。

38. 危险性管理应确保所有情况下的决策过程都是透明且一以贯之的。在审查各项危险性管理方案时,应尽可能考虑评估这些方案的潜在优点和缺点。各国政府在选择能同等有效地保护消费者健康的不同危险性管理方案时,应找出并考虑此类措施对贸易的潜在影响,并选择仅对贸易进行必要限制的措施。

39. 危险性管理应该是一个持续的过程,须考虑评价和审查危险性管理决定过程中新生成的所有数据。应定期监测各项危险性管理决定及其实施工作的相关性、效力及影响,并在必要时审查各项决定和/或其实施情况。

危险性信息交流

40. 危险性信息交流应:

---

① 在本《原则》中,开展的初步危险性管理活动包括:确定食品安全问题;建立危险性简介;对危害程度进行排序,以确定危险性评估和危险性管理的重点;为开展危险性评估确立危险性评估政策;委托开展危险性评估;以及审议危险性评估的结果。

② 见《程序手册》中的“关于科学在《食品法典》决策过程中所发挥的作用及在多大程度上考虑其他因素的原则声明”。

i）在危险性分析期间推动对审议中的具体问题的认识和理解；

ii）推动危险性管理方案/建议制定工作的一贯性和透明度；

iii）为理解拟议的危险性管理决定提供坚实的基础；

iv）提高危险性分析的整体效力和效率；

v）加强参与者之间的工作关系；

vi）促进公众对该过程的理解，以便增进对食品供应安全的信任和信心；

vii）促进所有相关方的适当参与；

viii）交流有关各相关方对与食品有关的危险性的关切问题的信息；以及

ix）在适用的情况下，尊重正当的保密顾虑。

41. 危险性分析应纳入危险性评估者和危险性管理者之间清晰、互动和有案可稽的交流，以及在此过程的各个方面与各相关方的相互交流。

42. 危险性信息交流不应仅限于传播信息。其主要功能是确保开展有效危险性管理所需的所有资料和意见都能纳入决策过程。

43. 在开展涉及各相关方的危险性信息交流时，应透明地解释危险性评估政策及危险性评估，包括不确定性。应明确解释已作出的决定以及为作出这些决定而采用的程序，包括如何处理不确定性。应指明任何限制因素、不确定性、前提及其对危险性分析的影响，以及在开展危险性评估过程中表达的少数意见（见第28段）。

4. SPS协定中涉及风险评估的相关条款

实施动植物检疫措施协定(SPS协定)

根据1986年～1994年GATT的乌拉圭回合谈判中许多国家提议,为了减少卫生及植物检疫条例的壁垒对农产品贸易所产生的消极影响,制定了《实施卫生与植物卫生措施协定》(Agreement on the application of sanitary and phytosanitary measure,简称SPS协定)。

实施动植物检疫措施协定(SPS协定)

各成员:

重申不应阻止各成员为保护人类、动物或植物的生命或健康而采用或实施必需的措施,只要这些措施的实施方式,不得在情形相同的成员之间构成任意或不合理歧视,或对国际贸易构成变相的限制;

期望改善各成员的人类健康、动物健康和植物卫生状况;

注意到动植物检疫措施通常以双边协议或议定书为基础实施;

期望建立规则和纪律的多边框架,以指导动植物检疫措施的制定、采用和实施,从而使其对贸易的消极作用降到最小;

认识到国际标准、指南和建议可以在该领域做出重大贡献;

期望进一步推动各成员使用以有关国际组织制定的国际标准、指南和建议为基础的动植物检疫措施,这些国际组织包括食品法典委员会、国际兽疫局,以及在《国际植物保护公约》框架下运行的有关国际和区域组织,但不要求各成员改变其对人类、动物或植物的生命或健康的水平的适当保护;

认识到发展中国家成员在遵守进口成员的动植物检疫措施方面可能遇到特殊的困难,进而在市场准入以及在其制定和实施国内动植物检疫措施方面也会遇到特殊困难,期望在这方面给予全心全意的帮助；

因此期望对如何实施1994年关贸总协定中与动植物检疫有关的条款，特别是第二十条(b)款①的实施制定具体协定如下：

第一条　总　则

1. 本协定适用于所有可能直接或间接影响国际贸易的动植物检疫措施。这类措施应按照本协定的规定制定和实施。

2. 为本协定之目的，附件1中规定的定义都适用。

3. 各附件是本协定的不可分割组成部分。

4. 对不在本协定范围的措施，本协定不应影响各成员在技术性贸易壁垒协议项下所享有的权利。

第二条　基本权利和义务

1. 各成员有权采取为保护人类、动物或植物的生命或健康所必需的动植物检疫措施，但这类措施不应与本协定的规定相抵触。

2. 各成员应确保任何动植物检疫措施的实施不超过为保护人类、动物或植物的生命或健康所必需的限度，并以科学原理为依据，如无充分的科学证据则不再维持，但第五条第7款规定的情况除外。

3. 各成员应确保其动植物检疫措施不在情形相同或相似的成员之间，包括在成员自己境内和其他成员的境内之间构成任意或不合理的歧视。动植物检疫措施的实施方式不应对国际贸易构成变相限制。

4. 符合本协定有关条款规定的动植物检疫措施，应被认为符合各成员根据1994关贸总协定有关采用动植物检疫措施的义务，特别是第二十条(b)款的规定。

第三条　协调一致

1. 为在尽可能广泛的基础上协调动植物检疫措施；各成员的动植物检疫措施应以国际标准、指南或建议为依据，除非本协定、特别是第3款中另有规定。

2. 符合国际标准、指南或建议的动植物检疫措施应被视为是保护人类、动物或植物的生命或健康所必需的措施并被认为本协定和1994关贸总协定有关条款的规定。

3. 各成员可以实施或维持比以有关国际标准、指南或建议为依据的措施所提供的保护水平更高的动植物检疫措施，但要由科学依据，或一成员根据第五条第1款至第8款中有关规定，认为该措施所提供的保护水平是合适的。除上述外，若某措施所产生的动植物卫生保护水平不同于以国际标准、指南或建议为依据制定的是所提供的保护水平，则一概不得与本协定中任何其他条款的规定相抵触。

4. 各成员应尽其所能全面参与有关国际组织及其附属机构，特别是食品法典委员会，国际兽疫局，以及在《国际植物保护公约》范围内运行的有关国际和区域组织，以促进在这些组织中制定和定期审议有关动植物检疫措施各个方面的标准、指南和建议的制定和定期审议。

5. 第十二条第1款和第4款规定的动植物检疫措施委员会（本协定中称"委员会"）应制定程序，以监控国际协调进程，并在这方面与有关国际组织协同努力。

第四条　等同对待(等效)

1. 如果出口成员客观地向进口成员表明它所采用的动植物检疫措施达到进口成员适当的动植物检疫保护水平，即使这些措施不同于进口成员自己的措施，或不同于从事同一产品贸易的其他成员使用的措施，各成员应同等地接受其他成员的动植物检疫措施。为此根据请求，应给予进口成员进行检验、测试以及执行有关程序的合理机会。

2. 各成员应请求进行磋商，以便就所规定地动植物检疫措施的等同性的承认达成双边和多边协定。

第五条　风险评估和适当的动植物卫生检疫保护水平的确定

1. 各成员应保证其动植物检疫措施是依据对人类、动物或植物的生命或健康所做的适应环境的风险评估为基础，并考虑有关国际组织制定的风险评估技术。

2. 在进行风险评估时，各成员应考虑可获得的科学证据；有关工序和生产方法；有关检查、抽样和检验方法；某些病害或虫害的流行；病虫害非疫区的存在；有关的生态和环境条件；以及检疫或其他处理方法。

3. 各成员在评估对动物或植物的生命或健康构成的风险，并决定采取措施达到适当的动植微生物检疫保护水平，在防止这类风险时，应考虑下列相关经济因素：由于虫害或病害的传入、定居或传播，对生产或销售造成损失的潜在损害；在进口成员境内上控制或根除病虫害的成本；以及采用其他方法来控制风险的相对成本效益。

4. 各成员在确定适当的动植物检疫保护水平时，应考虑将对贸易的消极影响减少到最低程度这一目标。

5. 为达到运用适当的动植物卫生检疫保护水平的概念，在防止对人类生命或健康，动物和植物的生命和健康构成方面取得一致性的目的，每一成员应避免在不同情况下任意或不合理的实施它所认为适当的不同的保护水平，如果这类差异在国际贸易中产生歧视或变相限制。各成员应根据本协定第十二条第1、第2和第3款中的规定，在委员会中相互合作来制定指南，以推动本条款的实际贯彻。委员会在制定指南时应考虑所有有关因素，包括人们自愿遭受的人身健康风险的例外情况。

6. 在不损害第三条第2款规定的前提下，各成员在制定或维持动植物检疫措施以达到适当的动植物卫生保护水平时，各成员应确保对贸易的限制不超过为达到适当的动植物卫生检疫保护水平所要求的限度，同时考虑其技术和经济可行性。

7. 在有关科学证据不充分的情况下，成员可根据现有的有关信息，包括来自有关国际组织以及其他成员方实施的动植物检疫措施的信息，临时采用某种动植物检疫措施。在这种情况下，各成员应寻求获得额外的补充信息，以便更加客观地评估风险，并相应地在合理期限内评价动植物检疫措施。

8. 当一成员有理由认为另一成员制定或维持的某种动植物检疫措施正在限制或潜在限制其产品出口，而这种措施不是以有关国际标准、指南或建议为依据，或这类标准、指南或建议并不存在，则可要求其解释采用这种动植物检疫措施的理由，维持该措施的成员应提供此种解释。

第六条 病虫害非疫区和低度流行区适用地区的条件

1. 各成员应确保其动植物检疫措施适应地——产品的产地及发运地的动植物卫生检疫特点——不论该地区是一个国家的全部或其部分地区，或几个国家的全部或部分地区。在评估一个地区的动植物卫生特点时，各成员应特别考虑特定病害或虫害的流行程度，是否存在根治或控制方案，以及由有关国际组织制定的适当标准或指南。

2. 各成员应特别认识到病虫害非疫区和低度流行区的概念，对这些地区的确定，应根据诸如地理、生态系统、流行病监测，以及动植物检疫有效性等因素。

3. 出口成员声明其境内某些地区是病虫害非疫区或低度流行区的，应提供必要的证据，以便向进口成员客观地表明这些地区分别是，并很可能继续分别是病虫害非疫区或低度流行区。为此，根据要求应向进口成员提供检验、测试以及执行其他有关程序的合理的机会。

第七条 透明度

各成员应依照附件 B 的规定通知其动植物检疫措施的变更，并提供有关其动植物检疫措施的信息。

第八条 控制、检查和批准程序

各成员在实施控制、检查和批准程序时，包括批准在食品、饮料或饲料中使用添加剂，或确定污染物允许量的国家制度时，应遵守附件 3 的规定，并应保证其程序不与本协定规定相抵触。

第九条 技术援助

1. 各成员同意从促成以双边形式或通过适当的国际组织向其他成员、特别是发展中国家成员提供技术援助。这些援助尤其可以在加工技术、研究和基础设施,包括成立国家管理机构,也可以采取咨询、信贷、捐赠和转让,包括以寻求技术知识为和设备等方式,以使这些国家能调整并遵从为达到其出口市场上的适当的动植物卫生检疫保护水平所必需的动植物检疫措施。

2. 当发展中国家出口成员为达到进口成员的动植物卫生检疫要求而需要大量投资时,后者应考虑提供这类技术援助,以使发展中国家成员得以维持和扩大其相关产品市场准入的机会。

第十条　特殊和差别待遇

1. 各成员在准备和实施动植物检疫措施时,应考虑发展中国家成员。特别是最不发达国家成员的特殊需要。

2. 在适当的动植物卫生检疫保护水平允许留有分阶段采用新的动植物检疫措施的余地时,则应给予发展中国家成员有利害关系的产品更长的适应期,以维持其出口机会。

3. 为确保发展中国家成员能遵从本协定的规定,委员会有权根据这些成员的要求,并视其财政、贸易和发展需要,允许这些国家对于本协定项下义务全部或部分享有具体和有时限的例外。

4. 各成员应鼓励和促进发展中国家积极参加有关国际组织。

第十一条　磋商和争端解决

1.除非另有特别规定,经争端解决谅解和适用的1994关贸总协定第二十二条和第二十三条的规定,应适用于本协定的磋商和争端解决。

2. 在本协定涉及科学或技术问题的争端中,专家组应征询由专家组与争端各方磋商后选出的专家的意见。为此,专家组可根据争端双方中任何一方的要求或自己主动在它认为适当时候,成立技术专家咨询组,或与有关国际组织协商。

3. 本协定中的任何内容不应损害各成员在其他国际协定项下的权利,包括利用其他国际组织或根据任何国际协定建立的斡旋或争端解决机制的权利。

第十二条　管理

1. 现在成立动植物检疫措施委员会,为磋商提供经常性场所。它应履行为必要的职能,以执行本协定的各项规定,并推动其目标,特别是有关协调一致的目标的实现。委员会应通过磋商一致作出决定。

2. 委员会应鼓励和促进各成员之间就特定的动植物卫生检疫问题进行不定期的磋商或谈判。委员会应鼓励所有成员使用国际标准、指南和建议。在这方面,它应举办技术磋商并开展研究,以提高在批准使用食品添加剂,或确定食品,饮料或饲料中污染物允许量的国际和国家制度或方法方面的协调性和一致性。

3. 委员会应同动植物卫生检疫保护领域同有关国际组织，特别是食品法典委员会、国际兽疫局和《国际植物保护公约》秘书处保持密切联系，以获得用于管理本协定的最佳科学和技术意见。并确保避免不必要的重复工作。

4. 委员会应制定程序，监督国际协调进程及国际标准、指南或建议的采用。为此，委员会应与有关国际组织一起拟定一份它认为对贸易有较大影响的与动植物检疫措施方面的国际标准、指南或建议清单。该清单应包括各成员对国际标准、指南或建议所作的说明：哪些被用作进口的条件，或者在符合哪些标准的基础上进口产品才能进入他们的市场。在一成员不将国际标准、指南或建议作为进口条件的情况下，该成员应说明其中的理由，特别是它是不以为国际标准、指南或建议该标准不够严格，而无法提供适当的动植物检疫保护水平，如一成员在对采用标准、指南或建议作为进口条件做出说明之后又改变立场，则它应对改变做出解释，并通知秘书处以及有关国际组织，除非它以根据附件 2 程序做出这样的通知和解释。

5. 为避免不必要的重复，委员会可酌情决定使用通过有关国际组织实行的程序、特别是通知程序所产生的信息。

6. 委员会可根据一成员的倡议，通过适当渠道邀请有关国际组织或其分支机构审议与某个标准、指南或建议有关的具体问题，包括根据第 4 款对采用有关标准所作解释的依据。

7. 委员会应在 WTO 协议生效之日起的 3 年后，并在此后有需要时，对本协定的运作和执行情况进行审议。委员会在适当时，特别是根据在本协定实施过程中所取得的经验，可向货物贸易理事会提议修改本协定条款。

第十三条　实　施

各成员有责任全面履行本协定中规定的所有义务。各成员应制定和执行积极的措施和机制，以支持中央政府机构以外的机构遵守本协定的规定。各成员应采取现有的合理措施，以确保其境内的非政府实体以及其境内有关实体是其成员的地方机构，遵守本协定的相关规定，此外，各成员不应采取产生直接或间接地要求或鼓励这类地方或非政府实体、或地方政府机构以不符合本协定规定的方式行事影响的措施。各成员应保证只有在非政府实体遵守本协定规定的前提下，才能依赖其提供的服务实施动植物检疫措施。

第十四条　最后条款

对于最不发达国家成员影响进口或进口产品的动植物检疫措施，最不发达国家成员可在 WTO 协议生效之日起推迟 5 年执行本协定的规定。对于其他发展中国家成员影响进口或进口产品的现有动植物检疫措施，如由于缺乏技术知识、技术性基础设施或资源而妨碍实施时，发展中国家可在WTO协议生效之日起，推迟2年实施本协定的规定，但第五条第8款和第七条的规定除外。

附件A 定 义

1. 实施卫生与植物卫生措施协定(sps)——指任何一种措施，用以：

(a) 保护成员境内的动物或植物的生命或健康免受虫害、病害、带病有机体或致病有机体的传入、定居或传播所产生的风险。

(b) 保护成员境内的人类或动物的生命或健康免受食品、饮料或饲料中的添加剂、污染物、毒素或致病有机体所产生的风险。

(c) 保护成员境内的人类的生命或健康免受动物、植物或动植物产品携带的病害，或虫害的传入、定居或传播所产生的风险。

(d) 防止或控制成员境内内因虫害的传入、定居或传播所产生的其他损害。

动植物检疫措施包括所有相关法律、法令、法规、要求和程序，特别包括：最终产品标准；工序和生产方法；检测、检验、出证和批准程序；检疫处理，包括与动物或植物运输有关的或与在运输过程中为维持动植物生存所需物质有关的要求在内地检疫处理；有关统计方法、抽样程序和风险评估方法的规定；以及与粮食安全直接有关的包装和标签要求。

2. 协调一致——由成员共同制定、承认和实施的动植物检疫措施。

3. 国际标准、指南和建议

(a) 在粮食安全方面，指食品法典委员会制定的有关食品添加剂、兽药和杀虫剂残存物、污染物、分析和抽样方法的标准、指南和建议，以及卫生惯例的守则和指南。

(b) 在动物健康和寄生虫病方面，指国际兽疫局主持制定的标准、指南和建议，以及卫生惯例的守则和指南。

(c) 在植物健康方面，指在《国际植物保护公约》秘书处与该公约框架下运行的区域组织合作制定的国际标准、指南和建议。

(d) 在上述组织未尽事宜方面，指经委员会认可，可参照向所有成员开放的其他有关国际组织公布的适当标准、指南和建议。

4. 风险评估——根据可能适用的动植物检疫措施来评价虫害或病害在进口成员境内传入、定居或传播的可能性，及评价相关潜在生物和经济后果；或评价食品、饮料或饲料中存在的添加剂、污染物、毒素或致病有机体对人类或动物的健康所产生的潜在不利影响。

5. 适当的动植物检疫保护水平——制定动植物检疫措施以保护其境内的人类、动物或植物的生命或健康的成员所认为合适的保护水平。

注：许多成员也称此概念为“可接受的风险水平”。

6. 非疫区——经主管当局认定无某种特定病虫害发生的地区，这可以是一个国家的全部或部分地区，或几个国家的全部或部分地区。

7. 病虫害低度流行区——经主管当局认定，某种特定病虫害发生水平低，并采取了有效的监督、控制或根除措施的地区，这可以是一个国家的全部或部分地区，或几个国家的全部或部分地区。

附件B　动植物卫生检疫法规的透明度

法规的公布

1. 各成员应确保将所有已获通过的动植物卫生检疫法规及时公布，以便感兴趣的成员能熟悉它们。

2. 除紧急情况外，各成员应允许在动植物卫生检疫法规的公布和开始生效之间有合理时间间隔，以便让出口成员、特别是发展中国家成员的生产商有足够时间调整其产品和生产方法，以适应进口成员的要求。

咨询点

1. 每一成员应保证设立一咨询点，负责对有感兴趣的成员提出的所有合理问题作出答复，并提供有关下列内容的文件：

(a) 在其境内采用或准备采用的任何动植物卫生检疫法规；

(b) 在其境内实施的任何控制和检查程序、生产和检疫处理方法、杀虫剂允许量和食品添加剂批准程序；

(c) 风险评估程序，所考虑的因素，以及适当的动植物检疫保护水平的确定；

(d) 成员或其境内相关机构在国际和区域动植物卫生检疫组织和体系，以及在本协定范围内的双边和多边协议和安排中的成员资格和参与情况，以及此类协定和安排的文本。

2. 各成员应保证在感兴趣的成员索要文件副本时除运送成本外，应按向该成员国民提供的相同价格(如有的话)提供。

通知程序

1. 当国际标准、指南或建议不存在或所提议的动植物卫生检疫法规的内容与国际标准、指南或建议的内容实质上不一致，并且如果规定对其他成员的贸易有重大影响，各成员应：

(a) 及早发布通知，以便感兴趣的成员能熟悉含有特定法规的提案；

(b) 通过秘书处通知其他成员法规所涵盖的产品，并对所提议的规定的目的和理由作一简要说明。这类通知应尽早在规定仍可修改和采纳意见时发出；

(c) 根据要求向其他成员提供提议的法规的副本，并在可能情况下，标明与国际标准、指南或建议有实质性偏离的部分；

(d) 在无歧视的前提下，给其他成员以合理的时间作书面评论，并根据要求讨论这些意见，并对这些评论和讨论的结果予以考虑。

2. 然而，当一成员发生或出现发生紧急的健康保护问题威胁时，该成员可在必要的情况下省略本附件第 5 款中所列举的这些步骤，但该成员必须：

(a) 立即通过秘书处通知其他成员特定的法规及其涉及的产品，并简要说明该规定的目标和理由，其中包括紧急问题的性质；

(b) 根据要求向其他成员提供规定的副本；

(c) 允许其他成员提出书面评论，应并根据这些评论进行讨论，并对这些评论和讨论的结果予以考虑。

3. 提交秘书处的通知应使用英文、法文或西班牙文。

4. 发达国家成员根据其他成员要求，应提供文件副本。若是多卷文件，则提供一份用英文、法文或西班牙文书写的具体的通知，并附上所涉及文件的摘要。

5. 秘书处应及时将通知的副本散发给所有成员和感兴趣的国际组织，并提请发展中国家成员，对涉及特殊利益产品的通知引起注意。

6. 各成员应指定一个中央政府机构，由其负责照本附件第 5、第 6、第 7 和第 8 款的规定在全国范围内负责执行有关通知程序。

附件 C　控制检验和批准程序

1. 关于检查和确保执行动植物卫生检疫措施的任何程序，各成员应确保：

(a) 在执行和完成这类程序时没有不适当的延误，给予进口产品的待遇不低于类似的国内同类产品；

(b) 公布每一程序的标准处理期限，或根据请求将预期的处理期限向申请人传达；主管机构在接到申请后立即审查文件的完整性；并以准确、完整的方式通知申请人所有不足之处；主管机构尽快以准确、完整的方式向申请人传达程序的结果，以便申请人在必要时采取纠正措施；根据申请人的要求，即使在申请存在不足之处时，主管机构也应尽可能继续进行该程序；并根据要求，通知申请人程序的执行阶段，并对任何迟延作出解释；

(c) 对信息的要求局限于控制、检查和批准程序的适当需要，包括批准使用添加剂或为制定食品、饮料或饲料中污染物的允许量所必要的限度；

(d) 在控制、检查和批准过程中，有关产生的或提供的进口产品的信息的机密性得到尊重，其方式不应低于国内产品，并使合法的商业利益得到保护；

(e) 对产品的单个样品的任何控制、检查和批准要求要视其合理性和必要性而定；

(f) 对进口产品程序征收的任何费用与国内同类产品或来自任何其他成员的产品所征收的费用相当，且不高于服务的实际成本；

(g) 程序中所用设备的设置地点以及进口产品样品的选择应使用与国内产品相同的标准，以便将申请人、进口商、出口商或其代理人的不便减少到最低程度；

(h) 根据适用的规定，由于控制和检查后产品规格发生了变化，则经过改进的产品程序仅限于是否该产品仍然符合有关规定有充分的信心的必要范围内；

(i) 建立一种程序来审议对有关这类程序运行的投诉，且当投诉合理时采取纠正措施。

当进口成员实行批准使用食品添加剂或制定食品、饮料或饲料中污染物允许量的体系，而这一体系禁止或限制未获批准的产品进入其国内市场，进口成员应考虑使用有关国际标准作为进入市场的依据，直到作出最后决定为止。

2. 若一种动植物检疫措施规定在生产阶段进行控制，则在其境内进行有关生产的成员应提供必要帮助，以便利这类控制及控制机构的工作。

3. 本协定的内容不应阻碍各成员在各自境内实施合理检验。

5. 中华人民共和国食品安全法

中华人民共和国主席令

第　九　号

《中华人民共和国食品安全法》已由中华人民共和国第十一届全国人民代表大会常务委员会第七次会议于2009年2月28日通过，现予公布，自2009年6月1日起施行。

中华人民共和国主席　胡锦涛

2009年2月28日

中华人民共和国食品安全法

（2009年2月28日第十一届全国人民代表大会常务委员会第七次会议通过）

目　　录

第一章 总 则

第一条 为保证食品安全，保障公众身体健康和生命安全，制定本法。

第二条 在中华人民共和国境内从事下列活动，应当遵守本法：

（一）食品生产和加工（以下称食品生产），食品流通和餐饮服务（以下称食品经营）；

（二）食品添加剂的生产经营；

（三）用于食品的包装材料、容器、洗涤剂、消毒剂和用于食品生产经营的工具、设备（以下称食品相关产品）的生产经营；

（四）食品生产经营者使用食品添加剂、食品相关产品；

（五）对食品、食品添加剂和食品相关产品的安全管理。

供食用的源于农业的初级产品（以下称食用农产品）的质量安全管理，遵守《中华人民共和国农产品质量安全法》的规定。但是，制定有关食用农产品的质量安全标准、公布食用农产品安全有关信息，应当遵守本法的有关规定。

第三条 食品生产经营者应当依照法律、法规和食品安全标准从事生产经营活动，对社会和公众负责，保证食品安全，接受社会监督，承担社会责任。

第四条 国务院设立食品安全委员会，其工作职责由国务院规定。

国务院卫生行政部门承担食品安全综合协调职责，负责食品安全风险评估、食品安全标准制定、食品安全信息公布、食品检验机构的资质认定条件和检验规范的制定，组织查处食品安全重大事故。

国务院质量监督、工商行政管理和国家食品药品监督管理部门依照本法和国务院规定的职责，分别对食品生产、食品流通、餐饮服务活动实施监督管理。

第五条 县级以上地方人民政府统一负责、领导、组织、协调本行政区域的食品安全监督管理工作，建立健全食品安全全程监督管理的工作机制；统一领导、指挥食品安全突发事件应对工作；完善、落实食品安全监督管理责任制，对食品安全监督管理部门进行评议、考核。

县级以上地方人民政府依照本法和国务院的规定确定本级卫生行政、农业行政、质量监督、工商行政管理、食品药品监督管理部门的食品安全监督管理职责。有关部门在各自职责范围内负责本行政区域的食品安全监督管理工作。

上级人民政府所属部门在下级行政区域设置的机构应当在所在地人民政府的统一组织、协调下，依法做好食品安全监督管理工作。

第六条 县级以上卫生行政、农业行政、质量监督、工商行政管理、食品药品监督管理部门应当加强沟通、密切配合，按照各自职责分工，依法行使职权，承担责任。

第七条 食品行业协会应当加强行业自律，引导食品生产经营者依法生产经营，推动行业诚信建设，宣传、普及食品安全知识。

第八条　国家鼓励社会团体、基层群众性自治组织开展食品安全法律、法规以及食品安全标准和知识的普及工作，倡导健康的饮食方式，增强消费者食品安全意识和自我保护能力。

新闻媒体应当开展食品安全法律、法规以及食品安全标准和知识的公益宣传，并对违反本法的行为进行舆论监督。

第九条　国家鼓励和支持开展与食品安全有关的基础研究和应用研究，鼓励和支持食品生产经营者为提高食品安全水平采用先进技术和先进管理规范。

第十条　任何组织或者个人有权举报食品生产经营中违反本法的行为，有权向有关部门了解食品安全信息，对食品安全监督管理工作提出意见和建议。

第二章　食品安全风险监测和评估

第十一条　国家建立食品安全风险监测制度，对食源性疾病、食品污染以及食品中的有害因素进行监测。

国务院卫生行政部门会同国务院有关部门制定、实施国家食品安全风险监测计划。省、自治区、直辖市人民政府卫生行政部门根据国家食品安全风险监测计划，结合本行政区域的具体情况，组织制定、实施本行政区域的食品安全风险监测方案。

第十二条　国务院农业行政、质量监督、工商行政管理和国家食品药品监督管理等有关部门获知有关食品安全风险信息后，应当立即向国务院卫生行政部门通报。国务院卫生行政部门会同有关部门对信息核实后，应当及时调整食品安全风险监测计划。

第十三条　国家建立食品安全风险评估制度，对食品、食品添加剂中生物性、化学性和物理性危害进行风险评估。

国务院卫生行政部门负责组织食品安全风险评估工作，成立由医学、农业、食品、营养等方面的专家组成的食品安全风险评估专家委员会进行食品安全风险评估。

对农药、肥料、生长调节剂、兽药、饲料和饲料添加剂等的安全性评估，应当有食品安全风险评估专家委员会的专家参加。

食品安全风险评估应当运用科学方法，根据食品安全风险监测信息、科学数据以及其他有关信息进行。

第十四条　国务院卫生行政部门通过食品安全风险监测或者接到举报发现食品可能存在安全隐患的，应当立即组织进行检验和食品安全风险评估。

第十五条　国务院农业行政、质量监督、工商行政管理和国家食品药品监督管理等有关部门应当向国务院卫生行政部门提出食品安全风险评估的建议，并提供有关信息和资料。

国务院卫生行政部门应当及时向国务院有关部门通报食品安全风险评估的结果。

第十六条　食品安全风险评估结果是制定、修订食品安全标准和对食品安全实施监督管理的科学依据。

食品安全风险评估结果得出食品不安全结论的，国务院质量监督、工商行政管理和国家食品药品监督管理部门应当依据各自职责立即采取相应措施，确保该食品停止生产经营，并告知消费者停止食用；需要制定、修订相关食品安全国家标准的，国务院卫生行政部门应当立即制定、修订。

第十七条　国务院卫生行政部门应当会同国务院有关部门，根据食品安全风险评估结果、食品安全监督管理信息，对食品安全状况进行综合分析。对经综合分析表明可能具有较高程度安全风险的食品，国务院卫生行政部门应当及时提出食品安全风险警示，并予以公布。

第三章　食品安全标准

第十八条　制定食品安全标准，应当以保障公众身体健康为宗旨，做到科学合理、安全可靠。

第十九条　食品安全标准是强制执行的标准。除食品安全标准外，不得制定其他的食品强制性标准。

第二十条　食品安全标准应当包括下列内容：

（一）食品、食品相关产品中的致病性微生物、农药残留、兽药残留、重金属、污染物质以及其他危害人体健康物质的限量规定；

（二）食品添加剂的品种、使用范围、用量；

（三）专供婴幼儿和其他特定人群的主辅食品的营养成分要求；

（四）对与食品安全、营养有关的标签、标识、说明书的要求；

（五）食品生产经营过程的卫生要求；

（六）与食品安全有关的质量要求；

（七）食品检验方法与规程；

（八）其他需要制定为食品安全标准的内容。

第二十一条　食品安全国家标准由国务院卫生行政部门负责制定、公布，国务院标准化行政部门提供国家标准编号。

食品中农药残留、兽药残留的限量规定及其检验方法与规程由国务院卫生行政部门、国务院农业行政部门制定。

屠宰畜、禽的检验规程由国务院有关主管部门会同国务院卫生行政部门制定。

有关产品国家标准涉及食品安全国家标准规定内容的，应当与食品安全国家标准相一致。

第二十二条　国务院卫生行政部门应当对现行的食用农产品质量安全标准、食品卫生标准、食品质量标准和有关食品的行业标准中强制执行的标准予以整合，统一公布为食品安全国家标准。

本法规定的食品安全国家标准公布前，食品生产经营者应当按照现行食用农产品质量安全标准、食品卫生标准、食品质量标准和有关食品的行业标准生产经营食品。

第二十三条　食品安全国家标准应当经食品安全国家标准审评委员会审查通过。食品安全国家标准审评委员会由医学、农业、食品、营养等方面的专家以及国务院有关部门的代表组成。

制定食品安全国家标准，应当依据食品安全风险评估结果并充分考虑食用农产品质量安全风险评估结果，参照相关的国际标准和国际食品安全风险评估结果，并广泛听取食品生产经营者和消费者的意见。

第二十四条　没有食品安全国家标准的，可以制定食品安全地方标准。

省、自治区、直辖市人民政府卫生行政部门组织制定食品安全地方标准，应当参照执行本法有关食品安全国家标准制定的规定，并报国务院卫生行政部门备案。

第二十五条　企业生产的食品没有食品安全国家标准或者地方标准的，应当制定企业标准，作为组织生产的依据。国家鼓励食品生产企业制定严于食品安全国家标准或者地方标准的企业标准。企业标准应当报省级卫生行政部门备案，在本企业内部适用。

第二十六条　食品安全标准应当供公众免费查阅。

第四章　食品生产经营

第二十七条　食品生产经营应当符合食品安全标准，并符合下列要求：

（一）具有与生产经营的食品品种、数量相适应的食品原料处理和食品加工、包装、贮存等场所，保持该场所环境整洁，并与有毒、有害场所以及其他污染源保持规定的距离；

（二）具有与生产经营的食品品种、数量相适应的生产经营设备或者设施，有相应的消毒、更衣、盥洗、采光、照明、通风、防腐、防尘、防蝇、防鼠、防虫、洗涤以及处理废水、存放垃圾和废弃物的设备或者设施；

（三）有食品安全专业技术人员、管理人员和保证食品安全的规章制度；

（四）具有合理的设备布局和工艺流程，防止待加工食品与直接入口食品、原料与成品交叉污染，避免食品接触有毒物、不洁物；

（五）餐具、饮具和盛放直接入口食品的容器，使用前应当洗净、消毒，炊具、用具用后应当洗净，保持清洁；

（六）贮存、运输和装卸食品的容器、工具和设备应当安全、无害，保持清洁，防止食品污染，并符合保证食品安全所需的温度等特殊要求，不得将食品与有毒、有害物品一同运输；

（七）直接入口的食品应当有小包装或者使用无毒、清洁的包装材料、餐具；

（八）食品生产经营人员应当保持个人卫生，生产经营食品时，应当将手洗净，穿戴清洁的工作衣、帽；销售无包装的直接入口食品时，应当使用无毒、清洁的售货工具；

（九）用水应当符合国家规定的生活饮用水卫生标准；

（十）使用的洗涤剂、消毒剂应当对人体安全、无害；

（十一）法律、法规规定的其他要求。

第二十八条　禁止生产经营下列食品：

（一）用非食品原料生产的食品或者添加食品添加剂以外的化学物质和其他可能危害人体健康物质的食品，或者用回收食品作为原料生产的食品；

（二）致病性微生物、农药残留、兽药残留、重金属、污染物质以及其他危害人体健康的物质含量超过食品安全标准限量的食品；

（三）营养成分不符合食品安全标准的专供婴幼儿和其他特定人群的主辅食品；

（四）腐败变质、油脂酸败、霉变生虫、污秽不洁、混有异物、掺假掺杂或者感官性状异常的食品；

（五）病死、毒死或者死因不明的禽、畜、兽、水产动物肉类及其制品；

（六）未经动物卫生监督机构检疫或者检疫不合格的肉类，或者未经检验或者检验不合格的肉类制品；

（七）被包装材料、容器、运输工具等污染的食品；

（八）超过保质期的食品；

（九）无标签的预包装食品；

（十）国家为防病等特殊需要明令禁止生产经营的食品；

（十一）其他不符合食品安全标准或者要求的食品。

第二十九条　国家对食品生产经营实行许可制度。从事食品生产、食品流通、餐饮服务，应当依法取得食品生产许可、食品流通许可、餐饮服务许可。

取得食品生产许可的食品生产者在其生产场所销售其生产的食品，不需要取得食品流通的许可；取得餐饮服务许可的餐饮服务提供者在其餐饮服务场所出售其制作加工的食品，不需要取得食品生产和流通的许可；农民个人销售其自产的食用农产品，不需要取得食品流通的许可。

食品生产加工小作坊和食品摊贩从事食品生产经营活动，应当符合本法规定的与其生产经营规模、条件相适应的食品安全要求，保证所生产经营的食品卫生、无毒、无害，有关部门应当对其加强监督管理，具体管理办法由省、自治区、直辖市人民代表大会常务委员会依照本法制定。

第三十条　县级以上地方人民政府鼓励食品生产加工小作坊改进生产条件；鼓励食品摊贩进入集中交易市场、店铺等固定场所经营。

第三十一条　县级以上质量监督、工商行政管理、食品药品监督管理部门应当依照《中华人民共和国行政许可法》的规定，审核申请人提交的本法第二十七条第一项至第四项规定要求的相关资料，必要时对申请人的生产经营场所进行现场核查；对符合规定条件的，决定准予许可；对不符合规定条件的，决定不予许可并书面说明理由。

第三十二条　食品生产经营企业应当建立健全本单位的食品安全管理制度，加强对职工食品安全知识的培训，配备专职或者兼职食品安全管理人员，做好对所生产经营食品的检验工作，依法从事食品生产经营活动。

第三十三条　国家鼓励食品生产经营企业符合良好生产规范要求，实施危害分析与关键控制点体系，提高食品安全管理水平。

对通过良好生产规范、危害分析与关键控制点体系认证的食品生产经营企业，认证机构应当依法实施跟踪调查；对不再符合认证要求的企业，应当依法撤销认证，及时向有关质量监督、工商行政管理、食品药品监督管理部门通报，并向社会公布。认证机构实施跟踪调查不收取任何费用。

第三十四条　食品生产经营者应当建立并执行从业人员健康管理制度。患有痢疾、伤寒、病毒性肝炎等消化道传染病的人员，以及患有活动性肺结核、化脓性或者渗出性皮肤病等有碍食品安全的疾病的人员，不得从事接触直接入口食品的工作。

食品生产经营人员每年应当进行健康检查，取得健康证明后方可参加工作。

第三十五条　食用农产品生产者应当依照食品安全标准和国家有关规定使用农药、肥料、生长调节剂、兽药、饲料和饲料添加剂等农业投入品。食用农产品的生产企业和农民专业合作经济组织应当建立食用农产品生产记录制度。

县级以上农业行政部门应当加强对农业投入品使用的管理和指导，建立健全农业投入品的安全使用制度。

第三十六条　食品生产者采购食品原料、食品添加剂、食品相关产品，应当查验供货者的许可证和产品合格证明文件；对无法提供合格证明文件的食品原料，应当依照食品安全标准进行检验；不得采购或者使用不符合食品安全标准的食品原料、食品添加剂、食品相关产品。

食品生产企业应当建立食品原料、食品添加剂、食品相关产品进货查验记录制度，如实记录食品原料、食品添加剂、食品相关产品的名称、规格、数量、供货者名称及联系方式、进货日期等内容。

食品原料、食品添加剂、食品相关产品进货查验记录应当真实，保存期限不得少于二年。

第三十七条　食品生产企业应当建立食品出厂检验记录制度，查验出厂食品的检验合格证和安全状况，并如实记录食品的名称、规格、数量、生产日期、生产批号、检验合格证号、购货者名称及联系方式、销售日期等内容。

食品出厂检验记录应当真实，保存期限不得少于二年。

第三十八条　食品、食品添加剂和食品相关产品的生产者，应当依照食品安全标准对所生产的食品、食品添加剂和食品相关产品进行检验，检验合格后方可出厂或者销售。

第三十九条　食品经营者采购食品，应当查验供货者的许可证和食品合格的证明文件。

食品经营企业应当建立食品进货查验记录制度，如实记录食品的名称、规格、数量、生产批号、保质期、供货者名称及联系方式、进货日期等内容。

食品进货查验记录应当真实，保存期限不得少于二年。

实行统一配送经营方式的食品经营企业，可以由企业总部统一查验供货者的许可证和食品合格的证明文件，进行食品进货查验记录。

第四十条　食品经营者应当按照保证食品安全的要求贮存食品，定期检查库存食品，及时清理变质或者超过保质期的食品。

第四十一条　食品经营者贮存散装食品，应当在贮存位置标明食品的名称、生产日期、保质期、生产者名称及联系方式等内容。

食品经营者销售散装食品，应当在散装食品的容器、外包装上标明食品的名称、生产日期、保质期、生产经营者名称及联系方式等内容。

第四十二条　预包装食品的包装上应当有标签。标签应当标明下列事项：

（一）名称、规格、净含量、生产日期；

（二）成分或者配料表；

（三）生产者的名称、地址、联系方式；

（四）保质期；

（五）产品标准代号；

（六）贮存条件；

（七）所使用的食品添加剂在国家标准中的通用名称；

（八）生产许可证编号；

（九）法律、法规或者食品安全标准规定必须标明的其他事项。

专供婴幼儿和其他特定人群的主辅食品，其标签还应当标明主要营养成分及其含量。

第四十三条　国家对食品添加剂的生产实行许可制度。申请食品添加剂生产许可的条件、程序，按照国家有关工业产品生产许可证管理的规定执行。

第四十四条　申请利用新的食品原料从事食品生产或者从事食品添加剂新品种、食品相关产品新品种生产活动的单位或者个人，应当向国务院卫生行政部门提交相关产品的安全性评估材料。国务院卫生行政部门应当自收到申请之日起六十日内组织对相关产品的安全性评估材料进行审查；对符合食品安全要求的，依法决定准予许可并予以公布；对不符合食品安全要求的，决定不予许可并书面说明理由。

第四十五条　食品添加剂应当在技术上确有必要且经过风险评估证明安全可靠，方可列入允许使用的范围。国务院卫生行政部门应当根据技术必要性和食品安全风险评估结果，及时对食品添加剂的品种、使用范围、用量的标准进行修订。

第四十六条　食品生产者应当依照食品安全标准关于食品添加剂的品种、使用范围、用量的规定使用食品添加剂；不得在食品生产中使用食品添加剂以外的化学物质和其他可能危害人体健康的物质。

第四十七条　食品添加剂应当有标签、说明书和包装。标签、说明书应当载明本法第四十二条第一款第一项至第六项、第八项、第九项规定的事项，以及食品添加剂的使用范围、用量、使用方法，并在标签上载明“食品添加剂”字样。

第四十八条　食品和食品添加剂的标签、说明书，不得含有虚假、夸大的内容，不得涉及疾病预防、治疗功能。生产者对标签、说明书上所载明的内容负责。

食品和食品添加剂的标签、说明书应当清楚、明显，容易辨识。

食品和食品添加剂与其标签、说明书所载明的内容不符的，不得上市销售。

第四十九条　食品经营者应当按照食品标签标示的警示标志、警示说明或者注意事项的要求，销售预包装食品。

第五十条　生产经营的食品中不得添加药品，但是可以添加按照传统既是食品又是中药材的物质。按照传统既是食品又是中药材的物质的目录由国务院卫生行政部门制定、公布。

第五十一条　国家对声称具有特定保健功能的食品实行严格监管。有关监督管理部门应当依法履职，承担责任。具体管理办法由国务院规定。

声称具有特定保健功能的食品不得对人体产生急性、亚急性或者慢性危害，其标签、说明书不得涉及疾病预防、治疗功能，内容必须真实，应当载明适宜人群、不适宜人群、功效成分或者标志性成分及其含量等；产品的功能和成分必须与标签、说明书相一致。

第五十二条　集中交易市场的开办者、柜台出租者和展销会举办者，应当审查入场食品经营者的许可证，明确入场食品经营者的食品安全管理责任，定期对入场食品经营者的经营环境和条件进行检查，发现食品经营者有违反本法规定的行为的，应当及时制止并立即报告所在地县级工商行政管理部门或者食品药品监督管理部门。

集中交易市场的开办者、柜台出租者和展销会举办者未履行前款规定义务，本市场发生食品安全事故的，应当承担连带责任。

第五十三条　国家建立食品召回制度。食品生产者发现其生产的食品不符合食品安全标准，应当立即停止生产，召回已经上市销售的食品，通知相关生产经营者和消费者，并记录召回和通知情况。

食品经营者发现其经营的食品不符合食品安全标准，应当立即停止经营，通知相关生产经营者和消费者，并记录停止经营和通知情况。食品生产者认为应当召回的，应当立即召回。

食品生产者应当对召回的食品采取补救、无害化处理、销毁等措施，并将食品召回和处理情况向县级以上质量监督部门报告。

食品生产经营者未依照本条规定召回或者停止经营不符合食品安全标准的食品的，县级以上质量监督、工商行政管理、食品药品监督管理部门可以责令其召回或者停止经营。

第五十四条　食品广告的内容应当真实合法，不得含有虚假、夸大的内容，不得涉及疾病预防、治疗功能。

食品安全监督管理部门或者承担食品检验职责的机构、食品行业协会、消费者协会不得以广告或者其他形式向消费者推荐食品。

第五十五条　社会团体或者其他组织、个人在虚假广告中向消费者推荐食品，使消费者的合法权益受到损害的，与食品生产经营者承担连带责任。

第五十六条　地方各级人民政府鼓励食品规模化生产和连锁经营、配送。

第五章　食品检验

第五十七条　食品检验机构按照国家有关认证认可的规定取得资质认定后，方可从事食品检验活动。但是，法律另有规定的除外。

食品检验机构的资质认定条件和检验规范，由国务院卫生行政部门规定。

本法施行前经国务院有关主管部门批准设立或者经依法认定的食品检验机构，可以依照本法继续从事食品检验活动。

第五十八条　食品检验由食品检验机构指定的检验人独立进行。

检验人应当依照有关法律、法规的规定，并依照食品安全标准和检验规范对食品进行检验，尊重科学，恪守职业道德，保证出具的检验数据和结论客观、公正，不得出具虚假的检验报告。

第五十九条　食品检验实行食品检验机构与检验人负责制。食品检验报告应当加盖食品检验机构公章，并有检验人的签名或者盖章。食品检验机构和检验人对出具的食品检验报告负责。

第六十条　食品安全监督管理部门对食品不得实施免检。

县级以上质量监督、工商行政管理、食品药品监督管理部门应当对食品进行定期或者不定期的抽样检验。进行抽样检验，应当购买抽取的样品，不收取检验费和其他任何费用。

县级以上质量监督、工商行政管理、食品药品监督管理部门在执法工作中需要对食品进行检验的，应当委托符合本法规定的食品检验机构进行，并支付相关费用。对检验结论有异议的，可以依法进行复检。

第六十一条　食品生产经营企业可以自行对所生产的食品进行检验，也可以委托符合本法规定的食品检验机构进行检验。

食品行业协会等组织、消费者需要委托食品检验机构对食品进行检验的，应当委托符合本法规定的食品检验机构进行。

第六章　食品进出口

第六十二条　进口的食品、食品添加剂以及食品相关产品应当符合我国食品安全国家标准。

进口的食品应当经出入境检验检疫机构检验合格后，海关凭出入境检验检疫机构签发的通关证明放行。

第六十三条　进口尚无食品安全国家标准的食品，或者首次进口食品添加剂新品种、食品相关产品新品种，进口商应当向国务院卫生行政部门提出申请并提交相关的安全性评估材料。国务院卫生行政部门依照本法第四十四条的规定作出是否准予许可的决定，并及时制定相应的食品安全国家标准。

第六十四条　境外发生的食品安全事件可能对我国境内造成影响，或者在进口食品中发现严重食品安全问题的，国家出入境检验检疫部门应当及时采取风险预警或者控制措施，并向国务院卫生行政、农业行政、工商行政管理和国家食品药品监督管理部门通报。接到通报的部门应当及时采取相应措施。

第六十五条　向我国境内出口食品的出口商或者代理商应当向国家出入境检验检疫部门备案。向我国境内出口食品的境外食品生产企业应当经国家出入境检验检疫部门注册。

国家出入境检验检疫部门应当定期公布已经备案的出口商、代理商和已经注册的境外食品生产企业名单。

第六十六条　进口的预包装食品应当有中文标签、中文说明书。标签、说明书应当符合本法以及我国其他有关法律、行政法规的规定和食品安全国家标准的要求，载明食品的原产地以及境内代理商的名称、地址、联系方式。预包装食品没有中文标签、中文说明书或者标签、说明书不符合本条规定的，不得进口。

第六十七条　进口商应当建立食品进口和销售记录制度，如实记录食品的名称、规格、数量、生产日期、生产或者进口批号、保质期、出口商和购货者名称及联系方式、交货日期等内容。

食品进口和销售记录应当真实，保存期限不得少于二年。

第六十八条　出口的食品由出入境检验检疫机构进行监督、抽检，海关凭出入境检验检疫机构签发的通关证明放行。

出口食品生产企业和出口食品原料种植、养殖场应当向国家出入境检验检疫部门备案。

第六十九条　国家出入境检验检疫部门应当收集、汇总进出口食品安全信息，并及时通报相关部门、机构和企业。

国家出入境检验检疫部门应当建立进出口食品的进口商、出口商和出口食品生产企业的信誉记录，并予以公布。对有不良记录的进口商、出口商和出口食品生产企业，应当加强对其进出口食品的检验检疫。

第七章　食品安全事故处置

第七十条　国务院组织制定国家食品安全事故应急预案。

县级以上地方人民政府应当根据有关法律、法规的规定和上级人民政府的食品安全事故应急预案以及本地区的实际情况，制定本行政区域的食品安全事故应急预案，并报上一级人民政府备案。

食品生产经营企业应当制定食品安全事故处置方案，定期检查本企业各项食品安全防范措施的落实情况，及时消除食品安全事故隐患。

第七十一条　发生食品安全事故的单位应当立即予以处置，防止事故扩大。事故发生单位和接收病人进行治疗的单位应当及时向事故发生地县级卫生行政部门报告。

农业行政、质量监督、工商行政管理、食品药品监督管理部门在日常监督管理中发现食品安全事故，或者接到有关食品安全事故的举报，应当立即向卫生行政部门通报。

发生重大食品安全事故的，接到报告的县级卫生行政部门应当按照规定向本级人民政府和上级人民政府卫生行政部门报告。县级人民政府和上级人民政府卫生行政部门应当按照规定上报。

任何单位或者个人不得对食品安全事故隐瞒、谎报、缓报，不得毁灭有关证据。

第七十二条　县级以上卫生行政部门接到食品安全事故的报告后，应当立即会同有关农业行政、质量监督、工商行政管理、食品药品监督管理部门进行调查处理，并采取下列措施，防止或者减轻社会危害：

（一）开展应急救援工作，对因食品安全事故导致人身伤害的人员，卫生行政部门应当立即组织救治；

（二）封存可能导致食品安全事故的食品及其原料，并立即进行检验；对确认属于被污染的食品及其原料，责令食品生产经营者依照本法第五十三条的规定予以召回、停止经营并销毁；

（三）封存被污染的食品用工具及用具，并责令进行清洗消毒；

（四）做好信息发布工作，依法对食品安全事故及其处理情况进行发布，并对可能产生的危害加以解释、说明。

发生重大食品安全事故的，县级以上人民政府应当立即成立食品安全事故处置指挥机构，启动应急预案，依照前款规定进行处置。

第七十三条　发生重大食品安全事故，设区的市级以上人民政府卫生行政部门应当立即会同有关部门进行事故责任调查，督促有关部门履行职责，向本级人民政府提出事故责任调查处理报告。

重大食品安全事故涉及两个以上省、自治区、直辖市的，由国务院卫生行政部门依照前款规定组织事故责任调查。

第七十四条　发生食品安全事故，县级以上疾病预防控制机构应当协助卫生行政部门和有关部门对事故现场进行卫生处理，并对与食品安全事故有关的因素开展流行病学调查。

第七十五条　调查食品安全事故，除了查明事故单位的责任，还应当查明负有监督管理和认证职责的监督管理部门、认证机构的工作人员失职、渎职情况。

第八章　监督管理

第七十六条　县级以上地方人民政府组织本级卫生行政、农业行政、质量监督、工商行政管理、食品药品监督管理部门制定本行政区域的食品安全年度监督管理计划，并按照年度计划组织开展工作。

第七十七条　县级以上质量监督、工商行政管理、食品药品监督管理部门履行各自食品安全监督管理职责，有权采取下列措施：

（一）进入生产经营场所实施现场检查；

（二）对生产经营的食品进行抽样检验；

（三）查阅、复制有关合同、票据、账簿以及其他有关资料；

（四）查封、扣押有证据证明不符合食品安全标准的食品，违法使用的食品原料、食品添加剂、食品相关产品，以及用于违法生产经营或者被污染的工具、设备；

（五）查封违法从事食品生产经营活动的场所。

县级以上农业行政部门应当依照《中华人民共和国农产品质量安全法》规定的职责，对食用农产品进行监督管理。

第七十八条　县级以上质量监督、工商行政管理、食品药品监督管理部门对食品生产经营者进行监督检查，应当记录监督检查的情况和处理结果。监督检查记录经监督检查人员和食品生产经营者签字后归档。

第七十九条　县级以上质量监督、工商行政管理、食品药品监督管理部门应当建立食品生产经营者食品安全信用档案，记录许可颁发、日常监督检查结果、违法行为查处等情况；根据食品安全信用档案的记录，对有不良信用记录的食品生产经营者增加监督检查频次。

第八十条　县级以上卫生行政、质量监督、工商行政管理、食品药品监督管理部门接到咨询、投诉、举报，对属于本部门职责的，应当受理，并及时进行答复、核实、处理；对不属于本部门职责的，应当书面通知并移交有权处理的部门处理。有权处理的部门应当及时处理,不得推诿;属于食品安全事故的,依照本法第七章有关规定进行处置。

第八十一条　县级以上卫生行政、质量监督、工商行政管理、食品药品监督管理部门应当按照法定权限和程序履行食品安全监督管理职责;对生产经营者的同一违法行为,不得给予二次以上罚款的行政处罚;涉嫌犯罪的,应当依法向公安机关移送。

第八十二条　国家建立食品安全信息统一公布制度。下列信息由国务院卫生行政部门统一公布:

(一)国家食品安全总体情况;

(二)食品安全风险评估信息和食品安全风险警示信息;

(三)重大食品安全事故及其处理信息;

(四)其他重要的食品安全信息和国务院确定的需要统一公布的信息。

前款第二项、第三项规定的信息,其影响限于特定区域的,也可以由有关省、自治区、直辖市人民政府卫生行政部门公布。县级以上农业行政、质量监督、工商行政管理、食品药品监督管理部门依据各自职责公布食品安全日常监督管理信息。

食品安全监督管理部门公布信息,应当做到准确、及时、客观。

第八十三条　县级以上地方卫生行政、农业行政、质量监督、工商行政管理、食品药品监督管理部门获知本法第八十二条第一款规定的需要统一公布的信息,应当向上级主管部门报告,由上级主管部门立即报告国务院卫生行政部门;必要时,可以直接向国务院卫生行政部门报告。

县级以上卫生行政、农业行政、质量监督、工商行政管理、食品药品监督管理部门应当相互通报获知的食品安全信息。

第九章　法律责任

第八十四条　违反本法规定,未经许可从事食品生产经营活动,或者未经许可生产食品添加剂的,由有关主管部门按照各自职责分工,没收违法所得、违法生产经营的食品、食品添加剂和用于违法生产经营的工具、设备、原料等物品;违法生产经营的食品、食品添加剂货值金额不足一万元的,并处二千元以上五万元以下罚款;货值金额一万元以上的,并处货值金额五倍以上十倍以下罚款。

第八十五条　违反本法规定,有下列情形之一的,由有关主管部门按照各自职责分工,没收违法所得、违法生产经营的食品和用于违法生产经营的工具、设备、原料等物品;违法生产经营的食品货值金额不足一万元的,并处二千元以上五万元以下罚款;货值金额一万元以上的,并处货值金额五倍以上十倍以下罚款;情节严重的,吊销许可证:

(一)用非食品原料生产食品或者在食品中添加食品添加剂以外的化学物质和其他可能危害人体健康的物质,或者用回收食品作为原料生产食品;

(二)生产经营致病性微生物、农药残留、兽药残留、重金属、污染物质以及其他危害人体健康的物质含量超过食品安全标准限量的食品；

（三）生产经营营养成分不符合食品安全标准的专供婴幼儿和其他特定人群的主辅食品；

（四）经营腐败变质、油脂酸败、霉变生虫、污秽不洁、混有异物、掺假掺杂或者感官性状异常的食品；

（五）经营病死、毒死或者死因不明的禽、畜、兽、水产动物肉类，或者生产经营病死、毒死或者死因不明的禽、畜、兽、水产动物肉类的制品；

（六）经营未经动物卫生监督机构检疫或者检疫不合格的肉类，或者生产经营未经检验或者检验不合格的肉类制品；

（七）经营超过保质期的食品；

（八）生产经营国家为防病等特殊需要明令禁止生产经营的食品；

（九）利用新的食品原料从事食品生产或者从事食品添加剂新品种、食品相关产品新品种生产，未经过安全性评估；

（十）食品生产经营者在有关主管部门责令其召回或者停止经营不符合食品安全标准的食品后，仍拒不召回或者停止经营的。

第八十六条　违反本法规定，有下列情形之一的，由有关主管部门按照各自职责分工，没收违法所得、违法生产经营的食品和用于违法生产经营的工具、设备、原料等物品；违法生产经营的食品货值金额不足一万元的，并处二千元以上五万元以下罚款；货值金额一万元以上的，并处货值金额二倍以上五倍以下罚款；情节严重的，责令停产停业，直至吊销许可证：

（一）经营被包装材料、容器、运输工具等污染的食品；

（二）生产经营无标签的预包装食品、食品添加剂或者标签、说明书不符合本法规定的食品、食品添加剂；

（三）食品生产者采购、使用不符合食品安全标准的食品原料、食品添加剂、食品相关产品；

（四）食品生产经营者在食品中添加药品。

第八十七条　违反本法规定，有下列情形之一的，由有关主管部门按照各自职责分工，责令改正，给予警告；拒不改正的，处二千元以上二万元以下罚款；情节严重的，责令停产停业，直至吊销许可证：

（一）未对采购的食品原料和生产的食品、食品添加剂、食品相关产品进行检验；

（二）未建立并遵守查验记录制度、出厂检验记录制度；

（三）制定食品安全企业标准未依照本法规定备案；

（四）未按规定要求贮存、销售食品或者清理库存食品；

（五）进货时未查验许可证和相关证明文件；

（六）生产的食品、食品添加剂的标签、说明书涉及疾病预防、治疗功能；

（七）安排患有本法第三十四条所列疾病的人员从事接触直接入口食品的工作。

第八十八条　违反本法规定，事故单位在发生食品安全事故后未进行处置、报告的，由有关主管部门按照各自职责分工，责令改正，给予警告；毁灭有关证据的，责令停产停业，并处二千元以上十万元以下罚款；造成严重后果的，由原发证部门吊销许可证。

第八十九条　违反本法规定，有下列情形之一的，依照本法第八十五条的规定给予处罚：

（一）进口不符合我国食品安全国家标准的食品；

（二）进口尚无食品安全国家标准的食品，或者首次进口食品添加剂新品种、食品相关产品新品种，未经过安全性评估；

（三）出口商未遵守本法的规定出口食品。

违反本法规定，进口商未建立并遵守食品进口和销售记录制度的，依照本法第八十七条的规定给予处罚。

第九十条　违反本法规定，集中交易市场的开办者、柜台出租者、展销会的举办者允许未取得许可的食品经营者进入市场销售食品，或者未履行检查、报告等义务的，由有关主管部门按照各自职责分工，处二千元以上五万元以下罚款；造成严重后果的，责令停业，由原发证部门吊销许可证。

第九十一条　违反本法规定，未按照要求进行食品运输的，由有关主管部门按照各自职责分工，责令改正，给予警告；拒不改正的，责令停产停业，并处二千元以上五万元以下罚款；情节严重的，由原发证部门吊销许可证。

第九十二条　被吊销食品生产、流通或者餐饮服务许可证的单位，其直接负责的主管人员自处罚决定作出之日起五年内不得从事食品生产经营管理工作。

食品生产经营者聘用不得从事食品生产经营管理工作的人员从事管理工作的，由原发证部门吊销许可证。

第九十三条　违反本法规定，食品检验机构、食品检验人员出具虚假检验报告的，由授予其资质的主管部门或者机构撤销该检验机构的检验资格；依法对检验机构直接负责的主管人员和食品检验人员给予撤职或者开除的处分。

违反本法规定，受到刑事处罚或者开除处分的食品检验机构人员，自刑罚执行完毕或者处分决定作出之日起十年内不得从事食品检验工作。食品检验机构聘用不得从事食品检验工作的人员的，由授予其资质的主管部门或者机构撤销该检验机构的检验资格。

第九十四条　违反本法规定，在广告中对食品质量作虚假宣传，欺骗消费者的，依照《中华人民共和国广告法》的规定给予处罚。

违反本法规定，食品安全监督管理部门或者承担食品检验职责的机构、食品行业协会、消费者协会以广告或者其他形式向消费者推荐食品的，由有关主管部门没收违法所得，依法对直接负责的主管人员和其他直接责任人员给予记大过、降级或者撤职的处分。

第九十五条　违反本法规定，县级以上地方人民政府在食品安全监督管理中未履行职责，本行政区域出现重大食品安全事故、造成严重社会影响的，依法对直接负责的主管人员和其他直接责任人员给予记大过、降级、撤职或者开除的处分。

违反本法规定，县级以上卫生行政、农业行政、质量监督、工商行政管理、食品药品监督管理部门或者其他有关行政部门不履行本法规定的职责或者滥用职权、玩忽职守、徇私舞弊的，依法对直接负责的主管人员和其他直接责任人员给予记大过或者降级的处分；造成严重后果的，给予撤职或者开除的处分；其主要负责人应当引咎辞职。

第九十六条　违反本法规定，造成人身、财产或者其他损害的，依法承担赔偿责任。

生产不符合食品安全标准的食品或者销售明知是不符合食品安全标准的食品，消费者除要求赔偿损失外，还可以向生产者或者销售者要求支付价款十倍的赔偿金。

第九十七条　违反本法规定，应当承担民事赔偿责任和缴纳罚款、罚金，其财产不足以同时支付时，先承担民事赔偿责任。

第九十八条　违反本法规定，构成犯罪的，依法追究刑事责任。

第十章　附　　则

第九十九条　本法下列用语的含义：

食品，指各种供人食用或者饮用的成品和原料以及按照传统既是食品又是药品的物品，但是不包括以治疗为目的的物品。

食品安全，指食品无毒、无害，符合应当有的营养要求，对人体健康不造成任何急性、亚急性或者慢性危害。

预包装食品，指预先定量包装或者制作在包装材料和容器中的食品。

食品添加剂，指为改善食品品质和色、香、味以及为防腐、保鲜和加工工艺的需要而加入食品中的人工合成或者天然物质。

用于食品的包装材料和容器，指包装、盛放食品或者食品添加剂用的纸、竹、木、金属、搪瓷、陶瓷、塑料、橡胶、天然纤维、化学纤维、玻璃等制品和直接接触食品或者食品添加剂的涂料。

用于食品生产经营的工具、设备，指在食品或者食品添加剂生产、流通、使用过程中直接接触食品或者食品添加剂的机械、管道、传送带、容器、用具、餐具等。

用于食品的洗涤剂、消毒剂，指直接用于洗涤或者消毒食品、餐饮具以及直接接触食品的工具、设备或者食品包装材料和容器的物质。

保质期，指预包装食品在标签指明的贮存条件下保持品质的期限。

食源性疾病，指食品中致病因素进入人体引起的感染性、中毒性等疾病。

食物中毒，指食用了被有毒有害物质污染的食品或者食用了含有毒有害物质的食品后出现的急性、亚急性疾病。

食品安全事故，指食物中毒、食源性疾病、食品污染等源于食品，对人体健康有危害或者可能有危害的事故。

第一百条　食品生产经营者在本法施行前已经取得相应许可证的，该许可证继续有效。

第一百零一条　乳品、转基因食品、生猪屠宰、酒类和食盐的食品安全管理，适用本法；法律、行政法规另有规定的，依照其规定。

第一百零二条　铁路运营中食品安全的管理办法由国务院卫生行政部门会同国务院有关部门依照本法制定。

军队专用食品和自供食品的食品安全管理办法由中央军事委员会依照本法制定。

第一百零三条　国务院根据实际需要，可以对食品安全监督管理体制作出调整。

第一百零四条　本法自2009年6月1日起施行。《中华人民共和国食品卫生法》同时废止。

6. 中华人民共和国食品安全法实施条例

中华人民共和国国务院令

第557号

《中华人民共和国食品安全法实施条例》已经2009年7月8日国务院第73次常务会议通过,现予公布,自公布之日起施行。

总　理　温家宝

二〇〇九年七月二十日

中华人民共和国食品安全法实施条例

第一章　总　　则

第一条　根据《中华人民共和国食品安全法》(以下简称食品安全法),制定本条例。

第二条　县级以上地方人民政府应当履行食品安全法规定的职责;加强食品安全监督管理能力建设,为食品安全监督管理工作提供保障;建立健全食品安全监督管理部门的协调配合机制,整合、完善食品安全信息网络,实现食品安全信息共享和食品检验等技术资源的共享。

第三条　食品生产经营者应当依照法律、法规和食品安全标准从事生产经营活动,建立健全食品安全管理制度,采取有效管理措施,保证食品安全。

食品生产经营者对其生产经营的食品安全负责,对社会和公众负责,承担社会责任。

第四条　食品安全监督管理部门应当依照食品安全法和本条例的规定公布食品安全信息,为公众咨询、投诉、举报提供方便;任何组织和个人有权向有关部门了解食品安全信息。

第二章　食品安全风险监测和评估

第五条　食品安全法第十一条规定的国家食品安全风险监测计划，由国务院卫生行政部门会同国务院质量监督、工商行政管理和国家食品药品监督管理以及国务院商务、工业和信息化等部门，根据食品安全风险评估、食品安全标准制定与修订、食品安全监督管理等工作的需要制定。

第六条　省、自治区、直辖市人民政府卫生行政部门应当组织同级质量监督、工商行政管理、食品药品监督管理、商务、工业和信息化等部门，依照食品安全法第十一条的规定，制定本行政区域的食品安全风险监测方案，报国务院卫生行政部门备案。

国务院卫生行政部门应当将备案情况向国务院质量监督、工商行政管理和国家食品药品监督管理以及国务院商务、工业和信息化等部门通报。

第七条　国务院卫生行政部门会同有关部门除依照食品安全法第十二条的规定对国家食品安全风险监测计划作出调整外，必要时，还应当依据医疗机构报告的有关疾病信息调整国家食品安全风险监测计划。

国家食品安全风险监测计划作出调整后，省、自治区、直辖市人民政府卫生行政部门应当结合本行政区域的具体情况，对本行政区域的食品安全风险监测方案作出相应调整。

第八条　医疗机构发现其接收的病人属于食源性疾病病人、食物中毒病人，或者疑似食源性疾病病人、疑似食物中毒病人的，应当及时向所在地县级人民政府卫生行政部门报告有关疾病信息。

接到报告的卫生行政部门应当汇总、分析有关疾病信息，及时向本级人民政府报告，同时报告上级卫生行政部门；必要时，可以直接向国务院卫生行政部门报告，同时报告本级人民政府和上级卫生行政部门。

第九条　食品安全风险监测工作由省级以上人民政府卫生行政部门会同同级质量监督、工商行政管理、食品药品监督管理等部门确定的技术机构承担。

承担食品安全风险监测工作的技术机构应当根据食品安全风险监测计划和监测方案开展监测工作，保证监测数据真实、准确，并按照食品安全风险监测计划和监测方案的要求，将监测数据和分析结果报送省级以上人民政府卫生行政部门和下达监测任务的部门。

食品安全风险监测工作人员采集样品、收集相关数据，可以进入相关食用农产品种植养殖、食品生产、食品流通或者餐饮服务场所。采集样品，应当按照市场价格支付费用。

第十条　食品安全风险监测分析结果表明可能存在食品安全隐患的，省、自治区、直辖市人民政府卫生行政部门应当及时将相关信息通报本行政区域设区的市级和县级人民政府及其卫生行政部门。

第十一条　国务院卫生行政部门应当收集、汇总食品安全风险监测数据和分析结果，并向国务院质量监督、工商行政管理和国家食品药品监督管理以及国务院商务、工业和信息化等部门通报。

第十二条　有下列情形之一的，国务院卫生行政部门应当组织食品安全风险评估工作：

（一）为制定或者修订食品安全国家标准提供科学依据需要进行风险评估的；

（二）为确定监督管理的重点领域、重点品种需要进行风险评估的；

（三）发现新的可能危害食品安全的因素的；

（四）需要判断某一因素是否构成食品安全隐患的；

（五）国务院卫生行政部门认为需要进行风险评估的其他情形。

第十三条　国务院农业行政、质量监督、工商行政管理和国家食品药品监督管理等有关部门依照食品安全法第十五条规定向国务院卫生行政部门提出食品安全风险评估建议，应当提供下列信息和资料：

（一）风险的来源和性质；

（二）相关检验数据和结论；

（三）风险涉及范围；

（四）其他有关信息和资料。

县级以上地方农业行政、质量监督、工商行政管理、食品药品监督管理等有关部门应当协助收集前款规定的食品安全风险评估信息和资料。

第十四条　省级以上人民政府卫生行政、农业行政部门应当及时相互通报食品安全风险监测和食用农产品质量安全风险监测的相关信息。

国务院卫生行政、农业行政部门应当及时相互通报食品安全风险评估结果和食用农产品质量安全风险评估结果等相关信息。

第三章　食品安全标准

第十五条　国务院卫生行政部门会同国务院农业行政、质量监督、工商行政管理和国家食品药品监督管理以及国务院商务、工业和信息化等部门制定食品安全国家标准规划及其实施计划。制定食品安全国家标准规划及其实施计划，应当公开征求意见。

第十六条　国务院卫生行政部门应当选择具备相应技术能力的单位起草食品安全国家标准草案。提倡由研究机构、教育机构、学术团体、行业协会等单位，共同起草食品安全国家标准草案。

国务院卫生行政部门应当将食品安全国家标准草案向社会公布，公开征求意见。

第十七条　食品安全法第二十三条规定的食品安全国家标准审评委员会由国务院卫生行政部门负责组织。

食品安全国家标准审评委员会负责审查食品安全国家标准草案的科学性和实用性等内容。

第十八条　省、自治区、直辖市人民政府卫生行政部门应当将企业依照食品安全法第二十五条规定报送备案的企业标准，向同级农业行政、质量监督、工商行政管理、食品药品监督管理、商务、工业和信息化等部门通报。

第十九条　国务院卫生行政部门和省、自治区、直辖市人民政府卫生行政部门应当会同同级农业行政、质量监督、工商行政管理、食品药品监督管理、商务、工业和信息化等部门，对食品安全国家标准和食品安全地方标准的执行情况分别进行跟踪评价，并应当根据评价结果适时组织修订食品安全标准。

国务院和省、自治区、直辖市人民政府的农业行政、质量监督、工商行政管理、食品药品监督管理、商务、工业和信息化等部门应当收集、汇总食品安全标准在执行过程中存在的问题，并及时向同级卫生行政部门通报。

食品生产经营者、食品行业协会发现食品安全标准在执行过程中存在问题的，应当立即向食品安全监督管理部门报告。

第四章　食品生产经营

第二十条　设立食品生产企业，应当预先核准企业名称，依照食品安全法的规定取得食品生产许可后，办理工商登记。县级以上质量监督管理部门依照有关法律、行政法规规定审核相关资料、核查生产场所、检验相关产品；对相关资料、场所符合规定要求以及相关产品符合食品安全标准或者要求的，应当作出准予许可的决定。

其他食品生产经营者应当在依法取得相应的食品生产许可、食品流通许可、餐饮服务许可后，办理工商登记。法律、法规对食品生产加工小作坊和食品摊贩另有规定的，依照其规定。

食品生产许可、食品流通许可和餐饮服务许可的有效期为3年。

第二十一条　食品生产经营者的生产经营条件发生变化，不符合食品生产经营要求的，食品生产经营者应当立即采取整改措施；有发生食品安全事故的潜在风险的，应当立即停止食品生产经营活动，并向所在地县级质量监督、工商行政管理或者食品药品监督管理部门报告；需要重新办理许可手续的，应当依法办理。

县级以上质量监督、工商行政管理、食品药品监督管理部门应当加强对食品生产经营者生产经营活动的日常监督检查；发现不符合食品生产经营要求情形的，应当责令立即纠正，并依法予以处理；不再符合生产经营许可条件的，应当依法撤销相关许可。

第二十二条　食品生产经营企业应当依照食品安全法第三十二条的规定组织职工参加食品安全知识培训，学习食品安全法律、法规、规章、标准和其他食品安全知识，并建立培训档案。

第二十三条　食品生产经营者应当依照食品安全法第三十四条的规定建立并执行从业人员健康检查制度和健康档案制度。从事接触直接入口食品工作的人员患有痢疾、伤寒、甲型病毒性肝炎、戊型病毒性肝炎等消化道传染病，以及患有活动性肺结核、化脓性或者渗出性皮肤病等有碍食品安全的疾病的，食品生产经营者应当将其调整到其他不影响食品安全的工作岗位。

食品生产经营人员依照食品安全法第三十四条第二款规定进行健康检查，其检查项目等事项应当符合所在地省、自治区、直辖市的规定。

第二十四条　食品生产经营企业应当依照食品安全法第三十六条第二款、第三十七条第一款、第三十九条第二款的规定建立进货查验记录制度、食品出厂检验记录制度，如实记录法律规定记录的事项，或者保留载有相关信息的进货或者销售票据。记录、票据的保存期限不得少于2年。

第二十五条　实行集中统一采购原料的集团性食品生产企业，可以由企业总部统一查验供货者的许可证和产品合格证明文件，进行进货查验记录；对无法提供合格证明文件的食品原料，应当依照食品安全标准进行检验。

第二十六条　食品生产企业应当建立并执行原料验收、生产过程安全管理、贮存管理、设备管理、不合格产品管理等食品安全管理制度，不断完善食品安全保障体系，保证食品安全。

第二十七条　食品生产企业应当就下列事项制定并实施控制要求，保证出厂的食品符合食品安全标准：

（一）原料采购、原料验收、投料等原料控制；

（二）生产工序、设备、贮存、包装等生产关键环节控制；

（三）原料检验、半成品检验、成品出厂检验等检验控制；

（四）运输、交付控制。

食品生产过程中有不符合控制要求情形的，食品生产企业应当立即查明原因并采取整改措施。

第二十八条　食品生产企业除依照食品安全法第三十六条、第三十七条规定进行进货查验记录和食品出厂检验记录外，还应当如实记录食品生产过程的安全管理情况。记录的保存期限不得少于2年。

第二十九条　从事食品批发业务的经营企业销售食品，应当如实记录批发食品的名称、规格、数量、生产批号、保质期、购货者名称及联系方式、销售日期等内容，或者保留载有相关信息的销售票据。记录、票据的保存期限不得少于2年。

第三十条　国家鼓励食品生产经营者采用先进技术手段，记录食品安全法和本条例要求记录的事项。

第三十一条　餐饮服务提供者应当制定并实施原料采购控制要求，确保所购原料符合食品安全标准。

餐饮服务提供者在制作加工过程中应当检查待加工的食品及原料，发现有腐败变质或者其他感官性状异常的，不得加工或者使用。

第三十二条　餐饮服务提供企业应当定期维护食品加工、贮存、陈列等设施、设备；定期清洗、校验保温设施及冷藏、冷冻设施。

餐饮服务提供者应当按照要求对餐具、饮具进行清洗、消毒，不得使用未经清洗和消毒的餐具、饮具。

第三十三条　对依照食品安全法第五十三条规定被召回的食品，食品生产者应当进行无害化处理或者予以销毁，防止其再次流入市场。对因标签、标识或者说明书不符合食品安全标准而被召回的食品，食品生产者在采取补救措施且能保证食品安全的情况下可以继续销售；销售时应当向消费者明示补救措施。

县级以上质量监督、工商行政管理、食品药品监督管理部门应当将食品生产者召回不符合食品安全标准的食品的情况，以及食品经营者停止经营不符合食品安全标准的食品的情况，记入食品生产经营者食品安全信用档案。

第五章　食品检验

第三十四条　申请人依照食品安全法第六十条第三款规定向承担复检工作的食品检验机构（以下称复检机构）申请复检，应当说明理由。

复检机构名录由国务院认证认可监督管理、卫生行政、农业行政等部门共同公布。复检机构出具的复检结论为最终检验结论。

复检机构由复检申请人自行选择。复检机构与初检机构不得为同一机构。

第三十五条　食品生产经营者对依照食品安全法第六十条规定进行的抽样检验结论有异议申请复检，复检结论表明食品合格的，复检费用由抽样检验的部门承担；复检结论表明食品不合格的，复检费用由食品生产经营者承担。

第六章　食品进出口

第三十六条　进口食品的进口商应当持合同、发票、装箱单、提单等必要的凭证和相关批准文件，向海关报关地的出入境检验检疫机构报检。进口食品应当经出入境检验检疫机构检验合格。海关凭出入境检验检疫机构签发的通关证明放行。

第三十七条　进口尚无食品安全国家标准的食品，或者首次进口食品添加剂新品种、食品相关产品新品种，进口商应当向出入境检验检疫机构提交依照食品安全法第六十三条规定取得的许可证明文件，出入境检验检疫机构应当按照国务院卫生行政部门的要求进行检验。

第三十八条　国家出入境检验检疫部门在进口食品中发现食品安全国家标准未规定且可能危害人体健康的物质，应当按照食品安全法第十二条的规定向国务院卫生行政部门通报。

第三十九条　向我国境内出口食品的境外食品生产企业依照食品安全法第六十五条规定进行注册，其注册有效期为4年。已经注册的境外食品生产企业提供虚假材料，或者因境外食品生产企业的原因致使相关进口食品发生重大食品安全事故的，国家出入境检验检疫部门应当撤销注册，并予以公告。

第四十条　进口的食品添加剂应当有中文标签、中文说明书。标签、说明书应当符合食品安全法和我国其他有关法律、行政法规的规定以及食品安全国家标准的要求，载明食品添加剂的原产地和境内代理商的名称、地址、联系方式。食品添加剂没有中文标签、中文说明书或者标签、说明书不符合本条规定的，不得进口。

第四十一条　出入境检验检疫机构依照食品安全法第六十二条规定对进口食品实施检验，依照食品安全法第六十八条规定对出口食品实施监督、抽检，具体办法由国家出入境检验检疫部门制定。

第四十二条　国家出入境检验检疫部门应当建立信息收集网络，依照食品安全法第六十九条的规定，收集、汇总、通报下列信息：

（一）出入境检验检疫机构对进出口食品实施检验检疫发现的食品安全信息；

（二）行业协会、消费者反映的进口食品安全信息；

（三）国际组织、境外政府机构发布的食品安全信息、风险预警信息，以及境外行业协会等组织、消费者反映的食品安全信息；

（四）其他食品安全信息。

接到通报的部门必要时应当采取相应处理措施。

食品安全监督管理部门应当及时将获知的涉及进出口食品安全的信息向国家出入境检验检疫部门通报。

第七章　食品安全事故处置

第四十三条　发生食品安全事故的单位对导致或者可能导致食品安全事故的食品及原料、工具、设备等，应当立即采取封存等控制措施，并自事故发生之时起2 h内向所在地县级人民政府卫生行政部门报告。

第四十四条　调查食品安全事故，应当坚持实事求是、尊重科学的原则，及时、准确查清事故性质和原因，认定事故责任，提出整改措施。

参与食品安全事故调查的部门应当在卫生行政部门的统一组织协调下分工协作、相互配合，提高事故调查处理的工作效率。

食品安全事故的调查处理办法由国务院卫生行政部门会同国务院有关部门制定。

第四十五条　参与食品安全事故调查的部门有权向有关单位和个人了解与事故有关的情况，并要求提供相关资料和样品。

有关单位和个人应当配合食品安全事故调查处理工作，按照要求提供相关资料和样品，不得拒绝。

第四十六条　任何单位或者个人不得阻挠、干涉食品安全事故的调查处理。

第八章　监督管理

第四十七条　县级以上地方人民政府依照食品安全法第七十六条规定制定的食品安全年度监督管理计划，应当包含食品抽样检验的内容。对专供婴幼儿、老年人、病人等特定人群的主辅食品，应当重点加强抽样检验。

县级以上农业行政、质量监督、工商行政管理、食品药品监督管理部门应当按照食品安全年度监督管理计划进行抽样检验。抽样检验购买样品所需费用和检验费等，由同级财政列支。

第四十八条　县级人民政府应当统一组织、协调本级卫生行政、农业行政、质量监督、工商行政管理、食品药品监督管理部门，依法对本行政区域内的食品生产经营者进行监督管理；对发生食品安全事故风险较高的食品生产经营者，应当重点加强监督管理。

在国务院卫生行政部门公布食品安全风险警示信息，或者接到所在地省、自治区、直辖市人民政府卫生行政部门依照本条例第十条规定通报的食品安全风险监测信息后，设区的市级和县级人民政府应当立即组织本级卫生行政、农业行政、质量监督、工商行政管理、食品药品监督管理部门采取有针对性的措施，防止发生食品安全事故。

第四十九条　国务院卫生行政部门应当根据疾病信息和监督管理信息等，对发现的添加或者可能添加到食品中的非食品用化学物质和其他可能危害人体健康的物质的名录及检测方法予以公布；国务院质量监督、工商行政管理和国家食品药品监督管理部门应当采取相应的监督管理措施。

第五十条　质量监督、工商行政管理、食品药品监督管理部门在食品安全监督管理工作中可以采用国务院质量监督、工商行政管理和国家食品药品监督管理部门认定的快速检测方法对食品进行初步筛查；对初步筛查结果表明可能不符合食品安全标准的食品，应当依照食品安全法第六十条第三款的规定进行检验。初步筛查结果不得作为执法依据。

第五十一条　食品安全法第八十二条第二款规定的食品安全日常监督管理信息包括：

（一）依照食品安全法实施行政许可的情况；

（二）责令停止生产经营的食品、食品添加剂、食品相关产品的名录；

（三）查处食品生产经营违法行为的情况；

（四）专项检查整治工作情况；

（五）法律、行政法规规定的其他食品安全日常监督管理信息。

前款规定的信息涉及两个以上食品安全监督管理部门职责的，由相关部门联合公布。

第五十二条　食品安全监督管理部门依照食品安全法第八十二条规定公布信息，应当同时对有关食品可能产生的危害进行解释、说明。

第五十三条　卫生行政、农业行政、质量监督、工商行政管理、食品药品监督管理等部门应当公布本单位的电子邮件地址或者电话，接受咨询、投诉、举报；对接到的咨询、投诉、举报，应当依照食品安全法第八十条的规定进行答复、核实、处理，并对咨询、投诉、举报和答复、核实、处理的情况予以记录、保存。

第五十四条　国务院工业和信息化、商务等部门依据职责制定食品行业的发展规划和产业政策，采取措施推进产业结构优化，加强对食品行业诚信体系建设的指导，促进食品行业健康发展。

第九章　法律责任

第五十五条　食品生产经营者的生产经营条件发生变化，未依照本条例第二十一条规定处理的，由有关主管部门责令改正，给予警告；造成严重后果的，依照食品安全法第八十五条的规定给予处罚。

第五十六条　餐饮服务提供者未依照本条例第三十一条第一款规定制定、实施原料采购控制要求的，依照食品安全法第八十六条的规定给予处罚。

餐饮服务提供者未依照本条例第三十一条第二款规定检查待加工的食品及原料，或者发现有腐败变质或者其他感官性状异常仍加工、使用的，依照食品安全法第八十五条的规定给予处罚。

第五十七条　有下列情形之一的，依照食品安全法第八十七条的规定给予处罚：

（一）食品生产企业未依照本条例第二十六条规定建立、执行食品安全管理制度的；

（二）食品生产企业未依照本条例第二十七条规定制定、实施生产过程控制要求，或者食品生产过程中有不符合控制要求的情形未依照规定采取整改措施的；

（三）食品生产企业未依照本条例第二十八条规定记录食品生产过程的安全管理情况并保存相关记录的；

（四）从事食品批发业务的经营企业未依照本条例第二十九条规定记录、保存销售信息或者保留销售票据的；

（五）餐饮服务提供企业未依照本条例第三十二条第一款规定定期维护、清洗、校验设施、设备的；

（六）餐饮服务提供者未依照本条例第三十二条第二款规定对餐具、饮具进行清洗、消毒，或者使用未经清洗和消毒的餐具、饮具的。

第五十八条　进口不符合本条例第四十条规定的食品添加剂的，由出入境检验检疫机构没收违法进口的食品添加剂；违法进口的食品添加剂货值金额不足1万元的，并处2 000元以上5万元以下罚款；货值金额1万元以上的，并处货值金额2倍以上5倍以下罚款。

第五十九条　医疗机构未依照本条例第八条规定报告有关疾病信息的，由卫生行政部门责令改正，给予警告。

第六十条　发生食品安全事故的单位未依照本条例第四十三条规定采取措施并报告的，依照食品安全法第八十八条的规定给予处罚。

第六十一条　县级以上地方人民政府不履行食品安全监督管理法定职责，本行政区域出现重大食品安全事故、造成严重社会影响的，依法对直接负责的主管人员和其他直接责任人员给予记大过、降级、撤职或者开除的处分。

县级以上卫生行政、农业行政、质量监督、工商行政管理、食品药品监督管理部门或者其他有关行政部门不履行食品安全监督管理法定职责、日常监督检查不到位或者滥用职权、玩忽职守、徇私舞弊的，依法对直接负责的主管人员和其他直接责任人员给予记大过或者降级的处分；造成严重后果的，给予撤职或者开除的处分；其主要负责人应当引咎辞职。

第十章　附　则

第六十二条　本条例下列用语的含义：

食品安全风险评估，指对食品、食品添加剂中生物性、化学性和物理性危害对人体健康可能造成的不良影响所进行的科学评估，包括危害识别、危害特征描述、暴露评估、风险特征描述等。

餐饮服务，指通过即时制作加工、商业销售和服务性劳动等，向消费者提供食品和消费场所及设施的服务活动。

第六十三条　食用农产品质量安全风险监测和风险评估由县级以上人民政府农业行政部门依照《中华人民共和国农产品质量安全法》的规定进行。

国境口岸食品的监督管理由出入境检验检疫机构依照食品安全法和本条例以及有关法律、行政法规的规定实施。

食品药品监督管理部门对声称具有特定保健功能的食品实行严格监管，具体办法由国务院另行制定。

第六十四条　本条例自公布之日起施行。

7. 食品安全风险评估管理规定

关于印发《食品安全风险评估管理规定(试行)》的通知

卫监督发〔2010〕8号

各省、自治区、直辖市及新疆生产建设兵团卫生厅(局),工业和信息化主管部门,农业(农牧、畜牧兽医、农垦、乡镇企业、渔业)厅(局、委、办),商务主管部门,工商局,质量技术监督局,食品药品监管局,各直属出入境检验检疫局,中国疾病预防控制中心:

根据《中华人民共和国食品安全法》和《中华人民共和国食品安全法实施条例》的规定,卫生部会同工业和信息化部、农业部、商务部、工商总局、质检总局和国家食品药品监管局制定了《食品安全风险评估管理规定(试行)》,现印发给你们,请遵照执行。

二〇一〇年一月二十一日

食品安全风险评估管理规定(试行)

第一条　为规范食品安全风险评估工作,根据《中华人民共和国食品安全法》和《中华人民共和国食品安全法实施条例》的有关规定,制定本规定。

第二条　本规定适用于国务院卫生行政部门依照食品安全法有关规定组织的食品安全风险评估工作。

第三条　卫生部负责组织食品安全风险评估工作,成立国家食品安全风险评估专家委员会,并及时将食品安全风险评估结果通报国务院有关部门。

国务院有关部门按照有关法律法规和本规定的要求提出食品安全风险评估的建议,并提供有关信息和资料。

地方人民政府有关部门应当按照风险所在的环节协助国务院有关部门收集食品安全风险评估有关的信息和资料。

第四条　国家食品安全风险评估专家委员会依据国家食品安全风险评估专家委员会章程组建。

卫生部确定的食品安全风险评估技术机构负责承担食品安全风险评估相关科学数据、技术信息、检验结果的收集、处理、分析等任务。食品安全风险评估技术机构开展与风险评估相关工作接受国家食品安全风险评估专家委员会的委托和指导。

第五条　食品安全风险评估以食品安全风险监测和监督管理信息、科学数据以及其他有关信息为基础,遵循科学、透明和个案处理的原则进行。

第六条　国家食品安全风险评估专家委员会依据本规定及国家食品安全风险评估专家委员会章程独立进行风险评估,保证风险评估结果的科学、客观和公正。

任何部门不得干预国家食品安全风险评估专家委员会和食品安全风险评估技术机构承担的风险评估相关工作。

第七条　有下列情形之一的,由卫生部审核同意后向国家食品安全风险评估专家委员会下达食品安全风险评估任务:

(一)为制订或修订食品安全国家标准提供科学依据需要进行风险评估的;

(二)通过食品安全风险监测或者接到举报发现食品可能存在安全隐患的,在组织进行检验后认为需要进行食品安全风险评估的;

(三)国务院有关部门按照《中华人民共和国食品安全法实施条例》第十二条要求提出食品安全风险评估的建议,并按规定提出《风险评估项目建议书》(见附表1);

(四)卫生部根据法律法规的规定认为需要进行风险评估的其他情形。

第八条　国务院有关部门提交《风险评估项目建议书》时,应当向卫生部提供下列信息和资料:

(一)风险的来源和性质;

(二)相关检验数据和结论;

(三)风险涉及范围;

(四)其他有关信息和资料。

卫生部根据食品安全风险评估的需要组织收集有关信息和资料,国务院有关部门和县级以上地方农业行政、质量监督、工商行政管理、食品药品监督管理等有关部门应当协助收集前款规定的食品安全风险评估信息和资料。

第九条　对于下列情形之一的,卫生部可以做出不予评估的决定:

(一)通过现有的监督管理措施可以解决的;

(二)通过检验和产品安全性评估可以得出结论的;

(三)国际政府组织有明确资料对风险进行了科学描述且适于我国膳食暴露模式的。

对做出不予评估决定和因缺乏数据信息难以做出评估结论的,卫生部应当向有关方面说明原因和依据;如果国际组织已有评估结论的,应一并通报相关部门。

第十条　卫生部根据本规定第七条的规定和国家食品安全风险评估专家委员会的建议，确定国家食品安全风险评估计划和优先评估项目。

第十一条　卫生部以《风险评估任务书》(见附表2)的形式向国家食品安全风险评估专家委员会下达风险评估任务。《风险评估任务书》应当包括风险评估的目的、需要解决的问题和结果产出形式等内容。

第十二条　国家食品安全风险评估专家委员会应当根据评估任务提出风险评估实施方案，报卫生部备案。

对于需要进一步补充信息的，可向卫生部提出数据和信息采集方案的建议。

第十三条　国家食品安全风险评估专家委员会按照风险评估实施方案，遵循危害识别、危害特征描述、暴露评估和风险特征描述的结构化程序开展风险评估。

第十四条　受委托的有关技术机构应当在国家食品安全风险评估专家委员会要求的时限内提交风险评估相关科学数据、技术信息、检验结果的收集、处理和分析的结果。

第十五条　国家食品安全风险评估专家委员会进行风险评估，对风险评估的结果和报告负责，并及时将结果、报告上报卫生部。

第十六条　发生下列情形之一的，卫生部可以要求国家食品安全风险评估专家委员会立即研究分析，对需要开展风险评估的事项，国家食品安全风险评估专家委员会应当立即成立临时工作组，制订应急评估方案。

(一) 处理重大食品安全事故需要的；

(二) 公众高度关注的食品安全问题需要尽快解答的；

(三) 国务院有关部门监督管理工作需要并提出应急评估建议的；

(四) 处理与食品安全相关的国际贸易争端需要的。

第十七条　需要开展应急评估时，国家食品安全风险评估专家委员会按照应急评估方案进行风险评估，及时向卫生部提交风险评估结果报告。

第十八条　卫生部应当依法向社会公布食品安全风险评估结果。

风险评估结果由国家食品安全风险评估专家委员会负责解释。

第十九条　本规定用语定义如下：

危害：指食品中所含有的对健康有潜在不良影响的生物、化学、物理因素或食品存在状况。

危害识别：根据流行病学、动物试验、体外试验、结构—活性关系等科学数据和文献信息确定人体暴露于某种危害后是否会对健康造成不良影响、造成不良影响的可能性，以及可能处于风险之中的人群和范围。

危害特征描述：对与危害相关的不良健康作用进行定性或定量描述。可以利用动物试验、临床研究以及流行病学研究确定危害与各种不良健康作用之间的剂量—反应关系、作用机制等。如果可能，对于毒性作用有阈值的危害应建立人体安全摄入量水平。

暴露评估：描述危害进入人体的途径，估算不同人群摄入危害的水平。根据危害在膳食中的水平和人群膳食消费量，初步估算危害的膳食总摄入量，同时考虑其他非膳食进入人体的途径，估算人体总摄入量并与安全摄入量进行比较。

风险特征描述：在危害识别、危害特征描述和暴露评估的基础上，综合分析危害对人群健康产生不良作用的风险及其程度，同时应当描述和解释风险评估过程中的不确定性。

第二十条　食品安全风险评估技术机构的认定和资格管理规定由卫生部另行制订。

第二十一条　本办法由卫生部负责解释，自发布之日起实施。

附表：1. 风险评估项目建议书

2. 风险评估任务书

附表 1

风险评估项目建议书

<table>
<tr><td>任务名称</td><td colspan="3"></td></tr>
<tr><td>建议单位及地址</td><td></td><td>联系人及
联系方式</td><td></td></tr>
<tr><td>建议评估模式 *</td><td colspan="3">非应急评估（　）　应急评估（　）</td></tr>
<tr><td rowspan="5">风险来源和性质</td><td>风险名称</td><td colspan="2"></td></tr>
<tr><td>进入食物链方式</td><td colspan="2"></td></tr>
<tr><td>污染的食物种类</td><td colspan="2"></td></tr>
<tr><td>在食物中的含量</td><td colspan="2"></td></tr>
<tr><td>风险涉及范围</td><td colspan="2"></td></tr>
<tr><td>相关检验数据和结论</td><td colspan="3"></td></tr>
<tr><td>已经发生的健康影响</td><td colspan="3"></td></tr>
<tr><td>国内外已有的管理措施</td><td colspan="3"></td></tr>
<tr><td>其他有关信息和资料</td><td colspan="3">（包括信息来源、获得时间、核实情况）</td></tr>
</table>

* 建议采用应急评估应当提供背景情况和理由。

建议单位：（签章）　　　　　　　　　　日期：

附表 2

风险评估任务书

任务名称	
项目建议来源	
评估目的	
启用评估模式	非应急评估（　　）　应急评估（　　）
需要解决的问题	1.
	2.
	3.
	4.
	5.
应当完成时间	
结果产出的形式	

单位：(签章)　　　　　　　　日期：

8. 食品安全风险监测管理规定

关于印发《食品安全风险监测管理规定(试行)》的通知

卫监督发〔2010〕17号

各省、自治区、直辖市及新疆生产建设兵团卫生厅(局),工业和信息化主管部门,工商局,质量技术监督局及各直属出入境检验检疫局,食品药品监管局,中国疾病预防控制中心:

为做好食品安全风险监测工作,根据《食品安全法》及其实施条例的规定,卫生部、工业和信息化部、工商总局、质检总局、食品药品监管局等5部门联合制定了《食品安全风险监测管理规定(试行)》,现印发给你们,请遵照执行。

二〇一〇年一月二十五日

食品安全风险监测管理规定(试行)

第一章　总则

第一条　为有效实施食品安全风险监测制度,规范国家食品安全风险监测工作,根据《中华人民共和国食品安全法》、《中华人民共和国食品安全法实施条例》,制定本规定。

第二条　食品安全风险监测,是通过系统和持续地收集食源性疾病、食品污染以及食品中有害因素的监测数据及相关信息,并进行综合分析和及时通报的活动。

第三条　卫生部会同国务院质量监督、工商行政管理和国家食品药品监督管理以及国务院工业和信息化等部门本着及时性、代表性、客观性和准确性的原则制定、实施国家食品安全风险监测计划。

第四条　卫生部会同国务院有关部门在综合利用现有监测机构能力的基础上,根据国家食品安全风险监测工作的需要,制定和实施加强国家食品安全风险监测能力的建设规划,建立覆盖全国各省、自治区、直辖市的国家食品安全风险监测网络。

省、自治区、直辖市卫生行政部门会同省级有关部门，根据国家和本地区食品安全风险监测工作的需要，制定和实施本地区食品安全风险监测能力建设规划，建立覆盖各市（地）、县（区），并逐步延伸到农村的食品安全风险监测体系。

第二章　监测计划的制定

第五条　国家食品安全风险监测计划应根据食品安全风险评估、食品安全标准制定与修订和食品安全监督管理等工作的需要制定。

国务院有关部门根据食品安全监督管理等工作的需要，提出列入国家食品安全风险监测计划的建议。建议的内容应包括食源性疾病、食品污染和食品中有害因素的名称、相关食品类别及检测方法、经费预算等。

第六条　国家食品安全风险评估专家委员会负责根据食品安全风险评估工作的需要，提出制定国家食品安全风险监测计划的建议，于每年6月底前报送卫生部。

卫生部会同国务院有关部门于每年9月底以前制定并印发下年度国家食品安全风险监测计划。

在制定国家食品安全风险监测计划时，应征求行业协会、国家食品安全标准审评委员会以及农产品质量安全评估专家委员会的意见。

第七条　国家食品安全风险监测应遵循优先选择原则，兼顾常规监测范围和年度重点，将以下情况作为优先监测的内容：

（一）健康危害较大、风险程度较高以及污染水平呈上升趋势的；

（二）易于对婴幼儿、孕产妇、老年人、病人造成健康影响的；

（三）流通范围广、消费量大的；

（四）以往在国内导致食品安全事故或者受到消费者关注的；

（五）已在国外导致健康危害并有证据表明可能在国内存在的。

食品安全风险监测应包括食品、食品添加剂和食品相关产品。

第八条　制定国家食品安全风险监测计划的同时应制定国家食品安全风险监测计划实施指南，供相关技术机构参照执行。

第九条　国家食品安全风险监测计划应规定监测的内容、任务分工、工作要求、组织保障措施和考核等内容。

第十条　国家食品安全风险监测计划应规定统一的检测方法。

食品安全风险监测采用的评判依据应经卫生部会同国务院有关部门确认。

第十一条　卫生部根据医疗机构报告的有关疾病信息和国务院有关部门通报的食品安全风险信息，会同国务院有关部门对国家食品安全风险监测计划进行调整。

第三章　监测计划的实施

第十二条　承担国家食品安全风险监测工作的技术机构应由卫生部会同国务院质量

监督、工商行政管理和国家食品药品监督管理等部门确定。

承担食品安全风险监测工作的技术机构应具备食品检验机构资质认定条件和按照规范进行检验的能力，原则上应当按照国家有关认证认可的规定取得资质认定(非常规的风险监测项目除外)。

第十三条　承担国家食品安全风险监测工作的技术机构应根据有关法律法规的规定和国家食品安全风险监测计划实施指南的要求，完成监测计划规定的监测任务，按时向卫生部等下达监测任务的部门报送监测数据和分析结果，保证监测数据真实、准确、客观。

第十四条　卫生部指定的专门机构负责对承担国家食品安全风险监测工作的技术机构获得的数据进行收集和汇总分析，向卫生部提交数据汇总分析报告。卫生部应及时将食品安全风险监测数据和分析结果通报国务院农业行政、质量监督、工商行政管理和国家食品药品监督管理以及国务院商务、工业和信息化等部门。

第十五条　卫生部会同国务院质量监督、工商行政管理、国家食品药品监督管理及国务院工业和信息化等部门制定国家食品安全风险监测质量控制方案并组织实施。

第十六条　省、自治区、直辖市卫生行政部门组织同级质量监督、工商行政管理、食品药品监督管理、工业和信息化等部门，根据国家食品安全风险监测计划，结合本地区人口特征、主要生产和消费食物种类、预期的保护水平以及经费支持能力等，制定和实施本行政区域的食品安全风险监测方案。

省、自治区、直辖市卫生行政部门应将食品安全风险监测方案、方案调整情况报卫生部备案，并向卫生部报送监测数据和分析结果。

国务院卫生行政部门应当将备案情况、风险监测数据分析结果通报国务院农业行政、质量监督、工商行政管理和国家食品药品监督管理以及国务院商务、工业和信息化等部门。

第四章　附　　则

第十七条　本规定相关术语定义如下：

食源性疾病监测：指通过医疗机构、疾病控制机构对食源性疾病及其致病因素的报告、调查和检测等收集的人群食源性疾病发病信息。

食品污染：指根据国际食品安全管理的一般规则，在食品生产、加工或流通等过程中因非故意原因进入食品的外来污染物，一般包括金属污染物、农药残留、兽药残留、超范围或超剂量使用的食品添加剂、真菌毒素以及致病微生物、寄生虫等。

食品中有害因素：指在食品生产、流通、餐饮服务等环节，除了食品污染以外的其他可能途径进入食品的有害因素，包括自然存在的有害物、违法添加的非食用物质以及被作为食品添加剂使用的对人体健康有害的物质。

第十八条　本规定自发布之日起实施。

9. 国家质量监督检验检疫总局司(局)函

质检食函〔2011〕398 号

关于印发《进出口食品安全风险监控实验室质量控制指南》的通知

各直属检验检疫局,中国检科院:

为贯彻落实《食品安全法》及其实施条例,进一步规范进出口食品安全风险监控工作,按照《中华人民共和国进出口食品安全风险监控工作指南》(国质检食〔2011〕570 号)的规定,总局组织制订了《进出口食品安全风险监控实验室质量控制指南》,请各单位认真遵照执行,加强对进出口食品安全风险监控实验室的管理,不断提升检测水平和技术能力。

二〇一一年十一月二日

进出口食品安全风险监控实验室质量控制指南

1. 范围

本指南规定了进出口食品安全风险监控实验室的质量控制要求。

本指南适用于从事进出口食品安全风险监控(包括有效成分、农用化学品残留、食品添加剂、重金属、毒素、环境污染物等)检测的食品理化检测实验室的质量控制。出口动物源性食品安全风险监控实验室的质量控制按《出口动物源性食品风险监控实验室质量控制指南》执行。

2. 引用文件

本指南引用了下列标准中的部分条款。

GB/T27404 实验室质量控制规范食品理化检测

GB8170 数字修约规则

3. 术语

3.1 执行限

检测样品为进出口食品安全风险监控计划样品时，执行限为风险监控计划中规定的限量水平。

3.2 筛选方法

在指定水平上用于检测一种或一类分析物质是否存在的分析方法，这些方法具有高的样品通量，用于筛选大量样品中的可能的阳性结果，并且这些方法在设计时着重考虑避免假阴性结果。筛选方法包括生物学方法（如细菌生长抑制法）、生物化学法（如酶联免疫法）、理化方法（如液相色谱法、液质联用法、气相色谱法、气质联用法）。

3.3 确证方法

确证方法是指能提供全部或补充信息，以能够明确定性和必要时可在关注的浓度水平进行定量的方法。灵敏度能满足检测要求。确证方法的目的在于避免假阳性结果。

3.4 筛选目标浓度

筛选目标浓度是指筛选检测中将样品判定为“筛选阳性”（潜在的不合格）并有必要进一步进行确证检测的浓度水平。

3.5 定性方法

定性方法是指根据物质的化学、生物或物理性质对其进行鉴定的分析方法。定性方法给出“有”或“无”的结论，但是无法给出推定分析物的浓度。当色谱方法（如液相色谱法、液质联用法）仅给出色谱峰有/无的结果时，也属于定性方法。

3.6 定量方法

定量方法是指测定物质量或质量分数的分析方法，可用适当单位的数值表示。

4. 实验室

4.1 实验室质量体系

实验室必须取得相关的食品检验机构资质认定证书，按照CNAS－CL01《检测和校准实验室能力认可准则》建立实验室质量保证体系并有效运行。

实验室的运行应符合国家法律法规及管理部门的要求。

实验室必须确保所产生分析结果的质量和可比性。应当通过使用质量保证体系，尤其是通过按照本指南规定的步骤和标准进行方法确认和检测过程质量控制，通过确保溯源到常用标准品或公认标准品来实现。

实验室应参加相应的能力验证计划或其他实验室间的比对测试活动。

4.2 实验室环境与资源

实验室应配备充足的检测资源（人员、设备、场地等），并确保满足检测要求。

实验室应当具备固定的检验工作场所以及专用于检测活动所需的冷藏和冷冻、数据处理与分析、信息传输设施和设备等工作条件。

实验室的基本设施和工作环境应当满足分析方法、仪器设备正常运转、技术档案贮存、样品制备和贮存、防止交叉污染、保证人身健康和环境保护等要求。当环境因素可能直接影响检测结果准确性时，或分析方法规定了环境条件时，应对相关的环境条件进行控制并记录。

实验室应建立程序文件规定检测涉及的主要仪器设备（包括量器具，下同）的校准和维护，设备校准和维护的频率周期应能确保仪器设备性能是处于有效控制的。

实验区应当与非实验区分离；应对有可能引起交叉污染的区域进行有效的分隔，实验室质量体系文件应明确规定需要控制的区域范围。

4.3　基准实验室

进出口食品安全风险监控基准实验室由国家质检总局进出口食品安全局批准认定，其负责的基准项目由年度监控计划规定。基准实验室的主要职责为：

承担年度监控计划中指定的检测任务；

收集国内外法律、法规、限量标准和检测方法等有关食品安全信息，并完成承担项目的国内外年度综述；

负责对承担项目检测方法的研发、选择和验证；

通过组织培训、开展比对试验等方式，指导各执行机构检测实验室提高检测能力、纠正偏差；

对有争议的检测结果进行仲裁；

参加或承办国内外技术交流和技术谈判。

4.4　批准实验室

进出口食品安全风险监控批准实验室由国家质检总局进出口食品安全局批准认定，主要职责为：

承担监控计划中指定的检测任务，出具检测结果；

参加有关的技术培训、能力验证或比对试验；

向基准实验室提出改进分析方法的建议。

5. 人员

5.1　实验室应有程序明确规定，检测人员应具备的职业素质要求，只有经考核核准的人员才能进行样品制备、测试、分析结果计算和记录、校核等工作。

5.2　除CNAS－CL01以及国家有关主管部门规定的人员要求外，从事进出口食品风险监控检测工作的人员必须参加技术培训并取得相应资格。

5.3　如果实验室检测方法出现可能影响检测质量的重要改动，应重新对相关检测人员进行培训。

6. 样品

6.1　样品接收

实验室在接受样品时必须检查样品的数量/重量、状态和封识，并核对送样单；对于样品封识已被破坏、样品已变质或已明显观察到样品已受到污染、送样单与样品不符的，实验室应迅速通知送检机构或部门并作退样处理。

实验室在接收样品并确认无误后，应对样品进行二次编码，对检测人员屏蔽样品来源（官方抽样编码），确保样品检测的公正性。

6.2　样品制备、保管与传递

实验室应该有样品接受、处理、登记、贮藏的文件程序，以保证样品符合分析、复验和复查的要求，不影响待测组分的残留量结果，对于那些在生物样品中易于降解的物质必须给予特别的关注。

对非预包装样品，实验室必须进行缩分，缩分应在样品粗制备（例如捣碎、搅拌等）后进行。应在合适的条件下至少保存半年，不合格样品至少保存至跟踪调查结束之后。制备后的样品应置放于洁净、惰性的容器中，以提供足够的保护，防止样品被污染、避免待测物被容器内壁吸附而导致损失。

在样品制备、传递、贮存过程中应避免二次污染或分析物的损失。

7. 标准品、标准溶液与试剂

7.1　总体要求

实验室应当配备满足所开展的残留分析活动必需的标准物质（包括有证标准物质、标准品、合格供应商提供的单一或复合的标准溶液、内标物，下同）、试剂。

实验室应关注环境条件对标准物质、标准溶液及试剂稳定性的影响，对于有可能发生影响的环境条件应在实验室标准操作程序中予以限定。建议标准物质、标准储备液应相对独立放置，以防止交叉污染。

应对处于有效使用期的标准物质、标准溶液进行期间检查，以证明其含量（或浓度）稳定、未受污染。

标准物质的有效期到后，如果实验室确信其纯度还是可以接受的，经评估后，此标准物质仍可继续保留使用，但应确定一个新的有效期。实验室应建立相关的评估程序文件，包括新旧标准物质的纯度变化（如同一检测器的响应程度比较），只要有可能，评估程序中要包含使用质谱技术。

7.2　标准溶液

标准溶液包括分析过程涉及的标准储备液、标准使用液等。

应保证配制标准溶液的天平、量器具其准确度符合标准溶液配制的要求；各级标准溶液的配制应有记录并是可溯源的。

标准溶液应贮存于洁净密闭容器中，并置于合适的贮存环境。标准溶液贮存容器的材质应对分析物是惰性的，应注意标准溶液贮存过程中容器材质有可能释放某些化学物质，从而影响样品提取、净化和测定。容器外部应有清晰、牢固的标签标记，标签内容应能与配制过程纪录相符。

标准溶液的有效期不得超过相应标准物质的有效期，下级标准溶液的有效期不能超过母液的有效期。对于即配即用的标准溶液，应予以限定和说明。

8. 方法及方法确认

8.1 检测方法分为标准方法和非标准方法。标准方法包括：

a）国际标准：ISO、WHO、FAO、CAC等；

b）国家（或区域性）标准：GB. EN、ANSI. BS. DIN、JIS. AFNOR、FOCT、药典等；

c）行业标准、地方标准。

非标准方法包括：

a）技术组织发布的方法：AOAC、FCC等；

b）科学文献或期刊公布的方法；

c）仪器生产厂家提供的指导方法；

d）实验室制定的内部方法。

8.2 检测方法的选择

8.2.1 选择检测方法的基本原则：

a）采用的检测方法应满足监控工作的要求并适合所进行的检测活动；

b）推荐采用国际标准、国家（或区域性）标准、行业标准；

c）保证采用的标准系最新有效版本。

8.2.2 按下述排列顺序优先选择检测方法：

a）监控计划指定的方法；

b）法律法规规定的标准；

c）国际标准、国家（或区域性）标准；

d）行业标准、地方标准；

e）非标准方法、允许偏离的标准方法。

8.3 标准方法的确认

8.3.1 首次采用的标准方法，在应用于样品检测前应对方法的技术要素（参见附录A）进行验证。

8.3.2 验证发现标准方法中未能详述，但会影响检测结果处，应将详细操作步骤编写成标准操作程序，经审核批准后作为标准方法的补充。

8.4 非标准方法的制定

8.4.1 引用方法

8.4.1.1 需要引用权威技术组织发布的方法、科学文献或期刊公布的方法、仪器生产厂家提供的指导方法时，应对方法的技术要素进行验证。

8.4.1.2 验证发现引用方法原文中未能详述，但会影响检测结果处，应将详细操作步骤编写成标准操作程序，作为原方法的补充。

8.4.2　实验室内部方法

8.4.2.1　实验室内部方法主要包括实验室自建方法、改进后的引用方法以及偏离后的标准方法等。

8.4.2.2　实验室内部方法可参照《出口动物源性食品安全风险监控实验室标准操作程序编写规则》编写。

8.4.2.3　实验室内部方法在使用前应根据方法类型参照表1选择验证参数，并参照附录A对方法的技术要素进行验证。

表1:典型验证参数的选择

方法类型		检出限	定量限	正确度	重复性	再现性	特异性	稳健性	校准曲线
定性方法	S	√	—	—	—	—	√	√	—
	C	√	—	—	—	—	√	√	—
定量方法	S	—	√	—	√	√	√	√	√
	C	—	√	√	√	√	√	√	√

注:“S”=筛选方法(Screening methods);“C”=确证方法(Confirmatory methods);“√”=必选参数。

8.5　检测

8.5.1　样品在接收、制备和测试等各个过程中应始终确保样品的原始特性，未受污染、变质或混淆。

8.5.2　按检测方法和作业指导书操作。

8.5.3　需要时，随同样品测试做空白试验、标准物质测试和控制样品的回收率试验。

8.5.4　适用时，分析过程应以标准空白样品控制样品测试样品为循环进行，顺序可根据实际情况安排。

8.5.5　当检出农用化学品残留、添加剂含量超过执行限时，适用时应采用质谱、光谱、双柱定性等方法进行确证或复测。

8.5.6　复检或疑难项目的检测应做平行实验。

8.5.7　检测结果应使用法定计量单位。

8.5.8　按以下要求填写原始记录并出具检测结果：

a) 检测人员应在原始记录表上如实记录测试情况及结果，字迹清楚，划改规范，保证记录的原始性、真实性、准确性和完整性；

b) 原始记录及计算结果应经自校、复核或审核；

c) 检测人员对检测方法中的计算公式应正确理解，保证检测数据的计算和转换不出差错，计算结果应进行自校和复核；

d) 如果检测结果用回收率进行校准，应在原始记录的结果中明确说明并描述校准公式；

e) 数字修约遵守 GB8170；在满足数字修约规则的基础上，检测结果比执行限多保留一位有效数字。

9. 结果质量控制

9.1 实验室应制定测试结果质量控制程序,明确内部质量控制的内容、方式和要求。

9.2 随同样品测试做空白试验,并在需要时在样品测定值中扣除;对于某些不能获取到空白样品的检测,或某些空白样品中含有目前技术不能完全排除的干扰物,空白样品本底/干扰物的响应不能超过方法检测低限对应的响应水平的30%。

9.3 随同样品测试做控制样品的测定,用统计方法对控制样品的测定结果进行评价。

a) 控制样品一般有以下两种:在样品(该样品不含该待测组分或被测组分的含量相对加标量可以忽略不计,或者已知其含量)中加入已知量的标准物质,成为加标样品;选用与被测样品基体相同或相近的实物标准样。

b) 控制样品中被测组分的含量应与被测样品相近,若被测样品为未检出,则控制样品中被测组分的含量应在方法定量限附近。

c) 控制样品测定结果的回收率应符合要求(参见附录A中的表A.1)。

d) 必要时,绘制质量控制图,观察测试工作的稳定性、系统偏差及其趋势,及时发现异常现象。

附录 A

检测方法确认的技术要求

A.1 正确度

A.1.1 正确度可通过分析有证标准物质(CRM)确定,要求重复分析有证标准物质6次,其测定结果应满足标准物质证书允许值的范围,或对经回收率校正的测定平均质量分数与有证物质的标示值之间的偏差范围应满足表A.1的要求。

表 A.1 定量方法的正确度要求

浓度水平(p)	范围
p<1 μg/kg	−50%~+20%
10 μg/kg>p≥1 μg/kg	−40%~+10%
100 μg/kg>p≥10 μg/kg	−30%~+10%
1 000 μg/kg(1 mg/kg)>p≥100 μg/kg	−20%~+10%
10 mg/kg>p≥1 mg/kg	−15%~+10%
100 mg/kg>p≥10 mg/kg	−10%~+10%
1 000 mg/kg(1 g/kg)>p≥100 mg/kg	−10%~+5%
10 g/kg>p≥1 g/kg	−5%~+5%
100 g/kg>p≥10 g/kg	−5%~+2%
1 000 g/kg>p≥100 g/kg	−2%~+2%

A.1.2　无有证标准物质时，正确度可以通过测定空白基质中加入已知量分析物的回收率获得。回收率通过空白样品添加试验确定，要求对标准范围内提及的每一种适用基质至少选定3个添加浓度水平，对每一浓度水平，进行不少于6次的并行单独试验。对于禁用物质或未设定最大残留限量的物质，一般选择LOQ、2LOQ、10LOQ作为添加浓度水平进行回收率试验；对于设定了最大残留限量的物质，一般选择LOQ、MRL、2MRL作为添加水平进行回收率试验；对于有多个MRL时，应添加最低的MRL和最高的MRL，一般选择1/2MRL(低)、MRL(低)、MRL(高)作为添加水平进行回收率试验。

对于无法得到空白样品的项目，应选择含量尽可能低的均匀样品做添加试验，样品本底含量最好不超过1/10MRL。添加水平不低于样品本底含量。

A.2　校准曲线

应描述校准曲线的数学方程以及校准曲线的工作范围，浓度范围尽可能覆盖一个数量级，至少作5个点(包括空白)。对于筛选方法，线性回归方程的相关系数不应低于0.98，对于确证方法，相关系数不应低于0.99。测试溶液中被测组分浓度应在校准曲线的线性范围内。

A.3　精密度

对于禁用物质或未设定最大残留限量的物质，精密度实验应在LOQ、2LOQ、10LOQ三个水平进行；对于设定了最大残留限量的物质，一般选择LOQ、MRL、2MRL三个水平进行精密度试验；对于有多个MRL时，一般选择1/2MRL(低)、MRL(低)、MRL(高)三个浓度水平进行精密度试验。重复测定次数至少为6。实验室内部的相对标准偏差参考范围见表A.2。

表A.2　实验室内相对标准偏差

被测组分含量	实验室内相对标准偏差(RSD)/%
0.1 μg/kg	43
1 μg/kg	30
10 μg/kg	21
100 μg/kg	15
1 000 μg/kg(1 mg/kg)	11
10 mg/kg	7.3
100 mg/kg	5.3
1 000 mg/kg	3.8
10 g/kg	2.7
100 g/kg	1.9
1 000 g/kg	1.3

A.4　定量限

方法的定量限按式(A.1)计算：

$$C1 = 3Sb/b \tag{A.1}$$

式中：

C1——方法的定量限；

Sb——空白值标准偏差(一般平行测定20次得到)；

b——方法校准曲线的斜率。

对于已制定MRL的物质，方法定量限加上样品在MRL处的标准偏差的三倍，不应超过MRL值。对于禁用物质，方法定量限应尽可能低。

A.5　特异性

对于检测筛选方法和确证方法特异性必应予以规定，尤其对于确证方法必应尽可能清楚地提供待测物的化学结构信息，仅基于色谱分析而没有使用分子光谱测定的方法，不能用于确证方法。确证方法可采用：

a）气相色谱—质谱；

b）液相色谱—质谱；

c）免疫亲和色谱或气相色谱质谱；

d）气相色谱—红外光谱；

e）液相色谱—免疫层析；

f）原子吸收；

g）原子发射；

h）原子荧光；

i）等离子体—质谱。